建筑工程施工质量评定标准

北京建工集团

中国建筑工业出版社

图书在版编目（CIP）数据

建筑工程施工质量评定标准/北京建工集团.—北京：中国建筑工业出版社，2005

ISBN 7-112-07279-4

Ⅰ.建… Ⅱ.北… Ⅲ.建筑工程—工程施工—企业标准—北京市 Ⅳ.TU711

中国版本图书馆 CIP 数据核字（2005）第 019947 号

本书是北京建工集团的企业标准，内容介绍建筑工程土建和安装各分部分项工程的施工质量评定内容和合格、优良的具体标准。书中合格等级基本采用现行国家标准，而优良等级则高于国家标准。此优良等级是企业的内控指标，可作为企业创优质工程或与有关业主签定合同时的参照依据。书中黑体字表示国家工程建设强制性条文，必须严格执行；而斜黑体字表示达到企业优良等级必须符合的指标。

该企业标准具有一定水准和创意，可供国内各施工企业学习、借鉴。

* * *

责任编辑：袁孝敏
责任设计：郑秋菊
责任校对：刘 梅 王雪竹

建筑工程施工质量评定标准

北京建工集团

*

中国建筑工业出版社出版、发行（北京西郊百万庄）
新 华 书 店 经 销
北京云浩印刷有限责任公司印刷

*

开本：787×1092 毫米 1/16 印张：41¾ 字数：1000 千字
2005 年 4 月第一版 2005 年 4 月第一次印刷
印数：1—5000 册 定价：**78.00** 元
ISBN 7-112-07279-4
（13233）

本社网址：http://www.china-abp.com.cn
网上书店：http://www.china-building.com.cn

出 版 说 明

北京建工集团一向重视企业内部标准的编制工作，以作为提高企业管理水平、促进技术进步的重要手段。1990年，我社曾公开出版了该集团公司编写的《建筑分项工程施工工艺标准》一书，受到广大读者好评，1997年该书又出了第二版，累计印数达22万余册，在推动全国各施工企业规范施工操作、保证工程质量方面起了积极作用。

近来，北京建工集团又集中了大量工程技术人员、高级工程师，特别是集团的一些老专家、老领导，齐心协力，以国家颁布的施工质量验收规范为基础，结合本企业的能力和水平，高标准、严要求，精心编制了《建筑工程施工质量评定标准》。该企业标准在国家标准的基础上，把工程施工质量提升为合格和优良两个等级，合格等级基本采用国标，优良等级则高于国家标准。据悉，这项企业标准在国内尚属首创，具有一定水准。为此我社决定予以公开出版。建设部科技委常务副主任、中国建筑业协会副会长、原建设部总工程师金德钧同志十分支持这项工作，并欣然为此书作序。

我们希望此书的出版将有助国内施工企业的相互学习和交流，进一步完善我国施工企业的质量评定工作，并在推动各地施工企业技术标准的编制工作中起到积极和示范作用。

中国建筑工业出版社

2005年3月

《建筑工程施工质量评定标准》编写委员会

主编：艾永祥

编委：（排名不分先后）

张显来　汪亚冬　杨崇俭　侯金城　吕欣英　武　威　杨　军

祖道春　杨玉萍　游大江　何占利　李晨光　张春雷

主审：杨嗣信

审查：余志成　胡世德　徐建勋　侯君伟

主要编写人员：（排名不分先后）

艾永祥　张显来　汪亚冬　杨崇俭　侯金城　吕欣英　武　威　杨玉萍　游大江　何占利　叶林标　李晨光　张春雷　郑爱民　任全钦

参加编写人员：（排名不分先后）

崔宏礼　李志宏　杨宗燕　杨厚弘　卢泽溪　袁恩炤　王树营　温　军　冯贵宝　刘爱玲　胡裕新　孙晓玲　高克强　杨秉钧　王建国　杨素珍（土建）

吴　余　洪　兵　段　亮　张平德　李冰霜　魏伟来　陈立新　刘元光　李红霞　常静群（水暖、通风空调）

张宏鹏　王国政　韩　盛　孟　霞　高景民　曹雪菲　王　林　李靖鑫（电气）

各单项标准主要起草人员：

《建筑工程施工质量评定统一标准》

汪亚冬　张显来　温　军　吴　余　孙晓玲　刘爱玲　郑爱民

《建筑地基基础工程施工质量评定标准》

杨崇俭　卢泽溪　袁恩炤　高克强　杨素珍

《砌体工程施工质量评定标准》

冯　跃　杨玉萍　刘爱玲　谢　婧　孙保军　赵继钢　陈　虹

《混凝土结构工程施工质量评定标准》

吕欣英　蔡高金　吉红斌　杨宗燕　向　阳　赵永红　杜　京

《钢结构工程施工质量评定标准》

游大江　路克宽　刘晓泉　董　刚　王久明

《屋面工程质量评定标准》

武　威　李志宏　张永福

《建筑地面工程施工质量评定标准》

侯金城　阮跃华　代立军　赵晓宇　赵　磊　孙永胜　周　航　贾登文

江　滔　李晓明

《地下防水工程质量评定标准》

叶林标　李晨光

《建筑装饰装修工程质量评定标准》

蔡　强　张春雷　杨友清　单艳杰　王明礼　杨厚弘　张　庚

《建筑给水排水及采暖工程施工质量评定标准》

任全钦　吴　余　王　栋　张永春　花京春

《通风与空调工程施工质量评定标准》

刘元光　李红霞　陈立新　白洪山　许　诚　齐景如　王　峥　刘世岩

《建筑电气工程施工质量评定标准》

郑爱民　廖科成

《电梯工程施工质量评定标准》

赵志诚　王照明　王　林　吴学红　孙晓玲

序　言

建设部为顺应建筑工程质量验收制度改革和技术标准化改革的需要，于 2001 年起陆续制定、颁布了《建筑工程施工质量验收统一标准》（GB 50300）和与之配套的 14 个专业的施工质量验收规范。这套规范的特点是将我国原有的质量检验评定标准中的质量验收与质量评定分开；将原施工及验收规范中的技术规范与质量验收分开；编制成以施工质量验收内容为主的、判定施工质量合格并予以验收的国家标准，即在我国行政区域内，建设参与各方都必须无条件执行的强制性国家标准。至于各地企业如何达到工程质量的验收要求，则由各企业根据自身的技术、设备、人力资源和当地条件，编制自己的施工工艺标准或操作规程等，发挥各自的技术优势去完成。国家技术标准化改革的这一措施，将有力推动各地企业发挥主观能动性，促进企业编制自身的技术标准系列，有利于建筑市场的公平竞争。

建立企业自己的技术标准体系是提高企业管理水平、促进企业技术进步的需要，是保证工程质量和安全生产的有力工具。在西方发达国家，企业技术标准一直是作为衡量企业技术水平和管理水平的指标。随着我国加入 WTO 后，面对国内外建筑市场日益激烈的竞争态势，我国各地施工企业要顺应全球经济技术一体化的趋势，及时调整发展战略，重视企业的软件建设，努力编制企业自己的各项技术标准，建立健全企业的技术标准体系，增强企业在建筑市场中的竞争地位。

北京建工集团编制的《建筑工程施工质量评定标准》是该集团技术标准系列中的一个，该标准以国家制定的施工质量验收规范为基础，把工程质量分为“合格”和“优良”两个等级，“合格”等级基本是等同采用国家标准，而“优良”等级则是在符合国家标准的基础上，提出了更高的技术指标，高于国家标准，作为企业创建优质工程、自我掌控的企业内部标准。

应该指出，北京建工集团一直很重视技术标准的编制，把它视作巩固企业技术优势、推动企业进步的一项重要工作。这次动员大批技术人员，集中大量技术专家精心编制而成的《建筑工程施工质量评定标准》，是有一定水准的。目前国内不少企业正在认真编制各自的企业技术标准，北京建工集团《建筑工程施工质量评定标准》的公开出版可以起到示范作用，大家可以相互学习、交流经验，推动我国建筑施工企业技术标准编制工作的开展。

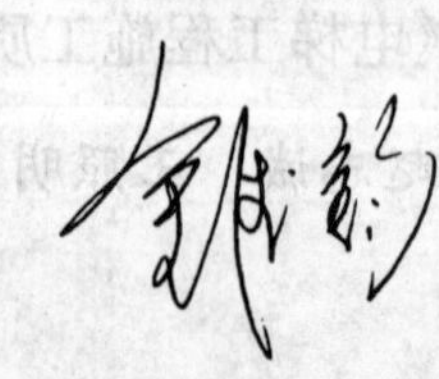

前　言

根据《北京建工集团建设具有国际竞争力新型企业集团发展纲要》中关于“建立健全企业技术标准体系”的要求，依据国家标准《企业标准体系》系列标准，集团于2003年6月正式确立了企业技术标准体系的基本框架。企业技术标准体系共包括四个系列标准，即以规范项目施工技术质量管理为主要内容的管理标准，编号为Q/BCEG 1××；以规范施工技术要求为主要内容的施工技术系列标准，编号为Q/BCEG 2××；以规范施工质量评定验收为主要内容的质量评定系列标准，编号为Q/BCEG 3××；以规范施工操作为主要内容的施工工艺系列标准，编号为Q/BCEG 4××。

本系列标准共包含了《建筑工程施工质量评定统一标准》Q/BCEG 300—2004和与之配套的12本各专业工程单项质量评定标准（Q/BCEG 301~312—2004），是为增强本集团在市场中的竞争力而制定的，决定自2005年1月1日起执行。本系列标准把建筑工程施工质量等级划分为“合格”和“优良”两个等级。“合格”等级等同采用了现行国家标准《建筑工程施工质量验收统一标准》及其与之配套的系列规范的各项指标。“优良”等级的指标高于国家标准，是企业的内控标准。如果业主有需求，要求建筑工程的施工质量达到本集团“优良”等级的标准，本系列标准则可作为与业主签定合同的依据。

此外，结合本市和本集团实际，在标准中我们还补充了国标中虽未涉及，但在本市已经应用比较成熟的部分先进技术、工艺、材料的评定标准，删除了已淘汰或限制使用的落后技术、工艺、材料的评定标准。

本系列标准以黑体字标志的条文为“国家工程建设标准强制性条文”，必须严格执行；以斜黑体字标志的条文是规定了“优良”等级的条文，是达到企业“优良”必须符合的指定项目。

为了提高本标准质量，请各单位在执行过程中，注意积累资料、总结经验，如发现需要修改和补充之处，随时将有关意见和建议反馈给集团公司科技质量部，以供今后修订时参考。

本系列标准由集团公司科技质量部会同一建公司、二建公司、三建公司、五建公司、机械公司、安装公司、装饰公司、总承包二部、研究院等单位共同编写完成。

北京建工集团

总 目 录

北京建工集团企业标准

Q/BCEG 300 — 2004

建筑工程施工质量评定统一标准

2004年11月24日发布　　　　2005年01月01日实施

北京建工集团有限责任公司

北京建工集团企业标准

Q/BCEG 300—2004

建筑工程施工质量评定统一标准

2004年11月24日发布　　2005年01月01日实施

北京建工集团有限责任公司

目　次

1 总　　则

1.0.1 为适应国家建筑工程标准体系的变化，统一本企业建筑工程施工质量评定方法，促进企业加强管理，保证工程质量，制定本标准。

1.0.2 本标准适用于集团所属各建筑施工企业承建的建筑安装工程施工质量的评定。

1.0.3 本标准是在国家标准《建筑工程施工质量验收统一标准》GB 50300—2001 基础上，制定的企业质量评定标准。建筑工程各专业工程施工质量评定标准必须与本标准配合使用。

1.0.4 建筑工程质量评定除执行本标准外，尚应符合国家、北京市有关工程质量的法律、法规、管理标准和有关技术标准的规定。

2 术　语

2.0.1 建筑工程 building engineering

为新建、改建或扩建房屋建筑物和附属构筑物设施所进行的规划、勘察、设计和施工、竣工等各项技术工作和完成的工程实体。

2.0.2 建筑工程质量 quality of building engineering

反映建筑工程满足相关标准规定或合同约定的要求，包括其在安全、使用功能及其在耐久性能、环境保护等方面所有明显和隐含能力的特性总和。

2.0.3 评定 evaluation

建筑工程在施工班组自检的基础上，施工单位有关专业管理人员对检验批、分项、分部（子分部）、单位工程（子单位工程）的质量进行抽样检查，根据相关标准以书面形式对工程质量达到的质量等级做出评定。

2.0.4 验收 acceptance

建筑工程在施工单位自行质量检验评定的基础上，参与建设活动的有关单位共同对检验批、分项、分部、单位工程的质量进行抽样复验，根据相关标准以书面形式对工程质量达到合格与否做出确认。

2.0.5 进场验收 site acceptance

对进入施工现场的材料、构配件、设备等按相关标准规定要求进行检验，对产品达到合格与否做出确认。

2.0.6 检验批 inspection lot

按同一的生产条件或按规定的方式汇总起来供检验用的，由一定数量样本组成的检验体。

2.0.7 检验 inspection

对检验项目中的性能进行量测、检查、试验等，并将结果与标准规定要求进行比较，以确定每项性能是否合格所进行的活动。

2.0.8 见证取样检测 evidential testing

在监理单位或建设单位监督下，由施工单位有关人员现场取样，并送至具备相应资质的检测单位所进行的检测。

2.0.9 交接检验 handing over inspection

由施工的承接方与完成方经双方检查并对可否继续施工做出确认的活动。

2.0.10 主控项目 dominant item

建筑工程中的对安全、卫生、环境保护和公众利益起决定性作用的检验项目。

2.0.11 一般项目 general item

除主控项目以外的检验项目。

2.0.12 抽样检验 sampling inspection

按照规定的抽样方案，随机地从进场的材料、构配件、设备或建筑工程检验项目中，按检验批抽取一定数量的样本所进行的检验。

2.0.13 抽样方案 sampling scheme

根据检验项目的特性所确定的抽样数量和方法。

2.0.14 计数检验 counting inspection

在抽样的样本中，记录每一个体有某种属性或计算每一个体中的缺陷数目的检查方法。

2.0.15 计量检验 quantitative inspection

在抽样检验的样本中，对每一个体测量其某个定量特性的检查方法。

2.0.16 观感质量 quality of appearance

通过观察和必要的量测所反映的工程外在质量。

2.0.17 指定项目 assigned item

与本标准配套的各专业质量评定标准中规定优良的项目。

2.0.18 返修 repair

对工程不符合标准规定的部位采取整修等措施。

2.0.19 返工 rework

对不合格的工程部位采取的重新制作、重新施工等措施。

3 基 本 规 定

3.0.1 施工现场质量管理应有相应的施工技术标准，健全的质量管理体系、施工质量检验制度和综合施工质量水平评定考核制度。

施工现场质量管理可按本标准附录 A 的要求进行检查记录。

3.0.2 项目实施前，应对项目的质量目标进行策划，明确工程应达到的质量等级。企业主管部门要对项目目标的实施过程进行监控。

3.0.3 建筑工程应按下列规定进行施工质量控制：

1 建筑工程采用的主要材料、半成品、成品、建筑构配件、器具和设备应进行现场验收。凡涉及安全、功能的有关产品，应按各专业工程质量验收规范规定进行复验，并应经监理工程师（建设单位技术负责人）检查认可。

2 各工序应按施工技术标准进行质量控制，每道工序完成后应进行检查。

3 相关各专业之间，应协调配合。涉及多个专业的施工部位，应做好统筹安排和设计，并在施工组织设计和相关施工方案中做出明确规定。专业施工交接顺序应合理，总承包单位应对各专业交接检验情况进行检查。

4 相关各专业之间，应进行交接检验，并形成记录。未经监理工程师（建设单位技术负责人）检查认可，不得进行下道工序施工。

3.0.4 建筑工程施工质量应按下列要求进行评定：

1 建筑工程施工质量的评定应在监理（建设）单位验收前进行。在施工班组自检合格基础上，项目部对施工质量作出“优良”与“合格”的评价，达到合格及以上标准，方可报监理（建设）单位进行验收。

2 建筑工程施工合格质量应符合国家标准《建筑工程施工质量验收统一标准》（GB 50300—2001）及其配套相关专业验收规范的规定；优良质量应符合本标准和相关专业质量评定标准中优良标准的规定。

3 建筑工程施工应符合工程勘察、设计文件的要求。

4 负责工程施工质量评定的专业管理人员应具备规定的资格。

5 隐蔽工程在隐蔽前应由施工单位进行检查评定，并通知有关单位进行验收，形成记录。

6 涉及结构安全试块、试件以及有关材料，应按规定进行见证取样检测。

7 检验批的质量应按主控项目和一般项目评定和验收。

8 对涉及结构安全和使用功能的重要分部工程应进行抽样检测。

9 承担见证取样检测及有关结构安全检测的单位应具有相应资质。

10 工程的观感质量评定应通过现场检查确认；在质量指标评定基础上，工程的观感质量验收由验收人员通过现场检查，并应共同确认。

3.0.5 检验批的质量检验，应根据检验项目的特点在下列抽样方案中进行选择：

1 计量、计数或计量-计数等抽样方案。

2 一次、二次或多次抽样方案。

3 根据生产连续和生产控制稳定性情况，尚可采用调整型抽样方案。

4 对重要的检验项目当可采用简易快速的检验方法时，可选用全数检验方案。

5 经实践检验有效的抽样方案。

3.0.6 在制定检验批的抽样方案时，对生产方风险（或错判概率 α）和使用方风险（或漏判概率 β）可按下列规定采取：

1 主控项目：对应于合格质量水平的 α 和 β 均不宜超过5%。

2 一般项目：对应于合格质量水平的 α 不宜超过5%，β 不宜超过10%。

4 建筑工程质量评定的划分

4.0.1 建筑工程质量评定应划分为单位（子单位）工程、分部（子分部）工程、分项工程和检验批。

4.0.2 单位工程的划分应按下列原则确定：

1 具备独立施工条件并能形成独立使用功能的建筑物及构筑物为一个单位工程。

2 建筑规模较大的单位工程，可将其能形成独立使用功能的部分为一个子单位工程。

4.0.3 分部工程的划分应按下列原则确定：

1 分部工程的划分应按专业性质、建筑部位确定。

2 当分部工程较大或较复杂时，可按材料种类、施工特点、施工程序、专业系统及类别等划分为若干子分部工程。

4.0.4 分项工程应按主要工种、材料、施工工艺、设备类别等进行划分。

建筑工程的分部（子分部）、分项工程可按本标准附录 B 采用。

4.0.5 分项工程可由一个或若干检验批组成，检验批可根据施工质量控制和专业评定需要按楼层、施工段、变形缝等进行划分。

4.0.6 室外工程可根据专业类别和工程规模划分单位（子单位）工程。

室外单位（子单位）工程、分部工程可按本标准附录 C 采用。

5 建筑工程质量评定等级

5.0.1 本标准有关检验批、分项、分部（子分部）、单位（子单位）工程质量均分为“合格”与“优良”两个等级。

5.0.2 检验批质量评定应符合下列规定：

合格：

1 主控项目和一般项目的质量经抽样检验全部合格。

2 具有完整的施工操作依据、质量检查记录。

优良：

在合格基础上，检验批所包含的各个指定项目均达到优良。其中指定项目优良是指：指定项目质量经抽样检验，符合相关专业质量评定标准中优良标准的符合率应达到80%及以上。

5.0.3 分项工程质量评定应符合下列规定：

合格：

1 分项工程所含的检验批均应符合合格质量的规定。

2 分项工程所含的检验批的质量验收记录应完整。

优良：

在合格基础上，其中有60%及以上检验批为优良。

5.0.4 分部（子分部）工程质量评定应符合下列规定：

合格：

1 分部（子分部）工程所含分项工程的质量均应合格。

2 质量控制资料应完整。

3 地基与基础、主体结构和设备安装等分部工程有关安全及功能的检验和抽样检测结果应符合有关规定。

4 观感质量评定应符合要求。

子分部优良：

1 在合格基础上，其中有60%及以上分项为优良。

2 观感质量评定优良。

分部优良：

1 在合格基础上，其中有60% 及以上子分部为优良，其主要子分部必须优良。

注：主体结构分部的主要子分部工程为：

(1) 当主体工程结构类型为混凝土结构时，其主要子分部为混凝土结构子分部；

(2) 当主体工程结构类型为砌体结构时，其主要子分部为砌体结构子分部；

(3) 当主体工程结构类型为钢结构时，其主要子分部为钢结构子分部；

建筑给水、排水及采暖分部的主要子分部为供热锅炉及辅助设备安装；

电气安装分部工程的主要子分部为变配电室；

通风与空调分部工程的主要子分部为净化空调系统。

2　观感质量评定优良。

5.0.5　单位（子单位）工程质量评定应符合下列规定：

合格：

1　单位（子单位）工程所含分部（子分部）工程的质量均应评定合格。

2　质量控制资料应完整。

3　单位（子单位）工程所含分部工程有关安全和功能的检测资料应完整。

4　主要功能项目的抽查结果应符合相关专业质量验收规范的规定。

5　观感质量评定应符合要求。

优良：

1　在合格基础上，其中有60%及以上的分部为优良，建筑工程必须含主体结构分部和建筑装饰装修分部工程；以建筑设备安装为主的单位工程，其指定的分部工程必须优良。如变、配电室的建筑电气安装分部工程；空调机房和净化车间的通风与空调分部工程；锅炉房的建筑给水、排水及采暖分部工程等。

2　观感质量综合评定为优良。

观感质量评定（综合评定）优良应符合下列规定：

按照本标准和相关专业标准的有关要求进行观感质量检查，每个观感检查项中，有60%及以上抽查点符合相关专业标准的优良规定，该项即为优良；优良项数应占检验项数的60%及以上。

5.0.6　当建筑工程质量不符合要求时，应按以下规定进行处理：

1　经返工重做或更换器具、设备的检验批，应重新评定质量等级并重新进行验收。

2　经有资质的检测单位检测鉴定能够达到设计要求的检验批，其质量只能评为合格。该检验批应予以验收。

3　经有资质的检测单位检测鉴定达不到设计要求、但经原设计单位核算认可能够满足结构安全和使用功能的检验批，其质量只能定为合格，但所在分项及分部（子分部）工程质量不能评为优良。该检验批可予以验收。

4　经返修或加固处理的分项、分部工程，虽然改变外形尺寸但仍能满足安全使用要求，可按技术处理方案和协商文件进行评定和验收。其质量只能定为合格，但所在分项及分部工程质量不能评为优良。

5.0.7　**通过返修或加固处理仍不能满足安全使用要求的分部工程、单位（子单位）工程，严禁评定和验收。**

6 建筑工程质量评定程序和组织

6.0.1 检验批、分项工程质量应在施工班组自检的基础上，由项目专业（技术）质量负责人组织进行评定。

在项目评定合格的基础上，报监理工程师（建设单位项目技术负责人）进行验收。

6.0.2 分部（子分部）工程质量应由项目负责人组织项目技术、质量负责人、专业工长、专业质量检查员进行评定。

其中地基与基础、主体结构分部工程质量在施工项目评定的基础上，还应由企业技术质量主管部门组织进行核定。

在评定及核定合格的基础上，报监理工程师（建设单位项目技术负责人）进行验收。

6.0.3 单位（子单位）工程质量评定应按下列规定进行：

1 单位工程完工后，由项目负责人组织各有关部门及分包单位项目负责人进行评定，并报企业技术质量主管部门。

2 由企业技术质量主管部门组织有关部门对单位工程进行核定。

3 在评定及核定合格基础上，向建设单位提交工程验收报告。

6.0.4 建设单位收到工程验收报告后，应由建设单位（项目）负责人组织施工（含分包单位）、设计、监理等单位（项目）负责人进行单位（子单位）工程验收。

6.0.5 单位工程有分包单位施工时，分包单位（与总包单位有合同关系的）对所承包的工程项目应按本标准规定的程序检验评定，总包单位应派人参加。总包单位应对分包单位的评定工作进行监督检查和指导。分包工程完成后，应将工程有关资料交总包单位。

6.0.6 当参加验收各方对工程质量验收意见不一致时，可请当地建设行政主管部门或工程质量监督机构协调处理。

6.0.7 单位工程验收合格后，建设单位应在规定时间内将工程竣工验收报告和有关文件，报建设行政管理部门备案。

7 质量评定记录

7.0.1 采用检验批、分项、分部（子分部）及单位（子单位）工程质量检验记录（见附录）同时进行工程质量的评定和验收。由施工单位先行进行评定，并在验收记录上做出“企业自评优良/合格”的评价。在此基础上，报监理工程师（建设单位项目专业负责人）组织验收，并由参加验收的各方共同做出是否“同意验收”的结论。

7.0.2 检验批质量评定记录表式见附录 D:《　　　　检验批质量评定及验收记录》。“施工单位检查评定记录”的填写，应符合以下规定：

1 对定量项目直接填写检查数据。其中超过企业“优良”标准的数字，而没有超过国家验收规范的用“○”将其圈住；对超过国家验收规范的用“△”圈住。

2 对定性项目当符合规范要求时，采用打“√”的方法标注；当不符合规范规定时，采用打“×”的方法标注。其中指定项目达到企业相应“优良”标准要求时，直接采用“优良”字样标注。

3 施工单位自行评定完成后，根据评定结果，在“施工单位检查评定结果”一栏中的“企业评定等级”内，应注明“优良”或“合格”。

7.0.3 分项工程质量评定记录表式见附录 E:《　　　　分项工程质量评定及验收记录》。在“施工单位检查评定结果”对应栏中，应根据相应检验批部位、区段的评定结果，注明“优良”或“合格”。

在“企业评定等级栏”中，应注明“优良”或“合格”。

7.0.4 分部（子分部）工程质量评定记录表式见附录 F:《　　　　分部（子分部）工程质量评定及验收记录》。“施工单位检查评定记录”的填写，应符合以下规定：

1 在“施工单位检查评定”对应栏中，应根据相应分项（子分部）的评定结果，注明“优良”或“合格”。

2 “质量控制资料”的检查评定对应栏中，当符合规范要求时，注明“符合要求”。

3 “安全和功能检验（检测）报告”的检查评定对应栏中，当符合规范要求时，注明“符合要求”。

4 “观感质量验收”的检查评定对应栏中，应根据评定结果，注明“优良”或“合格”。

5 在“企业评定等级”中应注明“优良”或“合格”字样。

7.0.5 地基与基础及主体结构分部(子分部)工程质量核定记录表式见附录 H:《　　　　分部（子分部）工程质量核定记录》。其中核定意见由企业技术质量主管部门填写，并根据现场抽查情况，进行核定并记录。

7.0.6 单位（子单位）工程质量竣工验收记录表式见附录 G:《单位（子单位）工程质量竣工验收记录》、《单位（子单位）工程质量控制资料核查记录》、《单位（子单位）工程安全和功能检验资料核查及主要功能抽查记录》、《单位（子单位）工程观感质量检查记录》。

在验收结论中，应注明“企业自评优良”或“企业自评合格”。

7.0.7 单位（子单位）工程质量核定记录表式见附录I。其中核定结论由企业技术质量主管部门填写，并根据现场抽查情况，进行核定并记录。

7.0.8 《单位（子单位）工程质量核定记录》及附表作为企业核定优良的依据，不能取代项目部所做的相应评定记录。

7.0.9 地基与基础及主体结构分部（子分部）工程质量核定记录、《单位（子单位）工程质量核定记录》及附表，由企业技术质量主管部门负责收集、整理并归档。

附录 A 施工现场质量管理检查记录

A.0.1 施工现场质量管理检查记录应由施工单位按表 A.0.1 填写，总监理工程师（建设单位项目负责人）进行检查，并做出检查结论。

表 A.0.1 施工现场质量管理检查记录　　开工日期：

工程名称			施工许可证（开工证）	
建设单位			项目负责人	
设计单位			项目负责人	
监理单位			总监理工程师	
施工单位		项目经理	项目技术负责人	
项目	项目			
1	现场质量管理制度			
2	质量责任制			
3	主要专业工种操作上岗证书			
4	分包方资质与对分包单位的管理制度			
5	施工图审查情况			
6	地质勘察资料			
7	施工组织设计、施工方案及审批			
8	施工技术标准			
9	工程质量检验制度			
10	搅拌站及计量设置			
11	现场材料、设备存放与管理			
12				
检查结论： 总监理工程师 （建设单位项目负责人）　　年　月　日				

附录 B　建筑工程分部（子分部）工程、分项工程划分

B.0.1　建筑工程的分部（子分部）工程、分项工程可按表 B.0.1 划分。

表 B.0.1　建筑工程分布（子分部）工程、分项工程划分

序号	分部工程	子分部工程	分项工程
1	地基与基础	无支护土方	土方开挖、土方回填
		有支护土方	排桩、降水、排水、地下连续墙、锚杆、土钉墙、水泥土桩、沉井与沉箱、钢及混凝土支撑
		地基及基础处理	灰土地基、砂和砂石地基、碎砖三合土地基、土工合成材料地基、粉煤灰地基、重锤夯实地基、强夯地基、振冲地基、砂桩地基、预压地基、高压喷射注浆地基、土和灰土挤密桩地基、注浆地基、水泥粉煤灰碎石桩地基、夯实水泥土桩地基
		桩　基	锚杆静压桩及静力压桩、预应力离心管桩、钢筋混凝土预制桩、钢桩、混凝土灌注桩（成孔、钢筋笼、清孔、水泥混凝土灌注）
		地下防水	防水混凝土、水泥砂浆防水层、卷材防水层、涂料防水层、金属板防水层、塑料板防水层、细部构造、喷锚支护、复合式衬砌、地下连续墙、盾构法隧道；渗排水、盲沟排水、隧道、坑道排水；预注浆、后注浆，衬砌裂缝注浆
		混凝土基础	模板、钢筋、混凝土，后浇带混凝土，混凝土结构缝处理
		砌体基础	砖砌体，混凝土砌块砌体，配筋砌体，石砌体
		劲钢（管）混凝土	劲钢（管）焊接、劲钢（管）与钢筋的连接，混凝土
		钢结构	焊接钢结构、栓接钢结构，钢结构制作，钢结构安装，钢结构涂装
2	主体结构	混凝土结构	模板、钢筋、混凝土，预应力、现浇结构、装配式结构
		劲钢（管）混凝土结构	劲钢（管）焊接、螺栓连接、劲钢（管）与钢筋的连接，劲钢（管）制作、安装，混凝土
		砌体结构	砖砌体，混凝土小型空心砌块砌体，石砌体，填充墙砌体，配筋砖砌体
		钢结构	钢结构焊接，紧固件连接，钢零部件加工，单层钢结构安装，多层及高层钢结构安装，钢结构涂装、钢构件组装，钢构件预拼装，钢网架结构安装，压型金属板
		木结构	方木和原木结构、胶合木结构、轻型木结构、木构件防护
		网架和索膜结构	网架制作、网架安装、索膜安装、网架防火、防腐涂料

续表 B.0.1

序号	分部工程	子分部工程	分　项　工　程
3	建筑装饰装修	地　面	整体面层：基层、水泥混凝土面层、水泥砂浆面层、水磨石面层、防油渗面层、水泥耐磨面层、不发火（防爆的）面层、环氧自流平面层； 板块面层：基层、砖面层（陶瓷锦砖、缸砖、陶瓷地砖和水泥花砖面层）、大理石面层和花岗石面层、预制板块面层（预制水泥混凝土、水磨石板块面层）、料石面层（条石、块石面层）、塑料板面层、活动地板面层、地毯面层； 木竹面层：基层、实木地板面层（条材、块材面层）、实木复合地板面层（条材、块材面层）、中密度（强化）复合地板面层（条材面层）、竹地板面层
		抹　灰	一般抹灰、装饰抹灰、清水砌体勾缝
		门　窗	木门窗制作与安装、金属门窗安装、塑料门窗安装、特种门安装、门窗玻璃安装
		吊　顶	暗龙骨吊顶、明龙骨吊顶
		轻质隔墙	板材隔墙、骨架隔墙、活动隔墙、玻璃隔墙
		饰面板（砖）	饰面板安装、饰面砖粘贴
		幕　墙	玻璃幕墙、金属幕墙、石材幕墙
		涂　饰	水性涂料涂饰、溶剂型涂料涂饰、美术涂饰
		裱糊与软包	裱糊、软包
		细　部	橱柜制作与安装，窗帘盒、窗台板和暖气罩制作与安装，门窗套制作与安装，护栏和扶手制作与安装，花饰制作与安装
4	建筑屋面	卷材防水屋面	保温层、找平层、卷材防水层、细部构造
		涂膜防水屋面	保温层、找平层、涂膜防水层、细部构造
		刚性防水屋面	细石混凝土防水、密封材料嵌缝、细部构造
		瓦屋面	平瓦屋面、油毡瓦屋面、金属板屋面、细部构造
		隔热屋面	架空屋面、蓄水屋面、种植屋面
5	建筑给水、排水及采暖工程	室内给水系统	给水管道及配件安装，室内消火栓系统安装、给水设备安装、管道防腐、绝热
		室内排水系统	排水管道及配件安装、雨水管道及配件安装
		室内热水供应系统	管道及配件安装、辅助设备安装、防腐、绝热
		卫生器具安装	卫生器具安装、卫生器具给水配件安装、卫生器具排水管道安装
		室内采暖系统	管道及配件安装、辅助设备及散热器安装、金属辐射板安装、低温热水地板辐射采暖系统安装、系统水压试验及调试、防腐、绝热

续表 B.0.1

序号	分部工程	子分部工程	分项工程
5	建筑给水、排水及采暖工程	室外给水管网	给水管道安装、消防水泵接合器及室外消火栓安装、管沟及井室
		室外排水管网	排水管道安装、排水管沟及井池
		室外供热管网	管道及配件安装、系统水压试验及调试、防腐、绝热
		建筑中水系统及游泳池水系统	建筑中水系统管道及辅助设备安装、游泳池水系统安装
		供热锅炉及辅助设备安装	锅炉安装、辅助设备及管道安装、安全附件安装、烘炉、煮炉和试运行、换热站安装、防腐、绝热
		自动喷水灭火系统	供水设施安装、管网系统安装、管网系统组件安装、系统试验及调试、系统验收与维护、管道防腐、绝热
6	建筑电气	室外电气	架空线路及杆上电气设备安装，变压器、箱式变电所安装，成套配电柜、控制柜（屏、台）和动力、照明配电箱（盘）及控制柜安装，电线、电缆导管和线槽敷设，电线、电缆穿管和线槽敷设，电缆头制作、导线连接和线路电气试验，建筑物外部装饰灯具、航空障碍标志灯和庭院路灯安装，建筑照明通电试运行，接地装置安装
		变配电室	变压器、箱式变电所安装，成套配电柜、控制柜（屏、台）和动力、照明配电箱（盘）安装，裸母线、封闭母线、插接式母线安装，电缆沟内和电缆竖井内电缆敷设，电缆头制作、导线连接和线路电气试验，接地装置安装，避雷引下线和变配电室接地干线敷设
		供电干线	裸母线、封闭母线、插接式母线安装，桥架安装和桥架内电缆敷设，电缆沟和电缆竖井内电缆敷设，电线、电缆导线和线槽敷设，电线、电缆穿管和线槽敷线，电缆头制作、导线连接和线路电气试验
		电气动力	成套配电柜、控制柜（屏、台）和动力、照明配电箱（盘）及控制柜安装，低压电动机、电加热器及电动执行机构检查、接线，低压电气动力设备检测、试验和空载试运行，桥架安装和桥架内电缆敷设，电线、电缆导线和线槽敷线，电缆头制作、导线连接和线路电气试验，插座、开关、风扇安装
		电气照明安装	成套配电柜、控制柜（屏、台）和动力、照明配电箱（盘）安装，电线、电缆导管和线槽敷设，电线、电缆导管和线槽敷线，槽板配线，钢索配线，电缆头制作、导线连接和线路电气试验，普通灯具安装，专用灯具安装，插座、开关、风扇安装，建筑照明通电试运行

续表 B.0.1

序号	分部工程	子分部工程	分项工程
6	建筑电气	备用和不间断电源安装	成套配电柜、控制柜（屏、台）和动力、照明配电箱（盘）安装，柴油发电机组安装，不间断电源的其他功能单元安装，裸母线、封闭母线、插接式母线安装，电线、电缆导管和线槽敷设，电线、电缆导管和线槽敷线，电缆头制作、导线连接和线路电气试验，接地装置安装
		防雷及接地安装	接地装置安装，避雷引下线和变配电室接地干线敷设，建筑物等电位连接，接闪器安装
7	智能建筑	通信网络系统	通信系统，卫星及有线电视系统，公共广播系统
		办公自动化系统	计算机网络系统，信息平台及办公自动化应用软件，网络安全系统
		建筑设备监控系统	空调和通风系统，变配电系统，照明系统，给排水系统，热源和热交换系统，冷冻和冷却系统，电梯和自动扶梯系统，中央管理工作站与操作分站，子系统通信接口
		火灾报警及消防联动系统	火灾和可燃气体探测系统，火灾报警控制系统，消防联动系统
		安全防范系统	电视监控系统，入侵报警系统，巡更系统，出入口控制（门禁）系统，停车管理系统
		综合布线系统	缆线敷设和终接，机柜、机架、配线架的安装，信息插座和光缆芯线终端的安装
		智能化集成系统	集成系统网络，实时数据库，信息安全，功能接口
		电源与接地	智能建筑电源，防雷及接地
		环　境	空间环境，室内空调环境，视觉照明环境，电磁环境
		住宅（小区）智能化系统	火灾自动报警及消防联动系统，安全防范系统（含电视监控系统、入侵报警系统、巡更系统、门禁系统、楼宇对讲系统、住户对讲呼救系统、停车管理系统），物业管理系统（多表现场计量及远程传输系统、建筑设备监控系统、公共广播系统、小区网络及信息服务系统、物业办公自动化系统），智能家庭信息平台
8	通风与空调	送排风系统	风管与配件制作，部件制作，风管系统安装，空气处理设备安装，消声设备制作与安装，风管与设备防腐，风机安装，系统调试
		防排烟系统	风管与配件制作，部件制作，风管系统安装，排烟风口、常闭正压风口与设备安装，风管与设备防腐，风机安装，系统调试
		除尘系统	风管与配件制作，部件制作，风管系统安装，除尘器与排污设备安装，风管与设备防腐，风机安装，系统调试

续表 B.0.1

序号	分部工程	子分部工程	分项工程
8	通风与空调	空调风系统	风管与配件制作，部件制作，风管系统安装，空气处理设备安装，消声设备制作与安装，风管与设备防腐，风机安装，风管与设备绝热，高效过滤器安装，系统调试
		净化空调系统	风管与配件制作，部件制作，风管系统安装，空气处理设备安装，消声设备制作与安装，风管与设备防腐，风机安装，风管与设备绝热，高效过滤器安装，净化设备安装，系统调试
		制冷设备系统	制冷机组安装，制冷剂管道及配件安装，制冷附属设备安装，管道及设备的防腐与绝热，系统调试
		空调水系统	冷热水管道系统安装，冷却水管道系统安装，冷凝水管道系统安装，阀门及部件安装，冷却塔安装，水泵及附属设备安装，管道与设备的防腐与绝热，系统调试
9	电梯	电力驱动的曳引式或强制式电梯安装	设备进场验收，土建交接检验，驱动主机，导轨，门系统，轿厢，对重（平衡重），安全部件，悬挂装置，随行电缆，补偿装置，电气装置，整机安装验收
		液压电梯安装	设备进场验收，土建交接检验，液压系统，导轨，门系统，轿厢，对重（平衡重），安全部件，悬挂装置，随行电缆，电气装置，整机安装验收
		自动扶梯、自动人行道安装	设备进场验收，土建交接检验，整机安装验收

附录C 室 外 工 程 划 分

C.0.1 室外单位（子单位）工程和分部工程可按表C.0.1划分。

表C.0.1 室 外 工 程 划 分

单位工程	子单位工程	分部（子分部）工程
室外建筑环境	附属建筑	车棚，围墙，大门，挡土墙，垃圾收集站
	室外环境	建筑小品，道路，亭台，连廊，花坛，场坪绿化
室外安装	给排水与采暖	室外给水系统，室外排水系统，室外供热系统
	电　气	室外供电系统，室外照明系统

附录D 检验批质量评定及验收记录

D.0.1 检验批的质量验收记录由施工项目专业质量检查员填写，监理工程师（建设单位项目专业技术负责人）组织项目专业质量检查员等进行验收，并按表D.0.1记录。

表D.0.1 检验批质量评定及验收记录

单位（子单位）工程名称							
分部（子分部）工程名称					验收部位		
施工单位					项目经理		
分包单位					分包项目经理		
施工执行标准名称及编号							
施工质量验收规范及企业标准的规定			施工单位检查评定记录				监理（建设）单位验收记录
检查项目			合格	优良	抽查评定记录	指定项目优良率	
主控项目	1						
	2						
	3						
	4						
	5						
一般项目	1						
	2						
	3						
	4	★					
	5	★					
	6						
	7	★					
	8						
施工单位检查评定结果	企业评定等级		专业工长（施工员）			施工班组长	
			项目专业质量检查员：			年 月 日	
监理（建设）单位验收结论	专业监理工程师： （建设单位项目专业技术负责人）					年 月 日	

注：带“★”的项目为指定项目。

附录 E 分项工程质量评定及验收记录

E.0.1 分项工程质量应由项目专业技术、质量负责人组织进行评定。由监理工程师（建设单位项目专业技术负责人）组织项目专业技术负责人等进行验收，并按表 E.0.1 记录。

表 E.0.1 ________分项工程质量评定及验收记录

<table>
<tr><td colspan="2">单位（子单位）工程名称</td><td></td><td>结构类型</td><td></td></tr>
<tr><td colspan="2">分部（子分部）工程名称</td><td></td><td>检验批数</td><td></td></tr>
<tr><td colspan="2">施工单位</td><td></td><td>项目经理</td><td></td></tr>
<tr><td colspan="2">分包单位</td><td></td><td>分包项目经理</td><td></td></tr>
<tr><td>序号</td><td>检验批部位、区段</td><td>施工单位检查评定结果</td><td colspan="2">监理（建设）单位验收结论</td></tr>
<tr><td>1</td><td></td><td></td><td colspan="2" rowspan="13"></td></tr>
<tr><td>2</td><td></td><td></td></tr>
<tr><td>3</td><td></td><td></td></tr>
<tr><td>4</td><td></td><td></td></tr>
<tr><td>5</td><td></td><td></td></tr>
<tr><td>6</td><td></td><td></td></tr>
<tr><td>7</td><td></td><td></td></tr>
<tr><td>8</td><td></td><td></td></tr>
<tr><td>9</td><td></td><td></td></tr>
<tr><td>10</td><td></td><td></td></tr>
<tr><td></td><td></td><td></td></tr>
<tr><td></td><td></td><td></td></tr>
<tr><td colspan="2">说明</td><td></td></tr>
<tr><td colspan="2">分项工程评定结果</td><td>检验批 项，其中优良 项；
优良率为 %。</td><td>企业评定等级</td><td></td></tr>
<tr><td>检查结论</td><td>项目专业技术负责人：
年 月 日</td><td>验收结论</td><td colspan="2">监理工程师：
（建设单位项目专业技术负责人）
年 月 日</td></tr>
</table>

附录 F　分部（子分部）工程质量评定及验收记录

F.0.1 分部（子分部）工程质量应由项目负责人组织进行评定。由总监理工程师（建设单位项目专业负责人）组织施工项目经理和有关勘察、设计单位项目负责人进行验收，并按表 **F.0.1** 记录。

表 F.0.1 ＿＿＿分部（子分部）工程质量评定及验收记录

<table>
<tr><td>工程名称</td><td></td><td>结构类型</td><td></td><td>层数</td><td></td></tr>
<tr><td>施工单位</td><td></td><td>企业技术部门
负责人</td><td></td><td>企业质量部门
负责人</td><td></td></tr>
<tr><td>分包单位</td><td></td><td>分包单位负责人</td><td></td><td>分包技术负责人</td><td></td></tr>
<tr><td>序号</td><td>子分部（分项）工程名称</td><td>分项工程
（检验批）数</td><td>优良率
（%）</td><td>施工单位检查评定</td><td>验收意见</td></tr>
<tr><td rowspan="6">1</td><td></td><td></td><td></td><td></td><td rowspan="9"></td></tr>
<tr><td></td><td></td><td></td><td></td></tr>
<tr><td></td><td></td><td></td><td></td></tr>
<tr><td></td><td></td><td></td><td></td></tr>
<tr><td></td><td></td><td></td><td></td></tr>
<tr><td></td><td></td><td></td><td></td></tr>
<tr><td>2</td><td>质量控制资料</td><td colspan="2"></td><td></td></tr>
<tr><td>3</td><td>安全和功能检验（检测）报告</td><td colspan="2"></td><td></td></tr>
<tr><td>4</td><td>观感质量评定与验收</td><td colspan="2"></td><td></td></tr>
<tr><td>分部（子分部）工程评定结果</td><td colspan="3">子分部（分项）工程数　项，其中优良数　项；
优良率为　%。</td><td>企业评定等级</td><td></td></tr>
<tr><td rowspan="5">验收结论</td><td>分包单位</td><td colspan="4">项目经理　年　月　日</td></tr>
<tr><td>施工单位</td><td colspan="4">项目经理　年　月　日</td></tr>
<tr><td>勘察单位</td><td colspan="4">项目负责人　年　月　日</td></tr>
<tr><td>设计单位</td><td colspan="4">项目负责人　年　月　日</td></tr>
<tr><td>监理（建设）单位</td><td colspan="4">总监理工程师
（建设单位项目专业负责人）
年　月　日</td></tr>
</table>

注：地基基础、主体结构分部工程质量验收不填写“分包单位”、“分包单位负责人”和“分包技术负责人”。地基基础、主体结构分部工程验收勘察单位应签认，其他分部工程验收勘察单位可不签认。

附录G　单位（子单位）工程质量竣工验收记录

G.0.1　单位（子单位）工程质量验收应按表G.0.1-1记录，表G.0.1-1为单位工程质量验收的汇总表与附录F的表F.0.1和表G.0.1-2～G.0.1-4配合使用。表G.0.1-2为单位（子单位）工程质量控制资料核查记录，表G.0.1-3为单位（子单位）工程安全和功能检验资料核查及主要功能抽查记录，表G.0.1-4为单位（子单位）工程观感质量检查记录。

表G.0.1-1～G.0.1-4验收记录由施工单位填写，验收结论由监理（建设）单位填写。综合验收结论由参加验收各方共同商定，建设单位填写，应对工程质量是否符合设计和规范要求及总体质量水平做出评价。

表G.0.1-1　单位（子单位）工程质量竣工验收记录

<table>
<tr><td colspan="2">工程名称</td><td colspan="2"></td><td>结构类型</td><td></td><td>层数/建筑面积</td><td></td></tr>
<tr><td colspan="2">施工单位</td><td colspan="2"></td><td>技术负责人</td><td></td><td>开工日期</td><td></td></tr>
<tr><td colspan="2">项目经理</td><td colspan="2"></td><td>项目技术负责人</td><td></td><td>竣工日期</td><td></td></tr>
<tr><td>序号</td><td>项　　目</td><td colspan="3">验　收　记　录</td><td colspan="3">验 收 结 论</td></tr>
<tr><td>1</td><td>分部工程</td><td colspan="3">共　　分部，经查　　分部
符合标准及设计要求　　分部</td><td colspan="3"></td></tr>
<tr><td>2</td><td>质量控制资料核查</td><td colspan="3">共　项，经审查符合要求　项，
经核定符合规范要求　　项</td><td colspan="3"></td></tr>
<tr><td>3</td><td>安全和主要使用功能核查及抽查结果</td><td colspan="3">共核查　　项，符合要求　　项，
共抽查　　项，符合要求　　项，
经返工处理符合要求　　项</td><td colspan="3"></td></tr>
<tr><td>4</td><td>观感质量验收</td><td colspan="3">共抽查　　项，符合要求　　项，
不符合要求　　项</td><td colspan="3"></td></tr>
<tr><td>5</td><td>综合验收结论</td><td colspan="6"></td></tr>
<tr><td rowspan="2">参加验收单位</td><td colspan="2">建设单位</td><td colspan="2">监理单位</td><td colspan="2">施工单位</td><td>设计单位</td></tr>
<tr><td colspan="2">（公章）
单位（项目）负责人：
年　月　日</td><td colspan="2">（公章）
总监理工程师：
年　月　日</td><td colspan="2">（公章）
单位负责人：
年　月　日</td><td>（公章）
单位（项目）负责人：
年　月　日</td></tr>
</table>

表 G.0.1-2 单位（子单位）工程质量控制资料核查记录

工程名称　　　　　　　　　　　　　　　　　　　　施工单位：

序号	项目	资料名称	份数	核查意见	核查人
1	建筑与结构	图纸会审、设计变更、洽商记录			
2		工程定位测量、放线记录			
3		原材料出厂合格证书及进场检（试）验报告			
4		施工试验报告及见证检测报告			
5		隐蔽工程验收记录			
6		施工记录			
7		预制构件、预拌混凝土合格证			
8		地基基础、主体结构检验及抽样检测资料			
9		分项、分部工程质量验收记录			
10		工程质量事故及事故调查处理资料			
11		新材料、新工艺施工记录			
12					
1	给排水与采暖	图纸会审、设计变更、洽商记录			
2		材料、配件出厂合格证书及进场检（试）验报告			
3		管道、设备强度试验、严密性试验记录			
4		隐蔽工程验收记录			
5		系统清洗、灌水、通水、通球试验记录			
6		施工记录			
7		分项、分部工程质量验收记录			
8					
1	建筑电气	图纸会审、设计变更、洽商记录			
2		材料、设备出厂合格证书及进场检（试）验报告			
3		设备调试记录			
4		接地、绝缘电阻测试记录			
5		隐蔽工程验收记录			
6		施工记录			
7		分项、分部工程质量验收记录			
8					

续表 G.0.1-2

序号	项目	资 料 名 称	份数	核查意见	核查人
1	通风与空调	图纸会审、设计变更、洽商记录			
2		材料、设备出厂合格证书及进场检（试）验报告			
3		制冷、空调、水管道强度试验、严密性试验记录			
4		制冷设备运行调试记录			
5		通风、空调系统调试记录			
6		隐蔽工程验收记录			
7		施工记录			
8		分项、分部工程质量验收记录			
1	电梯	土建布置图纸会审、设计变更、洽商记录			
2		设备出厂合格证书及开箱检验记录			
3		隐蔽工程验收记录			
4		施工记录			
5		接地、绝缘电阻测试记录			
6		负荷试验、安全装置检查记录			
7		分项、分部工程质量验收记录			
8					
1	建筑智能化	图纸会审、设计变更、洽商记录、竣工图纸及设计说明			
2		材料、设备出厂合格证书及技术文件及进场检(试)验报告			
3		隐蔽工程验收记录			
4		系统功能测定及设备调试记录			
5		系统技术、操作和维护手册			
6		系统管理、操作人员培训记录			
7		系统检测报告			
8		分项、分部工程质量验收记录			

结论：

总监理工程师

施工单位项目经理　年　月　日　（建设单位项目负责人）　年　月　日

表 G.0.1-3　单位（子单位）工程安全和功能检验资料核查及主要功能抽查记录

<table>
<tr><td colspan="2">工程名称</td><td></td><td>施工单位</td><td colspan="4"></td></tr>
<tr><td>序号</td><td>项目</td><td colspan="2">资 料 名 称</td><td>份数</td><td>核查意见</td><td>抽查结果</td><td>核查(抽查)人</td></tr>
<tr><td>1</td><td rowspan="10">建筑与结构</td><td colspan="2">屋面淋水试验记录</td><td></td><td></td><td></td><td rowspan="33"></td></tr>
<tr><td>2</td><td colspan="2">地下室防水效果检查记录</td><td></td><td></td><td></td></tr>
<tr><td>3</td><td colspan="2">有防水要求的地面蓄水试验记录</td><td></td><td></td><td></td></tr>
<tr><td>4</td><td colspan="2">建筑物垂直度、标高、全高测量记录</td><td></td><td></td><td></td></tr>
<tr><td>5</td><td colspan="2">抽气（风）道检查记录</td><td></td><td></td><td></td></tr>
<tr><td>6</td><td colspan="2">幕墙及外窗气密性、水密性、耐风压检测报告</td><td></td><td></td><td></td></tr>
<tr><td>7</td><td colspan="2">建筑物沉降观测测量记录</td><td></td><td></td><td></td></tr>
<tr><td>8</td><td colspan="2">节能、保温测试记录</td><td></td><td></td><td></td></tr>
<tr><td>9</td><td colspan="2">室内环境检测报告</td><td></td><td></td><td></td></tr>
<tr><td>10</td><td colspan="2"></td><td></td><td></td><td></td></tr>
<tr><td>1</td><td rowspan="6">给排水与采暖</td><td colspan="2">给水管道通水试验记录</td><td></td><td></td><td></td></tr>
<tr><td>2</td><td colspan="2">暖气管道、散热器压力试验记录</td><td></td><td></td><td></td></tr>
<tr><td>3</td><td colspan="2">卫生器具满水试验记录</td><td></td><td></td><td></td></tr>
<tr><td>4</td><td colspan="2">消防管道、燃气管道压力试验记录</td><td></td><td></td><td></td></tr>
<tr><td>5</td><td colspan="2">排水干管通球试验记录</td><td></td><td></td><td></td></tr>
<tr><td>6</td><td colspan="2"></td><td></td><td></td><td></td></tr>
<tr><td>1</td><td rowspan="5">电气</td><td colspan="2">照明全负荷试验记录</td><td></td><td></td><td></td></tr>
<tr><td>2</td><td colspan="2">大型灯具牢固性试验记录</td><td></td><td></td><td></td></tr>
<tr><td>3</td><td colspan="2">避雷接地电阻测试记录</td><td></td><td></td><td></td></tr>
<tr><td>4</td><td colspan="2">线路、插座、开关接地检验记录</td><td></td><td></td><td></td></tr>
<tr><td>5</td><td colspan="2"></td><td></td><td></td><td></td></tr>
<tr><td>1</td><td rowspan="5">通风空调</td><td colspan="2">通风、空调系统试运行记录</td><td></td><td></td><td></td></tr>
<tr><td>2</td><td colspan="2">风量、温度测试记录</td><td></td><td></td><td></td></tr>
<tr><td>3</td><td colspan="2">洁净室洁净度测试记录</td><td></td><td></td><td></td></tr>
<tr><td>4</td><td colspan="2">制冷机组试运行调试记录</td><td></td><td></td><td></td></tr>
<tr><td>5</td><td colspan="2"></td><td></td><td></td><td></td></tr>
<tr><td>1</td><td rowspan="2">电梯</td><td colspan="2">电梯运行记录</td><td></td><td></td><td></td></tr>
<tr><td>2</td><td colspan="2">电梯安全装置检测报告</td><td></td><td></td><td></td></tr>
<tr><td>1</td><td rowspan="3">智能建筑</td><td colspan="2">系统试运行记录</td><td></td><td></td><td></td></tr>
<tr><td>2</td><td colspan="2">系统电源及接地检测报告</td><td></td><td></td><td></td></tr>
<tr><td>3</td><td colspan="2"></td><td></td><td></td><td></td></tr>
<tr><td colspan="8">结论：

施工单位项目经理　　　年　月　日　　总监理工程师
（建设单位项目负责人）　　　年　月　日</td></tr>
</table>

表 G.0.1-4 单位（子单位）工程观感质量检查记录

工程名称			施工单位			
序号	项目		抽查质量状况	质量评价		
				好	一般	差
1	建筑与结构	室外墙面				
2		变形缝				
3		水落管、屋面				
4		室内墙面				
5		室内顶棚				
6		室内地面				
7		楼梯、踏步、护栏				
8		门窗				
1	给排水与采暖	管道接口、坡度、支架				
2		卫生器具、支架、阀门				
3		检查口、扫除口、地漏				
4		散热器、支架				
1	建筑电气	配电箱、盘、板、接线盒				
2		设备器具、开关、插座				
3		防雷、接地				
1	通风与空调	风管、支架				
2		风口、风阀				
3		风机、空调设备				
4		阀门、支架				
5		水泵、冷却塔				
6		绝热				
1	电梯	运行、平层、开关门				
2		层门、信号系统				
3		机房				
1	智能建筑	机房设备安装及布局				
2		现场设备安装				
3						
观感质量综合评价						
检查结论	施工单位项目经理： 年 月 日		总监理工程师： （建设单位项目负责人） 年 月 日			

附录H　地基与基础及主体结构分部（子分部）工程质量核定记录

H.0.1　地基与基础及主体结构分部（子分部）质量核定记录，核定意见由企业技术质量主管部门填写。企业主管部门负责人签字，加盖主管部门公章。并按表H.0.1记录。

表H.0.1　________分部（子分部）工程质量核定记录

<table>
<tr><td>工程名称</td><td colspan="3"></td><td>结构类型及层数</td><td></td></tr>
<tr><td>施工单位</td><td></td><td>企业技术部门
负责人</td><td></td><td>企业质量部门
负责人</td><td></td></tr>
<tr><td>分包单位</td><td></td><td>分包单位
负责人</td><td></td><td>分包技术
负责人</td><td></td></tr>
<tr><td>序号</td><td>子分部（分项）工程名称</td><td>分项工程
（检验批）数</td><td>优良率
（%）</td><td>施工单位检查评定</td><td>核定意见</td></tr>
<tr><td rowspan="6">1</td><td></td><td></td><td></td><td></td><td rowspan="6"></td></tr>
<tr><td></td><td></td><td></td><td></td></tr>
<tr><td></td><td></td><td></td><td></td></tr>
<tr><td></td><td></td><td></td><td></td></tr>
<tr><td></td><td></td><td></td><td></td></tr>
<tr><td></td><td></td><td></td><td></td></tr>
<tr><td>2</td><td>质量控制资料</td><td colspan="2"></td><td></td><td></td></tr>
<tr><td>3</td><td>安全和功能检验（检测）报告</td><td colspan="2"></td><td></td><td></td></tr>
<tr><td>4</td><td>观感质量评定</td><td colspan="2"></td><td></td><td></td></tr>
<tr><td>分部（子分部）工程评定结果</td><td colspan="3">子分部（分项）工程　　项，其中优良　　项；
优良率为　　%。</td><td>企业评定等级</td><td></td></tr>
<tr><td rowspan="2">核定结论</td><td>工程项目
自评结论</td><td colspan="4">项目负责人　　　　年　月　日</td></tr>
<tr><td>企业主管部门
核定意见</td><td colspan="4">企业主管部门负责人　　　　年　月　日
（主管部门章）</td></tr>
</table>

附录I 单位（子单位）工程质量核定记录

I.0.1 单位（子单位）工程质量核定记录按表I.0.1-1记录，表I.0.1-1为单位工程质量核定记录与附录F的表F.0.1和表I.0.1-2～I.0.1-4配合使用。表I.0.1-2为单位（子单位）工程质量控制资料核查记录，表I.0.1-3为单位（子单位）工程安全和功能检验资料核查及主要功能抽查记录，表I.0.1-4为单位（子单位）工程观感质量检查记录。

表I.0.1-1记录，核定结论及核定结果由企业技术质量主管部门填写。

表I.0.1-2～I.0.1-4记录，由企业技术质量主管部门在现场抽查、核定的基础上填写。

表I.0.1-1 单位（子单位）工程质量核定表

<table>
<tr><td colspan="2">工程名称</td><td></td><td>结构类型</td><td></td><td>层数/建筑面积</td><td></td></tr>
<tr><td colspan="2">施工单位</td><td></td><td>施工单位技术负责人</td><td></td><td>开工日期</td><td></td></tr>
<tr><td colspan="2">项目经理</td><td></td><td>项目技术负责人</td><td></td><td>竣工日期</td><td></td></tr>
<tr><td>序号</td><td>项　　目</td><td colspan="3">评　定　记　录</td><td colspan="2">核定结论</td></tr>
<tr><td>1</td><td>分部工程</td><td colspan="3">共　　分部，经查　　分部
符合标准及设计要求　　分部</td><td colspan="2">其中优良　　分部，
分部优良率　　%；
主体分部质量等级：
装饰装修分部质量等级：
安装主要分部质量等级：</td></tr>
<tr><td>2</td><td>质量控制资料核查</td><td colspan="3">共　项，经审查符合要求　项，
经核定符合规范要求　　项</td><td colspan="2"></td></tr>
<tr><td>3</td><td>安全和主要使用功能核查及抽查结果</td><td colspan="3">共核查　　项，符合要求　　项，
共抽查　　项，符合要求　　项，
经返工处理符合要求　　　项</td><td colspan="2"></td></tr>
<tr><td>4</td><td>观感质量评定</td><td colspan="3">共抽查　　项，优良　　项，
优良率　　%；</td><td colspan="2"></td></tr>
<tr><td>5</td><td>核定结果</td><td colspan="5"></td></tr>
<tr><td rowspan="2">参加核定单位</td><td colspan="2">工程项目经理部</td><td colspan="4">施工单位</td></tr>
<tr><td colspan="2">项目负责人：

年　月　日</td><td colspan="4">施工单位技术负责人：
年　月　日
（公章）</td></tr>
</table>

表 I.0.1-2 单位（子单位）工程质量控制资料核查记录

工程名称：　　　　　　　　　　　　　　　　　　施工单位：

序号	项目	资 料 名 称	份数	核查意见	核查人
1	建筑与结构	图纸会审、设计变更、洽商记录			
2		工程定位测量、放线记录			
3		原材料出厂合格证书及进场检（试）验报告			
4		施工试验报告及见证检测报告			
5		隐蔽工程验收记录			
6		施工记录			
7		预制构件、预拌混凝土合格证			
8		地基基础、主体结构检验及抽样检测资料			
9		分项、分部工程质量验收记录			
10		工程质量事故及事故调查处理资料			
11		新材料、新工艺施工记录			
12					
1	给排水与采暖	图纸会审、设计变更、洽商记录			
2		材料、配件出厂合格证书及进场检（试）验报告			
3		管道、设备强度试验、严密性试验记录			
4		隐蔽工程验收记录			
5		系统清洗、灌水、通水、通球试验记录			
6		施工记录			
7		分项、分部工程质量验收记录			
8					
1	建筑电气	图纸会审、设计变更、洽商记录			
2		材料、设备出厂合格证书及进场检（试）验报告			
3		设备调试记录			
4		接地、绝缘电阻测试记录			
5		隐蔽工程验收记录			
6		施工记录			
7		分项、分部工程质量验收记录			
8					

续表 I.0.1-2

序号	项目	资 料 名 称	份数	核查意见	核查人
1	通风与空调	图纸会审、设计变更、洽商记录			
2		材料、设备出厂合格证书及进场检（试）验报告			
3		制冷、空调、水管道强度试验、严密性试验记录			
4		制冷设备运行调试记录			
5		通风、空调系统调试记录			
6		隐蔽工程验收记录			
7		施工记录			
8		分项、分部工程质量验收记录			
1	电梯	土建布置图纸会审、设计变更、洽商记录			
2		设备出厂合格证书及开箱检验记录			
3		隐蔽工程验收记录			
4		施工记录			
5		接地、绝缘电阻测试记录			
6		负荷试验、安全装置检查记录			
7		分项、分部工程质量验收记录			
8					
1	建筑智能化	图纸会审、设计变更、洽商记录、竣工图纸及设计说明			
2		材料、设备出厂合格证书及技术文件及进场检(试)验报告			
3		隐蔽工程验收记录			
4		系统功能测定及设备调试记录			
5		系统技术、操作和维护手册			
6		系统管理、操作人员培训记录			
7		系统检测报告			
8		分项、分部工程质量验收记录			

结论：

企业主管部门负责人

施工单位项目负责人　　　年　　月　　日　　　　　　　　　　　　　　　　　　年　月　日

（主管部门章）

表 I.0.1-3　单位（子单位）工程安全和功能检验资料核查及主要功能抽查记录

工程名称			施工单位			
序号	项目	资　料　名　称	份数	核查意见	抽查结果	核查(抽查)人
1	建筑与结构	屋面淋水试验记录				
2		地下室防水效果检查记录				
3		有防水要求的地面蓄水试验记录				
4		建筑物垂直度、标高、全高测量记录				
5		抽气（风）道检查记录				
6		幕墙及外窗气密性、水密性、耐风压检测报告				
7		建筑物沉降观测测量记录				
8		节能、保温测试记录				
9		室内环境检测报告				
10						
1	给排水与采暖	给水管道通水试验记录				
2		暖气管道、散热器压力试验记录				
3		卫生器具满水试验记录				
4		消防管道、燃气管道压力试验记录				
5		排水干管通球试验记录				
6						
1	电气	照明全负荷试验记录				
2		大型灯具牢固性试验记录				
3		避雷接地电阻测试记录				
4		线路、插座、开关接地检验记录				
5						
1	通风空调	通风、空调系统试运行记录				
2		风量、温度测试记录				
3		洁净室洁净度测试记录				
4		制冷机组试运行调试记录				
5						
1	电梯	电梯运行记录				
2		电梯安全装置检测报告				
1	智能建筑	系统试运行记录				
2		系统电源及接地检测报告				
3						

结论：

施工单位项目负责人　　　年　月　日　　　　企业主管部门负责人　　　年　月　日

（主管部门章）

表 I.0.1-4 单位（子单位）工程观感质量检查记录

工程名称			施工单位			
序号	项目		质量状况	质量核定结果		
				优良	合格	不合格
1	建筑与结构	室外墙面				
2		变形缝				
3		水落管、屋面				
4		室内墙面				
5		室内顶棚				
6		室内地面				
7		楼梯、踏步、护栏				
8		门窗				
1	给排水与采暖	管道接口、坡度、支架				
2		卫生器具、支架、阀门				
3		检查口、扫除口、地漏				
4		散热器、支架				
1	建筑电气	配电箱、盘、板、接线盒				
2		设备器具、开关、插座				
3		防雷、接地				
1	通风与空调	风管、支架				
2		风口、风阀				
3		风机、空调设备				
4		阀门、支架				
5		水泵、冷却塔				
6		绝热				
1	电梯	运行、平层、开关门				
2		层门、信号系统				
3		机房				
1	智能建筑	机房设备安装及布局				
2		现场设备安装				
3						
观感质量核定结果						
核定结论	项目负责人： 年 月 日		施工单位主管部门负责人： 年 月 日（章）			

北京建工集团企业标准

Q/BCEG 301 — 2004

建筑地基基础工程施工质量评定标准

2004年11月24日发布　　2005年01月01日实施

北京建工集团有限责任公司

北京建工集团企业标准

Q/BCEG 301—2004

建筑地基基础工程施工质量评定标准

2004年11月24日发布　　2005年01月01日实施

北京建工集团有限责任公司

目　次

1 总 则

1.0.1 为加强集团工程质量的监督管理，统一本集团地基基础工程施工质量的评定，保证工程质量，制定本标准。

1.0.2 本标准是在国家标准《建筑地基基础工程施工质量验收规范》GB 50202—2002 基础上制定的质量评定标准，适用于本集团建筑工程的地基基础工程施工质量的评定。

1.0.3 地基基础工程施工中采用的工程技术文件、承包合同文件对施工质量的验收要求不得低于《建筑地基基础工程施工质量验收规范》GB 50202—2002 的规定。

1.0.4 本标准应与北京建工集团《建筑工程施工质量验收统一标准》配套使用。

1.0.5 建筑地基基础工程的质量评定除应执行本标准外，尚应符合北京建工集团《地基基础工程施工技术规程》和国家、地方现行有关标准规范的规定。

2 术　语

2.0.1　土工合成材料地基　geosynthetics foundation

在土工合成材料上填以土（砂土料）构成建筑物的地基，土工合成材料可以是单层，也可以是多层。一般为浅层地基。

2.0.2　注浆地基　grouting foundation

将配置好的化学浆液或水泥浆液，通过导管注入土体孔隙中，与土体结合，发生物化反应，从而提高土体强度，减小其压缩性和渗透性。

2.0.3　预压地基　preloading foundation

在原状土上加载，使土中水排出，以实现土的预先固结，减少建筑物地基后期沉降和提高地基承载力。按加载方法的不同，分为堆载预压、真空预压、降水预压三种不同方法的预压地基。

2.0.4　高压喷射注浆地基　jet grouting foundation

利用钻机把带有喷嘴的注浆管钻至土层的预定位置或先钻孔后将注浆管放至预定位置，以高压使浆液或水从喷嘴中射出，边旋转边喷射的浆液，使土体与浆液搅拌混合形成一固结体。施工采用单独喷出水泥浆的工艺，称为单管法；施工采用同时喷出高压空气与水泥浆的工艺，称为二管法；施工采用同时喷出高压水、高压空气及水泥浆的工艺，称为三管法。

2.0.5　水泥土搅拌桩地基　soil-cement mixed pile foundation

利用水泥作为固化剂，通过搅拌机械将其与地基土强制搅拌，硬化后构成的地基。

2.0.6　土与灰土挤密桩地基　soil-lime compacted column

在原土中成孔后分层填以素土或灰土，并夯实，使填土压密，同时挤密周围土体，构成坚实的地基。

2.0.7　水泥粉煤灰、碎石桩　cement flyash gravel pile

用长螺旋钻机钻孔或沉管桩机成孔后，将水泥、粉煤灰及碎石混合搅拌后，泵压或经下料斗投入孔内，构成密实的桩体。

2.0.8　锚杆静压桩　pressed pile by anchor rod

利用锚杆将桩分节压入土层中的沉桩工艺。锚杆可用垂直土锚或临时锚在混凝土底板、承台中的地锚。

3 基 本 规 定

3.0.1 地基基础工程施工前，必须具备完备的地质勘察资料及工程附近管线、建筑物、构筑物和其他公共设施的构造情况，必要时应作施工勘察和调查以确保工程质量及临近建筑的安全。施工勘察要点详见附录A。

3.0.2 施工单位必须具备相应专业资质，并应建立完善的质量管理体系和质量检验制度。

3.0.3 从事地基基础工程检测及见证试验的单位，必须具备省级以上（含省、自治区、直辖市）建设行政主管部门颁发的资质证书和计量行政主管部门颁发的计量认证合格证书。

3.0.4 地基基础工程是分部工程，如有必要应根据北京建工集团《建筑工程施工质量评定统一标准》的规定，可再划分若干个子分部工程。

3.0.5 施工过程中出现异常情况时，应停止施工，由监理或建设单位组织勘察、设计、施工等有关单位共同分析情况，解决问题，消除质量隐患，并应形成文件资料。

4 地　基

4.1 一 般 规 定

4.1.1 建筑物地基的施工应具备下述资料：

1 岩土工程勘察资料。

2 临近建筑物和地下设施类型、分布及结构质量情况。

3 工程设计图纸、设计要求及需达到的标准，检验手段。

4.1.2 砂、石子、水泥、钢材、石灰、粉煤灰等原材料的质量、检验项目、批量和检验方法，应符合国家现行标准的规定。

4.1.3 地基施工结束，宜在一个间歇期后，进行质量评定及验收，间歇期由设计确定。

4.1.4 地基加固工程，应在正式施工前进行试验段施工，论证设定的施工参数及加固效果。为验证加固效果所进行的载荷试验，其施加载荷应不低于设计载荷的2倍。

4.1.5 对灰土地基、砂和砂石地基、土工合成材料地基、粉煤灰地基、注浆地基、预压地基，其竣工后的结果（地基强度或承载力）必须达到设计要求的标准。

检查数量：每单位工程不应少于3点，1000m^2以上工程，每100m^2至少应有1点，3000m^2以上工程，每300m^2至少应有1点，每一独立基础下至少应有1点，基槽每20延米至少应有1点。

4.1.6 对水泥土搅拌桩复合地基、高压喷射注浆桩复合地基、砂桩地基、振冲桩复合地基、土和灰土挤密桩复合地基、水泥粉煤灰碎石桩复合地基及夯实水泥土桩复合地基，其承载力检验，数量为总数的0.5%～1%，但应不少于3处。有单桩强度检验要求时，数量为总数的0.5%～1%，但不应少于3根。

4.1.7 除本标准**4.1.5**、**4.1.6**条指定的主控项目外，其他主控项目及一般项目可随意抽查，但复合地基中的水泥土搅拌桩、高压喷射注浆桩、土和灰土挤密桩、水泥粉煤灰碎石桩及夯实水泥土桩至少应抽查20%。

4.2 灰 土 地 基

4.2.1 灰土土料、石灰或水泥（当水泥代替灰土中的石灰时）等材料及配合比应符合设计要求，灰土应搅拌均匀。

4.2.2 施工过程中应检查分层铺设的厚度、分段施工时上下两层的搭接长度、夯实时加水量、夯压遍数、压实系数。

优良：在合格的基础上，分层留槎位置、方法正确，其表面无松散、无起皮现象，顶面标高准确、表面平整。

4.2.3 施工结束后，应检验灰土地基的承载力。

4.2.4 灰土地基的质量检验评定标准应符合表 4.2.4 的规定。

表 4.2.4 灰土地基质量检验评定标准

项	序号	检 查 项 目	允许偏差或允许值			检查方法
			单位	数 值		
				合格	*优良*	
主控项目	1	地基承载力	设计要求			按规定方法
	2	配合比	设计要求			按拌和时的体积比
	3	压实系数	设计要求			现场实测
一般项目	1	石灰粒径	mm	≤5		筛分法
	2	土料有机质含量	%	≤5		试验室焙烧法
	3	土颗粒粒径	mm	≤15		筛分法
	4	含水量（与要求的最优含水量比较）	%	±2		烘干法
	5	分层厚度偏差（与设计要求比较）	mm	±50	***±40***	水准仪
	6	顶面标高	mm	—	***±15***	水准仪
	7	表面平整度偏差	mm	—	***15***	拉线或用靠尺检查

4.3 砂和砂石地基

4.3.1 砂、石等原材料质量、配合比应符合设计要求，砂、石应搅拌均匀。

4.3.2 施工过程中必须检查分层厚度、分段施工时搭接部分的压实情况、加水量、压实遍数、压实系数。

优良：在合格的基础上，分层留槎位置、方法正确，其表面平整、无松散、顶面标高准确。

4.3.3 施工结束后，应检查砂石地基的承载力。

4.3.4 砂和砂石地基的质量检验评定标准应符合表 4.3.4 的规定。

表 4.3.4 砂及砂石地基质量检验评定标准

项	序号	检 查 项 目	允许偏差或允许值			检查方法
			单位	数 值		
				合格	*优良*	
主控项目	1	地基承载力	设计要求			按规定的方法
	2	配合比	设计要求			检查拌和时的体积比或重量比
	3	压实系数	设计要求			现场实测

续表 4.3.4

项	序号	检 查 项 目	允许偏差或允许值			检查方法
			单位	数 值		
				合格	***优良***	
一般项目	1	砂石料有机质含量	%	≤5		焙烧法
	2	砂石料含泥量	%	≤5		水洗法
	3	石料粒径	mm	≤100		筛分法
	4	含水量（与最优含水量比较）	%	±2		烘干法
	5	分层厚度（与设计要求比较）	mm	±50	***±40***	水准仪
	6	顶面标高	mm	—	***±15***	水准仪
	7	表面平整度	mm	—	***20***	拉线或使用 2m 靠尺板

4.4 土工合成材料地基

4.4.1 施工前应对土工合成材料的物理性能（单位面积的质量、厚度、比重）、强度、延伸率以及土、砂石料等做检验。土工合成材料 100m^2 为一批，每批应抽查 5%。

4.4.2 施工过程中应检查清基、回填料铺设厚度及平整度、土工合成材料的铺设方向、接缝搭接长度或缝接状况、土工合成材料与结构的连接状况等。

4.4.3 施工结束后，应进行承载力检验。

4.4.4 土工合成材料地基质量检验评定标准应符合表 4.4.4 的规定。

表 4.4.4 土工合成材料地基质量检验评定标准

项	序号	检 查 项 目	允许偏差或允许值			检查方法
			单位	数 值		
				合格	***优良***	
主控项目	1	土工合成材料强度	%	≤5		置于夹具上做拉伸实验（结果与设计标准相比）
	2	土工合成材料延伸率	%	≤3		置于夹具上做拉伸实验（结果与设计标准相比）
	3	地基承载力	设计要求			按规定的方法
一般项目	1	土工合成材料搭接长度	mm	≥300		用钢尺量
	2	土石料有机质含量	%	≤5		焙烧法
	3	层面平整度	mm	≤20		用 2m 靠尺
	4	每层铺设厚度	mm	±25	***±20***	水准仪
	5	顶面标高	mm	—	***±15***	水准仪

4.5 粉煤灰地基

4.5.1 施工前应检查粉煤灰材料，并对基槽清底状况、地质条件予以检验。

4.5.2 施工过程中应检查铺筑厚度、碾压遍数、施工含水量控制、搭接区碾压程度、压实系数等。

优良：在合格的基础上，粉煤灰应搅拌均匀，分层留槎位置、方法正确，其表面平整、无松散、顶面标高准确。

4.5.3 施工结束后，应检验地基的承载力。

4.5.4 粉煤灰地基质量检验评定标准应符合表4.5.4的规定。

表4.5.4 粉煤灰地基质量检验评定标准

项	序号	检查项目	允许偏差或允许值			检查方法
			单位	数值		
				合格	***优良***	
主控项目	1	压实系数	设计要求			现场实测
	2	地基承载力	设计要求			按规定方法
一般项目	1	粉煤灰粒径	mm	0.001~2.00		过筛
	2	氧化铝及二氧化硅含量	%	≥70		试验室化学分析
	3	烧失量	%	≤12		试验室烧结法
	4	每层铺筑厚度	mm	±50	***±40***	水准仪
	5	含水量（与最优含水量比较）	%	±2		取样后试验室确定
	6	顶面标高	mm	—	***±15***	水准仪
	7	表面平整度	mm	—	***20***	拉线或使用2m靠尺板

4.6 强夯地基

本标准不涉及此章节内容。如遇此项施工，请按照国家和地方相关标准执行。

4.7 注浆地基

4.7.1 施工前应掌握有关技术文件（注浆点位置、浆液配比、注浆施工技术参数）。浆液组成材料的性能应符合设计要求，注浆设备应确保正常运转。

4.7.2 施工中应经常抽查浆液的配比及主要性能指标，注浆的顺序、注浆过程中的压力控制等。

4.7.3 施工结束后，应检查注浆体强度、承载力等。检查孔数为总量的2%~5%，不合格率大于或等于20%时应进行二次注浆。检验应在注浆15d（砂土、黄土）或60d（黏性土）进行。

4.7.4 注浆地基质量检验评定标准应符合表4.7.4的规定。

表4.7.4 注浆地基质量检验评定标准

项	序号	检查项目		允许偏差或允许值			检查方法
				单位	数值		
					合格	***优良***	
主控项目	1	原材料检验	水泥	设计要求			查产品合格证书或抽样送检
			注浆用砂：粒径 细度模数 含泥量及有机物含量	mm %	<2.5 <2.0 <3		试验室试验
			注浆用黏土：塑性指数 黏粒含量 含砂量 有机物含量	%	>14 >25 <5 <3		试验室试验
			粉煤灰：细度	不粗于同时使用的水泥			试验室试验
			烧失量	%	<3		
			水玻璃：模数		2.5~3.3		抽样送检
			其他化学浆液	设计要求			查产品合格证书或抽样送检
	2	注浆体强度		设计要求			取样检验
	3	地基承载力		设计要求			按规定的方法
一般项目	1	各种注浆材料称量误差		%	<3		抽查
	2	注浆孔位		mm	±20	***±15***	用钢尺量
	3	注浆孔深		mm	±100	***±80***	量测注浆管长度
	4	注浆压力（与设计参数比）		%	±10	***±8***	检查压力表数

4.8 预 压 地 基

4.8.1 施工前应检查施工监测措施，沉降、孔隙水压力等原始资料，排水设施，砂井（包括袋装砂井）、塑料排水带等位置。塑料排水带的质量标准应符合本标准附录B的规定。

4.8.2 堆载施工应检查堆载高度、沉降速率。真空预压施工应检查密封膜的密封性能、真空表读数等。

4.8.3 施工结束后，应检查地基土的强度及要求达到的其他物理力学指标，重要建筑物地基应做承载力检验。

4.8.4 预压地基和塑料排水带质量检验评定标准应符合表4.8.4的规定。

表4.8.4 预压地基和塑料排水带质量检验评定标准

项	序号	检查项目	允许偏差或允许值			检查方法
			单位	数值		
				合格	*优良*	
主控项目	1	预压载荷	%	≤2		水准仪
	2	固结度（与设计要求比）	%	≤2		根据设计要求采用不同的方法
	3	承载力或其他性能指标	设计要求			按规定的方法
一般项目	1	沉降速率（与控制值比）	%	±10		水准仪
	2	砂井或塑料排水带位置	mm	±100	***±80***	用钢尺量
	3	砂井或塑料排水带插入深度	mm	±200	***±150***	插入时用经纬仪检查
	4	插入塑料排水带时的回带长度	mm	≤500	***±400***	用钢尺量
	5	塑料排水带或砂井高出砂垫层距离	mm	≥200		用钢尺量
	6	插入塑料排水带的回带根数	%	<5		目测

注：如真空预压，主控项目中预压载荷的检查为真空度降低值<2%。

4.9 振冲地基

4.9.1 施工前应检查振冲器的性能，电流表、电压表的准确度及填料的性能。

4.9.2 施工中应检查密实电流、供应压力、供水量、填料量、孔底留振时间、振冲点位置、振冲器施工参数等（施工参数由振冲试验或设计确定）。

4.9.3 施工结束后，应在有代表性的地段做地基强度或地基承载力检验。

4.9.4 振冲地基质量检验评定标准应符合表4.9.4的规定。

表4.9.4 振冲地基质量检验评定标准

项	序号	检查项目	允许偏差或允许值			检查方法
			单位	数值		
				合格	*优良*	
主控项目	1	填料粒径	设计要求			抽样检查
	2	密实电流（黏性土） 密实电流（砂性土或粉土） （以上为功率30kW振冲器） 密实电流（其他类型振冲器）	A A A_0	50~55 40~50 1.5~2.0		电流表读数 电流表读数，A_0为空振电流
	3	地基承载力	设计要求			按规定的方法

续表 4.9.4

项	序号	检查项目	允许偏差或允许值			检查方法
			单位	数值		
				合格	优良	
一般项目	1	填料含泥量	%	<5		抽样检查
	2	振冲器喷水中心与孔径中心偏差	mm	≤50	≤**40**	用钢尺量
	3	成孔中心与设计孔位中心偏差	mm	≤100	≤**80**	用钢尺量
	4	桩体直径	mm	<50		用钢尺量
	5	孔深	mm	±200		量钻杆或重锤测

4.10 高压喷射注浆地基

4.10.1 施工前应检查水泥、外掺剂等的质量，桩位，压力表、流量表的精度和灵敏度，高压喷射设备的性能等。

4.10.2 施工中应检查施工参数（压力、水泥浆量、提升速度、旋转速度等）及施工程序。

4.10.3 施工结束后，应检验桩体强度、平均直径、桩身中心位置、桩体质量及承载力等。桩体质量及承载力检验应在施工结束后28d进行。

4.10.4 高压喷射注浆地基质量检验评定标准应符合表4.10.4的规定。

表 4.10.4 高压喷射注浆地基质量检验评定标准

项	序号	检查项目	允许偏差或允许值			检查方法
			单位	数值		
				合格	优良	
主控项目	1	水泥及外掺剂质量	符合出厂要求			查产品合格证书或抽样送检
	2	水泥用量	设计要求			查看流量表及水泥浆水灰比
	3	桩体强度或完整性检验	设计要求			按规定的方法
	4	地基承载力	设计要求			按规定的方法
一般项目	1	钻孔位置	mm	≤50	≤**40**	用钢尺量
	2	钻孔垂直度	%	≤1.5		经纬仪测钻杆或实测
	3	孔深	mm	±200		用钢尺量
	4	注浆压力	按设定参数指标			查看压力表
	5	桩体搭接	mm	>200		用钢尺量
	6	桩体直径	mm	≤50		开挖后用钢尺量
	7	桩身中心允许偏差		≤0.2D		开挖后桩顶下500mm处用钢尺量，D为桩径

4.11 水泥土搅拌桩地基

4.11.1 施工前应检查水泥及外掺剂的质量、桩位、搅拌机工作性能及各种计量设备完好程度（主要是水泥流量计及其他计量装置）。

4.11.2 施工中应检查机头提升速度、水泥浆或水泥注入量、搅拌桩的长度及标高。

4.11.3 施工结束后，应检查桩体强度、桩体直径及承载力。

4.11.4 进行强度检验时，对承重水泥土搅拌桩应取 90d 后的试件；对支护水泥土搅拌桩应取 28d 后的试件。

4.11.5 水泥土搅拌桩地基质量检验评定标准应符合表 4.11.5 的规定。

表 4.11.5 水泥土搅拌桩地基质量检验评定标准

项	序号	检查项目	允许偏差或允许值			检查方法
			单位	数值		
				合格	优良	
主控项目	1	水泥及外掺剂质量	设计要求			查产品合格证书或抽样送检
	2	水泥用量	参数指标			查看流量计
	3	桩体强度	设计要求			按规定的方法
	4	地基承载力	设计要求			按规定的方法
一般项目	1	机头提升速度	m/min	≤0.5		量机头上升距离及时间
	2	桩底标高	mm	±200		测机头深度
	3	桩顶标高	mm	+100 −50	*+100* *−40*	水准仪（最上部 500mm 不计入）
	4	桩位偏差	mm	<50	*<40*	用钢尺量
	5	桩径		<0.04D		用钢尺量，D 为桩径
	6	垂直度	%	≤1.5		经纬仪
	7	搭接	mm	>200		用钢尺量

4.12 土和灰土挤密桩复合地基

4.12.1 施工前应对土及灰土的质量、桩孔放样位置等做检查。

4.12.2 施工中应对桩孔直径、桩孔深度、夯击次数、填料的含水量等做检查。

4.12.3 施工结束后，应检验成桩的质量及地基承载力。

4.12.4 土和灰土挤密桩地基质量检验评定标准应符合表 4.12.4 的规定。

表 4.12.4 土和灰土挤密桩地基质量检验评定标准

项	序号	检查项目	允许偏差或允许值			检查方法
			单位	数值		
				合格	***优良***	
主控项目	1	桩体及桩间土干密度	设计要求			现场取样检查
	2	桩长	mm	+500		测桩管长度或垂球测孔深
	3	地基承载力	设计要求			按规定的方法
	4	桩径	mm	−20		用钢尺量
一般项目	1	土料有机质含量	%	≤5		试验室焙烧法
	2	石灰粒径	mm	≤5		筛分法
	3	桩位偏差		满堂布桩 ≤0.40D 条基布桩 ≤0.25D	***满堂布桩 ≤0.30D 条基布桩 ≤0.20D***	用钢尺量，D 为桩径
	4	垂直度	%	≤1.5		用经纬仪测桩管

注：桩径允许偏差负值是指个别断面。

4.13 水泥粉煤灰碎石桩复合地基

4.13.1 水泥、粉煤灰、砂及碎石等原材料应符合设计要求。

4.13.2 施工中应检查桩身混合料的配合比、坍落度和提拔钻杆速度（或提拔套管速度）、成孔深度、混合料灌入量等。

4.13.3 施工结束后，应对桩顶标高、桩位、桩体质量、地基承载力以及褥垫层的质量做检查。

4.13.4 水泥粉煤灰碎石桩复合地基质量检验评定标准应符合表 4.13.4 的规定。

表 4.13.4 水泥粉煤灰碎石桩复合地基质量检验评定标准

项	序号	检查项目	允许偏差或允许值			检查方法
			单位	数值		
				合格	***优良***	
主控项目	1	原材料	设计要求			查产品合格证书或抽样送检
	2	桩径	mm	−20		用钢尺量或计算填料量
	3	桩身强度	设计要求			查 28d 试块强度
	4	地基承载力	设计要求			按规定的办法
一般项目	1	桩身完整性	按桩基检测技术规范			按桩基检测技术规范
	2	桩位偏差		满堂布桩 ≤0.40D 条基布桩 ≤0.25D	***满堂布桩 ≤0.30D 条基布桩 ≤0.20D***	用钢尺量，D 为桩径
	3	桩垂直度	%	≤1.5		用经纬仪测桩管
	4	桩长	mm	+100		测桩管长度或垂球测孔深
	5	褥垫层夯填度	≤0.9			用钢尺量

注：1. 夯填度指夯实后的褥垫层厚度与虚体厚度的比值。
2. 桩径允许偏差负值是指个别断面。

4.14 夯实水泥土桩复合地基

4.14.1 水泥及夯实用土料的质量应符合设计要求。

4.14.2 施工中应检查孔位、孔深、孔径、水泥和土的配比、混合料含水量等。

4.14.3 施工结束后，应对桩体质量及复合地基承载力做检验，褥垫层应检查其夯填度。

4.14.4 夯实水泥土桩的质量检验评定标准应符合表 4.14.4 的规定。

4.14.5 夯扩桩的质量检验评定标准可按本节执行。

表 4.14.4 夯实水泥土桩复合地基质量检验评定标准

<table>
<tr><th rowspan="3">项</th><th rowspan="3">序
号</th><th rowspan="3">检 查 项 目</th><th colspan="3">允许偏差或允许值</th><th rowspan="3">检 查 方 法</th></tr>
<tr><th rowspan="2">单位</th><th colspan="2">数　值</th></tr>
<tr><th>合 格</th><th>优 良</th></tr>
<tr><td rowspan="4">主控项目</td><td>1</td><td>桩径</td><td>mm</td><td>-20</td><td>-15</td><td>用钢尺量</td></tr>
<tr><td>2</td><td>桩长</td><td>mm</td><td>+500</td><td>+400</td><td>测桩孔深度</td></tr>
<tr><td>3</td><td>桩体干密度</td><td colspan="3">设计要求</td><td>现场取样检查</td></tr>
<tr><td>4</td><td>地基承载力</td><td colspan="3">设计要求</td><td>按规定的方法</td></tr>
<tr><td rowspan="7">一般项目</td><td>1</td><td>土料有机质含量</td><td>%</td><td colspan="2">≤5</td><td>焙烧法</td></tr>
<tr><td>2</td><td>含水量（与最优含水量比）</td><td>%</td><td colspan="2">±2</td><td>烘干法</td></tr>
<tr><td>3</td><td>土料粒径</td><td>mm</td><td colspan="2">≤20</td><td>筛分法</td></tr>
<tr><td>4</td><td>水泥质量</td><td colspan="3">设计要求</td><td>查产品质量合格证书或抽样送检</td></tr>
<tr><td>5</td><td>桩位偏差</td><td></td><td>满堂布桩
≤0.40D
条基布桩
≤0.25D</td><td>满堂布桩
≤0.30D
条基布桩
≤0.20D</td><td>用钢尺量，D 为桩径</td></tr>
<tr><td>6</td><td>桩孔垂直度</td><td>%</td><td colspan="2">≤1.5</td><td>用经纬仪测桩管</td></tr>
<tr><td>7</td><td>褥垫层夯填度</td><td colspan="3">≤0.9</td><td>用钢尺量</td></tr>
</table>

注：见表 4.13.4。

4.15 砂 桩 地 基

4.15.1 施工前应检查砂料的含泥量及有机质含量、样桩的位置等。

4.15.2 施工中应检查每根砂桩的桩位、灌砂量、标高、垂直度等。

4.15.3 施工结束后，应检查被加固地基的强度或承载力。

4.15.4 砂桩地基质量检验评定标准应符合表 4.15.4 的规定。

表 4.15.4　砂桩地基质量检验评定标准

项	序号	检查项目	允许偏差或允许值			检查方法
			单位	数值		
				合格	优良	
主控项目	1	灌砂量	%	≥95		实际用砂量与计算体积比
	2	地基强度		设计要求		按规定的方法
	3	地基承载力		设计要求		按规定的方法
一般项目	1	砂料的含泥量	%	≤3		试验室测定
	2	砂料的有机质含量	%	≤5		焙烧法
	3	桩位	mm	≤50	≤40	用钢尺量
	4	砂桩标高	mm	±150		水准仪
	5	垂直度	%	≤1.5		经纬仪检查桩管垂直度

5 桩 基 础

5.1 一 般 规 定

5.1.1 桩位的放样允许偏差如下：

群桩　20mm；

单排桩　10mm。

5.1.2 桩基工程的桩位验收，除设计有规定外，应按下述要求进行：

1 当桩顶设计标高与施工场地标高相同时，或桩基施工结束后，有可能对桩位进行检查时，桩基工程的验收应在施工结束后进行。

2 当桩顶设计标高低于施工场地标高，送桩后无法对桩位进行检查时，对打入桩可在每根桩桩顶沉至场地标高时，进行中间验收，待全部桩施工结束，承台或底板开挖到设计标高后，再做最终验收。对灌注桩可对护筒位置做中间验收。

5.1.3 打（压）入桩（预制混凝土方桩、先张法预应力管桩）的桩位偏差，应符合表5.1.3的规定。斜桩倾斜度的偏差不得大于倾斜角正切值的15%（倾斜角系桩的纵向中心线与铅垂线间夹角）。

表 5.1.3　预制桩桩位的允许偏差（mm）

项	项　　目	允许偏差
1	盖有基础梁的桩： （1）垂直基础梁的中心线 （2）沿基础梁的中心线	 100 + 0.01H 150 + 0.01H
2	桩数为 1～3 根桩基中的桩	100
3	桩数为 4～16 根桩基中的桩	1/2 桩径或边长
4	桩数大于 16 根桩基中的桩： （1）最外边的桩 （2）中间桩	 1/3 桩径或边长 1/2 桩径或边长

注：H 为施工现场地面标高与桩顶设计标高的距离。

5.1.4 灌注桩的桩位偏差应符合表 5.1.4 的规定，桩顶标高至少要比设计标高高出 0.5m，桩底清孔质量按不同的成桩工艺有不同的要求，应按本章的各节要求执行。每浇注 50m^3 必须有 1 组试件，小于 50m^3 的桩，每根桩必须有 1 组试件。

5.1.5 工程桩应进行承载力检验。对于地基基础设计等级为甲级或地质条件复杂，成桩质量可靠性低的灌注桩，应采用静载荷试验的方法进行检验，检验桩数不应少于总数的1%，且不应少于 3 根，当总桩数少于 50 根时，不应少于 2 根。

表 5.1.4 灌注桩的平面位置和垂直度的允许偏差

序号	成孔方法			桩径允许偏差（mm）	垂直度允许偏差（%）	桩位允许偏差(mm)	
						1～3 根、单排桩基垂直于中心线方向和群桩基础的边桩	条形桩基沿中心线方向和群桩基础的中间桩
1	泥浆护壁钻孔桩	$D\leqslant1000$mm	合格	±50	<1	$D/6$,且不大于 100	$D/4$,且不大于 150
			优良	***±40***		***D/6,且不大于 80***	***D/4,且不大于 120***
		$D>1000$mm	合格	±50	<1	$100+0.01H$	$150+0.01H$
			优良	***±40***		***80+0.01H***	***120+0.01H***
2	套管成孔灌注桩	$D\leqslant500$mm	合格	−20	<1	70	150
			优良	***−15***		***50***	***120***
		$D>500$mm	合格	−20	<1	100	150
			优良	***−15***		***80***	***120***
3	干成孔灌注桩		合格	−20	<1	70	150
			优良	***−15***		***50***	***120***
4	人工挖孔桩	混凝土护壁	合格	+50	<0.5	50	150
			优良	***+40***		***40***	***120***
		钢套管护壁	合格	+50	<1	100	200
			优良	***+40***		***80***	***150***

注：1. 桩径允许偏差的负值是指个别断面。

2. 采用复打、反差法施工的桩，其桩径允许偏差不受上表限制。

3. H 为施工现场地面标高与桩顶设计标高的距离，D 为设计桩径。

5.1.6 桩身质量应进行检验。对设计等级为甲级或地质条件复杂，成桩质量可靠性低的灌注桩，抽检数量不应少于总数的 30%，且不应少于 20 根；其他桩基工程的抽检数量不应少于总数的 20%，且不应少于 10 根；对混凝土预制桩及地下水位以上且终孔后经过核验的灌注桩，检验数量不应少于总桩数的 10%，且不得少于 10 根。每个柱子承台下不得少于 1 根。

5.1.7 对砂、石子、钢材、水泥等原材料的质量、检验项目、批量和检验方法，应符合国家现行标准的规定。

5.1.8 除本标准第 5.1.5、5.1.6 条规定的主控项目外，其他主控项目应全部检查，对一般项目，除已明确规定外，其他可按 20% 抽查，但混凝土灌注桩应全部检查。

5.2 静 力 压 桩

5.2.1 静力压桩包括锚杆静力压桩及其他各种非冲击力沉桩。

5.2.2 施工前应对成品桩（锚杆静压成品桩一般均由工厂制造，运至现场堆放）做外观及强度检验，接桩用焊条或半成品硫磺胶泥应有产品合格证书，或有关部门检验，压桩用压力表、锚杆规格及质量也应进行检查。硫磺胶泥半成品应每100kg做一组试件（3件）。

5.2.3 压桩过程中应检查压力、桩垂直度、接桩间歇时间、桩的连接质量及压入深度。重要工程应对电焊接桩的接头做10%的探伤检查。对承受反力的结构应加强观测。

5.2.4 施工结束后，应做桩的承载力及桩体质量检验。

5.2.5 锚杆静力压桩质量检验评定标准应符合表5.2.5的规定。

表5.2.5 静力压桩质量检验评定标准

项	序号	检查项目	允许偏差或允许值			检查方法
			单位	数值		
				合格	优良	
主控项目	1	桩体质量检验	按基桩检测技术规范			按基桩检测技术规范
	2	桩位偏差	见本标准表5.1.3			用钢尺量
	3	承载力	按基桩检测技术规范			按基桩检测技术规范
一般项目	1	成品桩质量：外观	表面平整，颜色均匀，掉角深度＜10mm，蜂窝面积小于总面积0.5%			直观
		外形尺寸	见本标准表5.4.5			见本标准表5.4.5
		强度	满足设计要求			查产品合格证书或钻芯试压
	2	硫磺胶泥质量（半成品）	设计要求			查产品合格证书或抽样送检
	3	接桩 电焊接桩：焊缝质量	见国家标准《建筑地基基础工程施工质量验收规范》GB 50202—2002表5.5.4-2			见国标《建筑地基基础工程施工质量验收规范》GB 50202—2002表5.5.4-2
		电焊结束后停歇时间	min	＞1.0		秒表测定
		硫磺胶泥接桩：胶泥浇注时间	min	＜2		秒表测定
		浇注后停歇时间	min	＞7		秒表测定
	4	电焊条质量	设计要求			查产品合格证书
	5	压桩压力（设计有要求时）	%	±5		查压力表读数
	6	接桩时上下节平面偏差	mm	＜10		用钢尺量
		接桩时节点弯曲矢高	mm	＜1/1000l		用钢尺量，l为两节桩长
	7	桩顶标高	mm	±50	±30	水准仪

5.3 先张法预应力管桩

本标准不涉及此章节内容。如遇此项施工，请按照国家和地方相关标准执行。

5.4 混凝土预制桩

5.4.1 桩在现场预制时，应对原材料、钢筋骨架（见表5.4.1）、混凝土强度进行检查；采用工厂生产的成品桩时，桩进场后应进行外观及尺寸检查。

5.4.2 施工中应对桩体垂直度、沉桩情况、桩顶完整状况、接桩质量进行检查，对电焊接桩，重要工程应做10%的焊缝探伤检查。

5.4.3 施工结束后，应对承载力及桩体质量做检验。

5.4.4 对长桩或总锤击数超过500击的锤击桩，应符合桩体强度及28d龄期的两项条件才能锤击。

5.4.5 钢筋混凝土预制桩的质量检验评定标准应符合表5.4.5的规定。

表5.4.1 预制桩钢筋骨架质量检验评定标准（mm）

项	序号	检查项目	允许偏差或允许值	检查方法
主控项目	1	主筋距桩顶距离	±5	用钢尺量
	2	多节桩锚固钢筋位置	5	用钢尺量
	3	多节桩锚固铁件	±3	用钢尺量
	4	主筋保护层厚度	±5	用钢尺量
一般项目	1	主筋间距	±5	用钢尺量
	2	桩尖中心线	10	用钢尺量
	3	箍筋间距	±20	用钢尺量
	4	桩顶钢筋网片	±10	用钢尺量
	5	多节桩锚固钢筋长度	±10	用钢尺量

表5.4.5 钢筋混凝土预制桩的质量检验评定标准

项	序号	检查项目	允许偏差或允许值			检查方法
			单位	数值		
				合格	优良	
主控项目	1	桩体质量检验	按基桩检测技术规范			按基桩检测技术规范
	2	桩位偏差	见本标准表5.1.3			用钢尺量
	3	承载力	按基桩检测技术规范			按基桩检测技术规范

续表 5.4.5

<table>
<tr><td rowspan="3">项</td><td rowspan="3">序
号</td><td rowspan="3">检 查 项 目</td><td colspan="3">允许偏差或允许值</td><td rowspan="3">检 查 方 法</td></tr>
<tr><td rowspan="2">单位</td><td colspan="2">数 值</td></tr>
<tr><td>合 格</td><td>优 良</td></tr>
<tr><td rowspan="9">一
般
项
目</td><td>1</td><td>砂、石、水泥、钢材等原材料（现场预制时）</td><td colspan="3">符合设计要求</td><td>查出厂质保文件或抽样送检</td></tr>
<tr><td>2</td><td>混凝土配合比及强度（现场预制时）</td><td colspan="3">符合设计要求</td><td>检查称量及查试块记录</td></tr>
<tr><td>3</td><td>成品桩外形</td><td colspan="3">表面平整，颜色均匀，掉角深度＜10mm，蜂窝面积小于总面积 0.5%</td><td>直观</td></tr>
<tr><td>4</td><td>成品桩裂缝（收缩裂缝或起吊、装运、堆放引起的裂缝）</td><td colspan="3">深度＜20mm,宽度＜0.25mm,横向裂缝不超过边长的一半</td><td>裂缝测定仪，该项在地下水有侵蚀地区及锤击数 500 击的长桩不适用</td></tr>
<tr><td>5</td><td>成品桩尺寸：横截面边长
桩顶对角线差
桩尖中心线
桩身弯曲矢高
桩顶平整度</td><td>mm</td><td colspan="2">±5
＜10
＜10
＜1/1000l
＜2</td><td>用钢尺量
用钢尺量
用钢尺量
用钢尺量，l 为桩长
用钢尺量</td></tr>
<tr><td rowspan="2">6</td><td>电焊接桩：焊缝质量</td><td colspan="3">见国标《建筑地基基础工程施工质量验收规范》GB 50202—2002表 5.5.4-2</td><td>见《建筑地基基础工程施工质量验收规范》GB 50202—2002 表 5.5.4-2</td></tr>
<tr><td>电焊结束后停歇时间
上下节平面偏差
节点弯曲矢高</td><td>min
mm</td><td colspan="2">＞1.0
＜10
＜1/1000l</td><td>秒表测定
用钢尺量
用钢尺量，l 为两节桩长</td></tr>
<tr><td>7</td><td>硫磺胶泥接桩：胶泥浇注时间
浇注后停歇时间</td><td>min</td><td colspan="2">＜2
＞7</td><td>秒表测定
秒表测定</td></tr>
<tr><td>8</td><td>桩顶标高</td><td>mm</td><td>±50</td><td>±40</td><td>水准仪</td></tr>
<tr><td></td><td>9</td><td>停锤标准</td><td colspan="3">设计要求</td><td>现场实测或查沉桩记录</td></tr>
</table>

5.5 钢 桩

本标准不涉及此章节内容。如遇此项施工，请按照国家和地方相关标准执行。

5.6 混凝土灌注桩

5.6.1 施工前应对水泥、砂、石子（如现场搅拌）、钢材等原材料进行检查，对施工组织设计中制定的施工顺序、监测手段（包括仪器、方法）也应检查。

5.6.2 施工中应对成孔、清渣、放置钢筋笼、灌注混凝土等进行全过程检查，人工挖孔桩尚应复验孔底持力层土（岩）性。嵌岩桩必须有桩端持力层的岩性报告。

5.6.3 施工结束后，应检查混凝土强度，并应做桩体质量及承载力的检验。

5.6.4 混凝土灌注桩的质量检验评定标准应符合表5.6.4-1、表5.6.4-2的规定。

表5.6.4-1 混凝土灌注桩钢筋笼质量检验评定标准（mm）

项	序	检查项目	允许偏差或允许值		检查方法
			合格	*优良*	
主控项目	1	主筋间距	±10		用钢尺量
	2	长度	±100	*±80*	用钢尺量
一般项目	1	钢筋材质检验	设计要求		抽样送检
	2	箍筋间距	±20	*±15*	用钢尺量
	3	直径	±10		用钢尺量

表5.6.4-2 混凝土灌注桩质量检验评定标准

项	序	检查项目	允许偏差或允许值			检查方法
			单位	数值		
				合格	*优良*	
主控项目	1	桩位	见本标准表5.1.4			基坑开挖前量护筒，开挖后量桩中心
	2	孔深	mm	+300		只深不浅，用重锤测，或测钻杆、套管长度，嵌岩桩应确保进入设计要求的嵌岩深度
	3	桩体质量检验	按基桩检测技术规范。如钻芯取样，大直径嵌岩桩应钻至桩尖下50cm			按基桩检测技术规范
	4	混凝土强度	设计要求			试件报告或钻芯取样送检
	5	承载力	按基桩检测技术规范			按基桩检测技术规范

续表 5.6.4-2

项	序	检查项目	允许偏差或允许值			检查方法
			单位	数值		
				合格	优良	
一般项目	1	垂直度	见本标准表 5.1.4			测套管或钻杆，或用超声波探测，干施工时吊垂球
	2	桩径	见本标准表 5.1.4			井径仪或超声波检测，干施工时用钢尺量，人工挖孔桩不包括内衬厚度
	3	泥浆比重（黏土或砂性土中）		1.15～1.20		用比重计测，清孔后在距孔底 50cm 处取样
	4	泥浆面标高（高于地下水位）	m	0.5～1.0		目测
	5	沉渣厚度：端承桩 摩擦桩	mm mm	≤50 ≤150		用沉渣仪或重锤测量
	6	混凝土坍落度：水下灌注 干施工	mm mm	160～220 70～100		坍落度仪
	7	钢筋笼安装深度	mm	±100	**±80**	用钢尺量
	8	混凝土充盈系数		>1		检查每根桩的实际灌注量
	9	桩顶标高	mm	+30 −50	**±30**	水准仪，需扣除桩顶浮浆层及劣质桩体

5.6.5 人工挖孔桩、嵌岩桩的质量检验评定应按本节执行。

6 土 方 工 程

6.1 一 般 规 定

6.1.1 土方工程施工前应进行挖、填方的平衡计算，综合考虑土方运距最短、运程合理和各个工程项目的合理施工程序等，做好土方平衡调配，减少重复挖运。

土方平衡调配应尽可能与城市规划和农田水利相结合将余土一次性运到指定弃土场，做到文明施工。

6.1.2 当土方工程挖方较深时，施工单位应采取措施，防止基坑底部土的隆起并避免危害周边环境。

6.1.3 在挖方前，应做好地面排水和降低地下水位工作。

6.1.4 平整场地的表面坡度应符合设计要求，如设计无要求时，排水沟方向的坡度不应小于2‰。平整后的场地表面应逐点检查。检查点为每100~400m^2取1点，但不应少于10点；长度、宽度和边坡均为每20m取1点，每边不应少于1点。

6.1.5 土方工程施工，应经常测量和校核其平面位置、水平标高和边坡坡度。平面控制桩和水准控制点应采取可靠的保护措施，定期复测和检查。土方不应堆在基坑边缘。

6.1.6 对雨期和冬期施工还应遵守国家现行有关标准。

6.2 土 方 开 挖

6.2.1 土方工程施工前应检查定位放线、排水和降低地下水位系统，合理安排土方运输的行走路线及弃土场。

6.2.2 施工过程中应检查平面位置、水平标高、边坡坡度、压实度、排水、降低地下水位系统，并随时观测周围的环境变化。

6.2.3 临时性挖方的边坡值应符合表6.2.3的规定。

表6.2.3 临时性挖方边坡值

土 的 类 别		边坡值（高:宽）
砂土（不包括细砂、粉砂）		1:1.25~1:1.50
一般黏性土	硬	1:0.75~1:1.00
	硬、塑	1:1.00~1:1.25
	软	1:1.50或更缓
碎石类土	充填坚硬、硬塑黏性土	1:0.50~1:1.00
	充填砂土	1:1.00~1:1.50

注：1. 设计有要求时，应符合设计标准。

2. 如采用降水或其他加固措施，可不受本表限制，但应计算复核。

3. 开挖深度，对软土不应超过4m，对硬土不应超过8m。

6.2.4 土方开挖工程的质量检验评定标准应符合表6.2.4的规定。

表6.2.4 土方开挖工程质量检验评定标准（mm）

项	序	检查项目		允许偏差或允许值					检查方法
				桩基基坑基槽	挖方场地平整		管沟	地（路）面基层	
					人工	机械			
主控项目	1	标高	合格	−50	±30	±50	−50	−50	水准仪
			优良						
	2	长度、宽度（由设计中心线向两边量）	合格	+200 −50	+300 −100	+500 −150	+100	—	经纬仪，用钢尺量
			优良	***+150 −50***	***+200 −100***	***+400 −150***	***+80***	—	
	3	边坡	合格	设计要求					观察或用坡度尺检查
			优良						
一般项目	1	表面平整度	合格	20	20	50	20	20	用2m靠尺和楔形塞尺检查
			优良						
	2	基底土性	合格	设计要求					观察或土样分析
			优良						

注：地（路）面基层的偏差只适用于直接在挖、填方上做地（路）面的基层。

6.3 土 方 回 填

6.3.1 土方回填前应清除基底的垃圾、树根等杂物，抽除坑穴积水、淤泥，验收基底标高。如在耕植土或松土上填方，应在基底压实后再进行。

6.3.2 对填方土料应按设计要求验收后方可填入。

6.3.3 填方施工过程中应检查排水措施，每层填筑厚度、含水量控制、压实程度、填筑厚度及压实遍数应根据土质、压实系数及所用机具确定。如无试验依据，应符合表6.3.3的规定。

表6.3.3 填土施工时的分层厚度及压实遍数

压实机具	分层厚度（mm）	每层压实遍数
平　　碾	250～300	6～8
振动压实机	250～350	3～4
柴油打夯机	200～250	3～4
人工打夯	<200	3～4

6.3.4 填方施工结束后，应检查标高、边坡坡度、压实程度等，检验评定标准应符合表

6.3.4 的规定。

表 6.3.4 填土工程质量检验评定标准（mm）

项	序	检查项目		允许偏差或允许值					检查方法
				桩基基坑基槽	场地平整		管沟	地（路）面基础层	
					人工	机械			
主控项目	1	标高	合格	－50	±30	±50	－50	－50	水准仪
			优良	***－40***			***－40***	***－40***	
	2	分层压实系数	合格	设计要求					按规定法
			优良						
一般项目	1	回填土料	合格	设计要求					取样检查或直观鉴别
			优良						
	2	分层厚度及含水量	合格	设计要求					水准仪及抽样检查
			优良						
	3	表面平整度	合格	20	20	30	20	20	用靠尺或水准仪
			优良						

7 基 坑 工 程

7.1 一 般 规 定

7.1.1 在基坑（槽）或管沟工程等开挖施工中，现场不宜进行放坡开挖，当可能对邻近建（构）筑物、地下管线、永久性道路产生危害时，应对基坑（槽）、管沟进行支护后再开挖。

7.1.2 基坑（槽）、管沟开挖前应做好下述工作：

1 基坑（槽）、管沟开挖前，应根据支护结构形式、挖深、地质条件、施工方法、周围环境、工期、气候和地面载荷等资料制定施工方案、环境保护措施、监测方案，经审批后方可施工。

2 土方工程施工前，应对降水、排水措施进行设计，系统应经检查和试运转，一切正常时方可开始施工。

3 有关围护结构的施工质量评定可按本标准中第 4 章、第 5 章及本章 7.2、7.3、7.4、7.6、7.7 的规定执行，评定及验收合格后方可进行土方开挖。

7.1.3 土方开挖的顺序、方法必须与设计工况相一致，并遵循"开槽支撑，先撑后挖，分层开挖，严禁超挖"的原则。

7.1.4 基坑（槽）、管沟的挖土应分层进行。在施工过程中基坑（槽）、管沟边堆置土方不应超过设计荷载，挖方时不应碰撞或损伤支护结构、降水设施。

7.1.5 基坑（槽）、管沟土方施工中应对支护结构、周围环境进行观察和监测，如出现异常情况应及时处理，待恢复正常后方可继续施工。

7.1.6 基坑(槽)、管沟开挖至设计标高后，应对坑底进行保护，经验槽合格后，可进行垫层施工。对特大型基坑，宜分区分块挖至设计标高，分区分块及时浇筑垫层。必要时，可加强垫层。

7.1.7 基坑（槽）、管沟土方工程评定及验收必须确保支护结构安全和周围环境安全为前提。当设计有指标时，以设计要求为依据，如无设计指标时应按表 7.1.7 的规定执行。

表 7.1.7 基坑变形的监控值（cm）

基坑类别	围护结构墙顶位移监控值	围护结构墙体最大位移监控值	地面最大沉降监控值
一级基坑	3	5	3
二级基坑	6	8	6
三级基坑	8	10	10

注：1. 符合下列情况之一，为一级基坑：

1）重要工程或支护结构做主体结构的一部分；

2）开挖深度大于 10m；

3）与临近建筑物，重要设施的距离在开挖深度以内的基坑；

4）基坑范围内有历史文物、近代优秀建筑、重要管线等需严加保护的基坑。

2. 三级基坑为开挖深度小于 7m，且周围环境无特别要求时的基坑。

3. 除一级和三级外的基坑属二级基坑。

4. 当周围已有的设施有特殊要求时，尚应符合这些要求。

7.2 排桩墙支护工程

7.2.1 排桩墙支护结构包括灌注桩、预制桩、板桩等类型桩构成的支护结构。

7.2.2 灌注桩、预制桩质量检验评定标准应符合本标准第5章的规定。钢板桩均为工厂产品，新桩可按出厂标准检查，重复使用的钢板桩应符合表7.2.2-1的规定，混凝土板桩的质量检验评定标准应符合表7.2.2-2的规定。

表7.2.2-1 重复使用的钢板桩质量检验评定标准

序	检 查 项 目	允许偏差或允许值		检查方法
		单 位	数 值	
1	桩垂直度	%	<1	用钢尺量
2	桩身弯曲度		<2% l	用钢尺量，l 为桩长
3	齿槽平直度及光滑度	无电焊渣或毛刺		用1m长的桩段做通过试验
4	桩长度	不小于设计长度		用钢尺量

表7.2.2-2 混凝土板桩的质量检验评定标准

项	序	检 查 项 目	允许偏差或允许值		检查方法
			单 位	数 值	
主控项目	1	桩长度	mm	+10 0	用钢尺量
	2	桩身弯曲度		<0.1% l	用钢尺量，l 为桩长
一般项目	1	保护层厚度	mm	±5	用钢尺量
	2	模截面相对两面之差	mm	5	用钢尺量
	3	桩尖对桩轴线的位移	mm	10	用钢尺量
	4	桩厚度	mm	+10 0	用钢尺量
	5	凹凸槽尺寸	mm	±3	用钢尺量

7.2.3 排桩墙支护的基坑，开挖后应及时支护，每一道支撑施工应确保基坑变形在设计要求的控制范围内。

7.2.4 在含水地层范围内的排桩墙支护基坑，应有确实可靠的止水措施，确保基坑施工及临近构筑物的安全。

7.3 水泥土桩墙支护工程

7.3.1 水泥土墙支护结构指水泥土搅拌桩（包括加筋水泥土搅拌桩）、高压喷射注浆桩所构成的围护结构。

7.3.2 水泥土搅拌桩及高压喷射注浆桩的质量检验应满足本标准第4章4.11、4.10的规定。

7.3.3 加筋水泥土桩质量检验评定应符合表7.3.3的规定

表7.3.3 加筋水泥土桩质量检验评定标准

序	检查项目	允许偏差或允许值			检查方法
		单位	数值		
			合格	优良	
1	型钢长度	mm	±10		用钢尺量
2	型钢垂直度	%	<1		经纬仪
3	型钢插入标高	mm	±30		水准仪
4	型钢插入平面位置	mm	10		用钢尺量

7.4 锚杆及土钉墙支护工程

7.4.1 锚杆及土钉墙支护工程施工前应熟悉地质资料、设计图纸及周围环境，降水系统应确保正常工作，必须的施工设备如挖掘机、钻机、压浆泵、搅拌机等应能正常运转。

7.4.2 一般情况下，应遵循分段开挖、分段支护的原则，不宜按一次挖就再行支护的方式施工。

7.4.3 施工中应对锚杆或土钉位置，钻孔直径、深度及角度，锚杆或土钉插入长度，注浆配比、压力及注浆量，喷锚墙面厚度及强度、锚杆或土钉应力等进行检查。

7.4.4 每段支护体施工完后，应检查坡顶或坡面位移，坡顶沉降及周围环境变化，如有异常情况应采取措施，恢复正常后方可继续施工。

7.4.5 锚杆及土钉墙支护工程质量检验评定标准应符合表7.4.5的规定。

表7.4.5 锚杆及土钉墙支护工程质量检验评定标准

项	序	检查项目	允许偏差或允许值			检查方法
			单位	数值		
				合格	优良	
主控项目	1	锚杆土钉长度	mm	±30		用钢尺量
	2	锚杆锁定力	设计要求			现场实测
一般项目	1	锚杆或土钉位置	mm	±100	±80	用钢尺量
	2	钻孔倾斜度	°	±1		测钻机倾角
	3	浆体强度	设计要求			试样送检
	4	注浆量	大于理论计算浆量			检查计量资料
	5	土钉墙面厚度	mm	±10		用钢尺量
	6	墙体强度	设计要求			试样送检

7.5 钢或混凝土支撑系统

7.5.1 支撑系统包括围图及支撑，当支撑较长时（一般超过15m），还包括支撑下的立柱及相应的立柱桩。

7.5.2 施工前应熟悉支撑系统的图纸及各种计算工况，掌握开挖及支撑设置的方式、预顶力及周围环境保护的要求。

7.5.3 施工过程中应严格控制开挖和支撑的程序及时间，对支撑的位置（包括立柱及立柱桩的位置）、每层开挖深度、预加顶力（如需要时）、钢围图与围护体或支撑与围图的密贴度应做周密检查。

7.5.4 全部安装结束后，仍应维持整个系统的正常运转直至支撑全部拆除。

7.5.5 作为永久性结构的支撑系统尚应符合现行国家标准《混凝土结构工程施工质量验收规范》GB 50204的要求。

7.5.6 钢或混凝土支撑系统工程质量检验评定标准应符合表7.5.6的规定。

表7.5.6 钢及混凝土支撑系统工程质量检验评定标准

项	序号	检查项目	允许偏差或允许值：单位	数值：合格	数值：优良	检查方法
主控项目	1	支撑位置：标高	mm	30		水准仪
		平面		100		用钢尺量
	2	预加顶力	kN	±50		油泵读数或传感器
一般项目	1	围图标高	mm	30	***20***	水准仪
	2	立柱桩	参见本标准第5章			参见本标准第5章
	3	立柱位置：标高	mm	30		水准仪
		平面		50	***40***	用钢尺量
	4	开挖超深（开槽放支撑不在此范围）	mm	<200	***<150***	水准仪
	5	支撑安装时间	设计要求			用钟表估测

7.6 地下连续墙

7.6.1 地下连续墙均应设置导墙，导墙形式有预制及现浇两种，现浇导墙形状有“L”型，或倒“L”型，可根据不同土质选用。

7.6.2 地下墙施工前宜先试成槽，以检验泥浆的配比、成槽机的选型并可复核地质资料。

7.6.3 作为永久结构的地下连续墙，其抗渗质量标准可按现行国家标准《地下防水工程施工质量验收规范》GB 50208执行。

7.6.4 地下墙槽段间的连接接头形式，应根据地下墙的使用要求选用，且应考虑施工单位的经验，无论选用何种接头，在浇筑混凝土前，接头处必须刷洗干净，不留任何泥砂或污物。

7.6.5 地下墙与地下室结构顶板、楼板、底板及梁之间连接可预埋钢筋或接驳器（锥螺纹或直螺纹），对接驳器也应按原材料检验要求，抽样复检，数量每500套为一个检验批，每批应抽查3件，复验内容为外观、尺寸、抗拉试验等。

7.6.6 施工前应检查进场的钢材、电焊条。已完工的导墙应检查其净空尺寸，墙面平整度与垂直度。检查泥浆用的仪器、泥浆循环系统应完好。地下连续墙应用预拌（商品）混凝土。

7.6.7 施工中应检查成槽的垂直度、槽底的淤积物厚度、泥浆比重、钢筋笼尺寸、浇筑导管位置、混凝土上升速度、浇筑面标高、地下连续墙接面的清洗程度、预拌混凝土的坍落度、锁口管或接头箱的拔出时间及速度等。

7.6.8 成槽结束后对成槽的宽度、深度及倾斜度进行检验，重要结构每段槽段都应检查，一般结构可抽查总槽段数的20%，每槽段应抽查1个断面。

7.6.9 永久性结构的地下墙，在钢筋笼沉放后，应做二次清孔，沉渣厚度应符合要求。

7.6.10 每$50m^3$地下墙应做1组试件，每幅槽段不得少于1组，在强度满足设计要求后方可开挖土方。

7.6.11 作为永久性结构的地下墙，土方开挖后应进行逐段检查，钢筋混凝土底板也应符合现行国家标准《混凝土结构工程施工质量验收规范》GB 50204的规定。

7.6.12 地下墙的钢筋笼检验评定标准应符合本标准表5.6.4-1的规定。其他标准应符合表**7.6.12**的规定。

表7.6.12 地下墙质量检验评定标准

项	序	检查项目		单位	允许偏差或允许值 数值 合格	优良	检查方法
主控项目	1	墙体强度			设计要求		查试件记录或取芯试压
	2	垂直度：永久结构 临时结构			1/300 1/150		测声波测槽仪或成槽机上的监测系统
一般项目	1	导墙尺寸	宽度	mm	W+40	***W+30***	用钢尺量，W为地下墙设计厚度
			墙面平整度 导墙平面位置	mm	<5 ±10		用钢尺量 用钢尺量
	2	沉渣厚度：永久结构 临时结构		mm	≤100 ≤200		重锤测或沉积物测定仪测
	3	槽深		mm	+100	***+80***	重锤测
	4	混凝土坍落度		mm	180~220		坍落度测定器
	5	钢筋笼尺寸			见表5.6.4-1		见表5.6.4-1
	6	地下墙表面平整度	永久结构 临时结构	mm	<100 <150	***<80*** ***<120***	此为均匀黏土层，松散及易坍土层由设计决定
			插入式结构	mm	<20		
	7	永久结构时的预埋件位置	水平向 垂直向	mm	≤10 ≤20		用钢尺量 水准仪

7.7 沉井与沉箱

7.7.1 沉井是下沉结构，必须掌握确凿的地质资料，钻孔可按下述要求进行：

1 面积在 $200m^2$ 以下（包括 $200m^2$）的沉井（箱），应有一个钻孔（可布置在中心位置）。

2 面积在 $200m^2$ 以上的沉井（箱），在四角（圆形为相互垂直的两直径端点）应各布置一个钻孔。

3 特大沉井（箱）可根据具体情况增加钻孔。

4 钻孔底标高应深于沉井的终沉标高。

5 每座沉井（箱）应有一个钻孔提供土的各项物理力学指标、地下水位和地下水含量资料。

7.7.2 沉井（箱）的施工应由具有专业施工经验的单位承担。

7.7.3 沉井制作时，沉垫木或砂垫层的采用，与沉井的结构情况、地质条件、制作高度等有关。无论采用何种形式，均应有沉井制作时的稳定计算及措施。

7.7.4 多次制作和下沉的沉井（箱），在每次制作接高时，应对下卧层作稳定复核计算，并确定确保沉井接高的稳定措施。

7.7.5 沉井采用排水封底，应确保终沉时，井内不发生管涌、涌土及沉井止沉稳定。如不能保证时，应采用水下封底。

7.7.6 沉井施工除应符合本标准规定外，尚应符合现行国家标准《混凝土结构工程施工质量验收规范》GB 50204 及《地下防水工程施工质量验收规范》GB 50208 的规定。

7.7.7 沉井（箱）在施工前应对钢筋、电焊条及焊接成形的钢筋半成品进行检验。如不用预拌混凝土，则应对现场的水泥、骨料做检验。

7.7.8 混凝土浇筑前，应对模板尺寸、预埋件位置、模板的密封性进行检验。拆模后应检查浇注质量（外观及强度），符合要求后方可下沉。浮运沉井尚需做起浮可能性检查。下沉过程中应对下沉偏差做过程控制检查。下沉后的接高应对地基强度、沉井的稳定做检查。封底结束后，应对底板的结构（有无裂缝）及渗漏做检查。有关渗漏验收标准应符合现行国家标准《地下防水工程施工质量验收规范》GB 50208 的规定。

7.7.9 沉井（箱）竣工后的评定及验收应包括沉井（箱）的平面位置、终端标高、结构完整性、渗水等进行综合检查。

7.7.10 沉井（箱）的质量检验评定标准应符合表 7.7.10 的要求。

表 7.7.10 沉井（箱）质量检验评定标准

项	序号	检查项目	允许值或允许偏差		检查方法
			单位	数值	
主控项目	1	混凝土强度	满足设计要求（下沉前必须达到70%设计强度）		查试件记录或抽样送检
	2	封底前，沉井（箱）的下沉稳定	mm/8h	＜10	水准仪

续表 7.7.10

<table>
<tr><td rowspan="2">项</td><td rowspan="2">序号</td><td rowspan="2" colspan="2">检 查 项 目</td><td colspan="2">允许值或允许偏差</td><td rowspan="2">检 查 方 法</td></tr>
<tr><td>单位</td><td>数值</td></tr>
<tr><td rowspan="4">主控项目</td><td rowspan="4">3</td><td colspan="2">封底结束后的位置：</td><td></td><td></td><td></td></tr>
<tr><td colspan="2">刃脚平均标高（与设计标高比）</td><td>mm</td><td><100</td><td>水准仪</td></tr>
<tr><td colspan="2">刃脚平面中心线位移</td><td></td><td><1%H</td><td>经纬仪，H 为下沉总深度，H < 10m 时，控制在 100mm 之内</td></tr>
<tr><td colspan="2">四角中任何两角的底面高差</td><td></td><td><1%l</td><td>水准仪，l 为两角的距离，但不超过 300mm，l < 10m 时，控制在 100mm 之内</td></tr>
<tr><td rowspan="9">一般项目</td><td>1</td><td colspan="2">钢材、对接钢筋、水泥、骨料等原材料检查</td><td colspan="2">符合设计要求</td><td>查出厂质保书或抽样送检</td></tr>
<tr><td>2</td><td colspan="2">结构体外观</td><td colspan="2">无裂缝，无蜂窝、空洞，不露筋</td><td>直观</td></tr>
<tr><td rowspan="4">3</td><td colspan="2">平面尺寸：长与宽</td><td>%</td><td>±0.5</td><td>用钢尺量，最大控制在 100mm 之内</td></tr>
<tr><td colspan="2">曲线部分半径</td><td>%</td><td>±0.5</td><td>用钢尺量，最大控制在 50mm 之内</td></tr>
<tr><td colspan="2">两对角线差</td><td>%</td><td>1.0</td><td>用钢尺量</td></tr>
<tr><td colspan="2">预埋件</td><td>mm</td><td>20</td><td>用钢尺量</td></tr>
<tr><td rowspan="2">4</td><td rowspan="2">下沉过程中的偏差</td><td>高　差</td><td>%</td><td>1.5~2.0</td><td>水准仪，最大控制在 1m 之内</td></tr>
<tr><td>平面轴线</td><td></td><td><1.5%H</td><td>经纬仪，H 为下沉深度，最大控制在 300mm 之内，此数值不包括高差引起的中线位移</td></tr>
<tr><td>5</td><td colspan="2">封底混凝土坍落度</td><td>cm</td><td>18~22</td><td>坍落度测定器</td></tr>
</table>

注：主控项目 3 的三项偏差可同时存在，下沉总深度，系指下沉前后刃脚之高差。

7.8 降水与排水

7.8.1 降水与排水是配合基坑开挖的安全措施，施工前应有降水与排水设计。当在基坑外降水时，应有降水范围的估算，对重要建筑物或公共设施在降水过程应监测。

7.8.2 对不同的土质应用不同的降水形式，表 7.8.2 为常用的降水形式。

表 7.8.2 降水类型及适用条件

降水类型 \ 适用条件	渗透系数（cm/s）	可能降低的水位深度（m）
轻型井点 多级轻型井点	$10^{-2} \sim 10^{-5}$	3 ~ 6 6 ~ 12
喷射井点	$10^{-3} \sim 10^{-6}$	8 ~ 20
电渗井点	$< 10^{-6}$	宜配合其他形式降水使用
深井井管	$\geqslant 10^{-5}$	> 10

7.8.3 降水系统施工完后，应试运转，如发现井管失效，应采取措施使其恢复正常，如无可能恢复则应报废，另行设置新的井管。

7.8.4 降水系统运转过程中应随时检查观测孔中的水位。

7.8.5 基坑内明排水应设置排水沟及集水井，排水沟纵坡宜控制在1‰ ~ 2‰。

7.8.6 降水与排水施工的质量检验评定标准应符合表 7.8.6 的规定。

表 7.8.6 降水与排水施工质量检验评定标准

序号	检查项目	允许值或允许偏差		检查方法
		单位	数值	
1	排水沟坡度	‰	1 ~ 2	目测：坑内不积水，沟内排水畅通
2	井管（点）垂直度	%	1	插管时目测
3	井管（点）间距（与设计相比）	%	≤150	用钢尺量
4	井管（点）插入深度（与设计相比）	mm	≤200	水准仪
5	过滤砂砾料填灌（与计算值相比）	mm	≤5	检查回填料用量
6	井点真空度：轻型井点 喷射井点	kPa kPa	> 60 > 93	真空度表 真空度表
7	电渗井点阴阳极距离：轻型井点 喷射井点	mm mm	80 ~ 100 120 ~ 150	用钢尺量 用钢尺量

8 分部（子分部）工程质量评定

8.0.1 检验批的质量评定应符合下列规定

合格：主控项目必须符合本标准合格规定，发现问题应立即处理直至符合要求，一般项目应有80%合格。混凝土试件强度评定不合格或对试件的代表性有怀疑时，应采用钻芯取样，检测结果符合设计要求可按合格验收。

优良：在合格的基础上，检验批所包含的各个指定项目质量经抽样检验，符合本标准相应优良标准的符合率达到80%及以上。

8.0.2 分项质量工程评定应符合下列规定：

合格：1 分项工程所含的检验批应符合本标准合格标准的规定。

2 分项工程所含的检验批的质量评定及验收记录应完整。

优良：在合格的基础上，其中60%及以上检验批为优良。

8.0.3 分部（子分部）工程质量评定应符合北京建工集团企业标准《建筑工程施工质量评定统一标准》的有关规定。

8.0.4 分项工程、分部（子分部）工程质量评定时，应检查下列文件和记录：

1 原材料的质量合格证和质量鉴定文件；

2 半成品如预制桩、钢桩、钢筋笼等产品合格证；

3 施工记录及隐蔽工程验收文件；

4 检测试验及见证取样文件；

5 其他必须提供的文件或记录。

8.0.5 对隐蔽工程应进行中间验收。

8.0.6 地基基础工程完成后，施工项目部应先行组织质量评定，合格后填写《______分部（子分部）工程质量评定记录表》报施工企业的技术、质量部门核定并签认后，报建设、监理、勘察、设计和施工单位进行分部工程验收，并报建设工程质量监督机构。

8.0.7 分部（子分部）工程验收应由总监理工程师或建设单位项目负责人组织勘察、设计单位和施工单位的项目负责人、技术质量负责人，共同按设计要求和国家标准《建筑地基基础工程施工质量验收规范》GB 50202—2002及其他有关规定进行。

附录A 地基与基础施工勘察要点

A.1 一 般 规 定

A.1.1 所有建（构）筑物均应进行施工验槽。遇到下列情况之一时，应进行专门的施工勘察。

1 工程地质条件复杂，详勘阶段难以查清时；

2 开挖基槽发现土质、土层结构与勘察资料不符时；

3 施工中边坡失稳，需查明原因，进行观察处理时；

4 施工中，地基土受扰动，需查明其性状及工程性质时；

5 为地基处理，需进一步提供勘察资料时；

6 建（构）筑物有特殊要求，或在施工时出现新的岩土工程地质问题时。

A.1.2 施工勘察应针对需要解决的岩土工程问题布置工作量，勘察方法可根据具体情况选用施工验槽、钻探取样和原位测试等。

A.2 天然地基基础基槽检验要点

A.2.1 基槽开挖后，应检验下列内容：

1 核对基坑的位置、平面尺寸、坑底标高；

2 核对基坑土质和地下水情况；

3 空穴、古墓、古井、防空掩体及地下埋设物的位置、深度、性状。

A.2.2 在进行直接观察时，可用袖珍式贯入仪作为辅助手段。

A.2.3 遇到下列情况之一时，应在基坑底普遍进行轻型动力触探：

1 持力层明显不均匀；

2 浅部有软弱下卧层；

3 有浅埋的坑穴、古墓、古井等，直接观察难以发现时；

4 勘察报告或设计文件规定应进行轻型动力触探时。

A.2.4 采用轻型动力触探进行基槽检验时，检验深度及间距按表 A.2.4 执行。

表 A.2.4 轻型动力触探检验深度及间距表（m）

排列方式	基槽宽度	检验深度	检验间距
中心一排	<0.8	1.2	1.0~1.5 m 视地层复杂情况定
两排错开	0.8~2.0	1.5	
梅花型	>2.0	2.1	

A.2.5 遇下列情况之一时，可不进行轻型动力触探：

1 基坑不深处有承压水层，触探可造成冒水涌砂时；

2 持力层为砾石层或卵石层，且其厚度符合设计要求时。

A.2.6 基槽检验应填写验槽记录或检验报告。

A.3 深基础施工勘察要点

A.3.1 当预制打入桩、静力压桩或锤击沉管灌注桩的入土深度与勘察资料不符或对桩端下卧层有怀疑时，应核查桩端下主要受力层范围内的标准贯入击数和岩土工程性质。

A.3.2 在单柱单桩的大直径桩施工中，如发现地层变化异常或怀疑持力层可能存在破碎带或溶洞等情况时，应对其分布、性质、程度进行核查，评价其对工程安全的影响情况。

A.3.3 人工挖孔混凝土灌注桩应逐孔进行持力层岩土性质的描述及鉴别，当发现与勘察资料不符时，应对异常之处进行施工勘察，重新评价，并提供处理的技术措施。

A.4 地基处理工程施工勘察要点

A.4.1 根据地基处理方案，对勘察资料中场地工程地质及水文地质条件进行核查和补充；对详勘阶段遗留问题或地基处理设计中的特殊要求进行有针对性的勘察，提供地基处理所需的岩土工程设计参数，评价现场施工条件及施工对环境的影响。

A.4.2 当地基处理施工中发生异常情况时，进行施工勘察，查明原因，为调整、变更设计方案提供岩土工程设计参数，并提供处理的技术措施。

A.5 施 工 勘 察 报 告

A.5.1 施工勘察报告应包括下列主要内容：

1 工程概况；

2 目的和要求；

3 原因分析；

4 工程安全性评价；

5 处理措施及建议。

附录B 塑料排水带的性能

B.0.1 不同型号塑料排水带的厚度应符合表B.0.1。

表B.0.1 不同型号塑料排水带的厚度（mm）

型 号	A	B	C	D
厚 度	>3.5	>4.0	>4.5	>6

B.0.2 塑料排水带的性能应符合表B.0.2。

表B.0.2 塑料排水带的性能

项 目		单 位	A 型	B 型	C 型	条 件
纵向通水量		cm^3/s	≥15	≥25	≥40	侧压力
滤膜渗透系数		cm/s	$\geqslant 5\times 10^{-4}$			试件在水中浸泡24h
滤膜等效孔径		μm	<75			以D_{98}计，D为孔径
复合体抗拉强度（干态）		kN/10cm	≥1.0	≥1.3	≥1.5	延伸率10%时
滤膜抗拉强度	干态	N/cm	≥15	≥25	≥30	延伸率10%时
	湿态		≥10	≥20	≥25	延伸率15%时，试件在水中浸泡24h
滤膜重度		N/m^2	—	0.8	—	

注：1.A型排水带适用于插入深度小于15m。

2.B型排水带适用于插入深度小于25m。

3.C型排水带适用于插入深度小于35m。

北京建工集团企业标准

Q/BCEG 302 — 2004

砌体工程施工质量评定标准

2004年11月24日发布　　　　2005年01月01日实施

北京建工集团有限责任公司

目　次

1 总 则

1.0.1 为加强建筑工程质量管理，统一本集团砌体工程施工质量的评定，保证工程质量，制定本标准。

1.0.2 本标准是在国家标准《砌体工程施工质量验收规范》GB 50203—2002 和北京市标准《砌体结构工程施工质量验收规程》DBJ 01—81—2004 基础上制定的质量评定标准，适用于本集团建筑工程的烧结普通砖、烧结多孔砖、混凝土小型空心砌块、空心砖、蒸压粉煤灰砖、蒸压灰砂砖、蒸压加气混凝土砌块、石等的砌体施工质量的评定。

1.0.3 本标准应与北京建工集团《建筑工程施工质量评定统一标准》配套使用。

1.0.4 砌体工程施工中采用的工程技术文件、承包合同文件对施工质量评定的要求不得低于国家标准《砌体工程施工质量验收规范》GB 50203—2002 的规定。

1.0.5 砌体工程施工质量的评定除应执行本标准外，尚应符合北京建工集团《砌体工程施工技术规程》和国家、地方现行有关标准、规范的规定。

2 术　　语

2.0.1 施工质量控制等级　control grade of construction quality

按质量控制和质量保证若干要素对施工技术水平所作的分级。

2.0.2 型式检验　type inspection

确认产品或过程应用结果适用性所进行的检验。

2.0.3 通缝　continuous seam

砌体中，上下皮块材搭接长度小于规定数值的竖向灰缝。

2.0.4 假缝　supposititious seam

为掩盖砌体竖向灰缝内在质量缺陷，砌筑砌体时仅在表面作灰缝处理的灰缝。

2.0.5 配筋砌体　reinforced masonry

网状配筋砌体柱、水平配筋砌体墙、砖砌体和钢筋混凝土面层或钢筋砂浆面层组合砌体柱（墙）、砖砌体和钢筋混凝土构造柱组合墙以及配筋砌块砌体剪力墙的统称。

2.0.6 芯柱　core column

在砌块内部空腔中插入竖向钢筋并浇灌混凝土后形成的砌体内部的钢筋混凝土小柱。

2.0.7 原位检测　inspection at original space

采用标准的检验方法，在现场砌体中选样进行非破损或微破损检测，以判定砌筑砂浆和砌体实体强度的检测。

2.0.8 烧结普通砖　fired brick

以页岩、煤矸石为主要原料，经焙烧而成的实心砖。主要适用于承重部位的砖。外形尺寸 240mm × 115mm × 53mm。

2.0.9 烧结多孔砖　fired perforated brick

以页岩、煤矸石为主要原料，经焙烧而成、孔洞率不小于 15%。孔的尺寸小而数量多，主要适用于承重部位的砖，目前多孔砖分为 P 型砖和 M 型砖。外形尺寸 240mm × 115mm × 90mm 的为 P 型砖，外形尺寸 190mm × 190mm × 90mm 的为 M 型砖。

2.0.10 蒸压粉煤灰砖　autoclaved flyash-lime brick

以粉煤灰、石灰为主要原材料，掺加适量石膏和集料，经坯体制备、压制成型、高压蒸汽养护而成的实心砖，简称蒸压粉煤灰砖。

2.0.11 蒸压灰砂砖　autoclaved sand-lime brick

以石灰和砂为主要原材料，经混合消解、压制成型、蒸压养护而成的实心砖，简称蒸压灰砂砖。

2.0.12 配砖　auxiliary brick

砌筑时与主规格砖配合使用的砖，如半砖、七分头、M 型砖的系列配砖等。

2.0.13 硬架支模　supporting floor loading formwork

多层砌体建筑现浇圈梁支模的一种施工做法，其具体操作是：在砌至圈梁底标高的墙上，支模、绑扎圈梁钢筋、铺楼板或屋面板（暂时由模板支承楼面或屋面荷载），绑扎预制板端伸出的预应力筋、浇灌圈梁混凝土。

2.0.14 严重缺陷 serious defect

对结构构件的受力性能或安装使用性能有决定性影响的缺陷。

3 基 本 规 定

3.0.1 砌体工程所用的材料应有产品的合格证书、产品性能检测报告。块材、水泥、钢筋、外加剂等尚应有材料主要性能的进场复验报告。外加剂应符合环保要求及有关规定。严禁使用国家明令淘汰的材料。

3.0.2 砌筑基础前，应校核放线尺寸，允许偏差应符合表3.0.2的规定。

表3.0.2 放线尺寸的允许偏差

长度 L、宽度 B（m）	允许偏差（mm）	长度 L、宽度 B（m）	允许偏差（mm）
L（或 B）≤30	±5	60 < L（或 B）≤90	±15
30 < L（或 B）≤60	±10	L（或 B）>90	±20

3.0.3 砌筑顺序应符合下列规定：

1 基底标高不同时，应从低处砌起，并应由高处向低处搭砌。当设计无要求时，搭接长度不应小于基础扩大部分的高度。

2 砌体的转角处和交接处应同时砌筑。当不能同时砌筑时，应按规定留槎、接槎。

3.0.4 在墙上留置临时施工洞口，其侧边离交接处墙面不应小于500mm，洞口净宽度不应超过1m。

当抗震设防烈度为9度时，建筑物的临时施工洞口位置应会同设计单位确定。

临时施工洞口应做好补砌。

3.0.5 不得在下列墙体或部位设置脚手眼：

1 120mm厚墙、料石清水墙和独立柱；

2 过梁上与过梁成60°角的三角形范围及过梁净跨度1/2的高度范围内；

3 宽度小于1m的窗间墙；

4 砌体门窗洞口两侧200mm（石砌体为300mm）和转角处450mm（石砌体为600mm）范围内；

5 梁或梁垫下及其左右500mm范围内；

6 设计不允许设置脚手眼的部位。

3.0.6 施工脚手眼补砌时，灰缝应填满砂浆，不得用干砖填塞。

3.0.7 设计要求的洞口、管道、沟槽应于砌筑时正确留出或预埋。如需事后开凿沟槽，须会同设计办理变更手续。

3.0.8 设计无要求时，宽度超过300mm的洞口上部，应设置过梁，宜设置钢筋混凝土过梁。当设置钢筋砖过梁时，厚度不小于30mm，水泥砂浆强度等级不小于M5，内置钢筋不少于2ϕ6；宽度超过500mm的洞口上部，应设置钢筋混凝土过梁。

3.0.9 尚未施工楼板或屋面的墙或柱，当可能遇到大风时，其允许自由高度不得超过表

3.0.9 的规定。若超过表中限值时，必须采用临时支撑等有效措施。

表 3.0.9 墙和柱的允许自由高度（m）

墙(柱)厚(mm)	砌体密度＞1600(kg/m^3)			砌体密度 1300～1600(kg/m^3)		
	风载(kN/m^2)			风载(kN/m^2)		
	0.3(约 7 级风)	0.4(约 8 级风)	0.5(约 9 级风)	0.3(约 7 级风)	0.4(约 8 级风)	0.5(约 9 级风)
190	—	—	—	1.4	1.1	0.7
240	2.8	2.1	1.4	2.2	1.7	1.1
370	5.2	3.9	2.6	4.2	3.2	2.1
490	8.6	6.5	4.3	7.0	5.2	3.5
620	14.0	10.5	7.0	11.4	8.6	5. 7

注：1. 本表适用于施工处相对标高（H）在 10m 范围内的情况。如 10m＜H≤15m，15m＜H≤20m 时，表中允许自由高度分别乘以 0.9、0.8 的系数；如 H＞20m 时，应通过抗倾覆验算确定其允许自由高度。

2. 当所砌筑的墙有横墙或其他结构与其连接，而且间距小于表列限值的 2 倍时，砌筑高度可不受本表的限制。

3.0.10 搁置预制梁、板的砌体顶面应找平，安装时应坐浆。当设计无具体要求时，应采用 1:2.5 的水泥砂浆。

3.0.11 砌体施工质量控制等级应分三级，并应符合表 3.0.11 的规定。

表 3.0.11 砌体施工质量控制等级

项　目	施工质量控制等级		
	A	B	C
现场质量管理	制度健全，并严格执行，非施工方质量监督人员经常到现场，或现场设有常驻代表；施工方有在岗专业技术管理人员，人员齐全，并持证上岗	制度基本健全，并能执行；非施工方质量监督人员间断地到现场进行质量控制；施工方有在岗专业技术管理人员，并持证上岗	有制度；非施工方质量监督人员很少作现场质量控制；施工方有在岗专业技术管理人员
砂浆、混凝土强度	试块按规定制作，强度满足验收规定，离散性小	试块按规定制作，强度满足验收规定，离散性较小	试块按规定制作，离散性大
砂浆拌合方式	机械拌合，配合比计量控制严格	机械拌合，配合比计量控制一般	机械或人工拌合，配合比计量控制较差
砌筑工人	中级工以上，其中高级工不少于 20%	高、中级工不少于 70%	初级工以上

注：1. 设计未做说明的，应按 B 级控制。

2. 如经检查，判定施工质量控制等级为 C 级，应请原设计单位复核该砌体工程质量是否符合要求。

3.0.12 设置在潮湿环境或有化学侵蚀性介质的环境中的砌体灰缝内的钢筋应采取防腐措施。

3.0.13 砌体施工时，楼面和屋面堆载不得超过楼板的允许荷载值。施工层进料口楼板下，应采取临时加撑措施。

3.0.14 分项工程的评定应在检验批评定及验收合格的基础上进行。检验批的确定可根据同一楼层的施工段或变形缝划分。

3.0.15 砌体工程检验批质量评定应符合下列规定：

1 检验批合格质量应符合下列规定：

(1) 主控项目的质量经抽样检验应全部符合本标准的合格规定；

(2) 一般项目应有80%及以上的抽检处符合本标准的合格规定或偏差值在允许偏差范围内，其余20%按本标准合格规定，不能大于偏差值的1.5倍，且不得有严重缺陷；

(3) 具有完整的施工操作依据和质量检查记录。

2 检验批优良质量应符合下列规定：

在合格的基础上，检验批所包含的各个指定项目均达到优良。其中指定项目优良是指：指定项目经抽样检验，符合本标准相应优良标准的符合率达到80%及以上。

4 砌 筑 砂 浆

4.0.1 水泥进场使用前，应分批对其强度、安定性、凝结时间进行复验。检验批应以同一生产厂家、同期出厂、同一品种、同一强度等级、同一编号为一批。不同批的水泥不得混合存放。

当在使用中对水泥质量有怀疑或水泥出厂超过三个月（快硬硅酸盐水泥超过一个月）时，应复查试验，并按其结果使用。

不同品种的水泥，不得混合使用。

4.0.2 砂浆用砂不得含有有害杂物。砂浆用砂的含泥量应满足下列要求：

1 对水泥砂浆和水泥混合砂浆，不应超过5%；

2 人工砂、山砂及特细砂，应经试配能满足砌筑砂浆技术条件要求。

4.0.3 拌制水泥混合砂浆用的石灰膏、粉煤灰、磨细生石灰粉应符合以下规定：

1 当采用磨细生石灰粉时，其熟化时间不得少于2d。不得采用脱水硬化的石灰膏。消石灰粉不得直接使用于砌筑砂浆中。

2 粉煤灰的品质指标应符合现行行业标准《粉煤灰在混凝土及砂浆中应用技术规程》JGJ 28的有关规定。

3 磨细生石灰的品质应符合现行行业标准《建筑生石灰粉》JC/T 480的规定。

4 石灰膏的用量，可按稠度120+10mm计量。现场施工中，当石灰膏稠度与试配不一致时，可按表4.0.3换算。

表4.0.3 石灰膏不同稠度时的换算系数

稠度（mm）	120	110	100	90	80	70	60	50	40	30
换算系数	1.00	0.99	0.97	0.95	0.93	0.92	0.90	0.88	0.87	0.86

4.0.4 拌制砂浆用水，水质应符合国家现行标准《混凝土拌合用水标准》JGJ 63的规定。

4.0.5 砌筑砂浆应通过试配确定配合比。当砌筑砂浆的组成材料有变更时，其配合比应重新确定。

4.0.6 施工中当采用水泥砂浆代替水泥混合砂浆时，应重新确定砂浆强度等级。

4.0.7 凡在砂浆中掺入有机塑化剂、早强剂、缓凝剂、防冻剂等，应经检验和试配符合要求后，方可使用。砂浆中使用的有机塑化剂应有砌体强度的型式检验报告。

4.0.8 砂浆现场拌制时，各组分材料应采用重量计量。当使用预拌砂浆时，应符合相关规定。

4.0.9 砌筑砂浆应采用机械搅拌，自投料完算起，搅拌时间应符合下列规定：

1 水泥砂浆和水泥混合砂浆不得少于2min；

2 水泥粉煤灰砂浆和掺用外加剂的砂浆不得少于3min；

3　掺用有机塑化剂的砂浆，应为3～5min。

4.0.10　砂浆应随拌随用，水泥砂浆和水泥混合砂浆应分别在3h和4h内使用完毕；当施工期间最高气温超过30℃时，应分别在拌成后2h和3h内使用完毕。

注：对掺用缓凝剂的砂浆，其使用时间可根据具体情况延长。

4.0.11　砌筑砂浆试块强度验收时，试块抽检数量及其强度合格标准必须符合以下规定：

1　同一楼层且不超过250m³砌体的各类型及强度等级的砌筑砂浆，应至少做1组试块，每台搅拌机应至少抽检1次；

2　砂浆强度应以标准养护，龄期为28d的试块抗压试验结果为准；

3　砌筑砂浆的验收批，同一类型、强度等级的砂浆试块应不少于3组；

4　同一验收批砂浆试块抗压强度平均值必须大于或等于设计强度等级所对应的立方体抗压强度；同一验收批砂浆试块抗压强度的最小一组平均值必须大于或等于设计强度等级所对应的立方体抗压强度的0.75倍。

注：1. 当同一验收批少于3组试块，每组试块抗压强度的平均值必须大于或等于设计强度等级所对应的立方体抗压强度。

2. 混凝土小型空心砌块用砌筑砂浆，同一楼层且不超过250m³砌体的各类型及强度等级的砌筑砂浆，应至少做2组试块，每台搅拌机应至少抽检1次。

检验方法：在砂浆搅拌机出料口随机取样制作砂浆试块（同盘砂浆只应制作1组试块），最后检查试块强度试验报告单。

4.0.12　当施工中或验收时出现下列情况，可采用现场检验方法对砂浆和砌体强度进行原位检测或取样检测，并判定其强度：

1　砂浆试块缺乏代表性或试块数量不足；

2　对砂浆试块的试验结果有怀疑或有争议；

3　砂浆试块的试验结果，不能满足设计要求。

5 砖 砌 体 工 程

5.1 一 般 规 定

5.1.1 本章适用于烧结普通砖、烧结多孔砖、蒸压粉煤灰砖、蒸压灰砂砖等砌体工程。

5.1.2 用于清水墙、柱表面的砖，应边角整齐，色泽均匀。砖的强度等级不应小于MU10；砂浆的强度等级不应小于M5。

施工时所用的蒸压粉煤灰砖、蒸压灰砂砖的产品龄期不应小于28d。

施工时所用的蒸压粉煤灰砖、蒸压灰砂砖产品龄期宜大于35d。砌筑完成后，宜28d后抹灰。

5.1.3 砖在运输、装卸过程中，严禁倾倒和抛掷。经验收合格的砖，应分类堆放整齐，堆置高度不宜超过2m。

5.1.4 地面以下或防潮层以下的砌体，不得采用多孔砖。防潮层以下的蒸压砖砌体，应采用水泥砂浆砌筑，水泥砂浆试配强度等级应比设计要求等级提高一级。有酸性侵蚀介质的地基土不得采用蒸压粉煤灰砖砌筑基础或地下室。

5.1.5 砌筑砖砌体时，砖应提前1～2d浇水湿润。砌筑时砖的含水率宜为10%～15%；蒸压砖应提前1d浇水湿润，不得随浇随砌，也不宜雨天砌筑。

5.1.6 砌砖工程应采用一铲灰、一块砖、一揉压的“三一”砌砖法砌筑。砌筑前应试摆；墙厚370mm以上的砌体应采用双面挂线砌筑。

5.1.7 砖砌体应上下错缝，内外搭砌，并宜采用一顺一丁，梅花丁或三顺一丁的砌筑形式。

5.1.8 竖向灰缝不得出现透明缝、瞎缝和假缝。

5.1.9 240mm厚承重墙的每层墙的最上一皮砖，砖砌体的阶台水平面上及挑出层，应整砖丁砌。

5.1.10 砖过梁底部的模板，应在灰缝砂浆强度不低于设计强度的50%时，方可拆除。

5.1.11 砖砌体施工临时间断处补砌时，必须将接槎处表面清理干净，浇水湿润，并填实砂浆，保持灰缝平直。

5.1.12 砖柱和宽度小于1m的窗间墙，应选用整砖砌筑。半砖应分散使用在受力较小的砌体中或墙心。

5.1.13 当每层砌筑墙体的高度超过1.2m时，应及时搭设好操作平台。

5.1.14 多孔砖的孔洞应垂直于受压面砌筑。

5.1.15 蒸压砖砌体不得与其他种类的砌块混砌。

5.2 主 控 项 目

5.2.1 砖和砂浆的强度等级必须符合设计要求。

抽检数量：每一生产厂家的砖到现场后，烧结普通砖按 15 万块，多孔砖按 5 万块，蒸压粉煤灰砖、蒸压灰砂砖按 10 万块各为一验收批，抽检数量为 1 组。砂浆试块的抽检数量执行本标准 4.0.11 条的有关规定。

检验方法：检查砖和砂浆试块试验报告。

5.2.2 砌体水平灰缝的砂浆饱满度不得小于 80%。

优良：砌体水平灰缝的砂浆饱满度不得小于 90%。

抽检数量：每检验批抽查不应少于 5 处。

检验方法：用百格网检查砖底面与砂浆的粘结痕迹面积。每处检测 3 块砖，取平均值。

5.2.3 砖砌体的转角处和交接处应同时砌筑，严禁无可靠措施的内外墙分砌施工。扶壁柱与墙身应逐皮搭接，严禁垛与墙分离砌筑。对不能同时砌筑而又必须留置的临时间断处应砌成斜槎，斜槎水平投影长度不应小于高度的 2/3。

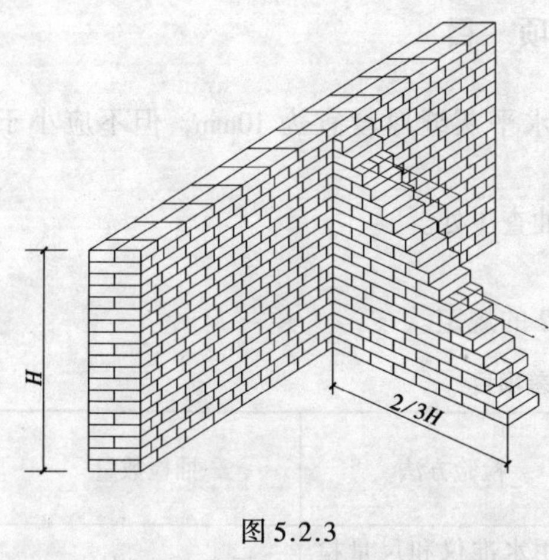

图 5.2.3

抽检数量：每检验批抽 20% 接槎，且不应少于 5 处。

检验方法：观察检查。

5.2.4 施工洞口处，可留直槎，但直槎必须设成凸槎，并须加设拉结钢筋，拉结钢筋的数量为每 240mm 墙厚放置 2ϕ6 拉结钢筋，墙厚度每增加 120mm 增加一根 1ϕ6 拉结钢筋，间距沿墙高不应超过 500mm；埋入长度从留槎处算起每边均不应小于 1000mm；末端应有 90°弯钩。在后砌施工洞口内的钢筋搭接长度不应小于 330mm。

抽检数量：每检验批抽 20% 接槎，且不应少于 5 处。

检验方法：观察和尺量检查。

合格标准：留槎正确，拉结钢筋设置数量、直径正确，竖向间距偏差不超过 100mm，留置长度基本符合规定。

5.2.5 砖砌体的位置及垂直度允许偏差应符合表 5.2.5 的规定。

表 5.2.5 砖砌体的位置及垂直度允许偏差表

项次	项目			允许偏差 (mm)	检验方法
1	轴线位置偏移			10	用经纬仪或拉线和尺量检查或用其他测量仪器检查
2	垂直度	每层		5	用 2m 托板检查
		全高	≤10m	10	用经纬仪或吊线和尺量检查
			>10m	20	

抽检数量：轴线查全部承重墙柱；外墙垂直度全高查阳角，不应少于 4 处，每层每 20m 查 1 处；内墙按有代表性的自然间抽 10%，但不应少于 3 间，每间不应少于 2 处，柱

不少于 5 根。

5.2.6 砖砌体组砌方法应正确，上、下错缝，内外搭砌，砖柱不得采用包心砌法。

抽检数量：外墙每 20m 抽查一处，每处 3～5m，且不应少于 3 处；内墙按有代表性的自然间抽 10%，且不应少于 3 间。

检验方法：观察检查。

合格标准：除符合本条要求外，清水墙、窗间墙无通缝；混水墙中长度大于或等于 300mm 的通缝每间不超过 3 处，且不得位于同一面墙体上。通缝长度不应超过 500mm。

优良标准：在合格的基础上，混水墙无长度大于或等于 300mm 的通缝。

5.3 一 般 项 目

5.3.1 砖砌体的灰缝应横平竖直，厚薄均匀。水平灰缝厚度宜为 10mm，但不应小于 8mm，也不应大于 12mm。

抽检数量：每步脚手架施工的砌体，每 20m 抽查 1 处。

检验方法：用尺量 10 皮砖砌体高度折算。

5.3.2 砖砌体的一般尺寸允许偏差应符合表 5.3.2 的规定。

表 5.3.2 允许偏差项目

项次	项目		允许偏差（mm）		检验方法	抽检数量
			合格	***优良***		
1	基础和墙砌体顶面标高		±15	***±12***	用水准仪和尺量检查	不应少于 5 处
2	表面平整度	清水墙、柱	5		用 2m 靠尺和楔形塞尺检查	有代表性自然间 10%，且不应少于 3 间，每间不应少于 2 处
		混水墙、柱	8	***6***		
3	门窗洞口高、宽（后塞口）		±5		用尺检查	检验批洞口的 10%，且不应少于 5 处
4	外墙上下窗口偏移		20	***15***	以底层窗口为准，用经纬仪或吊线检查	检验批的 10%，且不应少于 5 处
5	水平灰缝平直度	清水墙	7	***5***	拉 10m 线和尺量检查	有代表性自然间 10%，但不应少于 3 间，每间不应少于 2 处
		混水墙	10			
6	清水墙游丁走缝		20	***15***	吊线和尺量检查，以每层第一皮砖为准	有代表性自然间 10%，但不应少于 3 间，每间不应少于 2 处

6 混凝土小型空心砌块砌体工程

6.1 一 般 规 定

6.1.1 本章适用于普通混凝土小型空心砌块和轻骨料混凝土小型空心砌块（简称小砌块）工程的施工质量评定。小砌块的强度等级不应小于 MU7.5；砂浆的强度等级不应小于 M7.5。

6.1.2 施工时所用的小砌块的产品龄期宜大于 35d。小砌块砌筑完成后，宜于 28d 后抹灰。

施工时所用的小砌块的产品龄期不应小于 28d。

6.1.3 砌筑小砌块时，应清除表面污物和芯柱用小砌块孔洞底部的毛边，剔除外观质量不合格的小砌块。

6.1.4 施工所用的砂浆，宜选用专用的小砌块砌筑砂浆。

6.1.5 底层室内地面以下或防潮层以下的砌体，不宜采用小砌块；应采用强度等级不低于 C20 的混凝土灌实小砌块的孔洞。

6.1.6 小砌块砌筑时，在天气干燥炎热的情况下，可提前洒水湿润小砌块；对轻骨料混凝土小砌块，可提前浇水湿润。小砌块表面有浮水时，不得施工。

6.1.7 承重墙体严禁使用断裂小砌块。

6.1.8 小砌块墙体应对孔错缝搭砌，搭接长度不应小于 90mm。墙体的个别部位不能满足上述要求时，应在灰缝中设置拉结钢筋或钢筋网片，但竖向通缝仍不得超过两皮小砌块。

6.1.9 小砌块应底面朝上反砌于墙上。

6.1.10 芯柱钢筋应与基础或基础梁中预埋钢筋连接，上下楼层的钢筋可在楼板面上搭接，搭接长度除应满足设计要求外，尚不应小于 40d。

6.1.11 浇灌芯柱的混凝土，宜选用专用的小砌块灌孔混凝土，当采用普通混凝土时，其坍落度不应小于 120mm。

6.1.12 浇灌芯柱混凝土，应遵守下列规定：

1 清除孔洞内的砂浆等杂物，并用水冲洗；

2 在浇灌芯柱混凝土前应先注入适量与芯柱混凝土相同的去石子水泥砂浆，再浇灌混凝土；

3 芯柱混凝土必须连续浇筑，每浇筑高度不大于 400mm 高度时振捣一次，严禁灌满一个楼层后再进行振捣。

6.1.13 需要移动砌体中的小砌块或小砌块被撞动时，应重新铺砌。

6.1.14 复合夹芯外墙保温板材之间必须紧密衔接，内外侧墙片用热浸镀锌拉结钢筋网片拉结。

6.1.15 小砌块日砌筑高度控制在 1.8m 内，当每层砌筑墙体的高度超过 1.2m 时，应及时搭设操作平台。

6.1.16 砌体相邻工作段的高度差，不得大于一个楼层高度或4m。

6.1.17 砌筑前宜先绘制墙面砌筑排列图。

6.1.18 埋在灰缝内的拉结钢筋网片应放在砌块边肋上。

6.1.19 小砌块应采用碰头灰砌筑，以确保竖向灰缝的饱满度。

6.1.20 小砌块应采用原浆勾缝，勾缝深度不得大于3mm。

6.2 主 控 项 目

6.2.1 小砌块和砂浆及芯柱混凝土的强度等级必须符合设计要求。

抽检数量：每一生产厂家，每1万块小砌块至少应抽检1组。用于多层以上建筑基础和底层的小砌块抽检数量不应少于2组。砂浆试块的抽检数量执行本标准第4.0.11条的有关规定。

检验方法：检查小砌块、砂浆试块试验报告。

6.2.2 芯柱混凝土应振捣密实。

6.2.3 砌体水平灰缝的砂浆饱满度，应按净面积计算不得低于90%；竖向灰缝饱满度不得小于80%。竖缝凹槽部位应用砌筑砂浆填实；不得出现瞎缝、透明缝。

抽检数量：每检验批不应少于3处。

检验方法：用专用百格网检测小砌块与砂浆粘结痕迹，每处检测3块小砌块，取其平均值。

6.2.4 墙体转角处和纵横墙交接处应同时砌筑。严禁无可靠措施的内外墙分砌施工。对不能同时砌筑而又必须留置的临时间断处应砌成斜槎，斜槎水平投影长度不应小于高度的2/3。

抽检数量：每检验批抽20%接槎，且不应小于5处。

检验方法：观察检查。

6.2.5 施工洞口处，可留直槎，但须加设拉结钢筋，拉结钢筋的数量为每190mm墙厚放置2Φ6拉结钢筋，间距沿墙高不应超过600mm；埋入长度从留槎处算起每边均不应小于1m；末端应有90°弯钩。

抽检数量：每检验批抽20%接槎，且不应少于5处。

检验方法：观察和尺量检查。

合格标准：留槎正确，拉结钢筋设置数量、直径正确，竖向间距偏差不超过100mm，留置长度基本符合规定。

6.2.6 小砌块砌体的轴线偏移和垂直度偏差应按本标准第5.2.5条的规定执行。

6.2.7 每层墙体砌筑完后，砌筑砂浆强度大于1MPa时，方可浇灌芯柱混凝土；每一层的芯柱必须在一天内浇灌完毕。

抽检数量：同强度等级、同一气候条件下，每层检验一组。作为该层砌筑砂浆强度大于1MPa的依据。

检查方法：在现场砌筑过程中取砂浆制作同条件试块，并送有资质试验室做抗压试验，以同条件试块的抗压强度，作为浇筑芯柱混凝土的依据。

6.3 一 般 项 目

6.3.1 墙体的水平灰缝厚度和竖向灰缝宽度宜为10mm，但不应大于12mm，也不应小于8mm。

抽检数量：每层楼的检测点不应少于3处。

抽检方法：用尺量5皮小砌块的高度和2m砌体长度折算。

6.3.2 小砌块墙体的一般尺寸允许偏差应按本标准第5.3.2条中1～5项的规定执行。

6.3.2 芯柱施工中，应设专人检查芯柱混凝土灌入量。

6.3.4 清水墙的工程，外墙砌筑宜采用抗渗砌块和抗渗砂浆。

6.3.5 芯柱混凝土宜采用机械振捣或钢筋棍插捣的方法。

7 石砌体工程

7.1 一般规定

7.1.1 石砌体采用的石材应质地坚实，无风化剥落和裂纹。用于清水墙、柱表面的石材，尚应色泽均匀。

7.1.2 石材表面的泥垢、水锈等杂质，砌筑前应清除干净。

7.1.3 石砌体的灰缝厚度：毛料石和粗料石砌体不宜大于20mm；细料石砌体不宜大于5mm。

7.1.4 砂浆初凝后，如移动已砌筑的石块，应将原砂浆清理干净，重新铺浆砌筑。

7.1.5 砌筑毛石基础的第一皮石块应坐浆，并将大面向下；砌筑料石基础的第一皮石块应用丁砌层座浆砌筑。

7.1.6 毛石砌体的第一皮及转角处、交接处和洞口处，应用较大的平毛石砌筑。每个楼层（包括基础）砌体的最上一皮，宜选用较大的毛石砌筑。

7.1.7 砌筑毛石挡土墙应符合下列规定：

1 每砌3~4皮为一个分层高度，每个分层高度应找平一次；

2 外露面的灰缝厚度不得大于40mm，两个分层高度分层处的错缝不得小于80mm。

7.1.8 料石挡土墙，当中间部分用毛石砌筑时，丁砌料石伸入毛石部分的长度不应小于200mm。

7.1.9 挡土墙的泄水孔当设计无规定时，施工应符合下列规定：

1 泄水孔应均匀设置，在每米高度上间隔2m左右设置一个泄水孔；

2 泄水孔与土体间铺设长宽各为300mm、厚200mm的卵石或碎石做疏水层。

7.1.10 挡土墙内侧回填土必须分层夯填，分层松土厚度应为300mm。墙顶土面应有适当坡度使流水流向挡土墙外侧面。

7.2 主控项目

7.2.1 石材及砂浆强度等级必须符合设计要求。

抽检数量：同一产地的石材至少应抽检1组。砂浆试块的抽检数量执行本标准第4.0.11条的有关规定。

检验方法：料石检查产品质量证明书，石材、砂浆检查试块试验报告。

7.2.2 砂浆饱满度不应小于80%。

抽检数量：每步架不应少于1处。

检验方法：观察检查。

7.2.3 石砌体的轴线位置及垂直度允许偏差应符合表7.2.3的规定。

表 7.2.3　石砌体的轴线位置及垂直度允许偏差

项次	项目		允许偏差（mm）							检验方法
			毛石砌体		料石砌体					
					毛料石		粗料石		细料石	
			基础	墙	基础	墙	基础	墙	墙、柱	
1	轴线位置		20	15	20	15	15	10	10	用经纬仪和尺检查，或用其他测量仪器检查
2	墙面垂直度	每层		20		20		10	7	用经纬仪、吊线和尺检查或用其他测量仪器检查
		全高		30		30		25	20	

抽检数量：外墙，按楼层（或 4m 高以内）每 20m 抽查 1 处，每处 3 延长米，但不应少于 3 处；内墙，按有代表性的自然间抽查 10%，但不应少于 3 间，每间不应少于 2 处，柱子不应少于 5 根。

7.3　一　般　项　目

7.3.1　石砌体的一般尺寸允许偏差应符合表 7.3.1 的规定。

抽检数量：外墙，按楼层（4m 高以内）每 20m 抽查 1 处，每处 3 延长米，但不应少于 3 处；内墙，按有代表性的自然间抽查 10%，但不应少于 3 间，每间不应少于 2 处，柱子不应少于 5 根。

表 7.3.1　石砌体的一般尺寸允许偏差

项次	项目		允许偏差（mm）							检验方法
			毛石砌体		料石砌体					
					毛料石		粗料石		细料石	
			基础	墙	基础	墙	基础	墙	墙、柱	
1	基础和墙砌体顶面标高	合格	±25	±15	±25	±15	±15	±15	±10	用经纬仪和尺检查
		优良	***±20***	***±12***	***±20***	***±12***	***±12***	***±12***	***±8***	
2	砌体厚度	合格	+30	+20，−10	+30	+20，−10	+15	+10，−5	+10，−5	用尺检查
		优良	***+25***	***+15，−8***	***+25***					
3	表面平整度	清水墙柱	—	20	—	20	—	10	5	细料石用 2m 靠尺和楔形塞尺检查，其他用两直尺垂直于灰缝拉 2m 线和尺检查
		混水墙柱	—	20	—	20	—	15	—	
4	清水墙水平灰缝平直度		—	—	—	—	—	10	5	拉 10m 线和尺检查

7.3.2 石砌体的组砌形式应符合下列规定：

合格标准：**1** 内外搭砌，上下错缝，拉结石、丁砌石交错设置；

2 毛石墙拉结石每 0.7m^2 墙面不应少于 1 块。

优良标准：在合格的基础上，拉结石、丁砌石交错设置，分布均匀，毛石分皮卧砌，无填心砌法。料石放置平稳，灰缝一致，厚度符合施工规范规定。

检查数量：外墙，按楼层（或 4m 高以内）每 20m 抽查 1 处，每处 3 延长米，但不应少于 3 处；内墙，按有代表性的自然间抽查 10%，但不应少于 3 间。

检验方法：观察检查

8 配筋砌体工程

8.1 一 般 规 定

8.1.1 配筋砌体工程除应满足本章要求外，尚应符合本标准的第5、6章的规定。

8.1.2 设计无要求时，构造柱和圈梁的混凝土强度等级不应低于C20，构造柱混凝土骨料的粒径不宜大于20mm。

8.1.3 浇灌构造柱混凝土前，必须将模板内的落地灰、砖渣和其他杂物清理干净，砌体留槎部位和模板浇水湿润，并在结合面处注入适量与构造柱混凝土相同的去石水泥砂浆。构造柱振捣时，应避免触碰墙体，严禁通过墙体传振。

8.1.4 设置在砌体水平灰缝中钢筋的锚固长度不宜小于$50d$，且其水平或垂直弯折段的长度不宜小于$20d$和150mm；钢筋的搭接长度不应小于$55d$。

8.1.5 配筋砌块砌体剪力墙，应采用专用的小砌块砌筑砂浆和专用的小砌块灌孔混凝土。

8.1.6 构造柱应沿整个建筑物高度对正上下贯通，层与层之间构造柱不应相互错位。突出屋顶的楼梯间、电梯间，构造柱应伸至顶部，并与顶部圈梁连接，内外墙交接处应沿墙高每隔500mm设2Φ6拉结钢筋，且每边伸入墙内不应小于1000mm。

8.1.7 构造柱的混凝土坍落度宜为50~70mm，以保证浇捣密实。亦可根据施工条件不同、季节不同，在保证振捣密实的前提下加以调整。

8.2 主 控 项 目

8.2.1 钢筋的品种、规格和数量应符合设计要求。

检验方法：检查钢筋的合格证书、钢筋性能试验报告、隐蔽工程记录。

8.2.2 构造柱、芯柱、组合砌体构件、配筋砌体剪力墙构件的混凝土或砂浆的强度等级应符合设计要求。

抽检数量：各类构件每一检验批砌体至少应做1组试块。芯柱混凝土每一楼层每种强度等级至少制作1组试块。

检验方法：检查混凝土或砂浆试块试验报告。

8.2.3 构造柱与墙体的连接处应砌成马牙槎，马牙槎应先退后进，预留的拉结筋应位置正确，施工中不得任意弯折。

抽检数量：每检验批抽20%构造柱，且不少于3处。

检验方法：观察检查。

合格标准：钢筋竖向位移不应超过100mm，每一马牙槎沿高度方向尺寸不应超过300mm。钢筋竖向位移和马牙槎尺寸偏差每一构造柱不应超过2处。

8.2.4 构造柱位置及垂直度的允许偏差应符合表8.2.4的规定。

表 8.2.4 构造柱尺寸允许偏差

<table>
<tr><th>项次</th><th colspan="3">项　目</th><th>允许偏差（mm）</th><th>抽 检 方 法</th></tr>
<tr><td>1</td><td colspan="3">柱中心线位置</td><td>10</td><td>用经纬仪和尺检查或用其他测量仪检查</td></tr>
<tr><td>2</td><td colspan="3">柱层间错位</td><td>8</td><td>用经纬仪和尺检查或用其他测量仪检查</td></tr>
<tr><td rowspan="3">3</td><td rowspan="3">柱垂直度</td><td colspan="2">每层</td><td>10</td><td>用 2m 托线板检查</td></tr>
<tr><td rowspan="2">全高</td><td>≤10m</td><td>15</td><td rowspan="2">用经纬仪或吊线和尺检查或用其他测量仪检查</td></tr>
<tr><td>＞10m</td><td>20</td></tr>
</table>

抽检数量：每检验批抽 10%，且不应少于 5 处。

8.2.5 对配筋混凝土小型空心砌块砌体，芯柱混凝土应在装配式楼盖处贯通，不得削弱芯柱截面尺寸。

抽检数量：每检验批抽 10%，且不应少于 5 处。

检验方法：观察检查。

8.3 一 般 项 目

8.3.1 设置在砌体水平灰缝内的钢筋，应居中置于灰缝中，水平灰缝厚度应大于钢筋直径 4mm 以上。砌体外露面砂浆保护层的厚度不应小于 15mm。

抽检数量：每检验批抽检 3 个构件，每个构件检查 3 处。

检验方法：观察检查，辅以钢尺检测。

8.3.2 设置在砌体灰缝内的钢筋的防腐保护应符合本标准第 3.0.12 条的规定。

抽检数量：每检验批抽检 10% 的钢筋。

检验方法：观察检查。

合格标准：防腐涂料无漏刷（喷浸），无起皮脱落现象。

优良标准：在合格的基础上，涂料均匀，厚度一致。

8.3.3 网状配筋砌体中，钢筋网及放置间距应符合设计规定。

抽检数量：每检验批抽 10%，且不应少于 5 处。

检验方法：钢筋规格检查钢筋网成品，钢筋网放置间距局部剔缝观察，或用探针刺入灰缝内检查，或用钢筋位置测定仪测定。

合格标准：钢筋网沿砌体高度位置超过设计规定一皮砖厚不得多于 1 处。

8.3.4 组合砖砌体构件，竖向受力钢筋保护层应符合设计要求，距砖砌体表面距离不应小于 5mm；拉结筋两端应设弯钩，拉结筋及箍筋的位置应正确。

抽检数量：每检验批抽检 10%，且不应少于 5 处。

检验方法：支模前观察与尺量检查。

合格标准：钢筋保护层符合设计要求；拉结筋位置及弯钩设置 80% 以上符合要求，箍筋间距超过规定者，每件不得多于 2 处，且每处不得超过 1 皮砖。

优良标准：钢筋保护层符合设计要求，拉结筋位置、弯钩设置 90% 以上符合要求，箍筋间距超过规定者，每件不得多于 1 处，且每处不得超过 1 皮砖。

8.3.5 配筋砌块砌体剪力墙中，采用搭接接头的受力钢筋搭接长度不应少于 35d，且不应少于 300mm。

抽检数量：每检验批每类构件抽 20%（墙、柱、连梁），且不应少于 3 件。

检验方法：尺量检查。

9 填充墙砌体工程

9.1 一 般 规 定

9.1.1 本章适用于房屋建筑采用空心砖、蒸压加气混凝土砌块、轻骨料混凝土小型空心砌块等砌筑填充墙砌体的施工质量评定。

9.1.2 蒸压加气混凝土砌块、轻骨料混凝土小型空心砌块砌筑时，其产品龄期宜大于35d，不应小于28d。

9.1.3 空心砖、蒸压加气混凝土砌块、轻骨料混凝土小型空心砌块等的运输、装卸过程中，严禁抛掷和倾倒。进场后应按品种、规格分别堆放整齐，堆置高度不宜超过2m。加气混凝土砌块应防止雨淋。

9.1.4 填充墙砌体砌筑前块材应提前2d浇水湿润。蒸压加气混凝土砌块砌筑时，应向砌筑面适量浇水。

9.1.5 用轻骨料混凝土小型空心砌块或蒸压加气混凝土砌块砌筑墙体时，墙底部应砌筑烧结普通砖或多孔砖，或普通混凝土小型空心砌块，或现浇混凝土坎台等，其高度不宜小于200mm。

9.1.6 当每层砌筑墙体的高度超过1.2m时，应及时搭设好操作平台。

9.1.7 填充墙与框架柱之间的缝隙应采用砂浆填满。

9.1.8 石膏砌块等内墙填充砌块应符合其行业标准和工艺要求。

9.2 主 控 项 目

9.2.1 砖、砌块和砌筑砂浆的强度等级应符合设计要求。

检验方法：检查砖或砌块的产品合格证书、产品性能检测报告和砂浆试块试验报告。

9.3 一 般 项 目

9.3.1 填充墙砌体一般尺寸的允许偏差应符合表9.3.1的规定。

抽检数量：

1 对表中1、2项，在检验批的标准间中随机抽查10%，但不应少于3间；大面积房间和楼道按两个轴线或每10延长米按一标准间计数。每间检验不应少于3处。

2 对表中3、4项，在检验批中抽检10%，且不应少于5处。

9.3.2 蒸压加气混凝土砌块砌体和轻骨料混凝土小型空心砌块砌体不应与其他块材混砌。

抽检数量：在检验批中抽检20%，且不应少于5处。

检验方法：外观检查。

表 9.3.1 填充墙砌体一般尺寸允许偏差

项次	项目		允许偏差（mm）		检验方法
			合格	优良	
1	轴线位置偏移		10	***8***	用经纬仪或拉线和尺量检查
	垂直度	小于或等于 3m	5	***4***	用 2m 托板检查
		大于 3m	10	***8***	用经纬仪或吊线和尺量检查
2	表面平整度		8	***5***	用 2m 靠尺和楔形塞尺检查
3	门窗洞口高、宽（后塞口）		±5	***±4***	用尺检查
4	外墙上、下窗口偏移		20	***15***	用经纬仪或吊线检查

9.3.3 填充墙砌体的砂浆饱满度及检验方法应符合表 9.3.3 的规定。

抽检数量：每步架不少于 3 处，且每处不应少于 3 块。

表 9.3.3 填充墙砌体的砂浆饱满度及检验方法

砌体分类	灰缝	饱满度及要求		检验方法
		合格	优良	
空心砖砌块	水平	≥80%	***≥90%***	采用百格网检查块材底面砂浆的粘结痕迹面积
	垂直	填满砂浆，不得有透明缝、瞎缝、假缝		
加气混凝土砌块和轻骨料混凝土小砌块砌体	水平	≥80%	***≥90%***	
	垂直	≥80%	***≥90%***	

9.3.4 填充墙砌体留置的拉结钢筋或网片的位置应与块材皮数相符合。拉结钢筋或网片应置于灰缝中，埋置长度应符合设计要求，竖向位置偏差不应超过 1 皮高度。

抽检数量：在检验批中抽检 20%，且不应少于 5 处。

检验方法：观察和尺量检查。

9.3.5 填充墙砌筑时应错缝搭砌，蒸压加气混凝土砌块搭砌长度不应小于砌块长度的 1/3；轻骨料混凝土小型空心砌块搭砌长度不应小于 90mm；竖向通缝不应大于 2 皮。

抽检数量：在检验批的标准间中抽查 10%，且不应少于 3 间。

检查方法：观察和用尺检查。

优良标准：在合格的基础上，无竖向通缝。

9.3.6 填充墙砌体的灰缝厚度和宽度应正确。空心砖、轻骨料混凝土小型空心砌块的砌体灰缝应为 8~12mm。蒸压加气混凝土砌块砌体的水平灰缝厚度及竖向灰缝宽度分别宜为 15mm 和 20mm。

抽检数量：在检验批的标准间中抽查 10%，且不应少于 3 间。

检查方法：用尺量 5 皮空心砖或小砌块的高度和 2m 砌体长度折算。

9.3.7 填充墙砌至接近梁、板底时，应留一定空隙，待填充墙砌筑完并应至少间隔 7d

后，再将其补砌挤紧。当有可靠措施可确保填充墙体与梁板之间不产生缝隙时，可适当缩短间隔时间。

抽检数量：每验收批抽10%填充墙片（每两柱间的填充墙为一墙片），且不应少于3片墙。

检查方法：观察检查。

10 冬 期 施 工

10.0.1 当室外日平均气温连续5d稳定低于5℃时，砌体工程应采取冬期施工措施。

注：①气温根据当地气象资料确定。

②冬期施工期限以外，当日最低气温低于0℃时，也应按本章的规定执行。

10.0.2 冬期施工的砌体工程质量评定除应符合本章要求外，尚应符合本标准前面各章的要求及国家现行标准《建筑工程冬期施工规程》JGJ104的规定。

10.0.3 砌体工程冬期施工应有完整的冬期施工方案。

10.0.4 冬期施工所用材料应符合下列规定：

1 石灰膏等应防止受冻，如遭冻结，应经融化后使用；

2 拌制砂浆用砂，不得含有冰块和大于10mm的冻结块；

3 砌体用砖或其他块材不得遭水浸冻。

10.0.5 冬期施工砂浆试块的留置，除按常温规定要求外，尚应增留不少于2组与砌体同条件养护的试块，未掺加外加剂的砂浆，一组测试检验临界强度，一组检测转常温标养28d强度。掺外加剂的砂浆，一组测试检验临界强度，另外一组同条件养护28d立刻转标养室标养28d后测试检验标养28d的强度。

10.0.6 基土无冻胀性时，基础可在冻结的地基上砌筑；基土有冻胀性时，应在未冻的地基上砌筑。在施工期间和回填土前，均应防止地基遭受冻结。

10.0.7 烧结普通砖、烧结多孔砖和空心砖在气温高于0℃条件下砌筑时，应浇水湿润。在气温低于、等于0℃条件下砌筑时，可不浇水，但必须增大砂浆稠度。当设计要求抗震设防烈度为9度的特殊建筑物，烧结普通砖、烧结多孔砖和空心砖无法浇水湿润时，如无特殊措施，不得砌筑。

10.0.8 拌合砂浆宜采用两步投料法。水的温度不得超过80℃，砂的温度不得超过40℃。

10.0.9 砂浆使用温度应符合下列规定。

1 采用掺外加剂法时，不应低于+5℃；

2 采用氯盐砂浆法时，不应低于+5℃；

3 采用暖棚法时，不应低于+5℃。

10.0.10 采用暖棚法施工，块材在砌筑时温度不应低于+5℃，距离所砌的结构底面0.5m处的棚内温度也不应低于+5℃。

10.0.11 在暖棚内的砌体养护时间，应根据暖棚内的温度，按表10.0.11确定。

表10.0.11 暖棚法砌体的养护时间（d）

暖棚的温度（℃）	5	10	15	20
养护时间（d）	≥6	≥5	≥4	≥3

10.0.12 当采用掺盐砂浆法施工时，宜将砂浆强度等级按常温施工的强度等级提高一级。

10.0.13 配筋砌体不得采用掺盐砂浆法施工。

11 砌体工程实体检验与平行检验

11.0.1 本章适用于承重结构砌体工程实体的检验与平行检验。涉及到砌体结构安全的重要部位，应进行砌体结构实体检验与平行检验。

11.0.2 承重砌体结构实体检验应在监理单位见证下，由施工单位组织实施，砌体结构实体检验的内容应包括砌体结构的砌筑砂浆水平灰缝饱满度；以及混凝土小型空心砌块芯柱混凝土密实度。

平行检验由监理单位组织实施，检验项目为砌体结构的圈梁、构造柱混凝土强度等级。

11.0.3 承重砌体结构应进行砌筑砂浆水平灰缝饱满度的实体检验。

抽检数量：每层楼不少于5处，对于砖砌体每处检测3块砖，取平均值；对于混凝土小型空心砌块砌体，取1块小砌块进行检测。

检验方法：每层的砌体结构砌筑后，现场随机抽取已砌筑完的砖或小砌块，将其揭开，用百格网检测砖或小砌块与砂浆粘结面面积大小。

合格标准：砖砌体的砂浆水平灰缝饱满度不小于80%，小砌块砌体的砂浆水平灰缝饱满度不小于90%，抽检的处数合格率应不小于80%，即判定合格。

11.0.4 承重结构小型混凝土空心砌块芯柱混凝土的密实度应进行实体检验。

抽检数量：取每层随机部位5根芯柱。每根芯柱上取上、中、下三个部位，每个部位各取1个点进行检验。

检验方法：采用电钻、电锤等小型电动工具钻孔检验，孔深度不小于100mm，查看混凝土的密实度；或采取其他有效方法检验。

合格标准：所检查的孔内，如果存在直径大于或等于3cm的孔洞，则不合格，没有或存在的孔洞直径小于3cm，则为合格；当全部检测点的合格点率达到或超过80%，且单根芯柱不合格点数不大于2个，则判定为密实度合格。

11.0.5 在平行检验中，由监理单位组织实施，对承重砌体结构的圈梁、构造柱混凝土的强度进行抽样检测。

抽检数量：圈梁、构造柱的每个强度等级至少抽取同类构件的2%，且每个强度等级不少于5根。

检验方法：采用回弹法或国家规定的其他方法。

合格标准：检测混凝土的推定值符合设计要求。

11.0.6 当砌体结构的实体检验或平行检验项目不满足要求时，应按原检测数量扩大一倍再进行检测，如与原来检测数量相加，总的合格率满足相关要求，则仍应判定为合格；如以上检测有一项不满足相关要求，则按本规程11.0.7条处理。

11.0.7 如实体检验或平行检验不满足要求时，则按下列规定进行处理：

1 经有资质的检测单位检测鉴定能够达到设计要求的，应予以判定为合格；

2　经有资质的检测单位检测鉴定达不到设计要求，但经原设计单位核算认可能够满足结构安全和使用功能的，可判定为合格；

3　经返修或加固处理的分项、分部工程，虽然改变外形尺寸但仍能满足安全使用要求，可按处理技术方案和协商文件进行二次验收，验收合格仍判定为合格；

4　通过返修或加固处理仍不能满足安全使用要求的，则判定为砌体实体检验或平行检验不合格。

12 子分部工程质量评定

12.0.1 砌体工程施工质量评定时，应检查下列文件和记录：

1 施工执行的技术标准；

2 原材料的合格证书、产品性能检测报告；

3 混凝土及砂浆配合比通知单；

4 混凝土及砂浆试件抗压强度试验报告单；

5 施工记录；

6 各检验批的主控项目、一般项目验收记录；

7 施工质量控制资料；

8 重大技术问题的处理或修改设计的技术文件；

9 其他必须提供的资料。

12.0.2 砌体子分部工程质量评定时，应对砌体工程的观感质量作出总体评价。

12.0.3 砌体子分部工程质量评定时，应符合下列规定：

合格：

1 子分部工程所含分项工程的质量均评定及验收合格。

2 质量控制资料应完整。

3 应对砌体工程的观感质量作出总体评价，观感质量符合本标准合格规定。

优良：

1 在合格基础上，其中60%及以上分项为优良。

2 观感质量符合本标准相关条款中优良标准的符合率达到80%及以上。

12.0.4 当砌体工程质量不符合要求时，应按现行国家标准《建筑工程施工质量验收统一标准》GB 50300和北京建工集团《建筑工程施工质量评定统一标准》规定执行。

12.0.5 对有裂缝的砌体应按下列情况进行处理：

1 对有可能影响结构安全性的砌体裂缝，应由有资质的检测单位检测鉴定或原设计单位鉴定，需返修或加固处理的，待返修或加固满足使用要求后进行二次评定，其质量只能评为合格。

2 对不影响结构安全性的砌体裂缝，应进行评定；对明显影响使用功能和观感质量的裂缝，应进行处理，其质量只能评为合格。

北京建工集团企业标准

Q/BCEG 303 — 2004

混凝土结构工程施工质量评定标准

2004年11月24日发布　　　　2005年01月01日实施

北京建工集团有限责任公司

目　次

1 总 则

1.0.1 为加强建筑工程质量管理，统一本集团混凝土结构工程施工质量评定，保证工程质量，制定本标准。

1.0.2 本标准是在国家标准《混凝土结构工程施工质量验收规范》GB 50204—2002 基础上制定的质量评定标准，适用于本集团建筑工程的混凝土结构工程施工质量的评定，不适用于特种混凝土结构施工质量的评定。

1.0.3 混凝土结构工程的承包合同和工程技术文件对施工质量验收的要求不得低于《混凝土结构工程施工质量验收规范》GB 50204—2002 的规定。

1.0.4 本标准应与北京建工集团《建筑工程施工质量评定统一标准》配套使用。

1.0.5 混凝土结构工程施工质量的评定除应执行本标准外，尚应符合北京建工集团《混凝土结构工程施工技术规程》和国家、地方现行有关标准的规定。

2 术 语

2.0.1 混凝土结构 concrete structure

以混凝土为主制成的结构，包括素混凝土结构、钢筋混凝土结构和预应力混凝土结构等。

2.0.2 现浇结构 cast-in-situ concrete structure

系现浇混凝土结构的简称，是在现场支模并整体浇筑而成的混凝土结构。

2.0.3 缺陷 defect

建筑工程施工质量中不符合规定要求的检验项或检验点，按其程度可分为严重缺陷和一般缺陷。

2.0.4 严重缺陷 serious defect

对结构构件的受力性能或安装使用性能有决定性影响的缺陷。

2.0.5 一般缺陷 common defect

对结构构件的受力性能或安装使用性能无决定性影响的缺陷。

2.0.6 施工缝 construction joint

在混凝土浇筑过程中，因设计要求或施工需要分段浇筑而在先、后浇筑的混凝土之间所形成的接缝。

2.0.7 检验批 inspection lot

按同一的生产条件或按规定的方式汇总起来供检验用的，由一定数量样本组成的检验体。各分项工程可根据与施工方式相一致且便于控制施工质量的原则，按工作班、楼层、结构缝或施工段划分为若干检验批。

2.0.8 结构性能检验 inspection of structural performance

针对结构构件的承载力、挠度、裂缝控制性能等各项指标所进行的检验。

3 基 本 规 定

3.0.1 混凝土结构施工现场质量管理应有相应的施工技术标准、健全的质量管理体系、施工质量控制和质量检验制度。

混凝土结构施工项目应有施工组织设计和施工技术方案，并经审查批准。

3.0.2 混凝土结构子分部工程可根据结构的施工方法分为两类：现浇混凝土结构子分部工程和装配式混凝土结构子分部工程；根据结构的分类，还可分为钢筋混凝土结构子分部工程和预应力混凝土结构子分部工程等。

混凝土结构子分部工程可划分为模板、钢筋、预应力、混凝土、现浇结构和装配式结构等分项工程。

各分项工程可根据与施工方式相一致且便于控制施工质量的原则，按工作班、楼层、结构缝或施工段划分为若干检验批。

3.0.3 对混凝土结构子分部工程的质量评定，应在钢筋、预应力、混凝土、现浇结构或装配式结构等相关分项工程评定及验收合格的基础上，进行质量控制资料检查及观感质量评定，并应对涉及结构安全的材料、试件、结构的重要部位进行见证检测或结构实体检验。

3.0.4 分项工程的质量评定应在所含检验批评定及验收合格的基础上，进行质量评定及验收记录检查。

3.0.5 检验批的质量评定应包括如下内容：

1 实物检查，按下列方式进行：

(1) 对原材料、构配件和器具等产品的进场复验，应按进场的批次和产品的抽样检验方案执行；

(2) 对混凝土强度、预制构件结构性能等，应按国家现行有关标准和本标准规定的抽样检验方案执行；

(3) 对本标准中采用计数检验的项目，应按抽查总点数的合格点率进行检查。

2 资料检查，包括原材料、构配件和器具等的产品合格证（中文质量合格证明文件、规格、型号及性能检测报告等）及进场复验报告、施工记录、施工过程中重要工序的自检和交接检记录、抽样检验报告、见证检测报告、隐蔽工程验收记录等。

3.0.6 检验批质量评定应符合下列规定：

1 检验批合格质量应符合下列规定：

(1) 主控项目的质量经抽样检验合格；

(2) 一般项目的质量经抽样检验合格；当采用计数检验时，除有专门要求外，一般项目的合格点率应达到80%及以上，且不得有严重缺陷。

(3) 具有完整的施工操作依据和质量验收记录。

***2* 检验批优良质量应符合下列规定：**

在合格的基础上，检验批所包含的各个指定项目均达到优良。其中指定项目优良是指：指定项目质量经抽样检验，符合本标准相应优良标准的符合率达到80%及以上。

3.0.7 分项质量评定应符合下列规定：

合格：

(1) 分项工程所含的检验批均应符合本标准合格标准的规定。

(2) 分项工程所含的检验批的质量评定及验收记录应完整。

优良：在合格基础上，其中60%及以上检验批为优良。

3.0.8 检验批、分项工程、混凝土结构子分部工程的质量评定程序和组织应符合北京建工集团《建筑工程施工质量评定统一标准》的规定。

4 模板分项工程

4.1 一般规定

4.1.1 模板及其支架应根据工程结构形式、荷载大小、地基土类别、施工设备、材料供应和季节环境等条件进行设计。模板、支架及节点构造应合理，并应具有足够的承载能力、刚度和稳定性，能可靠地承受浇筑混凝土的重量、侧压力以及施工荷载，且便于组装和支拆。

4.1.2 模板在安装前应对模板设计和制作进行验收，模板制作应保证规格尺寸准确，棱角平直光滑，面层平整，拼缝严密。

4.1.3 在浇筑混凝土之前，应对模板工程进行验收，确保模板的位置线、轴线、标高、垂直度、结构构件尺寸、门窗、孔洞位置等符合设计要求。

模板安装和浇筑混凝土时，应对模板及其支架进行观察和维护。发生异常情况时，应按施工技术方案及时进行处理。

4.1.4 模板及其支架拆除的顺序及安全措施应按施工技术方案执行。

4.1.5 模板的竖向支架、支柱底部支撑在土层地基时，基土必须坚实，并铺设垫板，雨期施工应有排水和防基土沉陷措施，冬期施工应有防基土冻胀或隔离措施。

4.2 模板安装

主控项目

4.2.1 安装现浇结构的上层模板及其支架时，下层楼板应具有承受上层荷载的承载能力，或加设支架；上、下层支架的立柱应对准，并铺设垫板。

优良：在合格基础上，垫板为通长木板或5cm×10cm木方，长度≥40cm。

检查数量：全数检查。

检验方法：对照模板设计文件和施工技术方案观察。

4.2.2 在涂刷模板隔离剂时，不得沾污钢筋和混凝土接槎处。

优良：在合格基础上，涂刷模板隔离剂时，应有严格的保护措施。

检查数量：全数检查。

检验方法：观察。

4.2.3 轴线位置的允许偏差控制在5mm，以保证现浇结构尺寸正确。

优良：在合格基础上，轴线位置允许偏差应控制在4mm以内。

检查数量：全数检查

检验方法：钢尺检查。

一 般 项 目

4.2.4 模板安装应满足下列要求：

1 模板的接缝不应漏浆；在浇筑混凝土前，木模板应浇水湿润，但模板内不应有积水；

2 模板与混凝土的接触面应清理干净并涂刷隔离剂，但不得采用影响结构性能或妨碍装饰工程施工的隔离剂；

3 浇筑混凝土前，模板内的杂物应清理干净；

4 对清水混凝土工程及装饰混凝土工程，应使用能达到设计效果的模板。

优良：在合格基础上，模板安装尚应满足下列要求：

1 模板的接缝应严密平整，无明显错台；

2 隔离剂应涂刷均匀。冬、雨期宜采用油质隔离剂，但在涂刷后用棉丝擦光；

3 模板应留清扫口，浇筑混凝土前，模板内的杂物应清理干净，封堵缝隙的胶条、塑料泡沫条等物不得突出模板表面；

检查数量：全数检查。

检验方法：观察。

4.2.5 用作模板的地坪、胎模等应平整光洁，基底坚实，不得产生影响构件质量的下沉、裂缝、起砂或起鼓。

优良：在合格基础上，用作模板的地坪、胎模等应尺寸准确，且有防掉杂物和清理措施。

检查数量：全数检查。

检验方法：观察。

4.2.6 对跨度不小于 4m 的现浇钢筋混凝土梁、板，其模板应按设计要求起拱；当设计无具体要求时，起拱高度宜为跨度的 1/1000 ~ 3/1000。

优良：在合格基础上，模板应按设计要求于中间起拱，起拱线应顺直，无豆角弯。

检查数量；在同一检验批内，对梁应抽查构件数量的 15%，且不少于 3 件；对板应按有代表性的自然间抽查 20%，且不少于 3 间；对大空间结构，板可按纵、横轴线划分检查面，抽查 20%，且不少于 3 面。

检验方法：水准仪或拉线、钢尺检查。

4.2.7 固定在模板上的预埋件、预留孔和预留洞均不得遗漏，且应安装牢固，尺寸正确。其偏差应符合表 4.2.7 的规定。

检查数量：在同一检验批内，对梁、柱和独立基础，应抽查构件数量的 20%，且不少于 3 件；对墙和板，应按有代表性的自然间抽查 20%，且不少于 3 间；对大空间结构，墙可按相邻轴线间高度 5m 左右划分检查面，板可按纵横轴线划分检查面，抽查 20%，且均不少于 3 面。

检验方法：钢尺检查。

4.2.8 现浇结构模板安装的偏差应符合表 4.2.8 的规定。

检查数量：在同一检验批内，对梁、柱和独立基础，应抽查构件数量的 20%，且不少于 3 件；对墙和板，应按有代表性的自然间抽查 20%，且不少于 3 间；对大空间结构，墙可按相邻轴线间高度5m左右划分检查面，板可按纵横轴线划分检查面，抽查20%，且均不少于3面。

检验方法：钢尺检查。

表 4.2.7 预埋件和预留孔洞的允许偏差

项目		允许偏差（mm）	
		合格	***优良***
预埋钢板中心线位置		3	
预埋管、预留孔中心线位置		3	
插筋	中心线位置	5	***4***
	外露长度	+10，0	***+8，0***
预埋螺栓	中心线位置	2	
	外露长度	+10，0	***+8，0***
预留洞	中心线位置	10	***8***
	尺寸	+10，0	***+8，0***

注：检查中心线位置时，应沿纵、横两个方向量测，并取其中的较大值。

表 4.2.8 现浇结构模板安装的允许偏差及检验方法

项目		允许偏差（mm）		检验方法
		合格	***优良***	
底模上表面标高		±5	***±4***	水准仪或拉线、钢尺检查
截面内部尺寸	基础	±10	***+8，−10***	钢尺检查
	柱、墙、梁	+4，−5		钢尺检查
层高垂直度	不大于5m	6	***5***	经纬仪或吊线、钢尺检查
	大于5m	8	***7***	经纬仪或吊线、钢尺检查
相邻两板表面高低差		2		钢尺检查
表面平整度		5	***4***	2m靠尺和塞尺检查

4.2.9 预制构件模板安装的偏差应符合表4.2.9的规定。

检查数量：首次使用及大修后的模板应全数检查；使用中的模板应定期检查，并根据使用情况不定期抽查。

表 4.2.9 预制构件模板安装的允许偏差及检验方法

项目		允许偏差（mm）		检验方法
		合格	***优良***	
长度	板、梁	±5	***±4***	钢尺量两角边，取其中较大值
	薄腹梁、桁架	±10	***±8***	
	柱	0，−10	***0，−8***	
	墙板	0，−5	***0，−4***	

续表 4.2.9

项　　目		允许偏差（mm）		检验方法
		合格	**优良**	
宽度	板、墙板	0，－5	**0，－4**	钢尺量一端及中部，取其中较大值
	梁、薄腹梁、桁架、柱	+2，－5	**+2，－4**	
高（厚）度	板	+2，－3		钢尺量一端及中部，取其中较大值
	墙板	0，－5	**0，－4**	
	梁、薄腹梁、桁架、柱	+2，－5	**+2，－4**	
侧向弯曲	梁、板、柱	l/1000 且≤15	***l*/1200 且≤12**	拉线、钢尺量最大弯曲处
	墙板、薄腹梁、桁架	l/1500 且≤15	***l*/1800 且≤12**	
板的表面平整度		3		2m 靠尺和塞尺检查
相邻两板表面高低差		1		钢尺检查
对角线差	板	7	**6**	钢尺量两个对角线
	墙板	5	**4**	
翘曲	板、墙板	l/1500		调平尺在两端量测
设计起拱	薄腹梁、桁架、梁	±3		拉线、钢尺量跨中

注：l 为构件长度（mm）。

4.3 模 板 拆 除

主 控 项 目

4.3.1 底模及其支架拆除时的混凝土强度应符合设计要求；当设计无具体要求时，混凝土强度应符合表 4.3.1 的规定。

检查数量：全数检查。

检验方法：检查同条件养护试件强度试验报告。

表 4.3.1　底模拆除时的混凝土强度要求

构件类型	构件跨度（m）	达到设计的混凝土立方体抗压强度标准值的百分率（%）
板	≤2	≥50
	>2，≤8	≥75
	>8	≥100
梁、拱、壳	≤8	≥75
	>8	≥100
悬臂构件	—	≥100

4.3.2 对后张法预应力混凝土结构构件，侧模宜在预应力张拉前拆除；底模支架的拆除应按施工技术方案执行，当无具体要求时，不应在结构构件建立预应力前拆除。

检查数量：全数检查。

检验方法：观察。

4.3.3 后浇带模板的拆除和支顶应按施工技术方案执行。

优良：在合格基础上，后浇带模板的拆除时间应符合设计和规范要求，并先加设临时支撑后拆除模板，支顶应按施工技术方案执行。

检查数量：全数检查。

检验方法：观察。

一　般　项　目

4.3.4 侧模拆除时的混凝土强度应能保证其表面及棱角不受损伤。

优良：在合格基础上，预埋件及外露钢筋插铁不因拆模碰撞而松动。

检查数量：全数检查。

检验方法：观察。

4.3.5 模板拆除时，不应对楼层形成冲击荷载。拆除的模板和支架宜分散堆放并及时清运。

优良：在合格基础上，拆除的模板和支架宜分类、分散堆放，堆放高度应符合施工方案要求。

检查数量：全数检查。

检验方法：观察。

5 钢筋分项工程

5.1 一般规定

5.1.1 当钢筋的品种、级别或规格需作变更时，应办理设计变更文件。

5.1.2 在浇筑混凝土之前，应进行钢筋隐蔽工程验收，其内容包括：

1 纵向受力钢筋的品种、规格、形状、尺寸、数量、位置等；

2 钢筋的连接方式、接头位置、接头数量、接头面积百分率、保护层厚度等；

3 箍筋、横向钢筋的品种、规格、数量、间距等；

4 预埋件的规格、数量、位置等。

5.2 原材料

主控项目

5.2.1 钢筋进场时，应按现行国家标准《钢筋混凝土用热轧带肋钢筋》GB 1499 等的规定抽取试件作力学性能检验，其质量必须符合有关标准的规定。

钢筋应按进场批的级别、品种、直径、外形分垛码放，妥善保管，并挂标识牌，注明产地、规格、品种、质量检验状态等。

检查数量：按进场的批次和产品的抽样检验方案确定。

检验方法：检查产品合格证、出厂检验报告和进场复验报告。

5.2.2 对有抗震设防要求的框架结构，其纵向受力钢筋的强度应满足设计要求；当设计无具体要求时，对一、二级抗震等级，检验所得的强度实测值应符合下列规定：

1 钢筋的抗拉强度实测值与屈服强度实测值的比值不应小于1.25；

2 钢筋的屈服强度实测值与强度标准值的比值不应大于1.3。

检查数量：按进场的批次和产品的抽样检验方案确定。

检验方法：检查进场复验报告。

5.2.3 当发现钢筋脆断、焊接性能不良或力学性能显著不正常等现象时，应对该批钢筋进行化学成分检验或其他专项检验。

检验方法：检查化学成分等专项检验报告。

一般项目

5.2.4 钢筋应平直、无损伤，表面不得有裂纹、油污、颗粒状或片状老锈。

检查数量：进场时和使用前全数检查。

检验方法：观察。

5.3 钢 筋 加 工

主 控 项 目

5.3.1 受力钢筋的弯钩和弯折应符合下列规定：

1 HPB235 级钢筋末端应作 180°弯钩，其弯弧内直径不应小于钢筋直径的 2.5 倍，弯钩的弯后平直部分长度不应小于钢筋直径的 3 倍；

2 当设计要求钢筋末端需作 135°弯钩时，HRB335 级、HRB400 级钢筋的弯弧内直径不应小于钢筋直径的 4 倍，弯钩的弯后平直部分长度应符合设计要求；

3 钢筋作不大于 90°的弯折时，弯折处的弯弧内直径不应小于钢筋直径的 5 倍。

优良：在合格基础上，按工程使用部位和规格、形状分类码放且有标识牌，注明钢筋编号、规格、尺寸、使用部位和检验状态。

检查数量：按每工作班同一类型钢筋、同一加工设备，抽查不应少于 3 件。

检验方法：钢尺检查。

5.3.2 除焊接封闭环式箍筋外，箍筋的末端应作弯钩，弯钩形式应符合设计要求；当设计无具体要求时，应符合下列规定：

1 箍筋弯钩的弯弧内直径除应满足本标准第 5.3.1 条的规定外，尚应不小于受力钢筋的直径；

2 箍筋弯钩的弯折角度：对一般结构，不应小于 90°；对有抗震等要求的结构，应为 135°；

3 箍筋弯后平直部分长度：对一般结构，不宜小于箍筋直径的 5 倍；对有抗震等要求的结构，不应小于箍筋直径的 10 倍。

优良：在合格基础上

1 箍筋弯钩两端平直部分长度相等且平行，并满足平直长度允许偏差（-0，+10）mm 的要求。弯钩平整不扭翘。

2 按工程使用部位和规格、形状分类码放且有标识牌，注明钢筋编号、规格、尺寸、使用部位和检验状态。

检查数量：按每工作班同一类型钢筋、同一加工设备，抽查不应少于 3 件。

检验方法：观察，钢尺检查。

一 般 项 目

5.3.3 钢筋调直宜采用机械方法，也可采用冷拉方法。当采用冷拉方法调直钢筋时，应严格按照钢筋的级别、品种控制冷拉率。HPB235 级钢筋的冷拉率不宜大于 4%，HRB335 级钢筋、HRB400 级钢筋和 RRB400 级钢筋的冷拉率不宜大于 1%。

优良：在合格基础上

1 应有控制冷拉率的标志线（点）。

2 冷拔钢丝、盘条应采用调直机切断配料。

检查数量：按每工作班同一类型钢筋、同一加工设备，抽查不应少于 3 件。

检验方法：观察、钢尺检查。

5.3.4 用于对焊、电渣压力焊焊接接头的钢筋，应将钢筋端头的热轧弯头或劈裂头切除；用于螺纹连接接头的钢筋应保证端头平直，钢筋顶端切口无有碍螺纹套丝质量的斜口、马蹄口或扁头，无影响螺纹连接的毛刺。

检查数量：按每规格钢筋加工批量的20%抽查。

检验方法：观察、钢尺检查。

5.3.5 现场制作的梯子筋、马凳、定位卡、垫块等应按施工技术方案所规定的尺寸制作。

检查数量：梯子筋、定位卡全数检查，其他抽查20%。

检验方法：钢尺检查。

5.3.6 钢筋加工的形状、尺寸应符合设计要求，其偏差应符合表5.3.6的规定。

检查数量：按每工作班同一类型钢筋、同一加工设备，抽查不应少于3件。

检验方法：钢尺检查。

表5.3.6 钢筋加工的允许偏差

项　目	允许偏差（mm）	
	合格	*优良*
受力钢筋顺长度方向全长的净尺寸	±10	***±8***
弯起钢筋的弯折位置	±20	***±15***
箍筋内净尺寸	±5	***±4***

5.4 钢 筋 连 接

主 控 项 目

5.4.1 纵向受力钢筋的连接方式应符合设计要求。

检查数量：全数检查。

检验方法：观察。

5.4.2 在施工现场，应按国家现行标准《钢筋机械连接通用技术规程》JGJ107、《钢筋焊接及验收规程》JGJ18的规定抽取钢筋机械连接接头、焊接接头试件作力学性能检验，其质量应符合有关规程的规定。

检查数量：按有关规程确定。

检验方法：检查产品合格证、接头力学性能试验报告。

一 般 项 目

5.4.3 钢筋的接头宜设置在受力较小处。同一纵向受力钢筋不宜设置两个或两个以上接头。接头末端至钢筋弯起点的距离不应小于钢筋直径的10倍。

检查数量：全数检查。

检验方法：观察，钢尺检查。

5.4.4 在施工现场，应按国家现行标准《钢筋机械连接通用技术规程》JGJ 107、《钢筋焊接及验收规程》JGJ 18 的规定对钢筋机械连接接头、焊接接头的外观进行检查，其质量应符合有关规程的规定。

优良：在合格基础上，当采用钢筋搭接电弧焊时，焊缝表面应平整，无凹陷、焊瘤、裂纹、咬边、气孔、夹渣等缺陷，接头处钢筋轴线无偏移。

当采用闪光对焊时，接头焊缝金属熔透无过烧、无缩孔、裂纹，钢筋对接轴线不偏移，表面无烧伤。

当采用电渣压力焊时，四周焊包均匀，接头处钢筋轴线无偏移，钢筋与电极接触处无烧伤等缺陷。

当采用直螺纹时，钢筋旋入套管后，单边外露丝扣不得超过一个有效完整扣或三个半扣。

检查数量：全数检查。

检验方法：观察，尺量。

5.4.5 当受力钢筋采用机械连接接头或焊接接头时，设置在同一构件内的接头宜相互错开。

纵向受力钢筋机械连接接头及焊接接头连接区段的长度为 35 倍 d（d 为纵向受力钢筋的较大直径）且不小于 500mm，凡接头中点位于该连接区段长度内的接头均属于同一连接区段。同一连接区段内，纵向受力钢筋机械连接接头及焊接的接头面积百分率为该区段内有接头的纵向受力钢筋截面面积与全部纵向受力钢筋截面面积的比值。

同一连接区段内，纵向受力钢筋的接头面积百分率应符合设计要求；当设计无具体要求时，应符合下列规定：

1 在受拉区不宜大于 50%；

2 接头不宜设置在有抗震设防要求的框架梁端、柱端的箍筋加密区；当无法避开时，对等强度高质量机械连接接头，不应大于 50%；

3 直接承受动力荷载的结构构件中，不宜采用焊接接头；当采用机械连接接头时，不应大于 50%。

检查数量：在同一检验批内，对梁、柱和独立基础，应抽查构件数量的 20%，且不少于 3 件；对墙和板，应按有代表性的自然间抽查 20%，且不少于 3 间；对大空间结构，墙可按相邻轴线间高度 5m 左右划分检查面，板可按纵、横轴线划分检查面，抽查 20%，且不少于 3 面。

检验方法：观察，钢尺检查。

5.4.6 同一构件中相邻纵向受力钢筋的绑扎搭接接头宜相互错开。绑扎搭接接头中钢筋的横向净距不应小于钢筋直径，且不应小于 25mm。

钢筋绑扎搭接接头连接区段的长度为 $1.3l_1$（l_1 为搭接长度），凡搭接接头中点位于该连接区段长度内的接头均属于同一连接区段。同一连接区段内，纵向钢筋搭接接头面积百分率为该区段内有搭接接头的纵向受力钢筋截面面积与全部纵向受力钢筋截面面积的比值。(见图 5.4.6)

同一连接区段内，纵向受力钢筋的接头面积百分率应符合设计要求；当设计无具体要求时，应符合下列规定：

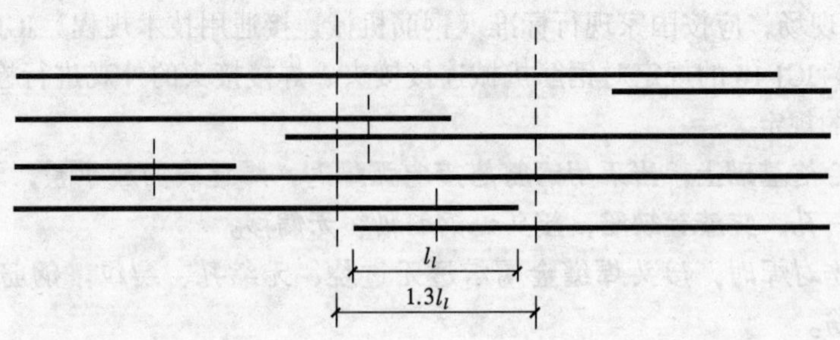

图 5.4.6 钢筋绑扎搭接接头连接区段及接头面积百分率

注：图中所示搭接接头同一连接区段内的搭接钢筋为两根，当各钢筋直径相同时，接头面积百分率为 50%。

1 对梁类、板类及墙类构件，不宜大于 25%；

2 对柱类构件，不宜大于 50%；

3 当工程中确有必要增大接头面积百分率时，对梁类构件，不应大于 50%；对其他构件，可根据实际情况放宽。

纵向受力钢筋绑扎搭接接头的最小搭接长度应符合本标准附录 A 的规定。

优良：在合格基础上，绑扎搭接接头范围内应保证三个绑扣和三根钢筋通过。

检查数量：在同一检验批内，对梁、柱和独立基础，应抽查构件数量的 20%，且不少于 3 件；对墙和板，应按有代表性的自然间抽查 20%，且不少于 3 间；对大空间结构，墙可按相邻轴线间高度 5m 左右划分检查面，板可按纵、横轴线划分检查面，抽查 20%，且不少于 3 面。

检验方法：观察，钢尺检查。

5.4.7 在梁、柱类构件的纵向受力钢筋搭接长度范围内，应按设计要求设置箍筋。当设计无具体要求时，应符合下列规定：

1 箍筋直径不应小于搭接钢筋较大直径的 0.25 倍；

2 受拉搭接区段的箍筋间距不应大于搭接钢筋较小直径的 5 倍，且不应大于 100mm；

3 受压搭接区段的箍筋间距不应大于搭接钢筋较小直径的 10 倍，且不应大于 200mm；

4 当柱中纵向受力钢筋直径大于 25mm 时，应在搭接接头两个端面外 100mm 范围内各设置两个箍筋，其间距宜为 50mm。

检查数量：在同一检验批内，对梁、柱和独立基础，应抽查构件数量的 20%，且不少于 3 件；对墙和板，应按有代表性的自然间抽查 20%，且不少于 3 间；对大空间结构，墙可按相邻轴线间高度 5m 左右划分检查面，板可按纵、横轴线划分检查面，抽查 20%，且不少于 3 面。

检验方法：钢尺检查。

5.5 钢 筋 安 装

主 控 项 目

5.5.1 钢筋安装时，受力钢筋的品种、级别、规格和数量必须符合设计要求。

检查数量：全数检查。

检验方法：观察，钢尺检查。

一 般 项 目

5.5.2 钢筋安装位置的偏差应符合表5.5.2的规定。

检查数量：在同一检验批内，对梁、柱和独立基础，应抽查构件数量的20%，且不少于3件；对墙和板，应按有代表性的自然间抽查20%，且不少于3间；对大空间结构，墙可按相邻轴线间高度5m左右划分检查面，板可按纵、横轴线划分检查面，抽查20%，且不少于3面。

表 5.5.2 钢筋安装位置的允许偏差和检验方法

<table>
<tr><th rowspan="2">项次</th><th rowspan="2" colspan="3">项 目</th><th colspan="2">允许偏差（mm）</th><th rowspan="2">检 验 方 法</th></tr>
<tr><th>合格</th><th>优良</th></tr>
<tr><td rowspan="2">1</td><td rowspan="2">绑扎钢筋网</td><td colspan="2">长、宽</td><td>±10</td><td>±8</td><td>钢尺检查</td></tr>
<tr><td colspan="2">网眼尺寸</td><td>±20</td><td>±15</td><td>钢尺量连续三档，取最大值</td></tr>
<tr><td rowspan="2">2</td><td rowspan="2">绑扎钢筋骨架</td><td colspan="2">长</td><td>±10</td><td>±8</td><td>钢尺检查</td></tr>
<tr><td colspan="2">宽、高</td><td>±5</td><td>±4</td><td>钢尺检查</td></tr>
<tr><td rowspan="5">3</td><td rowspan="5">受力钢筋</td><td colspan="2">间距</td><td>±10</td><td>±8</td><td rowspan="2">钢尺量两端、中间各一点，取最大值</td></tr>
<tr><td colspan="2">排距</td><td>±5</td><td>±4</td></tr>
<tr><td rowspan="3">保护层厚度</td><td>基础</td><td>±10</td><td>±8</td><td>钢尺检查</td></tr>
<tr><td>柱、梁</td><td>±5</td><td>±4</td><td>钢尺检查</td></tr>
<tr><td>板、墙、壳</td><td colspan="2">±3</td><td>钢尺检查</td></tr>
<tr><td>4</td><td colspan="3">绑扎箍筋、横向钢筋间距</td><td>±20</td><td>±15</td><td>钢尺量连续三档，取最大值</td></tr>
<tr><td>5</td><td colspan="3">钢筋弯起点位置</td><td>20</td><td>15</td><td>钢尺检查</td></tr>
<tr><td rowspan="2">6</td><td rowspan="2">预埋件</td><td colspan="2">中心线位置</td><td>5</td><td>4</td><td>钢尺检查</td></tr>
<tr><td colspan="2">水平高差</td><td colspan="2">+3，0</td><td>钢尺和塞尺检查</td></tr>
<tr><td rowspan="2">7</td><td rowspan="2">梁、板受力钢筋搭接、锚固长度</td><td colspan="2">入支座、节点搭接</td><td>+10，-5</td><td>+8，-4</td><td>钢尺检查</td></tr>
<tr><td colspan="2">入支座、节点锚固</td><td>±5</td><td>±4</td><td>钢尺检查</td></tr>
</table>

注：1. 检查预埋件中心线位置时，应沿纵、横两个方向量测，并取其中的较大值；

2. 表中梁类、板类构件上部纵向受力钢筋保护层厚度的合格点率应达到90%及以上，且不得有超过表中数值1.5倍的尺寸偏差。

3. 负弯矩筋保护层厚度允许偏差为+0，-4。

6 预应力分项工程

6.1 一 般 规 定

6.1.1 后张法预应力张拉的施工应由具有相应资质等级的预应力专业施工单位承担。张拉操作人员必须经过培训考核，具备张拉施工操作人员资格。

6.1.2 预应力筋张拉机具设备及仪表，应定期维护和校验。张拉设备应配套标定，并配套使用。张拉设备的标定期限不应超过半年。当在使用过程中出现反常现象时或在千斤顶检修后，应重新标定。

注：1 张拉设备标定时，千斤顶活塞的运行方向应与实际张拉工作状态一致；

2 压力表的精度不应低于1.5级，标定张拉设备用的试验机或测力计精度不应低于±2%。

6.1.3 在浇筑混凝土之前，应进行预应力隐蔽工程验收，其内容包括：

1 预应力筋的品种、规格、数量、位置等；

2 预应力筋锚具和连接器的品种、规格、数量、位置等；

3 预留孔道的规格、数量、位置、形状及灌浆孔、排气兼泌水管等；

4 锚固区局部加强构造等。

检查数量：全数检查。

检验方法：尺量、观察。

6.2 原 材 料

主 控 项 目

6.2.1 预应力筋进场时，应按现行国家标准《预应力混凝土用钢绞线》GB/T 5224等的规定抽取试件作力学性能检验，其质量必须符合有关标准的规定。

检查数量：按进场的批次和产品的抽样检验方案确定。

检验方法：检验产品合格证、出厂检验报告和进场复验报告。

6.2.2 无粘结预应力筋的涂包质量应符合无粘结预应力钢绞线标准的规定。

检查数量：每60t为一批，每批抽取1组试件。

检验方法：观察，检查产品合格证、出厂检验报告和进场复验报告。

注：当有工程经验，并经观察认为质量有保证时，可不作油脂用量和护套厚度的进场复验。

6.2.3 预应力筋用锚具、夹具和连接器应按设计要求采用，其性能应符合现行国家标准《预应力筋用锚具、夹具和连接器》GB/T 14370等的规定。

检查数量：按进场的批次和产品的抽样检验方案确定。

检验方法：检验产品合格证、出厂检验报告和进场复验报告。

注：对锚具用量较少的一般工程，如供货方提供有效的试验报告，可不作静载锚固性能试验。

6.2.4 孔道灌浆用水泥应采用普通硅酸盐水泥，其质量应符合本标准第7.2.1条的规定。孔道灌浆用外加剂的质量应符合本标准第7.2.2条的规定。

检查数量：按进场的批次和产品的抽样检验方案确定。

检验方法：检验产品合格证、出厂检验报告和进场复验报告。

注：对孔道灌浆用水泥和外加剂用量较少的一般工程，当有可靠依据时，可不作材料性能的进场复验。

一 般 项 目

6.2.5 预应力筋使用前应进行外观检查，其质量应符合下列要求：

1 有粘结预应力筋展开后应平顺，不得有弯折，表面不应有裂纹、小刺、机械损伤、氧化铁皮和油污等；

2 无粘结预应力筋护套应光滑、无裂缝，无明显褶皱。

检查数量：全数检查。

检验方法：观察。

注：无粘结预应力筋护套轻微破损者应外包防水塑料胶带修补，严重破损者不得使用。

6.2.6 预应力筋用锚具、夹具和连接器使用前应进行外观检查，其表面应无污物、锈蚀、机械损伤和裂纹。

检查数量：全数检查。

检验方法：观察。

6.2.7 预应力混凝土用金属螺旋管的尺寸和性能应符合国家现行标准《预应力混凝土用金属螺旋管》JG/T 3013的规定。

检查数量：按进场的批次和产品的抽样检验方案确定。

检验方法：检验产品合格证、出厂检验报告和进场复验报告。

注：对金属螺旋管用量较少的一般工程，当有可靠依据时，可不作径向刚度、抗渗漏性能的进场复验。

6.2.8 预应力混凝土用金属螺旋管在使用前应进行外观检查，其内外表面应清洁，无锈蚀，不应有油污、孔洞和不规则的褶皱，咬口不应有开裂或脱扣。

检查数量：全数检查。

检验方法：观察。

6.3 制 作 与 安 装

主 控 项 目

6.3.1 预应力筋安装时，其品种、级别、规格、数量必须符合设计要求。

检查数量：全数检查。

检验方法：观察，钢尺检查。

6.3.2 先张法预应力施工时应选用非油质类模板隔离剂，并应避免沾污预应力筋。

检查数量：全数检查。

检验方法：观察。

6.3.3 施工过程中应避免电火花损伤预应力筋；受损伤的预应力筋应予以更换。

检查数量：全数检查。

检验方法：观察。

一 般 项 目

6.3.4 预应力筋下料应符合下列要求：

1 预应力筋应采用砂轮锯或切断机切断，不得采用电弧切割；

2 当钢丝束两端采用镦头锚具时，同一束中各根钢丝长度的极差不应大于钢丝长度的1/5000，且不应大于5mm。当成组张拉长度不大于10m的钢丝时，同组钢丝长度的极差不得大于2mm。

检查数量：每班组抽查预应力筋总数的3%，且不少于3束。

检验方法：观察，钢尺检查。

6.3.5 预应力筋端部锚具的制作质量应符合下列要求：

1 挤压锚具制作时压力表油压应符合操作说明书的规定，挤压后预应力筋外端应露出挤压套筒1~5mm；

2 钢绞线压花锚成形时，表面应清洁、无油污，梨形头尺寸和直线段长度应符合设计要求；

3 钢丝镦头的强度不得低于钢丝标准值的98%。

检查数量：对挤压锚，每工作班抽查5%，且不应少于5件；对压花锚，每工作班抽查3件；对钢丝镦头强度，每批钢丝检查6个镦头试件。

检验方法：观察，钢尺检查，检查镦头强度试验报告。

6.3.6 后张法有粘结预应力筋预留孔道的规格、数量、位置和形状除应符合设计要求外，尚应符合下列规定：

1 预留孔道的定位应牢固，浇筑混凝土时不应出现移位和变形；

2 孔道应平顺，端部的预埋锚垫板应垂直于孔道中心线；

3 成孔用管道应密封良好，接头应严密且不得漏浆；

4 灌浆孔的间距：对预埋金属螺旋管不宜大于30m；对抽芯成形孔道不宜大于12m；

5 在曲线孔道的曲线波峰部位应设置排气兼泌水管，必要时可在最低点设置排水孔；

6 灌浆孔及泌水管的孔径应能保证浆液畅通。

检查数量：全数检查。

检验方法：观察，钢尺检查。

6.3.7 预应力筋束形控制点的竖向位置偏差应符合表6.3.7的规定。

表 6.3.7 束形控制点的竖向位置允许偏差

截面高（厚）度（mm）		$h \leqslant 300$	$300 < h \leqslant 1500$	$h > 1500$
允许偏差（mm）	合格	±5	±10	±15
	优良	***±4***	***±8***	***±12***

检查数量：在同一检验批内，抽查各类型构件中预应力筋总数的5%，且对各类型构件均不少于5束，每束不应少于5处。

检验方法：钢尺检查。

注：束形控制点的竖向位置偏差合格点率应达到90%及以上，且不得有超过表中数值1.5倍的尺寸偏差。

6.3.8 无粘结预应力筋的铺设除应符合本标准第6.3.7条的规定外，尚应符合下列要求：

1 无粘结预应力筋的定位应牢固，浇筑混凝土时不应出现移位和变形；

2 端部的预埋锚垫板应垂直于预应力筋；

3 内埋式固定端垫板不应重叠，锚具与垫板应贴紧；

4 无粘结预应力筋成束布置时应能保证混凝土密实并能裹住预应力筋；

5 无粘结预应力筋的护套应完整，局部破损处应采用防水胶带缠绕紧密。

检查数量：全数检查。

检验方法：观察。

6.3.9 浇筑混凝土前穿入孔道的后张法有粘结预应力筋，宜采取防止锈蚀的措施。

检查数量：全数检查。

检验方法：观察。

6.4 张 拉 和 放 张

主 控 项 目

6.4.1 预应力筋张拉或放张时，混凝土强度应符合设计要求；当设计无具体要求时，不应低于设计的混凝土立方体抗压强度标准值的75%。

检查数量：全数检查。

检验方法：检查同条件养护试件试验报告。

6.4.2 张拉设备应经校验，千斤顶和油压应计量检定合格。

检查数量：全数检查

检验方法：检查计量检定合格证

6.4.3 预应力筋的张拉力、张拉或放张顺序及张拉工艺应符合设计及施工技术方案的要求，并应符合下列规定：

1 当施工需要超张拉时，最大张拉应力不应大于国家现行标准《混凝土结构设计规范》GB 50010的规定；

2 张拉工艺应能保证同一束中各根预应力筋的应力均匀一致；

3 后张法施工中，当预应力筋是逐根或逐束张拉时，应保证各阶段不出现对结构不利的应力状态；同时宜考虑后批张拉预应力筋所产生的结构构件的弹性压缩对先批张拉预应力筋的影响，确定张拉力；

4 先张法预应力筋放张时，宜缓慢放松锚固装置，使各根预应力筋同时缓慢放松；

5 当采用应力控制方法张拉时，应校核预应力筋的伸长值。实际伸长值与设计计算理论伸长值的相对允许偏差为±6%。

检查数量：全数检查。

检验方法：检查张拉记录。

6.4.4 预应力筋张拉锚固后实际建立的预应力值与工程设计规定检验值的相对允许偏差为±5%。

检查数量：对先张法施工，每工作班抽查预应力筋总数的1%，且不少于3根；对后张法施工，在同一检验批内，抽查预应力筋总数的3%，且不少于5束。

检验方法：对先张法施工，检查预应力筋应力检测记录；对后张法施工，检查见证张拉记录。

6.4.5 张拉过程中应避免预应力筋断裂或滑脱；当发生断裂或滑脱时，必须符合下列规定：

1 对后张法预应力结构构件，断裂或滑脱的数量严禁超过同一截面预应力筋总根数的3%，且每束钢丝不得超过一根；对多跨双向连续板，其同一截面应按每跨计算；

2 对先张法预应力构件，在浇筑混凝土前发生断裂或滑脱的预应力筋必须予以更换。

检查数量：全数检查。

检验方法：观察，检查张拉记录。

一 般 项 目

6.4.6 锚固阶段张拉端预应力筋的内缩量应符合设计要求；当设计无具体要求时，应符合表6.4.6的规定。

表 6.4.6　　张拉端预应力筋的内缩量限值

锚具类别		允许偏差值（mm）	
		合格	**优良**
支承式锚具（镦头锚具等）	螺帽缝隙	1	
	每块后加垫板的缝隙	1	
锥塞式锚具		5	***4***
夹片式锚具	有顶压	5	***4***
	无顶压	6~8	***5~6***

检查数量：每工作班抽查预应力筋总数的10%，且不少于3束。

检验方法：钢尺检查。

6.4.7 先张法预应力筋张拉后与设计位置的偏差不得大于5mm，且不得大于构件截面短边边长的4%。

检查数量：每工作班抽查预应力筋总数的10%，且不少于3束。

检验方法：钢尺检查。

6.5 灌浆及封锚

主控项目

6.5.1 后张法有粘结预应力筋张拉后应尽早进行孔道灌浆，孔道内水泥浆应饱满、密实。

检查数量：全数检查。

检验方法：观察，检查灌浆记录。

6.5.2 锚具的封闭保护应符合设计要求；当设计无具体要求时，应符合下列规定：

1 应采取防止锚具腐蚀和遭受机械损伤的有效措施；

2 凸出式锚固端锚具的保护层厚度不应小于 50mm；

3 外露预应力筋的保护层厚度：处于正常环境时，不应小于 20mm；处于易受腐蚀的环境时，不应小于 50mm。

优良：在合格基础上，封锚处混凝土应密实，接槎平整。

检查数量：在同一检验批内，抽查预应力筋总数的 5%，且不少于 5 处。

检验方法：观察，钢尺检查。

一般项目

6.5.3 后张法预应力筋锚固后的外露部分宜采用机械方法切割，其外露长度不宜小于预应力筋直径的 1.5 倍，且不宜小于 30mm，允许偏差 +5，-0。

检查数量：在同一检验批内，抽查预应力筋总数的 3%，且不少于 5 束。

检验方法：观察，钢尺检查。

6.5.4 灌浆用水泥浆的水灰比不应大于 0.45，搅拌后 3h 泌水率不宜大于 2%，且不应大于 3%。泌水应能在 24h 内全部重新被水泥浆吸收。

检查数量：同一配合比检查一次。

检验方法：检查水泥浆性能试验报告。

6.5.5 灌浆用水泥浆的抗压强度不应小于 $30N/mm^2$。

检查数量：每工作班留置 1 组边长为 70.7mm 的立方体试件。

检验方法：检查水泥浆试件强度试验报告。

注：1 一组试件由 6 个试件组成，试件应标准养护 28d；

2 抗压强度为一组试件的平均值，当一组试件中抗压强度最大值或最小值与平均值相差超过 20%时，应取中间 4 个试件强度的平均值。

7 混凝土分项工程

7.1 一 般 规 定

7.1.1 结构构件的混凝土强度应按现行国家标准《混凝土强度检验评定标准》GBJ 107 的规定分批检验评定。

对采用蒸汽法养护的混凝土结构构件，其混凝土试件应先随同结构构件同条件蒸汽养护，再转入标准条件养护共 28d。

当混凝土中掺用矿物掺合料时，确定混凝土强度时的龄期可按现行国家标准《粉煤灰混凝土应用技术规范》GBJ 146 等的规定取值。

7.1.2 检验评定混凝土强度用的混凝土试件的尺寸及强度的尺寸换算系数应按表 7.1.2 取用；其标准成型方法、标准养护条件及强度试验方法应符合普通混凝土力学性能试验方法标准的规定。

表 7.1.2 混凝土试件尺寸及强度的尺寸换算系数

骨料最大粒径（mm）	试件尺寸（mm）	强度的尺寸换算系数
≤31.5	100×100×100	0.95
≤40	150×150×150	1.00
≤63	200×200×200	1.05

注：对强度等级为 C60 及以上的混凝土试件，其强度尺寸换算系数可通过试验确定。

7.1.3 结构构件拆模、出池、出厂、吊装、张拉、放张及施工期间临时负荷时的混凝土强度，应根据同条件养护的标准尺寸试件的混凝土强度确定。

7.1.4 当混凝土试件强度评定不合格时，可采用非破损或局部破损的检测方法，按国家现行有关标准的规定对结构构件中的混凝土强度进行推定，并作为处理的依据。

7.1.5 混凝土的冬期施工应符合国家现行标准《建筑工程冬期施工规程》JGJ 104 和施工技术方案的规定。防水混凝土应符合北京建工集团《地下防水工程施工质量评定标准》的规定。

7.2 原 材 料

主 控 项 目

7.2.1 水泥进场时应对其品种、级别、包装或散装仓号、出厂日期等进行检查，并应对

其强度、安定性及其他必要的性能指标进行复验，其质量必须符合现行国家标准《硅酸盐水泥、普通硅酸盐水泥》GB 175 等的规定。

当在使用中对水泥质量有怀疑或水泥出厂超过三个月（快硬硅酸盐水泥超过一个月）时，应进行复试，并按复验结果使用。

钢筋混凝土结构、预应力混凝土结构中，严禁使用含氯化物的水泥。水泥出厂检验报告应有氯化物含量测试项目。

检查数量：按同一生产厂家、同一等级、同一品种、同一批号且连续进场的水泥，袋装不超过 200t 为一批，散装不超过 500t 为一批，每批抽样不少于 1 次。

检验方法：检查产品合格证、出厂检验报告和进场复验报告。

7.2.2 混凝土中掺用的外加剂的质量及应用技术应符合现行国家标准《混凝土外加剂》GB 8076、《混凝土外加剂应用技术规范》GB 50119 等和有关环境保护的规定。外加剂必须有质量证明书或合格证、有相应资质等级检测部门出具的检测报告、产品性能和使用说明书等。外加剂应按规定取样复验，具有复验报告。承重结构混凝土使用的外加剂应实行有见证取样和送检。

预应力混凝土结构中，严禁使用含氯化物的外加剂。钢筋混凝土结构中，当使用含氯化物的外加剂时，混凝土中氯化物总含量应符合现行国家标准《混凝土质量控制标准》GB 50164 的规定。

检查数量：按进场的批次和产品的抽样检验方案确定。

检验方法：检验产品合格证、出厂检验报告和进场复验报告。

7.2.3 混凝土中氯化物和碱的总含量应符合现行国家标准《混凝土结构设计规范》GB 50010和设计的要求。

检验方法：检查原材料试验报告和氯化物、碱的总含量计算书。

一 般 项 目

7.2.4 混凝土中掺用的矿物掺合料主要包括粉煤灰、粒化高炉矿渣粉、沸石粉、硅粉和复合掺合料等，掺合料必须有出厂质量证明文件，其质量应符合现行国家标准《用于水泥和混凝土中的粉煤灰》GB 1596 等的规定。矿物掺合料的掺量应通过试验确定。用于结构工程的掺合料应按规定取样复试，有复试报告。

检查数量：按进场的批次和产品的抽样检验方案确定。

检验方法：检查出厂合格证和进场复验报告。

7.2.5 普通混凝土所用的粗、细骨料的质量应符合国家现行标准《普通混凝土用碎石或卵石质量标准及检验方法》JGJ 53、《普通混凝土用砂质量标准及检验方法》JGJ 52 的规定。砂、石使用前应按规定取样复试，有试验报告。按规定应预防碱骨料反应的工程或结构部位所使用的砂、石，供应单位应提供砂、石的碱活性检验报告。

检查数量：按进场的批次和产品的抽样检验方案确定。

检验方法：检验进场复验报告。

注：1 混凝土用的粗骨料，其最大颗粒粒径不得超过构件截面最小尺寸的 1/4，且不得超过钢筋最小净间距的3/4。

2 对混凝土实心板，骨料的最大粒径不宜超过板厚的 1/3，且不得超过 40mm。

7.2.6 拌制混凝土宜采用饮用水；当采用其他水源时，水质应符合国家现行标准《混凝土拌合用水标准》JGJ 63 的规定。

检查数量：同一水源检查不应少于 1 次。

检验方法：检查水质试验报告。

7.3 配合比设计

主控项目

7.3.1 混凝土应按国家现行标准《普通混凝土配合比设计规程》JGJ 55 的有关规定，根据混凝土强度等级、耐久性和工作性等要求进行配合比设计。

对有特殊要求的混凝土，其配合比设计尚应符合国家现行有关标准的专门规定。

检验方法：检查配合比设计资料。

7.3.2 混凝土配合比，必须由试验室提供。

一般项目

7.3.3 首次使用的混凝土配合比应进行开盘鉴定，其工作性应满足设计配合比的要求。开始生产时应至少留置一组标准养护试件，作为验证配合比的依据。

检验方法：检查开盘鉴定资料和试件强度试验报告。

7.3.4 混凝土拌制前，应测定砂、石含水率并根据测试结果调整材料用量，提出施工配合比。

检查数量：每工作班检查一次。

检验方法：检查含水率测试结果和施工配合比通知单。

7.3.5 现场搅拌混凝土在浇筑地点的坍落度，每工作班至少检查 4 次。预拌混凝土进入施工现场时，对拌合物的质量应逐车验收；对坍落度的测试每工作班不应少于 4 次，且每 10 车不应少于 1 次；混凝土的坍落度试验应符合国家现行标准《普通混凝土拌合物性能试验方法标准》GB/T 50080 的有关规定。

7.4 混凝土施工

主控项目

7.4.1 结构混凝土的强度等级必须符合设计要求。用于检查结构构件混凝土强度的试件，应在混凝土的浇筑地点随机抽取。取样与试件留置应符合下列规定：

1 每拌制 100 盘且不超过 $100m^3$ 的同配合比的混凝土，取样不得少于 1 次；

2 每工作班拌制的同一配合比的混凝土不足 100 盘时，取样不得少于 1 次；

3 当一次连续浇筑超过 $1000m^3$ 时，同一配合比的混凝土每 $200m^3$ 取样不得少于 1 次；

4 每一楼层、同一配合比的混凝土，取样不得少于 1 次；

5 每次取样应至少留置一组标准养护试件，同条件养护试件的留置组数应根据实际需要确定；

6 冬期施工的混凝土试件的留置，除应符合上述规定外，还应增设不少于二组同条件养护试件。其中掺有防冻剂的混凝土，一组为检验混凝土临界强度试件，另一组为同条件养护 28d、再标准养护 28d 的试件；未掺防冻剂的混凝土，一组为检验混凝土临界强度试件，另一组为检验转入常温养护 28d 的混凝土强度试件。

7 结构实体检验用同条件试块应按本标准附录 B 规定实行。

检验方法：检查施工记录及试件强度试验报告。

7.4.2 对有抗渗要求的混凝土结构，其混凝土试件应在浇筑地点随机取样。同一工程、同一配合比的混凝土，取样不应少于 1 次，留置组数可根据实际需要确定。

检验方法：检查试件抗渗试验报告。

7.4.3 混凝土原材料每盘称量的偏差应符合表 7.4.3 的规定。

表 7.4.3 原材料每盘称量的允许偏差

材料名称	允许偏差
水泥、掺合料	±2%
粗、细骨料	±3%
水、外加剂	±2%

注：1. 各种衡器应定期校验，每次使用前应进行零点校核，保持计量准确；
2. 当遇雨天或含水率有显著变化时，应增加含水率检测次数，并及时调整水和骨料的用量。

检查数量：每工作班抽查不应少于 1 次。

检验方法：复称。

7.4.4 混凝土运输、浇筑及间歇的全部时间不应超过混凝土的初凝时间。同一施工段的混凝土应连续浇筑，并应在底层混凝土初凝之前将上一层混凝土浇筑完毕。

当底层混凝土初凝后浇筑上一层混凝土时，应按施工技术方案中对施工缝的要求进行处理。

检查数量：全数检查。

检验方法：观察，检查施工记录。

一 般 项 目

7.4.5 施工缝的位置应在混凝土浇筑前按设计要求和施工技术方案确定。施工缝的处理应按施工技术方案执行。

优良：在合格基础上，施工缝留置应平直，混凝土接槎平顺、密实整齐。

检查数量：全数检查。

检验方法：观察，检查施工记录。

7.4.6 后浇带的留置位置应按设计要求和施工技术方案确定。后浇带混凝土浇筑应按施工技术方案进行。

优良：在合格基础上，后浇带留置应平直，混凝土接槎平顺、密实整齐。

检查数量：全数检查。

检验方法：观察，检查施工记录。

7.4.7 混凝土浇筑层的厚度，应符合表 7.4.7 的规定。

表 7.4.7 混凝土浇筑层厚度（mm）

捣实混凝土的方法		浇筑层厚度
插入式振捣		振捣器作用部分长度的 1.25 倍
表面振动		200
人工振捣	在基础、无筋混凝土或配筋稀疏的结构中	250
	在梁、墙板、柱结构中	200
	在配筋密列的结构中	150

检查数量：全数检查。

检验方法：观察，检查施工记录。

7.4.8 混凝土浇筑完毕后，应按施工技术方案及时采取有效的养护措施，并应符合下列规定：

1 应在浇筑完毕后的 12h 以内对混凝土加以覆盖并保湿养护；

2 混凝土浇水养护的时间：对采用硅酸盐水泥、普通硅酸盐水泥或矿渣硅酸盐水泥拌制的混凝土，不得少于 7d；对掺用缓凝型外加剂或有抗渗要求的混凝土，不得少于 14d；

3 浇水次数应能保持混凝土处于湿润状态；混凝土养护用水应与拌制用水相同；

4 采用塑料布覆盖养护的混凝土，其敞露的全部表面应覆盖严密，并应保持塑料布内有凝结水；

5 混凝土强度达到 $1.2N/mm^2$ 前，不得在其上踩踏或安装模板及支架。

注：1 当日平均气温低于 5℃时，不得浇水；

2 当采用其他品种水泥时，混凝土的养护时间应根据所采用水泥的技术性能确定；

3 混凝土表面不便浇水或使用塑料布时，宜涂刷养护剂；

4 对大体积混凝土的养护，应根据气候条件按施工技术方案采取控温措施。

检查数量：全数检查。

检验方法：观察，检查施工记录。

8　现浇结构分项工程

8.1　一　般　规　定

8.1.1　现浇结构的外观质量缺陷，应由监理（建设）单位、施工单位等各方根据其对结构性能和使用功能影响的严重程度，按表8.1.1确定。

表8.1.1　现浇结构外观质量缺陷

名　称	现　　象	严重缺陷	一般缺陷
露　筋	构件内钢筋未被混凝土包裹而外露	纵向受力钢筋有露筋	其他钢筋有少量露筋
蜂　窝	混凝土表面缺少水泥砂浆而形成石子外露	构件主要受力部位有蜂窝	其他部位有少量蜂窝
孔　洞	混凝土中孔穴深度和长度均超过保护层厚度	构件主要受力部位有孔洞	其他部位有少量孔洞
夹　渣	混凝土中夹有杂物且深度超过保护层厚度	构件主要受力部位有夹渣	其他部位有少量夹渣
疏　松	混凝土中局部不密实	构件主要受力部位有疏松	其他部位有少量疏松
裂　缝	缝隙从混凝土表面延伸至混凝土内部	构件主要受力部位有影响结构性能或使用功能的裂缝	其他部位有少量不影响结构性能或使用功能的裂缝
连接部位缺陷	构件连接处混凝土缺陷及连接钢筋、连接件松动	连接部位有影响结构传力性能的缺陷	连接部位有基本不影响结构传力性能的缺陷
外形缺陷	缺棱掉角、棱角不直、翘曲不平、飞边凸肋等	清水混凝土构件有影响使用功能或装饰效果的外形缺陷	其他混凝土构件有不影响使用功能的外形缺陷
外表缺陷	构件表面麻面、掉皮、起砂、沾污等	具有重要装饰效果的清水混凝土构件有外表缺陷	其他混凝土构件有不影响使用功能的外表缺陷

8.1.2　现浇结构拆模后，应由监理（建设）单位、施工单位对外观质量和尺寸偏差进行检查，作出记录，并应及时按施工技术方案对缺陷进行处理。

8.2 外 观 质 量

主 控 项 目

8.2.1 现浇结构的外观质量不应有严重缺陷。

对已经出现的严重缺陷，应由施工单位提出技术处理方案，并经监理（建设）单位认可后进行处理，必要时应经设计单位同意。对经处理的部位，应重新检查评定及验收。

检查数量：全数检查

检验方法：观察，检查技术处理方案。

一 般 项 目

8.2.2 现浇结构的外观质量不宜有一般缺陷。

对已经出现的一般缺陷，应由施工单位提出技术处理方案，并经监理（建设）单位认可后进行处理。对经处理的部位，应重新检查评定及验收。

优良：在合格基础上，蜂窝和麻面面积不大于 $100cm^2$，无孔洞、露筋和夹渣。

检查数量：全数检查

检验方法：观察，检查技术处理方案。

8.3 尺 寸 偏 差

主 控 项 目

8.3.1 现浇结构不应有影响结构性能和使用功能的尺寸偏差。混凝土设备基础不应有影响结构性能和设备安装的尺寸偏差。

对超过尺寸允许偏差且影响结构性能和安装、使用功能的部位，应由施工单位提出技术处理方案，并经监理（建设）单位认可后进行处理。对经处理的部位，应重新检查评定及验收。

检查数量：全数检查

检验方法：量测，检查技术处理方案。

一 般 项 目

8.3.2 现浇结构和混凝土设备基础拆模后的尺寸偏差应符合表 8.3.2-1、表 8.3.2-2 的规定。

检查数量：按楼层、结构缝或施工段划分检验批。在同一检验批内，对梁、柱和独立基础，应抽查构件数量的 20%，且不少于 3 件；对墙和板，应按有代表性的自然间抽查 20%，且不少于 3 间；对大空间结构，墙可按相邻轴线间高度 5m 左右划分检查面，板可按纵、横轴线划分检查面，抽查 20%，且均不少于 3 面；对电梯井，应全数检查。对设备基础，应全数检查。

表 8.3.2-1 现浇结构尺寸允许偏差和检验方法

<table>
<tr><th colspan="3" rowspan="2">项 目</th><th colspan="2">允许偏差（mm）</th><th rowspan="2">检 验 方 法</th></tr>
<tr><th>合 格</th><th>优 良</th></tr>
<tr><td rowspan="4">轴线位置</td><td colspan="2">基 础</td><td>15</td><td>12</td><td rowspan="4">钢尺检查</td></tr>
<tr><td colspan="2">独立基础</td><td>10</td><td>8</td></tr>
<tr><td colspan="2">墙、柱、梁</td><td>8</td><td>5</td></tr>
<tr><td colspan="2">剪力墙</td><td colspan="2">5</td></tr>
<tr><td rowspan="3">垂直度</td><td rowspan="2">层 高</td><td>≤5m</td><td>8</td><td>5</td><td>经纬仪或吊线、钢尺检查</td></tr>
<tr><td>>5m</td><td>10</td><td>8</td><td>经纬仪或吊线、钢尺检查</td></tr>
<tr><td colspan="2">全高（H）</td><td colspan="2">H/1000 且≤30</td><td>经纬仪、钢尺检查</td></tr>
<tr><td rowspan="2">标 高</td><td colspan="2">层 高</td><td colspan="2">±10</td><td rowspan="2">水准仪或拉线、钢尺检查</td></tr>
<tr><td colspan="2">全 高</td><td colspan="2">±30</td></tr>
<tr><td colspan="3">截面尺寸</td><td>+8，-5</td><td>+5，-5</td><td>钢尺检查</td></tr>
<tr><td rowspan="2">电梯井</td><td colspan="2">井筒长、宽对定位中心线</td><td>+25，0</td><td>+20，0</td><td>钢尺检查</td></tr>
<tr><td colspan="2">井筒全高（H）垂直度</td><td colspan="2">H/1000 且≤30</td><td>经纬仪、钢尺检查</td></tr>
<tr><td colspan="3">表面平整度</td><td>8</td><td>5</td><td>2m 靠尺和塞尺检查</td></tr>
<tr><td rowspan="4">预埋设施中心线位置</td><td colspan="2">预埋件</td><td>10</td><td>8</td><td rowspan="4">钢尺检查</td></tr>
<tr><td rowspan="2">预埋螺栓</td><td>中心线位置</td><td>5</td><td>4</td></tr>
<tr><td>螺栓外露长度</td><td>5</td><td>+5，-0</td></tr>
<tr><td colspan="2">预埋管</td><td>5</td><td>4</td></tr>
<tr><td colspan="3">预留洞中心线位置</td><td>15</td><td>12</td><td>钢尺检查</td></tr>
</table>

注：检查轴线，中心线位置时，应沿纵、横两个方向量测，并取其中的较大值。

表 8.3.2-2 混凝土设备基础尺寸允许偏差和检验方法

<table>
<tr><th colspan="2" rowspan="2">项 目</th><th colspan="2">允许偏差（mm）</th><th rowspan="2">检 验 方 法</th></tr>
<tr><th>合 格</th><th>优 良</th></tr>
<tr><td colspan="2">坐标位置</td><td>20</td><td>15</td><td>钢尺检查</td></tr>
<tr><td colspan="2">不同平面的标高</td><td>0，-20</td><td>0，-15</td><td>水准仪或拉线、钢尺检查</td></tr>
<tr><td colspan="2">平面外形尺寸</td><td>±20</td><td>±15</td><td>钢尺检查</td></tr>
<tr><td colspan="2">凸台上平面外形尺寸</td><td>0，-20</td><td>0，-15</td><td>钢尺检查</td></tr>
<tr><td colspan="2">凹穴尺寸</td><td>+20，0</td><td>+15，0</td><td>钢尺检查</td></tr>
<tr><td rowspan="2">平面水平度</td><td>每 米</td><td>5</td><td>4</td><td>水平尺、塞尺检查</td></tr>
<tr><td>全 长</td><td>10</td><td>8</td><td>水准仪或拉线、钢尺检查</td></tr>
<tr><td rowspan="2">垂直度</td><td>每 米</td><td>5</td><td>4</td><td rowspan="2">经纬仪或吊线、钢尺检查</td></tr>
<tr><td>全 高</td><td>10</td><td>8</td></tr>
</table>

续表 8.3.2-2

项目		允许偏差（mm）		检验方法
		合格	*优良*	
预埋地脚螺栓	标高（顶部）	+20，0	***+15，0***	水准仪或拉线、钢尺检查
	中心距	±2		钢尺检查
预埋地脚螺栓孔	中心线位置	10	***8***	钢尺检查
	深度	+20，0	***+15，0***	钢尺检查
	孔垂直度	10	***8***	吊线、钢尺检查
预埋活动地脚螺栓锚板	标高	+20，0	***+15，0***	水准仪或拉线、钢尺检查
	中心线位置	5	***4***	钢尺检查
	带槽锚板平整度	5	***4***	钢尺、塞尺检查
	带螺纹孔锚板平整度	2		钢尺、塞尺检查

注：检查坐标、中心线位置时，应沿纵、横两个方向量测，并取其中的较大值。

9 装配式结构分项工程

9.1 一 般 规 定

9.1.1 预制构件应进行结构性能检验。结构性能检验不合格的预制构件不得用于混凝土结构。

9.1.2 叠合结构中预制构件的叠合面应符合设计要求。

9.1.3 装配式结构外观质量、尺寸偏差的验收及对缺陷的处理应按本*标准*第8章的相应规定执行。

9.2 预 制 构 件

主 控 项 目

9.2.1 预制构件应在明显部位标明生产单位、构件型号、生产日期和质量验收标志。构件上的预埋件、插筋和预留孔洞的规格、位置和数量应符合标准图或设计的要求。

检查数量：全数检查。

检验方法：观察。

9.2.2 预制构件的外观质量不应有严重缺陷。对已经出现的严重缺陷，应按技术处理方案进行处理，并重新检查验收。

检查数量：全数检查。

检验方法：观察，检查技术处理方案。

9.2.3 预制构件不应有影响结构性能和安装、使用功能的尺寸偏差。对超过尺寸允许偏差且影响结构性能和安装、使用功能的部位，应按技术处理方案进行处理，并重新检查验收。

检查数量：全数检查。

检验方法：量测，检查技术 处理方案。

一 般 项 目

9.2.4 预制构件的外观质量不宜有一般缺陷。对已经出现的一般缺陷，应按技术处理方案进行处理，并重新检查验收。

检查数量：全数检查。

检验方法：观察，检查技术处理方案。

9.2.5 预制构件的尺寸偏差应符合表9.2.5的规定。

检查数量：同一工作班生产的同类型构件，抽查5%且不少于3件。

表 9.2.5　预制构件尺寸的允许偏差及检验方法

项目		允许偏差（mm）合格	允许偏差（mm）优良	检验方法
长度	板、梁	+10，-5	***+8，-4***	钢尺检查
	柱	+5，-10	***+4，-8***	
	墙板	±5	***±4***	
	薄腹梁、桁架	+15，-10	***+12，-8***	
宽度、高（厚）度	板、梁、柱、墙板、薄腹梁、桁架	±5	***±4***	钢尺量一端及中部，取其中较大值
侧向弯曲	梁、板、柱	l/750 且≤20	***l/1000 且≤15***	拉线、钢尺量最大侧向弯曲处
	墙板、薄腹梁、桁架	l/1000 且≤20	***l/1200 且≤15***	
预埋件	中心线位置	10	***8***	钢尺检查
	螺栓位置	5	***4***	
	螺栓外露长度	+10，-5	***+8，-4***	
预留孔	中心线位置	5	***4***	钢尺检查
预留洞	中心线位置	15	***12***	钢尺检查
主筋保护层厚度	板	+5，-3	***+4，-3***	钢尺或保护层厚度测定仪量测
	梁、柱、墙板、薄腹梁、桁架	+10，-5	***+8，-4***	
对角线差	板、墙板	10	***8***	钢尺量两个对角线
表面平整度	板、墙板、柱、梁	5	***4***	2m 靠尺和塞尺检查
预应力构件预留孔道位置	梁、墙板、薄腹梁、桁架	3		钢尺检查
翘曲	板	l/750	***l/1000 且≤15***	调平尺在两端量测
	墙板	l/1000	***l/1200 且≤15***	

注：1. l 为构件长度（mm）；

2. 检查中心线、螺栓和孔道位置时，应沿纵、横两个方向量测，并取其中的较大值；

3. 对形状复杂或有特殊要求的构件，其尺寸偏差应符合标准图或设计的要求。

9.3　结构性能检验

9.3.1　预制构件应按标准图或设计要求的试验参数及检验指标进行结构性能检验。

检验内容：钢筋混凝土构件和允许出现裂缝的预应力混凝土构件进行承载力、挠度和裂缝宽度检验；不允许出现裂缝的预应力混凝土构件进行承载力、挠度和抗裂检验；预应力混凝土构件中的非预应力杆件按钢筋混凝土构件的要求进行检验。对设计成熟、生产数量较少的大型构件，当采取加强材料和制作质量检验的措施时，可仅作挠度、抗裂或裂缝宽度检验；当采取上述措施并有可靠的实践经验时，可不作结构性能检验。

检验数量：对成批生产的构件，应按同一工艺正常生产的不超过 1000 件且不超过 3 个月的同类型产品为一批。当连续检验 10 批且每批的结构性能检验结果均符合本标准规定的要求时，对同一工艺正常生产的构件，可改为不超过 2000 件且不超过 3 个月的同类型产品为一批。在每批中应随机抽取一个构件作为试件进行检验。

检验方法：按本标准附录 C 规定的方法采用短期静力加载检验。

注：1 "加强材料和制作质量检验的措施"包括下列内容：

1）钢筋进场检验合格后，在使用前再对用作构件受力主筋的同批钢筋按不超过 5t 抽取一组试件，并经检验合格；对经逐盘检验的预应力钢丝，可不再抽样检查；

2）受力主筋焊接接头的力学性能，应按国家现行标准《钢筋焊接及验收规程》JGJ 18 检验合格，再抽取一组试件，并经检验合格；

3）混凝土按 $5m^3$ 且不超过半个工作班生产的相同配合比的混凝土，留置一组试件，并经检验合格；

4）受力主筋焊接接头的外观质量、入模后的主筋保护层厚度、张拉预应力总值和构件的截面尺寸等，应逐件检验合格。

2 "同类型产品"是指同一钢种、同一混凝土强度等级、同一生产工艺和同一结构形式的构件。对同类型产品进行抽样检验时，试件宜从设计荷载最大、受力最不利或生产数量最多的构件中抽取。对同类型的其他产品，也应定期进行抽样检验。

9.3.2 预制构件承载力应按下列规定进行检验：

1 当按现行国家标准《混凝土结构设计规范》GB 50010 的规定进行检验时，应符合下列公式的要求：

$$\gamma_u^0 \geqslant \gamma_0[\gamma_u] \tag{9.3.2-1}$$

式中 γ_u^0——构件的承载力检验系数实测值，即试件的荷载实测值与荷载设计值（均包括自重）的比值；

γ_0——结构重要性系数，按设计要求确定，当无专门要求时取 1.0；

$[\gamma_u]$——构件的承载力检验系数允许值，按表 9.3.2 取用

2 当按构件实配钢筋进行承载力检验时，应符合下列公式的要求：

$$\gamma_u^0 \geqslant \gamma_0\eta[\gamma_u] \tag{9.3.2-2}$$

式中 η——构件承载力检验修正系数，根据现行国家标准《混凝土结构设计规范》GB 50010 按实配筋的承载力计算确定。

承载力检验的荷载设计值是指承载能力极限状态下，根据构件设计控制截面上的内力设计值与构件检验的加载方式，经换算后确定的荷载值（包括自重）。

表 9.3.2 构件的承载力检验系数允许值

受力情况	达到承载能力极限状态的检验标志		$[\gamma_u]$
轴心受拉、偏心受拉、受弯、大偏心受压	受拉主筋处的最大裂缝宽度达到 1.5mm，或挠度达到跨度的 1/50	热轧钢筋	1.20
		钢丝、钢绞线、热处理钢筋	1.35
	受压区混凝土破坏	热轧钢筋	1.30
		钢丝、钢绞线、热处理钢筋	1.45
	受拉主筋拉断		1.50

续表 9.3.2

受力情况	达到承载能力极限状态的检验标志	$[\gamma_u]$
受弯构件的受剪	腹部斜裂缝达到 1.5mm，或斜裂缝末端受压混凝土剪压破坏	1.40
	沿斜截面混凝土斜压破坏，受拉主筋在端部滑脱或其他锚固破坏	1.55
轴心受压、小偏心受压	混凝土受压破坏	1.50

注：热轧钢筋系指 HPB235 级、HRB335 级、HRB400 级和 RRB400 级钢筋。

9.3.3 预制构件的挠度应按下列规定进行检验：

1 当按现行国家标准《混凝土结构设计规范》GB 50010 规定的挠度允许值进行检验时，应符合下列公式的要求：

$$a_s^0 \leqslant [a_s] \tag{9.3.3-1}$$

$$[a_s] = \frac{M_k}{M_q(\theta - 1) + M_k}[a_f] \tag{9.3.3-2}$$

式中 a_s^0——在荷载标准值下的构件挠度实测值；

$[a_s]$——挠度检验允许值；

$[a_f]$——受弯构件的挠度限值，按现行国家标准《混凝土结构设计规范》GB 50010 确定；

M_k——按荷载标准组合计算的弯矩值；

M_q——按荷载准永久组合计算的弯矩值；

θ——考虑荷载长期作用对挠度增大的影响系数，按现行国家标准《混凝土结构设计规范》GB 50010 确定。

2 当按构件实配钢筋进行挠度检验或仅检验构件的挠度、抗裂或裂缝宽度时，应符合下列公式的要求：

$$a_s^0 \leqslant 1.2 a_s^c \tag{9.3.3-3}$$

同时，还应符合公式（9.3.3-1）的要求

式中 a_s^c——在荷载标准值下按实配钢筋确定的构件挠度计算值，按现行国家标准《混凝土结构设计规范》GB 50010 确定。

正常使用极限状态检验的荷载标准值是指正常使用极限状态下，根据构件设计控制截面上的荷载标准组合效应与构件检验的加载方式，经换算后确定的荷载值。

注：直接承受重复荷载的混凝土受弯构件，当进行短期静力加荷试验时，a_s^c 值应按正常使用极限状态下静力荷载标准组合相应的刚度值确定。

9.3.4 预制构件的抗裂检验应符合下列公式的要求：

$$\gamma_{cr}^0 \geqslant [\gamma_{cr}] \tag{9.3.4-1}$$

$$[\gamma_{cr}] = 0.95\frac{\sigma_{pc} + \gamma f_{tk}}{\sigma_{ck}} \tag{9.3.4-2}$$

式中 γ_{cr}^0——构件的抗裂检验系数实测值，即试件的开裂荷载实测值与荷载标准值（均包括自重）的比值；

$[\gamma_{cr}]$——构件的抗裂检验系数允许值；

σ_{pc}——由预加力产生的构件抗拉边缘混凝土法向应力值，按现行国家标准《混凝土结构设计规范》GB 50010 计算确定；

γ——混凝土构件截面抵抗矩塑性影响系数，按现行国家标准《混凝土结构设计规范》GB 50010 计算确定；

f_{tk}——混凝土抗拉强度标准值；

σ_{ck}——由荷载标准值产生的构件抗拉边缘混凝土法向应力值，按现行国家标准《混凝土结构设计规范》GB 50010 确定。

9.3.5 预制构件的裂缝宽度检验应符合下列公式的要求：

$$w_{s,max}^{0} \leqslant [w_{max}] \tag{9.3.5}$$

式中 $w_{s,max}^{0}$——在荷载标准值下，受拉主筋处的最大裂缝宽度实测值（mm）；

$[w_{max}]$——构件检验的最大裂缝宽度允许值，按表 9.3.5 取用。

表 9.3.5 构件检验的最大裂缝宽度允许值（mm）

设计要求的最大裂缝宽度限值	0.2	0.3	0.4
$[w_{max}]$	0.15	0.20	0.25

9.3.6 预制构件结构性能检验结果应按下列规定验收：

1 当试件结构性能的全部检验结果均符合本标准第 9.3.2～9.3.5 条的检验要求时，该批构件的结构性能应通过验收。

2 当第一个试件的检验结果不能全部符合上述要求，但又能符合第二次检验的要求时，可再抽两个试件进行检验。第二次检验的指标，对承载力及抗裂检验系数的允许值应取本标准第 9.3.2 条和第 9.3.4 条规定的允许值减 0.05；对挠度的允许值应取本标准第 9.3.3 条规定允许值的 1.10 倍。第二次取的两个试件的全部检验结果均符合第二次检验的要求时，该批构件的结构性能可通过验收。

3 第二次抽取的第一个试件的全部检验结果均已符合本标准第 9.3.2～9.3.5 条的要求时，该批构件的结构性能可通过验收。

9.4 装配式结构施工

主 控 项 目

9.4.1 进入现场的预制构件，其外观质量、尺寸偏差及结构性能应符合标准图或设计的要求。

优良：在合格基础上，进场构件应分规格型号进行码放，使吊环在上，标志在外，各层垫木的位置应在一条垂直线上。

检查数量：按批检查。

检验方法：检查构件合格证。

9.4.2 预制构件与结构之间的连接应符合设计要求。

连接处钢筋或埋件采用焊接或机械连接时，接头质量应符合国家现行标准《钢筋焊接及验收规程》JGJ 18、《钢筋机械连接通用技术规程》JGJ 107 的要求。

检查数量：全数检查。

检验方法：观察，检查施工记录。

9.4.3 承受内力的接头和拼缝，当其混凝土强度未达到设计要求时，不得吊装上一层结构构件；当设计无具体要求时，应在混凝土强度不小于 $10N/mm^2$ 或具有足够的支承时方可吊装上一层结构构件。

已安装完毕的装配式结构，应在混凝土强度到达设计要求后，方可承受全部设计荷载。

检查数量：全数检查。

检验方法：检查施工记录及试件强度试验报告。

一 般 项 目

9.4.4 预制构件码放和运输时的支承位置和方法应符合标准图或设计的要求。

检查数量：全数检查。

检验方法：观察检查。

9.4.5 预制构件吊装前，应按设计要求在构件和相应的支承结构上标志中心线、标高等控制尺寸，按标准图或设计文件校核预埋件及连接钢筋等，并作出标志。

检查数量：全数检查。

检验方法：观察，钢尺检查。

9.4.6 预制构件应按标准图或设计的要求吊装。起吊时绳索与构件水平面的夹角不宜小于45°，否则应采用吊架或经验算确定。

检查数量：全数检查。

检验方法：观察检查。

9.4.7 预制构件安装就位后，应采取保证构件稳定的临时固定措施，并应根据水准点和轴线校正位置。

检查数量：全数检查。

检验方法：观察，钢尺检查。

9.4.8 装配式结构中的接头和拼缝应符合设计要求；当设计无具体要求时，应符合下列规定：

1 对承受内力的接头和拼缝应采用混凝土浇筑，其强度等级应比构件混凝土强度等级提高一级；

2 对不承受内力的接头和拼缝应采用混凝土或砂浆浇筑，其强度等级不应低于 C15 或 M15；

3 用于接头和拼缝的混凝土或砂浆，宜采用微膨胀措施和快硬措施，在浇筑过程中应振捣密实，并应采取必要的养护措施。

检查数量：全数检查。

检验方法：检查施工记录及试件强度试验报告。

9.4.9 构件安装的允许偏差，应符合表 9.4.9 的规定：

表 9.4.9　构件安装的允许偏差（mm）

<table>
<tr><td colspan="3" rowspan="2">项　　目</td><td colspan="2">允 许 偏 差</td></tr>
<tr><td>合　格</td><td>优　良</td></tr>
<tr><td rowspan="2">杯形基础</td><td colspan="2">中心线对轴线位置</td><td>10</td><td>8</td></tr>
<tr><td colspan="2">杯底安装标高</td><td>0，－10</td><td>0，－8</td></tr>
<tr><td rowspan="7">柱</td><td colspan="2">中心线对定位轴线位置</td><td>5</td><td>4</td></tr>
<tr><td colspan="2">上下柱接口中心线位置</td><td>3</td><td>3</td></tr>
<tr><td rowspan="3">垂直度</td><td>≤5m</td><td>5</td><td>4</td></tr>
<tr><td>＞5m，＜10m</td><td>10</td><td>8</td></tr>
<tr><td>≥10m</td><td>1/1000 标高且≤20</td><td>1/1200 标高且≤15</td></tr>
<tr><td rowspan="2">牛腿上表面和柱顶标高</td><td>≤5m</td><td>0，－5</td><td>0，－4</td></tr>
<tr><td>＞5m</td><td>0，－8</td><td>0，－6</td></tr>
<tr><td rowspan="2">梁或吊车梁</td><td colspan="2">中心线对定位轴线位置</td><td>5</td><td>4</td></tr>
<tr><td colspan="2">梁上表面标高</td><td>0，－5</td><td>0，－4</td></tr>
<tr><td rowspan="3">屋　架</td><td colspan="2">下弦中心线对定位轴线的位置</td><td>5</td><td>4</td></tr>
<tr><td rowspan="2">垂直度</td><td>桁架、拱形屋架</td><td>1/250 屋架高</td><td>1/350 屋架高</td></tr>
<tr><td>薄腹梁</td><td>5</td><td>4</td></tr>
<tr><td rowspan="2">天窗架</td><td colspan="2">构件中心线对定位轴线位置</td><td>5</td><td>4</td></tr>
<tr><td colspan="2">垂直度</td><td>1/300 天窗架高</td><td>1/400 天窗架高</td></tr>
<tr><td rowspan="2">托梁架</td><td colspan="2">底座中心线对定位轴线的位置</td><td>5</td><td>4</td></tr>
<tr><td colspan="2">垂直度</td><td>10</td><td>8</td></tr>
<tr><td rowspan="2">板</td><td rowspan="2">相邻两板下表面平整</td><td>抹　灰</td><td>5</td><td>4</td></tr>
<tr><td>不抹灰</td><td>3</td><td>3</td></tr>
<tr><td rowspan="2">楼梯阳台</td><td colspan="2">水平位置</td><td>10</td><td>8</td></tr>
<tr><td colspan="2">标　　高</td><td>±5</td><td>±4</td></tr>
<tr><td rowspan="5">大型墙板</td><td colspan="2">中心线对定位轴线的位置</td><td colspan="2">3</td></tr>
<tr><td colspan="2">垂直度</td><td colspan="2">3</td></tr>
<tr><td colspan="2">每层山墙内倾（或外侧）</td><td colspan="2">2</td></tr>
<tr><td colspan="2">建筑物全高垂直度</td><td>10</td><td>8</td></tr>
<tr><td colspan="2">墙板拼缝高差</td><td>±5</td><td>±4</td></tr>
</table>

10 混凝土结构子分部

10.1 结 构 实 体 检 验

10.1.1 对涉及混凝土结构安全的重要部位应进行结构实体检验。结构实体检验应在监理工程师（建设单位项目专业技术负责人）见证下，由施工项目技术负责人组织实施。承担结构实体检验的试验室应具有相应的资质。

10.1.2 结构实体检验的内容应包括混凝土强度、钢筋保护层厚度以及工程合同约定的项目；必要时可检验其他项目。

10.1.3 对混凝土强度的检验，应以在混凝土浇筑地点制备并与结构实体同条件养护的试件强度为依据。混凝土强度检验用同条件养护试件的留置、养护和强度代表值应符合本标准附录 B 的规定。

对混凝土强度的检验，也可根据合同的约定，采用非破损或局部破损的检测方法，按国家现行有关标准的规定进行。

10.1.4 对同条件养护试件强度的检验结果符合现行国家标准《混凝土强度检验评定标准》GBJ 107 的有关规定时，混凝土强度应判定合格。

10.1.5 对钢筋保护层厚度的检验，抽样数量、检验方法、允许偏差和合格条件应符合本标准附录 D 的规定。

10.1.6 当未能取得同条件养护试件强度、同条件养护试件强度被判为不合格或钢筋保护层厚度不满足要求时，应委托具有相应资质等级的检测机构按国家有关标准的规定进行检测。

10.2 混凝土结构子分部工程质量评定

10.2.1 混凝土结构子分部工程施工质量评定时，应检查下列文件和记录：

1 设计变更文件；

2 原材料出厂合格证和进场复验报告；

3 钢筋接头的试验报告；

4 混凝土工程施工记录；

5 混凝土试件的性能试验报告；

6 装配式结构预制构件的合格证和安装验收记录；

7 预应力筋用锚具、连接器的合格证和进场复验报告；

8 预应力筋安装、张拉及灌浆记录；

9 隐蔽工程验收记录；

10 分项工程评定及验收记录；

11　混凝土结构实体检验记录；

12　工程的重大质量问题的处理方案和验收记录；

13　其他必要的文件和记录。

10.2.2　混凝土结构子分部工程质量评定应符合下列规定：

合格：

1　有关分项工程施工质量评定及验收合格；

2　应有完整的质量控制资料；

3　观感质量评定合格；

4　结构实体检验结果满足本标准的要求。

优良：

1　***在合格基础上，结构子分部工程所含分项中60%及以上分项为优良。***

2　***观感质量符合本标准相关条款中优良标准的符合率应达到80%及以上。***

10.2.3　当混凝土结构施工质量不符合要求时，应按下列规定进行处理：

1　经返工、返修或更换构件、部件的检验批，应重新进行评定及验收。

2　经有资质的检测单位检测鉴定能够达到设计要求的检验批，其质量只能评为合格，该检验批应予以验收。

3　经有资质的检测单位检测鉴定达不到设计要求，但经原设计单位核算认可能够满足结构安全和使用功能的检验批，其质量只能定为合格，但所在分项及子分部工程质量不能评为优良。该检验批可予以验收。

4　经返修或加固处理能够满足结构安全使用要求的分项工程，可根据技术处理方案和协商文件进行评定及验收。其质量只能定为合格，但所在分项及子分部工程质量不能评为优良。

10.2.4　混凝土结构子分部工程施工质量评定及验收合格后，应将所有的验收文件存档备案。

附录 A　纵向受力钢筋的最小搭接长度

A.0.1　当纵向受拉钢筋的绑扎搭接接头面积百分率不大于 25%时，其最小搭接长度应符合表 A.0.1 的规定。

表 A.0.1　纵向受拉钢筋的最小搭接长度

钢　筋　类　型		混凝土强度等级			
		C15	C20～C25	C30～C35	≥C40
光圆钢筋	HPB235 级	45d	35d	30d	25d
带肋钢筋	HRB335 级	55d	45d	35d	30d
	HRB400 级、RRB400 级	—	55d	40d	35d

注：两根直径不同钢筋的搭接长度，以较细钢筋的直径计算。

A.0.2　当纵向受拉钢筋搭接接头面积百分率大于 25%，但不大于 50%时，其最小搭接长度应按本附录表 A.0.1 中的数值乘以系数 1.2 取用；当接头面积百分率大于 50%时，应按本附录表 A.0.1 中的数值乘以系数 1.35 取用。

A.0.3　当符合下列条件时，纵向受拉钢筋的最小搭接长度应根据本附录 A.0.1 条至条 A.0.2 确定后，按下列规定进行修正：

1　当带肋钢筋的直径大于 25mm 时，其最小搭接长度应按相应数值乘以系数 1.1 取用；

2　对环氧树脂涂层的带肋钢筋，其最小搭接长度应按相应数值乘以系数 1.25 取用；

3　当在混凝土凝固过程中受力钢筋易受扰动时（如滑模施工），其最小搭接长度应按相应数值乘以系数 1.1 取用；

4　对末端采用机器锚固措施的带肋钢筋，其最小搭接长度可按相应数值乘以系数 0.7 取用；

5　当带肋钢筋的混凝土保护层厚度大于搭接钢筋直径的 3 倍且配有箍筋时，其最小搭接长度可按相应数值乘以系数 0.8 取用；

6　对有抗震设防要求的结构构件，其受力钢筋的最小搭接长度对一、二级抗震等级应按相应数值乘以系数 1.15 采用；对三级抗震等级应按相应数值乘以系数 1.05 采用。在任何情况下，受拉钢筋的搭接长度不应小于 300mm。

A.0.4　纵向受压钢筋搭接时，其最小搭接长度应根据本附录 A.0.1 条至 A.0.3 条的规定确定相应数值后，乘以系数 0.7 取用。在任何情况下，受压钢筋的搭接长度不应小于 200mm。

附录 B　结构实体检验用同条件养护试件强度检验

B.0.1　同条件养护试件的留置方式和取样数量，应符合下列要求：

1　同条件养护试件所对应的结构构件或结构部位，应由监理（建设）、施工等各方共同选定；

2　对混凝土结构工程中的各混凝土强度等级，均应留置同条件养护试件；

3　同一强度等级的同条件养护试件，其留置的数量应根据混凝土工程量和重要性确定，不宜少于 10 组，且不应少于 3 组；

4　同条件养护试件拆模后，应放置在靠近相应结构构件或结构部位的适当位置，并应采取相同的养护方法。

B.0.2　同条件养护试件应在达到等效养护龄期时进行强度试验。

等效养护龄期应根据同条件养护试件强度与在标准养护条件下 28d 龄期试件强度相等的原则确定。

B.0.3　同条件自然养护试件的等效养护龄期及相应的试件强度代表值，宜根据当地的气温和养护条件，按下列规定确定：

1　等效养护龄期可取按日平均温度逐日累计达到 600℃·d 时所对应的龄期，0℃及以下的龄期不计入；等效养护龄期不应小于 14d，也不宜大于 60d；

2　同条件养护试件的强度代表值应根据强度试验结果按现行国家标准《混凝土强度检验评定标准》GBJ 107 的规定确定后，乘折算系数取用；折算系数宜取 1.10，也可根据当地的试验统计结果作适当调整。

B.0.4　冬期施工、人工加热养护的结构构件，其同条件养护试件的等效养护龄期可按结构构件的实际养护条件，由监理（建设）、施工等各方根据本附录 B.0.2 条的规定共同确定。

附录 C 预制构件结构性能检验方法

C.0.1 预制构件结构性能试验条件应满足下列要求：

1 构件应在0℃以上的温度中进行试验；

2 蒸汽养护后的构件应在冷却至常温后进行试验；

3 构件在试验前应量测其实际尺寸，并检查构件表面，所有的缺陷和裂缝应在构件上标出；

4 试验用的加荷设备及量测仪表应预先进行标定或校准。

C.0.2 试验构件的支承方式应符合下列规定：

1 板、梁和桁架等简支构件，试验时应一端采用铰支承，另一端采用滚动支承。铰支承可采用角钢、半圆型钢或焊于钢板上的圆钢，滚动支承可采用圆钢；

2 四边简支或四角简支的双向板，其支承方式应保证支承处构件能自由转动，支承面可以相对水平移动；

3 当试验的构件承受较大集中力或支座反力时，应对支承部分进行局部受压承载力验算；

4 构件与支承面应紧密接触；钢垫板与构件、钢垫板与支墩间，宜铺砂浆垫平；

5 构件支承的中心线位置应符合标准图或设计的要求。

C.0.3 试验构件的荷载布置应符合下列规定：

1 构件的试验荷载布置应符合标准图或设计的要求；

2 当试验荷载布置不能完全与标准图或设计的要求相符时，应按荷载效应等效的原则换算，即使构件试验的内力图形与设计的内力图形相似，并使控制截面上的内力值相等，但应考虑荷载布置改变后对构件其他部位的不利影响。

C.0.4 加载方法应根据标准图或设计的加载要求、构件类型及设备条件等进行选择。当按不同形式荷载组合进行加载试验（包括均布荷载、集中荷载、水平荷载和竖向荷载等）时，各种荷载应按比例增加。

1 荷重块加载

荷重块加载适用于均布加载试验。荷重块应按区格成垛堆放，垛与垛之间间隙不宜小于50mm。

2 千斤顶加载

千斤顶加载适用于集中加载试验。千斤顶加载时，可采用分配梁系统实现多点集中加载。千斤顶的加载值宜采用荷载传感器量测，也可采用油压表量测。

3 梁或桁架可采用水平对顶加载方法，此时构件应垫平且不应妨碍构件在水平方向的位移。梁也可采用竖直对顶的加载方法。

4 当屋架仅作挠度、抗裂或裂缝宽度检验时，可将两榀屋架并列，安放屋面板后进行加载试验。

C.0.5 构件应分级加载。当荷载小于荷载标准值时，每级荷载不应大于荷载标准值的20%；当荷载大于荷载标准值时，每级荷载不应大于荷载标准值的10%；当荷载接近抗裂检验荷载值时，每级荷载不应大于荷载标准值的5%；当荷载接近承载力检验荷载时，每级荷载不应大于承载力检验荷载设计值的5%。

对仅作挠度、抗裂或裂缝宽度检验的构件应分级卸荷。

作用在构件上的试验设备重量及构件自重应作为第一次加载的一部分。

注：构件在试验前，宜进行预压，以检查试验装置的工作是否正常，同时应防止构件因预压而产生裂缝。

C.0.6 每级加载完成后，应持续10～15min；在荷载标准值作用下，应持续30min。在持续时间内，应观察裂缝的出现和开展，以及钢筋有无滑移等；在持续时间结束时，应观察并记录各项读数。

C.0.7 对构件进行承载力检验时，应加载至构件出现本标准表9.3.2所列承载能力极限状态的检验标志。当在规定的荷载持续时间内出现上述检验标志之一时，应取本级荷载值与前一级荷载值的平均值作为其承载力检验荷载实测值；当在规定的荷载持续时间结束后出现上述检验标志之一时，应取本级荷载值作为其承载力检验荷载实测值。

注：当受压构件采用试验机或千斤顶加载时，承载力检验荷载实测值应取构件直至破坏的整个试验过程中所达到的最大荷载值。

C.0.8 构件挠度可用百分表、位移传感器、水平仪等进行观测。接近破坏阶段的挠度，可用水平仪或拉线、钢尺等测量。

试验时，应量测构件跨中位移和支座沉陷。对宽度较大的构件，应在每一量测截面的两边或两肋布置测点，并取其量测结果的平均值作为该处的位移。

当试验荷载竖直向下作用时，对水平放置的构件，在各级荷载下的跨中挠度实测值应按下列公式计算：

$$a_{t}^{0} = a_{q}^{0} + a_{g}^{0}$$

$$a_{q}^{0} = v_{m}^{0} - \frac{1}{2}\left(v_{l}^{0} + v_{r}^{0}\right)$$

$$a_{g}^{0} = \frac{M_{g}}{M_{b}} a_{b}^{0}$$

式中 a_{t}^{0}——全部荷载作用下构件跨中的挠度实测值（mm）；

a_{q}^{0}——外加试验荷载作用下构件跨中的挠度实测值（mm）；

a_{g}^{0}——构件自重及加荷设备重产生的跨中挠度值（mm）；

v_{m}^{0}——外加试验荷载作用下构件跨中的位移实测值（mm）；

v_{l}^{0}、v_{t}^{0}——外加试验荷载作用下构件左、右端支座沉陷位移的实测值（mm）；

M_{g}——构件自重和加荷设备重产生的跨中弯矩值（kN·m）；

M_{b}——从外加试验荷载开始至构件出现裂缝的前一级荷载为止的外加荷载产生的跨中弯矩值（kN·m）；

a_{b}^{0}——从外加试验荷载开始至构件出现裂缝的前一级荷载为止的外加荷载产生的跨中挠度实测值（mm）。

C.0.9 当采用等效集中力加载模拟均布荷载进行试验时，挠度实测值应乘以修正系数

ψ。当采用三分点加载时 φ 可取为 0.98；当采用其他形式集中力加载时，ψ 应经计算确定。

C.0.10 试验中裂缝的观测应符合下列规定：

1 观察裂缝出现可采用放大镜。若试验中未能及时观察到正截面裂缝的出现，可取荷载—挠度曲线上的转折点（曲线第一弯转段两端点切线的交点）的荷载值作为构件的开裂荷载实测值；

2 构件抗裂检验中，当在规定的荷载持续时间内出现裂缝时，应取本级荷载值与前一级荷载值的平均值作为其开裂荷载实测值；当在规定的荷载持续时间结束后出现裂时，应取本级荷载值作为其开裂荷载实测值；

3 裂缝宽度可采用精度为 0.05mm 的刻度放大镜等仪器进行观测；

4 对正截面裂缝，应量测受拉主筋处的最大裂缝宽度；对斜截面裂缝，应量测腹部斜裂缝的最大裂缝宽度。确定受弯构件受拉主筋处的裂缝宽度时，应在构件侧面量测。

C.0.11 试验时必须注意下列安全事项：

1 试验的加荷设备、支架、支墩等，应有足够的承载力安全储备；

2 对屋架等大型构件进行加载试验时，必须根据设计要求设置侧向支承，以防止构件受力后产生侧向弯曲和倾倒；侧向支承应不妨碍构件在其平面内的位移；

3 试验过程中应注意人身和仪表安全；为了防止构件破坏时试验设备及构件坍落，应采取安全措施（如在试验构件下面设置防护支承等）。

C.0.12 构件试验报告应符合下列要求：

1 试验报告应包括试验背景、试验方案、试验记录、检验结论等内容，不得漏项缺检；

2 试验报告中的原始数据和观察记录必须真实、准确，不得任意涂抹篡改；

3 试验报告宜在试验现场完成，及时审核、签字、盖章，并登记归档。

附录 D　结构实体钢筋保护层厚度检验

D.0.1　钢筋保护层厚度检验的结构部位和构件数量，应符合下列要求：

1　钢筋保护层厚度检验的结构部位，应由监理（建设）、施工等各方根据结构构件的重要性共同选定；

2　对非悬挑梁类、板类构件，应各抽取构件数量的 2%且不少于 5 个构件进行检验；对悬挑梁类、板类构件，应各抽取构件数量的 10%且不少于 10 个构件进行检验。

D.0.2　对选定的梁类构件，应对全部纵向受力钢筋的保护层厚度进行检验；对选定的板类构件，应抽取不少于 6 根纵向受力钢筋的保护层厚度进行检验。对每根钢筋，应在有代表性的部位测量 1 点。

D.0.3　钢筋保护层厚度的检验，可采用非破损或局部破损的方法，也可采用非破损并用局部破损方法进行校准。当采用非破损方法检验时，所使用的检测仪器应经过计量检验，检测操作应符合相应规程的规定。

钢筋保护层厚度检验的检测误差不应大于 1mm。

D.0.4　钢筋保护层厚度检验时，纵向受力钢筋的保护层厚度的允许偏差，对梁类构件为 +10mm，-7mm；对板类构件为 +8mm，-5mm。

D.0.5　对梁类、板类构件纵向受力钢筋的保护层厚度应分别进行验收。

结构实体钢筋保护层厚度验收合格应符合下列规定：

1　当全部钢筋保护层厚度检验的合格点率为 90%及以上时，钢筋保护层厚度的检验结果应判为合格；

2　当全部钢筋保护层厚度检验的合格点率小于 90%但不小于 80%，可再抽取相同数量的构件进行检验；

当按两次抽样总和计算的合格点率为 90%及以上时，钢筋保护层厚度的检验结果仍应判为合格；

3　每次抽样检验结果中不合格点的最大偏差均不应大于本附录 D.0.4 条规定允许偏差的 1.5 倍。

北京建工集团企业标准

Q/BCEG 304 — 2004

钢结构工程施工质量评定标准

2004年11月24日发布　　　　2005年01月01日实施

北京建工集团有限责任公司

目　次

1 总 则

1.0.1 为加强建筑工程质量管理，统一本集团钢结构工程施工质量评定，保证钢结构工程质量，制定本标准。

1.0.2 本标准是在国家标准《钢结构工程施工质量验收规范》GB 50205—2001 基础上制定的质量评定标准，适用于本集团建筑工程的单层、多层、高层以及网架、压型金属板等钢结构工程施工质量的评定。

1.0.3 钢结构工程施工中采用的工程技术文件、承包合同文件对施工质量验收的要求不得低于《钢结构工程施工质量验收规范》GB 50205—2001 的规定。

1.0.4 本标准应与北京建工集团《建筑工程施工质量评定统一标准》配套使用。

1.0.5 钢结构工程施工质量的评定除应执行本标准外，尚应符合北京建工集团《钢结构工程施工技术规程》和国家、地方现行有关标准规范的规定。

2 术 语、符 号

2.1 术　　语

2.1.1 零件　part

组成部件或构件的最小单元，如节点板、翼缘板等。

2.1.2 部件　component

由若干零件组成的单元，如焊接 H 型钢、牛腿等。

2.1.3 构件　element

由零件或由零件和部件组成的钢结构基本单元，如梁、柱、支撑等。

2.1.4 小拼单元　the smallest assembled rigid unit

钢网架结构安装工程中，除散件之外的最小安装单元，一般分平面桁架和锥体两种类型。

2.1.5 中拼单元　intermediate assembled structure

钢网架结构安装工程中，由散件和小拼单元组成的安装单元，一般分条状和块状两种类型。

2.1.6 高强度螺栓连接副　set of high strength bolt

高强度螺栓和与之配套的螺母、垫圈的总称。

2.1.7 抗滑移系数　slip coefficent of laying surface

高强度螺栓连接中，使连接件摩擦面产生滑动时的外力与垂直于摩擦面的高强度螺栓预拉力之和的比值。

2.1.8 预拼装　test assembling

为检验构件是否满足安装质量要求而进行的拼装。

2.1.9 空间刚度单元　space rigid unit

由构件构成的基本的稳定空间体系。

2.1.10 焊钉（栓钉）焊接　stud welding

将焊钉（栓钉）一端与板件（或管件）表面接触通电引弧，待接触面熔化后，给焊钉（栓钉）一定压力完成焊接的方法。

2.1.11 环境温度　ambient temperature

制作或安装时现场的温度。

2.2 符　　号

2.2.1 作用及作用效应

P——高强度螺栓设计预拉力

ΔP——高强度螺栓预拉力的损失值

T——高强度螺栓检查扭矩

T_c——高强度螺栓终拧扭矩

T_0——高强度螺栓初拧扭矩

2.2.2 几何参数

a——间距

b——宽度或板的自由外伸宽度

d——直径

e——偏心距

f——挠度、弯曲矢高

H——柱高度

H_i——各楼层高度

h——截面高度

h_e——角焊缝计算厚度

l——长度、跨度

R_a——轮廓算术平均偏差（表面粗糙度参数）

r——半径

t——板、壁的厚度

Δ——增量

2.2.3 其他

K——系数

3 基 本 规 定

3.0.1 钢结构工程施工单位应具备相应的钢结构工程施工资质，施工现场质量管理应有相应的施工技术标准、质量管理体系、质量控制及检验制度，施工现场应有经项目技术负责人审批的施工组织设计、施工方案等技术文件。

3.0.2 钢结构工程施工质量的评定必须采用经计量检定、校准合格的计量器具。

3.0.3 钢结构工程应按下列规定进行施工质量控制：

1 采用的原材料及成品应进行进场验收。凡涉及安全、功能的原材料及成品应按本标准规定进行复验，并应经监理工程师（建设单位技术负责人）见证取样、送样；

2 各工序应按施工技术标准进行质量控制，每道工序完成后，应进行检查；

3 相关各专业工种之间，应进行交接检验，并经监理工程师（建设单位技术负责人）检查认可。

3.0.4 钢结构工程施工质量评定应在施工班组自检基础上，按照检验批、分项工程、分部（子分部）工程进行。钢结构分部（子分部）工程中分项工程划分应按照北京建工集团企业标准《建筑工程施工质量评定统一标准》的规定执行。钢结构分项工程应由一个或若干检验批组成，各分项工程检验批应按本标准的规定进行划分。

3.0.5 分项工程检验批质量标准应符合下列规定：

1 分项工程检验批合格质量标准应符合下列规定：

1) 主控项目必须符合本标准合格质量标准的要求；

2) 一般项目其检验结果应有 80%及以上的检查点（值）符合本标准合格质量标准的要求，且最大值不应超过其允许偏差值的 1.2 倍。

3) 质量检查记录、质量证明文件等资料应完整。

2 分项工程检验批优良质量应符合下列规定：

在合格的基础上，检验批包含的各个指定项目均达到优良。其中指定项目优良是指：指定项目质量经抽样检验，符合本标准相应优良标准的符合率达到 80%及以上。

3.0.6 分项工程合格质量标准应符合下列规定：

合格：

1 分项工程所含的各检验批均应符合本标准合格质量标准；

2 分项工程所含的各检验批质量验收记录应完整。

优良：在合格基础上，其中 60%及以上检验批为优良。

3.0.7 当钢结构工程施工质量不符合本标准要求时，应按下列规定进行处理：

1 经返工重做或更换构（配）件的检验批，应重新进行评定及验收；

2 经加固补强或经有资质的检测单位鉴定能够达到设计要求的，其质量只能评为合格，该检验批应予以验收；

3 经有资质的检测单位检测鉴定达不到设计要求，但经原设计单位核算认可能够满

足结构安全和使用功能的检验批，其质量只能定为合格，但所在分项及子分部工程质量不能评为优良。该检验批可予以验收，

4 经返修或加固处理的分项、分部工程，虽然改变外形尺寸但仍能满足安全使用要求，可按技术处理方案和协商文件进行评定及验收。其质量只能定为合格，但所在分项及子分部工程质量不能评为优良。

3.0.8 通过返修或加固处理仍不能满足安全使用要求的钢结构分部工程，严禁评定及验收。

4 原材料及成品进场

4.1 一 般 规 定

4.1.1 本章适用于进入钢结构各分项工程实施现场的主要材料、零（部）件、成品件、标准件等产品的进场验收。

4.1.2 进场验收的检验批原则上应与各分项工程检验批一致，也可以根据工程规模及进料实际情况划分检验批。

4.2 钢 材

主 控 项 目

4.2.1 钢材、钢铸件的品种、规格、性能等应符合现行国家产品标准和设计要求。进口钢材产品的质量应符合设计和合同规定标准的要求。

检查数量：全数检查。

检验方法：检查质量合格证明文件、中文标志及检验报告等。

4.2.2 对属于下列情况之一的钢材，应进行抽样复验，其复验结果应符合现行国家产品标准和设计要求。

1 国外进口钢材；

2 钢材混批；

3 板厚等于或大于 40mm，且设计有 Z 向性能要求的厚板；

4 建筑结构安全等级为一级，大跨度钢结构中主要受力构件所采用的钢材；

5 设计有复验要求的钢材；

6 对质量有疑义的钢材。

检查数量：全数检查。

检验方法：检查复验报告。

一 般 项 目

4.2.3 钢板厚度及允许偏差应符合其产品标准的要求。

检查数量：每一品种、规格的钢板抽查 5 处。

检验方法：用游标卡尺量测。

4.2.4 型钢的规格尺寸及允许偏差应符合其产品标准的要求。

检查数量：每一品种、规格的型钢抽查 5 处。

检验方法：用钢尺和游标卡尺量测。

4.2.5 钢材的表面外观质量除应符合国家现行有关标准的规定外，尚应符合下列规定：

1 当钢材的表面有锈蚀、麻点或划痕等缺陷时，其深度不得大于该钢材厚度负允许偏差值的1/2；

2 钢材表面的锈蚀等级应符合现行国家标准《涂装前钢材表面锈蚀等级和除锈等级》GB 8923规定的C级及C级以上；

3 钢材端边或断口处不应有分层、夹渣等缺陷。

检查数量：全数检查。

检验方法：观察检查。

4.3 焊 接 材 料

主 控 项 目

4.3.1 焊接材料的品种、规格、性能等应符合现行国家产品标准和设计要求。

检查数量：全数检查。

检验方法：检查焊接材料的质量合格证明文件、中文标志及检验报告等。

4.3.2 重要钢结构采用的焊接材料应进行抽样复验，复验结果应符合现行国家产品标准和设计要求。

检查数量：全数检查。

检验方法：检查复验报告。

注：本条中“重要”是指：

1 建筑结构安全等级为一级的一、二级焊缝；
2 建筑结构安全等级为二级的一级焊缝；
3 大跨度结构中的一级焊缝；
4 重级工作制吊车梁结构中的一级焊缝；
5 设计要求。

一 般 项 目

4.3.3 焊钉及焊接瓷环的规格、尺寸及偏差应符合现行国家标准《圆柱头焊钉》GB 10433中的规定。

检查数量：按量抽查1%，且不应少于10套。

检验方法：用钢尺和游标卡尺量测。

4.3.4 焊条外观不应有药皮脱落、焊芯生锈等缺陷；焊剂不应受潮结块。

检查数量：按量抽查1%，且不应少于10包。

检验方法：观察检查。

4.4 连接用紧固标准件

主 控 项 目

4.4.1 钢结构连接用高强度大六角头螺栓连接副、扭剪型高强度螺栓连接副、钢网架用

高强度螺栓、普通螺栓、铆钉、自攻钉、拉铆钉、射钉、锚栓（机械型和化学试剂型）、地脚锚栓等紧固标准件及螺母、垫圈等标准配件，其品种、规格、性能等应符合现行国家产品标准和设计要求。高强度大六角头螺栓连接副和扭剪型高强度螺栓连接副出厂时应分别随箱带有扭矩系数和紧固轴力（预拉力）的检验报告。

检查数量：全数检查。

检验方法：检查产品的质量合格证明文件、中文标志及检验报告等。

4.4.2 高强度大六角头螺栓连接副应按本标准附录 B 的规定检验其扭矩系数，其检验结果应符合本标准附录 B 的规定。

检查数量：见本标准附录 B。

检验方法：检查复验报告。

4.4.3 扭剪型高强度螺栓连接副应按本标准附录 B 的规定检验预拉力，其检验结果应符合本标准附录 B 的规定。

检查数量：见本标准附录 B。

检验方法：检查复验报告。

一 般 项 目

4.4.4 高强度螺栓连接副，应按包装箱配套供货，包装箱上应标明批号、规格、数量及生产日期。螺栓、螺母、垫圈外观表面应涂油保护，不应出现生锈和沾染脏物，螺纹不应损伤。

检查数量：按包装箱数抽查 5%，且不应少于 3 箱。

检验方法：观察检查。

4.4.5 对建筑结构安全等级为一级，跨度 40m 及以上的螺栓球节点钢网架结构，其连接高强度螺栓应进行表面硬度试验，对 8.8 级的高强度螺栓其硬度应为 HRC21～29；10.9 级高强度螺栓其硬度应为 HRC32～36，且不得有裂纹或损伤。

检查数量：按规格抽查 8 只。

检验方法：硬度计、10 倍放大镜或磁粉探伤。

4.5 焊 接 球

主 控 项 目

4.5.1 焊接球及制造焊接球所采用的原材料，其品种、规格、性能等应符合现行国家产品标准和设计要求。

检查数量：全数检查。

检验方法：检查产品的质量合格证明文件、中文标志及检验报告等。

4.5.2 焊接球焊缝应进行无损检验，其质量应符合设计要求，当设计无要求时应符合本标准中规定的二级质量标准。

检查数量：每一规格按数量抽查 5%，且不应少于 3 个。

检验方法：超声波探伤或检查检验报告。

一 般 项 目

4.5.3 焊接球直径、圆度、壁厚减薄量等尺寸及允许偏差应符合本标准的规定。

检查数量：每一规格按数量抽查5%，且不应少于3个。

检验方法：用卡尺和测厚仪检查。

4.5.4 焊接球表面应无明显波纹及局部凹凸不平不大于1.5mm。

检查数量：每一规格按数量抽查5%，且不应少于3个。

检验方法：用弧形套模、卡尺和观察检查。

4.6 螺 栓 球

主 控 项 目

4.6.1 螺栓球及制造螺栓球节点所采用的原材料，其品种、规格、性能等应符合现行国家产品标准和设计要求。

检查数量：全数检查。

检验方法：检查产品的质量合格证明文件、中文标志及检验报告等。

4.6.2 螺栓球不得有过烧、裂纹及褶皱。

检查数量：每种规格抽查5%，且不应少于5只。

检验方法：用10倍放大镜观察和表面探伤。

一 般 项 目

4.6.3 螺栓球螺纹尺寸应符合现行国家标准《普通螺纹基本尺寸》GB 196中粗牙螺纹的规定，螺纹公差必须符合现行国家标准《普通螺纹公差与配合》GB 197中6H级精度的规定。

检查数量：每种规格抽查5%，且不应少于5只。

检验方法：用标准螺纹规。

4.6.4 螺栓球直径、圆度、相邻两螺栓孔中心线夹角等尺寸及允许偏差应符合本标准的规定。

检查数量：每一规格按数量抽查5%，且不应少于3个。

检验方法：用卡尺和分度头仪检查。

4.7 封板、锥头和套筒

主 控 项 目

4.7.1 封板、锥头和套筒及制造封板、锥头和套筒所采用的原材料，其品种、规格、性能等应符合现行国家产品标准和设计要求。

检查数量：全数检查。

检验方法：检查产品的质量合格证明文件、中文标志及检验报告等。

4.7.2 封板、锥头、套筒外观不得有裂纹、过烧及氧化皮。

检查数量：每种抽查 5%，且不应少于 10 只。

检验方法：用放大镜观察检查和表面探伤。

4.8 金属压型板

主控项目

4.8.1 金属压型板及制造金属压型板所采用的原材料，其品种、规格、性能等应符合现行国家产品标准和设计要求。

检查数量：全数检查。

检验方法：检查产品的质量合格证明文件、中文标志及检验报告等。

4.8.2 压型金属泛水板、包角板和零配件的品种、规格以及防水密封材料的性能应符合现行国家产品标准和设计要求。

检查数量：全数检查。

检验方法：检查产品的质量合格证明文件、中文标志及检验报告等。

一般项目

4.8.3 压型金属板的规格尺寸及允许偏差、表面质量、涂层质量等应符合设计要求和本标准的规定。

检查数量：每种规格抽查 5%，且不应少于 3 件。

检验方法：观察和用 10 倍放大镜检查及尺量。

4.9 涂装材料

主控项目

4.9.1 钢结构防腐涂料、稀释剂和固化剂等材料的品种、规格、性能等应符合现行国家产品标准和设计要求。

检查数量：全数检查。

检验方法：检查产品的质量合格证明文件、中文标志及检验报告等。

4.9.2 钢结构防火涂料的品种和技术性能应符合设计要求，并应经过具有资质的检测机构检测符合国家现行有关标准的规定。

检查数量：全数检查。

检验方法：检查产品的质量合格证明文件、中文标志及检验报告等。

一般项目

4.9.3 防腐涂料和防火涂料的型号、名称、颜色及有效期应与其质量证明文件相符。开启后，不应存在结皮、结块、凝胶等现象。

检查数量：按件数抽查5%，且不应少于3件。

检验方法：观察检查。

4.10 其　　他

主 控 项 目

4.10.1 钢结构用橡胶垫的品种、规格、性能等应符合现行国家产品标准和设计要求。

检查数量：全数检查。

检验方法：检查产品的质量合格证明文件、中文标志及检验报告等。

4.10.2 钢结构工程所涉及到的其他特殊材料，其品种、规格、性能等应符合现行国家产品标准和设计要求。

检查数量：全数检查。

检验方法：检查产品的质量合格证明文件、中文标志及检验报告等。

5 钢结构焊接工程

5.1 一 般 规 定

5.1.1 本章适用于钢结构制作和安装中的钢构件焊接和焊钉（栓钉）焊接的工程质量评定。

5.1.2 钢结构焊接工程可按相应的钢结构制作或安装工程检验批的划分原则划分为一个或若干个检验批。

5.1.3 碳素结构钢应在焊缝冷却到环境温度、低合金结构钢应在完成焊接 24h 以后，进行焊缝探伤检验。

5.1.4 焊缝施焊后应在工艺规定的焊缝及部位打上焊工钢印。

5.2 钢构件焊接工程

主 控 项 目

5.2.1 焊条、焊丝、焊剂、电渣焊熔嘴等焊接材料与母材的匹配应符合设计要求及国家现行行业标准《建筑钢结构焊接技术规程》JGJ 81 的规定。焊条、焊剂、药芯焊丝、熔嘴等在使用前，应按其产品说明书及焊接工艺文件的规定进行烘焙和存放。

检查数量：全数检查。

检验方法：检查质量证明书和烘焙记录。

5.2.2 焊工必须经考试合格并取得合格证书。持证焊工必须在其考试合格项目及其认可范围内施焊。

检查数量：全数检查。

检验方法：检查焊工合格证及其认可范围、有效期。

5.2.3 施工单位对其首次采用的钢材、焊接材料、焊接方法、焊后热处理等，应进行焊接工艺评定，并应根据评定报告确定焊接工艺。

检查数量：全数检查。

检验方法：检查焊接工艺评定报告。

5.2.4 设计要求全焊透的一、二级焊缝应采用超声波探伤进行内部缺陷的检验，超声波探伤不能对缺陷作出判断时，应采用射线探伤，其内部缺陷分级及探伤方法应符合现行国家标准《钢焊缝手工超声波探伤方法和探伤结果分级》GB 11345 或《钢熔化焊对接接头射线照相和质量分级》GB 3323 的规定。

焊接球节点网架焊缝、螺栓球节点网架焊缝及圆管 T、K、Y 形节点相贯线焊缝，其内部缺陷分级及探伤方法应分别符合国家现行标准《焊接球节点钢网架焊缝超声波探伤方

法及质量分级法》JBJ/T 3034.1、《螺栓球节点钢网架焊缝超声波探伤方法及质量分级法》JBJ/T 3034.2、《建筑钢结构焊接技术规程》JGJ 81 的规定。一级、二级焊缝的质量等级及缺陷分级应符合表 5.2.4 的规定。

检查数量：全数检查。

检验方法：检查超声波或射线探伤记录。

表 5.2.4 一、二级焊缝质量等级及缺陷分级

焊缝质量等级		一 级	二 级
内部缺陷超声波探伤	评定等级	Ⅱ	Ⅲ
	检验等级	B 级	B 级
	探伤比例	100%	20%
内部缺陷射线探伤	评定等级	Ⅱ	Ⅲ
	检验等级	AB 级	AB 级
	探伤比例	100%	20%

注：探伤比例的计数方法应按以下原则确定：

1. 对工厂制作焊缝，应按每条焊缝计算百分比，且探伤长度应不小于 200mm。当焊缝长度不足 200mm 时，应对整条焊缝进行探伤；
2. 对现场安装焊缝，应按同一类型、同一施焊条件的焊缝条数计算百分比。探伤长度应不小于 200mm，并应不少于 1 条焊缝。

5.2.5 T形接头、十字接头、角接接头等要求熔透的对接和角对接组合焊缝，其焊脚尺寸不应小于 $t/4$（图 5.2.5a、b、c）；设计有疲劳验算要求的吊车梁或类似构件的腹板与上翼缘连接焊缝的焊脚尺寸为 $t/2$（图 5.2.5d），且不应大于 10mm。焊脚尺寸的允许偏差为 0～4mm。

检查数量：资料全数检查；同类焊缝抽查 10%，且不应少于 3 条。

检验方法：观察检查，用焊缝量规抽查测量。

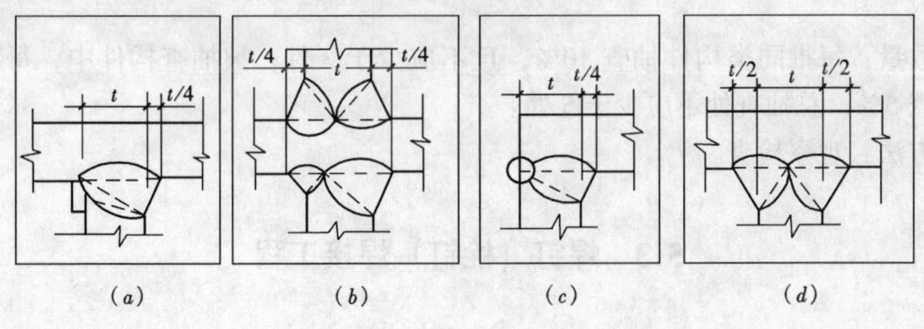

图 5.2.5 焊脚尺寸

5.2.6 焊缝表面不得有裂纹、焊瘤等缺陷。一级、二级焊缝不得有表面气孔、夹渣、弧坑裂纹、电弧擦伤等缺陷。且一级焊缝不得有咬边、未焊满、根部收缩等缺陷。

检查数量：每批同类构件抽查 10%，且不应少于 3 件；被抽查构件中，每一类型焊缝按条数抽查 5%，且不应少于 1 条；每条检查 1 处，总抽查数不应少于 10 处。

检验方法：观察检查或使用放大镜、焊缝量规和钢尺检查，当存在疑义时，采用渗透

或磁粉探伤检查。

一 般 项 目

5.2.7 对于需要进行焊前预热或焊后热处理的焊缝，其预热温度或后热温度应符合国家现行有关标准的规定或通过工艺试验确定。预热区在焊道两侧，每侧宽度均应大于焊件厚度的1.5倍以上，且不应小于100mm；后热处理应在焊后立即进行，保温时间应根据板厚按每25mm板厚1h确定。

检查数量：全数检查。

检验方法：检查预、后热施工记录和工艺试验报告。

5.2.8 二级、三级焊缝外观质量标准应符合本标准附录A中表A.0.1的规定。三级对接焊缝应按二级焊缝标准进行外观质量检验。

检查数量：每批同类构件抽查10%，且不应少于3件；被抽查构件中，每一类型焊缝按条数抽查5%，且不应少于1条；每条检查1处，总抽查数不应少于10处。

检验方法：观察检查或使用放大镜、焊缝量规和钢尺检查。

5.2.9 焊缝尺寸允许偏差应符合本标准附录A中表A.0.2的规定。

检查数量：每批同类构件抽查10%，且不应少于3件；被抽查构件中，每种焊缝按条数各抽查5%，但不应少于1条；每条检查1处，总抽查数不应少于10处。

检验方法：用焊缝量规检查。

5.2.10 焊成凹形的角焊缝，焊缝金属与母材间应平缓过渡；加工成凹形的角焊缝，不得在其表面留下切痕。

检查数量：每批同类构件抽查10%，且不应少于3件。

检验方法：观察检查。

5.2.11 焊缝感观应达到：外形均匀、成型较好，焊道与焊道、焊道与基本金属间过渡较平滑，焊渣和飞溅物基本清除干净。

优良：在合格基础上，焊道与焊道、焊道与金属之间过渡平滑，焊渣和飞溅物清除干净。

检查数量：每批同类构件抽查10%，且不应少于3件；被抽查构件中，每种焊缝按数量各抽查5%，总抽查处不应少于5处。

检验方法：观察检查。

5.3 焊钉（栓钉）焊接工程

主 控 项 目

5.3.1 施工单位对其采用的焊钉和钢材焊接应进行焊接工艺评定，其结果应符合设计要求和国家现行有关标准的规定。瓷环应按其产品说明书进行烘焙。

检查数量：全数检查。

检验方法：检查焊接工艺评定报告和烘焙记录。

5.3.2 焊钉焊接后应进行弯曲试验检查，其焊缝和热影响区不应有肉眼可见的裂纹。

检查数量：每批同类构件抽查10%，且不应少于10件；被抽查构件中，每件检查焊钉数量的1%，但不应少于1个。

检验方法：焊钉弯曲30°后用角尺检查和观察检查。

一 般 项 目

5.3.3 焊钉根部焊脚应均匀，焊脚立面有局部未熔合或不足360°的焊脚应进行修补。

优良：在合格基础上，个别不足360°的焊脚修补平整。

检查数量：按总焊钉数量抽查1%，且不应少于10个。

检验方法：观察检查。

6 紧固件连接工程

6.1 一 般 规 定

6.1.1 本章适用于钢结构制作和安装中的普通螺栓、扭剪型高强度螺栓、高强度大六角头螺栓、钢网架螺栓球节点用高强度螺栓及射钉、自攻钉、拉铆钉等连接工程的质量评定。

6.1.2 紧固件连接工程可按相应的钢结构制作或安装工程检验批的划分原则划分为一个或若干个检验批。

6.2 普通紧固件连接

主 控 项 目

6.2.1 普通螺栓作为永久性连接螺栓时，当设计有要求或对其质量有疑义时，应进行螺栓实物最小拉力载荷复验，试验方法见本标准附录B，其结果应符合现行国家标准《紧固件机械性能螺栓、螺钉和螺柱》GB 3098的规定。

检查数量：每一规格螺栓抽查8个。

检验方法：检查螺栓实物复验报告。

6.2.2 连接薄钢板采用的自攻钉、拉铆钉、射钉等其规格尺寸应与被连接钢板相匹配，其间距、边距等应符合设计要求。

检查数量：按连接节点数抽查1%，且不应少于3个。

检验方法：观察和尺量检查。

一 般 项 目

6.2.3 永久性普通螺栓紧固应牢固、可靠，外露丝扣不应少于2扣。

优良：在合格基础上，螺栓穿入方向一致，外露长度不应少于2扣，露长均匀。

检查数量：按连接节点数抽查10%，且不应少于3个。

检验方法：观察和用小锤敲击检查。

6.2.4 自攻螺钉、钢拉铆钉、射钉等与连接钢板应紧固密贴，外观排列整齐。

检查数量：按连接节点数抽查10%，且不应少于3个。

检验方法：观察或用小锤敲击检查。

6.3 高强度螺栓连接

主 控 项 目

6.3.1 钢结构制作和安装单位应按本标准附录 B 的规定分别进行高强度螺栓连接摩擦面的抗滑移系数试验和复验。现场处理的构件摩擦面应单独进行摩擦面抗滑移系数试验。其结果应符合设计要求。

检查数量：见本标准附录 B。

检验方法：检查摩擦面抗滑移系数试验报告和复验报告。

6.3.2 高强度大六角头螺栓连接副终拧完成 1h 后、48h 内应进行终拧扭矩检查，检查结果应符合本标准附录 B 的规定。

检查数量：按节点数抽查 10%，且不应少于 10 个；每个被抽查节点按螺栓数抽查 10%，且不应少于 2 个。

检验方法：见本标准附录 B。

6.3.3 扭剪型高强度螺栓连接副终拧后，除因构造原因无法使用专用扳手终拧掉梅花头者外，未在终拧中拧掉梅花头的螺栓数不应大于该节点螺栓数的 5%。对所有梅花头未拧掉的扭剪型高强度螺栓连接副应采用扭矩法或转角法进行终拧并作标记，且按本标准第 6.3.2 条的规定进行终拧扭矩检查。

检查数量：按节点数抽查 10%，但不应少于 10 个节点，被抽查节点中梅花头未拧掉的扭剪型高强度螺栓连接副全数进行终拧扭矩检查。

检验方法：观察检查及本标准附录 B。

一 般 项 目

6.3.4 高强度螺栓连接副的施拧顺序和初拧、复拧扭矩应符合设计要求和国家现行行业标准《钢结构高强度螺栓连接的设计施工及验收规程》JGJ 82 的规定。

检查数量：全数检查资料。

检验方法：检查扭矩扳手标定记录和螺栓施工记录。

6.3.5 高强度螺栓连接副终拧后，螺栓丝扣外露应为 2～3 扣，其中允许有 10% 的螺栓丝扣外露 1 扣或 4 扣。

检查数量：按节点数抽查 5%，且不应少于 10 个。

检验方法：观察检查。

6.3.6 高强度螺栓连接摩擦面应保持干燥、整洁，不应有飞边、毛刺、焊接飞溅物、焊疤、氧化铁皮、污垢等，除设计要求外摩擦面不应涂漆。

检查数量：全数检查。

检验方法：观察检查。

6.3.7 高强度螺栓应自由穿入螺栓孔。高强度螺栓孔不应采用气割扩孔，扩孔数量应征得设计同意，扩孔后的孔径不应超过 $1.2d$（d 为螺栓直径）。

检查数量：被扩螺栓孔全数检查。

检验方法：观察检查及用卡尺检查。

6.3.8 螺栓球节点网架总拼完成后，高强度螺栓与球节点应紧固连接，高强度螺栓拧入螺栓球内的螺纹长度不应小于 $1.0d$（d 为螺栓直径），连接处不应出现有间隙、松动等未拧紧情况。

检查数量：按节点数抽查 5%，且不应少于 10 个。

检验方法：普通扳手及尺量检查。

7 钢零件及钢部件加工工程

7.1 一 般 规 定

7.1.1 本章适用于钢结构制作及安装中钢零件及钢部件加工的质量评定。

7.1.2 钢零件及钢部件加工工程，可按相应的钢结构制作工程或钢结构安装工程检验批的划分原则划分为一个或若干个检验批。

7.2 切 割

主 控 项 目

7.2.1 钢材切割面或剪切面应无裂纹、夹渣、分层和大于 1mm 的缺棱。

检查数量：全数检查。

检验方法：观察或用放大镜及百分尺检查，有疑义时作渗透、磁粉或超声波探伤检查。

一 般 项 目

7.2.2 气割的允许偏差应符合表 7.2.2 的规定。

检查数量：按切割面数抽查 10%，且不应少于 3 个。

检验方法：观察检查或用钢尺、塞尺检查。

表 7.2.2 气割的允许偏差（mm）

项　目	允 许 偏 差
零件宽度、长度	±3.0
切割面平面度	0.05t，且不应大于 2.0
割纹深度	0.3
局部缺口深度	1.0

注：t 为切割面厚度。

7.2.3 机械剪切的允许偏差应符合表 7.2.3 的规定。

检查数量：按切割面数抽查 10%，且不应少于 3 个。

检验方法：观察检查或用钢尺、塞尺检查。

表 7.2.3 机械剪切的允许偏差（mm）

项　目	允 许 偏 差
零件宽度、长度	±3.0
边缘缺棱	1.0
型钢端部垂直度	2.0

7.3 矫 正 和 成 型

主 控 项 目

7.3.1 碳素结构钢在环境温度低于 - 16℃、低合金结构钢在环境温度低于 - 12℃时，不应进行冷矫正和冷弯曲。碳素结构钢和低合金结构钢在加热矫正时，加热温度不应超过 900℃。低合金结构钢在加热矫正后应自然冷却。

检查数量：全数检查。

检验方法：检查制作工艺报告和施工记录。

7.3.2 当零件采用热加工成型时，加热温度应控制在 900 ~ 1000℃；碳素结构钢和低合金结构钢在温度分别下降到 700℃和 800℃之前，应结束加工；低合金结构钢应自然冷却。

检查数量：全数检查。

检验方法：检查制作工艺报告和施工记录。

一 般 项 目

7.3.3 矫正后的钢材表面，不应有明显的凹面或损伤，划痕深度不得大于 0.5mm，且不应大于该钢材厚度负允许偏差的 1/2。

检查数量：全数检查。

检验方法：观察检查和实测检查。

7.3.4 冷矫正和冷弯曲的最小曲率半径和最大弯曲矢高应符合表 7.3.4 的规定。

检查数量：按冷矫正和冷弯曲的件数抽查 10%，且不应少于 3 个。

检验方法：观察检查和实测检查。

表 7.3.4 冷矫正和冷弯曲的最小曲率半径和最大弯曲矢高（mm）

钢材类别	图　例	对应轴	矫 正		弯 曲	
			r	f	r	f
钢板 扁钢		$x-x$	$50t$	$l^2/400t$	$25t$	$l^2/200t$
		$y-y$（仅对扁钢轴线）	$100b$	$l^2/800b$	$50b$	$l^2/400b$

续表 7.3.4

钢材类别	图例	对应轴	矫正		弯曲	
			r	f	r	f
角钢		$x-x$	90b	$l^2/720b$	45b	$l^2/360b$
槽钢		$x-x$	50h	$l^2/400h$	25h	$l^2/200h$
		$y-y$	90b	$l^2/720b$	45b	$l^2/360b$
工字钢		$x-x$	50h	$l^2/400h$	25h	$l^2/200h$
		$y-y$	50b	$l^2/400b$	25b	$l^2/200b$

注：r 为曲率半径；f 为弯曲矢高；l 为弯曲弦长；t 为钢板厚度。

7.3.5 钢材矫正后的允许偏差，应符合表 7.3.5 的规定。

检查数量：按矫正件数抽查 10%，且不应少于 3 件。

检验方法：观察检查和实测检查。

表 7.3.5 钢材矫正后的允许偏差（mm）

项目		允许偏差	图例
钢板的局部平面度	$t \leqslant 14$	1.5	1000
	$t > 14$	1.0	
型钢弯曲矢高		l/1000 且不应大于 5.0	
角钢肢的垂直度		b/100 双肢栓接角钢的角度不得大于 90°	
槽钢翼缘对腹板的垂直度		b/80	

续表 7.3.5

项　目	允许偏差	图　例
工字钢、H型钢翼缘对腹板的垂直度	$b/100$ 且不大于 2.0	

7.4 边 缘 加 工

主 控 项 目

7.4.1 气割或机械剪切的零件，需要进行边缘加工时，其刨削量不应小于 2.0mm。

检查数量：全数检查。

检验方法：检查工艺报告和施工记录。

一 般 项 目

7.4.2 边缘加工允许偏差应符合表 7.4.2 的规定。

检查数量：按加工面数抽查 10%，且不应少于 3 件。

检验方法：观察检查和实测检查。

表 7.4.2 边缘加工的允许偏差（mm）

项　目	允 许 偏 差
零件宽度、长度	±1.0
加工边直线度	$l/3000$，且不应大于 2.0
相邻两边夹角	±6′
加工面垂直度	$0.025t$，且不应大于 0.5
加工面表面粗糙度	50

7.5 管、球加工

主 控 项 目

7.5.1 螺栓球成型后，不应有裂纹、褶皱、过烧。

检查数量：每种规格抽查 10%，且不应少于 5 个。

检验方法：10 倍放大镜观察检查或表面探伤。

7.5.2 钢板压成半圆球后，表面不应有裂纹、褶皱；焊接球其对接坡口应采用机械加工，对接焊缝表面应打磨平整。

检查数量：每种规格抽查10%，且不应少于5个。

检验方法：10倍放大镜观察检查或表面探伤。

一 般 项 目

7.5.3 螺栓球加工的允许偏差应符合表7.5.3的规定。

检查数量：每种规格抽查10%，且不应少于5个。

检查方法：见表7.5.3。

表7.5.3 螺栓球加工的允许偏差（mm）

项 目		允许偏差	检验方法
圆 度	$d \leqslant 120$	1.5	用卡尺和游标卡尺检查
	$d > 120$	2.5	
同一轴线上两铣平面平行度	$d \leqslant 120$	0.2	用百分表V形块检查
	$d > 120$	0.3	
铣平面距球中心距离		±0.2	用游标卡尺检查
相邻两螺栓孔中心线夹角		±30′	用分度头检查
两铣平面螺栓孔轴线垂直度		$0.005r$	用百分表检查
球毛坯直径	$d \leqslant 120$	+2.0 −1.0	用卡尺和游标卡尺检查
	$d > 120$	+3.0 −1.5	

7.5.4 焊接球加工的允许偏差应符合表7.5.4的规定。

检查数量：每种规格抽查10%，且不应少于5个。

检验方法：见表7.5.4。

表7.5.4 焊接球加工的允许偏差（mm）

项 目	允许偏差	检验方法
直 径	$\pm 0.005d$ ±2.5	用卡尺和游标卡尺检查
圆 度	2.5	用卡尺和游标卡尺检查
壁厚减薄量	$0.13t$，且不应大于1.5	用卡尺和测厚仪检查
两半球对口错边	1.0	用套模和游标卡尺检查

7.5.5 钢网架（桁架）用钢管杆件加工的允许偏差应符合表7.5.5的规定。

检查数量：每种规格抽查10%，且不应少于5根。

检查方法：见表 7.5.5。

表 7.5.5 钢网架（桁架）用钢管杆件加工的允许偏差（mm）

项 目	允 许 偏 差	检 验 方 法
长 度	±1.0	用钢尺和百分表检查
端面对管轴的垂直度	0.005r	用百分表 V 形块检查
管口曲线	1.0	用套模和游标卡尺检查

7.6 制 孔

主 控 项 目

7.6.1 A、B 级螺栓孔（Ⅰ类孔）应具有 H12 的精度，孔壁表面粗糙度 R_a 不应大于 12.5μm。其孔径的允许偏差应符合表 7.6.1-1 的规定。

C 级螺栓孔（Ⅱ类孔），孔壁表面粗糙度 R_a，不应大于 25μm，其允许偏差应符合表 7.6.1-2 的规定。

检查数量：按钢构件数量抽查 10%，且不应少于 3 件。

检验方法：用游标卡尺或孔径量规检查。

表 7.6.1-1 A、B 级螺栓孔径的允许偏差（mm）

序 号	螺栓公称直径、螺栓孔直径	螺栓公称直径允许偏差	螺栓孔直径允许偏差
1	10～18	0.00 −0.21	+0.18 0.00
2	18～30	0.00 −0.21	+0.21 0.00
3	30～50	0.00 −0.25	+0.25 0.00

表 7.6.1-2 C 级螺栓孔的允许偏差（mm）

项 目	允 许 偏 差
直 径	+1.0 0.0
圆 度	2.0
垂直度	0.03t，且不应大于 2.0

一 般 项 目

7.6.2 螺栓孔孔距的允许偏差应符合表 7.6.2 的规定。

检查数量：按钢构件数量抽查 10%，且不应少于 3 件。

检查方法：尺量检查。

表 7.6.2 螺栓孔孔距允许偏差（mm）

螺栓孔孔距范围	≤500	501～1200	1201～3000	>3000
同一组内任意两孔间距离	±1.0	±1.5	—	—
相邻两组的端孔间距离	±1.5	±2.0	±2.5	±3.0

注：1. 在节点中连接板与一根杆件相连的所有螺栓孔为一组；

2. 对接接头在拼接板一侧的螺栓孔为一组；

3. 在两相邻节点或接头间的螺栓孔为一组，但不包括上述两款所规定的螺栓孔；

4. 受弯构件翼缘上的连接螺栓孔，每米长度范围内的螺栓孔为一组。

7.6.3 螺栓孔孔距的允许偏差超过本标准表 7.6.2 规定的允许偏差时，应采用与母材材质相匹配的焊条补焊后重新制孔。

检查数量：全数检查。

检验方法：观察检查。

8 钢构件组装工程

8.1 一 般 规 定

8.1.1 本章适用于钢结构制作中构件组装的质量评定。

8.1.2 钢构件组装工程可按钢结构制作工程检验批的划分原则划分为一个或若干个检验批。

8.2 焊 接 H 型 钢

一 般 项 目

8.2.1 焊接 H 型钢的翼缘板拼接缝和腹板拼接缝的间距不应小于 200mm。翼缘板拼接长度不应小于 2 倍板宽；腹板拼接宽度不应小于 300mm，长度不应小于 600mm。

检查数量：全数检查。

检验方法：观察和用钢尺检查。

8.2.2 焊接 H 型钢的允许偏差应符合本标准附录 C 中表 C.0.1 的规定。

检查数量：按钢构件数抽查 10%，且不应少于 3 件。

检验方法：用钢尺、角尺、塞尺等检查。

8.3 组 装

主 控 项 目

8.3.1 吊车梁和吊车桁架不应下挠。

检查数量：全数检查。

检验方法：构件直立，在两端支承后，用水准仪和钢尺检查。

一 般 项 目

8.3.2 焊接连接组装的允许偏差应符合本标准附录 C 中表 C.0.2 的规定。

检查数量：按构件数抽查 10%，且不应少于 3 个。

检验方法：用钢尺检验。

8.3.3 顶紧接触面应有 75%以上的面积紧贴。

检查数量：按接触面的数量抽查 10%，且不应少于 10 个。

检验方法：用 0.3mm 塞尺检查，其塞入面积应小于 25%，边缘间隙不应大于 0.8mm。

8.3.4 桁架结构杆件轴线交点错位的允许偏差不得大于 3.0mm。

检查数量：按构件数抽查 10%，且不应少于 3 个，每个抽查构件按节点数抽查 10%，且不应少于 3 个节点。

检验方法：尺量检查。

8.4 端部铣平及安装焊缝坡口

主 控 项 目

8.4.1 端部铣平的允许偏差应符合表 8.4.1 的规定。

检查数量：按铣平面数量抽查 10%，且不应少于 3 个。

检验方法：用钢尺、角尺、塞尺等检查。

表 8.4.1 端部铣平的允许偏差（mm）

项　目	允 许 偏 差
两端铣平时构件长度	±2.0
两端铣平时零件长度	±0.5
铣平面的平面度	0.3
铣平面对轴线的垂直度	$l/1500$

一 般 项 目

8.4.2 安装焊缝坡口的允许偏差应符合表 8.4.2 的规定。

检查数量：按坡口数量抽查 10%，且不应少于 3 条。

检验方法：用焊缝量规检查。

表 8.4.2 安装焊缝坡口的允许偏差

项　目	允 许 偏 差
坡口角度	±5°
钝　边	±1.0mm

8.4.3 外露铣平面应防锈保护。

检查数量：全数检查。

检验方法：观察检查。

8.5 钢构件外形尺寸

主 控 项 目

8.5.1 钢构件外形尺寸主控项目的允许偏差应符合表 8.5.1 的规定。

检查数量：全数检查。

检验方法：用钢尺检查。

表 8.5.1 钢构件外形尺寸主控项目的允许偏差（mm）

项目	允许偏差
单层柱、梁、桁架受力支托（支承面）表面至第一个安装孔距离	±1.0
多节柱铣平面至第一个安装孔距离	±1.0
实腹梁两端最外侧安装孔距离	±3.0
构件连接处的截面几何尺寸	±3.0
柱、梁连接处的腹板中心线偏移	2.0
受压构件（杆件）弯曲矢高	l/1000，且不应大于 10.0

一般项目

8.5.2 钢构件外形尺寸一般项目的允许偏差应符合本标准附录 C 中表 C.0.3～表 C.0.9 的规定。

检查数量：按构件数量抽查 10%，且不应少于 3 件。

检验方法：见本标准附录 C 中表 C.0.3～表 C.0.9。

9 钢构件预拼装工程

9.1 一 般 规 定

9.1.1 本章适用于钢构件预拼装工程的质量评定。

9.1.2 钢构件预拼装工程可按钢结构制作工程检验批的划分原则划分为一个或若干个检验批。

9.1.3 预拼装所用的支承凳或平台应测量找平，检查时应拆除全部临时固定和拉紧装置。

9.1.4 进行预拼装的钢构件，其质量应符合设计要求和本标准的规定。

9.2 预 拼 装

主 控 项 目

9.2.1 高强度螺栓和普通螺栓连接的多层板叠，应采用试孔器进行检查，并应符合下列规定：

1 当采用比孔公称直径小 1.0mm 的试孔器检查时，每组孔的通过率不应小于 85%；

2 当采用比螺栓公称直径大 0.3mm 的试孔器检查时，通过率应为 100%。

检查数量：按预拼装单元全数检查。

检验方法：采用试孔器检查。

一 般 项 目

9.2.2 预拼装的允许偏差应符合本标准附录 D 表 D.01 的规定。

检查数量：按预拼装单元全数检查。

检验方法：见本标准附录 D 表 D.01。

10 单层钢结构安装工程

10.1 一 般 规 定

10.1.1 本章适用于单层钢结构的主体结构、地下钢结构、檩条及墙架等次要构件、钢平台、钢梯、防护栏杆等安装工程的质量评定。

10.1.2 单层钢结构安装工程可按变形缝或空间刚度单元等划分成一个或若干个检验批。地下钢结构可按不同地下层划分检验批。

10.1.3 钢结构安装检验批的评定应在原材料及成品进场构件验收和焊接连接、紧固件连接、制作等分项工程评定合格的基础上进行。

10.1.4 安装的测量校正、高强度螺栓安装、负温度下施工及焊接工艺等，应在安装前进行工艺试验或评定，并应在此基础上制定相应的施工工艺或方案。

10.1.5 安装偏差的检测，应在结构形成空间刚度单元并连接固定后进行。

10.1.6 安装时，必须控制屋面、楼面、平台等的施工荷载，施工荷载和冰雪荷载等严禁超过梁、桁架、楼面板、屋面板、平台铺板等的承载能力。

10.1.7 在形成空间刚度单元后，应及时对柱底板和基础顶面的空隙进行细石混凝土、灌浆料等二次浇灌。

10.1.8 吊车梁或直接承受动力荷载的梁其受拉翼缘、吊车桁架或直接承受动力荷载的桁架其受拉弦杆上不得焊接悬挂物和卡具等。

10.2 基 础 和 支 承 面

主 控 项 目

10.2.1 建筑物的定位轴线、基础轴线和标高、地脚螺栓的规格及其紧固应符合设计要求。

检查数量：按柱基数抽查 10%，且不应少于 3 个。

检验方法：用经纬仪、水准仪、全站仪和钢尺现场实测。

10.2.2 基础顶面直接作为柱的支承面和基础顶面预埋钢板或支座作为柱的支承面时，其支承面、地脚螺栓（锚栓）位置的偏差应符合表 10.2.2 的规定。

表 10.2.2 支承面、地脚螺栓（锚栓）位置的允许偏差

项 目		允 许 偏 差
支 承 面	标 高	±3.0
	水平度	l/1000
地脚螺栓（锚栓）	螺栓中心偏移	5.0
预留孔中心偏移		10.0

检查数量：资料全数检查。按柱基数抽查 10%，且不应少于 3 个。

检验方法：用经纬仪、水准仪、全站仪、水平尺和钢尺实测。

10.2.3 采用座浆垫板时，座浆垫板的允许偏差应符合表 10.2.3 的规定。

检查数量：资料全数检查。按柱基数抽查 10%，且不应少于 3 个。

检验方法：用水准仪、全站仪、水平尺和钢尺现场实测。

表 10.2.3 座浆垫板的允许偏差（mm）

项　目	允 许 偏 差
顶面标高	0.0 −3.0
水平度	l/1000
位　置	20.0

10.2.4 采用杯口基础时，杯口尺寸的允许偏差应符合表 10.2.4 的规定。

检查数量：按基础数抽查 10%，且不应少于 4 处。

检验方法：观察及尺量检查。

表 10.2.4 杯口尺寸的允许偏差（mm）

项　目	允 许 偏 差	
	合 格	优 良
底面标高	0.0 −5.0	***0.0*** ***−4.0***
杯口深度 ***H***	±5.0	
杯口垂直度	***H***/100，且不应大于 10.0	***8.0***
位　　置	10.0	***8.0***

一　般　项　目

10.2.5 地脚螺栓（锚栓）尺寸的偏差应符合表 10.2.5 的规定。地脚螺栓（锚栓）的螺纹应受到保护。

检查数量：按柱基数抽查 10%，且不应少于 3 个。

检验方法：用钢尺现场实测。

表 10.2.5 地脚螺栓（锚栓）尺寸的允许偏差（mm）

项　目	允 许 偏 差	
	合 格	优 良
螺栓（锚栓）露出长度	+30.0 0.0	***+25.0*** ***0.0***
螺纹长度	+30.0 0.0	***+25.0*** ***0.0***

10.3 安装和校正

主控项目

10.3.1 钢构件应符合设计要求和本标准的规定。运输、堆放和吊装等造成的钢构件变形及涂层脱落，应进行矫正和修补。

检查数量：按构件数抽查10%，且不应少于3个。

检验方法：用拉线、钢尺现场实测或观察。

10.3.2 设计要求顶紧的节点，接触面不应少于70%紧贴，且边缘最大间隙不应大于0.8mm。

检查数量：按节点数抽查10%，且不应少于3个。

检验方法：用钢尺及0.3mm和0.8mm厚的塞尺现场实测。

10.3.3 钢屋（托）架、桁架、梁及受压杆件的垂直度和侧向弯曲矢高的允许偏差应符合表10.3.3的规定。

检查数量：按同类构件数抽查10%，且不应少于3个。

检验方法：用吊线、拉线、经纬仪和钢尺现场实测。

表10.3.3 钢屋（托）架、桁架、梁及受压杆件垂直度和侧向弯曲矢高的允许偏差（mm）

项目	允许偏差		图例
跨中的垂直度	$h/250$，且不应大于15.0		
侧向弯曲矢高 f	$l \leqslant 30m$	$l/1000$，且不应大于10.0	
	$30m < l \leqslant 60m$	$l/1000$，且不应大于30.0	
	$l > 60m$	$l/1000$，且不应大于50.0	

10.3.4 单层钢结构主体结构的整体垂直度和整体平面弯曲的允许偏差应符合表10.3.4的规定。

检查数量：对主要立面全部检查。对每个所检查的立面，除两列角柱外，尚应至少选取一列中间柱。

检验方法：采用经纬仪、全站仪等测量。

表10.3.4 整体垂直度和整体平面弯曲的允许偏差（mm）

项 目	允许偏差		图 例
	合 格	优 良	
主体结构的整体垂直度	$H/1000$，且不应大于25.0	*$H/1000$，且不应大于20.0*	
主体结构的整体平面弯曲	$l/1500$，且不应大于25.0	*$l/1500$，且不应大于20.0*	

一 般 项 目

10.3.5 钢柱等主要构件的中心线及标高基准点等标记应齐全。

优良：在合格基础上，钢柱等主要构件的中心线及标高基准点等标记应齐全规范。

检查数量：按同类构件数抽查10%，且不应少于3件。

检验方法：观察检查。

10.3.6 当钢桁架（或梁）安装在混凝土柱上时，其支座中心对定位轴线的偏差不应大于10mm；当采用大型混凝土屋面板时，钢桁架（或梁）间距的偏差不应大于10mm。

检查数量：按同类构件数抽查10%，且不应少于3榀。

检验方法：用拉线和钢尺现场实测。

10.3.7 钢柱安装的允许偏差应符合本标准附录E中表E.0.1的规定。

检查数量：按钢柱数抽查10%，且不应少于3件。

检验方法：见本标准附录E中表E.0.1。

10.3.8 钢吊车梁或直接承受动力荷载的类似构件，其安装的允许偏差应符合本标准附录E中表E.0.2的规定。

检查数量：按钢吊车梁数抽查10%，且不应少于3榀。

检验方法：见本标准附录E中表E.0.2。

10.3.9 檩条、墙架等次要构件安装的允许偏差应符合本标准附录 E 中表 E.0.3 的规定。

检查数量：按同类构件数抽查 10%，且不应少于 3 件。

检验方法：见本标准附录 E 中表 E.0.3。

10.3.10 钢平台、钢梯、栏杆安装应符合现行国家标准《固定式钢直梯》GB 4053.1、《固定式钢斜梯》GB 4053.2、《固定式防护栏杆》GB 4053.3 和《固定式钢平台》GB 4053.4 的规定。钢平台、钢梯和防护栏杆安装的允许偏差应符合本标准附录 E 中表 E.0.4 的规定。

检查数量：按钢平台总数抽查 10%，栏杆、钢梯按总长度各抽查 10%，但钢平台不应少于 1 个，栏杆不应少于 5m，钢梯不应少于 1 跑。

检验方法：见本标准附录 E 中表 E.0.4。

10.3.11 现场焊缝组对间隙的允许偏差应符合表 10.3.11 的规定。

检查数量：按同类节点数抽查 10%，且不应少于 3 个。

检验方法：尺量检查。

10.3.11 现场焊缝组对间隙的允许偏差（mm）

项　目	允 许 偏 差
无垫板间隙	+3.0 0.0
有垫板间隙	+3.0 -2.0

10.3.12 钢结构表面应干净，结构主要表面不应有疤痕、泥沙等污垢。

优良：在合格基础上，钢结构表面不应有疤痕、泥沙等污垢。

检查数量：按同类构件数抽查 10%，且不应少于 3 件。

检验方法：观察检查。

11 多层及高层钢结构安装工程

11.1 一 般 规 定

11.1.1 本章适用于多层及高层钢结构的主体结构、地下钢结构、檩条及墙架等次要构件、钢平台、钢梯、防护栏杆等安装工程的质量评定。

11.1.2 多层及高层钢结构安装工程可按楼层或施工段等划分为一个或若干个检验批。地下钢结构可按不同地下层划分检验批。

11.1.3 柱、梁、支撑等构件的长度尺寸应包括焊接收缩余量等变形值。

11.1.4 安装柱时，每节柱的定位轴线应从地面控制轴线直接引上，不得从下层柱的轴线引上。

11.1.5 结构的楼层标高可按相对标高或设计标高进行控制。

11.1.6 钢结构安装检验批的检验评定应在原材料及成品进场构件验收和焊接连接、紧固件连接、制作等分项工程评定合格的基础上进行。

11.1.7 多层及高层钢结构安装应遵照本标准第 10.1.4、10.1.5、10.1.6、10.1.7、10.1.8 条的规定。

11.2 基 础 和 支 承 面

主 控 项 目

11.2.1 建筑物的定位轴线、基础上柱的定位轴线和标高、地脚螺栓（锚栓）的规格和位置、地脚螺栓（锚栓）紧固应符合设计要求。当设计无要求时，应符合表 11.2.1 的规定。

检查数量：按柱基数抽查 10%，且不应少于 3 个。

检验方法：采用经纬仪、水准仪、全站仪和钢尺实测。

表 11.2.1 建筑物定位轴线、基础上柱的定位轴线和标高、地脚螺栓（锚栓）的允许偏差（mm）

项 目	允许偏差		图 例
	合 格	优 良	
建筑物定位轴线	l/20000，且不应大于 3.0		l l
基础上柱的定位轴线	1.0		Δ Δ

续表 11.2.1

项　目	允 许 偏 差		图　例
	合 格	**优 良**	
基础上柱底标高	±2.0		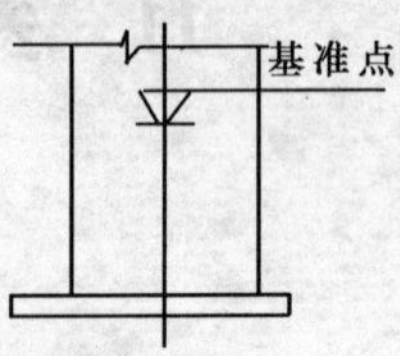
地脚螺栓（锚栓）位移	2.0	***1.0***	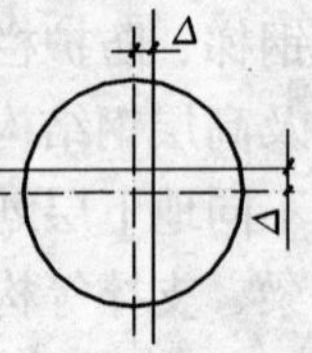

11.2.2 多层建筑以基础顶面直接作为柱的支承面，或以基础顶面预埋钢板或支座作为柱的支承面时，其支承面、地脚螺栓（锚栓）位置的允许偏差应符合本标准表 10.2.2 的规定。

检查数量：按柱基数抽查 10%，且不应少于 3 个。

检验方法：用经纬仪、水准仪、全站仪、水平尺和钢尺实测。

11.2.3 多层建筑采用座浆垫板时，座浆垫板的允许偏差应符合本标准表 10.2.3 的规定。

检查数量：资料全数检查。按柱基数抽查 10%，且不应少于 3 个。

检验方法：用水准仪、全站仪、水平尺和钢尺实测。

11.2.4 当采用杯口基础时，杯口尺寸的允许偏差应符合本标准表 10.2.4 的规定。

检查数量：按基础数抽查 10%，且不应少于 4 处。

检验方法：观察及尺量检查。

一 般 项 目

11.2.5 地脚螺栓（锚栓）尺寸的允许偏差应符合本标准表 10.2.5 的规定。地脚螺栓（锚栓）的螺纹应受到保护。

检查数量：按柱基数抽查 10%，且不应少于 3 个。

检验方法：用钢尺现场实测。

11.3 安 装 和 校 正

主 控 项 目

11.3.1 钢构件应符合设计要求和本标准的规定。运输、堆放和吊装等造成的钢构件变形及涂层脱落，应进行矫正和修补。

检查数量：按构件数抽查 10%，且不应少于 3 个。

检验方法：用拉线、钢尺现场实测或观察。

11.3.2 柱子安装的允许偏差应符合表 11.3.2 的规定。

检查数量：标准柱全部检查；非标准柱抽查 10%，且不应少于 3 根。

检验方法：用全站仪或激光经纬仪和钢尺实测。

表 11.3.2 柱子安装的允许偏差（mm）

项　目	允许偏差		图　例
	合　格	***优　良***	
底层柱柱底轴线对定位轴线偏移	3.0	***2.0***	
柱子定位轴线	1.0		
单节柱的垂直度	$h/1000$，且不应大于 10.0	***h/1000，且不应大于 8.0***	

11.3.3 设计要求顶紧的节点，接触面不应少于 70% 紧贴，且边缘最大间隙不应大于 0.8mm。

检查数量：按节点数抽查 10%，且不应少于 3 个。

检验方法：用钢尺及 0.3mm 和 0.8mm 厚的塞尺现场实测。

11.3.4 钢主梁、次梁及受压杆件的垂直度和侧向弯曲矢高的允许偏差应符合本标准表 10.3.3 中有关钢屋（托）架允许偏差的规定。

检查数量：按同类构件数抽查 10%，且不应少于 3 个。

检验方法：用吊线、拉线、经纬仪和钢尺现场实测。

11.3.5 多层及高层钢结构主体结构的整体垂直度和整体平面弯曲的允许偏差应符合表 11.3.5 的规定。

检查数量：对主要立面全部检查。对每个所检查的立面，除两列角柱外，尚应至少选

取一列中间柱。

检验方法：对于整体垂直度，可采用激光经纬仪、全站仪测量，也可根据各节柱的垂直度允许偏差累计（代数和）计算。对于整体平面弯曲，可按产生的允许偏差累计（代数和）计算。

表 11.3.5 整体垂直度和整体平面弯曲的允许偏差（mm）

项　目	允许偏差		图　例
	合　格	优　良	
主体结构的整体垂直度	$(H/2500+10.0)$，且不应大于 50.0	***(H/2500+10.0)，且不应大于 40.0***	Δ H
主体结构的整体平面弯曲	$l/1500$，且不应大于 25.0	***l/1500，且不应大于 20.0***	Δ l

一　般　项　目

11.3.6　钢结构表面应干净，结构主要表面不应有疤痕、泥沙等污垢。

优良：在合格基础上，钢结构表面不应有疤痕、泥沙等污垢。

检查数量：按同类构件数抽查 10%，且不应少于 3 件。

检验方法：观察检查。

11.3.7　钢柱等主要构件的中心线及标高基准点等标记应齐全。

优良：在合格基础上，钢柱等主要构件的中心线及标高基准点等标记应齐全规范。

检查数量：按同类构件数抽查 10%，且不应少于 3 件。

检验方法：观察检查。

11.3.8　钢构件安装的允许偏差应符合本标准附录 E 中表 E.0.5 的规定。

检查数量：按同类构件或节点数抽查 10%。其中柱和梁各不应少于 3 件，主梁与次梁连接节点不应少于 3 个，支承压型金属板的钢梁长度不应少于 5m。

检验方法：见本标准附录 E 中表 E.0.5。

11.3.9　主体结构总高度的允许偏差应符合本标准附录 E 中表 E.0.6 的规定。

检查数量：按标准柱列数抽查 10%，且不应少于 4 列。

检验方法：采用全站仪、水准仪和钢尺实测。

11.3.10　当钢构件安装在混凝土柱上时，其支座中心对定位轴线的偏差不应大于 10mm；当采用大型混凝土屋面板时，钢梁（或桁架）间距的偏差不应大于 10mm。

检查数量：按同类构件数抽查10%，且不应少于3榀。

检验方法：用拉线和钢尺现场实测。

11.3.11 多层及高层钢结构中钢吊车梁或直接承受动力荷载的类似构件，其安装的允许偏差应符合本标准附录E中表E.0.2的规定。

检查数量：按钢吊车梁数抽查10%，且不应少于3榀。

检验方法：见本标准附录E中表E.0.2。

11.3.12 多层及高层钢结构中檩条、墙架等次要构件安装的允许偏差应符合本标准附录E中表E.0.3的规定。

检查数量：按同类构件数抽查10%，且不应少于3件。

检验方法：见本标准附录E中表E.0.3。

11.3.13 多层及高层钢结构中钢平台、钢梯、栏杆安装应符合现行国家标准《固定式钢直梯》GB 4053.1、《固定式钢斜梯》GB 4053.2、《固定式防护栏杆》GB 4053.3和《固定式钢平台》GB 4053.4的规定。钢平台、钢梯和防护栏杆安装的允许偏差应符合本标准附录E中表E.0.4的规定。

检查数量：按钢平台总数抽查10%，栏杆、钢梯按总长度各抽查10%，但钢平台不应少于1个，栏杆不应少于5m，钢梯不应少于1跑。

检验方法：见本标准附录E中表E.0.4。

11.3.14 多层及高层钢结构中现场焊缝组对间隙的允许偏差应符合本标准表10.3.11的规定。

检查数量：按同类节点数抽查10%，且不应少于3个。

检验方法：尺量检查。

12 钢网架结构安装工程

12.1 一 般 规 定

12.1.1 本章适用于建筑工程中的平板型钢网格结构（简称钢网架结构）安装工程的质量评定。

12.1.2 钢网架结构安装工程可按变形缝、施工段或空间刚度单元划分成一个或若干检验批。

12.1.3 钢结构安装检验批的评定应在原材料及成品进场构件验收和焊接连接、紧固件连接、制作等分项工程评定合格的基础上进行。

12.1.4 钢网架结构安装应遵照本标准第10.1.4、10.1.5、10.1.6条的规定。

12.2 支承面顶板和支承垫块

主 控 项 目

12.2.1 钢网架结构支座定位轴线的位置、支座锚栓的规格应符合设计要求。

检查数量：按支座数抽查10%，且不应少于4处。

检验方法：用经纬仪和钢尺实测。

12.2.2 支承面顶板的位置、标高、水平度以及支座锚栓位置的允许偏差应符合表12.2.2的规定。

表12.2.2 支承面顶板、支座锚栓位置的允许偏差（mm）

<table>
<tr><th colspan="2" rowspan="2">项 目</th><th colspan="2">允 许 偏 差</th></tr>
<tr><th>合 格</th><th>优 良</th></tr>
<tr><td rowspan="3">支承面顶板</td><td>位 置</td><td>15.0</td><td>12.0</td></tr>
<tr><td>顶面标高</td><td colspan="2">0
−3.0</td></tr>
<tr><td>顶面水平度</td><td colspan="2">$l/1000$</td></tr>
<tr><td>支座锚栓</td><td>中心偏移</td><td colspan="2">±5.0</td></tr>
</table>

检查数量：按支座数抽查10%，且不应少于4处。

检验方法：用经纬仪、水准仪、水平尺和钢尺实测。

12.2.3 支承垫块的种类、规格、摆放位置和朝向，必须符合设计要求和国家现行有关标准的规定。橡胶垫块与刚性垫块之间或不同类型刚性垫块之间不得互换使用。

检查数量：按支座数抽查 10%，且不应少于 4 处。

检验方法：观察和用钢尺实测。

12.2.4 网架支座锚栓的紧固应符合设计要求。

检查数量：按支座数抽查 10%，且不应少于 4 处。

检验方法：观察检查。

一 般 项 目

12.2.5 支座锚栓尺寸的允许偏差应符合本标准表 10.2.5 的规定。支座锚栓的螺纹应受到保护。

检查数量：按支座数抽查 10%，且不应少于 4 处。

检验方法：用钢尺实测。

12.3 总 拼 与 安 装

主 控 项 目

12.3.1 小拼单元的允许偏差应符合表 12.3.1 的规定。

检查数量：按单元数抽查 5%，且不应少于 5 个。

检验方法：用钢尺和拉线等辅助量具实测。

表 12.3.1 小拼单元的允许偏差（mm）

<table>
<tr><th colspan="3">项 目</th><th>允 许 偏 差</th></tr>
<tr><td colspan="3">节点中心偏移</td><td>2.0</td></tr>
<tr><td colspan="3">焊接球节点与钢管中心的偏移</td><td>1.0</td></tr>
<tr><td colspan="3">杆件轴线的弯曲矢高</td><td>$l_1/1000$，且不应大于 5.0</td></tr>
<tr><td rowspan="3">锥体型小拼单元</td><td colspan="2">弦杆长度</td><td>±2.0</td></tr>
<tr><td colspan="2">锥体高度</td><td>±2.0</td></tr>
<tr><td colspan="2">上弦杆对角线长度</td><td>±3.0</td></tr>
<tr><td rowspan="5">平面桁架型小拼单元</td><td rowspan="2">跨 长</td><td>≤24m</td><td>+3.0
−7.0</td></tr>
<tr><td>>24m</td><td>+5.0
−10.0</td></tr>
<tr><td colspan="2">跨中高度</td><td>±3.0</td></tr>
<tr><td rowspan="2">跨中拱度</td><td>设计要求起拱</td><td>$\pm L/5000$</td></tr>
<tr><td>设计未要求起拱</td><td>+10.0</td></tr>
</table>

注：1. L_1 为杆件长度；

2. L 为跨长。

12.3.2 中拼单元的允许偏差应符合表 12.3.2 的规定。

检查数量：全数检查。

检验方法：用钢尺和辅助量具实测。

表 12.3.2 中拼单元的允许偏差（mm）

项目		允许偏差
单元长度≤20m，拼接长度	单跨	±10.0
	多跨连续	±5.0
单元长度＞20m，拼接长度	单跨	±20.0
	多跨连续	±10.0

12.3.3 对建筑结构安全等级为一级，跨度 40m 及以上的公共建筑钢网架结构，且设计有要求时，应按下列项目进行节点承载力试验，其结果应符合以下规定：

1 焊接球节点应按设计指定规格的球及其匹配的钢管焊接成试件，进行轴心拉、压承载力试验，其试验破坏荷载值大于或等于 1.6 倍设计承载力为合格。

2 螺栓球节点应按设计指定规格的球最大螺栓孔螺纹进行抗拉强度保证荷载试验，当达到螺栓的设计承载力时，螺孔、螺纹及封板仍完好无损为合格。

检查数量：每项试验做 3 个试件。

检验方法：在万能试验机上进行检验，检查试验报告。

12.3.4 钢网架结构总拼完成后及屋面工程完成后应分别测量其挠度值，所测的挠度值不应超过相应设计值的 1.15 倍。

优良：在合格基础上，所测的挠度值不应超过相应设计值的 1.12 倍。

检查数量：跨度 24m 及以下钢网架结构测量下弦中央一点；跨度 24m 以上钢网架结构测量下弦中央一点及各向下弦跨度的四等分点。

检验方法：用钢尺和水准仪实测。

一 般 项 目

12.3.5 钢网架结构安装完成后，其节点及杆件表面应干净，不应有明显的疤痕、泥沙和污垢。螺栓球节点应将所有接缝用油腻子填嵌严密，并应将多余螺孔封口。

优良：在合格基础上，螺栓球节点接缝填嵌的油腻子应严密、均匀，多余螺孔封口平整。

检查数量：按节点及杆件数抽查 5%，且不应少于 10 个节点。

检验方法：观察检查。

12.3.6 钢网架结构安装完成后，其安装的允许偏差应符合表 12.3.6 的规定。

检查数量：除杆件弯曲矢高按杆件数抽查 5%外，其余全数检查。

检验方法：见表 12.3.6。

表 12.3.6 钢网架结构安装的允许偏差（mm）

项　目	允　许　偏　差		检验方法
	合　格	优　良	
纵向、横向长度	$L/2000$，且不应大于 30.0 $-L/2000$，且不应小于 -30.0	***L/2000*，且不应大于 25.0** ***−L/2000*，且不应小于 −25.0**	用钢尺实测
支座中心偏移	$L/3000$，且不应大于 30.0	***L/3000*，且不应大于 25.0**	用钢尺和经纬仪实测
周边支承网架相邻支座高差	$L/400$，且不应大于 15.0	***L/400*，且不应大于 12.0**	用钢尺和水准仪实测
支座最大高差	30.0	***25.0***	
多点支承网架相邻支座高差	$L_1/800$，且不应大于 30.0	**$L_1/800$，且不应大于 25.0**	

注：1. L 为纵向、横向长度；

2. L_1 为相邻支座间距。

13 压型金属板工程

13.1 一 般 规 定

13.1.1 本章适用于压型金属板的施工现场制作和安装工程质量评定。

13.1.2 压型金属板的制作和安装工程可按变形缝、楼层、施工段或屋面、墙面、楼面等划分为一个或若干个检验批。

13.1.3 压型金属板安装应在钢结构安装工程检验批质量评定合格后进行。

13.2 压型金属板制作

主 控 项 目

13.2.1 压型金属板成型后，其基板不应有裂纹。

检查数量：按计件数抽查5%，且不应少于10件。

检验方法：观察和用10倍放大镜检查。

13.2.2 有涂层、镀层压型金属板成型后，涂、镀层不应有肉眼可见的裂纹、剥落和擦痕等缺陷。

检查数量：按计件数抽查5%，且不应少于10件。

检验方法：观察检查。

一 般 项 目

13.2.3 压型金属板的尺寸允许偏差应符合表13.2.3的规定。

检查数量：按计件数抽查5%，且不应少于10件。

检验方法：用拉线和钢尺检查。

表13.2.3 压型金属板的尺寸允许偏差（mm）

项 目			允许偏差	
			合 格	优 良
波 距			±2.0	***±1.5***
波 高	压型钢板	截面高度≤70	±1.5	***±1.0***
		截面高度>70	±2.0	***±1.5***
侧向弯曲	在测量长度 l_1 的范围内		20.0	***15.0***

注：l_1 为测量长度，指板长扣除两端各0.5m后的实际长度（小于10m）或扣除后任选的10m长度。

13.2.4 压型金属板成型后，表面应干净，不应有明显凹凸和皱褶。

优良：在合格基础上，无可察觉的凹凸和皱褶。

检查数量：按计件数抽查5%，且不应少于10件。

检验方法：观察检查。

13.2.5 压型金属板施工现场制作的允许偏差应符合表13.2.5的规定。

检查数量：按计件数抽查5%，且不应少于10件。

检验方法：用钢尺、角尺检查。

表13.2.5 压型金属板施工现场制作的允许偏差（mm）

项目		允许偏差	
		合格	优良
压型金属板的覆盖宽度	截面高度≤70	+10.0，-2.0	***+8.0，-2.0***
	截面高度>70	+6.0，-2.0	***+5.0，-2.0***
板长		±9.0	***±7.0***
横向剪切偏差		6.0	***5.0***
泛水板、包角板尺寸	板长	±6.0	***±5.0***
	折弯面宽度	±3.0	***±2.0***
	折弯面夹角	2°	

13.3 压型金属板安装

主控项目

13.3.1 压型金属板、泛水板和包角板等应固定可靠、牢固，防腐涂料涂刷和密封材料敷设应完好，连接件数量、间距应符合设计要求和国家现行有关标准规定。

检查数量：全数检查。

检验方法：观察检查及尺量。

13.3.2 压型金属板应在支承构件上可靠搭接，搭接长度应符合设计要求，且不应小于表13.3.2所规定的数值。

表13.3.2 压型金属板在支承构件上的搭接长度（mm）

项目		搭接长度
截面高度>70		375
截面高度≤70	屋面坡度<1/10	250
	屋面坡度≥1/10	200
墙面		120

检查数量：按搭接部位总长度抽查10%，且不应少于10m。

检验方法：观察和用钢尺检查。

13.3.3 组合楼板中压型钢板与主体结构（梁）的锚固支承长度应符合设计要求，且不应小于50mm，端部锚固件连接应可靠，设置位置应符合设计要求。

优良：在合格的基础上，压型钢板与构件在支撑长度内接触严密。

检查数量：沿连接纵向长度抽查10%，且不应少于10m。

检验方法：观察和用钢尺检查。

一 般 项 目

13.3.4 压型金属板安装应平整、顺直，板面不应有施工残留物和污物。檐口和墙面下端应呈直线，不应有未经处理的错钻孔洞。

优良：在合格基础上，接缝均匀整齐、严密无翘曲。

检查数量：按面积抽查10%，且不应少于10m^2。

检验方法：观察检查。

13.3.5 压型金属板安装的允许偏差应符合表13.3.5的规定。

检查数量：檐口与屋脊的平行度：按长度抽查10%，且不应少于10m。其他项目：每20m长度应抽查1处，不应少于2处。

检验方法：用拉线、吊线和钢尺检查。

表13.3.5 压型金属板安装的允许偏差（mm）

项目		允许偏差	
		合格	优良
屋面	檐口与屋脊的平行度	12.0	***10.0***
	压型金属板波纹线对屋脊的垂直度	*L*/800，且不应大于25.0	***L/800，且不应大于20.0***
	檐口相邻两块压型金属板端部错位	6.0	***5.0***
	压型金属板卷边板件最大波浪高	4.0	
墙面	墙板波纹线的垂直度	*H*/800，且不应大于25.0	***H/800，且不应大于20.0***
	墙板包角板的垂直度	*H*/800，且不应大于25.0	***H/800，且不应大于20.0***
	相邻两块压型金属板的下端错位	6.0	***5.0***

注：1. *L*为屋面半坡或单坡长度；

2. *H*为墙面高度。

14 钢结构涂装工程

14.1 一 般 规 定

14.1.1 本章适用于钢结构的防腐涂料（油漆类）涂装和防火涂料涂装工程的施工质量评定。

14.1.2 钢结构涂装工程可按钢结构制作或钢结构安装工程检验批的划分原则划分成一个或若干个检验批。

14.1.3 钢结构普通涂料涂装工程应在钢结构构件组装、预拼装或钢结构安装工程检验批的施工质量评定合格后进行。钢结构防火涂料涂装工程应在钢结构安装工程检验批和钢结构普通涂料涂装检验批的施工质量评定合格后进行。

14.1.4 涂装时的环境温度和相对湿度应符合涂料产品说明书的要求，当产品说明书无要求时，环境温度宜在5～38℃之间，相对湿度不应大于85%。涂装时构件表面不应有结露；涂装后4h应保护免受雨淋。

14.2 钢结构防腐涂料涂装

主 控 项 目

14.2.1 涂装前钢材表面除锈应符合设计要求和国家现行有关标准的规定。处理后的钢材表面不应有焊渣、焊疤、灰尘、油污、水和毛刺等。当设计无要求时，钢材表面除锈等级应符合表14.2.1规定。

检查数量：按构件数抽查10%，且同类构件不应少于3件。

检验方法：用铲刀检查和用现行国家标准《涂装前钢材表面锈蚀等级和除锈等级》GB 8923规定的图片对照观察检查。

表14.2.1 各种底漆或防锈漆要求最低的除锈等级

涂 料 品 种	除 锈 等 级
油性酚醛、醇酸等底漆或防锈漆	St2
高氯化聚乙烯、氯化橡胶、氯磺化聚乙烯、环氧树脂、聚氨酯等底漆或防锈漆	Sa2
无机富锌、有机硅、过氯乙烯等底漆	Sa2 $\frac{1}{2}$

14.2.2 涂料、涂装遍数、涂层厚度均应符合设计要求。当设计对涂层厚度无要求时。涂层干漆膜总厚度：室外应为150μm，室内应为125μm，其允许偏差为－25μm。每遍涂层干漆膜厚度的允许偏差为－5μm。

检查数量：按构件数抽查 10%，且同类构件不应少于 3 件。

检验方法：用干漆膜测厚仪检查。每个构件检测 5 处，每处的数值为 3 个相距 50mm 测点涂层干漆膜厚度的平均值。

一　般　项　目

14.2.3　构件表面不应误涂、漏涂，涂层不应脱皮和返锈等。涂层应均匀、无明显皱皮、流坠、针眼和气泡等。

优良：在合格基础上，涂刷应均匀、色泽一致，无明显皱皮、流坠、针眼和气泡，附着良好。

检查数量：全数检查。

检验方法：观察检查。

14.2.4　当钢结构处在有腐蚀介质环境或外露且设计有要求时，应进行涂层附着力测试，在检测处范围内，当涂层完整程度达到 70% 以上时，涂层附着力达到合格质量标准的要求。

检查数量：按构件数抽查 1%，且不应少于 3 件，每件测 3 处。

检验方法：按照现行国家标准《漆膜附着力测定法》GB 1720 或《色漆和清漆、漆膜的划格试验》GB 9286 执行。

14.2.5　构件补刷漆应按涂装工艺分层补漆，漆膜应完整。

优良：在合格基础上，漆膜完整，附着良好。

检查数量：按每类构件数抽查 10%，但均不应少于 3 件。

检查方法：观察检查。

14.2.6　涂装完成后，构件的标志、标记和编号应清晰完整。

检查数量：全数检查。

检验方法：观察检查。

14.3　钢结构防火涂料涂装

主　控　项　目

14.3.1　防火涂料涂装前钢材表面除锈及防锈底漆涂装应符合设计要求和国家现行有关标准的规定。

检查数量：按构件数抽查 10%，且同类构件不应少于 3 件。

检验方法：表面除锈用铲刀检查和用现行国家标准《涂装前钢材表面锈蚀等级和除锈等级》GB 8923 规定的图片对照观察检查。底漆涂装用干漆膜测厚仪检查，每个构件检测 5 处，每处的数值为 3 个相距 50mm 测点涂层干漆膜厚度的平均值。

14.3.2　钢结构防火涂料的粘结强度、抗压强度应符合国家现行标准《钢结构防火涂料应用技术规程》CECS 24：90 的规定。检验方法应符合现行国家标准《建筑构件防火喷涂材料性能试验方法》GB 9978 的规定。

检查数量：每使用 100t 或不足 100t 薄涂型防火涂料应抽检一次粘结强度；每使用

500t 或不足 500t 厚涂型防火涂料应抽检一次粘结强度和抗压强度。

检验方法：检查复检报告。

14.3.3 薄涂型防火涂料的涂层厚度应符合有关耐火极限的设计要求。厚涂型防火涂料涂层的厚度，80%及以上面积应符合有关耐火极限的设计要求，且最薄处厚度不应低于设计要求的 85%。

检查数量：按同类构件数抽查 10%，且均不应少于 3 件。

检验方法：用涂层厚度测量仪、测针和钢尺检查。测量方法应符合国家现行标准《钢结构防火涂料应用技术规程》CECS 24：90 的规定及本标准附录 F。

14.3.4 薄涂型防火涂料涂层表面裂纹宽度不应大于 0.5mm；厚涂型防火涂料涂层表面裂纹宽度不应大于 1mm。

优良：在合格基础上，防火涂料涂层表面应无明显裂纹。

检查数量：按同类构件数抽查 10%，且均不应少于 3 件。

检验方法：观察和用尺量检查。

一 般 项 目

14.3.5 防火涂料涂装基层不应有油污、灰尘和泥砂等污垢。

检查数量：全数检查。

检验方法：观察检查。

14.3.6 防火涂料不应有误涂、漏涂，涂层应闭合无脱层、空鼓、明显凹陷、粉化松散和浮浆等外观缺陷，乳突已剔除。

优良：在合格基础上，涂层应颜色均匀，轮廓清晰，接槎平整，无凹陷，粘接牢固无粉化松散和浮浆，乳突已剔除。

检查数量：全数检查。

检验方法：观察检查。

15 钢结构分部工程质量评定

15.0.1 根据现行国家标准《建筑工程施工质量验收统一标准》GB 50300 的规定，钢结构作为主体结构之一应按子分部工程进行评定及竣工验收；当主体结构均为钢结构时应按分部工程进行评定及竣工验收。大型钢结构工程可划分成若干个子分部工程进行评定及竣工验收。

15.0.2 钢结构分部工程有关安全及功能的检验和见证检测项目见本标准附录 G，检验应在其分项工程评定及验收合格后进行。

15.0.3 钢结构分部工程有关观感质量检验应按本标准附录 H 执行。

15.0.4 钢结构分部工程质量评定应符合下列规定；

合格：

1 各分项工程质量均应符合合格质量标准；

2 质量控制资料和文件应完整；

3 有关安全及功能的检验和见证检测结果应符合本标准相应合格质量标准的要求；

4 有关观感质量应符合本标准相应合格质量标准的要求。

优良：

1 在合格基础上，结构子分部工程所包含分项中 60%及以上分项为优良；

2 观感质量符合本标准相关条款中优良标准的符合率应达到 80%及以上。

15.0.5 钢结构分部工程施工质量评定时，应检查下列文件和记录：

1 钢结构工程竣工图纸及相关设计文件；

2 施工现场质量管理检查记录；

3 有关安全及功能的检验和见证检测项目检查记录；

4 有关观感质量检验项目检查记录；

5 分部工程所含各分项工程质量评定及验收记录；

6 分项工程所含各检验批质量评定及验收记录；

7 强制性条文检验项目检查记录及证明文件；

8 隐蔽工程检验项目检查验收记录；

9 原材料、成品质量合格证明文件、中文标志及性能检测报告；

10 不合格项的处理记录及验收记录；

11 重大质量、技术问题实施方案及验收记录；

12 其他有关文件和记录。

15.0.6 钢结构工程质量评定及验收记录可按北京建工集团《建筑工程施工质量评定统一标准》进行。

附录A　焊缝外观质量标准及尺寸允许偏差

A.0.1　二级、三级焊缝外观质量标准应符合表 A.0.1 的规定。

表 A.0.1　二级、三级焊缝外观质量标准（mm）

<table>
<tr><td>项　目</td><td colspan="4">允 许 偏 差</td></tr>
<tr><td>缺陷类型</td><td colspan="2">二　级</td><td colspan="2">三　级</td></tr>
<tr><td rowspan="2">未焊满（指不足设计要求）</td><td colspan="2">≤0.2+0.02t，且≤1.0</td><td colspan="2">≤0.2+0.04t，且≤2.0</td></tr>
<tr><td colspan="4">每 100.0 焊缝内缺陷总长≤25.0</td></tr>
<tr><td rowspan="2">根部收缩</td><td colspan="2">≤0.2+0.02t，且≤1.0</td><td colspan="2">≤0.2+0.04t，且≤2.0</td></tr>
<tr><td colspan="4">长 度 不 限</td></tr>
<tr><td rowspan="2">咬　边</td><td>合 格</td><td>优 良</td><td>合 格</td><td>优 良</td></tr>
<tr><td>≤0.05t，且≤0.5；连续长度≤100.0，且焊缝两侧咬边总长≤10%焊缝全长</td><td>≤0.05t，且≤0.5；连续长度≤100.0，且焊缝两侧咬边总长≤6%焊缝全长</td><td>≤0.1t　且≤1.0，长度不限</td><td>≤0.1t 且≤0.5，咬边长度≤20%焊缝全长</td></tr>
<tr><td>弧坑裂纹</td><td colspan="2">—</td><td colspan="2">允许存在个别长度≤5.0 的弧坑裂纹</td></tr>
<tr><td>电弧擦伤</td><td colspan="2">—</td><td colspan="2">允许存在个别电弧擦伤</td></tr>
<tr><td rowspan="2">接头不良</td><td colspan="2">≤缺口深度 0.05t，且≤0.5</td><td colspan="2">≤缺口深度 0.1t，且≤1.0</td></tr>
<tr><td colspan="4">每 1000.0 焊缝不应超过 1 处</td></tr>
<tr><td>表面夹渣</td><td colspan="2">—</td><td colspan="2">深≤0.2t，长≤0.5t，且≤20.0</td></tr>
<tr><td rowspan="2">表面气孔</td><td colspan="2" rowspan="2">—</td><td>合 格</td><td>优 良</td></tr>
<tr><td>每 50.0 焊缝长度内允许直径≤0.4t，且≤3.0 的气孔 2 个，孔距≥6 倍孔径</td><td>每 50.0 焊缝长度内允许直径≤0.3t，且≤2.0 的气孔 2 个，孔距>6 倍孔径</td></tr>
</table>

注：表内 t 为连接处较薄的板厚。

A.0.2　对接焊缝及完全熔透组合焊缝尺寸允许偏差应符合表 A.0.2 的规定。

表 A.0.2 对接焊缝及完全熔透组合焊缝尺寸允许偏差（mm）

序号	项目	图例	允许偏差	
			一、二级	三级
1	对接焊缝余高 C		$B<20$：0~3.0 $B\geqslant 20$：0~4.0	$B<20$：0~4.0 $B\geqslant 20$：0~5.0
2	对接焊缝错边 d		$d<0.15t$ 且≤2.0	$d<0.15t$ 且≤3.0

A.0.3 部分焊透组合焊缝和角焊缝外形尺寸允许偏差应符合表 A.0.3 的规定。

A.0.3 部分焊透组合焊缝和角焊缝外形尺寸允许偏差（mm）

序号	项目	图例	允许偏差
1	焊脚尺寸 h_f		$h_f\leqslant 6$：0~1.5 $h_f>6$：0~3.0
2	角焊缝余高 C		$h_f\leqslant 6$：0~1.5 $h_f>6$：0~3.0

注：1. $h_f>8.0$mm 的角焊缝其局部焊脚尺寸允许低于设计要求值 1.0mm，但总长度不得超过焊缝长度 10%；

2. 焊接 H 形梁腹板与翼缘板的焊缝两端在其两倍翼缘板宽度范围内，焊缝的焊脚尺寸不得低于设计值。

附录B　紧固件连接工程检验项目

B.0.1　螺栓实物最小载荷检验。

目的：测定螺栓实物的抗拉强度是否满足现行国家标准《紧固件机械性能螺栓、螺钉和螺柱》GB 3098.1 的要求。

检验方法：用专用卡具将螺栓实物置于拉力试验机上进行拉力试验，为避免试件承受横向载荷，试验机的夹具应能自动调正中心，试验时夹头张拉的移动速度不应超过25mm/min。

螺栓实物的抗拉强度应根据螺纹应力截面积（As）计算确定，其取值应按现行国家标准《紧固件机械性能螺栓、螺钉和螺柱》GB 3098.1 的规定取值。

进行试验时，承受拉力载荷的未旋合的螺纹长度应为6倍以上螺距；当试验拉力达到现行国家标准《紧固件机械性能螺栓、螺钉和螺柱》GB 3098.1 中规定的最小拉力载荷（$A_s \cdot \sigma_b$）时不得断裂。当超过最小拉力载荷直至拉断时，断裂应发生在杆部或螺纹部分，而不应发生在螺头与杆部的交接处。

B.0.2　扭剪型高强度螺栓连接副预拉力复验。

复验用的螺栓应在施工现场待安装的螺栓批中随机抽取，每批应抽取8套连接副进行复验。

连接副预拉力可采用经计量检定、校准合格的轴力计进行测试。

试验用的电测轴力计、油压轴力计、电阻应变仪、扭矩扳手等计量器具，应在试验前进行标定，其误差不得超过2%。

采用轴力计方法复验连接副预拉力时，应将螺栓直接插入轴力计。紧固螺栓分初拧、终拧两次进行，初拧应采用手动扭矩扳手或专用定扭电动扳手；初拧值应为预拉力标准值的50%左右。终拧应采用专用电动扳手，至尾部梅花头拧掉，读出预拉力值。

每套连接副只应做一次试验，不得重复使用。在紧固中垫圈发生转动时，应更换连接副，重新试验。

复验螺栓连接副的预拉力平均值和标准偏差应符合表B.0.2的规定。

表B.0.2　扭剪型高强度螺栓紧固预拉力和标准偏差（kN）

螺栓直径（mm）	16	20	22	24
紧固预拉力的平均值 $\overline{P}$	99～120	154～186	191～231	222～270
标准偏差 σ_P	10.1	15.7	19.5	22.7

B.0.3　高强度螺栓连接副施工扭矩检验。

高强度螺栓连接副扭矩检验含初拧、复拧、终拧扭矩的现场无损检验。检验所用的扭矩扳手其扭矩精度误差应不大于3%。

高强度螺栓连接副扭矩检验分扭矩法检验和转角法检验两种，原则上检验法与施工法应相同。扭矩检验应在施拧 1h 后，48h 内完成。

1 扭矩法检验

检验方法：在螺尾端头和螺母相对位置划线，将螺母退回 60°左右，用扭矩扳手测定拧回至原来位置时的扭矩值。该扭矩值与施工扭矩值的偏差在 10%以内为合格。

高强度螺栓连接副终拧扭矩值按下式计算：

$$T_c = K \cdot P_c \cdot d \tag{B.0.3-1}$$

式中 T_c——终拧扭矩值（N·m）；

P_c——施工预拉力值标准值（kN），见表 B.0.3；

d——螺栓公称直径（mm）；

K——扭矩系数，按附录 B.0.4 的规定试验确定。

高强度大六角头螺栓连接副初拧扭矩值 L 可按 $0.5T_c$ 取值．

扭剪型高强度螺栓连接副初拧扭矩值 T_0 可按下式计算：

$$T_0 = 0.065P_c \cdot d \tag{B.0.3-2}$$

式中 T_0——初拧扭矩值（N·m）；

P_c——施工预拉力标准值（kN），见表 B.0.3；

d——螺栓公称直径（mm）。

2 转角法检验

检验方法：**1）**检查初拧后在螺母与相对位置所画的终拧起始线和终止线所夹的角度是否达到规定值。

2）在螺尾端头和螺母相对位置画线，然后全部卸松螺母，在按规定的初拧扭矩和终拧角度重新拧紧螺栓，观察与原画线是否重合。终拧转角偏差在 10°以内为合格。

终拧转角与螺栓的直径、长度等因素有关，应由试验确定。

3 扭剪型高强度螺栓施工扭矩检验

检验方法：观察尾部梅花头拧掉情况。尾部梅花头被拧掉者视同其终拧扭矩达到合格质量标准；尾部梅花头未被拧掉者应按上述扭矩法或转角法检验。

表 B.0.3 高强度螺栓连接副施工预拉力标准值（kN）

螺栓的性能等级	螺栓公称直径（mm）					
	M16	M20	M22	M24	M27	M30
8.8s	75	120	150	170	225	275
10.9s	110	170	210	250	320	390

B.0.4 高强度大六角头螺栓连接副扭矩系数复验。

复验用螺栓应在施工现场待安装的螺栓批中随机抽取，每批应抽取 8 套连接副进行复验。

连接副扭矩系数复验用的计量器具应在试验前进行标定，误差不得超过 2%。

每套连接副只应做一次试验，不得重复使用。在紧固中垫圈发生转动时，应更换连接副，重新试验。

连接副扭矩系数的复验应将螺栓穿入轴力计，在测出螺栓预拉力 P 的同时，应测定施加于螺母上的施拧扭矩值 T，并应按下式计算扭矩系数 K。

$$K = \frac{T}{P \cdot d} \tag{B.0.4}$$

式中 T——施拧扭矩（N·m）；

d——高强度螺栓的公称直径（mm）；

P——螺栓预拉力（kN）。

进行连接副扭矩系数试验时，螺栓预拉力值应符合表 B.0.4 的规定。

表 B.0.4 螺栓预拉力值范围（kN）

螺栓规格（mm）		M16	M20	M22	M24	M27	M30
预拉力值 P	10.9s	93~113	142~177	175~215	206~250	265~324	325~390
	8.8s	62~78	100~120	125~150	140~170	185~225	230~275

每组 8 套连接副扭矩系数的平均值应为 0.110~0.150，标准偏差小于或等于 0.010。

扭剪型高强度螺栓连接副当采用扭矩法施工时，其扭矩系数亦按本附录的规定确定。

B.0.5 高强度螺栓连接摩擦面的抗滑移系数检验。

1 基本要求

制造厂和安装单位应分别以钢结构制造批为单位进行抗滑移系数试验。制造批可按分部（子分部）工程划分规定的工程量每 2000t 为一批，不足 2000t 的可视为一批。选用两种及两种以上表面处理工艺时，每种处理工艺应单独检验。每批三组试件。

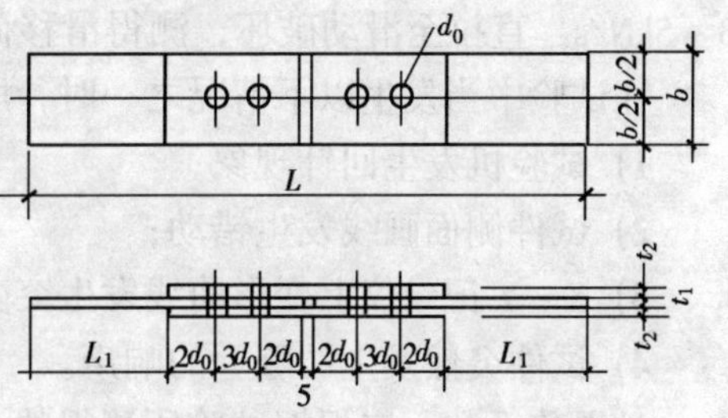

图 B.0.5 抗滑移系数拼接试件的形式和尺寸

抗滑移系数试验应采用双摩擦面的二栓拼接的拉力试件（图 B.0.5）。

抗滑移系数试验用的试件应由制造厂加工，试件与所代表的钢结构构件应为同一材质、同批制作、采用同一摩擦面处理工艺和具有相同的表面状态，并应用同批同一性能等级的高强度螺栓连接副，在同一环境条件下存放。

试件钢板的厚度 t_1、t_2 应根据钢结构工程中有代表性的板材厚度来确定，同时应考虑在摩擦面滑移之前，试件钢板的净截面始终处于弹性状态；宽度 b 可参照表 B.0.5 规定取值。L_1 应根据试验机夹具的要求确定。

表 B.0.5 试件板的宽度（mm）

螺栓直径 d	16	20	22	24	27	30
板宽 b	100	100	105	110	120	120

试件板面应平整，无油污，孔和板的边缘无飞边、毛刺。

2 试验方法

试验用的试验机误差应在 1%以内。

试验用的贴有电阻片的高强度螺栓、压力传感器和电阻应变仪应在试验前用试验机进行标定，其误差应在2%以内。

试件的组装顺序应符合下列规定：

先将冲钉打入试件孔定位，然后逐个换成装有压力传感器或贴有电阻片的高强度螺栓，或换成同批经预拉力复验的扭剪型高强度螺栓。

紧固高强度螺栓应分初拧、终拧。初拧应达到螺栓预拉力标准值的50%左右。终拧后，螺栓预拉力应符合下列规定：

1）对装有压力传感器或贴有电阻片的高强度螺栓，采用电阻应变仪实测控制试件每个螺栓的预拉力值应在0.95～1.05P（P 为高强度螺栓设计预拉力值）之间；

2）不进行实测时，扭剪型高强度螺栓的预拉力（紧固轴力）可按同批复验预拉力的平均值取用。

试件应在其侧面画出观察滑移的直线。

将组装好的试件置于拉力试验机上，试件的轴线应与试验机夹具中心严格对中。

加荷时，应先加10%的抗滑移设计荷载值，停1min后，再平稳加荷，加荷速度为3～5kN/s。直拉至滑动破坏，测得滑移荷载 N_v。

在试验中当发生以下情况之一时，所对应的荷载可定为试件的滑移荷载：

1）试验机发生回针现象；

2）试件侧面画线发生错动；

3）X—Y记录仪上变形曲线发生突变；

4）试件突然发生“嘣”的响声。

抗滑移系数，应根据试验所测得的滑移荷载 N_v，和螺栓预拉力 P 的实测值，按下式计算，宜取小数点二位有效数字。

$$\mu = \frac{N_v}{n_f \cdot \sum_{i=1}^{m} P_i}$$

式中 N_v——由试验测得的滑移荷载（kN）；

n_f——摩擦面面数，取 $n_f = 2$；

$\sum_{i=1}^{m} p_i$——试件滑移一侧高强度螺栓预拉力实测值（或同批螺栓连接副的预拉力平均值）之和（取三位有效数字）（kN）；

m——试件一侧螺栓数量，取 $m = 2$。

附录 C 钢构件组装的允许偏差

C.0.1 焊接 H 型钢的允许偏差应符合表 C.0.1 的规定。

表 C.0.1 焊接 H 型钢的允许偏差（mm）

项目		允许偏差	图例
截面高度 h	$h<500$	±2.0	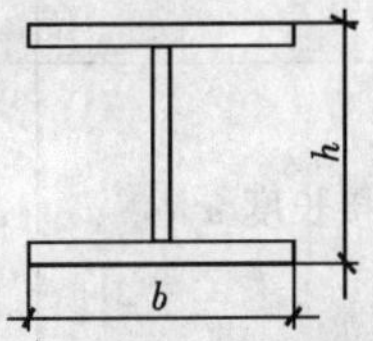
	$500<h<1000$	±3.0	
	$h>1000$	±4.0	
截面宽度 b		±3.0	
腹板中心偏移		2.0	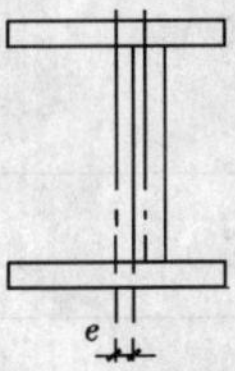
翼缘板垂直度 Δ		$b/100$，且不应大于 3.0	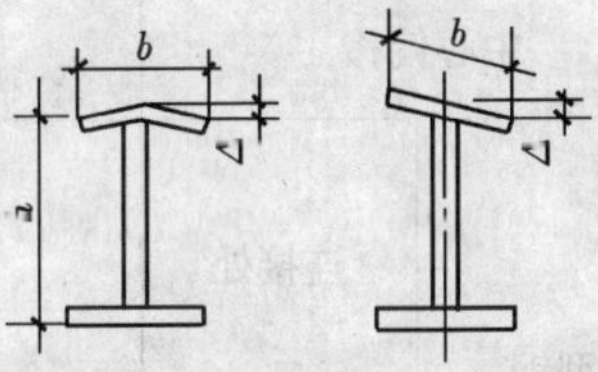
弯曲矢高（受压构件除外）		$l/1000$，且不应大于 10.0	
扭曲		$h/250$，且不应大于 5.0	
腹板局部平面度 f	$t\leqslant 6$	5.0	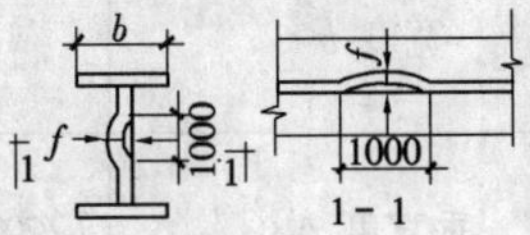
	$6<t<14$	3.0	
	$t\geqslant 14$	2.0	

C.0.2 焊接连接制作组装的允许偏差应符合表 C.0.2 的规定。

表 C.0.2 焊接连接制作组装的允许偏差（mm）

项 目		允 许 偏 差	图 例
对口错边 Δ		$t/10$，且不应大于 3.0	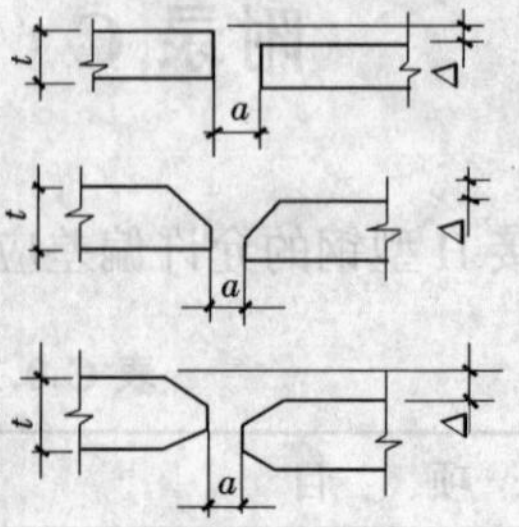
间隙 a		±1.0	
搭接长度 a		±5.0	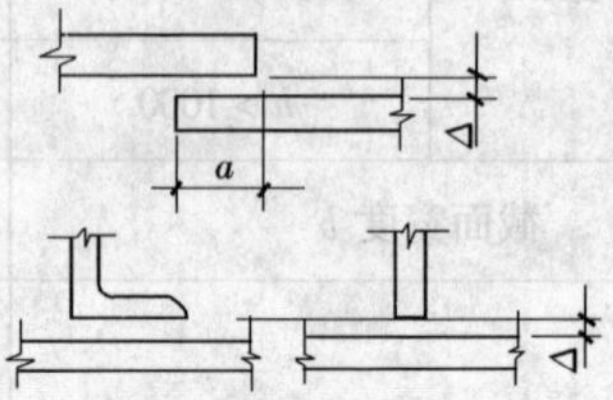
缝隙 Δ		1.5	
高度 h		±2.0	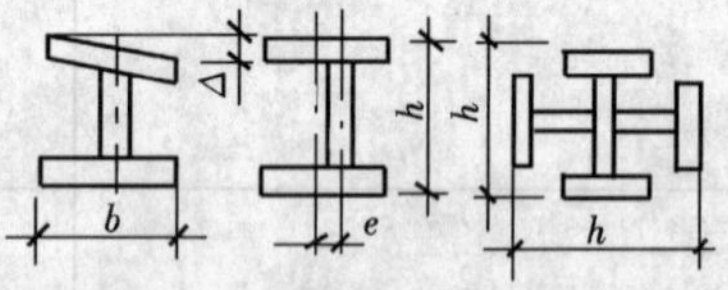
垂直度 Δ		$b/100$，且不应大于 3.0	
中心偏移 e		±2.0	
型钢错位	连接处	1.0	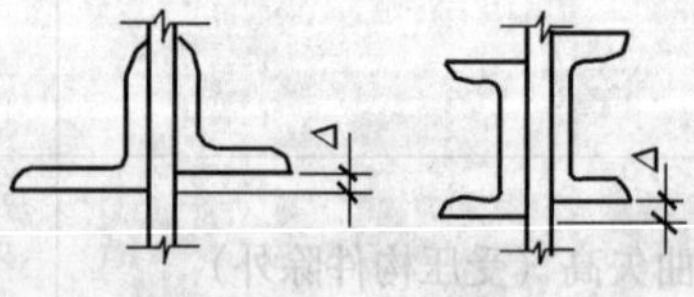
	其他处	2.0	
箱形截面高度 h		±2.0	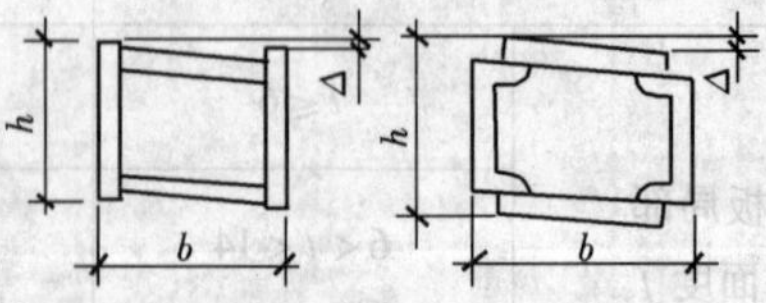
宽度 b		±2.0	
垂直度 Δ		$b/200$，且不应大于 3.0	

C.0.3 单层钢柱外形尺寸的允许偏差应符合表 C.0.3 的规定。

表 C.0.3　单层钢柱外形尺寸的允许偏差（mm）

<table>
<tr><th colspan="2">项　目</th><th>允许偏差</th><th>检验方法</th><th>图　例</th></tr>
<tr><td colspan="2">柱底面到柱端与桁架连接的最上一个安装孔距离 l</td><td>± l/1500
± 15.0</td><td rowspan="2">用钢尺检查</td><td rowspan="5"></td></tr>
<tr><td colspan="2">柱底面到牛腿支承面距离 l_1</td><td>± l_1/2000
± 8.0</td></tr>
<tr><td colspan="2">牛腿面的翘曲 Δ</td><td>2.0</td><td rowspan="2">用拉线、直角尺和钢尺检查</td></tr>
<tr><td colspan="2">柱身弯曲矢高</td><td>H/1200，不应大于 12.0</td></tr>
<tr><td rowspan="2">柱身扭曲</td><td>牛腿处</td><td>3.0</td><td rowspan="2">用拉线、吊线和钢尺检查</td></tr>
<tr><td>其他处</td><td>8.0</td><td></td></tr>
<tr><td rowspan="2">柱截面几何尺寸</td><td>连接处</td><td>± 3.0</td><td rowspan="2">用钢尺检查</td><td></td></tr>
<tr><td>非连接处</td><td>± 4.0</td><td></td></tr>
<tr><td rowspan="2">翼缘对腹板的垂直度</td><td>连接处</td><td>1.5</td><td rowspan="2">用直角尺和钢尺检查</td><td rowspan="2"></td></tr>
<tr><td>其他处</td><td>b/100，且不应大于 5.0</td></tr>
<tr><td colspan="2">柱脚底板平面度</td><td>5.0</td><td>用 1m 直尺和塞尺检查</td><td></td></tr>
<tr><td colspan="2">柱脚螺栓孔中心对柱轴线的距离</td><td>3.0</td><td>用钢尺检查</td><td></td></tr>
</table>

C.0.4 多节钢柱外形尺寸的允许偏差应符合表 C.0.4 的规定。

表 C.0.4 多节钢柱外形尺寸的允许偏差（mm）

<table>
<tr><th colspan="2">项 目</th><th>允许偏差</th><th>检验方法</th><th>图 例</th></tr>
<tr><td colspan="2">一节柱高度 H</td><td>±3.0</td><td rowspan="3">用钢尺检查</td><td rowspan="9"> 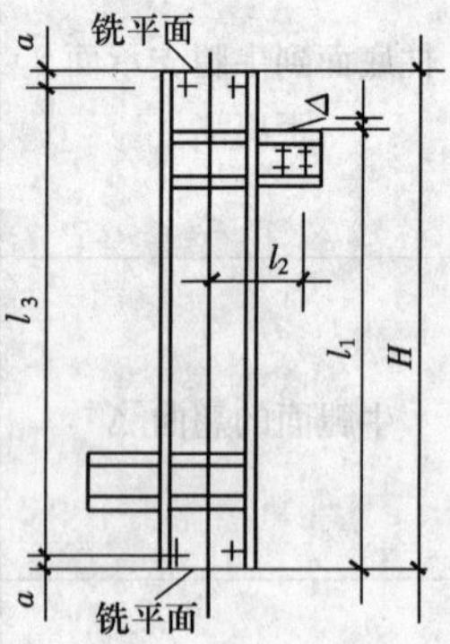铣平面
a
Δ
l_2
l_3
l_1
H
铣平面</td></tr>
<tr><td colspan="2">两端最外侧安装孔距离 l_3</td><td>±2.0</td></tr>
<tr><td colspan="2">铣平面到第一个安装孔距离 a</td><td>±1.0</td></tr>
<tr><td colspan="2">柱身弯曲矢高 f</td><td>H/1500，且不应大于 5.0</td><td>用拉线和钢尺检查</td></tr>
<tr><td colspan="2">一节柱的柱身扭曲</td><td>h/250，且不应大于 5.0</td><td>用拉线、吊线和钢尺检查</td></tr>
<tr><td colspan="2">牛腿端孔到柱轴线距离 l_2</td><td>±3.0</td><td>用钢尺检查</td></tr>
<tr><td rowspan="2">牛腿的翘曲或扭曲 Δ</td><td>$l_2 \leqslant 1000$</td><td>2.0</td><td rowspan="2">用拉线、直角尺和钢尺检查</td></tr>
<tr><td>$l_2 > 1000$</td><td>3.0</td></tr>
<tr><td rowspan="2">柱截面尺寸</td><td>连接处</td><td>±3.0</td><td rowspan="2">用钢尺检查</td></tr>
<tr><td>非连接处</td><td>±4.0</td></tr>
<tr><td colspan="2">柱脚底板平面度</td><td>5.0</td><td>用直尺和塞尺检查</td><td></td></tr>
<tr><td rowspan="2">翼缘板对腹板的垂直度</td><td>连接处</td><td>1.5</td><td rowspan="2">用直角尺和钢尺检查</td><td rowspan="2"> 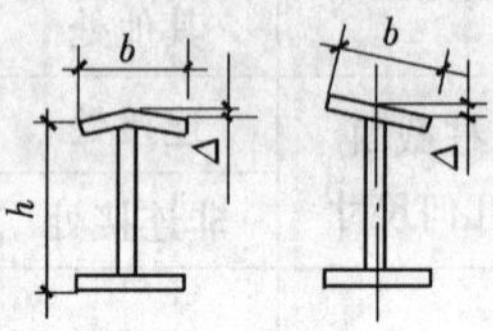b Δ h b Δ</td></tr>
<tr><td>其他处</td><td>b/100，且不应大于 5.0</td></tr>
<tr><td colspan="2">柱脚螺栓孔对柱轴线的距离 a</td><td>3.0</td><td rowspan="2">用钢尺检查</td><td> 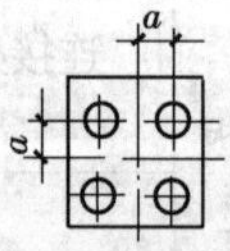a a</td></tr>
<tr><td colspan="2">箱型截面连接处对角线差</td><td>3.0</td><td> 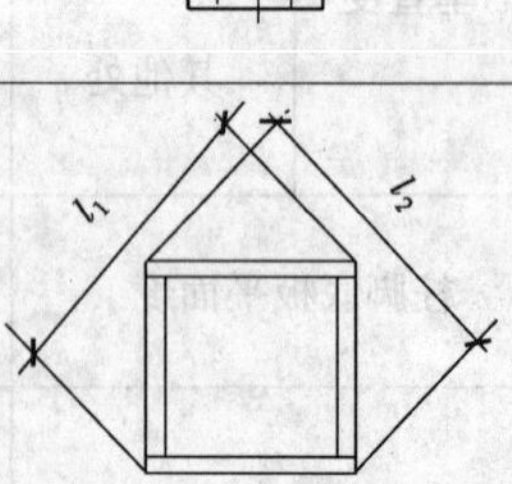l_1 l_2</td></tr>
<tr><td colspan="2">箱型柱身板垂直度</td><td>h（b）/150，且不应大于 5.0</td><td>用直角尺和钢尺检查</td><td> 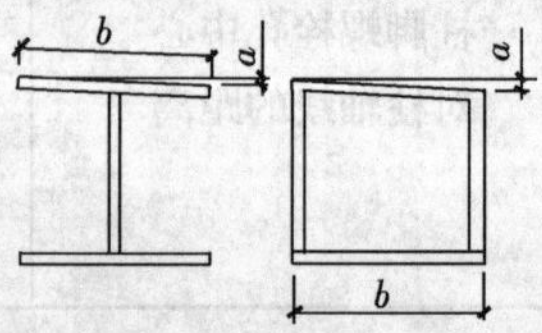b a a b</td></tr>
</table>

C.0.5 焊接实腹钢梁外形尺寸的允许偏差应符合表 C.0.5 的规定。

表 C.0.5 焊接实腹钢梁外形尺寸的允许偏差（mm）

项目		允许偏差	检验方法	图例
梁长度 l	端部有凸缘支座板	0 −5.0	用钢尺检查	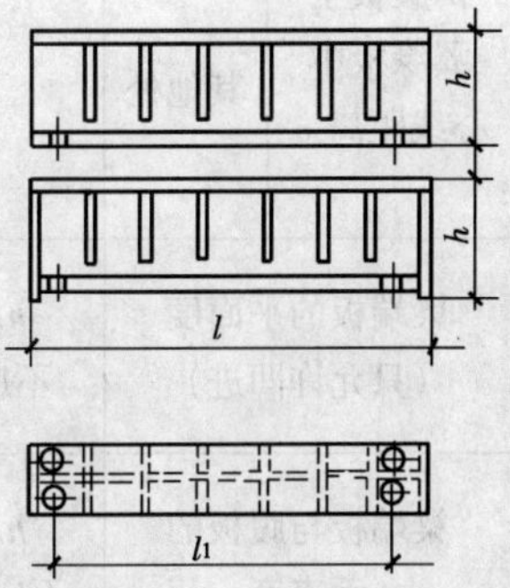
	其他形式	±l/2500 ±10.0		
端部高度 h	h≤2000	±2.0		
	h>2000	±3.0		
拱度	设计要求起拱	±l/5000	用拉线和钢尺检查	
	设计未要求起拱	10.0 −5.0		
侧弯矢高		l/2000，且不应大于 10.0		
扭曲		h/250 且不应大于 10.0	用拉线、吊线和钢尺检查	
腹板局部平面度	t≤14	5.0	用 1m 直尺和塞尺检查	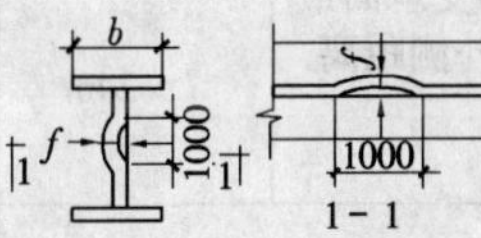
	t>14	4.0		
翼缘板对腹板的垂直度		b/100 且不应大于 3.0	用直角尺和钢尺检查	
吊车梁上翼缘与轨道接触面平面度		1.0	用 200mm、1m 直尺和塞尺检查	

续表 C.0.5

<table>
<tr><th colspan="2">项　　目</th><th>允许偏差</th><th>检验方法</th><th>图　　例</th></tr>
<tr><td colspan="2">箱型截面对角线差</td><td>5.0</td><td rowspan="3">用钢尺检查</td><td></td></tr>
<tr><td rowspan="2">箱型截面两腹板至翼缘板中心线距离 a</td><td>连接处</td><td>1.0</td><td rowspan="2"></td></tr>
<tr><td>其他处</td><td>1.5</td></tr>
<tr><td colspan="2">梁端板的平面度（只允许凹进）</td><td>$h/500$，且不应大于 2.0</td><td>用直角尺和钢尺检查</td><td rowspan="2"></td></tr>
<tr><td colspan="2">梁端板与腹板的垂直度</td><td>$h/500$，且不应大于 ±2.0</td><td>用直角尺和钢尺检查</td></tr>
</table>

C.0.6　钢桁架外形尺寸的允许偏差应符合表 C.0.6 的规定。

表 C.0.6　钢桁架外形尺寸的允许偏差（mm）

<table>
<tr><th colspan="2">项　　目</th><th>允许偏差</th><th>检验方法</th><th>图　　例</th></tr>
<tr><td rowspan="2">桁架最外端两个孔或两端支承面最外侧距离</td><td>$l \leqslant 24m$</td><td>+3.0
−7.0</td><td rowspan="6">用钢尺检查</td><td rowspan="6"></td></tr>
<tr><td>$l > 24m$</td><td>+5.0
−10.0</td></tr>
<tr><td colspan="2">桁架跨中高度</td><td>±10.0</td></tr>
<tr><td rowspan="2">桁架跨中拱度</td><td>设计要求起拱</td><td>$\pm l/5000$</td></tr>
<tr><td>设计未要求起拱</td><td>10.0
−5.0</td></tr>
<tr><td colspan="2">相邻节间弦杆弯曲（受压除外）</td><td>$l_1/1000$</td></tr>
</table>

续表 C.0.6

项　　目	允许偏差	检验方法	图　　例
支承面到第一个安装孔距离 a	±1.0	用钢尺检查	
檩条连接支座间距	±5.0		

C.0.7　钢管构件外形尺寸允许偏差应符合表 C.0.7 的规定。

表 C.0.7　钢管构件外形尺寸的允许偏差（mm）

项　　目	允许偏差	检验方法	图　　例
直径 d	±5.0	用钢尺检查	
构件长度 l	±3.0		
管口圆度	d/500 且不应大于 5.0		
管面对管轴的垂直度	d/500 且不应大于 3.0	用焊缝量规检查	
弯曲矢高	l/1500 且不应大于 5.0	用拉线、吊线和钢尺检查	
对口错边	t/10 且不应大于 3.0	用拉线和钢尺检查	

注：对方矩形管，d 为长边尺寸。

C.0.8　墙架、檩条、支撑系统钢构件外形尺寸的允许偏差应符合表 C.0.8 的规定。

表 C.0.8　墙架、檩条、支撑系统钢构件外形尺寸的允许偏差（mm）

项　　目	允 许 偏 差	检 验 方 法
构件长度 l	±4.0	用钢尺检查
构件两端最外侧安装孔距离 l_1	±3.0	
构件弯曲矢高	l/1000，且不应大于 10.0	用拉线和钢尺检查
截面尺寸	+5.0 −2.0	用钢尺检查

C.0.9　钢平台、钢梯和防护钢栏杆外形尺寸的允许偏差应符合表 C.0.9 的规定。

表 C.0.9　钢平台、钢梯和防护钢栏杆外形尺寸的允许偏差（mm）

项　　目	允许偏差	检验方法	图　　例
平台长度和宽度	±5.0	用钢尺检查	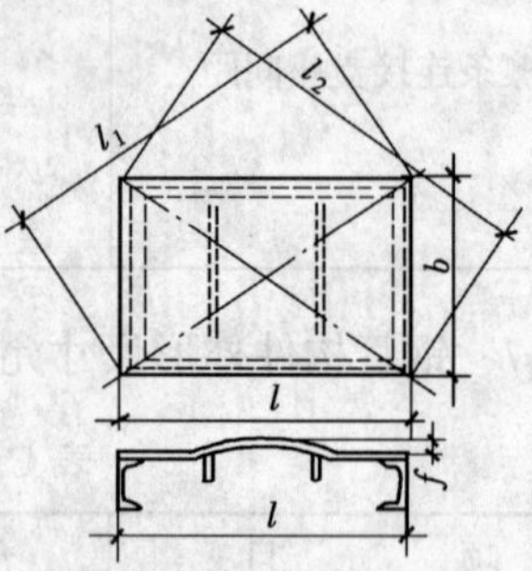
平台两对角线差 $\|l_1-l_2\|$	6.0		
平台支柱高度	±3.0		
平台支柱弯曲矢高	5.0	用拉线和钢尺检查	
平台表面平面度（1m 范围内）	6.0	用 1m 直尺和塞尺检查	
梯梁长度 l	±5.0	用钢尺检查	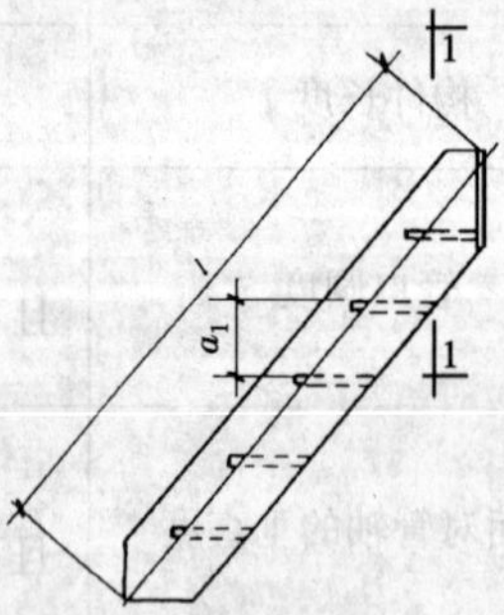
钢梯宽度 b	±5.0		
钢梯安装孔距离 a	±3.0		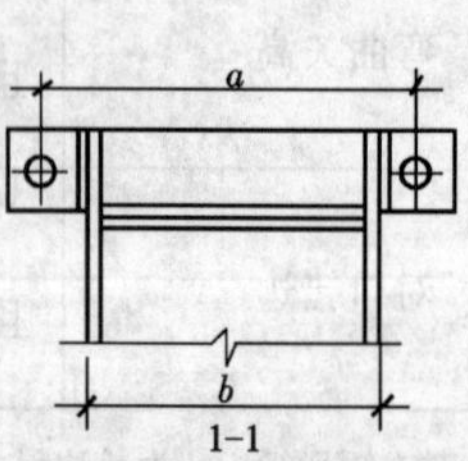
钢梯纵向挠曲矢高	l/1000	用拉线和钢尺检查	
踏步（棍）间距	±5.0	用钢尺检查	
栏杆高度	±5.0		
栏杆立柱间距	±10.0		

附录D 钢构件预拼装的允许偏差

D.0.1 钢构件预拼装的允许偏差应符合表D.0.1的规定。

表D.0.1 钢构件预拼装的允许偏差（mm）

<table>
<tr><th>构件类型</th><th colspan="2">项　　目</th><th>允 许 偏 差</th><th>检 验 方 法</th></tr>
<tr><td rowspan="5">多节柱</td><td colspan="2">预拼装单元总长</td><td>±5.0</td><td>用钢尺检查</td></tr>
<tr><td colspan="2">预拼装单元弯曲矢高</td><td>$l/1500$，且不应大于10.0</td><td>用拉线和钢尺检查</td></tr>
<tr><td colspan="2">接口错边</td><td>2.0</td><td>用焊缝量规检查</td></tr>
<tr><td colspan="2">预拼装单元柱身扭曲</td><td>$h/200$，且不应大于5.0</td><td>用拉线、吊线和钢尺检查</td></tr>
<tr><td colspan="2">顶紧面至任一牛腿距离</td><td>±2.0</td><td rowspan="2">用钢尺检查</td></tr>
<tr><td rowspan="5">梁、桁架</td><td colspan="2">跨度最外两端安装孔或两端支承面最外侧距离</td><td>+5.0
−10.0</td></tr>
<tr><td colspan="2">接口截面错位</td><td>2.0</td><td>用焊缝量规检查</td></tr>
<tr><td rowspan="2">拱度</td><td>设计要求起拱</td><td>$\pm l/5000$</td><td rowspan="2">用拉线和钢尺检查</td></tr>
<tr><td>设计未要求起拱</td><td>$l/2000$
0</td></tr>
<tr><td colspan="2">节点处杆件轴线错位</td><td>4.0</td><td>划线后用钢尺检查</td></tr>
<tr><td rowspan="4">管构件</td><td colspan="2">预拼装单元总长</td><td>±5.0</td><td>用钢尺检查</td></tr>
<tr><td colspan="2">预拼装单元弯曲矢高</td><td>$l/1500$，且不应大于10.0</td><td>用拉线和钢尺检查</td></tr>
<tr><td colspan="2">对口错边</td><td>$t/10$，且不应大于3.0</td><td rowspan="2">用焊缝量规检查</td></tr>
<tr><td colspan="2">坡口间隙</td><td>+2.0
−1.0</td></tr>
<tr><td rowspan="4">构件平面总体预拼装</td><td colspan="2">各楼层柱距</td><td>±4.0</td><td rowspan="4">用钢尺检查</td></tr>
<tr><td colspan="2">相邻楼层梁与梁之间距离</td><td>±3.0</td></tr>
<tr><td colspan="2">各层间框架两对角线之差</td><td>$H/2000$，且不应大于5.0</td></tr>
<tr><td colspan="2">任意两对角线之差</td><td>$\Sigma H/2000$，且不应大于8.0</td></tr>
</table>

附录 E　钢结构安装的允许偏差

E.0.1　单层钢结构中柱子安装的允许偏差应符合表 E.0.1 的规定。

表 E.0.1　单层钢结构中柱子安装的允许偏差（mm）

项　目			允许偏差	图　例	检验方法
柱脚底座中心线对定位轴线的偏移			5.0	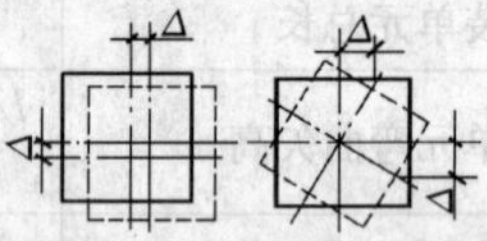	用吊线和钢尺检查
柱基准点标高	有吊车梁的柱		+3.0 −5.0	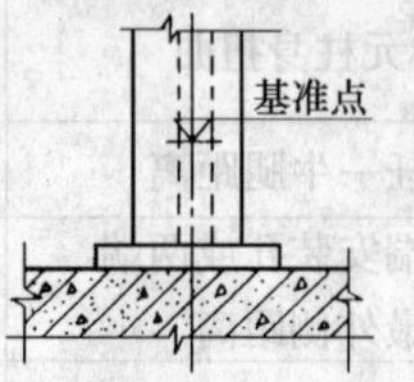	用水准仪检查
	无吊车梁的柱		+5.0 −8.0		
弯曲矢高			H/1200，且不应大于 15.0		用经纬仪或拉线和钢尺检查
柱轴线垂直度	单层柱	$H\leqslant 10m$	H/1000	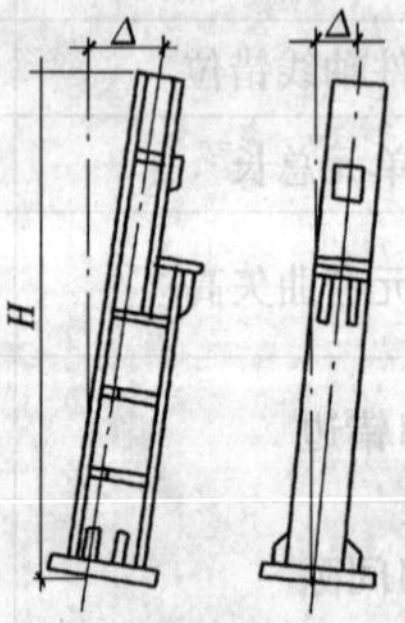	用经纬仪或吊线和钢尺检查
		$H>10m$	H/1000，且不应大于 25.0		
	多节柱	单节柱	H/1000，且不应大于 10.0		
		柱全高	35.0		

E.0.2　钢吊车梁安装的允许偏差应符合表 E.0.2 的规定。

表 E.0.2　钢吊车梁安装的允许偏差（mm）

项　目	允许偏差	图　例	检验方法
梁的跨中垂直度 Δ	h/500	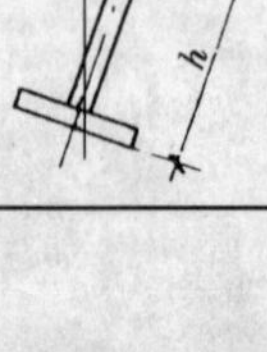	用吊线和钢尺检查

续表 E.0.2

<table>
<tr><th colspan="2">项　　目</th><th>允许偏差</th><th>图　　例</th><th>检验方法</th></tr>
<tr><td colspan="2">侧向弯曲矢高</td><td>l/1500，且不应大于 10.0</td><td rowspan="2"></td><td rowspan="4">用拉线和钢尺检查</td></tr>
<tr><td colspan="2">垂直上拱矢高</td><td>10.0</td></tr>
<tr><td rowspan="2">两端支座中心位移 Δ</td><td>安装在钢柱上时，对牛腿中心的偏移</td><td>5.0</td><td rowspan="3"></td></tr>
<tr><td>安装在混凝土柱上时，对定位轴线的偏移</td><td>5.0</td></tr>
<tr><td colspan="2">吊车梁支座加劲板中心与柱子承压加劲板中心的偏移 Δ_1</td><td>t/2</td><td>用吊线和钢尺检查</td></tr>
<tr><td rowspan="2">同跨间内同一横截面吊车梁顶面高差 Δ</td><td>支座处</td><td>10.0</td><td rowspan="2"></td><td rowspan="3">用经纬仪、水准仪和钢尺检查</td></tr>
<tr><td>其他处</td><td>15.0</td></tr>
<tr><td colspan="2">同跨间内同一横截面下挂式吊车梁底面高差 Δ</td><td>10.0</td><td></td></tr>
<tr><td colspan="2">同列相邻两柱间吊车梁顶面高差 Δ</td><td>l/1500，且不应大于 10.0</td><td></td><td>用水准仪和钢尺检查</td></tr>
<tr><td rowspan="3">相邻两吊车梁接头部位 Δ</td><td>中心错位</td><td>3.0</td><td rowspan="3"></td><td rowspan="3">用钢尺检查</td></tr>
<tr><td>上承式顶面高差</td><td>1.0</td></tr>
<tr><td>下承式底面高差</td><td>1.0</td></tr>
<tr><td colspan="2">同跨间任一截面的吊车梁中心跨距 Δ</td><td>±10.0</td><td></td><td>用经纬仪和光电测距仪检查；跨度小时，可用钢尺检查</td></tr>
</table>

续表 E.0.2

项　目	允许偏差	图　例	检验方法
轨道中心对吊车梁腹板轴线的偏移 Δ	$t/2$		用吊线和钢尺检查

E.0.3　墙架、檩条等次要构件安装的允许偏差应符合表 E.0.3 的规定。

表 E.0.3　墙架、檩条等次要构件安装的允许偏差（mm）

项　目		允许偏差	检验方法
墙架立柱	中心线对定位轴线的偏移	10.0	用钢尺检查
	垂直度	$H/1000$，且不应大于 10.0	用经纬仪或吊线和钢尺检查
	弯曲矢高	$H/1000$，且不应大于 15.0	用经纬仪或吊线和钢尺检查
抗风桁架的垂直度		$h/250$，且不应大于 15.0	用吊线和钢尺检查
檩条、墙梁的间距		±5.0	用钢尺检查
檩条的弯曲矢高		$L/750$，且不应大于 12.0	用拉线和钢尺检查
墙梁的弯曲矢高		$L/750$，且不应大于 10.0	用拉线和钢尺检查

注：1. H 为墙架立柱的高度；
2. h 为抗风桁架的高度；
3. L 为檩条或墙梁的长度。

E.0.4　钢平台、钢梯和防护栏杆安装的允许偏差应符合表 E.0.4 的规定。

表 E.0.4　钢平台、钢梯和防护栏杆安装的允许偏差（mm）

项　目	允许偏差	检验方法
平台高度	±15.0	用水准仪检查
平台梁水平度	$l/1000$，且不应大于 20.0	用水准仪检查
平台支柱垂直度	$H/1000$，且不应大于 15.0	用经纬仪或吊线和钢尺检查
承重平台梁侧向弯曲	$l/1000$，且不应大于 10.0	用拉线和钢尺检查
承重平台梁垂直度	$h/250$，且不应大于 15.0	用吊线和钢尺检查
直梯垂直度	$l/1000$，且不应大于 15.0	用吊线和钢尺检查
栏杆高度	±15.0	用钢尺检查
栏杆立柱间距	±15.0	用钢尺检查

E.0.5　多层及高层钢结构中构件安装的允许偏差应符合表 E.0.5 的规定。

表 E.0.5 多层及高层钢结构中构件安装的允许偏差（mm）

项　　目	允许偏差	图　　例	检验方法
上、下柱连接处的错位 Δ	3.0		用钢尺检查
同一层柱的各柱顶高度差 Δ	5.0		用水准仪检查
同一根梁两端顶面的高差 Δ	l/1000，且不应大于 10.0		用水准仪检查
主梁与次梁表面的高差 Δ	±2.0		用直尺和钢尺检查
压型金属板在钢梁上相邻列的错位 Δ	15.00		用直尺和钢尺检查

E.0.6 多层及高层钢结构主体结构总高度的允许偏差应符合表 E.0.6 的规定。

表 E.0.6 多层及高层钢结构主体结构总高度的允许偏差（mm）

项　　目	允许偏差	图　　例
用相对标高控制安装	$\pm\Sigma(\Delta_h+\Delta_Z+\Delta_W)$	
用设计标高控制安装	H/1000，且不应大于 30.0， $-H$/1000，且不应小于 −30.0	

注：1.Δ_h 为每节柱子长度的制造允许偏差；

2.Δ_Z 为每节柱子长度受荷载后的压缩值；

3.Δ_W 为每节柱子接头焊缝的收缩值。

附录 F　钢结构防火涂料涂层厚度测定方法

F.0.1　测针：

测针（厚度测量仪），由针杆和可滑动的圆盘组成，圆盘始终保持与针杆垂直，并在其上装有固定装置，圆盘直径不大于 30mm，以保证完全接触被测试件的表面。如果厚度测量仪不易插入被插材料中，也可使用其他适宜的方法测试。

测试时，将测厚探针（见图 F.0.1）垂直插入防火涂层直至钢基材表面上，记录标尺读数。

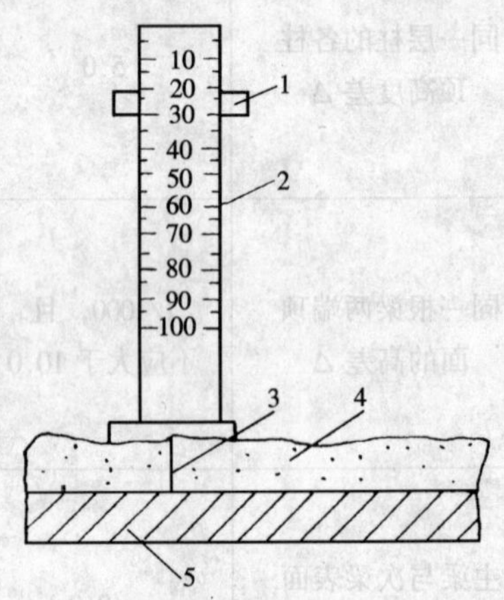

图 F.0.1　测厚度示意图

1—标尺；2—刻度；3—测针；4—防火涂层；5—钢基材

F.0.2　测点选定：

1　楼板和防火墙的防火涂层厚度测定，可选两相邻纵、横轴线相交中的面积为一个单元，在其对角线上，按每米长度选一点进行测试。

2　全钢框架结构的梁和柱的防火涂层厚度测定，在构件长度内每隔 3m 取一截面，按图 F.0.2 所示位置测试。

3　桁架结构，上弦和下弦按第 2 款的规定每隔 3m 取一截面检测，其他腹杆每根取一截面检测。

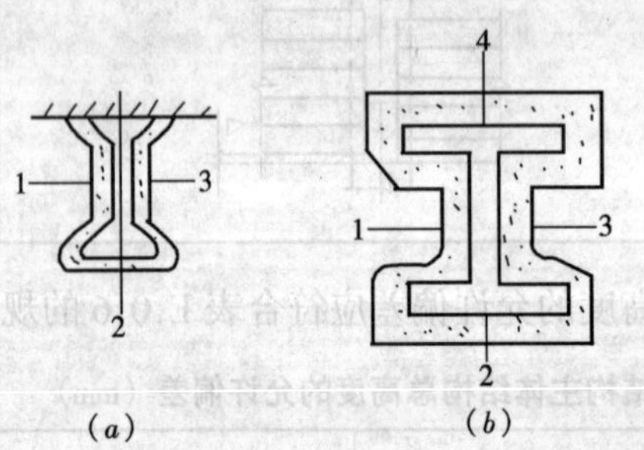

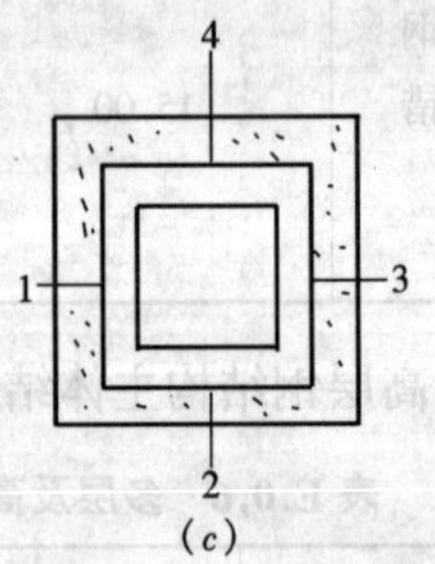

图 F.0.2　测点示意图

(*a*) 工字梁；(*b*) 工型柱；(*c*) 方形柱

F.0.3　测量结果：对于楼板和墙面，在所选择的面积中，至少测出 5 个点：对于梁和柱在所选择的位置中，分别测出 6 个和 8 个点。分别计算出它们的平均值，精确到 0.5mm。

附录G 钢结构工程有关安全及功能的检验和见证检测项目

G.0.1 钢结构分部（子分部）工程有关安全及功能的检验和见证检测项目按表G.0.1规定进行。

表G.0.1 钢结构分部（子分部）工程有关安全及功能的检验和见证检测项目

项次	项目	抽检数量及检验方法	合格质量标准	备注
1	见证取样送样试验项目 (1)钢材及焊接材料复验 (2)高强度螺栓预拉力、扭矩系数复验 (3)摩擦面抗滑移系数复验 (4)网架节点承载力试验	见本标准第4.2.2、4.3.2、4.4.2、4.4.3、6.3.1、12.3.3条规定	符合设计要求和国家现行有关产品标准的规定	
2	焊缝质量： (1)内部缺陷 (2)外观缺陷 (3)焊缝尺寸	一、二级焊缝按焊缝处数随机抽检3%，且不应少于3处；检验采用超声波或射线探伤及本标准第5.2.6、5.2.8、5.2.9条方法	本标准第5.2.4、5.2.6、5.2.8、5.2.9条规定	
3	高强度螺栓施工质量 (1)终拧扭矩 (2)梅花头检查 (3)网架螺栓球节点	按节点数随机抽检3%，且不应少于3个节点，检验按本标准第6.3.2、6.3.3、6.3.8条方法执行	本标准第6.3.2、6.3.3、6.3.8条的规定	
4	柱脚及网架支座 (1)锚栓紧固 (2)垫板、垫块 (3)二次灌浆	按柱脚及网架支座数随机抽检10%，且不应少于3个；采用观察和尺量等方法进行检验	符合设计要求和本标准的规定	
5	主要构件变形 (1)钢屋（托）架、桁架、钢梁、吊车梁等垂直度和侧向弯曲 (2)钢柱垂直度 (3)网架结构挠度	除网架结构外，其他按构件数随机抽检3%，且不应少于3个；检验方法按本标准第10.3.3、11.3.2、11.3.4、12.3.4条执行	本标准第10.3.3、11.3.2、11.3.4、12.3.4条的规定	
6	主体结构尺寸 (1)整体垂直度 (2)整体平面弯曲	见本标准第10.3.4、11.3.5条的规定	本标准第10.3.4、11.3.5条的规定	

附录H 钢结构工程有关观感质量检查项目

H.0.1 钢结构分部（子分部）工程观感质量检查项目按表H.0.1规定进行。

表H.0.1 钢结构分部（子分部）工程观感质量检查项目

项次	项目	抽检数量	合格质量标准	备注
1	普通涂层表面	随机抽查3个轴线结构构件	本标准第14.2.3条的要求	
2	防火涂层表面	随机抽查3个轴线结构构件	本标准第14.3.4、14.3.5、14.3.6条的要求	
3	压型金属板表面	随机抽查3个轴线间压型金属板表面	本标准第13.3.4条的要求	
4	钢平台、钢梯、钢栏杆	随机抽查10%	连接牢固，无明显外观缺陷	

北京建工集团企业标准

Q/BCEG 305 — 2004

屋面工程质量评定标准

2004年11月24日发布　　2005年01月01日实施

北京建工集团有限责任公司

目　次

1 总　　则

1.0.1 为了加强建筑工程质量管理，统一本集团屋面工程的施工质量评定，保证工程质量，制定本标准。

1.0.2 本标准是在国家标准《屋面工程质量验收规范》GB 50207—2002 基础上制定的质量评定标准，适用于本集团建筑屋面工程施工质量的评定。

1.0.3 屋面工程施工中所采用的工程技术文件以及承包合同文件，对施工质量验收的要求不得低于《屋面工程质量验收规范》GB 50207—2002 的规定。

1.0.4 本标准应与北京建工集团《建筑工程施工质量评定统一标准》配套使用。

1.0.5 屋面工程施工质量的评定除应执行本标准外，尚应符合北京建工集团《屋面工程施工技术规程》和国家、地方现行有关标准、规范的规定。

2 术 语

2.0.1 防水层合理使用年限 life of waterproof layer

屋面防水层能满足正常使用要求的年限。

2.0.2 一道防水设防 a separate waterproof barroer

具有单独防水能力的一道防水层。

2.0.3 分格缝 dividing joint

在屋面找平层、刚性防水层、刚性保护层上预先留设的缝。

2.0.4 满粘法 full adhibiting method

铺贴防水卷材时，卷材与基层采用全部粘结的施工方法。

2.0.5 空铺法 border adhibiting method

铺贴防水卷材时，卷材与基层在周边一定宽度内粘结，其余部分不粘结的施工方法。

2.0.6 点粘法 spot adhibiting method

铺贴防水卷材时，卷材或打孔卷材与基层采用点状粘结的施工方法。

2.0.7 条粘法 strip adhibiting method

铺贴防水卷材时，卷材与基层采用条状粘结的施工方法。

2.0.8 冷粘法 cold adhibiting method

在常温下采用胶粘剂等材料进行卷材与基层、卷材与卷材间粘结的施工方法。

2.0.9 热熔法 heat fusion method

采用火焰加热器熔化热熔型防水卷材底层的热熔胶进行粘结的施工方法

2.0.10 自粘法 self-adhibiting method

采用带有自粘胶的防水卷材进行粘结的施工方法。

2.0.11 热风焊接法 hot air welding method

采用热空气焊枪进行防水卷材搭接粘合的施工方法。

2.0.12 倒置式屋面 inversion type roof

将保温层设置在防水层上的屋面。

2.0.13 架空屋面 elevated overhead roof

在屋面防水层上采用薄型制品架设一定高度的空间，起到隔热作用的屋面。

2.0.14 蓄水屋面 impounded roof

在屋面防水层上蓄一定高度的水，起到隔热作用的屋面。

2.0.15 种植屋面 plantied roof

在屋面防水层上铺以种植介质，并种植植物的屋面。

3 基 本 规 定

3.0.1 屋面工程应根据建筑物的性质、重要程度、使用功能要求以及防水层合理使用年限，按不同等级进行设防，并应符合表3.0.1的要求。

表3.0.1 屋面防水等级和设防要求

项 目	屋 面 防 水 等 级			
	Ⅰ	Ⅱ	Ⅲ	Ⅳ
建筑物类别	特别重要或对防水有特殊要求的建筑	重要的建筑和高层建筑	一般的建筑	非永久性的建筑
防水层合理使用年限	25年	15年	10年	5年
防水层选用材料	宜选用合成高分子防水卷材、高聚物改性沥青防水卷材、金属板材、合成高分子防水涂料、细石混凝土等材料	宜选用高聚物改性沥青防水卷材、合成高分子防水卷材、金属板材、合成高分子防水涂料、高聚物改性沥青防水涂料、细石混凝土、平瓦、油毡瓦等材料	宜选用高聚物改性沥青防水卷材、合成高分子防水卷材、金属板材、高聚物改性沥青防水涂料、合成高分子防水涂料、细石混凝土、平瓦、油毡瓦等	可选用高聚物改性沥青防水涂料等材料
设防要求	三道或三道以上防水设防	二道防水设防	一道防水设防	一道防水设防

3.0.2 屋面工程应根据工程特点、地区自然条件等，按照屋面防水等级的设防要求，进行防水构造设计，重要部位应有详图；对屋面保温层的厚度，应通过计算确定。

3.0.3 屋面工程施工前，施工单位应进行图纸会审，并应编制屋面工程施工方案或技术措施。

3.0.4 屋面工程施工时，应建立各道工序的自检、交接检和专职人员检查的“三检”制度，并有完整的检查记录。每道工序完成，应经监理单位（或建设单位）检查验收，合格后方可进行下道工序的施工。

3.0.5 屋面工程的防水层应由经资质审查合格的防水专业队伍进行施工。作业人员应持有当地建设行政主管部门颁发的上岗证。

3.0.6 屋面工程所采用的防水、保温隔热材料应有产品合格证书和性能检测报告，材料的品种、规格、性能等应符合现行国家产品标准和设计要求。

材料进场后，应按本标准附录A、附录B的规定抽样复验，并提出试验报告；不合格的材料，不得在屋面工程中使用。

3.0.7 当下道工序或相邻工程施工时，对屋面已完成的部分应采取保护措施。

3.0.8 伸出屋面的管道、设备或预埋件等，应在防水层施工前安设完毕。屋面防水层完工后，不得在其上凿孔打洞或重物冲击。

3.0.9 屋面工程完工后，应按本标准的有关规定对细部构造、接缝、保护层等进行外观检验，并应进行淋水或蓄水检验。

3.0.10 屋面的保温层和防水层严禁在雨天、雪天和五级风及其以上时施工。施工环境气温宜符合表 3.0.10 的要求。

表 3.0.10 屋面保温层和防水层施工环境气温

项 目	施 工 环 境 气 温
粘结保温层	热沥青不低于 -10℃；水泥砂浆不低于 5℃
高聚物改性沥青防水卷材	冷粘法不低于 5℃；热熔法不低于 -10℃
合成高分子防水卷材	冷粘法不低于 5℃；热风焊接法不低于 -10℃
高聚物改性沥青防水涂料	溶剂型不低于 -5℃；水溶型不低于 5℃
合成高分子防水涂料	溶剂型不低于 -5℃；水溶型不低于 5℃
刚性防水层	不低于 5℃

3.0.11 屋面工程各子分部工程和分项工程的划分，应符合表 3.0.11 的要求。

表 3.0.11 屋面工程各子分部工程和分项工程的划分

分部工程	子分部工程	分 项 工 程
屋面工程	卷材防水屋面	保温层，找平层，卷材防水层，细部构造
	涂膜防水屋面	保温层，找平层，涂膜防水层，细部构造
	刚性防水屋面	细石混凝土防水层，密封材料嵌缝，细部构造
	瓦屋面	平瓦屋面，油毡瓦屋面，金属板材屋面，细部构造
	隔热屋面	架空屋面，蓄水屋面，种植屋面

3.0.12 屋面工程各分项工程的施工质量检验批量应符合下列规定：

1 卷材防水屋面、涂膜防水屋面、刚性防水屋面、瓦屋面和隔热屋面工程，应按屋面面积每 $100m^2$ 抽查一处，每处 $10m^2$，且不得少于 3 处。

2 接缝密封防水，每 50m 应查一处，每处 5m，且不得少于 3 处。

3 细部构造根据分项工程的内容，应全部进行检查。

3.0.13 检验批质量评定应符合下列规定：

1 检验批合格质量应符合下列规定：

（1）主控项目的质量经抽样检验全部合格。

（2）一般项目的质量经抽样检验合格；除有专门要求外，一般项目的合格点率应达到 80%及以上，且不得有严重缺陷。

（3）具有完整的施工操作依据和质量验收记录。

2　检验批优良质量应符合下列规定：

在合格的基础上，检验批所包含的各个指定项目均达到优良。其中指定项目优良是指：指定项目经抽样检验，符合本标准相应优良标准的符合率达到80%及以上。

3.0.14　分项工程质量评定应符合下列规定：

合格：

1　分项工程所含有的检验批均应符合本标准合格标准的规定。

2　分项工程所含的检验批的质量评定及记录应完整。

优良：在合格基础上，其中60%及以上检验批为优良。

4 卷材防水屋面工程

4.1 屋面找平层

4.1.1 本节适用于防水层基层采用水泥砂浆或细石混凝土的整体找平层。

4.1.2 找平层的厚度和技术要求应符合表4.1.2的规定。

表4.1.2 找平层的厚度和技术要求

类别	基层种类	厚度（mm）	技术要求
水泥砂浆找平层	整体混凝土	15～20	1:2.5～1:3（水泥:砂）体积比，水泥强度等级不低于32.5级
	整体或板状材料保温层	20～25	
	装配式混凝土板	20～30	
细石混凝土找平层	板状材料保温层	30～35	混凝土强度等级不低于C20
混凝土随浇随抹	整体现浇混凝土		原浆表面抹平压光

4.1.3 找平层的基层采用装配式钢筋混凝土板时，应符合下列规定：

1 板端、侧缝应用细石混凝土灌缝，其强度等级不低于C20。

2 板缝宽度大于40mm或上窄下宽时，板缝内应设置构造钢筋。

3 板端缝应进行密封处理。

4.1.4 找平层的排水坡度应符合设计要求。平屋面采用结构找坡不应小于3%，采用材料找坡宜为2%；天沟、檐沟纵向找坡不应小于1%，沟底水落差不得超过200mm。

4.1.5 基层与突出屋面结构（女儿墙、山墙、天窗壁、变形缝、烟囱等）的交接处和基层的转角处，找平层均应做成圆弧形，圆弧半径应符合表4.1.5的要求。内部排水的水落口周围，找平层应做成略低的凹坑。

表4.1.5 转角处圆弧半径

卷材种类	圆弧半径（mm）
高聚物改性沥青防水卷材	50
合成高分子防水卷材	20

4.1.6 找平层宜设分格缝，并嵌填密封材料。分格缝应留设在板端缝处，其纵横缝的最大间距：水泥砂浆或细石混凝土找平层，不宜大于6m。

主控项目

4.1.7 找平层的材料质量及配合比，必须符合设计要求。

检验方法：检查出厂合格证、质量检验报告和计量措施。

4.1.8 屋面（含天沟、檐沟）找平层的排水坡度，必须符合设计要求。

检验方法：用水平仪（水平尺）、拉线和尺量检查。

一 般 项 目

4.1.9 基层与突出屋面结构的交接处和基层的转角处，均应做成圆弧形，且整齐平顺。

优良：在合格基础上，圆弧弧度应基本一致。

检验方法：观察和尺量检查。

4.1.10 水泥砂浆、细石混凝土找平层应平整、压光，不得有酥松、起砂、起皮现象。

检查方法：观察检查。

4.1.11 找平层分格缝的位置和间距应符合设计要求。

检验方法：观察和尺量检查。

4.1.12 找平层表面平整度的允许偏差为5mm。

优良：在合格基础上，找平层表面平整度的允许偏差为4mm。

检验方法：用2m靠尺和楔形塞尺检查。

4.2 屋面保温层

4.2.1 本节适用于板状材料或整体现浇（喷）保温层。

4.2.2 保温层应干燥，封闭式保温层的含水率应相当于该材料在当地自然风干状态下的平衡含水率。

4.2.3 屋面保温层干燥有困难时，应采用排汽措施。

4.2.4 倒置式屋面应采用吸水率小、长期浸水不腐烂的保温材料。保温层上应用混凝土等块材、水泥砂浆或卵石做保护层；卵石保护层与保温层之间，应干铺一层无纺聚酯纤维布做隔离层。

4.2.5 板状材料保温层施工应符合下列规定：

1 板状材料保温层的基层应平整、干燥和干净。

2 板状保温材料应紧靠在需保温的基层表面上，并应铺平垫稳。

3 分层铺设的板块上下层接缝应相互错开；板间缝隙应采用同类材料嵌填密实。

4 粘贴的板状保温材料应贴严、粘牢。

4.2.6 整体现喷硬质聚氨酯泡沫塑料保温层施工时，应按配比准确计量，发泡厚度均匀一致。

主 控 项 目

4.2.7 保温材料的堆积密度或表观密度、导热系数以及板材的强度、吸水率，必须符合设计要求。

检验方法：检查出厂合格证、质量检验报告和现场抽样复验报告。

4.2.8 保温层的含水率必须符合设计要求。

检验方法：检查现场抽样检验报告。

一 般 项 目

4.2.9 保温层的铺设应符合下列要求：

1　板状保温材料：紧贴（靠）基层，铺平垫稳，拼缝严密，找坡正确。

优良：在合格基础上，板状保温材料上表面基本平整。

2　整体现喷保温层：喷涂均匀，表面平整，找坡正确。

检查方法：观察检查。

4.2.10　保温层厚度的允许偏差：整体现喷保温层为+10%，-5%；板状保温材料为：±5%，且不大于4mm。

优良：在合格基础上，保温层厚度的允许偏差：整体现喷保温层为+8%，-5%；板状保温材料为：+4%，-5%，且不大于3mm。

检验方法：用钢针插入和尺量检查。

4.2.11　当倒置式屋面保护层采用卵石铺压时，卵石应分布均匀，卵石的质（重）量应符合设计要求。

优良：在合格基础上，卵石应分布均匀，基本平整。

检验方法：观察检查和按堆积密度计算其质（重）量。

4.3　卷材防水层

4.3.1　本节适用于防水等级为Ⅰ～Ⅳ级的屋面防水。

4.3.2　卷材防水层应采用高聚物改性沥青防水卷材、合成高分子防水卷材。所选用的基层处理剂、接缝胶粘剂、密封材料等配套材料应与铺贴的卷材材性相容。

4.3.3　在坡度大于25%的屋面上采用卷材作防水层时，应采取固定措施。固定点应密封严密。铺设屋面隔气层和防水层前，基层必须干净、干燥。

干燥程度的简易检验方法，是将$1m^2$卷材平坦地干铺在找平层上，静置3～4h后掀开检查，找平层覆盖部位与卷材上未见水印即可铺设。

4.3.4　卷材铺贴方向应符合下列规定：

1　屋面坡度小于3%时，卷材宜平行屋脊铺贴。

2　屋面坡度在3%～15%时，卷材可平行或垂直屋脊铺贴。

3　屋面坡度大于15%或屋面受振动时，高聚物改性沥青防水卷材和合成高分子防水卷材可平行或垂直屋脊铺贴。

4　上下层卷材不得相互垂直铺贴。

4.3.5　卷材厚度选用应符合表4.3.5的规定。

表4.3.5　卷材厚度选用表

屋面防水等　级	设防道数	合成高分子防水卷材	高聚物改性沥青防水卷材	自粘聚酯胎改性沥青防水卷材	自粘橡胶沥青防水卷材
Ⅰ级	三道或三道以上设防	不应小于1.5mm	不应小于3mm	不应小于2mm	不应小于1.5mm
Ⅱ级	二道设防	不应小于1.2mm	不应小于3mm	不应小于2mm	不应小于1.5mm
Ⅲ级	一道设防	不应小于1.2mm	不应小于4mm	不应小于3mm	不应小于2mm
Ⅳ级	一道设防	—	—	—	

4.3.6 铺贴卷材采用搭接法时，上下层及相邻两幅卷材的搭接缝应错开。各种卷材搭接宽度应符合表 4.3.6 的要求。

表 4.3.6 卷材搭接宽度（mm）

<table>
<tr><th colspan="2" rowspan="2">铺贴方法
卷材种类</th><th colspan="2">短边搭接</th><th colspan="2">长边搭接</th></tr>
<tr><th>满粘法</th><th>空铺、点粘、条粘法</th><th>满粘法</th><th>空铺、点粘、条粘法</th></tr>
<tr><td colspan="2">高聚物改性沥青防水卷材</td><td>80</td><td>100</td><td>80</td><td>100</td></tr>
<tr><td colspan="2">自粘聚酯胎改性沥青防水卷材、自粘橡胶沥青防水卷材</td><td>60</td><td>—</td><td>60</td><td>—</td></tr>
<tr><td rowspan="4">合成高分子防水卷材</td><td>胶粘剂</td><td>80</td><td>100</td><td>80</td><td>100</td></tr>
<tr><td>胶粘带</td><td>50</td><td>60</td><td>50</td><td>60</td></tr>
<tr><td>单缝焊</td><td colspan="4">60，有效焊接宽度不小于 25</td></tr>
<tr><td>双缝焊</td><td colspan="4">80，有效焊接宽度 10×2＋空腔宽</td></tr>
</table>

4.3.7 冷粘法铺贴卷材应符合下列规定：

1 胶粘剂涂刷应均匀，不露底，不堆积。

2 根据胶粘剂的性能，应控制胶粘剂涂刷与卷材铺贴的间隔时间。

3 铺贴的卷材下面的空气应排尽，并辊压粘结牢固。

4 铺贴卷材应平整顺直，搭接尺寸准确，不得扭曲、皱折。

5 接缝口应用密封材料封严，宽度不应小于 10mm。

4.3.8 热熔法铺贴卷材应符合下列规定：

1 火焰加热器加热卷材应均匀，不得过分加热或烧穿卷材；厚度小于 3mm 的高聚物改性沥青防水卷材严禁采用热熔法施工。

2 卷材表面热熔后应立即滚铺卷材，卷材下面的空气应排尽，并辊压粘结牢固，不得空鼓。

3 卷材接缝部位必须溢出热熔的改性沥青胶。

4 铺贴的卷材应平整顺直，搭接尺寸准确，不得扭曲、皱折。

4.3.9 自粘法铺贴卷材应符合下列规定：

1 铺贴卷材前基层表面应均匀涂刷基层处理剂，干燥后应及时铺贴卷材。

2 铺贴卷材时，应将自粘胶底面的隔离纸全部撕净。

3 卷材下面的空气应排尽，并辊压粘结牢固。

4 铺贴的卷材应平整顺直，搭接尺寸准确，不得扭曲、皱折。搭接部位宜采用热风加热，随即粘贴牢固。

5 接缝口应用密封材料封严，宽度不应小于 10mm。

4.3.10 卷材热风焊接施工应符合下列规定：

1 焊接前卷材的铺设应平整顺直，搭接尺寸准确，不得扭曲、皱折。

2　卷材的焊接面应清扫干净，无水滴、油污及附着物。

3　焊接时应先焊长边搭接缝，后焊短边搭接缝。

4　控制热风加热温度和时间，焊接处不得有漏焊、跳焊、焊焦或焊接不牢现象。

5　焊接时不得损害非焊接部位的卷材。

4.3.11　天沟、檐沟、檐口、泛水和立面卷材收头的端部应裁齐，塞入预留凹槽内，用金属压条钉压固定，最大钉距不应大于900mm，并用密封材料嵌填封严。

4.3.12　卷材防水层完工并经验收合格后，应做好成品保护。保护层的施工应符合下列规定：

1　云母或蛭石保护层不得有粉料，撒铺应均匀，不得露底，多余的云母或蛭石应清除。

2　水泥砂浆保护层的表面应抹平压光，并设表面分格缝，分格面积宜为$1m^2$。

3　块体材料保护层应设分格缝，分格面积不宜大于$100m^2$，分格缝宽度不宜小于20mm。

4　细石混凝土保护层，混凝土应密实，表面抹平压光，并留设分格缝，分格面积不大于$36m^2$。

5　浅色涂料保护层应与卷材粘结牢固，厚薄均匀，不得漏涂。

6　水泥砂浆、块材或细石混凝土保护层与防水层之间应设置隔离层。

7　刚性保护层与女儿墙、山墙之间应预留宽度为30mm的缝隙，并用密封材料嵌填严密。

主　控　项　目

4.3.13　卷材防水层所用卷材及其配套材料，必须符合设计要求。

检验方法：检查出厂合格证、质量检验报告和现场抽样复验报告。

4.3.14　卷材防水层不得有渗漏或积水现象。

检验方法：雨后或淋水、蓄水检验。

4.3.15　卷材防水层在天沟、檐沟、檐口、水落口、泛水、变形缝和伸出屋面管道的防水构造，必须符合设计要求。

检验方法：观察检查和检查隐蔽工程验收记录。

一　般　项　目

4.3.16　卷材防水层的搭接缝应粘（焊）结牢固，密封严密，不得有皱折、翘边和鼓泡等缺陷；防水层的收头应与基层粘结并固定牢固，缝口封严，不得翘边。

优良：在合格基础上，当采用满粘法施工时，防水层与基层应粘贴牢固、结合严密、无滑移、无空鼓等缺陷。

检查方法：观察检查。

4.3.17　卷材防水层上的撒布材料和浅色涂料保护层应铺撒或涂刷均匀，粘结牢固；水泥砂浆、块材或细石混凝土保护层与卷材防水层间应设置隔离层；刚性保护层的分格缝留置应符合设计要求。

优良：在合格基础上，卷材防水层上的撒布材料和浅色涂料保护层应表面基本平整。

检验方法：观察检查。

4.3.18 排汽屋面的排汽道应纵横贯通，不得堵塞。排汽管应安装牢固，位置正确，封闭严密。

优良：在合格基础上，排气管应排列整齐，排气口朝向、高度一致。

检验方法：观察检查。

4.3.19 卷材的铺贴方向应正确，卷材搭接宽度的允许偏差为 - 10mm。

优良：在合格基础上，卷材搭接宽度的允许偏差为 - 8mm。

检查方法：观察和尺量检查。

5 涂膜防水屋面工程

5.1 屋面找平层

5.1.1 涂膜防水屋面找平层工程应符合本标准第 4.1 节的规定。

5.2 屋面保温层

5.2.1 涂膜防水屋面保温层工程应符合本标准第 4.2 节的规定。

5.3 涂膜防水层

5.3.1 本节适用于防水等级为Ⅰ～Ⅳ级屋面防水。

5.3.2 防水涂料应采用高聚物改性沥青防水涂料、合成高分子防水涂料和热熔型改性沥青防水材料。

5.3.3 防水涂膜施工应符合下列规定：

1 涂膜应根据防水涂料的品种分层分遍涂布，不得一次涂成。

2 应待先涂的涂层干燥成膜后，方可涂后一遍涂料。

3 需铺设胎体增强材料时，屋面坡度小于 15%时可平行屋脊铺设，屋面坡度大于 15%时应垂直于屋脊铺设。

4 胎体长边搭接宽度不应小于 50mm，短边搭接宽度不应小于 70mm。

5 采用二层胎体增强材料时，上下层不得相互垂直铺设，搭接缝应错开，其间距不应小于幅宽的 1/3。

6 熔化热熔型改性沥青时，宜采用专用的导热油锅炉加热，加热温度不应超过 200℃，使用温度不得低于 180℃。

5.3.4 涂膜厚度选用应符合表 5.3.4 的规定：

表 5.3.4 涂膜厚度选用表

屋面防水等级	设防道数	高聚物改性沥青防水涂料 热熔型改性沥青防水材料	合成高分子防水涂料
Ⅰ级	三道或三道以上设防	—	不应小于 1.5mm
Ⅱ级	二道设防	不应小于 3mm	不应小于 1.5mm
Ⅲ级	一道设防	不应小于 3mm	不应小于 2mm
Ⅳ级	一道设防	不应小于 2mm	—

5.3.5 屋面基层的干燥程度应视所用涂料特性确定。当采用溶剂型涂料时，屋面基层应干燥。

5.3.6 多组分涂料应按配合比准确计量，搅拌均匀，并应根据有效时间确定使用量。

5.3.7 天沟、檐沟、檐口、泛水和立面涂膜防水层的收头，应用防水涂料多遍涂刷或用密封材料封严。

5.3.8 涂膜防水层完工并经验收合格后，应做好成品保护。保护层的施工应符合本标准第4.3.12条的规定。

主 控 项 目

5.3.9 防水涂料和胎体增强材料必须符合设计要求。

检验方法：检查出厂合格证、质量检验报告和现场抽样复验报告。

5.3.10 涂膜防水层不得有渗漏或积水现象。

检验方法：雨后或淋水、蓄水检验。

5.3.11 涂膜防水层在天沟、檐沟、檐口、水落口、泛水、变形缝和伸出屋面管道的防水构造，必须符合设计要求。

检验方法：观察检查和检查隐蔽工程验收记录。

一 般 项 目

5.3.12 涂膜防水层的平均厚度应符合设计要求，最小厚度不应小于设计厚度的80%。

优良：在合格基础上，涂膜防水层的最小厚度不应小于设计厚度的90%。

检验方法：针测法或取样量测。

5.3.13 涂膜防水层与基层应粘结牢固，表面平整，涂刷均匀，无流淌、皱折、鼓泡、露胎体和翘边等缺陷。

优良：在合格基础上，涂膜防水层无堆积、针眼、气孔等缺陷。

检验方法：观察检查。

5.3.14 涂膜防水层上的撒布材料或浅色涂料保护层应铺撒或涂刷均匀，粘结牢固；水泥砂浆、块材或细石混凝土保护层与涂膜防水层间应设置隔离层；刚性保护层的分格缝留置应符合设计要求。

优良：在合格基础上，保护层应铺撒或涂刷均匀一致，表面平整。

检验方法：观察检查。

6 刚性防水屋面工程

6.1 细石混凝土防水层

6.1.1 本节适用于防水等级为Ⅰ~Ⅲ级的屋面防水；不适用于设有松散材料保温层的屋面以及受较大振动或冲击的和坡度大于15%的建筑屋面。

6.1.2 细石混凝土不得使用火山灰质水泥；当采用矿渣硅酸盐水泥时，应采用减少泌水性的措施。粗骨料含泥量不应大于1%，细骨料含泥量不应大于2%。

混凝土水灰比不应大于0.55；每立方米混凝土水泥用量不得少于330kg；含砂率宜为35%~40%；灰砂比宜为1:2~1:2.5；混凝土强度等级不应低于C20。

6.1.3 混凝土中掺加膨胀剂、减水剂、防水剂等外加剂时，应按配合比准确计量，投料顺序得当，并应用机械搅拌，机械振捣。

6.1.4 细石混凝土防水层的分格缝，应设在屋面板的支承端、屋面转折处、防水层与突出屋面结构的交接处，其纵横间距不宜大于6m。分格缝内应嵌填密封材料。

6.1.5 细石混凝土防水层的厚度不应小于40mm，并应配置双向钢筋网片。钢筋网片在分格缝处应断开，其保护层厚度不应小于10mm。

6.1.6 细石混凝土防水层与立墙及突出屋面结构等交接处，均应做柔性密封处理；细石混凝土防水层与基层间宜设置隔离层。

主 控 项 目

6.1.7 细石混凝土的原材料及配合比必须符合设计要求。

检验方法：检查出厂合格证、质量检验报告、计量措施和现场抽样复验报告。

6.1.8 **细石混凝土防水层不得有渗漏或积水现象。**

检验方法：雨后或淋水、蓄水检验。

6.1.9 细石混凝土防水层在天沟、檐沟、檐口、水落口、泛水、变形缝和伸出屋面管道的防水构造，必须符合设计要求。

检验方法：观察检查和检查隐蔽工程验收记录。

一 般 项 目

6.1.10 细石混凝土防水层应表面平整、压实抹光，不得有裂缝、起壳、起砂等缺陷。

优良：在合格基础上，细石混凝土防水层表面不得有裂纹、麻面等缺陷。

检验方法：观察检查。

6.1.11 细石混凝土防水层的厚度和钢筋位置应符合设计要求。

检验方法：观察和尺量检查。

6.1.12 细石混凝土分格缝的位置和间距应符合设计要求。

优良：在合格基础上，分格缝应顺直，深浅、宽窄基本一致。

检验方法：观察和尺量检查。

6.1.13 细石混凝土防水层表面平整度的允许偏差为5mm。

优良：在合格基础上，细石混凝土防水层表面平整度的允许偏差为4mm。

检验方法：用2m靠尺和楔形塞尺检查。

6.2 密封材料嵌缝

6.2.1 本节适用于刚性防水屋面分格缝以及天沟、檐沟、泛水、变形缝等细部构造的密封处理。

6.2.2 密封防水部位的基层质量应符合下列要求：

1 基层应牢固，表面应平整、密实，不得有蜂窝、麻面、起皮和起砂现象。

2 嵌填密封材料的基层应干净、干燥。

6.2.3 密封防水处理连接部位的基层，应涂刷与密封材料相配套的基层处理剂。基层处理剂应配比准确，搅拌均匀。采用多组分基层处理剂时，应根据有效时间确定使用用量。

6.2.4 接缝处的密封材料底部应填放背衬材料，外露的密封材料上应设置保护层，其宽度不应小于200mm。

6.2.5 密封材料嵌填完成后不得碰损及污染，固化前不得踩踏。

主控项目

6.2.6 密封材料的质量必须符合设计要求。

检验方法：检查产品出厂合格证、配合比和现场抽样复验报告。

6.2.7 密封材料嵌填必须密实、连续、饱满，粘结牢固，无气泡、开裂、脱落等缺陷。

检验方法：观察检查。

一般项目

6.2.8 嵌填密封材料的基层应牢固、干净、干燥，表面应平整、密实。

检验方法：观察检查。

6.2.9 密封防水接缝宽度的允许偏差为±10%，接缝深度为宽度的0.5~0.7倍。

优良：在合格基础上，密封防水接缝宽度的允许偏差为±8%，接缝深度为宽度的0.5~0.7倍。

检验方法：尺量检查。

6.2.10 嵌填的密封材料表面应平滑，缝边应顺直，无凹凸不平现象。

优良：在合格基础上，密封材料应宽度一致，对接缝周边无污染。

检验方法：观察检查。

7 瓦屋面工程

7.1 平瓦屋面

7.1.1 本节适用于防水等级为Ⅱ、Ⅲ级以及坡度不小于20%的屋面。

7.1.2 平瓦屋面与立墙及突出屋面结构等交接处，均应做泛水处理。天沟、檐沟的防水层，应采用合成高分子防水卷材、高聚物改性沥青防水卷材、金属板材或塑料板材等材料铺设。

7.1.3 平瓦屋面的有关尺寸应符合下列要求：

1 脊瓦在两坡面瓦上的搭盖宽度，每边不小于40mm。

2 瓦伸入天沟、檐沟的长度为50～70mm。

3 天沟、檐沟的防水层伸入瓦内宽度不小于150mm。

4 瓦头挑出封檐板的长度为50～70mm。

5 突出瓦屋面的墙或烟囱的侧面瓦伸入泛水宽度不小于50mm。

主控项目

7.1.4 平瓦及其脊瓦的质量必须符合设计要求。

检验方法：观察检查和检查出厂合格证或质量检验报告。

7.1.5 平瓦必须铺置牢固。地震设防地区或坡度大于50%的屋面，应采取固定加强措施。

检验方法：观察和手扳检查。

一般项目

7.1.6 挂瓦条应分档均匀，铺钉平整、牢固；瓦面平整，行列整齐，搭接紧密，檐口平直。

优良：在合格基础上，瓦面应平整，行列整齐、顺直。

检验方法：观察检查。

7.1.7 脊瓦应搭盖正确，间距均匀，封固严密；屋脊和斜脊应顺直，无起伏现象。

检验方法：观察或手扳检查。

7.1.8 泛水做法应符合设计要求，顺直整齐，结合严密，无渗漏。

优良：在合格基础上，泛水表面应密实光洁。

检验方法：观察检查和雨后或淋水检验。

7.2 油毡瓦屋面

7.2.1 本节适用于防水等级为Ⅱ、Ⅲ级以及坡度不小于20%的屋面。

7.2.2 油毡瓦屋面与立墙及突出屋面结构等交接处，均应做泛水处理。

7.2.3 油毡瓦屋面的基层应牢固平整。如为混凝土基层，油毡瓦应用专用水泥钢钉与冷沥青玛琋脂粘结固定在混凝土基层上；如为木基层，铺瓦前应在木基层上铺设一层沥青防水卷材垫毡，用油毡钉铺钉，钉帽应盖在垫毡下面。

7.2.4 油毡瓦屋面的有关尺寸应符合下列要求：

1 脊瓦与两坡面油毡瓦搭盖宽度每边不小于100mm。

2 脊瓦与脊瓦的压盖面不小于脊瓦面积的1/2。

3 油毡瓦在屋面与突出屋面结构的交接处铺贴高度不小于250mm。

主 控 项 目

7.2.5 油毡瓦的质量必须符合设计要求。

检验方法：检查出厂合格证和质量检验报告。

7.2.6 油毡瓦所用固定钉必须钉平、钉牢，严禁钉帽外露油毡瓦表面。

检验方法：观察检查。

一 般 项 目

7.2.7 油毡瓦的铺设方法应正确；油毡瓦之间的对缝，上下层不得重合。

检验方法：观察检查。

7.2.8 油毡瓦应与基层紧贴，瓦面平整，檐口顺直。

检验方法：观察检查。

优良：在合格基础上，瓦面色泽一致。

7.2.9 泛水做法应符合设计要求，顺直整齐，结合严密，无渗漏。

优良：在合格基础上，泛水表面应密实光洁。

检验方法：观察检查和雨后或淋水检验。

7.3 金属板材屋面

7.3.1 本节适用于防水等级为Ⅰ～Ⅲ级的屋面。

7.3.2 金属板材屋面与立墙及突出屋面结构等交接处，均应做泛水处理。两板间应放置通长密封条；螺栓拧紧后，两板的搭接口处应用密封材料封严。

7.3.3 压型板应采用带防水垫圈的镀锌螺栓（螺钉）固定，固定点应设在波峰上。所有外露的螺栓（螺钉），均应涂抹密封材料保护。

7.3.4 压型板屋面的有关尺寸应符合下列要求：

1 压型板的横向搭接不小于一个波，纵向搭接不小于200mm。

2 压型板挑出墙面的长度不小于200mm。

3 压型板伸入檐沟内的长度不小于150mm。

4 压型板与泛水的搭接宽度不小于200mm。

主 控 项 目

7.3.5 金属板材及辅助材料的规格和质量，必须符合设计要求。

检验方法：检查出厂合格证和质量检验报告。

7.3.6 金属板材的连接和密封处理必须符合设计要求，不得有渗漏现象。

检验方法：观察检查和雨后或淋水检验。

一 般 项 目

7.3.7 金属板材屋面应安装平整，固定方法正确，密封完整；排水坡度应符合设计要求。

优良：在合格基础上，金属板材屋面应安装平整、接缝顺直，固定方法正确，固定件排列整齐，密封完整。

检验方法：观察和尺量检查。

7.3.8 金属板材屋面的檐口线、泛水段应顺直，无起伏现象。

检验方法：观察检查。

8 隔热屋面工程

8.1 架空屋面

8.1.1 架空隔热层的高度应按照屋面宽度或坡度大小的变化确定。如设计无要求，一般以100~300mm为宜。当屋面宽度大于10m时，应设置通风屋脊。

8.1.2 架空隔热制品支座底面的卷材、涂膜防水层上应采取加强措施，操作时不得损坏已完工的防水层。

8.1.3 架空隔热制品的质量应符合下列要求：

1 非上人屋面的砌筑用砖强度等级不应低于MU7.5；上人屋面的砌筑用砖强度不应低于MU10。

2 混凝土板的强度等级不应低于C20，板内宜加放钢丝网片。

主 控 项 目

8.1.4 架空隔热制品的质量必须符合设计要求，严禁有断裂和露筋等缺陷。

检验方法：观察检查和检查构件合格证或试验报告。

一 般 项 目

8.1.5 架空隔热制品的铺设应平整、稳固，缝隙勾填应密实；架空隔热制品距山墙或女儿墙不得小于250mm，架空层中不得堵塞，架空高度及变形缝做法应符合设计要求。

优良：在合格基础上，架空隔热制品的铺设应边沿整齐，拼缝均匀顺直；架空层中无杂物。

检查方法：观察和尺量检查。

8.1.6 相邻两块制品的高低差不得大于3mm。

优良：在合格基础上，相邻两块制品的高低差不得大于2mm。

检查方法：用直尺和楔形塞尺检查。

8.2 蓄 水 屋 面

8.2.1 蓄水屋面应采用刚性防水层或在卷材、涂膜防水层上面再做刚性防水层，防水层应采用耐腐蚀、耐霉烂、耐穿刺性能好的材料。

8.2.2 蓄水屋面应划分为若干蓄水区，每区的边长不宜大于10m，在变形缝的两侧应分成两个互不连通的蓄水区；长度超过40m的蓄水屋面应做横向伸缩缝一道。蓄水屋面应设置人行通道。

8.2.3 蓄水屋面所设排水管、溢水口和给水管等，应在防水层施工前安装完毕。

8.2.4 每个蓄水区的防水混凝土应一次浇筑完毕，不得留施工缝。

主 控 项 目

8.2.5 蓄水屋面上设置的溢水口、过水孔、排水管、溢水管，其大小、位置、标高的留设必须符合设计要求。

检验方法：观察和尺量检查。

8.2.6 蓄水屋面防水层施工必须符合设计要求，不得有渗漏现象。

检验方法：蓄水至规定高度观察检查。

8.3 种 植 屋 面

8.3.1 种植屋面的防水层应采用耐腐蚀、耐霉烂、耐穿刺性能好的材料。

8.3.2 种植屋面采用卷材防水层时，上部应设置细石混凝土保护层。

8.3.3 种植屋面应有1%～3%的坡度。种植屋面四周应设挡墙，挡墙下部应设泄水孔，孔内侧放置疏水粗细骨料。

8.3.4 种植覆盖层的施工应避免损坏防水层；覆盖材料的厚度、质（重）量应符合设计要求。

主 控 项 目

8.3.5 种植屋面挡墙泄水孔的留设必须符合设计要求，并不得堵塞。

检验方法：观察和尺量检查。

8.3.6 种植屋面防水层施工必须符合设计要求，不得有渗漏现象。

检查方法：蓄水至规定高度观察检查。

9 细 部 构 造

9.0.1 本节适用于屋面的天沟、檐沟、檐口、泛水、水落口、变形缝、伸出屋面管道等防水构造。

9.0.2 用于细部构造处理的防水卷材、防水涂料和密封材料的质量，均应符合本标准有关规定的要求。

9.0.3 卷材或涂膜防水层在天沟、檐沟与屋面交接处、泛水、阴阳角等部位，应增加卷材或涂膜附加层。

9.0.4 天沟、檐沟的防水构造应符合下列要求：

1 沟内附加层在天沟、檐沟与屋面交接处宜空铺，空铺的宽度不应小于200mm。

2 卷材防水层应由沟底翻上至沟外檐顶部，卷材收头应用水泥钉固定，并用密封材料嵌填封严。

3 涂膜收头应用防水涂料多遍涂刷或用密封材料封严。

4 在天沟、檐沟与细石混凝土防水层的交接处，应留凹槽并用密封材料嵌填严密。

9.0.5 檐口的防水构造应符合下列要求：

1 铺贴檐口800mm范围内的卷材应采取满粘法。

2 卷材收头应压入凹槽，采用金属压条钉压，并用密封材料封口。

3 涂膜收头应用防水涂料多遍涂刷或用密封材料封严。

4 檐口下端应抹出鹰嘴和滴水槽。

9.0.6 女儿墙泛水的防水构造应符合下列要求：

1 铺贴泛水处的卷材应采取满粘法。

2 砖墙上的卷材收头可直接铺压在女儿墙压顶下，用压条钉压固定，并用密封材料封闭严密。压顶应做防水处理；也可压入砖墙凹槽内固定密封，凹槽距屋面找平层不应小于250mm，凹槽上部的墙体应做防水处理。

3 涂膜防水层应直接涂刷至女儿墙的压顶下，收头处理应用防水涂料多遍涂刷封严，压顶应做防水处理。

4 混凝土墙上的卷材收头应采用金属压条钉压，并用密封材料封严。

9.0.7 水落口的防水构造应符合下列要求：

1 水落口杯上口的标高应设置在沟底的最低处。

2 防水层贴入水落口杯内不小于50mm。

3 水落口周围直径500mm范围内的坡度不应小于5%，并采用防水涂料或密封材料涂封，其厚度不应小于2mm。

4 水落口杯与基层接触处应留宽20mm、深20mm凹槽，并嵌填密封材料。

9.0.8 变形缝的防水构造应符合下列要求：

1 变形缝的泛水高度不应小于250mm。

2　防水层应铺贴到变形缝两侧砌体的上部。

3　变形缝内应填充聚苯乙烯泡沫塑料，上部填放衬垫材料，并用卷材封盖。

4　变形缝顶部应加扣混凝土或金属盖板，混凝土盖板的接缝应用密封材料嵌填。

9.0.9　伸出屋面管道的防水构造应符合下列要求：

1　管道根部直径500mm范围内，找平层应抹出高度不小于30mm的圆台。

2　管道周围与找平层或细石混凝土防水层之间，应预留20mm×20mm的凹槽，并用密封材料嵌填严密。

3　管道根部四周应增设附加层，宽度和高度均不应小于300mm。

4　管道上的防水层收头处应用金属箍紧固，并用密封材料封严。

主 控 项 目

9.0.10　天沟、檐沟的排水坡度，必须符合设计要求。

优良：在合格基础上，天沟、檐沟边沿顺直、坡度均匀。

检验方法：用水平仪（水平尺）、拉线和尺量检查。

9.0.11　天沟、檐沟、檐口、水落口、泛水、变形缝和伸出屋面管道的防水构造，必须符合设计要求。

优良：在合格基础上，各防水构造应符合下列要求。

天沟、檐沟：做法符合设计要求，找坡正确、顺直、无积水、无渗漏。

檐口：做法符合设计要求，平直整齐，结合严密，坡向正确。

水落口：方正平整、箅子安装方法正确。

泛水：坡度顺平、坡向正确、无积水、无渗漏。

变形缝：顺直、接口严密、构造合理、外型美观。

伸出屋面管道的防水构造：符合规范要求，表面平整顺滑。

检验方法：观察检查和检查隐蔽工程验收记录。

10　分部工程质量评定

10.0.1　屋面工程施工应按工序或分项工程进行质量评定，构成分项工程的各检验批应符合相应质量评定标准的规定。

10.0.2　屋面工程质量评定的文件和记录应按表 10.0.2 要求执行。

表 10.0.2　屋面工程质量评定的文件和记录

序号	项　　目	文　件　和　记　录
1	防水设计	设计图纸及会审记录、设计变更通知单和材料代用核定单
2	施工方案	施工方法、技术措施、质量保证措施
3	技术交底记录	施工操作要求及注意事项
4	材料质量证明文件	出厂合格证、质量检验报告和试验报告
5	中间检查记录	分项工程质量评定及验收记录、隐蔽工程验收记录、施工检验记录、淋水或蓄水检验记录
6	施工日志	逐日施工情况
7	工程检验记录	抽样质量检验及观察记录
8	其他技术资料	事故处理报告、技术总结

10.0.3　屋面工程隐蔽验收记录应包括以下内容：

1　卷材、涂膜防水层的基层。

2　密封防水处理部位。

3　天沟、檐沟、泛水和变形缝等细部做法。

4　卷材、涂膜防水层的搭接宽度和附加层。

5　刚性保护层与卷材、涂膜防水层之间设置的隔离层。

10.0.4　屋面工程分部（子分部）工程质量评定应符合下列规定：

合格：

1　分部（子分部）工程所含分项工程的质量均应评定及验收合格。

2　质量控制资料应完整。

3　观感质量合格。并应符合下列要求：

(**1**) 防水层不得有渗漏或积水现象。

(**2**) 使用的材料应符合设计要求和质量标准的规定。

(**3**) 找平层表面应平整，不得有酥松、起砂、起皮现象。

(**4**) 保温层的厚度、含水率和表观密度应符合设计要求。

(**5**) 天沟、檐沟、泛水和变形缝等构造，应符合设计要求。

(**6**) 卷材铺贴方法和搭接顺序应符合设计要求，搭接宽度正确，接缝严密，不得有皱折、鼓泡和翘边现象。

(7) 涂膜防水层的厚度应符合设计要求，涂层无裂纹、皱折、流淌、鼓泡和露胎体现象。

(8) 刚性防水层表面应平整、压光，不起砂，不起皮，不开裂。分格缝应平直，位置正确。

(9) 嵌缝密封材料应与两侧基层粘牢，密封部位光滑、平直，不得有开裂、鼓泡、下塌现象。

(10) 平瓦屋面的基层应平整、牢固，瓦片排列整齐、平直，搭接合理，接缝严密，不得有残缺瓦片。

子分部优良：

在合格基础上，其中60%及以上分项为优良。

观感质量符合本标准相关条款中优良标准的符合率应达到80%及以上。并应符合下列要求：

1 卷材防水层的搭接缝应粘（焊）结牢固，密封严密，不得有皱折、翘边和鼓泡等缺陷；防水层的收头应与基层粘结并固定牢固，缝口封严，不得翘边。当采用满粘法施工时，防水层与基层应粘贴牢固、结合严密、无滑移、无空鼓等缺陷。

2 保温层厚度的允许偏差：整体现喷保温层为+8%，-5%；板状保温材料为：+4%，-5%，且不大于3 mm。

3 天沟、檐沟：做法符合设计要求，找坡正确、顺直、无积水、无渗漏。

泛水：坡度顺平、坡向正确、无积水、无渗漏。

变形缝：顺直、接口严密、构造合理、外型美观。

4 涂膜防水层的平均厚度应符合设计要求，最小厚度不应小于设计厚度的90%。

涂膜防水层与基层应粘结牢固，表面平整，涂刷均匀一致，不得有流淌、堆积、皱折、鼓泡、针眼、气孔、露胎体和翘边等缺陷。

5 细石混凝土防水层应表面平整、密实光洁，不得有裂纹、麻面、起壳、起砂等缺陷。细石混凝土防水层表面平整度的允许偏差为4mm。

细石混凝土分格缝的位置和间距应符合设计要求，分格缝应顺直，深浅、宽窄基本一致。

6 嵌填的密封材料表面应平滑、密实，缝边应顺直、宽度一致，无凹凸不平现象。接缝周边无污染。

7 平瓦屋面挂瓦条应分档均匀，铺钉整齐、牢固；瓦面平整，行列整齐、顺直，搭接紧密，檐口平直。

分部优良：

在合格基础上，其中60%及以上子分部为优良。观感质量符合本标准相关条款中优良标准的符合率应达到80%及以上。

10.0.5 检查屋面有无渗漏、积水和排水系统是否畅通，应在雨后或持续淋水2h后进行。有可能作蓄水检验的屋面，其蓄水时间不应少于24h。

10.0.6 屋面工程评定合格后，应填写分部工程质量评定记录，报监理（建设）单位进行验收。

附录A 屋面工程防水和保温材料的质量指标

A.0.1 防水卷材的质量指标

1 高聚物改性沥青防水卷材的外观质量和物理性能应符合表 A.0.1-1 和表 A.0.1-2 的要求。

表 A.0.1-1 高聚物改性沥青防水卷材外观质量

项目	质量要求
孔洞、缺边、裂口	不允许
边缘不整齐	不超过 10mm
胎体露白、未浸透	不允许
撒布材料粒度、颜色	均匀
每卷卷材的接头	不超过 1 处，较短的一段不应小于 1000mm，接头处应加长 150mm

表 A.0.1-2 高聚物改性沥青防水卷材物理性能

项目		性能要求		
		聚酯毡胎体	玻纤胎体	聚乙烯胎体
拉力（N/50mm）		≥450	纵向≥350， 横向≥250	≥100
延伸率（%）		最大拉力时，≥30	—	断裂时，≥200
耐热度（℃，2h）		SBS 卷材 90，APP 卷材 110，无滑动、流淌、滴落		PEE 卷材 90，无流淌、起泡
低温柔度（℃）		SBS 卷材 −18，APP 卷材 −5，PEE 卷材 −10。 3mm 厚 $r = 15$mm；4mm 厚 $r = 25$mm；3s 弯 180°，无裂纹		
不透水性	压力（MPa）	≥0.3	≥0.2	≥0.3
	保持时间（min）	≥30		

注：SBS—弹性体改性沥青防水卷材；APP—塑性体改性沥青防水卷材；
PEE—改性沥青聚乙烯胎防水卷材。

2 合成高分子防水卷材的外观质量和物理性能应符合表 A.0.1-3 和表 A.0.1-4 的要求。

表 A.0.1-3 合成高分子防水卷材外观质量

项目	质量要求
折痕	每卷不超过 2 处，总长度不超过 20mm
杂质	大于 0.5mm 颗粒不允许，每 1m² 不超过 9mm²

续表 A.0.1-3

项　目	质　量　要　求
胶　块	每卷不超过6处，每处面积不大于$4mm^2$
凹　痕	每卷不超过6处，深度不超过本身厚度的30%；树脂类深度不超过15%
每卷卷材的接头	橡胶类每20m不超过1处，较短的一段不应小于3000mm，接头处应加长150mm；树脂类20m长度内不允许有接头

表 A.0.1-4　合成高分子防水卷材物理性能

项　目		性　能　要　求			
		硫化橡胶类	非硫化橡胶类	树脂类	纤维增强类
断裂拉伸强度（MPa）		≥6	≥3	≥10	≥9
扯断伸长率（%）		≥400	≥200	≥200	≥10
低温弯折（℃）		−30	−20	−20	−20
不透水性	压力（MPa）	≥0.3	≥0.2	≥0.3	≥0.3
	保持时间（min）	≥30			
加热收缩率（%）		<1.2	<2.0	<2.0	<1.0
热老化保持率（80℃，168h）	断裂拉伸强度	≥80%			
	扯断伸长率	≥70%			

3　卷材胶粘剂的质量应符合下列规定：

1）改性沥青胶粘剂的粘结剥离强度不应小于8N/10mm。

2）合成高分子胶粘剂的粘结剥离强度不应小于15N/10mm，浸水168h后的保持率不应小于70%。

3）双面胶粘带剥离状态下的粘合性不应小于10N/25mm，浸水168h后的保持率不应小于70%。

A.0.2　防水涂料的质量指标

1　高聚物改性沥青防水涂料的物理性能应符合表A.0.2-1的要求。

表 A.0.2-1　高聚物改性沥青防水涂料物理性能

项　目		性　能　要　求
固体含量（%）		≥43
耐热度（80℃，5h）		无流淌、起泡和滑动
柔性（−10℃）		3mm厚，绕ϕ20mm圆棒无裂纹、断裂
不透水性	压力（MPa）	≥0.1
	保持时间（min）	≥30
延伸（20℃±2℃拉伸，mm）		≥4.5

2　合成高分子防水涂料的物理性能应符合表A.0.2-2的要求。

表 A.0.2-2 合成高分子防水涂料物理性能

项目		性能要求		
		反应固化型	挥发固化型	聚合物水泥涂料
固体含量（%）		≥94	≥65	≥65
拉伸强度（MPa）		≥1.65	≥1.5	≥1.2
断裂延伸率（%）		≥350	≥300	≥200
柔性（℃）		－30，弯折无裂纹	－20，弯折无裂纹	－10，绕 φ10mm 棒无裂纹
不透水性	压力（MPa）	≥0.3		
	保持时间（min）	≥30		

3 胎体增强材料的质量应符合表 A.0.2-3 的要求。

表 A.0.2-3 胎体增强材料质量要求

项目		质量要求		
		聚酯无纺布	化纤无纺布	玻纤网布
外观		均匀，无团状，平整无皱折		
拉力（N/50mm）	纵向	≥150	≥45	≥90
	横向	≥100	≥35	≥50
延伸率（%）	纵向	≥10	≥20	≥3
	横向	≥20	≥25	≥3

A.0.3 密封材料的质量指标

1 改性石油沥青密封材料的物理性能应符合表 A.0.3-1 的要求。

表 A.0.3-1 改性石油沥青密封材料物理性能

项目		性能要求	
		Ⅰ	Ⅱ
耐热度	温度（℃）	70	80
	下垂值（mm）	≤4.0	
低温柔性	温度（℃）	－20	－10
	粘结状态	无裂纹和剥离现象	
拉伸粘结性（%）		≥125	
浸水后拉伸粘结性（%）		≥125	
挥发性（%）		≤2.8	
施工度（mm）		≥22.0	≥20.0

注：改性石油沥青密封材料按耐热度和低温柔性分为Ⅰ类和Ⅱ类。

2 合成高分子密封材料的物理性能应符合 A.0.3-2 的要求。

表 A.0.3-2 合成高分子密封材料物理性能

项目		性能要求	
		弹性体密封材料	塑性体密封材料
拉伸粘结性	拉伸强度（MPa）	≥0.2	≥0.02
	延伸率（%）	≥200	≥250
柔性（℃）		-30，无裂纹	-20，无裂纹
拉伸-压缩循环性能	拉伸-压缩率（%）	≥±20	≥±10
	粘结和内聚破坏面积（%）	≤25	

A.0.4 保温材料的质量指标

板状保温材料的质量应符合表 A.0.4 的要求。

表 A.0.4 板状保温材料的质量要求

项目	聚苯乙烯泡沫塑料类		硬质聚氨酯泡沫塑料	泡沫玻璃	微孔混凝土类	膨胀蛭石（珍珠岩）制品
	挤压	模压				
表观密度（kg/m³）	≥32	15～30	≥30	≥150	500～700	300～800
导热系数［W/（m.K）］	≤0.03	≤0.041	≤0.027	≤0.062	≤0.22	≤0.26
抗压强度（MPa）	—	—	—	≥0.4	≥0.4	≥0.3
在10%形变下的压缩应力（MPa）	≥0.15	≥0.06	≥0.15	—	—	—
70℃，48h后尺寸变化率（%）	≤2.0	≤5.0	≤5.0	≤0.5	—	—
吸水率（V/V,%）	≤1.5	≤6	≤3	≤0.5	—	—
外观质量	板的外形基本平整，无严重凸凹不平；厚度允许偏差为5%，且不大于4mm					

附录B 现行建筑防水工程材料标准和现场抽样复验

B.0.1 现行建筑防水工程材料标准应按表B.0.1的规定选用。

表B.0.1 现行建筑防水工程材料标准

类 别	标 准 名 称	标 准 号
改性沥青防水卷材	1. 铝箔面油毡	JC/T 504—1992（1996）
	2. 改性沥青聚乙烯胎防水卷材	JC/T 633—1996
	3. 沥青复合胎柔性防水卷材	JC/T 690—1998
	4. 自粘橡胶沥青防水卷材	JC/T 840—1999
	5. 弹性体改性沥青防水卷材	GB 18242—2000
	6. 塑性体改性沥青防水卷材	GB 18243—2000
高分子防水卷材	1. 聚氯乙烯防水卷材	GB 12952—91
	2. 氯化聚乙烯防水卷材	GB 12953—91
	3. 氯化聚乙烯—橡胶共混防水卷材	JC/T 684—1997
	4. 三元丁橡胶防水卷材	JC/T 645—1996
	5. 高分子防水材料（第一部分片材）	GB 18173.1—2000
防水涂料	1. 聚氨酯防水涂料	JC/T 500—2003
	2. 溶剂型橡胶沥青防水涂料	JC/T 852—1999
	3. 聚合物乳液建筑防水涂料	JC/T 864—2000
	4. 聚合物水泥防水涂料	JC/T 894—2001
密封材料	1. 建筑石油沥青	GB 494—85
	2. 聚氨酯建筑密封膏	JC/T 482—1992（1996）
	3. 聚硫建筑密封膏	JC/T 483—1992（1996）
	4. 丙烯酸建筑密封膏	JC/T 484—1992（1996）
	5. 建筑防水沥青嵌缝油膏	JC/T 207—1996
	6. 聚氯乙烯建筑防水接缝材料	JC/T 798—1997
	7. 建筑用硅酮结构密封胶	GB 16776—1997
刚性防水材料	1. 砂浆、混凝土防水剂	JC 474—92（1999）
	2. 混凝土膨胀剂	JC 476—92（1998）
	3. 水泥基渗透结晶型防水材料	GB 18445—2001

续表 B.0.1

类别	标准名称	标准号
防水材料试验方法	1. 沥青防水卷材试验方法	GB 328—89
	2. 建筑胶粘剂通用试验方法	GB/T 12954—91
	3. 建筑密封材料试验方法	GB/T 13477—92
	4. 建筑防水涂料试验方法	GB/T 16777—1997
	5. 建筑防水涂料老化试验方法	GB/T 18244—2000
瓦	1. 油毡瓦 2. 烧结瓦 3. 混凝土平瓦	JC/T 503—1992（1996） JC 709—1998 JC 746—1999

B.0.2 建筑防水工程材料现场抽样复验应符合表 B.0.2 的规定。

表 B.0.2 建筑防水工程材料现场抽样复验项目

序	材料名程	现场抽样数量	外观质量检验	物理性能检验
1	高聚物改性沥青防水卷材	大于 1000 卷抽 5 卷，每 500 ~ 1000 卷抽 4 卷，100 ~ 499 卷抽 3 卷，100 卷以下抽 2 卷，进行规格尺寸和外观质量检验。在外观质量检验合格的卷材中，任取一卷作物理性能检验	孔洞、缺边、裂口，边缘不整齐，胎体露白、未浸透，撒布材料粒度、颜色，每卷卷材的接头	拉力，最大拉力时延伸率，耐热度，低温柔度，不透水性
2	合成高分子防水卷材	同 1	折痕，杂质，胶块，凹痕，每卷卷材的接头	断裂拉伸强度，扯断伸长率，低温弯折，不透水性
3	石油沥青	同一批至少抽一次	—	针入度，延度，软化点
4	沥青玛琋脂	每工作班至少抽一次	—	耐热度，柔韧性，粘结力
5	高聚物改性沥青防水涂料	每 10t 为一批，不足 10t 按一批抽样	包装完好无损，且标明涂料名称、生产日期、生产厂名、产品有效期；无沉淀、凝胶、分层	固含量、耐热度，柔性，不透水性，延伸
6	合成高分子防水涂料	同 5	包装完好无损，且标明涂料名称、生产日期、生产厂名、产品有效期	固体含量，拉伸强度，断裂延伸率，柔性，不透水性
7	胎体增强材料	每 $3000m^2$ 为一批，不足 $3000m^2$ 按一批抽样	均匀，无团状，平整，无折皱	拉力，延伸率

续表 B.0.2

序	材料名程	现场抽样数量	外观质量检验	物理性能检验
8	改性石油沥青密封材料	每 2t 为一批，不足 2t 按一批抽样	黑色均匀膏状，无结块和未浸透的填料	耐热度，低温柔性，拉伸粘结性，施工度
9	合成高分子密封材料	每 1t 为一批，不足 1t 按一批抽样	均匀膏状物，无结皮、凝胶或不易分散的固体团状	拉伸粘结性，柔性
10	平瓦	同一批至少抽一次	边缘整齐，表面光滑，不得有分层、裂纹、露砂	—
11	油毡瓦	同一批至少抽一次	边缘整齐，切槽清晰，厚薄均匀，表面无孔洞、咯伤、裂纹、折皱及起泡	耐热度，柔度
12	金属板材	同一批至少抽一次	边缘整齐，表面光滑，色泽均匀，外形规则，不得有扭翘、脱模、锈蚀	—

北京建工集团企业标准

Q/BCEG 306 — 2004

建筑地面工程施工质量评定标准

2004年11月24日发布　　　　2005年01月01日实施

北京建工集团有限责任公司

目　次

1 总 则

1.0.1 为了加强建筑工程质量管理，统一本集团建筑地面工程施工质量评定，保证工程质量，制定本标准。

1.0.2 本标准是在国家标准《建筑地面工程施工质量验收规范》GB 50209—2002 基础上制定的质量评定标准，适用于本集团建筑工程中建筑地面工程（含室外散水、明沟、踏步、台阶和坡道等附属工程）施工质量的评定。不适用于保温、隔热、超净、屏蔽、绝缘、防止放射线以及防腐蚀等特殊要求的建筑地面工程施工质量评定。

1.0.3 建筑地面工程施工中采用的承包合同文件、设计文件及其他工程技术文件对施工质量验收的要求不得低于国家标准《建筑地面工程施工质量验收规范》GB 50209—2002 的规定。

1.0.4 本标准应与北京建工集团《建筑工程施工质量评定统一标准》配套使用。

1.0.5 建筑地面工程施工质量评定除应执行本标准外，尚应符合北京建工集团《建筑地面工程施工技术规程》和国家、地方现行有关标准规范的规定。

2 术 语

2.0.1 建筑地面 building ground

建筑物底层地面（地面）和楼层地面（楼面）的总称。

2.0.2 面层 surface course

直接承受各种物理和化学作用的建筑地面表面层。

2.0.3 结合层 combined course

面层与下一构造层相联结的中间层。

2.0.4 基层 base course

面层下的构造层，包括填充层、隔离层、找平层、垫层和基土等。

2.0.5 填充层 filler course

在建筑地面上起隔离、保温、找坡和暗敷管线等作用的构造层。

2.0.6 隔离层 isolating course

防止建筑地面上各种液体或地下水、潮气渗透地面等作用的构造层；仅防止地下潮气透过地面时，可称作防潮层。

2.0.7 找平层 troweling course

在垫层、楼板上或填充层（轻质、松散材料）上起找平、找坡或加强作用的构造层。

2.0.8 垫层 under layer

承受并传递地面荷载于基土上的构造层。

2.0.9 基土 foundation earth layer

底层地面的地基土层。

2.0.10 缩缝 shrinkage crack

防止水泥混凝土垫层在气温降低时产生不规则裂缝而设置的收缩缝。

2.0.11 伸缝 stretching crack

防止水泥混凝土垫层在气温升高时在缩缝边缘产生挤碎或拱起而设置的伸胀缝。

2.0.12 纵向缩缝 lengthwise shrinkage crack

平行于混凝土施工流水作业方向的缩缝。

2.0.13 横向缩缝 crosswise stretching crack

垂直于混凝土施工流水作业方向的缩缝。

2.0.14 绝热层

敷设于填充层之下和沿外墙周边的构造层，用以减少无效热损失。

2.0.15 固定卡子

当采用将加热管直接固定在复合绝热层上的方式时，所使用的塑料卡钉。

2.0.16 自流平

在混凝土或砂浆地面上把着色合成无机溶剂树脂涂抹上去，进而美装地面的工法。

3 基本规定

3.0.1 建筑地面子分部工程、分项工程的划分，按表 3.0.1 执行。

表 3.0.1 建筑地面子分部工程、分项工程划分表

分部工程	子分部工程		分 项 工 程
建筑装饰装修工程	地面	整体面层	基层：基土、灰土垫层、砂垫层和砂石垫层、水泥混凝土垫层、找平层、隔离层、填充层
			面层：水泥混凝土面层、水泥砂浆面层、水磨石面层、水泥钢（铁）屑面层、防油渗面层、不发火（防爆的）面层、环氧自流平面层
		板块面层	基层：基土、灰土垫层、砂垫层和砂石垫层、水泥混凝土垫层、找平层、隔离层、填充层
			面层：砖面层（陶瓷锦砖、缸砖、陶瓷地砖和水泥花砖面层）、大理石面层和花岗石面层、预制板块面层（水泥混凝土板块、水磨石板块面层）、料石面层（条石、块石面层）、塑料板面层、活动地板面层、地毯面层
		木、竹面层	基层：基土、灰土垫层、砂垫层和砂石垫层、水泥混凝土垫层、找平层、隔离层、填充层
			面层：实木地板面层（条材、块材面层）、实木复合地板面层（条材、块材面层）、中密度（强化）复合地板面层（条材面层）、竹地板面层

3.0.2 建筑地面工程施工时，应有质量管理体系和相应的施工工艺技术标准。

3.0.3 建筑地面工程采用的材料应按设计要求和本标准的规定选用，并应符合国家标准的规定；进场材料应有中文质量合格证明文件、规格、型号及性能检测报告，对重要材料应有复验报告。

3.0.4 建筑地面采用的大理石、花岗石等天然石材必须符合国家现行行业标准中有关材料有害物质的限量规定。进场应具有检测报告。

3.0.5 胶粘剂、沥青胶结料和涂料等材料应按设计要求选用，并应符合现行国家标准《民用建筑工程室内环境污染控制规范》GB 50325—2001 的规定。

3.0.6 厕浴间和有防滑要求的建筑地面的板块材料应符合设计要求。

3.0.7 建筑地面下的沟槽、暗管等工程完工后，经检验合格并做隐蔽记录，方可进行建筑地面工程的施工。

3.0.8 建筑地面工程基层（各构造层）和面层的铺设，均应待其下一层检验合格后方可施工上一层。建筑地面工程铺设前与相关专业的分部（子分部）工程、分项工程以及设备管道安装工程之间，应进行交接检验。

3.0.9 建筑地面工程施工时，各层环境温度的控制应符合下列规定：

1 采用掺有水泥、石灰的拌和料铺设以及用石油沥青胶结料铺贴时，不应低于5℃；

2 采用有机胶粘剂粘贴时，不应低于10℃；

3 采用砂、石材料铺设时，不应低于0℃。

3.0.10 铺设有坡度的地面应采用基土高差达到设计要求的坡度；铺设有坡度的楼面（或架空地面）应采用在钢筋混凝土板上变更填充层（或找平层）铺设的厚度或以结构起坡达到设计要求的坡度。

3.0.11 室外散水、明沟、踏步、台阶和坡道等附属工程，其面层和基层（各构造层）均应符合设计要求。施工时应按本标准基层铺设中基土和相应垫层以及面层的规定执行。

3.0.12 水泥混凝土散水、明沟，应设置伸缩缝，其延米间距不得大于10m；房屋转角处应做45°缝。水泥混凝土散水、明沟和台阶等与建筑物连接处应设缝处理。上述缝宽度为15～20mm，缝内填嵌柔性密封材料。

3.0.13 建筑地面的变形缝应按设计要求设置，并应符合下列规定：

1 建筑地面的沉降缝、伸缩缝和防震缝，应与结构相应缝的位置一致，且应贯通建筑地面的各构造层；

2 沉降缝和防震缝的宽度应符合设计要求，缝内清理干净，以柔性密封材料填嵌后用板封盖，并应与面层齐平。

3.0.14 建筑地面镶边，当设计无要求时，应符合下列规定：

1 有强烈机械作用下的水泥类整体面层与其他类型的面层邻接处，应设置金属镶边构件；

2 采用水磨石整体面层时，应用同类材料以分格条设置镶边；

3 条石面层和砖面层与其他面层邻接处，应用同类材料镶边；

4 采用木、竹面层和塑料板面层时，应用同类材料镶边；

5 地面面层与管沟、孔洞、检查井等邻接处，均应设置镶边；

6 管沟、变形缝等处的建筑地面面层的镶边构件，应在面层铺设前装设。

3.0.15 厕浴间、厨房和有排水（或其他液体）要求的建筑地面面层与相连接各类面层的标高差应符合设计要求。

3.0.16 检验水泥混凝土和水泥砂浆强度试块的组数，按每一层（或验收批）建筑地面不应小于1组。当每一层（或验收批）建筑地面工程面积大于1000m^{2}时，每增加1000m^{2}应增做1组试块；小于1000m^{2}按1000m^{2}计算。当改变配合比时，亦应相应地制作试块。

3.0.17 各类面层的铺设宜在室内装饰工程基本完工后进行。木、竹面层以及活动地板、塑料板、地毯面层的铺设，应待抹灰工程或管道试压等施工完工后进行。

3.0.18 建筑地面工程施工质量的检验，应符合下列规定：

1 基层（各构造层）和各类面层的分项工程的施工质量评定及验收应按每一层次或每层施工段（或变形缝）作为检验批，高层建筑的标准层可按每三层（不足三层按三层计）作为检验批；

2 每检验批应以各子分部工程的基层（各构造层）和各类面层所划分的分项工程按自然间（或标准间）检验，抽查数量应随机检验不应少于3间；不足3间，应全数检查；其中走廊（过道）应以10延长米为1间，工业厂房（按单跨计）、礼堂、门厅应以两个轴线为 1 间计算；

3 有防水要求的建筑地面子分部工程的分项工程施工质量每检验批抽查数量应按其房间总数随机检验不应少于 4 间，不足 4 间，应全数检查。

3.0.19 建筑地面工程检验批质量评定应符合下列规定：

1 检验批合格质量应符合下列规定：

(1) 主控项目的质量经抽样检验全部合格；一般项目 80% 以上的检查点（处）符合本标准规定的合格质量要求，其他检查点（处）不得有明显影响使用，并不得大于允许偏差值的 50% 为合格。

(2) 具有完整的施工操作依据和质量验收记录。

2 检验批优良质量应符合下列规定：

在合格的基础上，检验批所包含的各个指定项目均达到优良。其中指定项目优良是指：指定项目质量经抽样检验，符合本标准相应优良标准的符合率达到 80% 及以上。

3.0.20 分项质量评定应符合下列规定：

合格：

1 分项工程所含的检验批均应符合本标准合格标准的规定。

2 分项工程所含的检验批的质量评定及验收记录应完整。

优良：在合格基础上，其中 60% 及以上检验批为优良。

3.0.21 建筑地面工程的分项工程施工质量检验，凡达不到质量标准时，应按北京建工集团企业标准《建筑工程施工质量评定统一标准》的规定处理。

3.0.22 建筑地面工程完工后，在建筑施工企业自行检验评定合格的基础上，报监理单位组织有关单位对分项工程、子分部工程进行验收。

3.0.23 检验方法应符合下列规定：

1 检查允许偏差应采用钢尺、2m 靠尺、楔形塞尺、坡度尺和水准仪；

2 检查空鼓应采用敲击的方法；

3 检查有防水要求建筑地面的基层（各构造层）和面层，应采用泼水或蓄水方法，蓄水时间不得少于 24h；

4 检查各类面层（含不需铺设部分或局部面层）表面的裂纹、脱皮、麻面和起砂等缺陷，应采用观感的方法。

3.0.24 建筑地面工程完工后，应对面层采取保护措施。

4 基 层 铺 设

4.1 一 般 规 定

4.1.1 本章适用于基土、垫层、找平层、隔离层和填充层等基层分项工程的施工质量检验评定。

4.1.2 基层铺设的材料质量、密实度和强度等级（或配合比）等应符合设计要求和本标准的规定。

4.1.3 基层铺设前，其下一层应干净、无积水。

4.1.4 当垫层、找平层内埋设暗管时，管道应按设计要求予以稳固。

4.1.5 基层的标高、坡度、厚度等应符合设计要求。基层表面应平整，其允许偏差应符合表 4.1.5 的规定。

表 4.1.5 基层表面的允许偏差和检验方法（mm）

<table>
<tr><th rowspan="4">项次</th><th rowspan="4">项目</th><th colspan="14">允许偏差</th></tr>
<tr><th colspan="2">基土</th><th colspan="12">垫层</th></tr>
<tr><th colspan="2" rowspan="2">土</th><th colspan="2" rowspan="2">砂、砂石</th><th colspan="2" rowspan="2">水泥混凝土、灰土</th><th colspan="2" rowspan="2">木搁栅</th><th colspan="4">毛地板</th></tr>
<tr><th colspan="2">拼花实木地板、拼花实木复合地板面层</th><th colspan="2">其他种类面层</th></tr>
<tr><th></th><th></th><th>合格</th><th>优良</th><th>合格</th><th>优良</th><th>合格</th><th>优良</th><th>合格</th><th>优良</th><th>合格</th><th>优良</th><th>合格</th><th>优良</th></tr>
<tr><td>1</td><td>表面平整度</td><td>15</td><td>12</td><td>15</td><td>12</td><td>10</td><td>8</td><td>3</td><td>2</td><td>3</td><td>2</td><td>5</td><td>4</td></tr>
<tr><td>2</td><td>标高</td><td>0
-50</td><td>0
-40</td><td>±20</td><td>±16</td><td>±10</td><td>±8</td><td>±5</td><td>±4</td><td>±5</td><td>±4</td><td colspan="2">±8</td></tr>
<tr><td>3</td><td>坡度</td><td colspan="12">不大于房间相应尺寸的 2/1000，且不大于 30</td></tr>
<tr><td>4</td><td>厚度</td><td colspan="12">在个别地方不大于设计厚度的 1/10</td></tr>
</table>

续表 4.1.5

项次	项目	允许偏差												检验方法
		找平层						填充层				隔离层		
		用沥青玛㻞脂做结合层铺设拼花木板、板块面层		用水泥砂浆做结合层铺设板块面层		用胶结剂做结合层铺设拼花木板、塑料板、强化复合地板、竹地板面层		松散材料		板、块材料		防水、防潮、防油渗		
		合格	优良	合格	优良	合格	优良	合格	优良	合格	优良	合格	优良	
1	表面平整度	3	2	5	4	2	1	7		5		3	2	用2m靠尺和楔形塞尺检查
2	标高	±5	±4	±8		±4		±4		±4		±4		用水准仪检查
3	坡度	不大于房间相应尺寸的2/1000，且不大于30												用坡度尺检查
4	厚度	在个别地方不大于设计厚度的1/10												用钢尺检查

4.2 基　　土

4.2.1 对软弱土层应按设计要求进行处理。

4.2.2 填土应分层压（夯）实，填土质量应符合北京建工集团企业标准《地基与基础工程施工质量评定标准》的有关规定。

4.2.3 填土时应为最优含水量。重要工程或大面积的地面填土前，应取土样，按击实试验确定最优含水量与相应的最大干密度。

主 控 项 目

4.2.4 基土严禁用淤泥、腐殖土、冻土、耕植土、膨胀土和含有有机物质大于8%的土作为填土。

检验方法：观察检查和检查土质记录

4.2.5 基土应均匀密实，压实系数应符合设计要求，设计无要求时，不应小于0.90。

检验方法：观察检查和检查试验记录。

一 般 项 目

4.2.6 基土表面的允许偏差符合本标准表 4.1.5 的规定。

检验方法：应按本标准表 4.1.5 中的检验方法检验。

4.3 灰 土 垫 层

4.3.1 灰土垫层应采用熟化石灰与黏土（或粉质黏土、粉土）的拌和料铺设，其厚度不应小于 100mm。

4.3.2 熟化石灰可采用磨细生石灰，亦可用粉煤灰或电石渣代替。

4.3.3 灰土垫层应铺设在不受地下水浸泡的基土上。施工后应有防止水浸泡的措施。

4.3.4 灰土垫层应分层夯实，经湿润养护、晾干后方可进行下一道工序施工。

主 控 项 目

4.3.5 灰土体积比应符合设计要求。

检验方法：观察检查和检查配合比通知单记录。

一 般 项 目

4.3.6 熟化石灰颗粒粒径不得大于 5mm；黏土（或粉质黏土、粉土）内不得含有有机物质，颗粒粒径不得大于 15mm。

优良：在合格的基础上，表面无松散和起皮；分层厚度、留槎位置正确，接槎密实、平整。

检验方法：观察检查和检查材质合格记录。

4.3.7 灰土垫层表面的允许偏差应符合本标准表 4.1.5 的规定。

检验方法：应按本标准表 4.1.5 中的检验方法检验。

4.4 砂垫层和砂石垫层

4.4.1 砂垫层厚度不应小于 60mm；砂石垫层厚度不应小于 100mm。

4.4.2 砂石应选用天然级配材料。铺设时不应有粗细颗粒分离现象，压（夯）至不松动为止。

主 控 项 目

4.4.3 砂和砂石不得含有草根等有机杂质；砂应采用中砂；石子最大粒径不得大于垫层厚度的 2/3。

检验方法：观察检查和检查材质合格证明文件及检测报告。

4.4.4 砂垫层和砂石垫层的干密度（或贯入度）应符合设计要求。

检验方法：观察检查和检查试验记录。

一 般 项 目

4.4.5 表面不应有砂窝、石堆等质量缺陷。

优良：在合格的基础上，表面无松散；分层厚度、留槎位置正确，接槎密实、平整。

检验方法：观察检查。

4.4.6 砂垫层和砂石垫层表面允许偏差应符合本标准表4.1.5的规定。

检验方法：应按本标准表4.1.5中的检验方法检验。

4.5 碎石垫层和碎砖垫层

本标准不涉及此章节内容。如遇此项施工，请按照国家和地方相关标准执行。

4.6 三合土垫层

本标准不涉及此章节内容。如遇此项施工，请按照国家和地方相关标准执行。

4.7 炉渣垫层

本标准不涉及此章节内容。如遇此项施工，请按照国家和地方相关标准执行。

4.8 水泥混凝土垫层

4.8.1 水泥混凝土垫层铺设在基土上，当气温长期处于0℃以下，设计无要求时，垫层应设置伸缩缝。

4.8.2 水泥混凝土垫层的厚度不应小于60mm。

4.8.3 垫层敷设前，其下一层表面应湿润。

4.8.4 室内地面的水泥混凝土垫层，应设置纵向缩缝和横向缩缝；纵向缩缝间距不得大于6m，横向缩缝不得大于12m。

4.8.5 垫层的纵向缩缝应做平头缝或加肋板平头缝。当垫层厚度大于150mm时，可做企口缝。横向缩缝应做假缝。

平头缝和企口缝的缝间不得放置隔离材料，浇筑时应互相紧贴。企口缝的尺寸应符合设计要求，假缝宽度为5～20mm，深度为垫层厚度的1/3，缝内填水泥砂浆。

4.8.6 工业厂房、礼堂、门厅等大面积水泥混凝土垫层应分区段浇筑。分区段应结合变形缝位置、不同类型的建筑地面连接处和设备基础的位置进行划分，并应与设置的纵向、横向缩缝的间距相一致。

4.8.7 水泥混凝土施工质量检验尚应符合北京建工集团企业标准《混凝土结构工程施工质量评定标准》的有关规定。

主控项目

4.8.8 水泥混凝土垫层采用的粗骨料，其最大粒径不应大于垫层厚度的2/3；含泥量不应大于2%；砂为中粗砂，其含泥量不应大于3%。

检验方法：观察检查和检查材质合格证明文件及检测报告。

4.8.9 混凝土的强度等级应符合设计要求，且不应小于C10。

检验方法：观察检查和检查配合比通知单及检测报告。

一 般 项 目

4.8.10 水泥混凝土垫层表面的允许偏差应符合本标准表4.1.5的规定。

优良：在合格的基础上，水泥混凝土垫层分格缝设置合理、宽窄一致、顺直，与其下一层结合牢固，不得有空鼓。

检验方法：应按本标准表4.1.5中的检验方法检验。

4.9 找 平 层

4.9.1 找平层应采用水泥砂浆或水泥混凝土铺设，并应符合本标准第5章有关面层的规定。

4.9.2 铺设找平层前，当其下一层有松散填充料时，应予铺平振实。

4.9.3 有防水要求的建筑地面工程，铺设前必须对立管、套管和地漏与楼板节点之间进行密封处理；排水坡度应符合设计要求。

4.9.4 在预制钢筋混凝土板上铺设找平层前，板缝填嵌的施工应符合下列要求：

1 预制钢筋混凝土板相邻缝底宽不应小于20mm；

2 填嵌时，板缝内应清理干净，保持湿润；

3 填缝采用细石混凝土，其强度等级不得小于C20。填缝高度应低于板面10~20mm，且振捣密实，表面不应压光；填缝后应养护；

4 当板缝底宽大于40mm时，应按设计要求配置钢筋。

4.9.5 在预制钢筋混凝土板上铺设找平层时，其板端应按设计要求做防裂的构造措施。

主 控 项 目

4.9.6 找平层采用碎石或卵石的粒径不应大于其厚度的2/3，含泥量不应大于2%；砂为中粗砂，其含泥量不应大于3%。

检验方法：观察检查和检查材质合格证明文件及检测报告。

4.9.7 水泥砂浆体积比或水泥混凝土强度等级应符合设计要求，且水泥砂浆体积不应小于1:3（或相应的强度等级）；水泥混凝土强度等级不应小于C15。

检验方法：观察检查和检查配合比通知单及检测报告。

4.9.8 有防水要求的建筑地面工程的立管、套管、地漏处严禁渗漏，坡向应正确、无积水。

检验方法：观察检查和蓄水、泼水检验及坡度尺检查。

一 般 项 目

4.9.9 找平层与其下一层结合牢固，不得有空鼓。

检验方法：用小锤轻击检查。

4.9.10 找平层表面应密实，不得有起砂、蜂窝和裂缝等缺陷。

检验方法：观察检查。

4.9.11 找平层的表面允许偏差应符合本标准表 4.1.5 的规定。

检验方法：应按本标准表 4.1.5 中的检验方法检验。

4.10 隔 离 层

4.10.1 隔离层的材料，其材质应经有资质的检测单位认定。

4.10.2 在水泥找平层上铺设沥青类防水卷材、防水涂料或以水泥类材料作为防水隔离层时，其表面应坚固、洁净、干燥。铺设前，应涂刷基层处理剂。基层处理剂应采用与卷材性能配套的材料或采用同类涂料的底子油。

4.10.3 当采用掺有防水剂的水泥类找平层作为防水隔离层时，其掺量和强度等级（或配合比）应符合要求。

4.10.4 铺设防水隔离层时，在管道穿过楼板面四周，防水材料应向上铺涂，并超过套管的上口；在靠近墙面处，应高出面层 200~300mm 或按设计要求的高度铺涂。阴阳角和管道穿过楼板面的根部应增加铺涂附加防水隔离层。

4.10.5 防水材料铺设后，必须蓄水检验。蓄水深度应为 20~30mm，24h 内无渗漏为合格，并做记录。

4.10.6 隔离层施工质量检验应符合北京建工集团企业标准《屋面工程质量评定标准》的有关规定。

主 控 项 目

4.10.7 隔离层材质必须符合设计要求和国家产品标准的规定。

检验方法：观察检查和检查材质合格证明文件、检测报告。

4.10.8 厕浴间和有防水要求的建筑地面必须设置防水隔离层。楼层结构必须采用现浇混凝土或整块预制混凝土板，混凝土强度等级不应小于 C20；楼板四周除门洞外，应做混凝土翻边，其高度不应小于 120mm。施工时结构层标高和预留孔洞位置应准确，严禁乱凿洞。

检验方法：观察和钢尺检查。

4.10.9 水泥类防水隔离层的防水性能和强度等级必须符合设计要求。

检验方法：观察检查和检查检测报告。

4.10.10 防水隔离层严禁渗漏，坡向应正确、排水通畅。

检验方法：观察检查和蓄水、泼水检验或坡度尺检查及检查检验记录。

一 般 项 目

4.10.11 隔离层厚度应符合设计要求。

检验方法：观察检查和用钢尺检查。

4.10.12 隔离层与其下一层粘结牢固，不得有空鼓；防水涂层应平整、均匀，无脱皮、起壳、裂缝、鼓泡等缺陷。

优良：在合格的基础上，防水层搭接应符合要求，周边不得翘起，铺贴方向一致；不得有流淌现象。

检验方法：用小锤轻击检查和观察检查。

4.10.13 隔离层表面的允许偏差应符合本标准表4.1.5的规定。

检验方法：应按本标准表4.1.5中的检验方法检验。

4.11 填 充 层

4.11.1 填充层应按设计要求选用材料，其密度和导热系数应符合国家有关产品标准的规定。

4.11.2 填充层的下一层表面应平整。当为水泥类时，尚应洁净、干燥，并不得有空鼓、裂缝和起砂等缺陷。

4.11.3 采用松散材料铺设填充层时，应分层铺平拍实；采用板、块状材料铺设填充层时，应分层错缝铺贴。

4.11.4 填充层施工质量检验尚应符合北京建工集团企业标准《屋面工程质量评定标准》的有关规定。

主 控 项 目

4.11.5 填充层的材料质量必须符合设计要求和国家产品标准的规定。

检验方法：观察检查和检查材质合格证明文件、检测报告。

4.11.6 填充层的配合比必须符合设计要求。

检验方法：观察检查和检查配合比通知单。

一 般 项 目

4.11.7 松散材料填充层铺设应密实；板块状材料填充层应压实、无翘曲。

检验方法：观察检查。

4.11.8 填充层表面的允许偏差应符合本标准表4.1.5的规定。

检验方法：应按本标准表4.1.5中的检验方法检验。

5 整体面层铺设

5.1 一 般 规 定

5.1.1 本章适用于水泥混凝土（含细石混凝土）面层、水泥砂浆面层、水磨石面层、水泥耐磨面层、防渗面层和不发火（防爆的）面层、自流平面层等面层分项工程的施工质量检验评定。

5.1.2 铺设整体面层时，其水泥类基层的抗压强度不得小于1.2MPa；表面应粗糙、洁净、湿润并不得有积水。铺设前宜涂刷界面处理剂。

5.1.3 铺设整体面层，应符合设计要求和本标准第3.0.13条的规定。

5.1.4 整体面层施工后，养护时间不应少于7d；抗压强度应达到5MPa后，方准上人行走；抗压强度应达到设计要求后，方可正常使用。

5.1.5 当采用掺有水泥拌合料做踢脚线时，不得用石灰砂浆打底。

5.1.6 整体面层的抹平工作应在水泥初凝前完成，压光工作应在水泥终凝前完成。

5.1.7 整体面层的允许偏差应符合表5.1.7的规定。

表5.1.7 整体面层的允许偏差和检验方法（mm）

<table>
<tr><th rowspan="3">项次</th><th rowspan="3">项 目</th><th colspan="14">允 许 偏 差</th><th rowspan="3">检验方法</th></tr>
<tr><th colspan="2">水泥混凝土面层</th><th colspan="2">水泥砂浆面层</th><th colspan="2">普通水磨石面层</th><th colspan="2">高级水磨石面层</th><th colspan="2">水泥耐磨面层</th><th colspan="2">防油渗混凝土和不发火(防爆的)面层</th><th colspan="2">自流平面层</th></tr>
<tr><th>合格</th><th>优良</th><th>合格</th><th>优良</th><th>合格</th><th>优良</th><th>合格</th><th>优良</th><th>合格</th><th>优良</th><th>合格</th><th>优良</th><th>合格</th><th>优良</th></tr>
<tr><td>1</td><td>表面平整度</td><td>5</td><td>*4*</td><td>4</td><td>*3*</td><td>3</td><td>*2*</td><td colspan="2">2</td><td>4</td><td>*3*</td><td>5</td><td>*4*</td><td>4</td><td>*2*</td><td>用2m靠尺和楔形塞尺检查</td></tr>
<tr><td>2</td><td>踢脚线上口平直</td><td>4</td><td>*3*</td><td>4</td><td>*3*</td><td>3</td><td>*2*</td><td>3</td><td>*2*</td><td>4</td><td>*3*</td><td>4</td><td>*3*</td><td>—</td><td>—</td><td rowspan="2">用5m线和用钢尺检查</td></tr>
<tr><td>3</td><td>缝格平直</td><td>3</td><td>*2*</td><td>3</td><td>*2*</td><td>3</td><td>*2*</td><td>2</td><td>*1*</td><td>3</td><td>*2*</td><td>3</td><td>*2*</td><td>—</td><td>—</td></tr>
</table>

5.2 水泥混凝土面层

5.2.1 水泥混凝土面层厚度应符合设计要求

5.2.2 水泥混凝土面层铺设不得留施工缝。当施工间隙超过允许时间规定时，应对接搓处进行处理。

主 控 项 目

5.2.3 水泥混凝土采用的粗骨料，其最大粒径不应大于面层厚度的2/3，细石混凝土面层采用的石子粒径不应大于15mm。

检验方法：观察检查和检查材质合格证明文件及检测报告。

5.2.4 面层的强度等级应符合设计要求，且水泥混凝土面层强度等级不应小于C20；水泥混凝土垫层兼面层强度等级不应小于C15。

检验方法：检查配合比通知单及检测报告。

5.2.5 面层与下一层应结合牢固，无空鼓、裂纹。

注：空鼓面积不应大于400cm²，且每自然间（标准间）不多于2处可不计。

优良：在合格基础上，空鼓面积不应大于300cm²，且每自然间（标准间）不多于2处可不计。

检验方法：用小锤轻击检查。

一 般 项 目

5.2.6 面层表面不应有裂纹、脱皮、麻面、起砂等缺陷。

优良：在合格的基础上，面层表面平整、密实光洁，分格缝设置合理、宽窄一致、顺直、边缘整齐，且与基层分格缝相对应。

检验方法：观察检查。

5.2.7 面层表面的坡度应符合设计要求，不得有倒泛水和积水现象。

检验方法：观察和采用泼水或用坡度尺检查。

5.2.8 水泥砂浆踢脚线与墙面应紧密结合，高度一致，出墙厚度均匀。

注：局部空鼓长度不应大于300mm，且每自然间（标准间）不多于2处可不计。

优良：在合格的基础上，水泥砂浆踢脚线顺直、颜色均匀，大小面平整光洁，棱角方正，出墙厚度不大于8mm；局部空鼓长度不大于200mm，且每自然间（标准间）不多于2处可不计。

检验方法：用小锤轻击、钢尺和观察检查。

5.2.9 楼梯踏步的宽度、高度应符合设计要求。楼层梯段相邻踏步高度差不应大于10mm，每踏步两端宽度差不应大于10mm；旋转楼梯梯段的每踏步两端宽度的允许偏差为5mm。楼梯踏步的齿角应整齐，防滑条应顺直。

优良：在合格的基础上，楼梯踏步表面平整光洁，颜色均匀一致；楼层梯段相邻踏步高度差不应大于8mm，每踏步两端宽度差不应大于8mm，旋转楼梯梯段的每踏步两端宽度的允许偏差为4mm。

检验方法：观察和钢尺检查。

5.2.10 水泥混凝土面层的允许偏差应符合本标准表5.1.7的规定。

检验方法：应按本标准表5.1.7中的检验方法检验。

5.3 水泥砂浆面层

5.3.1 水泥砂浆面层的厚度应符合设计要求，且不应小于20mm。

主控项目

5.3.2 水泥采用硅酸盐水泥、普通硅酸盐水泥，其强度等级不应小于32.5，不同品种、不同强度等级的水泥严禁混用；砂应为中粗砂，当采用石屑时，其粒径应为1~5mm，且含泥量不应大于3%。

检验方法：观察检查和检查材质合格证明文件及检测报告。

5.3.3 水泥砂浆面层的体积比（强度等级）必须符合设计要求；且体积比应为1:2，强度等级不应小于M15。

检验方法：检查配合比通知单和检测报告。

5.3.4 面层与下一层应结合牢固，无空鼓、裂纹。

注：空鼓面积不应大于400cm²，且每自然间（标准间）不多于2处可不计。

优良：在合格基础上，空鼓面积不应大于300cm²，且每自然间（标准间）不多于2处可不计。

检验方法：用小锤轻击检查。

一般项目

5.3.5 面层表面的坡度应符合设计要求，不得有倒泛水和积水现象。

检验方法：观察和采用泼水或坡度尺检查。

5.3.6 面层表面应洁净，无裂纹、脱皮、麻面、起砂等缺陷。

优良：在合格的基础上，表面密实、光洁平整、无起皮；分格缝设置合理、宽窄一致、顺直、边缘整齐。

检验方法：观察检查。

5.3.7 踢脚线与墙面应紧密结合，高度一致，出墙厚度均匀。

注：局部空鼓长度不应大于300mm，且每自然间（标准间）不多于2处可不计。

优良：在合格的基础上，踢脚线顺直、颜色均匀，大小面平整光洁，棱角方正，出墙厚度不大于8mm；局部空鼓长度不大于200mm，且每自然间（标准间）不多于2处可不计。

检验方法：用小锤轻击、钢尺和观察检查。

5.3.8 楼梯踏步的宽度、高度应符合设计要求。楼层梯段相邻踏步高度差不应大于10mm，每踏步两端宽度差不应大于10mm；旋转楼梯梯段的每踏步两端宽度的允许偏差为5mm。楼梯踏步的齿角应整齐，防滑条应顺直。

优良：在合格的基础上，楼梯踏步表面平整光洁，颜色均匀一致；楼层梯段相邻踏步高度差不应大于8mm，每踏步两端宽度差不应大于8mm，旋转楼梯梯段的每踏步两端宽度的允许偏差为4mm。

检验方法：观察和钢尺检查。

5.3.9 水泥砂浆面层的允许偏差应符合本标准表5.1.7的规定。

检验方法：应按本标准表5.1.7中的检验方法检验。

5.4 水磨石面层

5.4.1 水磨石面层应采用水泥与石粒的拌和料铺设。面层厚度除有特殊要求外，宜为12～18mm，且按石粒粒径确定。水磨石面层的颜色和图案应符合设计要求。

5.4.2 白色或浅色的水磨石面层，应采用白水泥；深色的水磨石面层，宜采用硅酸盐水泥、普通硅酸盐水泥或矿渣硅酸盐水泥；同颜色的面层应使用同一批水泥。同一彩色面层应使用同厂、同批的颜料；其掺入量宜为水泥重量的3%～6%或由试验确定。

5.4.3 水磨石面层的结合层的水泥砂浆稠度（以标准圆锥体沉入度计）宜为30～35mm。

5.4.4 普通水磨石面层磨光遍数不应少于3遍。高级水磨石面层的厚度和磨光遍数由设计确定。

5.4.5 在水磨石面层磨光后，涂草酸和上蜡前，其表面不得污染。

主 控 项 目

5.4.6 水磨石面层的石粒，应采用坚硬可磨白云石、大理石等岩石加工而成，石粒应洁净无杂物，其粒径除特殊要求外应为6～15mm；水泥强度等级不应小于32.5；颜料应采用耐光、耐碱的矿物原料，不得使用酸性颜料。

检验方法：观察检查和检查材质合格证明文件。

5.4.7 水磨石面层拌和料的体积比应符合设计要求，且为1:1.5～1:2.5（水泥:石粒）。

检验方法：检查配合比通知单和检测报告。

5.4.8 面层与下一层结合应牢固，无空鼓、裂纹。

注：空鼓面积不应大于400cm²，且每自然间（标准间）不多于2处可不计。

优良：在合格基础上，空鼓面积不应大于300cm²，且每自然间（标准间）不多于2处可不计。

检验方法：用小锤轻击检查。

一 般 项 目

5.4.9 面层表面应光滑；无明显裂纹、砂眼和磨纹；石粒密实，显露均匀；颜色图案一致，不混色；分格条牢固、顺直和清晰。

优良：在合格基础上，水磨石面层表面应平整光滑、无裂纹，分格条设置合理，拼缝严密，十字缝通顺，阴阳角收边方正。

检验方法：观察检查。

5.4.10 踢脚线与墙面应紧密结合、高度一致，出墙厚度均匀。

注：局部空鼓长度不大于300mm，且每自然间（标准间）不多于2处可不计。

优良：在合格基础上，踢脚线顺直、大小面平整光洁、棱角方正，局部空鼓长度不大于200mm，且每自然间（标准间）不多于2处可不计。

检验方法：用小锤轻击、钢尺和观察检查。

5.4.11 楼梯踏步的宽度、高度应符合设计要求。楼层梯段相邻踏步高度差不应大于10mm，每踏步两端宽度差不应大于10mm，旋转楼梯梯段的每踏步两端宽度的允许偏差为5mm。楼梯踏步的齿角应整齐，防滑条应顺直。

优良：在合格基础上，楼梯踏步表面平整光滑、无裂纹；楼层梯段相邻踏步高差不应大于8mm，每踏步两端高度差不应大于8mm，旋转楼梯梯段的每踏步两端宽度的允许偏差为4mm。

检验方法：观察和钢尺检查。

5.4.12 水磨石面层的允许偏差及检验方法应符合本标准表5.1.7的规定。

5.5 水泥耐磨面层

5.5.1 水泥耐磨面层应采用水泥与耐磨的拌合料铺设。

5.5.2 水泥耐磨面层配合比应通过试验确定。当采用振动法使水泥钢（铁）屑拌和料密实时，其密度不应小于2000kg/m^3，其稠度不应大于10mm。

5.5.3 水泥耐磨面层铺设时应先铺一层厚20mm的水泥砂浆结合层，面层的铺设应在结合层的水泥初凝前完成。

主控项目

5.5.4 水泥强度等级不应小于32.5；金属耐磨料的粒径应为1～5mm，不应有其他杂质，使用前应去油除锈，冲洗干净并干燥。

检验方法：观察检查和检查材质合格证明文件及检测报告。

5.5.5 面层和结合层的强度等级必须符合设计要求，且面层抗压强度不应小于40MPa；结合层体积比为1:2（相应的强度等级不应小于M15）。

检验方法：检查配合比通知单和检测报告。

5.5.6 面层与下一层结合必须牢固、无空鼓。

检验方法：用小锤轻击检查。

一般项目

5.5.7 面层表面坡度应符合设计要求。

检验方法：用坡度尺检查。

5.5.8 面层表面不应有裂纹、脱皮、麻面等缺陷。

优良：在合格的基础上，面层表面平整、密实光洁；分格缝设置合理、宽窄一致、顺直、边缘整齐，且与基层分格缝相对应。

检验方法：观察检查。

5.5.9 踢脚线与墙面应结合牢固，高度一致，出墙厚度均匀。

优良：在合格的基础上，踢脚线顺直、颜色均匀，大小面平整光洁，棱角方正，出墙厚度不大于8mm；局部空鼓长度不大于200mm，且每自然间（标准间）不多于2处可不计。

检验方法：用小锤轻击、钢尺和观察检查。

5.5.10 水泥耐磨面层的允许偏差及检验方法应符合本标准表5.1.7的规定。

5.6 防油渗面层

5.6.1 防油渗面层应采用防油渗混凝土铺设或采用防油渗涂料涂刷。

5.6.2 防油渗面层设置防油渗隔离层（包括与墙、柱连接处的构造）时，应符合设计要求。

5.6.3 防油渗混凝土面层厚度应符合设计要求，防油渗混凝土的配合比应按设计要求的强度等级和抗渗性能通过试验确定。

5.6.4 防油渗混凝土面层应按厂房柱网分区段浇筑，区段划分及分区段缝应符合设计要求。

5.6.5 防油渗混凝土面层内不得敷设管线。凡露出面层的电线管、接线盒、预埋套管和地脚螺栓等的处理，以及与墙、柱、变形缝、孔洞等连接处泛水均应符合设计要求。

5.6.6 防油渗面层采用防油渗涂料时，材料应按设计要求选用，涂层厚度宜为5~7mm。

主 控 项 目

5.6.7 防油渗混凝土所用的水泥应采用普通硅酸盐水泥，其强度等级应不小于32.5；碎石应采用花岗石或石英石，严禁使用松散多孔和吸水率大的石子，粒径为5~15mm，其最大粒径不应大于20mm，含泥量不应大于1%；砂应为中砂，洁净无杂物，其细度模数应为2.3~2.6；掺入的外加剂和防油渗剂应符合产品质量标准。防油渗涂料应具有耐油、耐磨、耐火和粘结性能。

检验方法：观察检查和检查材质合格证明文件及检测报告。

5.6.8 防油渗混凝土的强度等级和抗渗性能必须符合设计要求，且强度等级不应小于C30；防油渗涂料抗拉粘结强度不应小于0.3MPa。

检验方法：检查配合比通知单和检测报告。

5.6.9 防油渗混凝土面层与下一层应结合牢固、无空鼓。

检验方法：用小锤轻击检查。

5.6.10 防油渗涂料面层与基层应粘结牢固，严禁有起皮、开裂、漏涂等缺陷。

优良：在合格的基础上，防油渗涂料应涂刷均匀、色泽一致。

检验方法：观察检查。

一 般 项 目

5.6.11 防油渗面层表面坡度应符合设计要求，不得有倒泛水和积水现象。

检验方法：观察和泼水或用坡度尺检查。

5.6.12 防油渗混凝土面层表面不应有裂纹、脱皮、麻面和起砂现象。

优良：在合格的基础上，面层表面平整、密实光洁，分格缝设置合理、宽窄一致、顺直、边缘整齐，且与基层分格缝相对应。

检验方法：观察检查。

5.6.13 踢脚线与墙面应紧密结合、高度一致，出墙厚度均匀。

优良：在合格的基础上，踢脚线顺直、颜色均匀，大小面平整光洁，棱角方正，出墙厚度不大于 8mm；局部空鼓长度不大于 200mm，且每自然间（标准间）不多于 2 处可不计。

检验方法：用小锤轻击、钢尺和观察检查。

5.6.14 防油渗面层的允许偏差及检验方法应符合本标准表 5.1.7 的规定。

5.7 不发火（防爆的）面层

5.7.1 不发火（防爆的）面层应采用水泥类的拌合料铺设，其厚度并应符合设计要求。

5.7.2 不发火（防爆的）各类面层的铺设，应符合本章相应面层的规定。

5.7.3 不发火（防爆的）面层采用石料和硬化后的试件，应在金刚砂轮上作摩擦试验。试验时应符合本标准附录 A 的规定。

主 控 项 目

5.7.4 不发火（防爆的）面层采用的碎石应选用大理石、白云石或其他石料加工而成，并以金属或石料撞击时不发生火花为合格；砂应质地坚硬、表面粗糙，其粒径宜为 0.15～5mm，含泥量不应大于 3%，有机物含量不应大于 0.5%；水泥应采用普通硅酸盐水泥，其强度等级不应小于 32.5；面层分格的嵌条应采用不发生火花的材料配制。配制时应随时检查，不得混入金属或其他易发生火花的杂质。

检验方法：观察检查和检查材质合格证明文件及检测报告。

5.7.5 不发火（防爆的）面层的强度等级应符合设计要求。

检验方法：检查配合比通知单和检测报告。

5.7.6 面层与下一层应结合牢固、无空鼓、无裂纹。

注：空鼓面积不应大于 $400cm^2$，且每自然间（标准间）不多于 2 处可不计。

优良：在合格基础上，空鼓面积不应大于 $300cm^2$，且每自然间（标准间）不多于 2 处可不计。

检验方法：用小锤轻击检查。

5.7.7 不发火（防爆的）面层的试件，必须检验合格。

检验方法：检查检测报告。

一 般 项 目

5.7.8 面层表面应密实，无裂缝、蜂窝、麻面等缺陷。

优良：在合格的基础上，面层表面平整、密实光洁，分格缝设置合理、宽窄一致、顺直、边缘整齐，且与基层分格缝相对应。

检验方法：观察检查。

5.7.9 踢脚线与墙面应密实结合、高度一致、出墙厚度均匀。

优良：在合格基础上，踢脚线顺直、颜色均匀，大小面平整光洁，棱角方正，出墙厚度不大于 8mm；局部空鼓长度不大于 200mm，且在一个检查范围内不多于 2 处。

检验方法：用小锤轻击、钢尺和观察检查。

5.7.10 不发火（防爆的）面层的允许偏差及检验方法应符合表5.1.7的规定。

5.8 自流平面层涂饰

一 般 规 定

5.8.1 当自流平面层采用自流平涂料涂刷时，基层应经打磨、吸砂处理。

5.8.2 自流平面层厚度、涂饰材料应符合设计要求。

主 控 项 目

5.8.3 自流平涂料应具有优良的流动性，自动平整地面，快凝早强，并具有抗冲击性，耐磨损、耐酸性、耐碱性、耐盐性、耐洗刷性、防静电性和附着力性能。

检验方法：检查材质合格证明及检测报告。

5.8.4 自流平涂料应符合安全、环保、设计要求。

检验方法：检测报告。

5.8.5 自流平涂料应与基层粘结牢固，不得有起鼓、开裂、漏涂等现象。

检验方法：观察检查。

一 般 项 目

5.8.6 自流平涂料涂装时应薄厚均匀，硬化后表面有光泽。

优良：在合格的基础上，硬化后表面平整光洁，颜色一致。

检验方法：观察检查。

5.8.7 自流平涂料表面平整度允许偏差小于4mm。

优良：自流平涂料表面平整度允许偏差小于2mm。

检验方法：2m靠尺检查。

6 板块面层铺设

6.1 一般规定

6.1.1 本章适用于砖面层、大理石面层和花岗石面层、预制板块面层、料石面层、塑料板面层、活动地板面层和地毯面层等面层分项工程的施工质量检验评定。

6.1.2 铺设板块面层时，其水泥类基层的抗压强度不得小于1.2MPa。

6.1.3 铺设板块面层的结合层和板块间的填缝采用水泥砂浆，应符合下列规定：

1 配置水泥砂浆应采用硅酸盐水泥、普通硅酸盐水泥或矿渣硅酸盐水泥；其水泥强度等级不宜小于32.5；

2 配置水泥砂浆的砂应符合国家现行行业标准《普通混凝土用砂质量标准及检验方法》JGJ 52的规定；

3 配置水泥砂浆的体积比（或强度等级）应符合设计要求。

6.1.4 结合层和板块面层填缝的沥青胶结材料应符合国家现行有关产品标准和设计要求。

6.1.5 板块的铺砌应符合设计要求，当设计无要求时，宜避免出现板块小于1/4边长的边角料。

6.1.6 铺设水泥混凝土板块、水磨石板块、水泥花砖、陶瓷锦砖、陶瓷地砖、缸砖、料石、大理石和花岗石面层等的结合层和填缝的水泥砂浆，在面层铺设后，表面应覆盖、湿润，其养护时间不应少于7d。当板块面层的水泥砂浆结合层的抗压强度达到设计要求后，方可正常使用。

6.1.7 板块类踢脚线施工时，不得采用石灰砂浆打底。

6.1.8 板、块面层的允许偏差应符合表6.1.8的规定。

表6.1.8 板、块面层的允许偏差和检验方法（mm）

项次	项目	允许偏差																			检验方法
		陶瓷锦砖面层、高级水磨石板、陶瓷地砖面层		缸砖面层		水泥花砖面层		水磨石板块面层	大理石面层和花岗石面层		塑料板面层		水泥混凝土板块面层		碎拼大理石、花岗石面层	活动地板面层	条石面层		块石面层		
		合格	优良	合格	优良	合格	优良	合格	合格	优良	合格	优良	合格	优良	合格	合格	合格	优良	合格	优良	
1	表面平整度	2		4	**3**	3	**2**	3	1		2		4	**3**	3	2	10	**8**	10	**8**	用2m靠尺和楔形塞尺检查

续表 6.1.8

项次	项目	允许偏差																			检验方法
		陶瓷锦砖面层、高级水磨石板、陶瓷地砖面层		缸砖面层		水泥花砖面层		水磨石板块面层	大理石面层和花岗石面层		塑料板面层		水泥混凝土板块面层		碎拼花岗石、大理石面层	活动地板面层	条石面层		块石面层		
		合格	优良	合格	优良	合格	优良	合格	合格	优良	合格	优良	合格	优良	合格	合格	合格	优良	合格	优良	
2	缝格平直	3	2	3	2	3	2	3	2	1.5	3	2	3	2	—	2.5	8	6	8	6	拉 5m 线和用钢尺检查
3	接缝高低差	0.5		1.5		0.5		1	0.5		0.5		1.5	1	—	0.4	2	1	—		用钢尺和楔形塞尺检查
4	踢脚线上口平直	3	2	4	3	—		4	1		2	1	4		1	—	—		—		拉 5m 线和用钢尺检查
5	板块间隙宽度	2	1	2	1	2		2	1		—		6		—	0.3	5	4	—		用钢尺检查

6.2 砖面层

6.2.1 砖面层采用陶瓷锦砖、缸砖、陶瓷地砖和水泥花砖应在结合层上铺设。

6.2.2 有防腐要求的砖面层采用耐酸瓷砖、浸渍沥青砖、缸砖的材质、铺设以及施工质量评定及验收应符合现行国家标准《建筑防腐蚀工程施工及验收规范》GB 50212 的规定。

6.2.3 在水泥砂浆结合层上铺贴缸砖、陶瓷锦砖和水泥砖面层时，应符合下列规定：

1 在铺贴前，应对砖的规格尺寸、外观质量、色泽等进行预选，浸水湿润晾干待用。

2 勾缝和压缝应采用同品种、同强度等级、同颜色的水泥，并做好养护和保护。

6.2.4 在水泥砂浆结合层上铺贴陶瓷锦砖面层时，砖底面应洁净，每联陶瓷锦砖之间、与结合层之间以及在墙角、镶边和靠墙处，应紧密贴合。在靠墙处不得采用砂浆填补。

6.2.5 在沥青胶结料结合层上铺贴缸砖面层时，缸砖应干净，铺贴时应在摊铺热沥青胶结料上进行，并应在胶结料凝结前完成。

6.2.6 采用胶粘剂在结合层上粘贴砖面层时，胶粘剂选用应符合现行国家标准《民用建筑工程室内环境污染控制规范》GB 50325 的规定。

主 控 项 目

6.2.7 面层所用的板块品种、质量必须符合设计要求。

检验方法：观察检查和检查材质证明文件及检测报告。

6.2.8 面层与下一层结合（粘结）必须牢固，无空鼓。

检验方法：用小锤轻击检查。

注：凡单块砖边角有局部空鼓，且每自然间（标准间）不超过总数的5%可不计。

一 般 项 目

6.2.9 砖面层的表面洁净，图案清晰，色泽一致，接缝平整，深浅一致，周边顺直。板块无裂纹、掉角和缺楞等现象。

优良：在合格基础上，排砖正确，接缝平直、光滑、宽窄一致，纵横交接处无明显错台、错位，填嵌连续、密实，套割合理，边缘整齐。

检验方法：观察检查。

6.2.10 面层邻接处的镶边用料及尺寸应符合设计要求，边角整齐、光滑。

检验方法：观察检查和用钢尺检查。

6.2.11 踢脚线表面应洁净，高度一致，结合牢固，出墙厚度一致。

优良：在合格基础上，接缝平整，大小面光滑洁净，上口平直，出墙厚度适宜。

检验方法：观察和用小锤轻击及钢尺检查

6.2.12 楼梯踏步和台阶的铺贴缝隙宽度一致，齿角整齐，楼层梯段相邻踏步高差不超过10mm，防滑条顺直。

优良：在合格基础上，大小面光泽一致，擦缝饱满，平整洁净，防滑条排列均匀整齐，楼层梯段相邻踏步高差不超过8mm。

检验方法：观察检查和用钢尺检查。

6.2.13 面层表面坡度应符合设计要求，不倒泛水，无积水，与地漏（管道）结合处严密牢固，无渗漏。

优良：在合格基础上，砖面层与地漏（管道）等地面突出物结合处应套割合理，边缘整齐，勾缝严密，深浅一致。

检验方法：观察、泼水或坡度尺和蓄水检查。

6.2.14 砖面层的允许偏差应符合本标准表6.1.8的规定。

检验方法：应按本标准表6.1.8中的检验方法检验。

6.3 大理石面层和花岗石面层

6.3.1 大理石、花岗石面层采用天然大理石、花岗石（或碎拼大理石、碎拼花岗石）板材应在结合层上铺设。

6.3.2 天然大理石、花岗石的技术等级、光泽度、外观等质量要求应符合国家现行行业标准《天然大理石建筑板材》JC 79、《天然花岗石建筑板材》JC 205的规定。

6.3.3 板材有裂缝、掉角、翘曲和表面有缺陷时应予剔除，品种不同的板材不得混杂使用；在铺设前，应根据石材的颜色、花纹、图案、纹理等按设计要求，试拼编号。

6.3.4 铺设大理石、花岗石面层前，板材应浸湿、晾干；结合层与板材应分段同时铺设。

主 控 项 目

6.3.5 大理石、花岗石面层所用板块的品种、质量应符合设计要求。

检验方法：观察检查和检查材质合格记录。

6.3.6 面层与下一层应结合牢固，无空鼓。

检验方法：用小锤轻击检查。

注：凡单块板块边角有局部空鼓，且每自然间（标准间）不超过总数的5%可不计。

一 般 项 目

6.3.7 大理石、花岗石面层的表面应洁净、平整、无磨痕，且应图案清晰、色泽一致、接缝均匀、周边顺直、镶嵌正确、板块无裂纹、掉角、缺楞等缺陷。

优良：在合格的基础上，石材颜色一致，花纹基本通顺，石板接缝与石板颜色协调，擦缝饱满，表面洁净、美观。

检验方法：观察检查。

6.3.8 踢脚线表面应洁净，高度一致、结合牢固、出墙厚度一致。

优良：在合格的基础上，踢脚板大小面光泽一致，上口平直，排列有序，拼缝严密。

检验方法：观察和用小锤轻击及钢尺检查。

6.3.9 楼梯踏步和台阶板块的缝隙宽度应一致、齿角整齐，楼层梯段相邻踏步高度差不应大于10mm，防滑条应顺直、牢固。

优良：在合格的基础上，有序挤靠，踏步板外露板材厚度一致，大小面光洁，色泽一致，相邻踏步高度差一致且不应大于8mm。防滑条镶嵌整齐。

检验方法：观察和用钢尺检查。

6.3.10 面层表面的坡度应符合设计要求，不倒泛水、无积水；与地漏、管道结合处应严密牢固，无渗漏。

优良：在合格的基础上，不倒泛水、无积水；与地漏、管道结合处严密牢固，无渗漏。

检验方法：观察、泼水或坡度尺及蓄水检查。

6.3.11 大理石和花岗石面层（或碎拼大理石、碎拼花岗石）的允许偏差应符合本标准表6.1.8中的规定。

检验方法：应按本标准表6.1.8中的检验方法检验。

6.4 预 制 板 块 面 层

6.4.1 预制板块面层采用水泥混凝土板块、水磨石板块应在结合层上铺设。

6.4.2 在现场加工的预制板块应按本标准第5章的有关规定执行。

6.4.3 水泥混凝土板块面层的缝隙，应采用水泥浆（或砂浆）填缝；彩色混凝土板块和水磨石板块应用同色水泥浆（或砂浆）擦缝。

主 控 项 目

6.4.4 预制板块的强度等级、规格、质量应符合设计要求；水磨石板块尚应符合国家现行行业标准《建筑水磨石制品》JC 507 的规定。

检验方法：观察检查和检查材质合格证明文件及检测报告。

6.4.5 面层与下一层应结合牢固、无空鼓。

检验方法：用小锤轻击检查。

注：凡单块板块料边角有局部空鼓，且每自然间（标准间）不超过总数的5%可不计。

一 般 项 目

6.4.6 预制板块表面应无裂缝、掉角、翘曲等明显缺陷。

检验方法：观察检查。

6.4.7 预制板块面层应平整洁净，图案清晰，色泽一致，接缝均匀，周边顺直，镶嵌正确。

优良：在合格的基础上，板材接缝通顺，嵌缝饱满、美观。

检验方法：观察检查。

6.4.8 面层邻接处的镶边用料尺寸应符合设计要求，边角整齐、光滑。

检验方法：观察和钢尺检查。

6.4.9 踢脚线表面应洁净，高度一致、结合牢固、出墙厚度一致。

优良：在合格的基础上，大小面洁净，出墙厚度适宜，上口平直。

检验方法：观察和用小锤轻击及钢尺检查。

6.4.10 楼梯踏步和台阶板块的缝隙宽度应一致、齿角整齐，楼层梯段相邻踏步高度差不应大于 10mm，防滑条顺直。

优良：在合格的基础上，有序挤靠，大小面洁净，色泽一致，相邻踏步高度差一致且不应大于 8mm。防滑条镶嵌整齐。

检验方法：观察和钢尺检查。

6.4.11 水泥混凝土板块和水磨石板块面层的允许偏差应符合本标准表 6.1.8 的规定。

检验方法：应按本标准表 6.1.8 中检验方法检验。

6.5 料 石 面 层

6.5.1 料石面层采用天然条石和块石应在结合层上铺设。

6.5.2 条石和块石面层所用石材的规格、技术等级和厚度应符合设计要求，且表面无裂缝。条石质量应均匀，形状为矩形六面体，厚度 80～120mm；块石形状为直棱柱体，顶面应粗琢平整，底面面积不应小于顶面面积的 60%，厚度为 100～150mm。

6.5.3 不导电的料石面层的石料应采用辉绿岩石加工制成。填缝材料亦采用辉绿岩石加工的砂嵌实。耐高温的料石面层的石料，应按设计要求选用。

6.5.4 块石面层结合层铺设厚度：砂垫层不应小于 60mm；基土层应为均匀密实的基土或夯实的基土。

主 控 项 目

6.5.5 面层材质应符合设计要求；条石的强度等级应大于 MU60，块石强度等级应大于

MU30。

检验方法：观察检查和检查材质证明文件及检测报告。

6.5.6 面层与下一层结合应牢固，无松动。

检验方法：观察检查和用锤击检查。

一 般 项 目

6.5.7 条石面层应组砌合理，无十字缝，铺砌方向和坡度应符合设计要求；块石面层料石缝隙应相互错开，通缝不超过两块石料。

优良：在合格基础上，颜色一致，接缝顺直，棱角整齐，嵌缝饱满，深浅一致，表面洁净，边缘整齐。

检验方法：观察检查和坡度尺检查。

6.5.8 料石面层和块石面层的允许偏差应符合本标准表 6.1.8 的规定。

检验方法：应按本标准表 6.1.8 中的检验方法检验。

6.6 塑 料 板 面 层

6.6.1 塑料板面层应采用塑料板块材、塑料板焊接、塑料卷材以胶粘剂在水泥类基层上铺设。

6.6.2 水泥类基层表面应平整、坚硬、干燥、密实、洁净、无油脂及其他杂质，不得有麻面、起砂、裂缝等缺陷。

6.6.3 胶粘剂选用应符合现行国家标准《民用建筑工程室内环境污染控制规范》GB 50325 的规定。其产品应按基层材料和面层材料使用的相容性要求，通过试验确定。

主 控 项 目

6.6.4 塑料板面层所用的塑料板块和卷材的品种、规格、颜色、等级应符合设计要求和现行国家标准的规定。

检验方法：观察检查和检查材质合格证明文件及检测报告。

6.6.5 面层与下一层的粘结应牢固，不翘边、不脱胶、无溢胶。

检验方法：观察检查和用敲击及钢尺检查。

注：卷材局部脱胶处面积不应大于 $20cm^2$ 且相隔间距不小于 50cm 可不计；凡单块板块料边角局部脱胶处且每自然间（标准间）不超过总数的 5%者可不计。

一 般 项 目

6.6.6 塑料板面层应表面洁净，图案清晰，色泽一致，接缝严密、美观。拼缝处的图案、花纹吻合，无胶痕；与墙边交接严密，阴阳角收边方正。

检验方法：观察检查。

6.6.7 板块的焊接，焊缝应平整、光洁，无焦化变色、斑点、焊瘤和起鳞等缺陷，其凹凸允许偏差为 ±0.6mm。焊缝的抗拉强度不得小于塑料板强度的 75%。

优良：在合格基础上，焊缝顺直、美观，不变色。

检验方法：观察检查和检查检测报告。

6.6.8 镶边用料应尺寸准确、边角整齐、拼缝严密、接缝顺直。

检验方法：用钢尺和观察检查。

6.6.9 塑料板面层的偏差应符合本标准表6.1.8的规定。

检验方法：应按本标准表6.1.8中的检验方法检验。

6.7 活动地板面层

6.7.1 活动地板面层用于防尘和防静电要求的专业用房建筑地面工程。采用特制的平压刨花板为基材，表面饰以装饰板和底层用镀锌板经粘结胶合组成的活动地板块，配以横梁、橡胶垫条和可供调节高度的金属支架组装成架空板铺设在水泥类面层（或基层）上。

6.7.2 活动地板所有的支座柱和横梁应构成框架一体，并与基层连接牢固；支架抄平后高度应符合设计要求。

6.7.3 活动地板面层包括标准地板、异型地板和地板附件（即支架和横梁组件）。采用的活动地板块应平整、坚实，面层承载力不得小于7.5MPa，其系统电阻：A级板为$1.0\times10^{5}\sim1.0\times10^{8}\Omega$；B级板为$1.0\times10^{5}\sim1.0\times10^{10}\Omega$。

6.7.4 活动地板面层的金属支架应支承在现浇水泥混凝土基层（或面层）上，基层表面应平整、光洁、不起灰。

6.7.5 活动板块与横梁接触搁置处应达到四角平整、严密。

6.7.6 当活动地板不符合模数时，其不足部分在现场根据实际尺寸将板块切割后镶补，并配装相应的可调支撑和横梁。切割边不经处理不得镶补安装，并不得有局部膨胀变形情况。

6.7.7 活动地板在门口处或预留洞口处应符合设置构造要求，四周侧边应用耐磨硬质板材封闭或用镀锌钢板包裹，胶条封边应符合耐磨要求。

主 控 项 目

6.7.8 面层材质必须符合设计要求，且应具有耐磨、防潮、阻燃、耐污染、耐老化和防静电等特点。

检验方法：观察检查和检查材质证明文件及检测报告。

6.7.9 活动地板面层应无裂纹、掉角和缺楞等缺陷。行走无声响、无摆动。

检验方法：观察和脚踩检查。

一 般 项 目

6.7.10 活动地板面层应排列整齐、表面洁净、色泽一致、接缝均匀、周边顺直。

检验方法：观察检查。

6.7.11 活动地板面层的允许偏差应符合本标准表6.1.8的规定。

检验方法：应按本标准表6.1.8中的检验方法检验。

6.8 地 毯 面 层

6.8.1 地毯面层采用方块、卷材地毯在水泥类面层（或基层）上铺设。

6.8.2 水泥类面层（或基层）表面应坚硬、平整、光洁、干燥、无凹坑、麻面、裂缝，并应清除油污、钉头和其他突出物。

6.8.3 海绵衬垫应满铺平整，地毯拼缝处不露底衬。

6.8.4 固定式地毯铺设应符合下列规定：

1 固定地毯用的金属卡条（倒刺板）、金属压条、专用双面胶带等必须符合设计要求；

2 铺设的地毯张拉应适宜，四周卡条固定牢；门口处应用金属压条等固定；

3 地毯周边应塞入卡条和踢脚线间的缝中；

4 粘贴地毯应用胶粘剂与基层粘贴牢固。

6.8.5 活动式地毯铺设应符合下列规定：

1 地毯拼成整块后直接铺在洁净的地上，地毯周边应塞入踢脚线下；

2 与不同类型的建筑地面连接处，应按设计要求收口；

3 小方块地毯铺设，块与块之间应挤紧服帖。

6.8.6 楼梯地毯铺设，每梯段顶级地毯应用压条固定于平台上，每级阴角处应用卡条固定牢。

主 控 项 目

6.8.7 地毯的品种、规格、颜色、花色、胶料和辅料及其材质必须符合设计要求和国家现行地毯产品标准的规定。

检验方法：观察检查和检查材质合格记录。

6.8.8 地毯表面应平整、拼缝处粘贴牢固、严密平整、图案吻合。

检验方法：观察检查。

一 般 项 目

6.8.9 地毯表面不应起鼓、起皱、翘边、卷边、显拼缝、露线和无毛边，绒面毛顺光一致，毯面干净，无污染和损伤。

优良：在合格的基础上，地毯固定牢固，花纹顺直，裁割合理，收边平整，毯面平挺，对花对线拼接密实平整。

检验方法：观察检查。

6.8.10 地毯同其他面层连接处、收口处和墙边、柱子周围应顺直、压紧。

优良：在合格的基础上，接口应和相邻部位地面齐平，脚感舒适。

检验方法：观察检查。

7 木、竹面层铺设

7.1 一 般 规 定

7.1.1 本章适用于实木地板面层、实木复合地板面层、中密度（强度）复合地板面层、竹地板面层等（包括免刨免漆类）分项工程的施工质量检验评定。

7.1.2 木、竹地板面层下的木搁栅、垫木、毛地板等采用木材的树种、选材标准和铺设时含水率以及防腐、防蛀处理等，均应符合现行国家标准《木结构工程施工质量验收规范》GB 50206 的有关规定。所选用的材料，进场时应对其断面尺寸、含水率等主要技术指标进行抽检，抽检数量应符合产品标准的规定。

7.1.3 与厕浴间、厨房等潮湿场所相邻木、竹面层连接处应做防水（防潮）处理。

7.1.4 木、竹面层铺设在水泥类基层上，其基层表面应坚硬、平整、洁净、干燥、不起砂。

7.1.5 建筑地面工程的木、竹面层搁栅下架空结构层（或构造层）的质量检验，应符合相应国家现行标准的规定。

7.1.6 木、竹面层的通风构造层包括室内通风沟、室外通风窗等，均应符合设计要求。

7.1.7 木、竹面层的允许偏差，应符合表 7.1.7 的规定。

表 7.1.7 木、竹面层的允许偏差的检验方法（mm）

项次	项目	允许偏差								检验方法
		实木地板面层						实木复合地板，中密度（强化）复合地板面层，竹地板面层		
		松木地板		硬木地板		拼花地板				
		合格	***优良***	合格	***优良***	合格	***优良***	合格	***优良***	
1	板面缝隙宽度	1.0		0.5		0.2		0.5		用钢尺检查
2	表面平整度	3.0	***2.0***	2.0	***1***	2.0	***1***	2.0	***1***	用 2m 靠尺检查
3	踢脚线上口平齐	3.0	***2.0***	3.0	***2.0***	3.0	***2.0***	3.0	***2.0***	拉 5m 通线，不足 5m 拉通线和用钢尺检查
4	板面拼缝平直	3.0	***2.0***	3.0	***2.0***	3.0	***2.0***	3.0	***2.0***	
5	相邻板材高差	0.5		0.5		0.5		0.5		用钢尺和楔形塞尺检查
6	踢脚线与面层的接缝	1.0		1.0		1.0		1.0		用楔形塞尺检查

7.2 实木地板面层

7.2.1 实木地板面层采用条材和块材实木地板或采用拼花实木地板，以空铺或实铺方式在基层上铺设。

7.2.2 实木地板面层可采用双层面层和单层面层铺设，其厚度应符合设计要求。实木地板面层的条材和块材应采用具有商品检验合格证的产品，其产品类别、型号、使用树种、检验规则以及技术条件等均应符合现行国家标准《实木地板块》GB/T 15036.1~6的规定。

7.2.3 铺设实木地板面层时，其木搁栅的截面尺寸、间距和稳固方法等均应符合设计要求。木搁栅固定时，不得损坏基层和预埋管线。木搁栅应垫实钉牢，与墙之间应留出30mm的缝隙，表面应平直。

7.2.4 毛地板铺设时，其板间缝隙不应大于3mm，与墙之间应留8~12mm空隙，表面应刨平。

7.2.5 实木地板面层铺设时，面板和墙之间应留8~12mm缝隙。

7.2.6 采用实木制作的踢脚线，背面应抽槽并做防腐处理。

主 控 项 目

7.2.7 实木地板面层所采用的材质和铺设时的木材含水率必须符合设计要求。木搁栅、垫木和毛地板等必须做防腐、防蛀处理。

检验方法：观察检查和检查材质合格证明文件和检测报告。

7.2.8 木搁栅安装应牢固、平直。

检验方法：观察、脚踩检查。

7.2.9 面层铺设应牢固；粘结无空鼓。

检验方法：观察、脚踩或用小锤轻击检查。

一 般 项 目

7.2.10 实木地板面层应刨平、磨光，无明显刨痕和毛刺等现象；图案清晰、颜色均匀一致。

优良：在合格的基础上，实木地板面层无刨痕，油膜面层色泽一致，美观。

检验方法：观察、手摸和脚踩检查。

7.2.11 面层缝隙应严密；接头位置应错开、表面洁净。

优良：在合格的基础上，拼缝平直，合理美观，周边一致。

检验方法：观察检查。

7.2.12 拼花地板接缝应对齐，粘、钉严密；缝隙宽度均匀一致；表面洁净，胶粘无溢胶。

优良：在合格的基础上，板面排列及拼花合理、美观。

检验方法：观察检查。

7.2.13 踢脚线表面应光滑，接缝严密，高度一致。

优良：在合格的基础上，无明显施工痕迹，拼、接缝密实，方法正确。

检验方法：观察和钢尺检查。

7.2.14　实木地板面层的允许偏差应符合本标准表 7.1.7 的规定。

检验方法：应按本标准表 7.1.7 中的检验方法检查。

7.3 实木复合地板面层

7.3.1　实木复合地板面层采用条材和块材实木复合地板或采用拼花实木复合地板，以空铺或实铺方式在基层上铺设。

7.3.2　实木复合地板面层的条材和块材应采用具有商品检验合格的产品，其技术等级及质量要求均应符合国家现行标准的规定。

7.3.3　铺设实木复合地板面层时，其木搁栅的截面尺寸、间距和稳固方法等均应符合设计要求。木搁栅固定时，不得损坏基层和预埋管线。木搁栅应垫实钉牢，与墙之间应留出 30mm 缝隙，表面应平直。

7.3.4　毛地板铺设时，按本标准第 7.2.4 条规定执行。

7.3.5　实木复合地板面层可采用整贴和点贴法施工。粘贴材料应采用具有耐老化、防水和防菌、无毒等性能的材料，或按设计要求选用。

7.3.6　实木复合地板面层下衬垫的材质和厚度应符合设计要求。

7.3.7　实木复合地板面层铺设时，相邻板材接头位置应错开不小于 300mm 距离；与墙之间应留不小于 10mm 空隙。

7.3.8　大面积铺设实木复合地板面层时，应分段铺设，分段缝的处理应符合设计要求。

主 控 项 目

7.3.9　实木复合地板面层所采用的条材和块材，其技术等级和质量要求应符合设计要求。木搁栅、垫木和毛地板等必须做防腐、防蛀处理。

检验方法：观察检查和检查材质合格证明文件及检测报告。

7.3.10　木搁栅安装应牢固，平直。

检验方法：观察、脚踩检查。

7.3.11　面层铺设应牢固；粘贴无空鼓。

检验方法：观察、脚踩检查或用小锤轻击检查。

一 般 项 目

7.3.12　实木复合地板面层图案和颜色应符合设计要求，图案清晰，颜色一致，板面无翘曲。

优良：在合格的基础上，板面铺设方向正确。

检验方法：观察、用 2m 靠尺和楔形塞尺检查。

7.3.13　面层的接头应错开、缝隙严密、表面洁净。

检验方法：观察检查。

7.3.14　踢脚线表面光滑，接缝严密，高度一致。

优良：在合格的基础上，无明显施工痕迹。

检验方法：观察和钢尺检查。

7.3.15 实木复合地板面层的允许偏差应符合本标准表 7.1.7 的规定。

检验方法：应按本标准表 7.1.7 中的检验方法检验。

7.4 中密度（强化）复合地板面层

7.4.1 中密度（强化）复合地板面层的材料以及面层下的板或衬垫等材质应符合设计要求，并采用具有商品检验合格证的产品，其技术等级及质量要求均应符合国家现行标准的规定。

7.4.2 中密度（强化）复合地板面层铺设时，相邻板端头应错开不小于 300mm 距离；衬垫层及面层与墙之间应留不小于 10mm 空隙。

主 控 项 目

7.4.3 中密度（强化）复合地板面层所采用的材料，其技术等级和质量要求应符合设计要求。木搁栅、垫木和毛地板等应做防腐、防蛀处理。

检验方法：观察检查和检查产品材质证明文件及检测报告。

7.4.4 木搁栅的安装应牢固，平直。

检验方法：观察、脚踩检查。

7.4.5 面层铺设应牢固。

检验方法：观察、脚踩检查。

一 般 项 目

7.4.6 中密度（强化）复合地板面层图案和颜色应符合设计要求，图案清晰，颜色一致，板面无翘曲。

检验方法：观察、用 2m 靠尺和楔尺检查。

7.4.7 面层的接头应错开、缝隙严密、表面洁净。

优良：在合格的基础上，板面铺设方向正确。

检验方法：观察检查。

7.4.8 踢脚线表面应光滑，接隙严密，高度一致。

优良：在合格的基础上，无明显施工痕迹。

检验方法：观察和钢尺检查。

7.4.9 中密度（强化）复合木地板面层的允许偏差应符合本标准表 7.1.7 的规定。

检验方法：应按本标准表 7.1.7 中的检验方法检验。

7.5 竹 地 板 面 层

7.5.1 竹地板面层的铺设应按本标准第 7.2 节的规定执行。

7.5.2 竹子具有纤维硬、密度大、水分少、不易变形等优点。竹地板应经严格选材、硫化、防腐、防蛀处理，并采用具有商品检验合格证的产品，其技术等级及质量要求均应符合国家现行行业标准《竹地板》LY/T1573 的规定。

主 控 项 目

7.5.3 竹地板面层所采用的材料，其技术等级和质量要求应符合设计要求。木搁栅、毛地板和垫木等应做防腐、防蛀处理。

检验方法：观察检查和检查材质合格证明文件及检测报告。

7.5.4 木搁栅的安装应牢固，平直。

检验方法：观察、脚踩检查。

7.5.5 面层铺设应牢固；粘贴无空鼓。

检验方法：观察、脚踩或用小锤轻击检查。

一 般 项 目

7.5.6 竹地板面层品种与规格应符合设计要求，板面无翘曲。

检验方法：观察、用 2m 靠尺和楔形塞尺检查。

7.5.7 面层缝隙应均匀、接头位置错开，表面洁净。

优良：在合格的基础上，收边严密。

检验方法：观察检查。

7.5.8 踢脚线表面应光滑，接缝均匀，高度一致。

检验方法：观察和用尺量检查。

7.5.9 竹地板面层的允许偏差应符合本标准表 7.1.7 的规定。

检验方法：应按本标准表 7.1.7 中的检验方法检验。

8　分部（子分部）工程质量评定

8.0.1　建筑地面工程施工质量中各类面层子分部工程的面层铺设与其相应的基层铺设的分项工程施工质量应全部合格。

8.0.2　建筑地面工程子分部工程质量评定应检查下列工程质量文件和记录；

1　建筑地面工程设计图纸和变更文件等；

2　原材料的出厂检验报告和质量合格保证文件、材料进场检（试）验报告（含抽样报告）；

3　各层的强度等级、密实度等试验报告和测定记录；

4　各类建筑地面工程施工质量控制文件；

5　各构造层的隐蔽验收及其他有关验收文件。

8.0.3　建筑地面工程子分部工程质量评定检查下列安全和功能项目：

1　有防水要求的建筑地面子分部工程的分项工程施工质量的蓄水检验记录，并抽查复验认定；

2　建筑地面板块面层铺设子分部工程和木、竹面层铺设子分部工程采用的天然石材、胶粘剂、沥青胶结料和涂料等材料证明资料。

8.0.4　建筑地面工程子分部工程观感质量综合评价应检查下列项目：

1　变形缝的位置和宽度以及填缝质量应符合规定；

2　室内建筑地面工程按各子分部工程经抽查分别作出评价；

3　楼梯、踏步等工程项目经抽查分别作出评价。

8.0.5　建筑地面子分部工程质量评定应符合下列规定：

合格：

1　有关分项工程施工质量评定及验收合格；

2　应有完整的质量控制资料；

3　观感质量评定合格；

4　安全和功能检测符合要求。

优良：

1　在合格基础上，地面子分部工程所含分项中60%及以上分项为优良。

2　观感质量符合本标准相关条款中优良标准的符合率应达到80%及以上。

附录A　不发生火花（防爆的）建筑地面材料及其制品不发火性的试验方法

A.1　不发火性的定义

A.1.1　当所有材料与金属或石块等坚硬物体发生摩擦、冲击或冲擦等机械作用时，不发生火花（或火星），致使易燃物引起发火或爆炸的危险，即为具有不发火性。

A.2　试　验　方　法

A.2.1　试验前的准备。材料不发火的鉴定，可采用砂轮来进行。试验的房间应完全黑暗，以便在试验时看见火花。

试验用的砂轮直径为150mm，试验时其转速应为600～1000r/min，并在暗室内检查其分离火花的能力。检查砂轮是否合格，可在砂轮旋转时用工具钢、石英岩或含有石英岩的混凝土等能发生火花的试件进行摩擦，摩擦时应加10～20N的压力，如果发生清晰的火花，则该砂轮即认为合格。

A.2.2　粗骨料的试验。从不少于50个试件中选出做不发生火花试验的试件10个。被选出的试件，应是不同表面、不同颜色、不同结晶体、不同硬度的。每个试件重50～250g，准确度应达到1g。试验时也应在完全黑暗的房间进行。每个试件在砂轮上摩擦时，应加以10～20N的压力，将试件任意部分接触砂轮后，仔细观察试件与砂轮摩擦的地方，有无火花发生。

必须在每个试件上磨掉不少于20 g后，才能结束试验。

在试验中如没有发现任何瞬时的火花，该材料即为合格。

A.2.3　粉状骨料的试验。粉状骨料除着重试验其制造的原料外，并应将这些细粒材料用胶结料（水泥或沥青）制成块状材料来进行试验，以便于以后发现制品不符合不发火的要求时，能检查原因，同时，也可以减少制品不符合要求的可能性。

A.2.4　不发火水泥砂浆、水磨石和水泥混凝土的试验。主要试验方法同本节。

北京建工集团企业标准

Q/BCEG 307 — 2004

地下防水工程质量评定标准

2004年11月24日发布　　　　　　2005年01月01日实施

北京建工集团有限责任公司

目　次

1 总 则

1.0.1 为了加强建筑工程质量管理，统一本集团地下防水工程施工质量评定，保证工程质量，制定本标准。

1.0.2 本标准是在国家标准《地下防水工程质量验收规范》GB 50208—2002 基础上制定的质量评定标准，适用于本集团地下建筑工程防水工程施工质量的评定。

1.0.3 地下防水工程施工中所采用的工程技术文件以及承包合同文件，对施工质量验收的要求不得低于《地下防水工程质量验收规范》GB 50208—2002 的规定。

1.0.4 本标准应与北京建工集团《建筑工程施工质量评定统一标准》配套使用。

1.0.5 地下防水工程施工质量的评定除应执行本标准外，尚应符合北京建工集团《地下防水工程施工技术规程》和国家、地方现行有关标准规范的规定。

2 术 语

2.0.1 地下防水工程 underground waterproof engineering

指对工业与民用建筑地下工程、防护工程、隧道及地下铁道等建（构）筑物，进行防水设计、防水施工和维护管理等各项技术工作的工程实体。

2.0.2 防水等级 grade of waterproof

根据地下工程的重要性和使用中对防水的要求，所确定结构允许渗漏水量的等级标准。

2.0.3 刚性防水层 rigid waterproof layer

采用较高强度和无延伸能力的防水材料，如防水砂浆、防水混凝土所构成的防水层。

2.0.4 柔性防水层 flexible waterproof layer

采用具有一定柔韧性和较大延伸率的防水材料，如防水卷材、有机防水涂料构成的防水层。

2.0.5 初期支护 primary linning

用矿山法进行暗挖法施工后，在岩体上喷射或浇筑防水混凝土所构成的第一次衬砌。

2.0.6 盾构法隧道 shield tunneling method

采用盾构掘进机进行开挖，钢筋混凝土管片作为衬砌支护的隧道暗挖施工法。

2.0.7 土工合成材料 geosythetics

指工程建设中应用的土工织物、土工膜、土工复合材料、土工特种材料的总称。

3 基 本 规 定

3.0.1 地下工程的防水等级分为4级，各级标准应符合表3.0.1的规定。

表3.0.1 地下工程防水等级标准

防水等级	标 准
1 级	不允许渗水，结构表面无湿渍
2 级	不允许漏水，结构表面可有少量湿渍 工业与民用建筑：湿渍总面积不大于总防水面积的1‰，单个湿渍面积不大于0.1m²，任意100m²防水面积不超过1处 其他地下工程：湿渍总面积不大于总防水面积的6‰，单个湿渍面积不大于0.2m²，任意100m²防水面积不超过4处
3 级	有少量漏水点，不得有线流和漏泥砂 单个湿渍面积不大于0.3m²，单个漏水点的漏水量不大于2.5L/d，任意100m²防水面积不超过7处
4 级	有漏水点，不得有线流和漏泥砂 整个工程平均漏水量不大于2L/m²·d，任意100m²防水面积的平均漏水量不大于4L/（m²·d）

3.0.2 地下工程的防水设防要求，应按表3.0.2-1和表3.0.2-2选用。

表3.0.2-1 明挖法地下工程防水设防

工程部位	主体						施工缝					后浇带				变形缝、诱导缝						
防水措施	防水混凝土	防水砂浆	防水卷材	防水涂料	塑料防水板	金属板	遇水膨胀止水条	中埋式止水带	外贴式止水带	外抹防水砂浆	外涂防水涂料	膨胀混凝土	遇水膨胀止水条	外贴式止水带	防水嵌缝材料	中埋式止水带	外贴式止水带	可卸式止水带	防水嵌缝材料	外贴防水卷材	外涂防水涂料	遇水膨胀止水条
防水等级 1级	应选	应选一至二种					应选二种					应选	应选二种			应选	应选二种					
防水等级 2级	应选	应选一种					应选一至二种					应选	应选一至二种			应选	应选一至二种					
防水等级 3级	应选	宜选一种					宜选一至二种					应选	宜选一至二种			应选	宜选一至二种					
防水等级 4级	宜选	—					宜选一种					应选	宜选一种			应选	宜选一种					

表 3.0.2-2 暗挖法地下工程防水设防

<table>
<tr><td colspan="2">工程部位</td><td colspan="4">主　体</td><td colspan="5">内衬砌施工缝</td><td colspan="5">内衬砌变形缝、诱导缝</td></tr>
<tr><td colspan="2">防水措施</td><td>复合式衬砌</td><td>离壁式衬砌、衬套</td><td>贴壁式衬砌</td><td>喷射混凝土</td><td>外贴式止水带</td><td>遇水膨胀止水条</td><td>防水嵌缝材料</td><td>中埋式止水带</td><td>外涂防水涂料</td><td>中埋式止水带</td><td>外贴式止水带</td><td>可卸式止水带</td><td>防水嵌缝材料</td><td>遇水膨胀止水条</td></tr>
<tr><td rowspan="4">防水等级</td><td>1 级</td><td colspan="3">应选一种</td><td>—</td><td colspan="5">应选二种</td><td>应选</td><td colspan="4">应选二种</td></tr>
<tr><td>2 级</td><td colspan="3">应选一种</td><td>—</td><td colspan="5">应选一至二种</td><td>应选</td><td colspan="4">应选一至二种</td></tr>
<tr><td>3 级</td><td>—</td><td colspan="3">应选一种</td><td colspan="5">宜选一至二种</td><td>应选</td><td colspan="4">宜选一种</td></tr>
<tr><td>4 级</td><td>—</td><td colspan="3">应选一种</td><td colspan="5">宜选一种</td><td>应选</td><td colspan="4">宜选一种</td></tr>
</table>

3.0.3 地下防水工程施工前，施工单位应进行图纸会审，掌握工程主体及细部构造的防水技术要求，并编制防水工程的施工方案。

3.0.4 地下防水工程的施工，应建立各道工序的自检、交接检和专职人员检查的“三检”制度，并有完整的检查记录。未经建设（监理）单位对上道工序的检查确认，不得进行下道工序的施工。

3.0.5 地下防水工程必须由相应资质的专业防水队伍进行施工；主要施工人员应持有建设行政主管部门或其指定单位颁发的执业资格证书。

3.0.6 地下防水工程所使用的防水材料，应有产品的合格证书和性能检测报告，材料的品种、规格、性能等应符合现行国家产品标准和设计要求。

对进场的防水材料应按本标准附录 A 和附录 B 的规定抽样复验，并提出试验报告；**不合格的材料不得在工程中使用。**

3.0.7 地下防水工程施工期间，明挖法的基坑以及暗挖法的竖井、洞口，必须保持地下水位稳定在基底 0.5m 以下，必要时应采取降水措施。

3.0.8 地下防水工程的防水层，严禁在雨天、雪天和五级风及其以上时施工，其施工环境气温条件宜符合表 3.0.8 的规定。

表 3.0.8 防水层施工环境气温条件

防水层材料	施工环境气温
高聚物改性沥青防水卷材	冷粘法不低于 5℃，热熔法不低于 -10℃
合成高分子防水卷材	冷粘法不低于 5℃，热风焊接法不低于 -10℃
有机防水涂料	溶剂型 -5℃ ~ 35℃，水溶性 5℃ ~ 35℃
无机防水涂料	5℃ ~ 35℃
防水混凝土、水泥砂浆	5℃ ~ 35℃

3.0.9 地下防水工程是一个子分部工程，其分项工程的划分应符合表 3.0.9 的要求。

表 3.0.9　地下防水工程的分项工程

子分部工程	分　项　工　程
地下防水工程	地下建筑防水工程：防水混凝土，水泥砂浆防水层，卷材防水层，涂料防水层，塑料板防水层，金属板防水层，细部构造
	特殊防水法防水工程：锚喷支护，地下连续墙，复合式衬砌，盾构法隧道
	排水工程：渗排水、盲沟排水，隧道、坑道排水
	注浆工程：预注浆、后注浆，衬砌裂缝注浆

3.0.10　地下防水工程应按工程设计的防水等级标准进行评定。地下防水工程渗漏水调查与量测方法应按本标准附录 C 执行。

4 地下建筑防水工程

4.1 防 水 混 凝 土

4.1.1 本节适用于防水等级为1～4级的地下整体式混凝土结构。不适用于环境温度高于80℃或处于耐侵蚀系数小于0.8的侵蚀性介质中使用的地下工程。

注：耐侵蚀系数是指在侵蚀性水中养护6个月的混凝土试块的抗折强度与在饮用水中养护6个月的混凝土试块的抗折强度之比。

4.1.2 防水混凝土所用的材料应符合下列规定：

1 水泥品种应按设计要求选用，其强度等级不应低于32.5级，不得使用过期或受潮结块水泥；

2 碎石或卵石的粒径宜为5～40mm，含泥量不得大于1.0%，泥块含量不得大于0.5%；

3 砂宜用中砂，含泥量不得大于3.0%，泥块含量不得大于1.0%；

4 拌制混凝土所用的水，应采用不含有害物质的洁净水；

5 外加剂的技术性能，应符合国家或行业标准一等品及以上的质量要求；

6 粉煤灰的级别不应低于二级，掺量不宜大于20%；硅粉掺量不应大于3%，其他掺合料的掺量应通过试验确定。

4.1.3 防水混凝土的配合比应符合下列规定：

1 试配要求的抗渗水压值应比设计值提高0.2MPa；

2 水泥用量不得少于300kg/m^3；掺有活性掺合料时，水泥用量不得小于280kg/m^3；

3 砂率宜为35%～45%，灰砂比宜为1:2～1:2.5；

4 水灰比不得大于0.55；

5 普通防水混凝土坍落度不宜大于50mm，泵送时入泵坍落度宜为100～140mm。

4.1.4 混凝土拌制和浇筑过程控制应符合下列规定：

1 拌制混凝土所用材料的品种、规格和用量，每工作班检查不应少于2次。每盘混凝土各组成材料计量结果的偏差应符合表4.1.4-1的规定。

表4.1.4-1 混凝土组成材料计量结果的允许偏差（%）

混凝土组成材料	每 盘 计 量	累 计 计 量
水泥、掺合料	±2	±1
粗、细骨料	±3	±2
水、外加剂	±2	±1

注：累计计量仅适用于微机控制计量的搅拌站。

2 混凝土在浇筑地点的坍落度，每工作班至少检查2次。混凝土的坍落度试验应符合现行《普通混凝土拌合物性能试验方法标准》GB/T 50080 的有关规定。

混凝土实测的坍落度与要求坍落度之间的偏差应符合表 4.1.4-2 的规定。

表 4.1.4-2　混凝土坍落度允许偏差

要求坍落度（mm）	允 许 偏 差（mm）
≤40	±10
50~90	±15
≥100	±20

4.1.5　防水混凝土抗渗性能，应采用标准条件下养护混凝土抗渗试件的试验结果评定。试件应在浇筑地点制作。

连续浇筑混凝土每 500m³ 应留置 1 组抗渗试件（1 组为 6 个抗渗试件），且每项工程不得少于 2 组。采用预拌混凝土的抗渗试件，留置组数应视结构的规模和要求而定。

抗渗性能试验应符合现行《普通混凝土长期性能和耐久性能试验方法》GBJ82 的有关规定。

4.1.6　防水混凝土的施工质量检验数量，应按混凝土外露面积每 100m² 抽查 1 处，每处 10m²，且不得少于 3 处；细部构造应按全数检查。

主 控 项 目

4.1.7　防水混凝土的原材料、配合比及坍落度必须符合设计要求。

检验方法：检查出厂合格证、质量检验报告、计量措施和现场抽样试验报告。

4.1.8　防水混凝土的抗压强度和抗渗压力必须符合设计要求。

检验方法：检查混凝土抗压、抗渗试验报告。

4.1.9　防水混凝土的变形缝、施工缝、后浇带、穿墙管道、埋设件等设置和构造，均须符合设计要求，严禁有渗漏。

检验方法：观察检查和检查隐蔽工程验收记录

一 般 项 目

4.1.10　防水混凝土结构表面应坚实、平整，不得有露筋、蜂窝等缺陷；埋设件位置应正确。

优良：在合格基础上，防水混凝土结构表面平整度的允许偏差为 5mm，埋设件位置偏差为±8mm 以内。

检验方法：观察和尺量检查。

4.1.11　防水混凝土结构表面的裂缝宽度不应大于 0.2mm，并不得贯通。

检验方法：用刻度放大镜检查。

4.1.12　防水混凝土结构厚度不应小于 250mm，其允许偏差为 +15mm、-10mm；迎水面钢筋保护层厚度不应小于 50mm，其允许偏差为±10mm。

优良：在合格基础上，防水混凝土结构厚度允许偏差为 +12mm、-8mm；迎水面钢筋保护层厚度允许偏差为±8mm。

检验方法：尺量检查和检查隐蔽工程验收记录。

4.2 水泥砂浆防水层

4.2.1 本节适用于混凝土或砌体结构的基层上采用多层抹面的水泥砂浆防水层。不适用环境有侵蚀性、持续振动或温度高于80℃的地下工程。

4.2.2 普通水泥砂浆防水层的配合比应按表4.2.2选用；掺外加剂、掺合料、聚合物水泥砂浆的配合比应符合所掺材料的规定。

表4.2.2 普通水泥砂浆防水层的配合比

名称	配合比（质量比）		水灰比	适用范围
	水泥	砂		
水泥浆	1	—	0.55～0.60	水泥砂浆防水层的第一层
水泥浆	1	—	0.37～0.40	水泥砂浆防水层的第三、五层
水泥砂浆	1	1.5～2.0	0.40～0.50	水泥砂浆防水层的第二、四层

4.2.3 水泥砂浆防水层所用的材料应符合下列规定：

1 水泥品种应按设计要求选用，其强度等级不应低于32.5级，不得使用过期或受潮结块水泥；

2 砂宜采用中砂，粒径3mm以下，含泥量不得大于1%，硫化物和硫酸盐含量不得大于1%；

3 水应采用不含有害物质的洁净水；

4 聚合物乳液的外观质量，无颗粒、异物和凝固物；

5 外加剂的技术性能应符合国家或行业标准一等品及以上的质量要求。

4.2.4 水泥砂浆防水层的基层质量应符合下列要求：

1 水泥砂浆铺抹前，基层的混凝土和砌筑砂浆强度应不低于设计值的80%；

2 基层表面应坚实、平整、粗糙、洁净、并充分湿润，无积水；

3 基层表面的孔洞、缝隙应用与防水层相同的砂浆填塞抹平。

4.2.5 水泥砂浆防水层施工应符合下列要求：

1 分层铺抹或喷涂，铺抹时应压实、抹平和表面压光；

2 防水层各层应紧密贴合，每层宜连续施工，必须留施工缝时应采用阶梯坡形槎，但离开阴阳角处不得小于200mm；

3 防水层的阴阳角处应做成圆弧形；

4 水泥砂浆终凝后应及时进行养护，养护温度不宜低于5℃并保持湿润，养护时间不得少于14d。

4.2.6 水泥砂浆防水层的施工质量检验数量，应按施工面积每100m^2抽查1处，每处10m^2，且不得少于3处。

主控项目

4.2.7 水泥砂浆防水层的原材料及配合比必须符合设计要求。

检验方法：检查出厂合格证、质量检验报告、计量措施和现场抽样试验报告。

4.2.8 水泥砂浆防水层各层之间必须结合牢固，无空鼓现象。

检验方法：观察和用小锤轻击检查。

一 般 项 目

4.2.9 水泥砂浆防水层表面应密实、平整，不得有裂纹、起砂、麻面等缺陷；阴阳角处应做成圆弧形。

优良：在合格基础上，水泥砂浆防水层表面平整度的允许偏差为5mm。

检验方法：观察和尺量检查。

4.2.10 水泥砂浆防水层施工缝留槎位置应正确，接槎应按层次顺序操作，层层搭接紧密。

优良：在合格基础上，接槎表面应光滑、洁净。

检验方法：观察检查和检查隐蔽工程验收记录。

4.2.11 水泥砂浆防水层的平均厚度应符合设计要求，最小厚度不得小于设计厚度的85%。

优良：在合格基础上水泥砂浆防水层的最小厚度不得小于设计厚度的90%。

检验方法：观察和尺量检查。

4.3 卷 材 防 水 层

4.3.1 本节适用于受侵蚀性介质或受振动作用的地下工程主体迎水面铺贴的卷材防水层。

4.3.2 卷材防水层应采用高聚物改性沥青防水卷材和合成高分子防水卷材。所选用的基层处理剂、胶粘剂、密封材料等配套材料，均应与铺贴的卷材材性相容。

4.3.3 铺贴防水卷材前，应将找平层清扫干净，在基面上涂刷基层处理剂；当基面较潮湿时，应涂刷湿固化型胶粘剂或潮湿界面隔离剂。

4.3.4 防水卷材厚度选用应符合表4.3.4的规定。

表4.3.4 防 水 卷 材 厚 度

防水等级	设防道数	合成高分子防水卷材	高聚物改性沥青防水卷材
1 级	三道或三道以上设防	单层：不应小于1.5mm； 双层：每层不应小于1.2mm	单层：不应小于4mm； 双层：每层不应小于3mm
2 级	二道设防		
3 级	一道设防	不应小于1.5mm	不应小于4mm
	复合设防	不应小于1.2mm	不应小于3mm

4.3.5 两幅卷材短边和长边的搭接宽度均不应小于100mm。采用多层卷材时，上下两层和相邻两幅卷材的接缝应错开1/3幅宽，且两层卷材不得相互垂直铺贴。

4.3.6 冷粘法铺贴卷材应符合下列规定：

1　胶粘剂涂刷应均匀，不露底，不堆积；

2　铺贴卷材时应控制胶粘剂涂刷与卷材铺贴的间隔时间，排除卷材下面的空气，并辊压粘结牢固，不得有空鼓；

3　铺贴卷材应平整、顺直，搭接尺寸正确，不得有扭曲、皱折；

4　接缝口应用密封材料封严，其宽度不应小于10mm。

4.3.7　热熔法铺贴卷材应符合下列规定：

1　火焰加热器加热卷材应均匀，不得过分加热或烧穿卷材；

厚度小于3mm的高聚物改性沥青防水卷材，严禁采用热熔法施工；

2　卷材表面热熔后应立即滚铺卷材，排除卷材下面的空气，并辊压粘结牢固，不得有空鼓、皱折；

3　滚铺卷材时接缝部位必须溢出沥青热熔胶，并应随即刮封接口使接缝粘结严密；

4　铺贴后的卷材应平整、顺直，搭接尺寸正确，不得有扭曲。

4.3.8　卷材防水层完工并经验收合格后应及时做保护层。保护层应符合下列规定：

1　顶板的细石混凝土保护层与防水层之间宜设置隔离层；

2　底板的细石混凝土保护层厚度应大于50mm；

3　侧墙宜采用聚苯乙烯泡沫塑料保护层，或砌砖保护墙（边砌边填实）和铺抹30mm厚水泥砂浆。

4.3.9　卷材防水层的施工质量检验数量，应按铺贴面积每100m^{2}抽查1处，每处10m^2，且不得少于3处。

主　控　项　目

4.3.10　卷材防水层所用卷材及主要配套材料必须符合设计要求。

检验方法：检查出厂合格证、质量检验报告和现场抽样试验报告。

4.3.11　卷材防水层及其转角处、变形缝、穿墙管道等细部做法均须符合设计要求。

检验方法：观察检查和检查隐蔽工程验收记录。

一　般　项　目

4.3.12　卷材防水层的基层应牢固，基面应洁净、平整，不得有空鼓、松动、起砂和脱皮现象；基层阴阳角处应做成圆弧形。

优良：在合格基础上，基层平整度的允许偏差为5mm，基层阴阳角应做成圆弧形，且整齐平顺。

检验方法：观察和尺量检查，并检查隐蔽工程验收记录。

4.3.13　卷材防水层的搭接缝应粘（焊）结牢固，密封严密，不得有皱折、翘边和鼓泡等缺陷。

优良：在合格基础上，卷材防水层应平整顺直。

检验方法：观察检查。

4.3.14　侧墙卷材防水层的保护层与防水层应粘结牢固，结合紧密、厚度均匀一致。

检验方法：观察检查。

4.3.15　卷材搭接宽度的允许偏差为－10mm。

优良：在合格基础上，卷材搭接宽度的允许偏差为-8mm。

检验方法：观察和尺量检查。

4.4 涂料防水层

4.4.1 本节适用于受侵蚀性介质或受振动作用的地下工程主体迎水面或背水面涂刷的涂料防水层。

4.4.2 涂料防水层应采用反应型、水乳型、聚合物水泥防水涂料或水泥基、水泥基渗透结晶型防水涂料。

4.4.3 防水涂料厚度选用应符合表4.4.3的规定：

表4.4.3 防水涂料厚度（mm）

防水等级	设防道数	有机涂料			无机涂料	
		反应型	水乳型	聚合物水泥	水泥基	水泥基渗透结晶型
1级	三道或三道以上设防	1.2~2.0	1.2~1.5	1.5~2.0	1.5~2.0	≥0.8
2级	二道设防	1.2~2.0	1.2~1.5	1.5~2.0	1.5~2.0	≥0.8
3级	一道设防	—	—	≥2.0	≥2.0	—
	复合设防	—	—	≥1.5	≥1.5	—

4.4.4 涂料防水层的施工应符合下列规定：

1 涂料涂刷前应先在基面上涂一层与涂料相容的基层处理剂；

2 涂膜应多遍完成，涂刷应待前遍涂层干燥成膜后进行；

3 每遍涂刷时应交替改变涂层的涂刷方向，同层涂膜的先后搭茬宽度宜为30~50mm；

4 涂料防水层的施工缝（甩槎）应注意保护，搭接缝宽度应大于100mm，接涂前应将其甩茬表面处理干净；

5 涂刷程序应先做转角处、穿墙管道、变形缝等部位的涂料加强层，后进行大面积涂刷；

6 涂料防水层中铺贴的胎体增强材料，同层相邻的搭接宽度应大于100mm，上下层接缝应错开1/3幅宽。

4.4.5 防水涂料的保护层应符合本标准第4.3.8条的规定。

4.4.6 涂料防水层的施工质量检验数量，应按涂层面积每100m^{2}抽查1处，每处10m^2，且不得少于3处。

主控项目

4.4.7 涂料防水层所用的材料及配合比必须符合设计要求。

检验方法：检查出厂合格证、质量检验报告、计量措施和现场抽样试验报告。

4.4.8 涂料防水层及其转角处、变形缝、穿墙管道等细部做法均须符合设计要求。

检验方法：观察检查和检查隐蔽工程验收记录。

一 般 项 目

4.4.9 涂料防水层的基层应牢固，基面应洁净、平整，不得有空鼓、松动、起砂和脱皮现象；基层阴阳角处应做成圆弧形。

优良：在合格基础上，基层平整度的允许偏差为5mm，基层阴阳角处应做成圆弧形，且整齐平顺。

检验方法：观察和尺量检查，并检查隐蔽工程验收记录。

4.4.10 涂料防水层应与基层粘结牢固，表面平整、涂刷均匀，不得有流淌、皱折、鼓泡、露胎体和翘边等缺陷。

优良：在合格基础上，涂料防水层表面不得有堆积、针眼、气孔等缺陷。

检验方法：观察检查。

4.4.11 涂料防水层的平均厚度应符合设计要求，最小厚度不得小于设计厚度的80%。

优良：在合格基础上，涂料防水层的最小厚度不得小于设计厚度的90%。

检验方法：针测法或割取20mm×20mm实样用卡尺测量。

4.4.12 侧墙涂料防水层的保护层与防水层应粘结牢固，结合紧密，厚度均匀一致。

检验方法：观察检查。

4.5 塑料板防水层

4.5.1 本节适用于铺设在初期支护与二次衬砌间的塑料防水板（简称“塑料板”）防水层。

4.5.2 塑料板防水层的铺设应符合下列规定：

1 塑料板的缓冲衬垫应用暗钉圈固定在基层上，塑料板边铺边将其与暗钉圈焊接牢固；

2 两幅塑料板的搭接宽度应为100mm，下部塑料板应压住上部塑料板；

3 搭接缝宜采用双条焊缝焊接，单条焊缝的有效焊接宽度不应小于10mm；

4 复合式衬砌的塑料板铺设与内衬混凝土的施工距离不应小于5m。

4.5.3 塑料板防水层的施工质量检验数量，应按铺设面积每100m^{2}抽查1处，每处10m^2，但不少于3处。焊缝的检验应按焊缝数量抽查5%，每条焊缝为1处，但不少于3处。

主 控 项 目

4.5.4 防水层所用塑料板及配套材料必须符合设计要求。

检验方法：检验出厂合格证、质量检验报告和现场抽样试验报告。

4.5.5 塑料板的搭接缝必须采用热风焊接，不得有渗漏。

检验方法：双焊缝间空腔内充气检查。

一 般 项 目

4.5.6 塑料板防水层的基面应坚实、平整、圆顺、无漏水现象；阴阳角处应做成圆弧形。

检验方法：观察和尺量检查。

4.5.7 塑料板的铺设应平顺并与基层固定牢固，不得有下垂、绷紧和破损现象。

优良：在合格基础上，塑料板的铺设不得有皱折现象。

检验方法：观察检查。

4.5.8 塑料板搭接宽度的允许偏差为－10mm。

优良：在合格基础上，塑料板搭接宽度的允许偏差为－8mm。

检验方法：尺量检查。

4.6 金属板防水层

4.6.1 本节适用于抗渗性能要求较高的地下工程中以金属板材焊接而成的防水层。

4.6.2 金属板防水层所采用的金属材料和保护材料应符合设计要求。金属材料及焊条（剂）的规格、外观质量和主要物理性能，应符合国家现行标准的规定。

4.6.3 金属板的拼接及金属板与建筑结构的锚固件连接应采用焊接。金属板的拼接焊缝应进行外观检查和无损检验。

4.6.4 当金属板表面有锈蚀、麻点或划痕等缺陷时，其深度不得大于该板材厚度的负偏差值。

4.6.5 金属板防水层的施工质量检验数量，应按铺设面积每 10m^2 抽查 1 处，每处 1m^2，且不得少于 3 处。焊缝检验应按不同长度的焊缝各抽查 5%，但均不得少于 1 条。长度小于 500mm 的焊缝，每条检查 1 处；长度 500～2000mm 的焊缝，每条检查 2 处；长度大于 2000mm 的焊缝，每条检查 3 处。

主 控 项 目

4.6.6 金属防水层所采用的金属板材和焊条（剂）必须符合设计要求。

检验方法：检查出厂合格证或质量检验报告和现场抽样试验报告。

4.6.7 焊工必须经考试合格并取得相应的执业资格证书。

检验方法：检查焊工执业资格证书和考核日期。

一 般 项 目

4.6.8 金属板表面不得有明显凹面和损伤。

检验方法：观察检查。

4.6.9 焊缝不得有裂纹、未熔合、夹渣、焊瘤、咬边、烧穿、弧坑、针状气孔等缺陷。

检验方法：观察检查和无损检验。

4.6.10 焊缝的焊波应均匀，焊渣和飞溅物应清除干净；保护涂层不得有漏涂、脱皮和反锈现象。

优良：在合格基础上，焊缝的宽度及焊波应均匀一致，保护涂层的厚度应均匀，不得有堆积、流淌现象。

检验方法：观察检查。

4.7 细 部 构 造

4.7.1 本节适用于防水混凝土结构的变形缝、施工缝、后浇带、穿墙管道、埋设件等细部构造。

4.7.2 防水混凝土结构的变形缝、施工缝、后浇带等细部构造，应采用止水带、遇水膨胀橡胶腻子止水条等高分子防水材料和接缝密封材料。

4.7.3 变形缝的防水施工应符合下列规定：

1 止水带宽度和材质的物理性能均应符合设计要求，且无裂缝和气泡；接头应采用热接，不得叠接，接缝平整、牢固，不得有裂口和脱胶现象；

2 中埋式止水带中心线应和变形缝中心线重合，止水带不得穿孔或用铁钉固定；

3 变形缝设置中埋式止水带时，混凝土浇筑前应校正止水带位置，表面清理干净，止水带损坏处应修补；顶、底板止水带的下侧混凝土应振捣密实，边墙止水带内外侧混凝土应均匀，保持止水带位置正确、平直，无卷曲现象；

4 变形缝处增设的卷材或涂料防水层，应按设计要求施工。

4.7.4 施工缝的防水施工应符合下列规定：

1 水平施工缝浇筑混凝土前，应将其表面浮浆和杂物清除，铺水泥砂浆或涂刷混凝土界面处理剂并及时浇筑混凝土；

2 垂直施工缝浇筑混凝土前，应将其表面清理干净，涂刷混凝土界面处理剂并及时浇筑混凝土；

3 施工采用遇水膨胀橡胶腻子止水条时，应将止水条牢固地安装在缝表面预留槽内；

4 施工缝采用中埋止水带时，应确保止水带位置准确、固定牢靠。

4.7.5 后浇带的防水施工应符合下列规定：

1 后浇带应在其两侧混凝土龄期达到 42d 后再施工。

2 后浇带的接缝处理应符合本标准第 4.7.4 条的规定。

3 后浇带应采用补偿收缩混凝土，其强度等级不得低于两侧混凝土。

4 后浇带混凝土养护时间不得少于 28d。

4.7.6 穿墙管道的防水施工应符合下列规定：

1 穿墙管止水环与主管或翼环与套管应连续满焊，并做好防腐处理；

2 穿墙管处防水层施工前，应将套管内表面清理干净；

3 套管内的管道安装完毕后，应在两管间嵌入内衬填料，端部用密封材料填缝。柔性穿墙时，穿墙内侧应用法兰压紧；

4 穿墙管外侧防水层应铺设严密，不留接茬；增铺附加层时，应按设计要求施工。

4.7.7 埋设件的防水施工应符合下列规定：

1 埋设件端部或预留孔（槽）底部的混凝土厚度不得小于 250mm；当厚度小于 250mm 时，必须局部加厚或采取其他防水措施；

2 预留地坑、孔洞、沟槽内的防水层，应与孔（槽）外的结构防水层保持连续；

3 固定模板用的螺栓必须穿过混凝土结构时，螺栓或套管应满焊止水环或翼环；采用工具式螺栓或螺栓加堵头做法，拆模后应采取加强防水措施将留下的凹槽封堵密实。

4.7.8 密封材料的防水施工应符合下列规定：

1 检查粘结基层的干燥程度以及接缝的尺寸，接缝内部的杂物应清除干净；

2 热灌法施工应自下向上进行并尽量减少接头，接头应采用斜槎；密封材料熬制及浇灌温度，应按有关材料要求严格控制；

3 冷嵌法施工应分次将密封材料嵌填在缝内，压嵌密实并与缝壁粘结牢固，防止裹入空气。接头应采用斜搓；

4 接缝处的密封材料底部应嵌填背衬材料，外露密封材料上应设置保护层，其宽度不得小于100mm。

4.7.9 防水混凝土结构细部构造的施工质量检验应按全数检查。

主 控 项 目

4.7.10 细部构造所用止水带、遇水膨胀橡胶腻子止水条和接缝密封材料必须符合设计要求。

检验方法：检查出厂合格证、质量检验报告和进场抽样试验报告。

4.7.11 变形缝、施工缝、后浇带、穿墙管道、埋设件等细部构造作法，均须符合设计要求，严禁有渗漏。

检验方法：观察检查和检查隐蔽工程验收记录。

一 般 项 目

4.7.12 中埋式止水带中心线应与变形缝中心线重合，止水带应固定牢靠、平直，不得有扭曲现象。

优良：在合格基础上，中埋式止水带的埋设位置应正确，止水带应固定牢靠、平直，不得有明显偏移和扭曲现象。

检验方法：观察检查和检查隐蔽工程验收记录。

4.7.13 穿墙管止水环与主管或翼环与套管应连续满焊，并做防腐处理。

优良：在合格基础上，穿墙管止水环与主管或翼环与套管应连续满焊，封闭严密，不得有缝隙等缺陷。

检验方法：观察检查和检查隐蔽工程验收记录。

4.7.14 接缝处混凝土表面应密实、平顺、洁净、干燥、不得有蜂窝、麻面、起皮和起砂等缺陷；密封材料应嵌填严密、连续、饱满、粘结牢固，不得有开裂、鼓泡和下塌现象。

检验方法：观察检查。

5 特殊施工法防水工程

5.1 锚 喷 支 护

5.1.1 本节适用于地下工程的支护结构以及复合式衬砌的初期支护。

5.1.2 喷射混凝土所用原材料应符合下列规定：

1 水泥优先选用普通硅酸盐水泥，其强度等级不应低于 32.5 级；

2 细骨料：采用中砂或粗砂，细度模数应大于 2.5，使用时的含水率宜为 5%～7%；

3 粗骨料：卵石或碎石粒径不应大于 15mm；使用碱性速凝剂时，不得使用活性二氧化硅石料；

4 水：采用不含有害物质的洁净水；

5 速凝剂：初凝时间不应超过 5min，终凝时间不应超过 10min。

5.1.3 混合料应搅拌均匀并符合下列规定：

1 配合比：水泥与砂石质量比宜为 1:4～1:4.5，砂率宜为 45%～55%，水灰比不得大于 0.45，速凝剂掺量应通过试验确定；

2 原材料称量允许偏差：水泥和速凝剂 ±2%，砂石 ±3%；

3 运输和存放中严防受潮，混合料应随拌随用，存放时间不应超过 20min。

5.1.4 在有水的岩面上喷射混凝土时应采取下列措施：

1 潮湿岩面增加速凝剂掺量；

2 表面渗、滴水采用导水盲管或盲沟排水；

3 集中漏水采用注浆堵水。

5.1.5 喷射混凝土终凝 2h 后应养护，养护时间不得少于 14d；当气温低于 5℃时不得喷水养护。

5.1.6 喷射混凝土试件制作组数应符合下列规定：

1 抗压强度试件：区间或小于区间断面的结构，每 20 延米拱和墙各取 1 组；车站各取 2 组。

2 抗渗试件：区间结构每 40 延米取 1 组；车站每 20 延米取 1 组。

5.1.7 锚杆应进行抗拔试验。同一批锚杆每 100 根应取 1 组试件，每组 3 根，不足 100 根也取 3 根。

同一批试件抗拔力的平均值不得小于设计锚固力，且同一批试件抗拔力的最低值不应小于设计锚固力的 90%。

5.1.8 锚喷支护的施工质量检验数量，应按区间或小于区间断面的结构，每 20 延米检查 1 处，车站每 10 延米检查 1 处，每处 $10m^2$，且不得少于 3 处。

主 控 项 目

5.1.9 喷射混凝土所用原材料及钢筋网、锚杆必须符合设计要求。

检验方法：检查出厂合格证、质量检验报告和现场抽样试验报告。

5.1.10 喷射混凝土抗压强度、抗渗压力及锚杆抗拔力必须符合设计要求。

检验方法：检查混凝土抗压、抗渗试验报告和锚杆抗拔力试验报告。

一 般 项 目

5.1.11 喷层与围岩及喷层之间应粘结紧密，不得有空鼓现象。

优良：在合格基础上，喷层表面应基本顺平，并无明显的凹凸缺陷。

检验方法：观察和用锤击法检查。

5.1.12 喷层厚度有60%不小于设计厚度，平均厚度不得小于设计厚度，最小厚度不得小于设计厚度的50%。

优良：在合格基础上，喷层厚度有80%不小于设计厚度，最小厚度不得小于设计厚度的60%。

检验方法：用针探或钻孔检查。

5.1.13 喷射混凝土应密实、平整、无裂缝、脱落、漏喷、露筋、空鼓和渗漏水。

优良：在合格基础上，喷射混凝土应无流淌、滑移、下塌等缺陷。

检验方法：观察和用小锤轻击检查。

5.1.14 喷射混凝土表面平整度的允许偏差为30mm，且矢弦比不得大于1/6。

优良：在合格基础上，喷射混凝土表面平整度的允许偏差应为25mm，且矢弦比不得大于1/7。

检验方法：尺量检查。

5.2 地 下 连 续 墙

5.2.1 本节适用于地下工程的主体结构、支护结构以及隧道工程复合式衬砌的初期支护。

5.2.2 地下连续墙应采用掺外加剂的防水混凝土，水泥用量：采用卵石时不得少于370kg/m^3，采用碎石时不得少于400kg/m^3，坍落度宜为180～220mm。

5.2.3 地下连续墙施工时，混凝土应按每一个单元槽段留置1组抗压强度试件，每五个单元槽段留置1组抗渗试件。

5.2.4 地下连续墙墙体内侧采用水泥砂浆防水层、卷材防水层、涂料防水层或塑料板防水层时，应分别按本标准第4.2节、第4.3节、第4.4节和第4.5节的有关规定执行。

5.2.5 单元槽段接头不宜设在拐角处；采用复合式衬砌时，内外墙接头宜相互错开。

5.2.6 地下连续墙与内衬结构连接处，应凿毛并清理干净，必要时应做特殊防水处理。

5.2.7 地下连续墙的施工质量检验数量，应按连续墙每10个槽段抽查1处，每处为1个槽段，且不得少于3处。

主 控 项 目

5.2.8 防水混凝土所用原材料、配合比以及其他防水材料必须符合设计要求。

检验方法：检查出厂合格证、质量检验报告、计量措施和现场抽样试验报告。

5.2.9 地下连续墙混凝土抗压强度和抗渗压力必须符合设计要求。

检验方法：检查混凝土抗压、抗渗试验报告。

一 般 项 目

5.2.10 地下连续墙的槽段接缝以及墙体与内衬结构接缝应符合设计要求。

检验方法：观察检查和检查隐蔽工程验收记录。

5.2.11 地下连续墙墙面的露筋部分应小于1%墙面面积，且不得有露石和夹泥现象。

检验方法：观察检查。

5.2.12 地下连续墙墙体表面平整度的允许偏差；

临时支护墙体为50mm，单一或复合墙体为30mm。

优良：在合格基础上，地下连续墙墙体表面平整度允许偏差：临时支护墙体为40mm，单一或复合墙体为25mm。

检验方法：尺量检查。

5.3 复 合 式 衬 砌

5.3.1 本节适用于混凝土初期支护与二次衬砌中间设置防水层和缓冲排水层的隧道工程复合式衬砌。

5.3.2 初期支护的线流漏水或大面积渗水，应在防水层和缓冲排水层铺设之前进行封堵或引排。

5.3.3 防水层和缓冲排水层铺设与内衬混凝十的施工距离均不应小于5m。

5.3.4 二次衬砌采用防水混凝土浇筑时，应符合下列规定：

1 混凝土泵送时，入泵坍落度：墙体宜为100~150mm，拱部宜为160~210mm；

2 振捣不得直接触及防水层；

3 混凝土浇筑至墙拱交界处，应间隙1~1.5h后方可继续浇筑；

4 混凝土强度达到2.5MPa后方可拆模。

5.3.5 复合式衬砌的施工质量检验数量，应按区间或小于区间断面的结构，每20延米检查1处，车站每10延米检查1处，每处10m^2，且不得少于3处。

主 控 项 目

5.3.6 塑料防水板、土工复合材料和内衬混凝土原材料必须符合设计要求。

检验方法：检查出厂合格证、质量检验报告和现场抽样试验报告。

5.3.7 防水混凝土的抗压强度和抗渗压力必须符合设计要求。

检验方法：检查混凝土抗压、抗渗试验报告。

5.3.8 施工缝、变形缝、穿墙管道、埋设件等细部构造作法，均须符合设计要求，严禁有渗漏。

检验方法：观察检查和检查隐蔽工程验收记录。

一 般 项 目

5.3.9 二次衬砌混凝土渗漏水量应控制在设计防水等级要求范围内。

优良：在合格基础上，二次衬砌混凝土渗漏水量应控制在防水等级要求范围的90%以内。

检验方法：观察检查和渗漏水量测。

5.3.10 二次衬砌混凝土表面应坚实、平整，不得有露筋、蜂窝等缺陷。

优良：在合格基础上，二次衬砌混凝土表面平整度的允许偏差为8mm。

检验方法：观察和用2m靠尺及楔形塞尺检查。

5.4 盾构法隧道

5.4.1 本节适用于在软土和软岩中采用盾构掘进和拼装钢筋混凝土管片方法修建的区间隧道结构。

5.4.2 不同防水等级盾构隧道衬砌防水措施应按表5.4.2选用。

5.4.3 钢筋混凝土管片制作应符合下列规定：

1 混凝土抗压强度和抗渗压力应符合设计要求；

2 表面应平整，无缺棱、掉角、麻面和露筋；

3 单块管片制作尺寸允许偏差应符合表5.4.3的规定。

表5.4.2 盾构隧道衬砌防水措施

防水措施		高精度管片	接缝防水				混凝土或其他内衬	外防水涂层
			弹性密封垫	嵌缝	注入密封剂	螺孔密封圈		
防水等级	1级	必选	必选	应选	宜选	必选	宜选	宜选
	2级	必选	必选	宜选	宜选	应选	局部宜选	部分区段宜选
	3级	应选	应选	宜选	—	宜选	—	部分区段宜选
	4级	宜选	宜选	宜选	—	—	—	—

表5.4.3 单块管片制作尺寸允许偏差

项目	允许偏差（mm）
宽度	±1.0
弧长、弦长	±1.0
厚度	+3，−1

5.4.4 钢筋混凝土管片同一配合比每生产5环应制作抗压强度试件1组，每10环制作抗渗试件1组；管片每生产2环应抽查1块做检漏测试，检验方法按设计抗渗压力保持时间

不小于 2h，渗水深度不超过管片厚度的 1/5 为合格。若检验管片中有 25%不合格时，应按当天生产管片逐块检漏。

5.4.5 钢筋混凝土管片拼装应符合下列规定：

1 管片验收合格后方可运至工地，拼装前应编号并进行防水处理；

2 管片拼装顺序应先就位底部管片，然后自下而上左右交叉安装，每环相邻管片应均布摆匀并控制环面平整度和封口尺寸，最后插入封顶管片成环；

3 管片拼装后螺栓应拧紧，环向及纵向螺栓应全部穿进。

5.4.6 钢筋混凝土管片接缝防水应符合下列规定：

1 管片至少应设置一道密封垫沟槽，粘贴密封垫前应将槽内清理干净；

2 密封垫应粘贴牢固、平整、严密、位置正确，不得有起鼓、超长和缺口现象；

3 管片拼装前应逐块对粘贴的密封垫进行检查，拼装时不得损坏密封垫。有嵌缝防水要求的，应在隧道基本稳定后进行；

4 管片拼装接缝连接螺栓孔之间应按设计加设螺孔密封圈。必要时，螺栓孔与螺栓间应采取封堵措施。

5.4.7 盾构法隧道的施工质量检验数量，应按每连续 20 环抽查 1 处，每处为 1 环，且不得少于 3 处。

主 控 项 目

5.4.8 盾构法隧道采用防水材料的品种、规格、性能必须符合设计要求。

检验方法：检查出厂合格证、质量检验报告和现场抽样试验报告。

5.4.9 钢筋混凝土管片的抗压强度和抗渗压力必须符合设计要求。

检验方法：检查混凝土抗压、抗渗试验报告和单块管片检漏测试报告。

一 般 项 目

5.4.10 隧道的渗漏水量应控制在设计的防水等级要求范围内。衬砌接缝不得有线流和漏泥砂现象。

优良：在合格基础上，隧道的渗漏水量应控制在设计的防水等级要求范围的 90% 以内。

检验方法：观察检查和渗漏水量测。

5.4.11 管片拼装接缝防水应符合设计要求。

检验方法：检查隐蔽工程验收记录。

5.4.12 环向及纵向螺栓应全部穿进并拧紧，衬砌内表面的外露铁件防腐处理应符合设计要求。

检验方法：观察检查。

6 排 水 工 程

6.1 渗排水、盲沟排水

6.1.1 渗排水、盲沟排水适用于无自流排水条件、防水要求较高且有抗浮要求的地下工程。

6.1.2 渗排水应符合下列规定：

1 渗排水层用砂、石应洁净，不得有杂质；

2 粗砂过滤层总厚度宜为 300mm，如较厚时应分层铺填。过滤层与基坑土层接触处应用厚度 100~150mm、粒径为 5~10mm 的石子铺填；

3 集水管应设置在粗砂过滤层下部，坡度不宜小于 1%，且不得有倒坡现象。集水管之间的距离宜为 5~10m，并与集水井相通；

4 工程底板与渗排水层之间应做隔浆层，建筑周围的渗排水层顶面应做散水坡。

6.1.3 盲沟排水应符合下列规定：

1 盲沟成型尺寸和坡度应符合设计要求；

2 盲沟用砂、石应洁净，不得有杂质；

3 反滤层的砂、石粒径组成和层次应符合设计要求；

4 盲沟在转弯处和高低处应设置检查井，出水口处应设置滤水篦子。

6.1.4 渗排水、盲沟排水应在地基工程验收合格后进行施工。

6.1.5 盲沟反滤层的材料应符合下列规定：

1 砂、石粒径

滤水层（贴天然土）：塑性指数 $I_P \leqslant 3$（砂性土）时，采用 0.1~2mm 粒径砂子；$I_P > 3$（黏性土）时，采用 2~5mm 粒径砂子。

渗水层：塑性指数 $I_P \leqslant 3$（砂性土）时，采用 1~7mm 粒径卵石；$I_P > 3$（黏性土）时，采用 5~10mm 粒径卵石。

2 砂石含泥量不得大于 2%。

6.1.6 集水管应采用无砂混凝土管、普通硬塑料管和加筋软管式透水盲管。

6.1.7 渗排水、盲沟排水的施工质量检验数量应按 10% 抽查，其中按两轴线间或 10 延米为 1 处，且不得少于 3 处。

主 控 项 目

6.1.8 反滤层的砂、石粒径和含泥量必须符合设计要求。

检验方法：检查砂、石试验报告。

6.1.9 集水管的埋设深度及坡度必须符合设计要求。

检验方法：观察和尺量检查。

一 般 项 目

6.1.10 渗排水层的构造应符合设计要求。

检验方法：检查隐蔽工程验收记录。

6.1.11 渗排水层的铺设应分层、铺平、拍实。

检验方法：检查隐蔽工程验收记录。

6.1.12 盲沟的构造应符合设计要求。

检验方法：检查隐蔽工程验收记录。

6.2 隧道、坑道排水

本标准不涉及此章节内容。如遇此项施工，请按照国家和地方相关标准执行。

7 注 浆 工 程

本标准不涉及此章节内容。如遇此项施工，请按照国家和地方相关标准执行。

8　子分部工程质量评定

8.0.1　地下防水工程施工应按工序或分项进行质量评定，构成分项工程的各检验批应符合本标准相应质量标准的规定。

8.0.2　地下防水工程质量评定的文件和记录应按表8.0.2的要求进行。

表8.0.2　地下防水工程质量评定的文件和记录

序号	项　目	文件和记录
1	防水设计	设计图及会审记录、设计变更通知单和材料代用核定单
2	施工方案	施工方法、技术措施、质量保证措施
3	技术交底	施工操作要求及注意事项
4	材料质量证明文件	出厂合格证、产品质量检验报告、试验报告
5	中间检查记录	分项工程质量评定及验收记录、隐蔽工程检查验收记录、施工检验记录
6	施工日志	逐日施工情况
7	混凝土　砂浆	试配及施工配合比，混凝土抗压、抗渗试验报告
8	施工单位资质证明	资质复印证件
9	工程检验记录	抽样质量检验及观察检查
10	其他技术资料	事故处理报告、技术总结

8.0.3　地下防水隐蔽工程验收记录应包括以下主要内容：

1　卷材、涂料防水层的基层；

2　防水混凝土结构和防水层被掩盖的部位；

3　变形缝、施工缝等防水构造的做法；

4　管道设备穿过防水层的封固部位；

5　渗排水层、盲沟和坑槽；

6　衬砌前围岩渗漏水处理；

7　基坑的超挖和回填。

8.0.4　地下建筑防水子分部工程质量评定应符合下列规定：

合格：

1　子分部所含各分项工程的质量均应评定及验收合格；

2　质量控制资料应完整；

3　观感质量合格，并应符合下列规定：

1) 防水混凝土的抗压强度和抗渗压力必须符合设计要求；

2) 防水混凝土应密实，表面应平整，不得有露筋、蜂窝等缺陷；裂缝宽度应符合设计要求；

3） 水泥砂浆防水层应密实、平整、粘结牢固，不得有空鼓、裂纹、起砂、麻面等缺陷；防水层厚度应符合设计要求；

4） 卷材接缝应粘结牢固、封闭严密，防水层不得有损伤、空鼓、皱折等缺陷；

5） 涂层应粘结牢固，不得有脱皮、流淌、鼓泡、露胎、皱折等缺陷；涂层厚度应符合设计要求；

6） 塑料板防水层应铺设牢固、平整，搭接焊缝严密，不得有焊穿、下垂、绷紧现象；

7） 金属板防水层焊缝不得有裂纹、未熔合、夹渣、焊瘤、咬边、烧穿、弧坑、针状气孔等缺陷；保护涂层应符合设计要求；

8） 变形缝、施工缝、后浇带、穿墙管道等防水构造应符合设计要求。

优良：

在合格基础上，其中60%及以上分项为优良；

观感质量符合本标准相关条款中优良标准的符合率应达到80%及以上。并应符合下列要求：

1）防水混凝土结构表面平整度的允许偏差为5mm，埋设件位置偏差为±8mm以内；

2）水泥砂浆防水层表面平整度的允许偏差为5mm。水泥砂浆防水层施工缝接槎表面应光滑、洁净；

3）卷材防水层应平整顺直；

4）涂料防水层表面不得有堆积、针眼、气孔等缺陷；

5）塑料板的铺设不得有皱折现象；

6）金属板防水层焊缝的宽度及焊波应均匀一致，保护涂层的厚度应均匀，不得有堆积、流淌现象；

7）中埋式止水带的埋设位置应正确，止水带应固定牢靠、平直，不得有明显偏移和扭曲现象。穿墙管止水环与主管或翼环与套管应连续满焊，封闭严密，不得有缝隙等缺陷。

8.0.5 特殊施工法防水工程的质量评定应符合以下规定：

合格：

1 子分部所含各分项工程的质量均应评定及验收合格；

2 质量控制资料应完整；

3 观感质量合格，并应符合下列规定：

1） 内衬混凝土表面应平整，不得有孔洞、露筋、蜂窝等缺陷；

2） 盾构法隧道衬砌自防水、衬砌外防水涂层、衬砌接缝防水和内衬结构防水应符合设计要求；

3） 锚喷支护、地下连续墙、复合式衬砌等防水构造应符合设计要求。

优良：

在合格基础上，其中60%及以上分项为优良；

观感质量符合本标准相关条款中优良标准的符合率应达到80%及以上。

8.0.6 排水工程的质量评定应符合以下规定：

合格：

1　子分部所含各分项工程的质量均应评定及验收合格；

2　质量控制资料应完整；

3　观感质量合格。并应符合下列规定：

1）排水系统不淤积、不堵塞，确保排水通畅；

2）反滤层的砂、石粒径、含泥量和层次排列应符合设计要求；

3）排水沟断面和坡度应符合设计要求。

优良：

在合格基础上，其中60%及以上分项为优良；

观感质量符合本标准相关条款中优良标准的符合率应达到80%及以上。

8.0.7　检查地下防水工程渗漏水量，应符合本标准第3.0.1条地下工程防水等级标准的规定。

8.0.8　地下防水工程评定合格后，应填写子分部工程质量评定记录，报监理（建设）单位进行验收。签认子分部工程质量验收记录，随同工程评定和验收的文件和记录交建设单位和施工存档。

附录 A　地下工程防水材料的质量指标

A.0.1　防水卷材和胶粘剂的质量应符合以下规定：

1　高聚物改性沥青防水卷材的主要物理性能应符合表 A.0.1-1 的要求。

表 A.0.1-1　高聚物改性沥青防水卷材主要物理性能

<table>
<tr><td colspan="2" rowspan="2">项　目</td><td colspan="3">性 能 要 求</td></tr>
<tr><td>聚酯毡胎体卷材</td><td>玻纤毡胎体卷材</td><td>聚乙烯膜胎体卷材</td></tr>
<tr><td rowspan="2">拉伸性能</td><td>拉　力
(N/50mm)</td><td>≥800（纵横向）</td><td>≥500（纵向）
≥300（横向）</td><td>≥140（纵向）
≥120（横向）</td></tr>
<tr><td>最大拉力时延伸率
(%)</td><td>≥40（纵横向）</td><td>—</td><td>≥250（纵横向）</td></tr>
<tr><td colspan="2" rowspan="2">低温柔度（℃）</td><td colspan="3">≤ - 15</td></tr>
<tr><td colspan="3">3mm 厚，$r = 15$mm；4mm 厚，$r = 25$mm；3s，弯 180°，无裂纹</td></tr>
<tr><td colspan="2">不透水性</td><td colspan="3">压力 0.3MPa，保持时间 30min，不透水</td></tr>
</table>

2　合成高分子防水卷材的主要物理性能应符合表 A.0.1-2 的要求。

表 A.0.1-2　合成高分子防水卷材主要物理性能

<table>
<tr><td rowspan="3">项　目</td><td colspan="5">性 能 要 求</td></tr>
<tr><td colspan="2">硫化橡胶类</td><td>非硫化橡胶类</td><td>合成树脂类</td><td rowspan="2">纤维胎增强类</td></tr>
<tr><td>JL_1</td><td>JL_2</td><td>JF_3</td><td>JS_1</td></tr>
<tr><td>拉伸强度（MPa）</td><td>≥8</td><td>≥7</td><td>≥5</td><td>≥8</td><td>≥8</td></tr>
<tr><td>断裂伸长率（%）</td><td>≥450</td><td>≥400</td><td>≥200</td><td>≥200</td><td>≥10</td></tr>
<tr><td>低温弯折性（℃）</td><td>- 45</td><td>- 40</td><td>- 20</td><td>- 20</td><td>- 20</td></tr>
<tr><td>不透水性</td><td colspan="5">压力 0.3MPa，保持时间 30min，不透水</td></tr>
</table>

3　胶粘剂的质量应符合表 A.0.1-3 的要求。

表 A.0.1-3　胶粘剂的质量要求

项　目	高聚物改性沥青卷材	合成高分子卷材
粘结剥离强度（N/10mm）	≥8	≥15
浸水 168h 后粘结剥离强度保持率（%）	—	≥70

A.0.2　防水涂料和胎体增强材料的质量应符合以下规定：

1　有机防水涂料的物理性能应符合表 A.0.2-1 的要求。

表 A.0.2-1 有机防水涂料物理性能

涂料种类	可操作时间（min）	潮湿基面粘结强度（MPa）	抗渗性（MPa）			浸水 168h 后断裂伸长率（%）	浸水 168h 后拉伸强度（MPa）	耐水性（%）	表干（h）	实干（h）
			涂膜（30min）	砂浆迎水面	砂浆背水面					
反应型	≥20	≥0.3	≥0.3	≥0.6	≥0.2	≥300	≥1.65	≥80	≤8	≤24
水乳型	≥50	≥0.2	≥0.3	≥0.6	≥0.2	≥350	≥0.5	≥80	≤4	≤12
聚合物水泥	≥30	≥0.6	≥0.3	≥0.8	≥0.6	≥80	≥1.5	≥80	≤4	≤12

注：耐水性是指在浸水 168h 后材料的粘结强度及砂浆抗渗性的保持率。

2 无机防水涂料的物理性能应符合表 A.0.2-2 的要求。

表 A.0.2-2 无机防水涂料物理性能

涂料种类	抗折强度（MPa）	粘结强度（MPa）	抗渗性（MPa）	冻融循环
水泥基防水涂料	＞4	＞1.0	＞0.8	＞*D*50
水泥基渗透结晶型防水涂料	≥3	≥1.0	＞0.8	＞*D*50

3 胎体增强材料质量应符合表 A.0.2-3 的要求。

表 A.0.2-3 胎体增强材料质量要求

项目		聚酯无纺布	化纤无纺布	玻纤网布
外观		均匀无团状，平整无折皱		
拉力（宽 50mm）	纵向（N）	≥150	≥45	≥90
	横向（N）	≥100	≥35	≥50
延伸率	纵向（%）	≥10	≥20	≥3
	横向（%）	≥20	≥25	≥3

A.0.3 塑料板的主要物理性能应符合表 A.0.3 的要求。

表 A.0.3 塑料板主要物理性能

项目	性能要求			
	EVA	ECB	PVC	PE
拉伸强度（MPa）≥	15	10	10	10
断裂延伸率（%）≥	500	450	200	400
不透水性 24h（MPa）≥	0.2	0.2	0.2	0.2
低温弯折性（℃）≤	－35	－35	－20	－35
热处理尺寸变化率（%）≤	2.0	2.5	2.0	2.0

注：EVA—乙烯醋酸乙烯共聚物；ECB—乙烯共聚物沥青；PVC—聚氯乙烯；PE—聚乙烯。

A.0.4 高分子材料止水带质量应符合以下规定：

1 止水带的尺寸公差应符合表 A.0.4-1 的要求。

表 A.0.4-1 止 水 带 尺 寸

止水带公称尺寸		极 限 偏 差
厚 度 B	4～6mm	+1，0
	7～10mm	+1.3，0
	11～20mm	+2，0
宽 度 L，%		±3

2 止水带表面不允许有开裂、缺胶、海绵状等影响使用的缺陷，中心孔偏心不允许超过管状断面厚度的 1/3；止水带表面允许有深度不大于 2mm、面积不大于 $16mm^2$ 的凹痕、气泡、杂质、明疤等缺陷不超过 4 处。

3 止水带的物理性能应符合表 A.0.4-2 的要求。

表 A.0.4-2 止水带物理性能

项 目			性能要求 B 型	性能要求 S 型	性能要求 J 型
硬度（邵尔 A，度）			60±5	60±5	60±5
拉伸强度（MPa）≥			15	12	10
扯断伸长率（%）≥			380	380	300
压缩永久变形	70℃×24h，% ≤		35	35	35
	23℃×168h，% ≤		20	20	20
撕裂强度（kN/m）≥			30	25	25
脆性温度（℃）≤			-45	-40	-40
热空气老化	70℃×168h	硬度变化（邵尔 A，度）	+8	+8	—
		拉伸强度（MPa）≥	12	10	—
		扯断伸长率（%）≥	300	300	—
	100℃×168h	硬度变化（邵尔 A，度）	—	—	+8
		拉伸强度（MPa）≥	—	—	9
		扯断伸长率（%）≥	—	—	250
臭氧老化 50PPhm：20%，48h			2 级	2 级	0 级
橡胶与金属粘合			断面在弹性体内		

注：1. B 型适用于变形缝用止水带；S 型适用于施工缝用止水带；J 型适用于有特殊耐老化要求的接缝用止水带。

2. 橡胶与金属粘合项仅适用于具有钢边的止水带。

A.0.5 遇水膨胀橡胶腻子止水条的质量应符合以下规定：

1 遇水膨胀橡胶腻子止水条的物理性能应符合表 A.0.5 的要求。

表 A.0.5 遇水膨胀橡胶腻子止水条物理性能

项　　目	性 能 要 求		
	PN-150	PN-220	PN-300
体积膨胀倍率（%）	≥150	≥220	≥300
高温流淌性（80℃×5h）	无流淌	无流淌	无流淌
低温试验（-20℃×2h）	无脆裂	无脆裂	无脆裂

注：体积膨胀倍率 $=\frac{膨胀后的体积}{膨胀前的体积}\times 100\%$。

2 选用的遇水膨胀橡胶腻子止水条应具有缓胀性能，其7d的膨胀率应不大于最终膨胀率的60%。当不符合时，应采取表面涂缓膨胀剂措施。

A.0.6 接缝密封材料的质量应符合以下规定：

1 改性石油沥青密封材料的物理性能应符合表 A.0.6-1 的要求。

表 A.0.6-1 改性石油沥青密封材料物理性能

项　　目		性 能 要 求	
		Ⅰ　类	Ⅱ　类
耐 热 度	温　度（℃）	70	80
	下 垂 值（mm）	≤4.0	
低 温 柔 性	温　度（℃）	-20	-10
	粘结状态	无裂纹和剥离现象	
拉伸粘结性（%）		≥125	
浸水后拉伸粘结性（%）		≥125	
挥发性（%）		≤2.8	
施　工　度（mm）		≥22.0	≥20.0

注：改性石油沥青密封材料按耐热度和低温柔性分为Ⅰ类和Ⅱ类。

2 合成高分子密封材料的物理性能应符合表 A.0.6-2 的要求。

表 A.0.6-2 合成高分子密封材料物理性能

项　　目		性 能 要 求	
		弹性体密封材料	塑性体密封材料
拉伸粘结性	拉伸强度（MPa）	≥0.2	≥0.02
	延伸率（%）	≥200	≥250
柔　　性（℃）		-30，无裂纹	-20，无裂纹
拉伸-压缩循环性能	拉伸压缩率（%）	≥±20	≥±10
	粘结和内聚破坏面积（%）	≤25	

A.0.7 管片接缝密封垫材料的质量应符合以下规定：

1 弹性橡胶密封垫材料的物理性能应符合表 A.0.7-1 的要求。

表 A.0.7-1 弹性橡胶密封垫材料物理性能

项目		性能要求	
		氯丁橡胶	三元乙丙胶
硬度（邵尔 A，度）		45 ± 5 ~ 60 ± 5	55 ± 5 ~ 70 ± 5
伸长度（%）		≥350	≥330
拉伸强度（MPa）		≥10.5	≥9.5
热空气老化 70℃ × 96h	硬度变化值（邵尔 A，度）	≤ +8	≤ +6
	拉伸强度变化率（%）	≥ −20	≥ −15
	扯断伸长率变化率（%）	≥ −30	≥ −30
压缩永久变形（70℃ × 24h）（%）		≤35	≤28
防霉等级		达到与优于 2 级	达到与优于 2 级

注：以上指标均为成品切片测试的数据，若只能以胶料制成试样测试，则其力学性能数据应达到本标准的 120%。

2 遇水膨胀密封垫胶料的物理性能应符合表 A.0.7-2 的要求。

表 A.0.7-2 遇水膨胀橡胶密封垫胶料物理性能

项目		性能要求			
		PZ-150	PZ-250	PZ-400	PZ-600
硬度（邵尔 A，度）		42 ± 7	42 ± 7	45 ± 7	48 ± 7
拉伸强度（MPa）≥		3.5	3.5	3	3
扯断伸长率（%）≥		450	450	350	350
体积膨胀倍率（%）≥		150	250	400	600
反复浸水试验	拉伸强度（MPa）≥	3	3	2	2
	扯断伸长率（%）≥	350	350	250	250
	体积膨胀倍率（%）≥	150	250	300	500
低温弯折（−20℃ × 2h）		无裂纹	无裂纹	无裂纹	无裂纹
防霉等级		达到与优于 2 级			

注：1. 成品切片测试应达到本标准的 80%。

2. 接头部位的拉伸强度指标不得低于本标准的 50%。

A.0.8 排水用土工复合材料的主要物理性能应符合表 A.0.8 的要求。

表 A.0.8 排水层材料主要物理性能

项目	性能要求	
	聚丙烯无纺布	聚酯无纺布
单位面积质量（g/m^2）	≥280	≥280
纵向拉伸强度（N/50mm）	≥900	≥700
横向拉伸强度（N/50mm）	≥950	≥840
纵向伸长率（%）	≥110	≥100
横向伸长率（%）	≥120	≥105
顶破强度（kN）	≥1.11	≥0.95
渗透系数（cm/s）	$\geqslant 5.5 \times 10^{-2}$	$\geqslant 4.2 \times 10^{-2}$

附录B 现行建筑防水工程材料标准和现场抽样复验

B.0.1 现行建筑防水工程材料标准应按表B.0.1的规定选用。

表B.0.1 现行建筑防水工程材料标准

类别	标准名称	标准号
防水卷材	1.聚氯乙烯防水卷材 2.氯化聚乙烯防水卷材 3.改性沥青聚乙烯胎防水卷材 4.氯化聚乙烯-橡胶共混防水卷材 5.高分子防水材料（第一部分片材） 6.弹性体改性沥青防水卷材 7.塑性体改性沥青防水卷材	GB 12952—91 GB 12953—91 JC/T 633—1996 JC/T 684—1997 GB 18173.1—2000 GB 18242—2000 GB 18243—2000
防水涂料	1.聚氨酯防水涂料 2.溶剂型橡胶沥青防水涂料 3.聚合物乳液建筑防水涂料 4.聚合物水泥防水涂料	JC/T 500—2003 JC/T 852—1999 JC/T 864—2000 JC/T 894—2001
密封材料	1.聚氨酯建筑密封膏 2.聚硫建筑密封膏 3.丙烯酸建筑密封膏 4.建筑防水沥青嵌缝油膏 5.聚氯乙烯建筑防水接缝材料 6.建筑用硅酮结构密封胶	JC/T 482—1992（1996） JC/T 483—1992（1996） JC/T 484—1992（1996） JC 207—1996 JC/T 798—1997 GB 16776—1997
其他防水材料	1.高分子防水材料（第二部分止水带） 2.高分子防水材料（第三部分遇水膨胀橡胶）	GB 18173.2—2000 GB 18173.3—2002
刚性防水材料	1.砂浆、混凝土防水剂 2.混凝土膨胀剂 3.水泥基渗透结晶型防水材料	JC 474—92（1999） JC 476—92（1998） GB 18445—2001
防水材料实验方法	1.沥青防水卷材试验方法 2.建筑胶粘剂通用试验方法 3.建筑密封材料试验方法 4.建筑防水涂料试验方法 5.建筑防水材料老化试验方法	GB 328—89 GB/T 12954—91 GB/T 13477—92 GB/T 16777—1997 GB 18244—2000

B.0.2 建筑防水工程材料的现场抽样复验应符合表B.0.2的规定。

表 B.0.2 建筑防水工程材料现场抽样复验

序	材料名称	现场抽样数量	外观质量检验	物理性能检验
1	高聚物改性沥青防水卷材	大于1000卷抽5卷，每500~1000卷抽4卷，100~499卷抽3卷，100卷以下抽2卷，进行规格尺寸和外观质量检验。在外观质量检验合格的卷材中，任取一卷作物理性能检验	断裂、皱折、孔洞、剥离、边缘不整齐，胎体露白、未浸透，撒布材料粒度、颜色，每卷卷材的接头	拉力，最大拉力时延伸率，低温柔度，不透水性
2	合成高分子防水卷材	同 1	折痕、杂质、胶块、凹痕，每卷卷材的接头	断裂拉伸强度，扯断伸长率，低温弯折，不透水性
3	沥青基防水涂料	每工作班生产量为一批抽样	搅匀和分散在水溶液中，无明显沥青丝团	固含量，耐热度，柔性，不透水性，延伸率
4	无机防水涂料	每10t为一批，不足10t按一批抽样	包装完好无损，且标明涂料名称，生产日期，生产厂家，产品有效期	抗折强度，粘结强度，抗渗性
5	有机防水涂料	每5t为一批，不足5t按一批抽样	同 4	固体含量，拉伸强度，断裂延伸率，柔性，不透水性
6	胎体增强材料	每3000m^{2}为一批，不足3000m^{2}按一批抽样	均匀，无团状，平整，无折皱	拉力，延伸率
7	改性石油沥青密封材料	每2t为一批，不足2t按一批抽样	黑色均匀膏状，无结块和未浸透的填料	低温柔性，拉伸粘结性，施工度
8	合成高分子密封材料	同 7	均匀膏状物，无结皮、凝结或不易分散的固体团块	拉伸粘结性，柔性
9	高分子防水材料止水带	每月同标记的止水带产量为一批抽样	尺寸公差；开裂，缺胶，海绵状，中心孔偏心；凹痕，气泡，杂质，明疤	拉伸强度，扯断伸长率，撕裂强度
10	高分子防水材料遇水膨胀橡胶	每月同标记的膨胀橡胶产量为一批抽样	尺寸公差；开裂，缺胶，海绵状；凹痕，气泡，杂质，明疤	拉伸强度，扯断伸长率，体积膨胀倍率

附录C　地下防水工程渗漏水调查与量测方法

C.0.1　渗漏水调查

1　地下防水工程质量验收时，施工单位必须提供地下工程“背水内表面的结构工程展开图”。

2　房屋建筑地下室只调查围护结构内墙和底板。

3　全埋设于地下的结构（地下商场、地铁车站、军事地下库等），除调查围护结构内墙和底板外，背水的顶板（拱顶）系重点调查目标。

4　钢筋混凝土衬砌的隧道以及钢筋混凝土管片衬砌的隧道渗漏水调查的重点为上半环。

5　施工单位必须在“背水内表面的结构工程展开图”上详细标示：

1)　在工程自检时发现的裂缝，并标明位置、宽度、长度和渗漏水现象；

2)　经修补、堵漏的渗漏水部位；

3)　防水等级标准允许的渗漏水现象位置。

6　地下防水工程验收时，经检查、核对标示好的“背水内表面的结构工程展开图”必须纳入竣工验收资料。

C.0.2　渗漏水现象描述使用的术语、定义和标识符号，可按表C.0.2选用

表C.0.2　渗漏水现象描述使用的术语、定义和标识符号

术语	定义	标识符号
湿渍	地下混凝土结构背水面，呈现明显色泽变化的潮湿斑	#
渗水	水从地下混凝土结构衬砌内表面渗出，在背水的墙壁上可观察到明显的流挂水膜范围	O
水珠	悬垂在地下混凝土结构衬砌背水顶板（拱顶）的水珠，其滴落间隔时间超过1min称水珠现象	◇
滴漏	地下混凝土结构衬砌背水顶板（拱顶）渗漏水的滴落速度，每min至少1滴，称为滴漏现象	▽
线漏	指渗漏成线或喷水状态	↓

C.0.3　当被验收的地下工程有结露现象时，不宜进行渗漏水检测。

C.0.4　房屋建筑地下室渗漏水现象检测

1　地下工程防水等级对“湿渍面积”与“总防水面积”（包括顶板、墙面、地面）的比例作了规定。按防水等级2级设防的房屋建筑地下室，单个湿渍的最大面积不大于$0.1m^2$，任意$100m^2$防水面积上的湿渍不超过1处。

2 湿渍的现象：湿渍主要是由混凝土密实度差异造成毛细现象或由混凝土容许裂缝（宽度小于 0.2mm）产生，在混凝土表面肉眼可见的"明显色泽变化的潮湿斑"。一般在人工通风条件下可消失，即蒸发量大于渗入量的状态。

3 湿渍的检测方法：检查人员用于手触摸湿斑，无水分浸润感觉。用吸墨纸或报纸贴附，纸不变颜色。检查时，要用粉笔构划出湿渍范围，然后用钢尺测量高度和宽度，计算面积，标示在"展开图"上。

4 渗水的现象：渗水是由于混凝土密实度差异或混凝土有害裂缝（宽度大于 0.2mm）而产生的地下水连续渗入混凝土结构，在背水的混凝土墙壁表面肉眼可观察到明显的流挂水膜范围，在加强人工通风的条件下也不会消失，即渗入量大于蒸发量的状态。

5 渗水的检测方法：检查人员用于手触摸可感觉到水分浸润，手上会沾有水分。用吸墨纸或报纸贴附，纸会浸润变颜色。检查时，要用粉笔勾划出渗水范围，然后用钢尺测量高度和宽度，计算面积，标示在"展开图"上。

6 对房屋建筑地下室检测出来的"渗水点"，一般情况下应准予修补堵漏，然后重新验收。

7 对防水混凝土结构的细部构造渗漏水检测，尚应按本条内容执行。若发现严重渗水必须分析、查明原因，应准予修补堵漏，然后重新验收。

C.0.5 钢筋混凝土隧道衬砌内表面渗漏水现象检测

1 隧道防水工程，若要求对湿渍和渗水作检测时，应按房屋建筑地下室渗漏水现象检测方法操作。

2 隧道上半部的明显滴漏和连续渗流，可直接用有刻度的容器收集量测，计算单位时间的渗漏量（如 L/min，或 L/h 等）。还可用带有密封缘口的规定尺寸方框，安装在要求测量的隧道内表面，将渗漏水导入量测容器内。同时，将每个渗漏点位置、单位时间渗漏水量，标示在"隧道渗漏水平面展开图"上。

3 若检测器具或登高有困难时，允许通过目测计取每分钟或数分钟内的滴落数目，计算出该点的渗漏量。经验告诉我们，当每分钟滴落速度 3～4 滴的漏水点，24h 的渗水量就是 1L。如果滴落速度每分钟大于 300 滴，则形成连续细流。

4 为使不同施工方法、不同长度和断面尺寸隧道的渗漏水状况能够相互加以比较，必须确定一个具有代表性的标准单位。国际上通用 L/（m^2·d），即渗漏水量的定义为隧道的内表面，每平方米在一昼夜（24h）时间内的渗漏水立升值。

5 隧道内表面积的计算应按下列方法求得：

1） 竣工的区间隧道验收（未实施机电设备安装）

通过计算求出横断面的内径周长，再乘以隧道长度，得出内表面积数值。对盾构法隧道不计取管片嵌缝槽、螺栓孔盒子凹进部位等实际面积。

2） 即将投入运营的城市隧道系统验收（完成了机电设备安装）

通过计算求出横断面的内径周长，再乘以隧道长度，得出内表面积数值。不计取凹槽、道床、排水沟等实际面积。

C.0.6 隧道总渗漏水量的量测

量测总渗漏水量可采用以下 4 种方法，然后通过计算换算成规定单位：L/（m^2·d）。

1）集水井积水量测

量测在设定时间内的水位上升数值，通过计算得出渗漏水量。

2）隧道最低处积水量测

量测在设定时间内的水位上升数值，通过计算得出渗漏水量。

3）有流动水的隧道内设量水堰

靠量水堰上开设的V形槽口量测水流量，然后计算得出渗漏水量。

4）通过专用排水泵的运转计算隧道专用排水泵的工作时间，计算排水量，换算成渗漏水量。

北京建工集团企业标准

Q/BCEG 308 — 2004

建筑装饰装修工程质量评定标准

2004年11月24日发布　　　　2005年01月01日实施

北京建工集团有限责任公司

目　次

1 总 则

1.0.1 为了加强建筑工程质量管理，统一本集团建筑装饰装修工程的质量评定，保证工程质量，制定本标准。

1.0.2 本标准是在国家标准《建筑装饰装修工程质量验收规范》GB 50210—2001 的基础上制定的质量评定标准，适用于本集团新建、扩建、改建和既有建筑的装饰装修工程施工质量的评定。

1.0.3 建筑装饰装修工程的承包合同、设计文件及其他技术文件对工程质量验收的要求不得低于国家标准《建筑装饰装修工程质量验收规范》GB 50210—2001 的规定。

1.0.4 本标准应与北京建工集团《建筑工程施工质量评定统一标准》配套使用。

1.0.5 建筑装饰装修工程的质量评定除应执行本标准外，尚应符合北京建工集团《建筑装饰装修工程施工技术规程》和国家、地方现行有关标准的规定。

2 术 语

2.0.1 建筑装饰装修 building decoration

为保护建筑物的主体结构、完善建筑物的使用功能和美化建筑物，采用装饰装修材料或饰物，对建筑物的内外表面及空间进行的各种处理过程。

2.0.2 基体 primary structure

建筑物的主体结构或围护结构。

2.0.3 基层 base course

直接承受装饰装修施工的面层。

2.0.4 细部 detail

建筑装饰装修工程中局部采用的部件或饰物。

2.0.5 面层 surface course

经装饰装修后直接承受各种物理和化学作用的表面层。

2.0.6 玻璃幕墙 glass curtain wall

由金属构件与玻璃板组成的建筑外围护结构。

2.0.7 石材幕墙 stone curtain wall

板材为建筑石材板的建筑幕墙。

2.0.8 金属幕墙 metal curtain wall

板材为金属板材的建筑幕墙。

3 基 本 规 定

3.1 设 计

3.1.1 建筑装饰装修工程必须进行设计，并出具完整的施工图设计文件。

3.1.2 承担建筑装饰装修工程设计的单位应具备相应的资质，并应建立质量管理体系。由于设计原因造成的质量问题应由设计单位负责。

3.1.3 建筑装饰装修设计应符合城市规划、消防、环保、节能等有关规定。

3.1.4 承担建筑装饰装修工程设计的单位应对建筑物进行必要的了解和实地勘察，设计深度应满足施工要求。

3.1.5 建筑装饰装修工程设计必须保证建筑物的结构安全和主要使用功能。当涉及主体和承重结构改动或增加荷载时，必须由原结构设计单位或具备相应资质的设计单位核查有关原始资料，对既有建筑结构的安全性进行核验、确认。

3.1.6 建筑装饰装修工程的防火、防雷和抗震设计应符合现行国家标准的规定。

3.1.7 当墙体或吊顶内的管线可能产生冰冻或结露时，应进行防冻或防结露设计。

3.2 材 料

3.2.1 建筑装饰装修工程所用材料的品种、规格和质量应符合设计要求和国家现行标准的规定。当设计无要求时应符合国家现行标准的规定。严禁使用国家和地方明令淘汰的材料。

3.2.2 建筑装饰装修工程所用材料的燃烧性能应符合现行国家标准《建筑内部装修设计防火规范》（GB 50222）、《建筑设计防火规范》（GBJ 16）和《高层民用建筑设计防火规范》(GB 50045)的规定。

3.2.3 建筑装饰装修工程所用材料应符合国家有关建筑装饰装修材料有害物质限量标准的规定。

3.2.4 所有材料进场时应对品种、规格、外观和尺寸进行验收。材料包装应完好，应有产品合格证书、中文说明书及相关性能的检测报告；进口产品应按规定进行商品检验。

3.2.5 进场后需要进行复验的材料种类及项目应符合国家标准《建筑装饰装修工程质量验收规范》GB 50210—2001 相关规定。同一厂家生产的同一品种、同一类型的进场材料应至少抽取 1 组样品进行复验，当合同另有约定时应按合同执行。

3.2.6 当国家规定或合同约定应对材料进行见证检测时，或对材料的质量发生争议时，应进行见证检测。

3.2.7 承担建筑装饰装修材料检测的单位应具备相应的资质，并应建立质量管理体系。

3.2.8 建筑装饰装修工程所使用的材料在运输、储存和施工过程中，必须采取有效措施防止损坏、变质和污染环境。

3.2.9 建筑装饰装修工程所使用的材料应按设计要求进行防火、防腐和防虫处理。

3.2.10 现场配制的材料如砂浆、胶粘剂等，应按设计要求或产品说明书配制。

3.3 施　　工

3.3.1 承担建筑装饰装修工程施工的单位应具备相应的资质，并应建立质量管理体系。施工单位应编制施工组织设计并应经过审查批准。施工单位应按有关的施工工艺标准或经审定的施工技术方案施工，并应对施工全过程实行质量控制。

3.3.2 承担建筑装饰装修工程施工的人员应有相应岗位的资格证书。

3.3.3 建筑装饰装修工程的施工质量应符合设计要求和国家标准《建筑装饰装修工程质量验收规范》GB 50210—2001 的规定，由于违反设计和规范的规定施工造成的质量问题应由施工单位负责。

3.3.4 建筑装饰装修工程施工中，严禁违反设计文件擅自改动建筑主体、承重结构或主要使用功能；严禁未经设计确认和有关部门批准擅自拆改水、暖、电、燃气、通讯等配套设施。

3.3.5 施工单位应遵守有关环境保护的法律法规，并应采取有效措施控制施工现场的各种粉尘、废气、废弃物、噪声、振动等对周围环境造成的污染和危害。

3.3.6 施工单位应遵守有关施工安全、劳动保护、防火和防毒的法律法规，应建立相应的管理制度，并应配备必要的设备、器具和标识。

3.3.7 建筑装饰装修工程应在基体或基层的质量评定及验收合格后施工。对既有建筑进行装饰装修前，应对基层进行处理并达到本标准的要求。

3.3.8 建筑装饰装修工程施工前应有主要材料的样板或做样板间（件），并应经有关各方确认。

3.3.9 墙面采用保温材料的建筑装饰装修工程，所用保温材料的类型、品种、规格及施工工艺应符合设计要求。

3.3.10 管道、设备等的安装及调试应在建筑装饰装修工程施工前完成，当必须同步进行时，应在饰面层施工前完成。装饰装修工程不得影响管道、设备等的使用和维修。涉及燃气管道的建筑装饰装修工程必须符合有关安全管理的规定。

3.3.11 建筑装饰装修工程的电器安装应符合设计要求和国家现行标准的规定。严禁不经穿管直接埋设电线。

3.3.12 室内外装饰装修工程施工的环境条件应满足施工工艺的要求。施工环境温度不应低于5℃。当必须在低于5℃气温下施工时，应采取保证工程质量的有效措施。

3.3.13 建筑装饰装修工程施工过程中应做好半成品、成品的保护，防止污染和损坏。

3.3.14 建筑装饰装修工程质量评定及验收前应将施工现场清理干净。

4 抹 灰 工 程

4.1 一 般 规 定

4.1.1 本章适用于一般抹灰、装饰抹灰和清水砌体勾缝等分项工程的质量评定。

4.1.2 抹灰工程质量评定时应检查下列文件和记录：

1 抹灰工程的施工图、设计说明及其他设计文件。

2 材料的产品合格证书、性能检测报告、进场验收记录和复验报告。

3 隐蔽工程验收记录。

4 施工记录。

4.1.3 抹灰工程应对水泥的凝结时间和安定性进行复验。

4.1.4 抹灰工程应对下列隐蔽工程项目进行验收：

1 抹灰总厚度大于或等于 35mm 时的加强措施。

2 不同材料基体交接处的加强措施。

4.1.5 各分项工程的检验批应按下列规定划分：

1 相同材料、工艺和施工条件的室外抹灰工程每 500～1000m^2 应划分为一个检验批，不足 500m^2 也应划分为一个检验批。

2 相同材料、工艺和施工条件的室内抹灰工程每 50 个自然间（大面积房间和走廊按抹灰面积 30m^2 为一间）应划分为一个检验批，不足 50 间也应划分为一个检验批。

4.1.6 检查数量应符合下列规定：

1 室内每个检验批应至少抽查 10%，并不得少于 3 间；不足 3 间时应全数检查。

2 室外每个检验批每 100m^2 应至少抽查一处，每处不得小于 10m^2。

4.1.7 外墙抹灰工程施工前应先安装门窗框、护栏等，并应将墙上的施工孔洞堵塞密实。

4.1.8 抹灰用的石灰膏的熟化期不应少于 15d；罩面用的磨细石灰粉的熟化期不应少于 3d。

4.1.9 室内墙面、柱面和门洞口的阳角做法应符合设计要求。设计无要求时，应采用 1:2 水泥砂浆做暗护角，其高度不应低于 2m，每侧宽度不应小于 50mm。

4.1.10 当要求抹灰层具有防水、防潮功能时，应采用防水砂浆。

4.1.11 各种砂浆抹灰层，在凝结前应防止快干、水冲、撞击、振动和受冻，在凝结后应采取措施防止沾污和损坏。水泥砂浆抹灰层应在湿润条件下养护。

4.1.12 外墙和顶棚的抹灰层与基层之间及各抹灰层之间必须粘结牢固。

4.2 一 般 抹 灰 工 程

4.2.1 本节适用于石灰砂浆、水泥砂浆、水泥混合砂浆、聚合物水泥砂浆和麻刀石灰、纸筋石灰、石膏灰等一般抹灰工程的质量评定。一般抹灰工程分为普通抹灰和高级抹灰，当设计无要求时，按普通抹灰质量评定。

主 控 项 目

4.2.2 抹灰前基层表面的尘土、污垢、油渍等应清除干净，并应洒水湿润。

检验方法：检查施工记录。

4.2.3 一般抹灰所用材料的品种和性能应符合设计要求。水泥的凝结时间和安定性复验应合格。砂浆的配合比应符合设计要求。

检验方法：检查产品合格证书、进场验收记录、复验报告和施工记录。

4.2.4 抹灰工程应分层进行。当抹灰总厚度大于或等于 35mm 时，应采取加强措施。不同材料基体交接处表面的抹灰，应采取防止开裂的加强措施，当采用加强网时，加强网与各基体的搭接宽度不应小于 100mm。

检验方法：检查隐蔽工程验收记录和施工记录。

4.2.5 抹灰层与基层之间及各抹灰层之间必须粘接牢固，抹灰层应无脱层、空鼓，面层应无爆灰和裂缝。

检验方法：观察，用小锤轻击检查，检查施工记录。

一 般 项 目

4.2.6 一般抹灰工程的表面质量应符合下列规定：

1 普通抹灰表面应光滑、洁净、接槎平整，分格缝应清晰。

优良：在合格的基础上分格缝及线角应清晰顺直，毛面纹路均匀一致。

检验方法：观察和手摸检查。

2 高级抹灰表面应光滑、洁净、颜色均匀，无抹纹，分格缝和灰线应清晰美观。

优良：在合格的基础上表面应平整光滑，棱角方正，分格缝和灰线平直方正，清晰美观。

检验方法：观察和手摸检查。

4.2.7 护角、孔洞、槽、盒周围的抹灰表面应整齐、光滑；管道后面的抹灰表面应平整。

检验方法：观察。

4.2.8 抹灰层的总厚度应符合设计要求；水泥砂浆不得抹在石灰砂浆层上；罩面石膏灰不得抹在水泥砂浆层上。

检验方法：检查施工记录。

4.2.9 抹灰分格缝的设置应符合设计要求，宽度和深度应均匀，表面应光滑，棱角应整齐。

优良：在合格的基础上分格缝宽度、深度应均匀一致，表面平整光滑，棱角整齐，横平竖直、十字交叉缝清晰美观。

检验方法：观察；尺量检查。

4.2.10 有排水要求的部位应做滴水线（槽）。滴水线（槽）应整齐顺直，滴水线应内高外低，滴水槽的宽度和深度均不应小于 10mm。

优良：在合格的基础上滴水线（槽）整齐顺直；流水坡向正确；滴水线（槽）深度、

宽度整齐一致，清晰美观。

检验方法：观察；尺量检查。

4.2.11 一般抹灰工程质量的允许偏差和检验方法应符合表 4.2.11 的规定。

表 4.2.11 一般抹灰的允许偏差和检验方法

项次	项目	允许偏差（mm）				检验方法
		普通抹灰		高级抹灰		
		合格	***优良***	合格	***优良***	
1	立面垂直度	4	***3***	3	***1.5***	用 2m 垂直检测尺检查
2	表面平整度	4	***3***	3	***1.5***	用 2m 靠尺和塞尺检查
3	阴阳角方正	4	***3***	3	***2***	用直角检测尺检查
4	分格条（缝）直线度	4	***3***	3	***2***	拉 5m 线，不足 5m 拉通线，用钢直尺检查
5	墙裙、勒脚上口直线度	4	***3***	3	***2***	拉 5m 线，不足 5m 拉通线，用钢直尺检查

注：普通抹灰，本表第 3 项阴角方正可不检查。

4.3 装饰抹灰工程

4.3.1 本节适用于水刷石、斩假石、假面砖等装饰抹灰工程的质量评定。

主 控 项 目

4.3.2 抹灰前基层表面的尘土、污垢、油渍等应清除干净，并应洒水润湿。

检验方法：检查施工记录。

4.3.3 装饰抹灰工程所用材料的品种和性能应符合设计要求。水泥的凝结时间和安定性复验应合格。砂浆的配合比应符合设计要求。

检验方法：检查产品合格证书、进场验收记录、复验报告和施工记录。

4.3.4 抹灰工程应分层进行。当抹灰总厚度大于或等于 35mm 时，应采取加强措施。不同材料基体交接处表面的抹灰，应采取防止开裂的加强措施，当采用加强网时，加强网与各基体的搭接宽度不应小于 100mm。

检验方法：检查隐蔽工程验收记录和施工记录。

4.3.5 各抹灰层之间及抹灰层与基体之间必须粘结牢固，抹灰层应无脱层、空鼓和裂缝。

检验方法：观察，用小锤轻击检查，检查施工记录。

一 般 项 目

4.3.6 装饰抹灰工程的表面质量应符合下列规定：

1 水刷石表面应石粒清晰、分布均匀、紧密平整、色泽一致，应无掉粒和接槎痕迹。***优良：在合格基础上水刷石表面应洁净、美观无污染，不得有冲刷不净、冲刷过度以***

及手摸掉粒等缺陷。

检查方法：观察和手摸检查。

2 斩假石表面剁纹应均匀顺直、深浅一致，应无漏剁处；阳角处应横剁并留出宽窄一致的不剁边条，棱角应无损坏。

优良：在合格基础上，颜色一致，不挂灰皮，不剁边条应整齐，美观无污染。

检查方法：观察，手摸检查。

3 假面砖表面应平整、沟纹清晰、留缝整齐、色泽一致，应无掉角、脱皮、起砂等缺陷。

优良：在合格基础上缝隙宽窄应一致，棱角挺直。

检验方法：观察和手摸检查。

4.3.7 装饰抹灰分格条（缝）的设置应符合设计要求，宽度和深度应均匀，表面应平整光滑，棱角应整齐。

优良：在合格基础上分格条（缝）横平竖直，通顺，十字交叉缝应清晰美观。

检验方法：观察。

4.3.8 有排水要求的部位应做滴水线（槽）。滴水线（槽）应整齐顺直，滴水线应内高外低，滴水线（槽）的宽度和深度均不应小于10mm。

优良：在合格基础上相同部位的滴水线（槽）作法一致，整齐美观

检验方法：观察或尺量检查。

4.3.9 装饰抹灰工程质量的允许偏差和检验方法应符合表4.3.9的规定。

表 4.3.9 装饰抹灰的允许偏差和检验方法

项次	项目	允许偏差（mm）						检验方法
		水刷石		斩假石		假面砖		
		合格	*优良*	合格	*优良*	合格	*优良*	
1	立面垂直度	5	*4*	4	*3*	5	*4*	用2m靠尺和塞尺检查
2	表面平整度	3		3	*2*	4	*3*	用2m靠尺和塞尺检查
3	阳角方正	3		3	*2*	4	*3*	用直角检测尺检查
4	分格条（缝）直线度	3	*2*	3	*2*	3	*2*	拉5m线，不足5m拉通线，用钢直尺检查
5	墙裙、勒脚上口直线度	3	*2*	3	*2*	—	—	拉5m线，不足5m拉通线，用钢直尺检查

4.4 清水砌体勾缝工程

4.4.1 本节适用于清水砌体砂浆勾缝和原浆勾缝工程的质量评定。

主 控 项 目

4.4.2 清水砌体勾缝所用水泥的凝结时间和安定性复验应合格。砂浆的配合比应符合设计要求。

检验方法：检查复验报告和施工记录。

4.4.3 清水砌体勾缝应无漏勾。勾缝材料应粘结牢固、无开裂。

检验方法：观察。

一 般 项 目

4.4.4 清水砌体勾缝应横平竖直，交接处应平顺，宽度和深度应均匀，表面应压实抹平。

优良：在合格基础上砖墙缝边缘整洁美观、无污染。

检验方法：观察；尺量检查。

4.4.5 灰缝应颜色一致，砌体表面应洁净。

检验方法：观察。

5 门 窗 工 程

5.1 一 般 规 定

5.1.1 本章适用于木门窗制作与安装、金属门窗安装、塑料门窗安装、特种门安装、门窗玻璃安装等分项工程的质量评定。

5.1.2 门窗工程评定时应检查下列文件和记录：

1 门窗工程的施工图、设计说明及其他设计文件。

2 材料的产品合格证书、性能检测报告、进场验收记录和复验报告。

3 特种门及其附件的生产许可文件。

4 隐蔽工程验收记录。

5 施工记录。

5.1.3 门窗工程应对下列材料及其性能指标进行复验：

1 人造木板的甲醛含量。

2 建筑外墙金属窗、塑料窗的抗风压性能、空气渗透性能和雨水渗漏性能。

5.1.4 门窗工程应对下列隐蔽工程项目进行验收

1 预埋件和锚固件。

2 隐蔽部位的防腐、填嵌处理。

5.1.5 各分项工程的检验批应按下列规定划分：

1 同一品种、类型和规格的木门窗、金属门窗、塑料门窗及门窗玻璃每 100 樘应划分为一个检验批，不足 100 樘也应划分为一个检验批。

2 同一品种、类型和规格的特种门每 50 樘应划分为一个检验批，不足 50 樘也应划分为一个检验批。

5.1.6 检查数量应符合下列规定：

1 木门窗、金属门窗、塑料门窗及门窗玻璃，每个检验批应至少抽查 5%，并不得少于 3 樘，不足 3 樘时应全数检查；高层建筑的外窗，每个检验批应至少抽查 10%，并不得少于 6 樘，不足 6 樘时应全数检查。

2 特种门每个检验批应至少抽查 50%，并不得少于 10 樘，不足 10 樘时应全数检查。

5.1.7 门窗安装前，应对门窗洞口尺寸进行检验。

5.1.8 金属门窗和塑料门窗安装应采用预留洞口的方法施工，不得采用边安装边砌口或先安装后砌口的方法施工。

5.1.9 木门窗与砖石砌体、混凝土或抹灰层接触处应进行防腐处理并应设置防潮层；埋入砌体或混凝土中的木砖应进行防腐处理。

5.1.10 当金属窗或塑料窗组合时，其拼樘料的尺寸、规格、壁厚应符合设计要求。

5.1.11 建筑外门窗的安装必须牢固。在砌体上安装门窗严禁用射钉固定。

5.1.12 特种门安装除应符合设计要求和国家标准《建筑装饰装修工程质量验收规范》GB 50210—2001规定外，还应符合有关专业标准和主管部门的规定。

5.2 木门窗制作与安装工程

5.2.1 本节适用于木门窗制作与安装工程的质量评定。

主 控 项 目

5.2.2 木门窗的木材品种、材质等级、规格、尺寸、框扇的线型及人造木板的甲醛含量应符合设计和有关环保的要求。设计未规定材质等级时，所用木材的质量应符合本标准附录 A 的规定。

检验方法：观察；检查材料的进场验收记录和复验报告。

5.2.3 木门窗应采用烘干的木材，含水率应符合《建筑木门、木窗》（JG/T 122）的规定。

检验方法：检查材料的进场验收记录。

5.2.4 木门窗的防火、防腐、防虫处理应符合设计要求。

检验方法：观察；检查材料的进场验收记录。

5.2.5 木门窗的结合处和安装配件处不得有木节或已填补的木节。木门窗如有允许限值以内的死节及直径较大的虫眼时，应用同一材质的木塞加胶填补。对于清漆制品，木塞的木纹和色泽应与制品一致。

检验方法：观察。

5.2.6 门窗框和厚度大于 50mm 的门窗扇应用双榫连接。榫槽应采用胶料严密嵌合，并应用胶楔加紧。

检验方法：观察和手扳检查。

5.2.7 胶合板门、纤维板门和模压门不得脱胶。胶合板不得刨透表层单板，不得有戗槎。制作胶合板门、纤维板门时，边框和横楞应在同一平面上，面层、边框及横楞应加压胶结。横楞和上、下冒头应各钻两个以上的透气孔，透气孔应通畅。

检查方法：观察。

5.2.8 木门窗的品种、类型、规格、开启方向、安装位置及连接方式应符合设计要求。

检验方法：观察；尺量检查；检查成品门的产品合格证书。

5.2.9 木门窗框的安装必须牢固。预埋木砖的防腐处理、木门窗框固定点的数量、位置及固定方法应符合设计要求。

检验方法：观察；手扳检查；检查隐蔽工程验收记录和施工记录。

5.2.10 木门窗扇必须安装牢固，并应开关灵活，关闭严密，无倒翘。

检验方法：观察；开启和关闭检查；手扳检查。

5.2.11 木门窗配件的型号、规格、数量应符合设计要求，安装应牢固，位置应正确，功能应满足使用要求。

检验方法：观察；开启和关闭检查；手扳检查。

一 般 项 目

5.2.12 木门窗表面应洁净，不得有刨痕、锤印。

优良：在合格基础上木门窗应表面平整光洁，无毛刺，清油饰面木纹近似，色泽一致。

检验方法：观察和手摸检查。

5.2.13 木门窗的割角、拼缝应严密平整。门窗框、扇裁口应顺直，刨面应平整。

优良：在合格基础上割角准确，装饰线条顺畅，无损伤，无污染。

检验方法：观察。

5.2.14 木门窗上的槽、孔应边缘整齐，无毛刺。

检验方法：观察。

5.2.15 木门窗与墙体间缝隙的填嵌材料应符合设计要求，填嵌应饱满。寒冷地区外门窗（或门窗框）与砌体间的空隙应填充保温材料。

检验方法：轻敲门窗框检查；检查隐蔽工程验收记录和施工记录。

5.2.16 木门窗批水、盖口条、压缝条、密封条的安装应顺直，与门窗结合应牢固、严密。

检查方法：观察和手扳检查。

5.2.17 木门窗制作的允许偏差和检验方法应符合表 5.2.17 的规定。

表 5.2.17 木门窗制作的允许偏差和检验方法

项次	项 目	构件名称	允许偏差（mm）				检验方法
			普 通		高 级		
			合格	***优良***	合格	***优良***	
1	翘 曲	框	3	*2*	2		将框、扇平放在检查平台上，用塞尺检查
		扇	2		2		
2	对角线长度差	框、扇	3	*2*	2		用钢尺检查，框量裁口里角，扇量外角
3	表面平整度	扇	2	*1*	2	*1*	用 1m 靠尺和塞尺检查
4	高度、宽度	框	0；－2		0；－1		用钢尺检查，框量裁口里角，扇量外角
		扇	+2；0		+1；0		
5	裁口、线条结合处高低差	框、扇	1	*0.5*	0.5		用钢直尺和塞尺检查
6	相邻棂子两端间距	扇	2		1		用钢直尺检查

5.2.18 木门窗安装的留缝限值、允许偏差和检验方法应符合表 5.2.18 的规定。

表 5.2.18　木门窗安装的留缝限值、允许偏差和检验方法

<table>
<tr><th rowspan="3">项次</th><th rowspan="3" colspan="2">项　　目</th><th colspan="2">留缝限值（mm）</th><th colspan="4">允许偏差（mm）</th><th rowspan="3">检验方法</th></tr>
<tr><th rowspan="2">普　通</th><th rowspan="2">高　级</th><th colspan="2">普　通</th><th colspan="2">高　级</th></tr>
<tr><th>合格</th><th>优良</th><th>合格</th><th>优良</th></tr>
<tr><td>1</td><td colspan="2">门窗槽口对角线长度差</td><td>—</td><td>—</td><td>3</td><td>2</td><td colspan="2">2</td><td>用钢尺检查</td></tr>
<tr><td>2</td><td colspan="2">门窗框的正、侧面垂直度</td><td>—</td><td>—</td><td>2</td><td>1</td><td colspan="2">1</td><td rowspan="2">用1m垂直检测尺检查</td></tr>
<tr><td>3</td><td colspan="2">框与扇、扇与扇接缝高低差</td><td>—</td><td>—</td><td>2</td><td>1</td><td colspan="2">1</td></tr>
<tr><td>4</td><td colspan="2">门窗扇对口缝</td><td>1～2.5</td><td>1.5～2</td><td>—</td><td>—</td><td>—</td><td>—</td><td rowspan="6">用塞尺检查</td></tr>
<tr><td>5</td><td colspan="2">工业厂房双扇大门对口缝</td><td>2～5</td><td>—</td><td>—</td><td>—</td><td>—</td><td>—</td></tr>
<tr><td>6</td><td colspan="2">门窗扇与上框间留缝</td><td>1～2</td><td>1～1.5</td><td>—</td><td>—</td><td>—</td><td>—</td></tr>
<tr><td>7</td><td colspan="2">门窗扇与侧框间留缝</td><td>1～2.5</td><td>1～1.5</td><td>—</td><td>—</td><td>—</td><td>—</td></tr>
<tr><td>8</td><td colspan="2">窗扇与下框间留缝</td><td>2～3</td><td>2～2.5</td><td>—</td><td>—</td><td>—</td><td>—</td></tr>
<tr><td>9</td><td colspan="2">门扇与下框间留缝</td><td>3～5</td><td>3～4</td><td>—</td><td>—</td><td>—</td><td>—</td></tr>
<tr><td>10</td><td colspan="2">双层门窗内外框间距</td><td>—</td><td>—</td><td>4</td><td>3</td><td>3</td><td>2</td><td>用钢尺检查</td></tr>
<tr><td rowspan="4">11</td><td rowspan="4">无下框时门扇与地面间留缝</td><td>外　门</td><td>4～7</td><td>5～6</td><td>—</td><td>—</td><td>—</td><td>—</td><td rowspan="4">用塞尺检查</td></tr>
<tr><td>内　门</td><td>5～8</td><td>6～7</td><td>—</td><td>—</td><td>—</td><td>—</td></tr>
<tr><td>卫生间门</td><td>8～12</td><td>8～10</td><td>—</td><td>—</td><td>—</td><td>—</td></tr>
<tr><td>厂房大门</td><td>10～20</td><td>—</td><td>—</td><td>—</td><td>—</td><td>—</td></tr>
</table>

5.3　金属门窗安装工程

5.3.1　本节适用于钢门窗、铝合金门窗、涂色镀锌钢板门窗等金属门窗安装工程的质量评定。

主　控　项　目

5.3.2　金属门窗的品种、类型、规格、尺寸、性能、开启方向、安装位置、连接方式及铝合金门窗的型材壁厚应符合设计要求。金属门窗的防腐处理及填嵌、密封处理应符合设计要求。

检验方法：观察；尺量检查；检查产品合格证书、性能检测报告、进场验收记录和复验报告；检查隐蔽工程验收记录。

5.3.3　金属门窗框和副框的安装必须牢固。预埋件的数量、位置、埋设方式、与框的连接方式必须符合设计要求。

检验方法：手扳检查和检查隐蔽工程验收记录。

5.3.4　金属门窗扇必须安装牢固，并应开关灵活、关闭严密，无倒翘。推拉门窗扇必须有防脱落措施。

检验方法：观察，开启和关闭检查，手扳检查。

5.3.5 金属门窗配件的型号、规格、数量应符合设计要求，安装应牢固，位置应正确，功能应满足使用要求。

检验方法：观察，开启和关闭检查，手扳检查。

一 般 项 目

5.3.6 金属门窗表面应洁净、平整、光滑、色泽一致，无锈蚀。大面应无划痕、碰伤，漆膜或保护层应连续。

检验方法：观察。

5.3.7 铝合金门窗推拉门窗扇开关力应不大于 100N。

检验方法：用弹簧秤检查。

5.3.8 金属门窗框与墙体之间的缝隙应填嵌饱满，并采用密封胶密封。密封胶表面应光滑、顺直、无裂纹。

优良：在合格基础上，密封胶表面整洁、宽窄一致，无明显接槎。

检验方法：观察，轻敲门窗框检查，检查隐蔽工程验收记录。

5.3.9 金属门窗扇的橡胶密封条或毛毡密封条应安装完好，不得脱槽。

优良：在合格基础上，密封条拼接严密安装牢固。

检验方法：观察，开启和关闭检查。

5.3.10 有排水孔的金属门窗，排水孔应通畅，位置和数量应符合设计要求。

检验方法：观察。

5.3.11 钢门窗安装的留缝限值、允许偏差和检验方法应符合表 5.3.11 的规定。

表 5.3.11 钢门窗安装的留缝限值、允许偏差和检验方法

项次	项 目		留缝限值	允许偏差（mm）		检验方法
				合格	*优良*	
1	门窗槽口宽度、高度	≤1500mm	—	2.5	*2*	用钢尺检查
		>1500mm		3.5	*3*	
2	门窗槽口对角线长度差	≤2000mm	—	5	*4*	用钢尺检查
		>2000mm		6	*5*	
3	门窗框的正、侧面垂直度		—	3	*2*	用 1m 垂直检测尺检查
4	门窗横框的水平度		—	3	*2*	用 1m 水平尺和塞尺检查
5	门窗横框标高		—	5	*4*	用钢尺检查
6	门窗竖向偏离中心		—	4	*3*	用钢尺检查
7	双层门窗内外框间距		—	5	*4*	用钢尺检查
8	门窗框、扇配合间隙		≤2	—	—	用塞尺检查
9	无下框时门扇与地面间留缝		4~8	—	—	用塞尺检查

5.3.12 铝合金门窗安装的允许偏差和检验方法应符合表 5.3.12 的规定。

表 5.3.12　铝合金门窗安装的允许偏差和检验方法

项次	项　　目		允许偏差（mm）		检验方法
			合格	优良	
1	门窗槽口宽度、高度	≤1500mm	1.5		用钢尺检查
		>1500mm	2		
2	门窗槽口对角线长度差	≤2000mm	3	2	用钢尺检查
		>2000mm	4	3	
3	门窗框的正、侧面垂直度		2.5	2	用垂直检测尺检查
4	门窗横框的水平度		2		用1m水平尺和塞尺检查
5	门窗横框标高		5	3	用钢尺检查
6	门窗竖向偏离中心		5	3	用钢尺检查
7	双层门窗内外框间距		4	3	用钢尺检查
8	推拉门窗扇与框搭接量		1.5		用钢直尺检查

5.3.13　涂色镀锌钢板门窗安装的允许偏差和检验方法应符合表 5.3.13 的规定。

表 5.3.13　涂色镀锌钢板门窗安装的允许偏差和检验方法

项次	项　　目		允许偏差（mm）		检验方法
			合格	优良	
1	门窗槽口宽度、高度	≤1500mm	2	1.5	用钢尺检查
		>1500mm	3	2	
2	门窗槽口对角线长度差	≤2000mm	4	3	用钢尺检查
		>2000mm	5	4	
3	门窗框的正、侧面垂直度		3	2	用垂直检测尺检查
4	门窗横框的水平度		3	2	用1m水平尺和塞尺检查
5	门窗横框标高		5	4	用钢尺检查
6	门窗竖向偏离中心		5	4	用钢尺检查
7	双层门窗内外框间距		4	3	用钢尺检查
8	推拉门窗扇与框搭接量		2		用钢直尺检查

5.4　塑料门窗安装工程

5.4.1　本节适用于塑料门窗安装工程的质量评定。

主 控 项 目

5.4.2 塑料门窗的品种、类型、规格、尺寸、开启方向、安装位置、连接方式及填嵌密封处理应符合设计要求，内衬增强型钢的壁厚及设置方式应符合国家现行产品标准的质量要求。

检验方法：观察；尺量检查；检查产品合格证书、性能检测报告、进场验收记录和复验报告；检查隐蔽工程验收记录。

5.4.3 塑料门窗框、副框和扇的安装必须牢固。固定片或膨胀螺栓的数量与位置应正确，连接方式应符合设计要求。固定点应距窗角、中横框、中竖框150~200mm，固定点间距应不大于600mm。

检验方法：观察；手扳检查；检查隐蔽工程验收记录。

5.4.4 塑料门窗拼樘料内衬增强型钢的规格、壁厚必须符合设计要求，型钢应与型材内腔紧密吻合，其两端必须与洞口固定牢固。窗框必须与拼樘料连接紧密，固定点间距不大于600mm。

检验方法：观察；手扳检查；尺量检查；检查进场验收记录。

5.4.5 塑料门窗扇应开关灵活、关闭严密、无倒翘。推拉门窗扇必须有防脱落措施。

检验方法：观察；开启和关闭检查；手扳检查。

5.4.6 塑料门窗配件的型号、规格、数量应符合设计要求，安装应牢固，位置应正确，功能应满足使用要求。

检验方法：观察，手扳检查，尺量检查。

5.4.7 塑料门窗框与墙体间缝隙应采用闭孔弹性材料填嵌饱满，表面应采用密封胶密封。密封胶应粘结牢固，表面应光滑、顺直、无裂纹。

优良：在合格基础上密封胶表面整洁、宽窄一致，无明显接槎。

检验方法：观察；检查隐蔽工程验收记录。

一 般 项 目

5.4.8 塑料门窗表面应洁净、平整、光滑，大面应无划痕、碰伤。

检验方法：观察。

5.4.9 塑料门窗扇的密封条不得脱槽。旋转窗间隙应基本均匀。

优良：在合格基础上密封条安装完好、牢固，窗扇关闭严密。

检验方法：观察。

5.4.10 塑料门窗扇的开关力应符合下列规定：

1 平开门窗扇平铰链的开关力应不大于80N；滑撑铰链的开关力应不大于80N，并不小于30N。

检验方法：观察和使用弹簧秤检查。

2 推拉门窗扇的开关力应不大于100N。

检验方法：观察和使用弹簧秤检查。

5.4.11 玻璃密封条与玻璃及玻璃槽口的接缝应平整，不得卷边、脱槽。

检验方法：观察。

5.4.12 排水孔应通畅，位置和数量应符合设计要求。

检验方法：观察。

5.4.13 塑料门窗安装的允许偏差和检验方法应符合表5.4.13的规定。

表 5.4.13 塑料门窗安装的允许偏差和检验方法

项次	项目		允许偏差（mm）		检验方法
			合格	优良	
1	门窗槽口宽度、高度	≤1500mm	2	*1.5*	用钢尺检查
		>1500mm	3	*2*	
2	门窗槽口对角线长度差	≤2000mm	3	*2*	用钢尺检查
		>2000mm	5	*3*	
3	门窗框的正、侧面垂直度		3	*2*	用1m垂直检测尺检查
4	门窗横框的水平度		3	*2*	用1m水平尺和塞尺检查
5	门窗横框标高		5	*4*	用钢尺检查
6	门窗竖向偏离中心		5	*4*	用钢直尺检查
7	双层门窗内外框间距		4	*3*	用钢尺检查
8	同樘平开门窗相邻扇高度差		2		用钢直尺检查
9	平开门窗铰链部位配合间隙		+2；-1	±*1*	用塞尺检查
10	推拉门窗扇与框搭接量		+1.5；-2.5	±*1.5*	用钢直尺检查
11	推拉门窗扇与竖框平行度		2	*1*	用1m水平尺和塞尺检查

5.5 特种门安装工程

5.5.1 本节适用于防火门、防盗门、自动门、全玻门、旋转门、金属卷帘门等特种门安装工程的质量评定。

主 控 项 目

5.5.2 特种门的质量和各项性能应符合设计要求。

检验方法：检查生产许可证、产品合格证书和性能检测报告。

5.5.3 特种门的品种、类型、规格、尺寸、开启方向、安装位置及防腐处理应符合设计要求。

检验方法：观察；尺量检查；检查进场验收记录和隐蔽工程验收记录。

5.5.4 带有机械装置、自动装置或智能化装置的特种门，其机械装置、自动装置或智能化装置的功能应符合设计要求和有关标准的规定。

检验方法：启动机械装置、自动装置或智能化装置，观察。

5.5.5 特种门的安装必须牢固。预埋件的数量、位置、埋设方式、与框的连接方式必须符合设计要求。

检验方法：观察；手扳检查；检查隐蔽工程验收记录。

5.5.6 特种门的配件应齐全，位置应正确，安装应牢固，功能应满足使用要求和特种门的各项性能要求。

检验方法：观察；手扳检查；检查产品合格证书、性能检测报告和进场验收记录。

一 般 项 目

5.5.7 特种门的表面装饰应符合设计要求。

检验方法：观察。

5.5.8 特种门的表面应洁净，无划痕、碰伤。

检验方法：观察。

5.5.9 推拉自动门安装的留缝限值、允许偏差和检验方法应符合表5.5.9的规定。

表 5.5.9 推拉自动门安装的留缝限值、允许偏差和检验方法

项次	项目		留缝限值（mm）	允许偏差（mm）		检验方法
				合格	*优良*	
1	门槽口宽度、高度	≤1500mm	—	1.5		用钢尺检查
		>1500mm	—	2		
2	门槽口对角线长度差	≤2000mm	—	2		用钢尺检查
		>2000mm	—	2.5		
3	门框的正、侧面垂直度		—	1		用1m垂直检测尺检查
4	门构件装配间隙		—	0.3	*0.2*	用塞尺检查
5	门梁导轨水平度		—	1		用1m水平尺和塞尺检查
6	下导轨与门梁导轨平行度		—	1.5		用钢尺检查
7	门扇与侧框间留缝		1.2~1.8	—	—	用塞尺检查
8	门扇对口缝		1.2~1.8	—	—	用塞尺检查

5.5.10 推拉自动门的感应时间限值和检验方法应符合表5.5.10的规定。

表 5.5.10 推拉自动门的感应时间限值和检验方法

项次	项目	感应时间限值（s）	检验方法
1	开门响应时间	≤0.5	用秒表检查
2	堵门保护延时	16~20	用秒表检查
3	门扇全开启后保持时间	13~17	用秒表检查

5.5.11 旋转门安装的允许偏差和检验方法应符合表 5.5.11 的规定

表 5.5.11 旋转门安装的允许偏差和检验方法

项次	项　　目	允许偏差（mm）		检验方法
		金属框架玻璃旋转门	木质旋转门	
		合　格	合　格	
1	门扇正、侧面垂直度	1.5	1.5	用 1m 垂直检测尺检查
2	门扇对角线长度差	1.5	1.5	用钢尺检查
3	相邻扇高度差	1	1	用钢尺检查
4	扇与圆弧边留缝	1.5	2	用塞尺检查
5	扇与上顶间留缝	2	2.5	用塞尺检查
6	扇与地面间留缝	2	2.5	用塞尺检查

5.6 门窗玻璃安装工程

5.6.1 本节适用于平板、吸热、反射、中空、夹层、夹丝、磨砂、钢化、压花玻璃等玻璃安装工程的质量评定。

主 控 项 目

5.6.2 玻璃的品种、规格、尺寸、色彩、图案和涂膜朝向应符合设计要求。单块玻璃大于 1.5m^2 时应使用安全玻璃。

检验方法：观察；检查产品合格证书、性能检测报告和进场验收记录。

5.6.3 门窗玻璃裁割尺寸应正确。安装后的玻璃应牢固，不得有裂纹、损伤和松动。

检验方法：观察和轻敲检查。

5.6.4 玻璃的安装方法应符合设计要求。固定玻璃的钉子或钢丝卡的数量、规格应保证玻璃安装牢固。

检验方法：观察和检查施工记录。

5.6.5 镶钉木压条接触玻璃处，应与裁口边缘平齐。木压条应互相紧密连接，并与裁口边缘紧贴，割角应整齐。

检验方法：观察。

5.6.6 密封条与玻璃、玻璃槽口的接触应紧密、平整。密封胶与玻璃、玻璃槽口的边缘应粘结牢固、接缝平齐。

优良：玻璃表面无污染，密封胶宽窄一致，表面美观光滑。

检验方法：观察。

5.6.7 带密封条的玻璃压条、其密封条必须与玻璃全部贴紧，压条与型材之间应无明显缝隙，压条接缝应不大于 0.5mm。

检验方法：观察和尺量检查。

一 般 项 目

5.6.8 玻璃表面应洁净，不得有腻子、密封胶、涂料等污渍。中空玻璃内外表面均应洁净，玻璃中空层内不得有灰尘和水蒸气。

检验方法：观察。

5.6.9 门窗玻璃不应直接接触型材。单面镀膜玻璃的镀膜层及磨砂玻璃的磨砂面应朝向室内。中空玻璃的单面镀膜玻璃应在最外层，镀膜层应朝向室内。

检验方法：观察。

5.6.10 腻子应填抹饱满、粘结牢固；腻子边缘与裁口应平齐。固定玻璃的卡子不应在腻子表面显露。

优良：腻子边口均匀整齐，表面光滑无裂缝、麻面和皱皮，四角呈八字形。

检查方法：观察。

6 吊 顶 工 程

6.1 一 般 规 定

6.1.1 本章适用于暗龙骨吊顶、明龙骨吊顶等分项工程的质量评定。

6.1.2 吊顶工程评定时应检查下列文件和记录：

1 吊顶工程的施工图、设计说明及其他设计文件。

2 材料的产品合格证书、性能检测报告、进场验收记录和复验报告。

3 隐蔽工程验收记录。

4 施工记录。

6.1.3 吊顶工程应对人造木板的甲醛含量进行复验。

6.1.4 吊顶工程应对下列隐蔽工程项目进行验收：

1 吊顶内管道、设备的安装及水管试压。

2 木龙骨防火、防腐处理。

3 预埋件或拉结筋。

4 吊杆安装。

5 龙骨安装。

6 填充材料的设置。

6.1.5 各分项工程的检验批应按下列规定划分：

同一品种的吊顶工程每50间（大面积房间和走廊按吊顶面积30m^{2}为一间）应划分为一个检验批，不足50间也应划分为一个检验批。

6.1.6 检查数量应符合下列规定：

每个检验批应至少抽查10%，并不得少于3间；不足3间时应全数检查。

6.1.7 安装龙骨前，应按设计要求对房间净高、洞口标高和吊顶内管道、设备及其支架的标高进行交接检验。

6.1.8 吊顶工程的木吊杆、木龙骨和木饰面板必须进行防火处理，并应符合有关设计防火规范的规定。

6.1.9 吊顶工程中的预埋件、钢筋吊杆和型钢吊杆应进行防锈处理。

6.1.10 安装饰面板前应完成吊顶内管道和设备的调试及验收。

6.1.11 吊杆距主龙骨端部距离不得大于300mm，当大于300mm时，应增加吊杆。当吊杆长度大于1.5m时，应设置反支撑。当吊杆与设备相遇时，应调整并增设吊杆。

6.1.12 重型灯具、电扇及其他重型设备严禁安装在吊顶工程的龙骨上。

6.2 暗龙骨吊顶工程

6.2.1 本节适用于以轻钢龙骨、铝合金龙骨、木龙骨等为骨架，以石膏板、金属板、矿棉板、木板、塑料板或格栅等为饰面材料的暗龙骨吊顶工程的质量评定。

主 控 项 目

6.2.2 吊顶标高、尺寸、起拱和造型应符合设计要求。

检验方法：观察和尺量检查。

6.2.3 饰面材料的材质、品种、规格、图案和颜色应符合设计要求。

检验方法：观察；检查产品合格证书、性能检测报告、进场验收记录和复验报告。

6.2.4 暗龙骨吊顶工程的吊杆、龙骨和饰面材料的安装必须牢固。

检验方法：观察；手扳检查；检查隐蔽工程验收记录和施工记录。

6.2.5 吊杆、龙骨的材质、规格、安装间距及连接方式应符合设计要求。金属吊杆、龙骨应经过表面防腐处理；木吊杆、龙骨应进行防腐、防火处理。

检验方法：观察；尺量检查；检查产品合格证书、性能检测报告、进场验收记录和隐蔽工程验收记录。

6.2.6 石膏板的接缝应按其施工工艺标准进行板缝防裂处理。安装双层石膏板时，面层板与基层板的接缝应错开，并不得在同一根龙骨上接缝。

检验方法：观察。

一 般 项 目

6.2.7 饰面材料表面应洁净，色泽一致，不得有翘曲、裂缝及缺损。压条应平直、宽窄一致。

优良：在合格基础上吊顶表面应平整，曲面吊顶表面应顺畅、无死弯；板面起拱准确，平吊顶接缝、接口严密，无错台、错位现象；阴阳角收边方正；装饰线流畅美观，肩角压向正确、美观，割角交接严密、无错台。

检验方法：观察和尺量检查。

6.2.8 饰面板上的灯具、烟感器、喷淋头、风口篦子等设备的位置应合理、美观，与饰面板的交接应吻合、严密。

优良：在合格基础上，吊顶饰面板整体规划设计位置合理，无交叉污染，效果美观。

检验方法：观察。

6.2.9 金属吊杆、龙骨的接缝应均匀一致，角缝应吻合，表面应平整，无翘曲、锤印。木质吊杆、龙骨应顺直，无劈裂、变形。

检验方法：观察、尺量检查、检查隐蔽工程验收记录和施工记录。

6.2.10 吊顶内填充吸声材料的品种和铺设厚度应符合设计要求，并应有防散落措施。

检验方法：检查隐蔽工程验收记录和施工记录。

6.2.11 暗龙骨吊顶工程安装的允许偏差和检验方法应符合表 6.2.11 的规定。

表 6.2.11 暗龙骨吊顶工程安装的允许偏差和检验方法

项次	项　　目	允许偏差（mm）								检验方法
		纸面石膏板		金属板		矿棉板		木板、塑料板、格栅		
		合格	***优良***	合格	***优良***	合格	***优良***	合格	***优良***	
1	表面平整度	3	***2***	2	***1.5***	2	***1.5***	2		用2m靠尺和塞尺检查
2	接缝直线度	3	***2***	1.5		3	***2***	3	***2***	拉5m线，不足5m拉通线，用钢直尺检查
3	接缝高低差	1	***0.5***	1	***0.5***	1.5	***1***	1	***0.5***	用钢直尺和塞尺检查

6.3 明龙骨吊顶工程

6.3.1 本节适用于以轻钢龙骨、铝合金龙骨、木龙骨等为骨架，以石膏板、金属板、矿棉板、塑料板、玻璃板或格栅等为饰面材料的明龙骨吊顶工程的质量评定。

主 控 项 目

6.3.2 吊顶标高、尺寸、起拱和造型应符合设计要求。

检验方法：观察和尺量检查。

6.3.3 饰面材料的材质、品种、规格、图案和颜色应符合设计要求。当饰面材料为玻璃板时，应使用安全玻璃或采取可靠的安全措施。

检验方法：观察；检查产品合格证书、性能检测报告和进场验收记录。

6.3.4 饰面材料的安装应稳固严密。饰面材料与龙骨的搭接宽度应大于龙骨受力面宽度的2/3。

检验方法：观察；手扳检查；尺量检查。

6.3.5 吊杆、龙骨的材质、规格、安装间距及连接方式应符合设计要求。金属吊杆、龙骨应进行表面防腐处理；木龙骨应进行防腐、防火处理。

检验方法：观察；尺量检查；检查产品合格证书、进场验收记录和隐蔽工程验收记录。

6.3.6 明龙骨吊顶工程的吊杆和龙骨安装必须牢固。

检验方法：手扳检查；检查隐蔽工程验收记录和施工记录。

一 般 项 目

6.3.7 饰面材料表面应洁净、色泽一致、不得有翘曲、裂缝及缺损。饰面板与明龙骨的搭接应平整、吻合，压条应平直、宽窄一致。

优良：在合格基础上饰面板接缝处的图案花纹应吻合、严密、平顺、美观；收口收边应严密、平直、方正。

检验方法：观察；尺量检查。

6.3.8 饰面板上的灯具、烟感器、喷淋头、风口篦子等设备的位置应合理、美观，与饰面板的交接应吻合、严密。

优良：在合格基础上无交叉污染，设备位置整体排列有序，装饰效果好。

检验方法：观察。

6.3.9 金属龙骨的接缝应平整、吻合、颜色一致，不得有划伤、擦伤等表面缺陷。木质龙骨应平整、顺直、无劈裂。

优良：在合格基础上起拱准确，龙骨顺直，洁净无污染、无锈迹、无变形。

检验方法：观察。

6.3.10 吊顶内填充吸声材料的品种和铺设厚度应符合设计要求，并应有防散落措施。

检验方法：观察、尺量检查；以及检查隐蔽工程验收记录和施工记录。

6.3.11 明龙骨吊顶工程安装的允许偏差和检验方法应符合表6.3.11的规定。

表 6.3.11 明龙骨吊顶工程安装的允许偏差和检验方法

项次	项目	允许偏差（mm）								检验方法
		石膏板		金属板		矿棉板		塑料板、玻璃板		
		合格	***优良***	合格	***优良***	合格	***优良***	合格	***优良***	
1	表面平整度	3	***2***	2	***1.5***	3	***1.5***	2		用2m靠尺和塞尺检查
2	接缝直线度	3	***2***	2	***1.5***	3	***2***	3	***2***	拉5m线，不足5m拉通线，用钢直尺检查
3	接缝高低差	1	***0.5***	1	***0.5***	2	***1***	1	***0.5***	用钢直尺和塞尺检查

7 轻质隔墙工程

7.1 一般规定

7.1.1 本章应用于板材隔墙、骨架隔墙、活动隔墙、玻璃隔墙等分项工程的质量评定。

7.1.2 轻质隔墙工程评定时应检查下列文件和记录：

1 轻质隔墙工程的施工图、设计说明及其他设计文件。

2 材料的产品合格证书、性能检测报告、进场验收记录和复验报告。

3 隐蔽工程验收记录。

4 施工记录。

7.1.3 轻质隔墙工程应对人造木板的甲醛含量进行复验。

7.1.4 轻质隔墙工程应对下列隐蔽工程项目进行验收：

1 骨架隔墙中设备管线的安装及水管试压。

2 木龙骨防火、防腐处理。

3 预埋件或拉结筋。

4 龙骨安装。

5 填充材料的设置。

7.1.5 各分项工程的检验批按下列规定划分：

同一品种的轻质隔墙工程每 50 间（大面积房间和走廊按轻质隔墙的墙面 30m^2 为一间）应划分为一个检验批，不足 50 间也应划分为一个检验批。

7.1.6 轻质隔墙与顶棚和其他墙体的交接处应采取防开裂措施。

7.1.7 民用建筑轻质隔墙工程的隔声性能应符合现行国家标准《民用建筑隔声设计规范》(GBJ 118)的规定。

7.2 板材隔墙工程

7.2.1 本节适用于复合轻质墙板、石膏空心板、预制或现制的钢丝网水泥板等板材隔墙工程的质量评定。

7.2.2 板材隔墙工程的检查数量应符合下列规定：

每个检验批应至少抽查 10%，并不得少于 3 间；不足 3 间时应全数检查。

主控项目

7.2.3 隔墙板材的品种、规格、性能、颜色应符合设计要求。有隔声、隔热、阻燃、防潮等特殊要求的工程，板材应有相应性能等级的检测报告。

检验方法：观察；检查产品合格证书、进场验收记录和性能检测报告。

7.2.4　安装隔墙板材所需预埋件、连接件的位置、数量及连接方法应符合设计要求。

检验方法：观察；尺量检查；检查隐蔽工程验收记录。

7.2.5　隔墙板材安装必须牢固。现制钢丝网水泥隔墙与周边墙体的连接方法应符合设计要求，并应连接牢固。

检验方法：观察和手扳检查。

7.2.6　隔墙板材所用接缝材料的品种及接缝方法应符合设计要求。

检验方法：观察；检查产品合格证书和施工记录。

一 般 项 目

7.2.7　隔墙板材安装应垂直、平整、位置正确，板材不应有裂缝或缺损。

优良：在合格基础上接缝平整，边角整齐。

检验方法：观察；尺量检查。

7.2.8　板材隔墙表面应平整光滑、色泽一致、洁净，接缝应均匀、顺直。

优良：在合格基础上接缝无裂纹，无污染，无损伤。

检验方法：观察；手摸检查。

7.2.9　隔墙上的孔洞、槽、盒应位置正确、套割方正、边缘整齐。

检验方法：观察和尺量检查。

7.2.10　板材隔墙安装的允许偏差和检验方法应符合表 7.2.10 的规定。

表 7.2.10　板材隔墙安装的允许偏差和检验方法

项次	项　目	允许偏差（mm）								检　验　方　法
		复合轻质隔墙				石膏空心板		钢丝网水泥板		
		金属夹芯板		其他复合板						
		合格	*优良*	合格	*优良*	合格	*优良*	合格	*优良*	
1	立面垂直度	2		3		3	*2*	3		用 2m 垂直检测尺检查
2	表面平整度	2		3		3	*2*	3		用 2m 靠尺和塞尺检查
3	阴阳角方正	3	*2*	3		3	*2*	4	*3*	用直角检测尺检查
4	接缝高低差	1		2		2		3		用钢直尺和塞尺检查

7.3　骨 架 隔 墙 工 程

7.3.1　本节适用于以轻钢龙骨、木龙骨等为骨架，以纸面石膏板、人造木板、水泥纤维板等为墙面板的隔墙工程的质量评定。

7.3.2　骨架隔墙工程的检查数量应符合下列规定：

每个检验批应至少抽查 10%，并不得少于 3 间；不足 3 间时应全数检查。

主 控 项 目

7.3.3　骨架隔墙所用龙骨、配件、墙面板、填充材料及嵌缝材料的品种、规格、性能和木材的含水率应符合设计要求。有隔声、隔热、阻燃、防潮等特殊要求的工程，材料应有相应性能等级的检测报告。

检验方法：观察；检查产品合格证书、进场验收记录、性能检测报告和复验报告。

7.3.4 骨架隔墙工程边框龙骨必须与基体结构连接牢固，并应平整、垂直、位置正确。

检验方法：手扳检查，尺量检查，检查隐蔽工程验收记录。

7.3.5 骨架隔墙中龙骨间距和构造连接方法应符合设计要求。骨架内设备管线的安装、门窗洞口等部位加强龙骨应安装牢固、位置正确，填充材料的设置应符合设计要求。

检验方法：检查隐蔽工程验收记录。

7.3.6 木龙骨及木墙面板的防火和防腐处理必须符合设计要求。

检验方法：检查隐蔽工程验收记录。

7.3.7 骨架隔墙的墙面板应安装牢固，无脱层、翘曲、折裂及缺损。

检验方法：观察和手扳检查。

7.3.8 墙面板所用接缝材料的接缝方法应符合设计要求。

检验方法：观察。

一 般 项 目

7.3.9 骨架隔墙表面应平整光滑、色泽一致、洁净、无裂缝。接缝应均匀、顺直。

优良：在合格基础上隔墙表面整洁，无污染。

检验方法：观察和手摸检查。

7.3.10 骨架隔墙上的孔洞、槽、盒应位置正确、套割吻合、边缘整齐。

检验方法：观察。

7.3.11 骨架隔墙内的填充材料应干燥，填充应密实、均匀、无下坠。

检验方法：轻敲，检查隐蔽工程验收记录。

7.3.12 骨架隔墙安装的允许偏差和检验方法应符合表 7.3.12 的规定。

表 7.3.12 骨架隔墙安装的允许偏差和检验方法

项次	项　目	允许偏差（mm）				检 验 方 法
		纸面石膏板		人造木板、水泥纤维板		
		合格	*优良*	合格	*优良*	
1	立面垂直度	3	*2*	4	*3*	用 2m 垂直检测尺检查
2	表面平整度	3	*2*	3	*2*	用 2m 靠尺和塞尺检查
3	阴阳角方正	3	*2*	3	*2*	用直角检测尺检查
4	接缝直线度	—	—	3		拉 5m 线，不足 5m 拉通线，用钢直尺检查
5	压条直线度	—	—	3		拉 5m 线，不足 5m 拉通线，用钢直尺检查
6	接缝高低差	1		1		用钢直尺和塞尺检查

7.4 活动隔墙工程

7.4.1 本节适用于各种活动隔墙工程的质量评定。

7.4.2 活动隔墙工程的检查数量应符合下列规定：

每个检验批应至少抽查20%，并不得少于6间；不足6间时应全数检查。

主控项目

7.4.3 活动隔墙所用的墙板、配件等材料的品种、规格、性能和木材的含水率应符合设计要求。有阻燃、防潮等特性要求的工程，材料应有相应性能等级的检测报告。

检验方法：观察；检查产品合格证书、进场验收记录、性能检测报告和复验报告。

7.4.4 活动隔墙轨道必须与基体结构连接牢固，并应位置正确。

检验方法：尺量检查；手扳检查。

7.4.5 活动隔墙用于组装、推拉和制动的构配件必须安装牢固、位置正确，推拉必须安全、平稳、灵活。

检验方法：尺量检查；手扳检查；推拉检查。

7.4.6 活动隔墙制作方法、组合方式应符合设计要求。

检验方法：观察。

一般项目

7.4.7 活动隔墙表面应色泽一致、平整光滑、洁净，线条应顺直、清晰。

优良：在合格基础上隔断扇缝隙均匀，推拉灵活轻便无噪声。

检验方法：观察和手摸检查。

7.4.8 活动隔墙上的孔洞、槽、盒应位置正确、套割吻合、边缘整齐。

检验方法：观察和尺量检查。

7.4.9 活动隔墙推拉应无噪声。

检验方法：推拉检查。

7.4.10 活动隔墙安装的允许偏差和检验方法应符合表7.4.10的规定。

表7.4.10 活动隔墙安装的允许偏差和检验方法

项次	项目	允许偏差（mm）		检验方法
		合格	*优良*	
1	立面垂直度	3	*2*	用2m垂直检测尺检查
2	表面平整度	2		用2m靠尺和塞尺检查
3	接缝直线度	3		拉5m线，不足5m拉通线，用钢直尺检查
4	接缝高低差	2		用钢直尺和塞尺检查
5	接缝宽度	2		用钢直尺检查

7.5 玻璃隔墙工程

7.5.1 本节适用于玻璃砖、玻璃板隔墙工程的质量评定。

7.5.2 玻璃隔墙工程的检查数量应符合下列规定：

每个检验批应至少抽查20%，并不得少于6间；不足6间时应全数检查。

主控项目

7.5.3 玻璃隔墙工程所用材料的品种、规格、性能、图案和颜色应符合设计要求。玻璃板隔墙应使用安全玻璃。

检验方法：观察；检查产品合格证书、进场验收记录和性能检测报告。

7.5.4 玻璃砖隔墙的砌筑或玻璃板隔墙的安装方法应符合设计要求。

检验方法：观察。

7.5.5 玻璃砖隔墙砌筑中埋设的拉结筋必须与基体结构连接牢固，并应位置正确。

检验方法：手扳检查；尺量检查；检查隐蔽工程验收记录。

7.5.6 玻璃板隔墙的安装必须牢固。玻璃板隔墙胶垫的安装应正确。

检验方法：观察；手推检查；检查施工记录。

一般项目

7.5.7 玻璃隔墙表面应色泽一致、平整洁净、清晰美观。

优良：在合格基础上板材交接平整、吻合，墙面无污染。

检验方法：观察。

7.5.8 玻璃隔墙接缝应横平竖直，玻璃应无裂痕、缺损和划痕。

优良：在合格基础上，玻璃墙面缝隙宽窄一致，接缝严密，无变形、松动。

检验方法：观察。

7.5.9 玻璃板隔墙嵌缝及玻璃砖隔墙勾缝应密实平整、均匀顺直、深浅一致。

检验方法：观察。

7.5.10 玻璃隔墙安装的允许偏差和检验方法应符合表7.5.10的规定。

表 7.5.10 玻璃隔墙安装的允许偏差和检验方法

项次	项目	允许偏差（mm）				检验方法
		玻璃砖		玻璃板		
		合格	*优良*	合格	*优良*	
1	立面垂直度	3	*2*	2	*1.5*	用2m垂直检测尺检查
2	表面平整度	3	*2*	—	—	用2m靠尺和塞尺检查
3	阴阳角方正	—	—	2	*1.5*	用直角检测尺检查
4	接缝直线度	—	*2*	2	*1.5*	拉5m线、不足5m拉通线，用钢直尺检查
5	接缝高低差	3	*2*	2	*1.5*	用钢直尺和塞尺检查
6	接缝宽度	—	—	1		用钢直尺检查

8 饰面板（砖）工程

8.1 一 般 规 定

8.1.1 本章适用于饰面板安装、饰面砖粘贴等分项工程的质量评定。

8.1.2 饰面板（砖）工程评定时应检查下列文件和记录：

1 饰面板（砖）工程的施工图、设计说明及其他设计文件。

2 材料的产品合格证书、性能检测报告、进场验收记录和复验报告。

3 后置埋件的现场拉拔检测报告。

4 外墙饰面砖样板件的粘结强度检测报告。

5 隐蔽工程验收记录。

6 施工记录。

8.1.3 饰面板（砖）工程应对下列材料及其性能指标进行复验：

1 室内用花岗石的放射性。

2 粘贴用水泥的凝结时间、安定性和抗压强度。

3 外墙陶瓷面砖的吸水率。

4 寒冷地区外墙陶瓷面砖的抗冻性。

8.1.4 饰面板（砖）工程应对下列隐蔽工程项目进行验收：

1 预埋件（或后置埋件）。

2 连接节点。

3 防水层。

8.1.5 各分项工程的检验批应按下列规定划分：

1 相同材料、工艺和施工条件的室内饰面板（砖）工程每 50 间（大面积房间和走廊按施工面积 $30m^2$ 为一间）应划分为一个检验批，不足 50 间也应划分为一个检验批。

2 相同材料、工艺和施工条件的室外饰面板（砖）工程每 $500 \sim 1000m^2$ 应划分为一个检验批，不足 $500m^2$ 也应划分为一个检验批。

8.1.6 检查数量应符合下列规定：

1 室内每个检验批应至少抽查 10%，并不得少于 3 间；不足 3 间时应全数检查。

2 室外每个检验批每 $100m^2$ 应至少抽查 1 处，每处不得小于 $10m^2$。

8.1.7 外墙饰面砖粘贴前和施工过程中，均应在相同基层上做样板件，并对样板件的饰面砖粘结强度进行检验，其检验方法和结果判定应符合《建筑工程饰面砖粘结强度检验标准》（JGJ 110）规定。

8.1.8 饰面板（砖）工程的抗震缝、伸缩缝、沉降缝等部位的处理应保证缝的使用功能和饰面的完整性。

8.2 饰面板安装工程

8.2.1 本节适用于内墙饰面板安装工程和高度不大于24m、抗震设防烈度不大于7度的外墙饰面板安装工程的质量评定。

主 控 项 目

8.2.2 饰面板的品种、规格、颜色和性能应符合设计要求，木龙骨、木饰面板和塑料饰面板的燃烧性能等级应符合设计要求。

检验方法：观察；检查产品合格证书、进场验收记录和性能检测报告。

8.2.3 饰面板孔、槽的数量、位置和尺寸应符合设计要求。

检验方法：检查进场验收记录和施工记录。

8.2.4 饰面板安装工程的预埋件(或后置埋件)、连接件的数量、规格、位置、连接方法和防腐处理必须符合设计要求。后置埋件的现场拉拔强度必须符合设计要求。饰面板安装必须牢固。

检验方法：手扳检查；检查进场验收记录、现场拉拔检测报告、隐蔽工程验收记录和施工记录。

一 般 项 目

8.2.5 饰面板表面应平整、洁净、色泽一致，无裂痕和缺损。石材表面应无泛碱等污染。

优良：在合格基础上，拼缝应均匀，横平竖直，棱角顺直，无污染。

检验方法：观察。

8.2.6 饰面板嵌缝应密实、平直，宽度和深度应符合设计要求，嵌填材料色泽应一致。

优良：在合格基础上，嵌缝应光滑、整洁，纵横交缝处平滑。

检验方法：观察；尺量检查。

8.2.7 采用湿作业法施工的饰面板工程，石材应进行防碱背涂处理。饰面板与基体之间的灌注材料应饱满、密实。

检验方法：用小锤轻击检查；检查施工记录。

8.2.8 饰面板上的孔洞应套割吻合，边缘应整齐。

优良：在合格基础上饰面板上的孔洞套割尺寸准确，与电器口盖交接严密、吻合。

检验方法：观察。

8.2.9 饰面板安装的允许偏差和检验方法应符合表8.2.9的规定。

表8.2.9 饰面板安装的允许偏差和检验方法

项次	项目	允许偏差（mm）														检验方法
		石材						瓷板		木材		塑料		金属		
		光面		剁斧石		蘑菇石										
		合格	***优良***	合格	***优良***	合格	***优良***	合格	***优良***	合格	***优良***	合格	***优良***	合格	***优良***	
1	立面垂直度	2		3	***2.5***	3		2		1.5		2		2		用2m垂直检测尺检查

续表 8.2.9

项次	项　目	允许偏差（mm）														检验方法
		石　材						瓷　板		木　材		塑　料		金　属		
		光　面		剁斧石		蘑菇石										
		合格	***优良***	合格	***优良***	合格	***优良***	合格	***优良***	合格	***优良***	合格	***优良***	合格	***优良***	
2	表面平整度	2	***1***	3	***2.5***	—		1.5		1		3		3	***2***	用 2m 靠尺和塞尺检查
3	阴阳角方正	2		4	***3***	4	***3***	2		1.5		3	***2***	3		用直角检测尺检查
4	接缝直线度	2	***1***	4	***3***	4	***3***	2		1		1		1		拉 5m 线、不足 5m 拉通线，用钢直尺检查
5	墙裙、勒脚上口直线度	2	***1***	3		3		2		2		2		2		拉 5m 线、不足 5m 拉通线，用钢直尺检查
6	接缝高低差	0.5		3		—		0.5		0.5		1		1		用钢直尺和塞尺检查
7	接缝宽度	1		2		2		1		1		1		1		用钢直尺检查

8.3 饰面砖粘贴工程

8.3.1 本节适用于内墙饰面砖粘贴工程和高度不大于 100m、抗震设防烈度不大于 8 度、采用满粘法施工的外墙饰面砖粘贴工程的质量评定。

主 控 项 目

8.3.2 饰面砖的品种、规格、图案、颜色和性能应符合设计要求。

检验方法：观察；检查产品合格证书、进场验收记录、性能检测报告和复验报告。

8.3.3 饰面砖粘贴工程的找平、防水、粘结和勾缝材料及施工方法应符合设计要求及国家现行产品标准和工程技术标准的规定。

检验方法：检查产品合格证书、复验报告和隐蔽工程验收记录。

8.3.4 饰面砖粘贴必须牢固。

检验方法：检查样板件粘结强度检测报告和施工记录。

8.3.5 满粘法施工的饰面砖工程应无空鼓、裂缝。

检验方法：观察；用小锤轻击检查。

一 般 项 目

8.3.6 饰面砖表面应平整、洁净、色泽一致，无裂痕和缺损。

优良：在合格基础上，饰面砖表面应棱角整齐、无污染。

检验方法：观察。

8.3.7 阴阳角处搭接方式、非整砖使用部位应符合设计要求。

优良：在合格基础上排砖正确合理，阴阳角垂直精细。

检验方法：观察。

8.3.8 墙面突出物周围的饰面砖应整砖套割吻合，边缘应整齐。墙裙、贴脸突出墙面的厚度应一致。

优良：在合格基础上套割尺寸准确，墙裙上口平直整齐。

检验方法：观察。

8.3.9 饰面砖接缝应平直、光滑，填嵌应连续、密实；宽度和深度应符合设计要求。

优良：在合格基础上饰面砖接缝应宽窄一致，纵横交缝处无明显错台错位。

检验方法：观察和尺量检查。

8.3.10 有排水要求的部位应做滴水线（槽）。滴水线（槽）应顺直，流水坡向应正确，坡度应符合设计要求。

优良：在合格基础上滴水线（槽）位置适宜，宽度与深度一致，槽端距墙面的做法一致。

检验方法：观察和用水平尺量检查。

8.3.11 饰面砖粘贴的允许偏差和检验方法应符合表 8.3.11 的规定。

表 8.3.11 饰面砖粘贴的允许偏差和检验方法

项次	项 目	允许偏差（mm）				检 验 方 法
		外墙面砖		内墙面砖		
		合格	***优良***	合格	***优良***	
1	立面垂直度	3	***2***	2		用 2m 垂直检测尺检查
2	表面平整度	4	***3***	3	***2***	用 2m 靠尺和塞尺检查
3	阴阳角方正	3		3	***2***	用直角检测尺检查
4	接缝直线度	3	***1***	2	***1***	拉 5m 线、不足 5m 拉通线，用钢直尺检查
5	接缝高低差	1	***0.5***	0.5		用钢直尺和塞尺检查
6	接缝宽度	1		1		用钢直尺检查

9 幕 墙 工 程

9.1 一 般 规 定

9.1.1 本章适用于玻璃幕墙、金属幕墙、石材幕墙等分项工程的质量评定。

9.1.2 幕墙工程评定时应检查下列文件和记录：

1 幕墙工程的施工图、结构计算书、设计说明及其他设计文件。

2 建筑设计单位对幕墙工程设计的确认文件。

3 幕墙工程所用的各种材料、五金配件、构件及组件的产品合格证书、性能检测报告、进场验收记录和复验报告。

4 幕墙工程所用硅酮结构胶的认定证书和抽查合格证明；进口硅酮结构胶的商检证；国家指定检测机构出具的硅酮结构胶相容性和剥离粘结性试验报告；石材用密封胶的耐污染性试验报告。

5 后置埋件的现场拉拔强度检测报告。

6 幕墙的抗风压性能、空气渗透性能、雨水渗漏性能及平面变形性能检测报告。

7 打胶、养护环境的温度、湿度记录；双组份硅酮结构胶的混匀性试验记录及拉断试验记录。

8 防雷装置测试记录。

9 隐蔽工程验收记录。

10 幕墙构件和组件的加工制作记录；幕墙安装施工记录。

9.1.3 幕墙工程应对下列材料及其性能指标进行复验：

1 铝塑复合板的剥离强度。

2 石材的弯曲强度；寒冷地区石材的耐冻融性；室内用花岗石的放射性。

3 玻璃幕墙用结构胶的邵氏硬度、标准条件拉伸粘结强度、相容性试验；石材用结构胶的粘结强度；石材用密封胶的污染性。

9.1.4 幕墙工程应对下列隐蔽工程项目进行验收：

1 预埋件（或后置埋件）。

2 构件的连接节点。

3 变形缝及墙面转角处的构造节点。

4 幕墙防雷装置。

5 幕墙防火构造。

9.1.5 各分项工程的检验批应按下列规定划分：

1 相同设计、材料、工艺和施工条件的幕墙工程每 500～1000m² 应划分为一个检验批，不足 500m² 也应划分为一个检验批。

2 同一单位工程的不连续的幕墙工程应单独划分检验批。

3　对于异型或有特殊要求的幕墙，检验批的划分应根据幕墙的结构、工艺特点及幕墙工程规模，由监理单位（或建设单位）和施工单位协商确定。

9.1.6　检查数量应符合下列规定：

1　每个检验批每 100m² 应至少抽查 1 处，每处不得小于 10m²。

2　对于异型或有特殊要求的幕墙工程，应根据幕墙的结构和工艺特点，由监理单位（或建设单位）和施工单位协商确定。

9.1.7　幕墙及其连接件应具有足够的承载力、刚度和相对于主体结构的位移能力。幕墙构架立柱的连接金属角码与其他连接件应采用螺栓连接，并应有防松动措施。

9.1.8　隐框、半隐框幕墙所采用的结构粘结材料必须是中性硅酮结构密封胶，其性能必须符合《建筑用硅酮结构密封胶》（GB 16776）的规定；硅酮结构密封胶必须在有效期内使用。

9.1.9　立柱和横梁等主要受力构件，其截面受力部分的壁厚应经计算确定，且铝合金型材壁厚不应小于 3.0mm，钢型材的壁厚不应小于 3.5mm。

9.1.10　隐框、半隐框幕墙构件中板材与金属框之间硅酮结构密封胶的粘接宽度，应分别计算风荷载标准值和板材自重标准值作用下硅酮结构密封胶的粘结宽度，并取其较大值，且不得小于 7.0mm。

9.1.11　硅酮结构密封胶应打注饱满，并应在温度 15℃～30℃、相对湿度 50%以上、洁净的室内进行；不得在现场墙上打注。

9.1.12　幕墙的防火除应符合现行国家标准《建筑设计防火规范》（GBJ 16）和《高层民用建筑设计防火规范》（GB 50045）的有关规定外，还应符合下列规定：

1　应根据防火材料的耐火极限决定防火层的厚度和宽度，并应在楼板处形成防火带。

2　防火层应采取隔离措施。防火层的衬板应采用经防腐处理且厚度不小于 1.5mm 的钢板，不得采用铝板。

3　防火层的密封材料应采用防火密封胶。

4　防火层与玻璃不应直接接触，一块玻璃不应跨两个防火分区。

9.1.13　主体结构与幕墙连接的各种预埋件，其数量、规格、位置和防腐处理必须符合设计要求。

9.1.14　幕墙的金属框架与主体结构预埋件的连接、立柱与横梁的连接及幕墙面板的安装必须符合设计要求，安装必须牢固。

9.1.15　单元幕墙连接处和吊挂处的铝合金型材的壁厚应通过计算确定，并不得小于 5.0mm。

9.1.16　幕墙的金属框架与主体结构应通过预埋件连接，预埋件应在主体结构混凝土施工时埋入，预埋件的位置应准确。当没有条件采用预埋件连接时，应采用其他可靠的连接措施，并应通过试验确定其承载力。

9.1.17　立柱应采用螺栓与角码连接，螺栓直径应经过计算，并不应小于 10mm。不同金属材料接触时应采用绝缘垫片分隔。

9.1.18　幕墙的抗震缝、伸缩缝、沉降缝等部位的处理应保证缝的使用功能和饰面的完整性。

9.1.19　幕墙工程的设计应满足维护和清洁的要求。

9.2 玻璃幕墙工程

9.2.1 本节适用于建筑高度不大于150m、抗震设防烈度不大于8度的隐框玻璃幕墙、半隐框玻璃幕墙、明框玻璃幕墙、全玻幕墙及点支承玻璃幕墙工程的质量评定。

主 控 项 目

9.2.2 玻璃幕墙工程所使用的各种材料、构件和组件的质量，应符合设计要求及国家现行产品标准和工程技术规范的规定。

检验方法：检查材料、构件、组件的产品合格证书、进场验收记录、性能检测报告和材料的复验报告。

9.2.3 玻璃幕墙的造型和立面分格应符合设计要求。

检验方法：观察和尺量检查。

9.2.4 玻璃幕墙使用的玻璃应符合下列规定：

1 幕墙应使用安全玻璃，玻璃的品种、规格、颜色、光学性能及安装方向应符合设计要求。

2 幕墙玻璃的厚度不应小于6.0mm。全玻幕墙肋玻璃的厚度不应小于12mm。

3 幕墙的中空玻璃应采用双道密封。明框幕墙的中空玻璃应采用聚硫密封胶及丁基密封胶；隐框和半隐框幕墙的中空玻璃应采用硅酮结构密封胶及丁基密封胶；镀膜面应在中空玻璃的第2或第3面上。

4 幕墙的夹层玻璃应采用聚乙烯醇缩丁醛（PVB）胶片干法加工合成的夹层玻璃。点支承玻璃幕墙夹层玻璃的夹层胶片（PVB）厚度不应小于0.76mm。

5 钢化玻璃表面不得有损伤；8.0mm以下的钢化玻璃应进行引爆处理。

6 所有幕墙玻璃均应进行边缘处理。

检验方法：观察；尺量检查；检查施工记录。

9.2.5 玻璃幕墙与主体结构连接的各种预埋件、连接件、紧固件必须安装牢固，其数量、规格、位置、连接方法和防腐处理应符合设计要求。

检验方法：观察；检查隐蔽工程验收记录和施工记录。

9.2.6 各种连接件、紧固件的螺栓应有防松动措施；焊接连接应符合设计要求和焊接规范的规定。

检验方法：观察；检查隐蔽工程验收记录和施工记录。

9.2.7 隐框或半隐框幕墙，每块玻璃下端应设置两个铝合金或不锈钢托条，其长度不应小于100mm，厚度不应小于2mm，托条外端应低于玻璃外表面2mm。

检验方法：观察和检查施工记录。

9.2.8 明框玻璃幕墙的玻璃安装应符合下列规定：

1 玻璃槽口与玻璃的配合尺寸应符合设计要求和技术标准的规定。

2 玻璃与构件不得直接接触，玻璃四周与构件凹槽底部应保持一定的空隙，每块玻璃下部应至少放置两块宽度与槽口宽度相同、长度不小于100mm的弹性定位垫块；玻璃两边嵌入量及空隙应符合设计要求。

3 玻璃四周橡胶条的材质、型号应符合设计要求，镶嵌应平整，橡胶条长度应比边框内槽长1.5%~2.0%，橡胶条在转角处应斜面断开，并应用胶粘剂粘结牢固后嵌入槽内。

检验方法：观察和检查施工记录。

9.2.9 高度超过4m的全玻幕墙应吊挂在主体结构上，吊夹具应符合设计要求，玻璃与玻璃、玻璃与玻璃肋之间的缝隙，应采用硅酮结构密封胶填嵌严密。

检验方法：观察；检查隐蔽工程验收记录和施工记录。

9.2.10 点支承玻璃幕墙应采用带万向头的活动不锈钢爪，其钢爪间的中心距离应大于250mm。

检验方法：观察和尺量检查。

9.2.11 玻璃幕墙四周、玻璃幕墙内表面与主体结构之间的连接节点、各种变形缝、墙角的连接节点应符合设计要求和技术标准的规定。

检验方法：观察；检查隐蔽工程验收记录和施工记录。

9.2.12 玻璃幕墙应无渗漏。

检验方法：在易渗漏部位进行淋水检查。

9.2.13 玻璃幕墙结构胶和密封胶的打注应饱满、密实、连续、均匀、无气泡，宽度和厚度应符合设计要求和技术标准的规定。

检验方法：观察；尺量检查；检查施工记录。

9.2.14 玻璃幕墙开启窗的配件应齐全，安装应牢固，安装位置和开启方向、角度应正确；开启应灵活，关闭应严密。

检验方法：观察；手扳检查；开启和关闭检查。

9.2.15 玻璃幕墙的防雷装置必须与主体结构的防雷装置可靠连接。

检验方法：观察；检查隐蔽工程验收记录和施工记录。

一 般 项 目

9.2.16 玻璃幕墙表面应平整、洁净；整幅玻璃的色泽应均匀一致；不得有污染和镀膜损坏。

优良：在合格基础上玻璃安装朝向正确，四边线条交圈，整体外观效果美观。

检验方法：观察。

9.2.17 每平方米玻璃的表面质量和检验方法应符合表9.2.17的规定。

表9.2.17 每平方米玻璃的表面质量和检验方法

项 次	项 目	质量要求	检验方法
1	明显划伤和长度＞100mm的轻微划伤	不允许	观察
2	长度≤100mm的轻微划伤	≤8条	用钢尺检查
3	擦伤总面积	≤500mm²	用钢尺检查

9.2.18 一个分格铝合金型材的表面质量和检验方法应符合表9.2.18的规定。

表 9.2.18　一个分格铝合金型材的表面质量和检验方法

项　次	项　　　目	质量要求	检验方法
1	明显划伤和长度 > 100mm 的轻微划伤	不允许	观察
2	长度 ≤ 100mm 的轻微划伤	≤ 2 条	用钢尺检查
3	擦伤总面积	≤ 500mm²	用钢尺检查

9.2.19　明框玻璃幕墙的外露框或压条应横平竖直，颜色、规格应符合设计要求，压条安装应牢固。单元玻璃幕墙的单元拼缝或隐框玻璃幕墙的分格玻璃拼缝应横平竖直、均匀一致。

检验方法：观察；手扳检查；检查进场验收记录。

9.2.20　玻璃幕墙的密封胶缝应横平竖直、深浅一致、宽窄均匀、光滑顺直。

优良：在合格基础上，密封胶嵌缝饱满密实，表面平整、光滑，无损伤。

检验方法：观察和手摸检查。

9.2.21　防火、保温材料填充应饱满、均匀，表面应密实、平整。

检验方法：检查隐蔽工程施工验收记录。

9.2.22　玻璃幕墙隐蔽节点的遮封装修应牢固、整齐、美观。

检验方法：观察；手扳检查。

9.2.23　明框玻璃幕墙安装的允许偏差和检验方法应符合表 9.2.23 的规定。

表 9.2.23　明框玻璃幕墙安装的允许偏差和检验方法

项　次	项　　目		允许偏差（mm）		检　验　方　法
			合格	***优良***	
1	幕墙垂直度	幕墙高度 ≤ 30m	10	***8***	用经纬仪检查
		30m < 幕墙高度 ≤ 60m	15	***10***	
		60m < 幕墙高度 ≤ 130m	20	***15***	
		幕墙高度 > 130m	25	***20***	
2	幕墙水平度	幕墙幅宽 ≤ 35m	5	***4***	用水平仪检查
		幕墙幅宽 > 35m	7	***6***	
3	构件直线度		2		用 2m 靠尺和塞尺检查
4	构件水平度	构件长度 ≤ 2m	2		用水平仪检查
		构件长度 > 2m	3		
5	相邻构件错位		1		用钢直尺检查
6	分格框对角线长度差	对角线长度 ≤ 2m	3		用钢尺检查
		对角线长度 > 2m	4		

9.2.24　隐框、半隐框玻璃幕墙安装的允许偏差和检验方法应符合表 9.2.24 的规定。

表 9.2.24 隐框、半隐框玻璃幕墙安装的允许偏差和检验方法

项次	项目		允许偏差（mm）		检验方法
			合格	*优良*	
1	幕墙垂直度	幕墙高度≤30m	10	***8***	用经纬仪检查
		30m＜幕墙高度≤60m	15	***10***	
		60m＜幕墙高度≤130m	20	***15***	
		幕墙高度＞130m	25	***20***	
2	幕墙水平度	层高≤3m	3	***2.5***	用水平仪检查
		层高＞3m	5	***4***	
3	幕墙表面平整度		2	***1.5***	用2m靠尺和塞尺检查
4	板材立面垂直度		2	***1.5***	用垂直检测尺检查
5	板材上沿水平度		2	***1.5***	用1m水平尺和钢直尺检查
6	相邻板材板角错位		1		用钢直尺检查
7	阳角方正		2	***1.5***	用直角检测尺检查
8	接缝直线度		3	***2.5***	拉5m线、不足5m拉通线，用钢直尺检查
9	接缝高低差		1		用钢直尺和塞尺检查
10	接缝宽度		1		用钢直尺检查

9.3 金属幕墙工程

9.3.1 本节适用于建筑高度不大于150m的金属幕墙工程的质量评定。

主 控 项 目

9.3.2 金属幕墙工程所使用的各种材料和配件，应符合设计要求及国家现行产品标准和工程技术规范的规定。

检验方法：检查产品合格证书、性能检测报告、材料进场验收记录和复验报告。

9.3.3 金属幕墙的造型和立面分格应符合设计要求。

检验方法：观察和尺量检查。

9.3.4 金属面板的品种、规格、颜色、光泽及安装方向应符合设计要求。

检验方法：观察和检查进场验收记录。

9.3.5 金属幕墙主体结构上的预埋件、后置埋件的数量、位置及后置埋件的拉拔力必须符合设计要求。

检验方法：检查拉拔力检测报告和隐蔽工程验收记录。

9.3.6 金属幕墙的金属框架立柱与主体结构预埋件的连接、立柱与横梁的连接、金属面

板的安装必须符合设计要求，安装必须牢固。

检验方法：手扳检查和检查隐蔽工程验收记录。

9.3.7 金属幕墙的防火、保温、防潮材料的设置应符合设计要求，并应密实、均匀、厚度一致。

检验方法：检查隐蔽工程验收记录。

9.3.8 金属框架及连接件的防腐处理应符合设计要求。

检验方法：检查隐蔽工程验收记录和施工记录。

9.3.9 金属幕墙的防雷装置必须与主体结构的防雷装置可靠连接。

检验方法：检查隐蔽工程验收记录。

9.3.10 各种变形缝、墙角的连接节点应符合设计要求和技术标准的规定。

检验方法：观察，检查隐蔽工程验收记录。

9.3.11 金属幕墙的板缝注胶应饱满、密实、连续、均匀、无气泡，宽度和厚度应符合设计要求和技术标准的规定。

检验方法：观察，尺量检查，检查施工记录。

9.3.12 金属幕墙应无渗漏。

检验方法：在易渗漏部位进行淋水检查。

一 般 项 目

9.3.13 金属板表面应平整、洁净、色泽一致。

优良：在合格基础上表面应无污染、麻点、凹坑、划痕，无翘曲和变形，平整、美观。

检验方法：观察。

9.3.14 金属幕墙的压条应平直、洁净、接口严密、安装牢固。

检验方法：观察和手扳检查。

9.3.15 金属幕墙的密封胶缝应横平竖直、深浅一致、宽窄均匀、光滑顺直。

优良：在合格基础上横竖缝密封胶应饱满密实，表面平整，光滑、无损伤。

检验方法：观察。

9.3.16 金属幕墙上的滴水线、流水坡向应正确、顺直。

检验方法：观察和用水平尺检查。

9.3.17 每平方米金属板的表面质量和检验方法应符合表 9.3.17 的规定。

表 9.3.17 每平方米金属板的表面质量和检验方法

项 次	项 目	质量要求	检验方法
1	明显划伤和长度 > 100mm 的轻微划伤	不允许	观察
2	长度 ≤ 100mm 的轻微划伤	≤8 条	用钢直尺检查
3	擦伤总面积	≤500mm^2	用钢尺检查

9.3.18 金属幕墙安装的允许偏差和检验方法应符合表 9.3.18 的规定。

表 9.3.18　金属幕墙安装的允许偏差和检验方法

<table>
<tr><th rowspan="2">项　次</th><th rowspan="2" colspan="2">项　　目</th><th colspan="2">允许偏差（mm）</th><th rowspan="2">检　验　方　法</th></tr>
<tr><th>合格</th><th>优良</th></tr>
<tr><td rowspan="4">1</td><td rowspan="4">幕墙垂直度</td><td>幕墙高度≤30m</td><td>10</td><td>8</td><td rowspan="4">用经纬仪检查</td></tr>
<tr><td>30m＜幕墙高度≤60m</td><td>15</td><td>10</td></tr>
<tr><td>60m＜幕墙高度≤130m</td><td>20</td><td>15</td></tr>
<tr><td>幕墙高度＞130m</td><td>25</td><td>20</td></tr>
<tr><td rowspan="2">2</td><td rowspan="2">幕墙水平度</td><td>层高≤3m</td><td>3</td><td>2</td><td rowspan="2">用水平仪检查</td></tr>
<tr><td>层高＞3m</td><td>5</td><td>4</td></tr>
<tr><td>3</td><td colspan="2">幕墙表面平整度</td><td colspan="2">2</td><td>用2m靠尺和塞尺检查</td></tr>
<tr><td>4</td><td colspan="2">板材立面垂直度</td><td>3</td><td>2</td><td>用垂直检测尺检查</td></tr>
<tr><td>5</td><td colspan="2">板材上沿水平度</td><td colspan="2">2</td><td>用1m水平尺和钢直尺检查</td></tr>
<tr><td>6</td><td colspan="2">相邻板材板角错位</td><td colspan="2">1</td><td>用钢直尺检查</td></tr>
<tr><td>7</td><td colspan="2">阳角方正</td><td colspan="2">2</td><td>用直角检测尺检查</td></tr>
<tr><td>8</td><td colspan="2">接缝直线度</td><td>3</td><td>2</td><td>拉5m线、不足5m拉通线，用钢直尺检查</td></tr>
<tr><td>9</td><td colspan="2">接缝高低差</td><td colspan="2">1</td><td>用钢直尺和塞尺检查</td></tr>
<tr><td>10</td><td colspan="2">接缝宽度</td><td colspan="2">1</td><td>用钢直尺检查</td></tr>
</table>

9.4　石材幕墙工程

9.4.1　木节适用于建筑高度不人于100m、抗震设防烈度不大于8度的石材幕墙工程的质量评定。

主　控　项　目

9.4.2　石材幕墙工程所用材料的品种、规格、性能和等级，应符合设计要求及国家现行产品标准和工程技术规范的规定。石材的弯曲强度不应小于8.0MPa；吸水率应小于0.8%。石材幕墙的铝合金挂件厚度不应小于4.0mm，不锈钢挂件厚度不应小于3.0mm。

检验方法：观察；尺量检查；检查产品合格证书、性能检测报告、材料进场验收记录和复验报告。

9.4.3　石材幕墙的造型、立面分格、颜色、光泽、花纹和图案应符合设计要求。

检验方法：观察。

9.4.4　石材孔、槽的数量、深度、位置、尺寸应符合设计要求。

检验方法：检查进场验收记录或施工记录。

9.4.5　石材幕墙主体结构上的预埋件和后置埋件的位置、数量及后置埋件的拉拔力必须符合设计要求。

检验方法：检查拉拔力检测报告和隐蔽工程验收记录。

9.4.6 石材幕墙的金属框架立柱与主体结构预埋件的连接、立柱与横梁的连接、连接件与金属框架的连接、连接件与石材面板的连接必须符合设计要求，安装必须牢固。

检验方法：手扳检查和检查隐蔽工程验收记录。

9.4.7 金属框架和连接件的防腐处理应符合设计要求。

检验方法：检查隐蔽工程验收记录。

9.4.8 石材幕墙的防雷装置必须与主体结构防雷装置可靠连接。

检验方法：观察；检查隐蔽工程验收记录和施工记录。

9.4.9 石材幕墙的防火、保温、防潮材料的设置应符合设计要求，填充应密实、均匀、厚度一致。

检验方法：检查隐蔽工程验收记录。

9.4.10 各种结构变形缝、墙角的连接节点应符合设计要求和技术标准的规定。

检验方法：检查隐蔽工程验收记录和施工记录。

9.4.11 石材表面和板缝的处理应符合设计要求。

检验方法：观察。

9.4.12 石材幕墙的板缝注胶应饱满、密实、连续、均匀、无气泡，板缝宽度和厚度应符合设计要求和技术标准的规定。

检验方法：观察，尺量检查，检查施工记录。

9.4.13 石材幕墙应无渗漏。

检验方法：在易渗漏部位进行淋水试验。

一 般 项 目

9.4.14 石材幕墙表面应平整、洁净，无污染、缺损和裂痕。颜色和花纹应协调一致，无明显色差，无明显修痕。

优良：在合格基础上幕墙表面总体效果美观，棱角顺直清晰。

检验方法：观察。

9.4.15 石材幕墙的压条应平直、洁净，接口严密、安装牢固。

检验方法：观察和手扳检查。

9.4.16 石材接缝应横平竖直、宽窄均匀；阴阳角石板压向应正确，板边合缝应顺直；凸凹线出墙厚度应一致，上下口应平直；石材面板上洞口、槽边应套割吻合，边缘应整齐。

检验方法：观察；尺量检查。

9.4.17 石材幕墙的密封胶缝应横平竖直、深浅一致、宽窄均匀、光滑顺直。

优良：在合格基础上横竖缝密封胶饱满密实，表面平整、光滑、无损伤。

检验方法：观察。

9.4.18 石材幕墙上的滴水线、流水坡向应正确、顺直。

检验方法：观察；用水平尺检查。

9.4.19 每平方米石材的表面质量和检验方法应符合表 9.4.19 的规定。

9.4.20 石材幕墙安装的允许偏差和检验方法符合表 9.4.20 的规定。

表 9.4.19　每平方米石材的表面质量和检验方法

项　　次	项　　　目	质量要求	检验方法
1	裂痕、明显划伤和长度 > 100mm 的轻微划伤	不允许	观察
2	长度 ≤ 100mm 的轻微划伤	≤ 8 条	用钢直尺检查
3	擦伤总面积	≤ 500mm²	用钢尺检查

表 9.4.20　石材幕墙安装的允许偏差和检验方法

<table>
<tr><th rowspan="3">项　　次</th><th rowspan="3" colspan="2">项　　　目</th><th colspan="4">允许偏差（mm）</th><th rowspan="3">检　验　方　法</th></tr>
<tr><th colspan="2">光面</th><th colspan="2">麻面</th></tr>
<tr><th>合格</th><th>优良</th><th>合格</th><th>优良</th></tr>
<tr><td rowspan="4">1</td><td rowspan="4">幕墙垂直度</td><td>幕墙高度 ≤ 30m</td><td>10</td><td>8</td><td>10</td><td>8</td><td rowspan="4">用经纬仪检查</td></tr>
<tr><td>30m < 幕墙高度 ≤ 60m</td><td>15</td><td>10</td><td>15</td><td>10</td></tr>
<tr><td>60m < 幕墙高度 ≤ 130m</td><td>20</td><td>15</td><td>20</td><td>15</td></tr>
<tr><td>幕墙高度 > 130m</td><td>25</td><td>20</td><td>25</td><td>20</td></tr>
<tr><td>2</td><td colspan="2">幕墙水平度</td><td>3</td><td>2</td><td>3</td><td>2</td><td>用水平仪检查</td></tr>
<tr><td>3</td><td colspan="2">板材立面垂直度</td><td>3</td><td>2</td><td>3</td><td>2</td><td>用垂直检查尺检查</td></tr>
<tr><td>4</td><td colspan="2">板材上沿水平度</td><td colspan="2">2</td><td colspan="2">2</td><td>用 1m 水平尺和钢直尺检查</td></tr>
<tr><td>5</td><td colspan="2">相邻板材板角错位</td><td colspan="2">1</td><td colspan="2">1</td><td>用钢直尺检查</td></tr>
<tr><td>6</td><td colspan="2">幕墙表面平整度</td><td colspan="2">2</td><td colspan="2">3</td><td>用 2m 靠尺和塞尺检查</td></tr>
<tr><td>7</td><td colspan="2">阳角方正</td><td colspan="2">2</td><td>4</td><td>3</td><td>用直角检测尺检查</td></tr>
<tr><td>8</td><td colspan="2">接缝直线度</td><td>3</td><td>2</td><td>4</td><td>3</td><td>拉 5m 线、不足 5m 拉通线，用钢直尺检查</td></tr>
<tr><td>9</td><td colspan="2">接缝高低差</td><td colspan="2">1</td><td>—</td><td>—</td><td>用钢直尺和塞尺检查</td></tr>
<tr><td>10</td><td colspan="2">接缝宽度</td><td colspan="2">1</td><td colspan="2">2</td><td>用钢直尺检查</td></tr>
</table>

10 涂 饰 工 程

10.1 一 般 规 定

10.1.1 本章适用于水性涂料涂饰、溶剂型涂料涂饰、美术涂饰等分项工程的质量评定。

10.1.2 涂饰工程评定时应检查下列文件和记录：

1 涂饰工程的施工图、设计说明及其他设计文件。

2 材料的产品合格证书、性能检测报告和进场验收记录。

3 施工记录。

10.1.3 各分项工程的检验批应按下列规定划分：

1 室外涂饰工程每一栋楼的同类涂料涂饰的墙面每 500～1000m^2 应划分为一个检验批，不足 500m^2 也应按一个检验批。

2 室内涂饰工程同类涂料涂饰的墙面每 50 间（大面积房间和走廊按涂饰面积 30m^2 为一间）应划分为一个检验批，不足 50 间也应划分为一个检验批。

10.1.4 检查数量应符合下列规定：

1 室外涂饰工程每 100m^2 应至少检查 1 处，每处不得小于 10m^2。

2 室内涂饰工程每个检验批应至少抽查 10%，并不得少于 3 间；不足 3 间时应全数检查。

10.1.5 涂饰工程的基层处理应符合下列要求：

1 新建筑物的混凝土或抹灰基层在涂饰涂料前应涂刷抗碱封闭底漆。

2 旧墙面在涂饰涂料前应清除疏松的旧装修层，并涂刷界面剂。

3 混凝土或抹灰基层涂刷溶剂型涂料时，含水率不得大于 8%；涂刷乳液型涂料时，含水率不得大于 10%。木材基层的含水率不得大于 12%。

4 基层腻子应平整、坚实、牢固，无粉化、起皮和裂缝；内墙腻子的粘结强度应符合《建筑室内用腻子》（JG/T 3049）的规定。

5 厨房、卫生间墙面必须使用耐水腻子。

10.1.6 水性涂料涂饰工程施工的环境温度应在 5～35℃之间。

10.1.7 涂饰工程应在涂层养护期满后进行质量评定。

10.2 水性涂料涂饰工程

10.2.1 本节适用于乳液型涂料、无机涂料、水溶性涂料等水性涂料涂饰工程的质量评定。

主 控 项 目

10.2.2 水性涂料涂饰工程所用涂料的品种、型号和性能应符合设计要求。

检验方法：检查产品合格证书、性能检测报告和进场验收记录。

10.2.3 水性涂料涂饰工程的颜色、图案应符合设计要求。

检验方法：观察。

10.2.4 水性涂料涂饰工程应涂饰均匀、粘结牢固，不得漏涂、透底、起皮和掉粉。

检验方法：观察；手摸检查。

10.2.5 水性涂料涂饰工程的基层处理应符合本标准10.1.5条的要求。

检验方法：观察；手摸检查；检查施工记录。

一 般 项 目

10.2.6 薄涂料的涂饰质量和检验方法应符合表10.2.6的规定。

表 10.2.6 薄涂料的涂饰质量和检验方法

项次	项目	普通涂饰		高级涂饰		检验方法
		合格	*优良*	合格	*优良*	
1	颜色	均匀一致		均匀一致		观察
2	泛碱、咬色	允许少量轻微	*不允许*	不允许		
3	流坠、疙瘩	允许少量轻微	*不允许*	不允许		
4	砂眼、刷纹	允许少量轻微砂眼，刷纹通顺	*无砂眼*	无砂眼无刷纹		
5	装饰线、分色线直线度允许偏差（mm）	2	*1*	1		拉5m线，不足5m拉通线，用钢直尺检查

10.2.7 厚涂料的涂饰质量和检验方法应符合表10.2.7的规定。

表 10.2.7 厚涂料的涂饰质量和检验方法

项次	项目	普通涂饰		高级涂饰		检验方法
		合格	*优良*	合格	*优良*	
1	颜色	均匀一致		均匀一致		观察
2	泛碱、咬色	允许少量轻微	*不允许*	不允许		
3	点状分布	—	—	疏密均匀		

10.2.8 复层涂料的涂饰质量和检验方法应符合表 10.2.8 的规定。

表 10.2.8 复层涂料的涂饰质量和检验方法

项次	项目	质量要求		检验方法
		合格	*优良*	
1	颜色	均匀一致		观察
2	泛碱、咬色	不允许		
3	喷点疏密程度	均匀、不允许连片	*均匀一致*	

10.2.9 涂层与其他装修材料和设备衔接处应吻合，界面应清晰。

优良：在合格的基础上无衔接交叉污染痕迹、界面清晰、光洁、洁净。

检验方法：观察。

10.3 溶剂型涂料涂饰工程

10.3.1 本节适用于丙烯酸酯涂料、聚氨酯丙烯酸涂料、有机硅丙烯酸涂料、醇酸树脂漆等溶剂型涂料涂饰工程的质量评定。

主控项目

10.3.2 溶剂型涂料涂饰工程所选用涂料的品种、型号和性能应符合设计或选定样品要求。

检验方法：检查产品合格证书、性能检测报告和进场验收记录。

10.3.3 溶剂型涂料涂饰工程的颜色、光泽、图案应符合设计要求。

检验方法：观察。

10.3.4 溶剂型涂料涂饰工程应涂饰均匀、粘结牢固，不得漏涂、透底、起皮和反锈。

检验方法：观察和手摸检查。

10.3.5 溶剂型涂料涂饰工程的基层处理应符合本标准第 10.1.5 条要求。

检验方法：观察，手摸检查，检查施工记录。

一般项目

10.3.6 色漆的涂饰质量和检验方法应符合表 10.3.6 的规定。

表 10.3.6 色漆的涂饰质量和检验方法

项次	项目	普通涂饰		高级涂饰		检验方法
		合格	*优良*	合格	*优良*	
1	颜色	均匀一致		均匀一致		观察
2	光泽、光滑	光泽基本均匀、光滑无挡手感	*光泽均匀一致，光滑*	光泽均匀一致、光滑	*光亮足、光滑，手感柔润*	观察 手摸检查
3	刷纹	刷纹通顺	*刷纹不明显*	无刷纹		观察
4	裹棱、流坠、皱皮	明显处不允许	*轻微不明显*	不允许		观察
5	装饰线、分色线直线度允许偏差(mm)	2	*1*	1		拉 5m 线，不足 5m 拉通线，用钢尺检查
6	五金	—	*洁净、无污染*	—	*洁净、无污染*	观察

注：无光色漆不检查光泽。

10.3.7 清漆的涂饰质量和检验方法应符合表10.3.7的规定。

表 10.3.7 清漆的涂饰质量和检验方法

项次	项目	普通涂饰		高级装饰		检验方法
		合格	***优良***	合格	***优良***	
1	颜色	基本一致	***均匀一致***	均匀一致		在1m处观察
2	木纹	棕眼刮平、木纹清楚		棕眼刮平、木纹清晰		
3	光泽、光滑	光泽基本均匀、光滑无挡手感	***光泽均匀一致、光滑***	光泽均匀一致、光滑	***光亮柔和、手感细腻***	观察、手摸检查
4	刷纹	无刷纹		无刷纹		观察
5	裹棱、流坠、皱皮	明显处不允许	***不允许***	不允许		观察
6	五金	—	***洁净、无污染***	—	***洁净、无污染***	观察

10.3.8 涂层与其他装修材料和设备衔接处应吻合，界面应清晰。

优良：在合格的基础上无衔接交叉污染痕迹、界面清晰、光洁。

检验方法：观察。

10.4 美术涂饰工程

10.4.1 本节适用于套色涂饰、滚花涂饰、仿花纹涂饰等室内外美术涂饰工程的质量评定。

主 控 项 目

10.4.2 美术涂饰所用材料的品种、型号和性能应符合设计要求。

检验方法：观察；检查产品合格证书、性能检测报告和进场验收记录。

10.4.3 美术涂饰工程应涂饰均匀、粘结牢固，不得漏涂、透底、起皮、掉粉和反锈。

检验方法：观察；手摸检查。

10.4.4 美术涂饰工程的基层处理应符合本标准10.1.5条的要求。

检验方法：观察，手摸检查，检查施工记录。

10.4.5 美术涂饰的套色、花纹和图案应符合设计要求。

检验方法：观察。

一 般 项 目

10.4.6 美术涂饰表面应洁净，不得有流坠现象。

优良：在合格基础上花纹图案完整，表面洁净，无污染，纹理清晰。

检验方法：观察。

10.4.7 仿花纹涂饰的饰面应具有被模仿材料的纹理。

优良：颜色一致，无修色色差，花纹均匀，模仿的纹理逼真，清晰。

检验方法：观察。

10.4.8 套色涂饰的图案不得移位，纹理和轮廓应清晰。

优良：在合格基础上图案完整，颜色鲜明，纹理和轮廓清晰，无漏涂、斑污和流坠，接槎不明显。

检验方法：观察。

11 裱糊与软包工程

11.1 一 般 规 定

11.1.1 本章适用于裱糊、软包等分项工程的质量评定。

11.1.2 裱糊与软包工程评定时应检查下列文件和记录：

1 裱糊与软包工程的施工图、设计说明及其他设计文件。

2 饰面材料的样板及确认文件。

3 材料的产品合格证书、性能检测报告、进场验收记录和复验报告。

4 施工记录。

11.1.3 各分项工程的检验批应按下列规定划分：

同一品种的裱糊或软包工程每 50 间（大面积房间和走廊按施工面积 30m^2 为一间）应划分为一个检验批，不足 50 间也应划分为一个检验批。

11.1.4 检查数量应符合下列规定：

1 裱糊工程每个检验批至少抽查 10%，并不得少于 3 间，不足 3 间时应全数检查。

2 软包工程每个检验批应至少抽查 20%，并不得少于 6 间，不足 6 间时应全数检查。

11.1.5 裱糊前，基层处理质量应达到下列要求：

1 新建筑物的混凝土或抹灰基层墙面在刮腻子前应涂刷抗碱封闭底漆。

2 旧墙面在裱糊前应清除疏松的旧装修层，并涂刷界面剂。

3 混凝土或抹灰基层含水率不得大于 8%；木材基层的含水率不得大于 12%。

4 基层腻子应平整、坚实、牢固，无粉化、起皮和裂缝；腻子的粘结强度应符合《建筑室内腻子》（JG/T 3049）N 型的规定。

5 基层表面平整度、立面垂直度及阴阳角方正应达到本标准第 4.2.11 条高级抹灰的要求。

6 基层表面颜色应一致。

7 裱糊前应用封闭底胶涂刷基层。

11.2 裱 糊 工 程

11.2.1 本章适用于聚氯乙烯塑料壁纸、复合纸质壁纸、玻纤壁纸、墙布等裱糊工程的质量评定。

主 控 项 目

11.2.2 壁纸、墙布的种类、规格、图案、颜色和燃烧性能等级必须符合设计要求及国家现行标准的有关规定。

检验方法：观察；检查产品合格证书、进场验收记录和性能检测报告。

11.2.3 裱糊工程基层处理质量应符合本标准第 11.1.5 条的要求。

检验方法：观察，手摸检查，检查施工记录。

11.2.4 裱糊后各幅拼接应横平竖直，拼接处花纹、图案应吻合，不离缝，不搭接，不显拼缝。

检验方法：观察，拼缝检查距离墙面 1.5m 处正视。

11.2.5 壁纸、墙布应粘结牢固，不得有漏贴、补贴、脱层、空鼓和翘边。

检验方法：观察；手摸检查。

一般项目

11.2.6 裱糊后的壁纸、墙布表面应平整，色泽应一致，不得有波纹起伏、气泡、裂缝、皱折及斑污，斜视时应无胶痕。

优良：在合格基础上，壁纸无色差，拼缝严密，洁净无污染。

检验方法：观察；手摸检查。

11.2.7 复合压花壁纸的压痕及发泡壁纸的发泡层应无损坏。

检验方法：观察。

11.2.8 壁纸、墙布与各种装饰线、设备线盒应交接严密。

检验方法：观察。

11.2.9 壁纸、墙布边缘应平直整齐，不得有纸毛、飞刺。

优良：在合格基础上图案完整不离缝，边缘整齐，无翘边，纹理清晰通顺，边缘平直整齐美观；与各种装饰线、设备线盒交接严密。

检验方法：观察。

11.2.10 壁纸、墙布阴角处搭接应顺光，阳角处应无接缝。

优良：在合格基础上，拼缝处不显拼缝，边缘平直整齐无毛边。

检验方法：观察。

11.3 软包工程

11.3.1 本节适用于墙面、门等软包工程的质量评定。

主控项目

11.3.2 软包面料、内衬材料及边框的材质、颜色、图案、燃烧性能等级和木材的含水率应符合设计要求及国家现行标准的有关规定。

检验方法：观察；检查产品合格证书、进场验收记录和性能检测报告。

11.3.3 软包工程的安装位置及构造做法应符合设计要求。

检验方法：观察；尺量检查；检查施工记录。

11.3.4 软包工程的龙骨、衬板、边框应安装牢固，无翘曲，拼缝应平直。

检验方法：观察；手扳检查。

11.3.5 单块软包面料不应有接缝，四周应绷压严密。

检验方法：观察；手摸检查。

一 般 项 目

11.3.6 软包工程表面应平整、洁净，无凹凸不平及皱折；图案应清晰、无色差，整体应协调美观。

优良：在合格基础上，经纬线顺直，紧贴墙面，无污染，四周绷压松紧适度。同一房间同种面料花纹图案位置相同，花纹吻合。

检验方法：观察。

11.3.7 软包边框应平整、顺直、接缝吻合。其表面涂饰质量应符合本标准第10章的有关规定。

优良：在合格基础上边框、压线条割角方正严密，表面光滑美观。

检验方法：观察；手摸检查。

11.3.8 清漆涂饰木制边框的颜色、木纹应协调一致。

优良：在合格基础上，表面平整、光滑，颜色一致，纹理清晰通顺美观。

检验方法：观察。

11.3.9 软包工程安装的允许偏差和检验方法应符合表11.3.9的规定。

表11.3.9 软包工程安装的允许偏差和检验方法

项 次	项 目	允许偏差（mm）		检 验 方 法
		合 格	***优 良***	
1	垂直度	3	***2***	用1m垂直检测尺检查
2	边框宽度、高度	0；-2		用钢尺检查
3	对角线长度差	3	***2***	用钢尺检查
4	裁口、线条接缝高低差	1		用钢直尺和塞尺检查

12 细 部 工 程

12.1 一 般 规 定

12.1.1 本章适用于下列分项工程的质量评定：

1 橱柜制作与安装。

2 窗帘盒、窗台板、散热器罩制作与安装。

3 门窗套制作与安装。

4 护栏和扶手制作与安装。

5 花饰制作与安装。

12.1.2 细部工程评定时应检查下列文件和记录：

1 施工图、设计说明及其他设计文件。

2 材料的产品合格证书、性能检测报告、进场验收记录和复验报告。

3 隐蔽工程验收记录。

4 施工记录。

12.1.3 细部工程应对人造木板的甲醛含量进行复验。

12.1.4 细部工程应对下列部位进行隐蔽工程验收：

1 预埋件（或后置埋件）。

2 护栏与预埋件的连接节点。

12.1.5 各分项工程的检验批应按下列规定划分：

1 同类制品每50间（处）应划分为一个检验批，不足50间（处）也应划分为一个检验批。

2 每部楼梯应划分为一个检验批。

12.2 橱柜制作与安装工程

12.2.1 本节适用于位置固定的壁柜、吊柜等橱柜制作与安装工程的质量评定。

12.2.2 检查数量应符合下列规定：

每个检验批应至少抽查3间（处），不足3间（处）时应全数检查。

主 控 项 目

12.2.3 橱柜制作与安装所使用材料的材质和规格、木材的燃烧性能等级和含水率、花岗石的放射性及人造木板的甲醛含量应符合设计要求及国家现行标准的有关规定。

检验方法：观察；检查产品合格证书、进场验收记录、性能检测报告和复验报告。

12.2.4 橱柜安装预埋件或后置埋件的数量、规格、位置应符合设计要求。

检验方法：检查隐蔽工程验收记录和施工记录。

12.2.5 橱柜的造型、尺寸、安装位置、制作和固定方法应符合设计要求。橱柜安装必须牢固。

检验方法：观察；尺量检查；手扳检查。

12.2.6 橱柜配件的品种、规格应符合设计要求。配件应齐全，安装应牢固。

检验方法：观察；手扳检查；检查进场验收记录。

12.2.7 橱柜的抽屉和柜门应开关灵活、回位正确。

检验方法：观察；开启和关闭检查。

一 般 项 目

12.2.8 橱柜表面应平整、洁净、色泽一致，不得有裂缝、翘曲及损坏。

优良：在合格基础上橱柜表面光滑、洁净、颜色均匀，无裂纹、无弯曲变形。出墙尺寸一致，装饰线顺直清晰、棱线凹凸层次分明、美观。

检验方法：观察。

12.2.9 橱柜裁口应顺直、拼缝应严密。

优良：在合格基础上裁口方正，线角顺直，粘结牢固，接缝严密，无胶迹。

检验方法：观察。

12.2.10 橱柜安装的允许偏差和检验方法应符合表 12.2.10 的规定。

表 12.2.10 橱柜安装的允许偏差和检验方法

项次	项目	允许偏差（mm）		检查方法
		合格	***优良***	
1	外形尺寸	3	***2***	用钢尺检查
2	立面垂直度	2		用 1m 垂直检测尺检查
3	柜门与框架平行度	2	***1.5***	用钢尺检查
4	柜门与框的缝隙	2	***1.5***	用塞尺检查

12.3 窗帘盒、窗台板和散热器罩制作与安装工程

12.3.1 本节适用于窗帘盒、窗台板和散热器罩制作与安装工程的质量评定。

12.3.2 检查数量应符合下列规定：

每个检验批应至少抽查 3 间（处），不足 3 间（处）时应全数检查。

主 控 项 目

12.3.3 窗帘盒、窗台板和散热器罩制作与安装所使用材料的材质和规格、木材的燃烧性能等级和含水率、花岗石的放射性及人造木板的甲醛含量应符合设计要求及国家现行标准的有关规定。

检验方法：观察；检查产品合格证书、进场验收记录、性能检测报告和复验报告。

12.3.4 窗帘盒、窗台板和散热器罩的造型、规格、尺寸、安装位置和固定方法必须符合设计要求。窗帘盒、窗台板和散热器罩的安装必须牢固。

检验方法：观察；尺量检查；手扳检查。

12.3.5 窗帘盒配件的品种、规格应符合设计要求，安装应牢固。

检验方法：手扳检查；检查进场验收记录。

一 般 项 目

12.3.6 窗帘盒、窗台板和散热器罩表面应平整、洁净、线条顺直、接缝严密、色泽一致，不得有裂缝、翘曲及损坏。

优良：在合格基础上表面光滑、无污迹、无弯曲变形，出墙尺寸一致、线角顺直、棱线整齐，做工精细美观。

检验方法：观察。

12.3.7 窗帘盒、窗台板和散热器罩与墙面、窗框的衔接应严密，密封胶缝应顺直、光滑。

优良：在合格的基础上，割角方正、整齐，拼缝严密，密封胶宽窄一致、干净、美观。

检验方法：观察。

12.3.8 窗帘盒、窗台板和散热器罩安装的允许偏差和检验方法应符合表12.3.8的规定。

表 12.3.8 窗帘盒、窗台板和散热器罩安装的允许偏差和检验方法

项 次	项 目	允许偏差（mm）		检 验 方 法
		合 格	***优 良***	
1	水平度	2	***1.5***	用1m水平尺和塞尺检查
2	上口、下口直线度	3	***2***	拉5m线，不足5m拉通线，用钢直尺检查
3	两端距窗洞口长度差	2		用钢直尺检查
4	两端出墙厚度差	3	***2***	用钢直尺检查

12.4 门窗套制作与安装工程

12.4.1 本节适用于门窗套制作与安装工程的质量评定。

12.4.2 检查数量应符合下列规定：

每个检验批应至少抽查3间（处），不足3间（处）时应全数检查。

主 控 项 目

12.4.3 门窗套制作与安装所使用材料的材质、规格、花纹和颜色、木材的燃烧性能等级和含水率、花岗石的放射性及人造木板的甲醛含量应符合设计要求及国家现行标准的有关规定。

检验方法：观察；检查产品合格证书、进场验收记录、性能检测报告和复验报告。

12.4.4 门窗套的造型、尺寸和固定方法应符合设计要求，安装应牢固。

检验方法：观察；尺量检查；手扳检查。

一 般 项 目

12.4.5 门窗套表面应平整、洁净、线条顺直、接缝严密、色泽一致，不得有裂缝、翘曲及损坏。

优良：在合格基础上表面光滑、颜色均匀、无污迹，线角、装饰线拼接严密、顺直、棱角分明。

检验方法：观察。

12.4.6 门窗套安装的允许偏差和检验方法应符合表12.4.6的规定。

表12.4.6 门窗套安装的允许偏差和检验方法

项次	项 目	允许偏差（mm）		检 验 方 法
		合 格	*优 良*	
1	正、侧面垂直度	3	***2***	用1m垂直检测尺检查
2	门窗套上口水平度	1		用1m水平检测尺和塞尺检查
3	门窗套上口直线度	3	***2***	拉5m线，不足5m拉通线，用钢直尺检查

12.5 护栏和扶手制作与安装工程

12.5.1 本节适用于护栏和扶手制作与安装工程的质量评定。

12.5.2 检查数量应符合下列规定：

每个检验批的护栏和扶手应全部检查。

主 控 项 目

12.5.3 护栏和扶手制作与安装所使用的材料的材质、规格、数量和木材、塑料的燃烧性能等级应符合设计要求。

检验方法：观察；检查产品合格证书、进场验收记录和性能检测报告。

12.5.4 护栏和扶手的造型、尺寸及安装位置应符合设计要求。

检验方法：观察；尺量检查；检查进场验收记录。

12.5.5 护栏和扶手安装预埋件的数量、规格、位置以及护栏与预埋件的连接节点应符合设计要求。

检验方法：检查隐蔽工程验收记录和施工记录。

12.5.6 护栏高度、栏杆间距、安装位置必须符合设计要求。护栏安装必须牢固。

检验方法：观察；尺量检查；手扳检查。

12.5.7 护栏玻璃应使用公称厚度不小于12mm的钢化玻璃或钢化夹层玻璃。当护栏一侧距楼地面高度为5m及以上时，应使用钢化夹层玻璃。

检验方法：观察；尺量检查；检查产品合格证书和进场验收记录。

一 般 项 目

12.5.8 护栏和扶手转角弧度应符合设计要求，接缝应严密，表面应光滑，色泽应一致，不得有裂缝、翘曲及损坏。

优良：在合格基础上拐角方正，转角圆滑，线条清晰美观；接头严密平整。

检验方法：观察和手摸检查。

12.5.9 护栏和扶手安装的允许偏差和检验方法应符合表12.5.9的规定。

表12.5.9 护栏和扶手安装的允许偏差和检验方法

项次	项目	允许偏差（mm）		检验方法
		合格	*优良*	
1	护栏垂直度	3	***2***	用1m垂直检测尺检查
2	栏杆间距	3	***2***	用钢尺检查
3	扶手直线度	4	***3***	拉通线，用钢直尺检查
4	扶手高度	3	***2***	用钢尺检查

12.6 花饰制作与安装工程

12.6.1 本节适用于混凝土、石材、木材、塑料、金属、玻璃、石膏等花饰制作与安装工程的质量评定。

12.6.2 检查数量应符合下列规定：

1 室外每个检验批应全部检查。

2 室内每个检验批应至少抽查3间（处）；不足3间（处）时应全数检查。

主 控 项 目

12.6.3 花饰制作与安装所使用材料的材质、规格应符合设计要求。

检验方法：观察；检查产品合格证书和进场验收记录。

12.6.4 花饰的造型、尺寸应符合设计要求。

检验方法：观察；尺量检查。

12.6.5 花饰的安装位置和固定方法必须符合设计要求，安装必须牢固。

检验方法：观察；尺量检查；手扳检查。

一 般 项 目

12.6.6 花饰表面应洁净，接缝应严密吻合，不得有歪斜、裂缝、翘曲及损坏。

优良：在合格基础上，花饰表面线条清秀、流畅、精细、光滑，线肩严实平整，手感细腻，花饰吻合，匀称美观。

检验方法：观察，手摸检查。

12.6.7 花饰安装的允许偏差和检验方法应符合表 12.6.7 的规定。

表 12.6.7 花饰安装的允许偏差和检验方法

<table>
<tr><th rowspan="3">项次</th><th rowspan="3" colspan="2">项　　目</th><th colspan="4">允许偏差（mm）</th><th rowspan="3">检 验 方 法</th></tr>
<tr><th colspan="2">室　内</th><th colspan="2">室　外</th></tr>
<tr><th>合格</th><th>优良</th><th>合格</th><th>优良</th></tr>
<tr><td rowspan="2">1</td><td rowspan="2">条型花饰的水平度或垂直度</td><td>每米</td><td colspan="2">1</td><td colspan="2">2</td><td rowspan="2">拉线和用 1m 垂直检测尺检查</td></tr>
<tr><td>全长</td><td>3</td><td>2</td><td>6</td><td>5</td></tr>
<tr><td>2</td><td colspan="2">单独花饰中心位置偏移</td><td>10</td><td>8</td><td>15</td><td>12</td><td>拉线和用钢直尺检查</td></tr>
</table>

13　分部工程质量评定

13.0.1　建筑装饰装修工程质量评定的程序和组织应符合北京建工集团《建筑工程施工质量评定统一标准》的规定。

13.0.2　建筑装饰装修工程的子分部工程及其分项工程应按本标准附录 B 划分。

13.0.3　建筑装饰装修工程施工过程中，应按本标准各章一般规定的要求对隐蔽工程进行验收。

13.0.4　检验批的质量评定应按北京建工集团《建筑工程施工质量评定统一标准》附录 D 的格式记录。检验批的合格、优良判定应符合下列规定：

合格：

1　抽查样本均应符合本标准主控项目的规定。

2　抽查样本的 80% 以上应符合本标准一般项目的规定。其余样本不得有影响使用功能或明显影响装饰效果的缺陷，其中有允许偏差的检验项目，其最大偏差不得超过本标准规定允许偏差的 1.5 倍。

3　具有完整的施工操作依据、质量检查记录。

优良：

在合格的基础上，检验批所包含的各个指定项目均达到优良。其中指定项目优良是指：指定项目质量经抽样检验，符合本标准相应优良标准的符合率达到 80%及以上。

13.0.5　分项工程的质量评定应按北京建工集团《建筑工程施工质量评定统一标准》附录 E 的格式记录，分项工程质量评定应符合下列规定：

合格：

1　分项工程所含的检验批均应符合本标准合格标准的规定。

2　分项工程所含的检验批的质量评定及验收记录应完整。

优良：

在合格基础上，其中 60%及以上检验批为优良。

13.0.6　分部（子分部）工程的质量评定应按北京建工集团《建筑工程施工质量评定统一标准》附录 F 的格式记录。分部（子分部）工程质量评定应符合下列规定：

合格：

1　分部（子分部）工程中各分项工程的质量均应评定及验收合格；

2　具备本标准各子分部工程规定检查的文件和记录；

3　应具备表 13.0.6 所规定的有关安全和功能检测项目的合格报告；

4　观感质量评定应符合本标准各分项工程中一般项目的要求。

分部（子分部）优良：

1　在合格基础上，分部（子分部）工程所含的各个子分部（分项）工程中，60%及以上子分部（分项）为优良。

2　观感质量符合本标准相关条款中优良标准的符合率应达到80%及以上。

表13.0.6　有关安全和功能的检测项目表

项　次	子分部工程	检　测　项　目
1	门窗工程	1　建筑外墙金属窗的抗风压性能、空气渗透性能和雨水渗漏性能 2　建筑外墙塑料窗的抗风压性能、空气渗透性能和雨水渗漏性能
2	饰面板（砖）工程	1　饰面板后置埋件的现场拉拔强度 2　饰面砖样板件的粘结强度
3	幕墙工程	1　硅酮结构胶的相容性试验 2　幕墙后置埋件的现场拉拔强度 3　幕墙的抗风压性能、空气渗透性能、雨水渗漏性能及平面变形性能

13.0.7　当建筑工程只有装饰装修分部工程时，该工程应作为单位（子单位）工程评定及验收。

13.0.8　有特殊要求的建筑装饰装修工程，评定及验收时应按合同约定加测相关技术指标。

13.0.9　建筑装饰装修工程的室内环境质量应符合国家现行标准《民用建筑工程室内环境污染控制规范》（GB50325）的规定。

13.0.10　未经竣工验收合格的建筑装饰装修工程不得投入使用。

附录 A 木门窗用木材的质量要求

A.0.1 制作普通木门窗所用木材的质量应符合表 A.0.1 的规定。

表 A.0.1 普通木门窗所用木材的质量要求

木材缺陷		门窗扇的立梃、冒头，中冒头	窗棂、压条、门窗及气窗的线脚、通风窗立梃	门心板	门窗框
活节	不计个数，直径（mm）	<15	<5	<15	<15
	计算个数，直径	≤材宽的 1/3	≤材宽的 1/3	≤30mm	≤材宽的 1/3
	任 1 延米个数	≤3	≤2	≤3	≤5
死　节		允许，计入活节总数	不允许	允许、计入活节总数	
髓　心		不露出表面的，允许	不允许	不露出表面的，允许	
裂　缝		深度及长度≤厚度及材长的 1/5	不允许	允许可见裂缝	深度及长度≤厚度及材长的 1/4
斜纹的斜率（%）		≤7	≤5	不限	≤12
油　眼		非正面，允许			
其　他		浪形纹理、圆形纹理、偏心及化学变色，允许			

A.0.2 制作高级木门窗所用木材的质量应符合表 A.0.2 的规定。

表 A.0.2 高级木门窗所用木材的质量要求

木材缺陷		木门扇的立梃、冒头，中冒头	窗棂、压条、门窗及气窗的线脚、通风窗立梃	门心板	门窗框
活节	不计个数，直径（mm）	<10	<5	<10	<10
	计算个数，直径	≤材宽的 1/4	≤材宽的 1/4	≤20mm	≤材宽的 1/3
	任 1 延米个数	≤2	0	≤2	≤3
死　节		允许，包括在活节总数中	不允许	允许、包括在活节总数中	不允许
髓　心		不露出表面的，允许	不允许	不露出表面的，允许	
裂　缝		深度及长度≤厚度及材长的 1/6	不允许	允许可见裂缝	深度及长度≤厚度及材长的 1/5
斜纹的斜率（%）		≤6	≤4	≤15	≤10
油　眼		非正面，允许			
其　他		浪形纹理、圆形纹理、偏心及化学变色，允许			

附录B　子分部工程及其分项工程划分表

表B

项　次	子分部工程	分　项　工　程
1	抹灰工程	一般抹灰、装饰抹灰、清水砌体勾缝
2	门窗工程	木门窗制作与安装、金属门窗安装、塑料门窗安装、特种门安装、门窗玻璃安装
3	吊顶工程	暗龙骨吊顶、明龙骨吊顶
4	轻质隔墙工程	板材隔墙、骨架隔墙、活动隔墙、玻璃隔墙
5	饰面板（砖）工程	饰面板安装、饰面砖粘贴
6	幕墙工程	玻璃幕墙、金属幕墙、石材幕墙
7	涂饰工程	水性涂料涂饰、溶剂型涂料涂饰、美术涂饰
8	裱糊与软包工程	裱糊、软包
9	细部工程	橱柜制作与安装，窗帘盒、窗台板和散热器罩制作与安装，门窗套制作与安装，护栏和扶手制作与安装，花饰制作与安装
10	建筑地面工程	基层，整体面层，板块面层，竹木面层

北京建工集团企业标准

Q/BCEG 309 — 2004

建筑给水排水及采暖工程
施工质量评定标准

2004年11月24日发布　　　　2005年01月01日实施

北京建工集团有限责任公司

北京建工集团企业标准

Q/BCEG 309 — 2004

建筑给水排水及采暖工程施工质量评定标准

2004年11月24日发布　　　　2005年01月01日实施

北京建工集团有限责任公司

目　次

1 总　　则

1.0.1 为了加强建筑工程质量管理，统一本集团建筑给水、排水及采暖工程施工质量评定，保证工程质量，制定本标准。

1.0.2 本标准是在国家标准《建筑给水排水及采暖工程施工质量验收规范》GB50242—2002的基础上制定的质量评定标准，适用于本集团建筑给水、排水及采暖工程施工质量评定。

1.0.3 建筑给水、排水及采暖工程施工中采用的工程技术文件、承包合同文件对施工质量验收的要求不得低于《建筑给水排水及采暖工程施工质量验收规范》GB50242—2002的规定。

1.0.4 本标准应与北京建工集团《建筑工程施工质量评定统一标准》配套使用。

1.0.5 建筑给水、排水及采暖工程施工质量的评定除应执行本标准外，尚应符合北京建工集团《建筑给水排水及采暖工程施工技术规程》和国家、地方现行有关规范、标准的规定。

2 术 语

2.0.1 给水系统 water supply system

通过管道及辅助设备，按照建筑物和用户的生产、生活和消防的需要，有组织的输送到用水地点的网络。

2.0.2 排水系统 drainage system

通过管道及辅助设备，把屋面雨水及生活和生产过程所产生的污水、废水及时排放出去的网络。

2.0.3 热水供应系统 hot water supply system

为了满足人们在生活和生产过程中对水温的某些特定要求而由管道及辅助设备组成的输送热水的网络。

2.0.4 卫生器具 sanitary fixtures

用来满足人们日常生活中各种卫生要求，收集和排放生活及生产中的污水、废水的设备。

2.0.5 给水配件 water supply fittings

在给水和热水供应系统中，用以调节、分配水量和水压，关断和改变水流方向的各种管件、阀门和水嘴的统称。

2.0.6 建筑中水系统 intermediate water system of building

以建筑物的冷却水、沐浴排水、盥洗排水、洗衣排水等为水源，经过物理、化学方法的工艺处理，用于厕所冲洗便器、绿化、洗车、道路浇洒、空调冷却及水景等的供水系统为建筑中水系统。

2.0.7 辅助设备 auxiliaries

建筑给水、排水及采暖系统中，为满足用户的各种使用功能和提高运行质量而设置的各种设备。

2.0.8 试验压力 test pressure

管道、容器或设备进行耐压强度和气密性试验规定所要达到的压力。

2.0.9 额定工作压力 rated working pressure

指锅炉及压力容器出厂时所标定的最高允许工作压力。

2.0.10 管道配件 pipe fittings

管道与管道或管道与设备连接用的各种零、配件的统称。

2.0.11 固定支架 fixed trestle

限制管道在支撑点处发生径向和轴向位移的管道支架。

2.0.12 活动支架 movable trestle

允许管道在支撑点处发生轴向位移的管道支架。

2.0.13 整装锅炉 integrative boiler

按照运输条件所允许的范围，在制造厂内完成总装整台发运的锅炉，也称快装锅炉。

2.0.14 非承压锅炉 boiler without bearing

以水为介质，锅炉本体有规定水位且运行中直接与大气相通，使用中始终与大气压强相等的固定式锅炉。

2.0.15 安全附件 safety accessory

为保证锅炉及压力容器安全运行而必须设置的附属仪表、阀门及控制装置。

2.0.16 静置设备 still equipment

在系统运行时，自身不做任何运动的设备，如水箱及各种罐类。

2.0.17 分户热计量 household-based heat metering

以住宅的户（套）为单位，分别计量向户内供给的热量的计量方式。

2.0.18 热计量装置 heat metering device

用以测量热媒的供热量的成套仪表及构件。

2.0.19 卡套式连接 compression joint

由带锁紧螺帽和丝扣管件组成的专用接头而进行管道连接的一种连接形式。

2.0.20 防火套管 fire-resisting sleeves

由耐火材料和阻燃剂制成的，套在硬塑料排水管外壁可阻止火势沿管道贯穿部位蔓延的短管。

2.0.21 阻火圈 firestops collar

由阻燃膨胀剂制成的，套在硬塑料排水管外壁可在发生火灾时将管道封堵，防止火势蔓延的套圈。

2.0.22 准工作状态 condition of prepare operating

自动喷水灭火系统设备性能及使用条件符合有关技术要求，发生火灾时，能立即动作、喷水灭火的状态。

2.0.23 系统组件 system components

组成自动喷水灭火系统的喷头、报警阀、水力警铃、压力开关、水流指示器等专用产品的统称。

2.0.24 监测及报警控制装置 equipments for supervisory and alarm control services

对自动喷水灭火系统的某些部位进行监控并能发出控制信号和报警信号的装置。

2.0.25 稳压泵 pressure maintenance pumps

能使自动喷水灭火系统的压力保持在设计工作压力范围内的一种专用水泵。

2.0.26 喷头防护罩 sprinkler guards and shields

保护喷头在使用中免遭机械性损伤，但不影响喷头动作、喷水灭火性能的一种专用罩。

2.0.27 末端试水装置 end water-test equipments

安装在系统管网或分区管网的末端，检查系统启动、报警及联动等功能的装置。

3 基 本 规 定

3.1 质 量 管 理

3.1.1 建筑给水、排水及采暖工程施工现场应具有必要的施工技术标准、健全的质量管理体系和工程质量检测制度，实现施工全过程质量控制。

3.1.2 建筑给水、排水及采暖工程的施工应按照批准的工程设计文件和施工技术标准进行施工。修改设计应有设计单位出具的设计变更通知单。

3.1.3 建筑给水、排水及采暖工程的施工应编制施工组织设计或施工方案，经批准后方可实施。

3.1.4 建筑给水、排水及采暖工程的分部、分项工程划分见附录A。

3.1.5 建筑给水、排水及采暖工程的分项工程，应按系统、区域、施工段或楼层等划分成若干个检验批进行评定。

3.1.6 建筑给水、排水及采暖工程的施工单位应当具有相应的资质。工程质量验收人员应具备相应的专业技术资格。

3.2 材料设备管理

3.2.1 建筑给水、排水及采暖工程所使用的主要材料、成品、半成品、配件、器具和设备必须具有中文质量合格证明文件，规格、型号及性能检测报告应符合国家技术标准或设计要求。进场时应做检查验收，并经监理工程师核查确认。

3.2.2 所有材料进场时应对品种、规格、外观等进行验收。包装应完好，表面无划痕及外力冲击破损。

3.2.3 主要器具和设备必须有完整的安装使用说明书。在运输、保管和施工过程中，应采取有效措施防止损坏或腐蚀。

3.2.4 阀门安装前，应作强度和严密性试验。试验应在每批（同牌号、同型号、同规格）数量中抽查10%，且不少于1个。对于安装在主干管上起切断作用的闭路阀门，应逐个作强度和严密性试验。

表 3.2.5 阀门试验持续时间

公称直径 *DN*（mm）	最短试验持续时间（s）		
	严密性试验		强度试验
	金属密封	非金属密封	
≤50	15	15	15
65～200	30	15	60
250～450	60	30	180

3.2.5 阀门的强度和严密性试验，应符合以下规定：阀门的强度试验压力为公称压力的1.5倍；严密性试验压力为公称压力的1.1倍；试验压力在试验持续时间内应保持不变，且壳体填料及阀瓣密封面无渗漏。阀门试压的试验持续时间应不少于表3.2.5的规定。

3.2.6 管道上使用冲压弯头时，所使用的冲压弯头外径应与管道外径相同。

3.3 施工过程质量控制

3.3.1 建筑给水、排水及采暖工程与相关各专业之间，应进行交接质量检验，并形成记录。

3.3.2 隐蔽工程应在隐蔽前经验收各方检验合格后，才能隐蔽，并形成记录。

3.3.3 地下室或地下构筑物外墙有管道穿过的，应采取防水措施。对有严格防水要求的建筑物，必须采用柔性防水套管。

3.3.4 管道穿过结构伸缩缝、抗震缝及沉降缝敷设时，应根据情况采取下列保护措施：

1 在墙体两侧采取柔性连接。

2 在管道或保温层外皮上、下部留有不小于150mm的净空。

3 在穿墙处做成方形补偿器，水平安装。

3.3.5 在同一房间内，同类型的采暖设备、卫生器具及管道配件，除有特殊要求外，应安装在同一高度上。

3.3.6 明装管道成排安装时，直线部分应互相平行。曲线部分：当管道水平或垂直并行时，应与直线部分保持等距；管道水平上下并行时，弯管部分的曲率半径应一致。

3.3.7 管道支、吊、托架的安装，应符合下列规定：

1 位置正确，埋设应平整牢固。

2 固定支架与管道接触应紧密，固定应牢靠。

3 滑动支架应灵活，滑托与滑槽两侧间应留有3～5mm的间隙，纵向移动量应符合设计要求。

4 无热伸长管道的吊架、吊杆应垂直安装。

5 有热伸长管道的吊架、吊杆应向热膨胀的反方向偏移。

6 固定在建筑结构上的管道支、吊架不得影响结构的安全。

优良：在合格的基础上管架形式合理，排列整齐。螺母在同侧，拧紧后，螺杆突出螺母的长度一致，且为螺杆直径的1/2。型钢支架朝向一致。

3.3.8 钢管水平安装的支、吊架间距不应大于表3.3.8的规定。

表3.3.8 钢管管道支架的最大间距

公称直径（mm）		15	20	25	32	40	50	70	80	100	125	150	200	250	300
支架的最大间距（m）	保温管	2	2.5	2.5	2.5	3	3	4	4	4.5	6	7	7	8	8.5
	不保温管	2.5	3	3.5	4	4.5	5	6	6	6.5	7	8	9.5	11	12

3.3.9 采暖、给水及热水供应系统的塑料管及复合管垂直或水平安装的支架间距应符合表3.3.9的规定。采用金属制作的管道支架，应在管道与支架间加衬非金属垫或套管。

表 3.3.9　塑料管及复合管管道支架的最大间距

管径（mm）			12	14	16	18	20	25	32	40	50	63	75	90	110
最大间距（m）	立　管		0.5	0.6	0.7	0.8	0.9	1.0	1.1	1.3	1.6	1.8	2.0	2.2	2.4
	水平管	冷水管	0.4	0.4	0.5	0.5	0.6	0.7	0.8	0.9	1.0	1.1	1.2	1.35	1.55
		热水管	0.2	0.2	0.25	0.3	0.3	0.35	0.4	0.5	0.6	0.7	0.8		

3.3.10　铜管垂直或水平安装的支架间距应符合表 3.3.10 的规定。

表 3.3.10　铜管管道支架的最大间距

公称直径（mm）		15	20	25	32	40	50	65	80	100	125	150	200
支架的最大间距（m）	垂直管	1.8	2.4	2.4	3.0	3.0	3.0	3.5	3.5	3.5	3.5	4.0	4.0
	水平管	1.2	1.8	1.8	2.4	2.4	2.4	3.0	3.0	3.0	3.0	3.5	3.5

3.3.11　采暖、给水及热水供应系统的金属管道立管管卡安装应符合下列规定：

1　楼层高度小于或等于 5m，每层必须安装 1 个。

2　楼层高度大于 5m，每层不得少于 2 个。

3　管卡安装高度，距地面应为 1.5～1.8m，2 个以上管卡应匀称安装，同一房间管卡应安装在同一高度上。

3.3.12　管道及管道支墩（座），严禁铺设在冻土和未经处理的松土上。

3.3.13　管道穿过墙壁和楼板，应设置金属或塑料套管。安装在楼板内的套管，其顶部应高出装饰地面 20mm；安装在卫生间及厨房内的套管，其顶部应高出装饰地面 50mm，底部应与楼板底面相平；安装在墙壁内的套管其两端与饰面相平。穿过楼板的套管与管道之间缝隙应用阻燃密实材料和防水油膏填实，且端面光滑。穿墙套管与管道之间缝隙宜用阻燃密实材料填实，且端面应光滑。管道的接口不得设在套管内。

3.3.14　弯制钢管，弯曲半径应符合下列规定：

1　热弯：应不小于管道外径的 3.5 倍。

2　冷弯：应不小于管道外径的 4 倍。

3　焊接弯头：应不小于管道外径的 1.5 倍。

4　冲压弯头：应不小于管道外径。

3.3.15　管道接口应符合下列规定：

1　管道采用粘接接口，管端插入承口的深度不得小于表 3.3.15 的规定。

表 3.3.15　管端插入承口的深度

公称直径（mm）	20	25	32	40	50	75	100	125	150
插入深度（mm）	16	19	22	26	31	44	61	69	80

2　熔接连接管道的结合面应有一均匀的熔接圈，不得出现局部熔瘤或熔接圈凸凹不匀现象。

3　采用橡胶圈接口的管道，允许沿曲线敷设，每个接口的最大偏转角不得超过 2°。

4　法兰连接时衬垫不得凸入管内，其外边缘接近螺栓孔为宜。不得安放双垫或偏垫。

5 连接法兰的螺栓，直径和长度应符合标准，拧紧后，突出螺母的长度不应大于螺杆直径的1/2。

6 螺纹连接管道安装后的管螺纹根部应有2～3扣的外露螺纹，多余的麻丝应清理干净并做防腐处理。

7 承插口采用水泥捻口时，油麻必须清洁、填塞密实，水泥应捻入并密实饱满，其接口面凹入承口边缘的深度不得大于2mm。

8 卡箍（套）式连接两管口端应平整、无缝隙，沟槽应均匀，卡紧螺栓后管道应平直，卡箍（套）安装方向应一致。

9 焊接接口焊缝外形尺寸应符合图纸和工艺文件的规定，焊缝高度不得低于母材表面，焊缝与母材应圆滑过渡。焊缝及热影响区表面应无裂纹、未熔合、未焊透、夹渣、弧坑和气孔等缺陷。

优良：在合格的基础上：

1 粘接接口处洁净，无多余粘接剂。

2 熔接圈应光滑，周边洁净。

3 承口环缝均匀，橡胶圈无扭曲变形。

5 法兰对接平行、紧密，螺栓长度一致，并应做好防腐。

6 螺纹稍度平缓，无偏口、断丝。

7 承口环缝均匀，灰口平整光滑。

8 箍（套）紧固均匀，缝隙一致。

9 焊接接口焊波均匀一致。

检查数量：不少于10个接口。

检验方法：观察检查或用尺量。

3.3.16 各种承压管道系统和设备应做水压试验，非承压管道系统和设备应做灌水试验。

3.3.17 水泵安装应符合下列规定：

1 水泵减振形式应符合设计要求，设置合理。不应有明显扭曲、变形。

2 出水管上应加设柔性连接管。当设计无要求时，水泵的出水管上应安装止回阀和压力表。安装压力表时应加设缓冲装置并应设置在减振区域外；压力表和缓冲装置之间应安装旋塞；压力表量程应为工作压力的1.5～2.5倍。

3 吸水管上的控制阀应在水泵固定于基础上之后再进行安装。吸水管上应加设柔性连接管。

4 水泵安装的允许偏差项目按4.4.7条执行。

5 水泵出、吸水管上的支架设置合理，且不应设置在减振区域内。

6 水泵安装除应执行本标准外，还应符合《压缩机、风机、泵安装工程施工及验收规范》GB50275的相应规定。

4 室内给水系统安装

4.1 一 般 规 定

4.1.1 本章适用于工作压力不大于1.0MPa的室内给水和消火栓系统管道安装工程的质量检验与评定。

4.1.2 给水管道必须采用与管材相适应的管件。生活给水系统所涉及的材料必须达到饮用水卫生标准。

4.1.3 管径小于或等于100mm的镀锌钢管应采用螺纹连接，套丝扣时破坏的镀锌层表面及外露螺纹部分应做防腐处理；管径大于100mm的镀锌钢管应采用法兰或卡套式专用管件连接，镀锌钢管与法兰的焊接处应二次镀锌。

4.1.4 给水塑料管和复合管可以采用橡胶圈接口、粘接接口、热熔连接、专用管件连接及法兰连接等形式。塑料管和复合管与金属管件、阀门等的连接应使用专用管件连接，不得在塑料管上套丝。

4.1.5 给水铸铁管管道应采用水泥捻口或橡胶圈接口方式进行连接。

4.1.6 铜管连接可采用专用接头或焊接，当管径小于22mm时宜采用承插或套管焊接，承口应迎介质流向安装；当管径大于或等于22mm时宜采用对口焊接。

4.1.7 给水立管和装有3个或3个以上配水点的支管始端，均应安装可拆卸的连接件。

4.1.8 冷、热水管道同时安装应符合下列规定：

1 上、下平行安装时热水管应在冷水管上方。

2 垂直平行安装时热水管应在冷水管左侧。

4.2 给水管道及配件安装

主 控 项 目

4.2.1 室内给水管道的水压试验必须符合设计要求。当设计未注明时，各种材质的给水管道系统试验压力均为工作压力的1.5倍，但不得小于0.6MPa。

检查数量：系统全数检查。

检验方法：金属及复合管给水管道系统在试验压力下观测10min，压力降不应大于0.02MPa，然后降到工作压力进行检查，应不渗不漏；塑料管给水系统应在试验压力下稳压1h，压力降不得超过0.05MPa，然后在工作压力的1.15倍状态下稳压2h，压力降不得超过0.03MPa，同时检查各连接处不得渗漏。

4.2.2 给水系统交付使用前必须进行通水试验并做好记录。

检查数量：系统全数检查。

检验方法：观察和开启阀门、水嘴等放水。

4.2.3　生活给水系统管道在交付使用前必须冲洗和消毒，并经有关部门取样检验，符合国家《生活饮用水标准》方可使用。

检查数量：系统全数检查。

检验方法：检查有关部门提供的检测报告。

4.2.4　室内直埋给水管道（塑料管道和复合管道除外）应做防腐处理。埋地管道防腐层材质和结构应符合设计要求。

检查数量：每20m抽查1处，但不少于5处。

检验方法：观察或局部解剖检查。

一　般　项　目

4.2.5　给水引入管与排水排出管的水平净距不得小于1m。室内给水与排水管道平行敷设时，两管间的最小水平净距不得小于0.5m；交叉铺设时，垂直净距不得小于0.15m。给水管应铺在排水管上面，若给水管必须铺在排水管的下面时，给水管应加套管，其长度不得小于排水管管径的3倍。

检查数量：系统全数检查。

检验方法：尺量检查。

4.2.6　管道及管件焊接的焊缝表面质量应符合下列要求：

1　焊缝外形尺寸应符合图纸和工艺文件的规定，焊缝高度不得低于母材表面，焊缝与母材应圆滑过渡。

2　焊缝及热影响区表面应无裂纹、未熔合、未焊透、夹渣、弧坑和气孔等缺陷。

优良：在合格的基础上，焊波均匀、一致。

检查数量：不少于10个焊口。

检验方法：观察检查。

4.2.7　给水水平管道应有2‰~5‰的坡度坡向泄水装置。

优良：在合格的基础上，坡度均匀、一致。

检查数量：按系统内直线管段长度每50m抽查2段，不足50m的不少于1段；有分隔墙建筑，以隔墙为一个分段数，抽查5%，但不少于5段。

检验方法：水平尺和尺量检查。

4.2.8　给水管道和阀门安装的允许偏差应符合表4.2.8的规定。

检查数量：1　水平管道纵横方向弯曲按系统内直线管段长度每50m抽查2段，不足50m的不少于1段；有分隔墙建筑，以隔墙为一个分段数，抽查5%，但不少于5段。

2　立管垂直度以一根立管为一段，两层及以上按楼层分段，各抽查5%，但均不少于10段。

3　成排管段和成排阀门各抽查10%，但均不少于5组，不足5组的全数检查。

4.2.9　管道的支、吊架安装应平整牢固，其间距应符合本标准第3.3.8条、第3.3.9条或第3.3.10条的规定。

优良：在合格的基础上管道支、吊架形式合理，排列整齐。螺母在同侧，拧紧后，螺杆突出螺母的长度一致，且为螺杆直径的1/2。型钢支架朝向一致。

表 4.2.8　管道和阀门安装的允许偏差和检验方法

项 次	项 目			允许偏差（mm）		检 验 方 法
				合 格	***优 良***	
1	水平管道纵横方向弯曲	钢 管	每 米	1		用水平尺、直尺、拉线和尺量检查
			全长 25m 以上	≯25	***≯20***	
		塑料管复合管	每 米	1.5		
			全长 25m 以上	≯25	***≯20***	
		铸铁管	每 米	2		
			全长 25m 以上	≯25	***≯20***	
2	立管垂直度	钢 管	每 米	3	***2***	吊线和尺量检查
			5m 以上	≯8	***≯6***	
		塑料管复合管	每 米	2		
			5m 以上	≯8		
		铸铁管	每 米	3	***2.5***	
			5m 以上	≯10	***≯8***	
3	成排管段和成排阀门		在同一平面上间距	3	***2***	尺量检查

检查数量：抽查 5%，但均不小于 5 件（个）。

检验方法：观察、尺量及手扳检查。

4.2.10　水表应安装在便于检修、不受曝晒、污染和冻结的地方。安装螺翼式水表，表前与阀门应有不小于 8 倍水表接口直径的直线管段。表外壳距墙表面净距为 10～30mm；水表进水口中心标高按设计要求，允许偏差为 ±10mm。水表应设置有单独支、托架。

优良：在合格的基础上，安装平正牢固，水表进水口中心标高符合设计要求，允许偏差为 ±8mm。

检查数量：抽查 10%，但不小于 5 个。

检验方法：观察和尺量检查。

4.3　室内消火栓系统安装

主 控 项 目

4.3.1　室内消火栓系统安装完成后应取屋顶层（或水箱间内）试验消火栓和首层取二处消火栓做试射试验，达到设计要求为合格。

检查数量：顶层 1 处，首层 2 处。

检验方法：实地试射检查或检查试验记录。

一 般 项 目

4.3.2 安装消火栓水龙带，水龙带与水枪和快速接头绑扎好后，应根据箱内构造将水龙带挂放在箱内的挂钉、托盘或支架上。

优良：在合格的基础上，水龙带与消火栓和快速接头绑扎紧密，器具码放整齐，箱体洁净，消火栓支管进入箱体处封闭密实、光滑。

检查数量：系统总组数小于5组的全查；大于5组的抽查20%，但不少于5组。

检验方法：观察检查。

4.3.3 箱式消火栓的安装应符合下列规定：

1 栓口应朝外，并不应安装在门轴侧。

2 栓口中心距地面为1.1m，允许偏差±20mm。

3 阀门中心距箱侧面140mm，距箱后内表面为100mm，允许偏差±5mm。

4 消火栓箱体安装的垂直度允许偏差为3mm。

优良：在合格的基础上，栓口中心距地面为1.1m，允许偏差±15mm；阀门中心距箱侧面为140 mm，距箱后内表面为100mm，允许偏差±4mm；垂直度允许偏差为2mm。

检查数量：系统总组数小于5组的全查；大于5组的抽查20%，但不少于5组。

检验方法：观察和尺量检查。

4.4 给水设备安装

主 控 项 目

4.4.1 水泵就位前的基础混凝土强度、坐标、标高、尺寸和螺栓孔位置必须符合设计规定。

检查数量：全数检查。

检验方法：对照图纸用仪器和尺量检查。

4.4.2 水泵试运转的轴承温升必须符合设备说明书的规定。

检查数量：全数检查。

检验方法：温度计实测检查。

4.4.3 敞口水箱的满水试验和密闭水箱（罐）的水压试验必须符合设计与本标准的规定。

检查数量：全数检查。

检验方法：满水试验静置24h观察，不渗不漏；水压试验在试验压力下10min压力不降，不渗不漏。

一 般 项 目

4.4.4 水箱支架或底座安装，其尺寸及位置应符合设计规定，埋设平整牢固。

优良：在合格的基础上，水箱与支架（座）接触紧密。

检查数量：全数检查。

检验方法：对照图纸，尺量检查。

4.4.5 水箱溢流管和泄放管应设置在排水地点附近但不得与排水管直接连接。水箱给水进水口应高于溢水口 2.5 倍进水管管径。

优良：在合格的基础上，溢流管管口距排水水面不小于 100mm，管口防虫网设置严密、美观。

检查数量：全数检查。

检验方法：观察检查。

4.4.6 立式水泵的减振装置不应采用弹簧减振器。

检查数量：全数检查。

检验方法：观察检查。

4.4.7 室内给水设备安装的允许偏差应符合表 4.4.7 的规定。

表 4.4.7 室内给水设备安装的允许偏差和检验方法

项 次	项 目			允许偏差（mm）		检 验 方 法
				合 格	***优 良***	
1	静置设备	坐 标		15	***12***	经纬仪或拉线、尺量
		标 高		±5	***±4***	用水准仪、拉线和尺量检查
		垂直度（每米）		5	***4***	吊线和尺量检查
2	离心式水泵	立式泵体垂直度（每米）		0.1		水平尺和塞尺检查
		卧式泵体水平度（每米）		0.1		水平尺和塞尺检查
		联轴器同心度	轴向倾斜（每米）	0.8	***0.6***	在联轴器互相垂直的四个位置上用水准仪、百分表或测微螺钉和塞尺检查
			径向位移	0.1		

检查数量：全数检查。

4.4.8 管道及设备保温层的厚度和平整度的允许偏差应符合表4.4.8的规定。

表 4.4.8 管道及设备保温的允许偏差和检验方法

项 次	项 目		允许偏差（mm）		检 验 方 法
			合 格	***优 良***	
1	厚 度		+0.1δ −0.05δ		用钢针刺入
2	表面平整度	卷材	5	***4***	用 2m 靠尺和楔形塞尺检查
		涂抹	10	***8***	

注：δ 为保温层厚度。

检查数量：**1** 设备全数检查，且每台不少于 5 点。

2 水平管和立管，凡能按隔墙、楼层分段的，均以每一楼层、分隔墙内的管段为一个抽查点，抽查数为 5%，但不少于 5 处；不能按隔墙、楼层分段的，每 20m 抽查 1 处，但不少于 5 处。

5 室内排水系统安装

5.1 一 般 规 定

5.1.1 本章适用于室内排水管道、雨水管道安装工程的质量检验与评定。

5.1.2 生活污水管道应使用塑料管、铸铁管或混凝土管（由成组洗脸盆或饮用喷水器到共用水封之间的排水管和连接卫生器具的排水短管，可使用钢管）。

雨水管道宜使用塑料管、铸铁管、镀锌和非镀锌钢管或混凝土管等。

悬吊式雨水管道应选用钢管、铸铁管或塑料管。易受振动的雨水管道（如锻造车间等）应使用钢管。

5.2 排水管道及配件安装

主 控 项 目

5.2.1 隐蔽或埋地的排水管道在隐蔽前必须做灌水试验，其灌水高度应不低于底层卫生器具的上边缘或底层地面高度。

检查数量：系统全数检查。

检验方法：满水 15min 水面下降后，再灌满观察 5min，液面不降，管道及接口无渗漏为合格。

5.2.2 生活污水铸铁管道的坡度必须符合设计或本标准表 5.2.2 的规定。

表 5.2.2 生活污水铸铁管道的坡度

项　次	管径（mm）	标准坡度（‰）	最小坡度（‰）
1	50	35	25
2	75	25	15
3	100	20	12
4	125	15	10
5	150	10	7
6	200	8	5

优良：在合格的基础上，坡度均匀、一致。

检查数量：按系统内直线管段长度每 30m 抽查 2 段，不足 30m 的不少于 1 段；有分隔墙建筑，以隔墙为分段数，抽查 5%，但不少于 5 段。

检验方法：水平尺、拉线尺量检查。

5.2.3 生活污水塑料管道的坡度必须符合设计或本标准表5.2.3的规定。

表 5.2.3 生活污水塑料管道的坡度

项　次	管径（mm）	标准坡度（‰）	最小坡度（‰）
1	50	25	12
2	75	15	8
3	110	12	6
4	125	10	5
5	160	7	4

优良：在合格的基础上，坡度均匀、一致。

检查数量：按系统内直线管段长度每 30m 抽查 2 段，不足 30m 的不少于 1 段；有分隔墙建筑，以隔墙为分段数，抽查 5%，但不少于 5 段。

检验方法：水平尺、拉线尺量检查。

5.2.4 排水塑料管必须按设计要求及位置装设伸缩节。如设计无要求时，伸缩节间距不得大于 4m。高层建筑中明设排水塑料管道应按设计要求设置阻火圈或防火套管。

检查数量：抽查 5%，不少于 5 处伸缩节及防火区间。

检验方法：观察检查。

5.2.5 排水主立管及水平干管管道均应做通球试验，通球球径不小于排水管道管径的 2/3,通球率必须达到 100%。

检查数量：全数检查。

检查方法：通球检查。

一　般　项　目

5.2.6 在生活污水管道上设置的检查口或清扫口，当设计无要求时应符合下列规定：

1 在立管上应每隔一层设置一个检查口；但在最底层和有卫生器具的最高层必须设置。如为两层建筑时，可仅在底层设置立管检查口；如有乙字弯管时，则在该层乙字弯管的上部设置检查口。检查口中心高度距操作地面一般为 1m，允许偏差 ± 20mm；检查口的朝向应便于检修。暗装立管，在检查口处应安装检修门。

2 在连接 2 个及 2 个以上大便器或 3 个及 3 个以上卫生器具的污水横管上应设置清扫口。当污水管在楼板下悬吊敷设时，可将清扫口设在上一层楼地面上，污水管起点的清扫口与管道相垂直的墙面距离不得小于 200mm；若污水管起点设置堵头代替清扫口时，与墙面距离不得小于 400mm。

3 在转角小于 135°的污水横管上，应设置检查口或清扫口。

4 污水横管的直线管段，应按设计要求的距离设置检查口或清扫口。

检查数量：抽查 10%，均不少于 5 处。

检验方法：观察和尺量检查。

5.2.7 埋在地下或地板下的排水管道的检查口，应设在检查井内。井底表面标高与检查口的法兰相平，井底表面应有 5%坡度，坡向检查口。

检查数量：全数检查。

检验方法：尺量检查。

5.2.8 金属排水管道上的吊钩或卡箍应固定在承重结构上。固定件间距：横管不大于2m；立管不大于3m。楼层高度小于或等于4m，立管可安装1个固定件。立管底部的弯管处应设支墩或采取固定措施。

优良：在合格的基础上，管架形式合理，排列整齐。螺母在同侧，拧紧后，螺杆突出螺母的长度一致，且不大于螺杆直径的1/2。型钢支架朝向一致。

检查数量：抽查5%，但均不少于5处。

检验方法：观察和尺量检查。

5.2.9 排水塑料管道支、吊架间距应符合表5.2.9的规定。

表5.2.9 排水塑料管道支吊架最大间距（单位：m）

管径（mm）	50	75	110	125	160
立　管	1.2	1.5	2.0	2.0	2.0
横　管	0.5	0.75	1.10	1.30	1.60

优良：在合格的基础上管架形式合理，排列整齐。螺母在同侧，拧紧后，螺杆突出螺母的长度一致，且不大于螺杆直径的1/2。型钢支架朝向一致。

检查数量：抽查5%，但均不少于5处。

检验方法：尺量检查。

5.2.10 排水通气管不得与风道或烟道连接，且应符合下列规定：

1 通气管应高出屋面300mm，但必须大于最大积雪厚度。

2 在通气管出口4m以内有门、窗时，通气管应高出门、窗顶600mm或引向无门、窗一侧。

3 在经常有人停留的平屋顶上，通气管应高出屋面2m，并应根据防雷要求设置防雷装置。

4 屋顶有隔热层应从隔热层板面算起。

检查数量：全数检查。

检验方法：观察和尺量检查。

5.2.11 安装未经消毒处理的医院含菌污水管道，不得与其他排水管道直接连接。

检查数量：全数检查。

检验方法：观察检查。

5.2.12 饮食业工艺设备引出的排水管及饮用水水箱的溢流管，不得与污水管道直接连接，并应留出不小于100mm的隔断空间。

检查数量：全数检查。

检验方法：观察和尺量检查。

5.2.13 通向室外的排水管，穿过墙壁或基础必须下返时，应采用45°三通和45°弯头连接，并应在垂直管段顶部设置清扫口。

检查数量：抽查不少于5处，不足5处的全数检查。

检验方法：观察和尺量检查。

5.2.14 由室内通向室外排水检查井的排水管，井内引入管应高于排出管或两管顶相平，并有不小于90°的水流转角，如跌落差大于300mm可不受角度限制。

检查数量：抽查不少于5处，不足5处的全数检查。

检验方法：观察和尺量检查。

5.2.15 用于室内排水的水平管道与水平管道、水平管道与立管的连接，应采用45°三通或45°四通和90°斜三通或90°斜四通。立管与排出管端部的连接，应采用两个45°弯头或曲率半径不小于4倍管径的90°弯头。

检查数量：抽查不少于5处，不足5处的全数检查。

检验方法：观察和尺量检查。

5.2.16 室内排水管道安装的允许偏差应符合表5.2.16的相关规定。

表5.2.16 室内排水和雨水管道安装的允许偏差和检验方法

<table>
<tr><th rowspan="2">项次</th><th colspan="4" rowspan="2">项　目</th><th colspan="2">允许偏差（mm）</th><th rowspan="2">检验方法</th></tr>
<tr><th>合格</th><th>优良</th></tr>
<tr><td>1</td><td colspan="4">坐　标</td><td>15</td><td>12</td><td rowspan="13">用水准仪（水平尺）、直尺、拉线和尺量检查</td></tr>
<tr><td>2</td><td colspan="4">标　高</td><td>±15</td><td>±12</td></tr>
<tr><td rowspan="11">3</td><td rowspan="11">横管纵横方向弯曲</td><td colspan="2" rowspan="2">铸铁管</td><td>每1m</td><td colspan="2">≯1</td></tr>
<tr><td>全长（25m以上）</td><td>≯25</td><td>≯20</td></tr>
<tr><td rowspan="4">钢　管</td><td rowspan="2">每1m</td><td>管径小于或等于100mm</td><td colspan="2">1</td></tr>
<tr><td>管径大于100mm</td><td colspan="2">1.5</td></tr>
<tr><td rowspan="2">全长（25m以上）</td><td>管径小于或等于100mm</td><td>≯25</td><td>≯20</td></tr>
<tr><td>管径大于100mm</td><td colspan="2">≯30</td></tr>
<tr><td rowspan="2">塑料管</td><td colspan="2">每1m</td><td>1.5</td><td>1</td></tr>
<tr><td colspan="2">全长（25m以上）</td><td colspan="2">≯38</td></tr>
<tr><td rowspan="2">钢筋混凝土管、混凝土管</td><td colspan="2">每1m</td><td>3</td><td>2</td></tr>
<tr><td colspan="2">全长（25m以上）</td><td>≯75</td><td>≯70</td></tr>
<tr><td colspan="3"></td></tr>
<tr><td rowspan="6">4</td><td rowspan="6">立管垂直度</td><td rowspan="2">铸铁管</td><td colspan="2">每1m</td><td>3</td><td>2</td><td rowspan="6">吊线和尺量检查</td></tr>
<tr><td colspan="2">全长（5m以上）</td><td>≯15</td><td>≯12</td></tr>
<tr><td rowspan="2">钢　管</td><td colspan="2">每1m</td><td>3</td><td>2</td></tr>
<tr><td colspan="2">全长（5m以上）</td><td>≯10</td><td>≯8</td></tr>
<tr><td rowspan="2">塑料管</td><td colspan="2">每1m</td><td>3</td><td>2</td></tr>
<tr><td colspan="2">全长（5m以上）</td><td>≯15</td><td>≯12</td></tr>
</table>

检查数量：**1** 坐标、标高各抽查10%，但不少于5段。

2 横管纵横方向弯曲按系统内直线管段长度每30m抽查2段，不足30m的不少于1段；有分隔墙建筑，以隔墙为分段数，抽查5%，但不少于5段。

3 立管垂直度以一根立管为一段，两层及其以上的按楼层分段，抽查5%，但不少于10段。

5.3 雨水管道及配件安装

主 控 项 目

5.3.1 安装在室内的雨水管道安装后应做灌水试验，灌水高度必须到每根立管上部的雨水斗。

检查数量：全数检查。

检验方法：灌水试验持续1h，不渗不漏。

5.3.2 雨水管道如采用塑料管，其伸缩节安装应符合设计要求。

检查数量：抽查5%，不少于5处伸缩节区间。

检验方法：对照图纸检查。

5.3.3 悬吊式雨水管道的敷设坡度不得小于5‰；埋地雨水管道的最小坡度，应符合表5.3.3的规定。

表5.3.3 地下埋设雨水排水管道的最小坡度

项 次	管 径（mm）	最小坡度（‰）	项 次	管 径（mm）	最小坡度（‰）
1	50	20	4	125	6
2	75	15	5	150	5
3	100	8	6	200~400	4

优良：在合格的基础上，坡度均匀、一致。

检查数量：按系统内直线管段长度每30m抽查2段，不足30m的不少于1段；有分隔墙建筑，以隔墙为分段数，抽查5%，但不少于5段。

检验方法：水平尺、拉线尺量检查。

一 般 项 目

5.3.4 雨水管道不得与生活污水管道相连接。

检查数量：全数检查。

检验方法：观察检查。

5.3.5 雨水斗管的连接应固定在屋面承重结构上。雨水斗边缘与屋面相连处应严密不漏。连接管管径当设计无要求时，不得小于100mm。

检查数量：抽查不少于5处。

检验方法：观察和尺量检查。

5.3.6 悬吊式雨水管道的检查口或带法兰堵口的三通的间距不得大于表5.3.6的规定。

表5.3.6 悬吊管检查口间距

项 次	悬吊管直径（mm）	检查口间距（m）	项 次	悬吊管直径（mm）	检查口间距（m）
1	≤50	≯15	2	≥200	≯20

检查数量：抽查不少于5处。

检验方法：拉线、尺量检查。

5.3.7 雨水管道安装的允许偏差应符合本标准表5.2.16的规定。

5.3.8 雨水钢管管道焊接的焊口允许偏差应符合表5.3.8的规定。

表5.3.8 钢管管道焊口允许偏差和检验方法

<table>
<tr><th rowspan="2">项 次</th><th colspan="3" rowspan="2">项 目</th><th colspan="2">允许偏差</th><th rowspan="2">检 验 方 法</th></tr>
<tr><th>合 格</th><th>优 良</th></tr>
<tr><td>1</td><td>焊口平直度</td><td colspan="2">管壁厚10mm以内</td><td colspan="2">管壁厚1/4</td><td rowspan="3">焊接检验尺和游标卡尺检查</td></tr>
<tr><td rowspan="2">2</td><td rowspan="2">焊缝加强面</td><td colspan="2">高 度</td><td colspan="2" rowspan="2">+1mm</td></tr>
<tr><td colspan="2">宽 度</td></tr>
<tr><td rowspan="3">3</td><td rowspan="3">咬 边</td><td colspan="2">深 度</td><td colspan="2">小于0.5mm</td><td rowspan="3">直尺检查</td></tr>
<tr><td rowspan="2">长度</td><td>连续长度</td><td>25mm</td><td>20mm</td></tr>
<tr><td>总长度（两侧）</td><td colspan="2">小于焊缝长度的10%</td></tr>
</table>

检查数量：抽查不少于5个接口。

6 室内热水供应系统安装

6.1 一 般 规 定

6.1.1 本章适用于工作压力不大于1.0MPa，热水温度不超过75℃的室内热水供应管道安装工程的质量检验与评定。

6.1.2 热水供应系统的管道应采用塑料管、复合管、镀锌钢管和铜管。

6.1.3 热水供应系统管道及配件安装应按本标准第4.2节的相关规定执行。

6.2 管道及配件安装

主 控 项 目

6.2.1 热水供应系统安装完毕，管道保温之前应进行水压试验。试验压力应符合设计要求。当设计未注明时，热水供应系统水压试验压力应为系统顶点的工作压力加0.1MPa，同时在系统顶点的试验压力不小于0.3 MPa 。

检查数量：全数检查。

检验方法：钢管或复合管道系统试验压力下10min内压力降不大于0.02MPa，然后降至工作压力检查，压力应不降，且不渗不漏；塑料管道系统在试验压力下稳压1h，压力降不得超过0.05MPa，然后在工作压力1.15倍状态下稳压2h，压力降不得超过0.03MPa，连接处不得渗漏。

6.2.2 热水供应管道应尽量利用自然弯补偿热伸缩，直线段过长则应设置补偿器。补偿器形式、规格、位置应符合设计要求，并按有关规定进行预拉伸。

检查数量：全数检查。

检验方法：对照设计图纸检查。

6.2.3 热水供应系统竣工后必须进行冲洗。

检查数量：全数检查。

检验方法：现场观察检查。

一 般 项 目

6.2.4 管道安装坡度应符合设计规定。

优良：在合格的基础上，坡度均匀、一致。

检查数量：按系统内直线管段长度每50m抽查2段，不足50m的不少于1段；有分隔墙建筑，以隔墙为分段数，抽查5%，但不少于5段。

检验方法：水平尺、拉线尺量检查。

6.2.5 温度控制器及阀门应安装在便于观察和维护的位置。

检查数量：抽查5%，但不少于10个。

检验方法：观察检查。

6.2.6 热水供应管道和阀门安装的允许偏差应符合本标准表4.2.8的规定。

6.2.7 热水供应系统管道应保温（浴室内明装管道除外），保温材料、厚度、保护壳等应符合设计规定。保温层厚度和平整度的允许偏差应符合本标准表4.4.8的规定。

6.3 辅助设备安装

主控项目

6.3.1 在安装太阳能集热器玻璃前，应对集热排管和上、下集管作水压试验，试验压力为工作压力的1.5倍。

检查数量：全数检查。

检验方法：试验压力下10min内压力不降，不渗不漏。

6.3.2 热交换器应以工作压力的1.5倍作水压试验。蒸汽部分应不低于蒸汽供汽压力加0.3MPa；热水部分应不低于0.4 MPa。

检查数量：全数检查。

检验方法：试验压力下10min内压力不降，不渗不漏。

6.3.3 水泵就位前的基础混凝土强度、坐标、标高、尺寸和螺栓孔位置必须符合设计要求。

检查数量：全数检查。

检验方法：对照图纸用仪器和尺量检查。

6.3.4 水泵试运转的轴承温升必须符合设备说明书的规定。

检查数量：全数检查。

检验方法：温度计实测检查。

6.3.5 敞口水箱的满水试验和密闭水箱（罐）的水压试验必须符合设计与本标准的规定。

检查数量：全数检查。

检验方法：满水试验静置24h，观察不渗不漏；水压试验在试验压力下10min压力不降，不渗不漏。

一般项目

6.3.6 安装固定式太阳能热水器，朝向应正南。如受条件限制时，其偏移角不得大于15°。集热器的倾角，对于春、夏、秋三个季节使用的，应采用当地纬度为倾角；若以夏季为主，可比当地纬度减少10°。

检查数量：全数检查。

检验方法：观察和分度仪检查。

6.3.7 由集热器上、下集管接往热水箱的循环管道，应有不小于5‰的坡度。

检查数量：全数检查。

检验方法：尺量检查。

6.3.8 自然循环的热水箱底部与集热器上集管之间的距离为0.3～1.0m。

检查数量：全数检查。

检验方法：尺量检查。

6.3.9 制作吸热钢板凹槽时，其圆度应准确，间距应一致。安装集热排管时，应用卡箍和钢丝紧固在钢板凹槽内。

检查数量：全数检查。

检验方法：手扳和尺量检查。

6.3.10 太阳能热水器的最低处应安装泄水装置。

检查数量：全数检查。

检验方法：观察检查。

6.3.11 热水箱及上、下集管等循环管道均应保温。

优良：在合格的基础上，搭接宽度适宜，外形整齐美观，无污染。

检查数量：有分隔墙建筑，以隔墙或楼板为分段数，抽查5%，但不少于5处；不能分段的，每20m抽查1处。

检验方法：观察检查。

6.3.12 凡以水作介质的太阳能热水器，在0℃以下地区使用，应采取防冻措施。

检查数量：全数检查。

检验方法：观察检查。

6.3.13 热水供应辅助设备安装的允许偏差应符合本标准表4.4.7的规定。

6.3.14 太阳能热水器安装的允许偏差应符合表6.3.14的规定。

表6.3.14 太阳能热水器安装的允许偏差和检验方法

项目			允许偏差		检验方法
			合格	***优良***	
板式直管太阳能热水器	标高	中心线距地面（mm）	±20	***±15***	尺量
	固定安装朝向	最大偏移角	≯15°	***≯12°***	分度仪检查

检查数量：全数检查。

7 卫生器具安装

7.1 一般规定

7.1.1 本章适用于室内污水盆、洗涤盆、洗脸（手）盆、盥洗槽、浴盆、淋浴器、大便器、小便器、小便槽、大便冲洗槽、妇女卫生盆、化验盆、排水栓、地漏、加热器、煮沸消毒器和饮水器等卫生器具安装的质量检验与评定。

7.1.2 卫生器具的安装应采用预埋螺栓或膨胀螺栓安装固定。

7.1.3 卫生器具安装高度如设计无要求时，应符合表7.1.3的规定。

表7.1.3 卫生器具的安装高度

项次	卫生器具名称			卫生器具安装高度（mm）		备注
				居住和公共建筑	幼儿园	
1	污水盆（池）	架空式		800	800	
		落地式		500	500	
2	洗涤盆（池）			800	800	自地面至器具上边缘
3	洗涤盆、洗手盆（有塞、无塞）			800	500	
4	盥洗槽			800	500	
5	浴盆			≯520		
6	蹲式大便器	高水箱		1800	1800	自台阶面至高水箱底
		低水箱		900	900	自台阶面至低水箱底
7	坐式大便器	高水箱		1800	1800	自地面至高水箱底
		低水箱	外露排水管式	510		自地面至低水箱底
			虹吸喷射式	470	370	
8	小便器	挂式		600	450	自地面至下边缘
9	小便槽			200	150	自地面至台阶面
10	大便槽冲洗水箱			≮2000		自台阶面至水箱底
11	妇女卫生盆			360		自地面至器具上边缘
12	化验盆			800		自地面至器具上边缘

7.1.4 卫生器具给水配件的安装高度，如设计无要求时，应符合表7.1.4的规定。

表 7.1.4　卫生器具给水配件的安装高度

项次	给水配件名称		配件中心距地面高度（mm）	冷热水龙头距离（mm）
1	架空式污水盆（池）水龙头		1000	—
2	落地式污水盆（池）水龙头		800	—
3	洗涤盆（池）水龙头		1000	150
4	住宅集中给水龙头		1000	—
5	洗手盆水龙头		1000	—
6	洗脸盆	水龙头（上配水）	1000	150
		水龙头（下配水）	800	150
		角阀（下配水）	450	—
7	盥洗槽	水龙头	1000	150
		冷热水管上下并行其中热水龙头	1100	150
8	浴　盆	水龙头（上配水）	670	150
9	淋浴器	截止阀	1150	95
		混合阀	1150	—
		淋浴喷头下沿	2100	—
10	蹲式大便器（从台阶面算起）	高水箱角阀及截止阀	2040	—
		低水箱角阀	250	—
		手动式自闭冲洗阀	600	—
		脚踏式自闭冲洗阀	150	—
		拉管式冲洗阀（从地面算起）	1600	—
		带防污助冲器阀门（从地面算起）	900	—
11	坐式大便器	高水箱角阀及截止阀	2040	—
		低水箱角阀	150	—
12	大便槽冲洗水箱截止阀（从台阶面算起）		≮2400	—
13	立式小便器角阀		1130	—
14	挂式小便器角阀及截止阀		1050	—
15	小便槽多孔冲洗管		1100	—
16	实验室化验水龙头		1000	—
17	妇女卫生盆混合阀		360	—

注：装设在幼儿园内的洗手盆、洗脸盆和盥洗槽水嘴中心离地面安装高度应为 700mm，其他卫生器具给水配件的安装高度，应按卫生器具实际尺寸相应减少。

7.2　卫 生 器 具 安 装

主 控 项 目

7.2.1　排水栓和地漏的安装应平正、牢固，低于排水表面，周边无渗漏。地漏水封高度不得小于 50mm。

优良：在合格的基础上，排水栓低于盆、槽底表面 2mm，低于地表面 5mm。地漏低于安装处排水表面 5mm。

检查数量：各抽查10%，但均不少于5处。

检验方法：试水观察检查。

7.2.2 卫生器具交工前应做满水和通水试验。

检查数量：全数检查。

检验方法：满水后各连接件不渗不漏；通水试验给、排水畅通。

一 般 项 目

7.2.3 卫生器具安装的允许偏差应符合表7.2.3的规定。

表7.2.3 卫生器具安装的允许偏差和检验方法

项次	项目		允许偏差（mm）		检验方法
			合格	*优良*	
1	坐标	单独器具	10	***8***	拉线、吊线和尺量检查
		成排器具	5	***4***	
2	标高	单独器具	±15	***±12***	
		成排器具	±10	***±8***	
3	器具水平度		2	***1.5***	用水平尺和尺量检查
4	器具垂直度		3	***2***	吊线和尺量检查

检查数量：各抽查10%，但均不少于5组。

7.2.4 有饰面的浴盆，应留有通向浴盆排水口的检修门。

检查数量：各抽查10%，但均不少于5组。

检验方法：观察检查。

7.2.5 小便槽冲洗管，应采用镀锌钢管或硬质塑料管。冲洗孔应斜向下方安装，冲洗水流同墙面成45°角。镀锌钢管钻孔后应进行二次镀锌。

检查数量：各抽查10%，但不少于5组。

检验方法：观察检查。

7.2.6 卫生器具的支、托架必须防腐良好，安装平整、牢固，与器具接触紧密、平稳。

优良：在合格的基础上，器具放置平稳，形式合理。

检查数量：各抽查10%，但均不少于5组。

检验方法：观察和手扳检查。

7.3 卫生器具给水配件安装

主 控 项 目

7.3.1 卫生器具给水配件应完好无损伤，接口严密，启闭部分灵活。

优良：在合格的基础上，安装端正，表面洁净，无外露油麻。

检查数量：各抽查10%，但均不少于5个接口（处）。

检验方法：观察及手扳检查。

一 般 项 目

7.3.2 卫生器具给水配件安装标高的允许偏差应符合表7.3.2的规定。

表7.3.2 卫生器具给水配件安装标高的允许偏差和检验方法

项次	项 目	允许偏差（mm）		检验方法
		合格	优良	
1	大便器高、低水箱角阀及截止阀	±10	**±8**	尺量检查
2	水 嘴	±10	**±8**	
3	淋浴器喷头下沿	±15	**±12**	
4	浴盆软管淋浴器挂钩	±20	**±15**	

检查数量：各抽查10%，但均不少于5组。

7.3.3 浴盆软管淋浴器挂钩的高度，如设计无要求，应距地面1.8m。

检查数量：各抽查10%，但均不少于5组。

检验方法：尺量检查。

7.4 卫生器具排水管道安装

主 控 项 目

7.4.1 与排水横管连接的各卫生器具的受水口和立管均应采取妥善可靠的固定措施；管道与楼板的接合部位应采取牢固可靠的防渗、防漏措施。

检查数量：各抽查10%，但均不少于5处。

检验方法：观察和手扳检查。

7.4.2 连接卫生器具的排水管道接口应紧密不漏，其固定支架、管卡等支撑位置应正确、牢固，与管道的接触应平整。

检查数量：各抽查10%，不少于5组。

检验方法：观察及通水检查。

一 般 项 目

7.4.3 卫生器具排水管道安装的允许偏差应符合表7.4.3的规定。

表7.4.3 卫生器具排水管道安装的允许偏差及检验方法

项次	检 查 项 目		允许偏差（mm）		检验方法
			合格	优良	
1	横管弯曲度	每1m长	2	**1.5**	用水平尺量检查
		横管长度≤10m，全长	<8	**<6**	
		横管长度>10m，全长	10	**8**	
2	卫生器具的排水管口及横支管的纵横坐标	单独器具	10	**8**	用尺量检查
		成排器具	5	**4**	
3	卫生器具的接口标高	单独器具	±10	**±8**	用水平尺和尺量检查
		成排器具	±5	**±4**	

检查数量：各抽查10%，但均不少于5组。

7.4.4 连接卫生器具的排水管管径和最小坡度，如设计无要求时，应符合表7.4.4的规定。

表7.4.4 连接卫生器具的排水管管径和最小坡度

项次	卫生器具名称		排水管管径（mm）	管道的最小坡度（‰）
1	污水盆（池）		50	25
2	单、双格洗涤盆（池）		50	25
3	洗手盆、洗脸盆		32～50	20
4	浴盆		50	20
5	淋浴器		50	20
6	大便器	高、低水箱	100	12
		自闭式冲洗阀	100	12
		拉管式冲洗阀	100	12
7	小便器	手动、自闭式冲洗阀	40～50	20
		自动冲洗阀	40～50	20
8	化验盆（无塞）		40～50	25
9	净身器		40～50	20
10	饮水器		20～50	10～20
11	家用洗衣机		50（软管为30）	

优良：在合格的基础上，坡度均匀、一致。

检查数量：各抽查10%，但均不少于5处。

检验方法：用水平尺和尺量检查。

8 室内采暖系统安装

8.1 一 般 规 定

8.1.1 本章适用于饱和蒸汽压力不大于0.7MPa，热水温度不超过130℃的室内采暖系统安装工程的质量评定。

8.1.2 焊接钢管的连接，管径小于或等于32mm，应采用螺纹连接；管径大于32mm，应采用焊接。镀锌钢管的连接见本标准第4.1.3条。

8.2 管道及配件安装

主 控 项 目

8.2.1 管道安装坡度，当设计未注明时，应符合下列规定：

1 气、水同向流动的热水采暖管道和汽、水同向流动的蒸汽管道及凝结水管道，坡度应为3‰，不得小于2‰；

2 气、水逆向流动的热水采暖管道和汽、水逆向流动的蒸汽管道，坡度不应小于5‰；

3 散热器支管的坡度应为1%，坡向应利于排气和泄水。

优良：在合格的基础上，坡度均匀、一致。

检查数量：按系统内直线管段长度每50m抽查2段，不足50m的不少于1段；有分隔墙建筑，以隔墙为分段数，抽查5%，但不少于5段。

检验方法：观察，水平尺、拉线、尺量检查。

8.2.2 补偿器的型号、安装位置及预拉伸和固定支架的构造及安装位置应符合设计要求。

检查数量：全数检查。

检验方法：对照图纸，现场观察，并查验预拉伸记录。

8.2.3 平衡阀及调节阀型号、规格、公称压力及安装位置应符合设计要求。安装完后应根据系统平衡要求进行调试并做出标志。

检查数量：全数检查。

检验方法：对照图纸查验产品合格证，并现场查看。

8.2.4 蒸汽减压阀和管道及设备上安全阀的型号、规格、公称压力及安装位置应符合设计要求。安装完毕后应根据系统工作压力进行调试，并做出标志。

检查数量：全数检查。

检验方法：对照图纸查验产品合格证及调试结果证明书。

8.2.5 方形补偿器制作时，应用整根无缝钢管煨制，如需要接口，其接口应设在垂直臂的中间位置，且接口必须焊接。

检查数量：全数检查。

检验方法：观察检查。

8.2.6 方形补偿器应水平安装，并与管道的坡度一致；如其臂长方向垂直安装必须设排气及泄水装置。

检查数量：全数检查。

检验方法：观察检查。

一 般 项 目

8.2.7 热量表、疏水器、除污器、过滤器及阀门的型号、规格、公称压力及安装位置应符合设计要求。

检查数量：按不同型号抽查10%，但不少于10个。

检验方法：对照图纸查验产品合格证。

8.2.8 钢管管道焊口尺寸的允许偏差应符合本标准表5.3.8的规定。

8.2.9 采暖系统入口装置及分户热计量系统入户装置，应符合设计要求。安装位置应便于检修、维护和观察。

检查数量：全数检查。

检验方法：现场观察。

8.2.10 散热器支管长度超过1.5m时，应在支管上安装管卡。

检查数量：抽查5%，但不少于5处。

检验方法：尺量和观察检查。

8.2.11 上供下回式系统的热水干管变径应顶平偏心连接，蒸汽干管变径应底平偏心连接。

检查数量：抽查10%，但不少于5处。

检验方法：观察检查。

8.2.12 在管道干管上焊接垂直或水平分支管道时，干管开孔所产生的钢渣及管壁等废弃物不得残留管内，且分支管道在焊接时不得插入干管内。

优良：按本标准4.2.6条执行。

检查数量：不少于5个接口。

检验方法：观察检查。

8.2.13 膨胀水箱的膨胀管及循环管上不得安装阀门。

检查数量：全数检查。

检验方法：观察检查。

8.2.14 当采暖热媒为110～130℃的高温水时，管道可拆卸件应使用法兰，不得使用长丝和活接头。法兰垫料应使用耐热橡胶板。

检查数量：抽查10%，但不少于5处。

检验方法：观察和查验进料单。

8.2.15 焊接钢管管径大于32mm的管道转弯，在作为自然补偿时应使用煨弯。塑料管及复合管除必须使用直角弯头的场合外应使用管道直接弯曲转弯。

检查数量：抽查5%，但不少于5处。

检验方法：观察检查。

8.2.16 管道、金属支架和设备的防腐和涂漆应附着良好，无脱皮、起泡、流淌和漏涂缺陷。

优良：在合格的基础上，漆膜厚度均匀，色泽一致，无污染现象。

检查数量：各抽查5%，但不少于5件（个）。

检验方法：现场观察检查。

8.2.17 管道和设备保温的允许偏差应符合本标准表4.4.8的规定。

8.2.18 采暖管道安装的允许偏差应符合表8.2.18的规定。

表8.2.18 采暖管道安装的允许偏差和检验方法

<table>
<tr><th rowspan="2">项次</th><th rowspan="2" colspan="3">项　目</th><th colspan="2">允许偏差
(mm)</th><th rowspan="2">检验方法</th></tr>
<tr><th>合格</th><th>优良</th></tr>
<tr><td rowspan="4">1</td><td rowspan="4">横管道纵、横方向弯曲（mm）</td><td rowspan="2">每1m</td><td>管径≤100mm</td><td colspan="2">1</td><td rowspan="4">用水平尺、直尺、拉线和尺量检查</td></tr>
<tr><td>管径＞100mm</td><td colspan="2">1.5</td></tr>
<tr><td rowspan="2">全长（25m）以上</td><td>管径≤100mm</td><td>≯13</td><td>≯10</td></tr>
<tr><td>管径＞100mm</td><td>≯25</td><td>≯20</td></tr>
<tr><td rowspan="2">2</td><td rowspan="2">立管垂直度（mm）</td><td colspan="2">每1m</td><td>2</td><td>1.5</td><td rowspan="2">吊线和尺量检查</td></tr>
<tr><td colspan="2">全长（5m）以上</td><td>≯10</td><td>≯8</td></tr>
<tr><td rowspan="4">3</td><td rowspan="4">弯　管</td><td rowspan="2">椭圆率
$(D_{max}-D_{min})/D_{max}$</td><td>管径≤100mm</td><td colspan="2">10%</td><td rowspan="4">用外卡钳和尺量检查</td></tr>
<tr><td>管径＞100mm</td><td colspan="2">8%</td></tr>
<tr><td rowspan="2">折皱不平度
(mm)</td><td>管径≤100mm</td><td colspan="2">4</td></tr>
<tr><td>管径＞100mm</td><td colspan="2">5</td></tr>
</table>

注：D_{max}、D_{min}分别为管子最大外径及最小外径。

检查数量：**1** 横管道纵横方向弯曲按系统内直线管段长度每30m抽查2段，不足30m的不少于1段；有分隔墙建筑，以隔墙为分段数，抽查5%，但不少于5段。

2 立管垂直度以一根立管为一段，两层及其以上的按楼层分段，抽查5%，但不少于10段。

3 弯管的椭圆率及折皱不平度按干管上的弯管抽查**10%**，但不少于5个；立、支管上的弯管抽查5%，但不少于10个。

8.3 辅助设备及散热器安装

主 控 项 目

8.3.1 散热器组对后，以及整组出厂的散热器在安装之前应作水压试验。试验压力如设计无要求时应为工作压力的1.5倍，但不小于0.6MPa。

检查数量：全数检查。

检验方法：试验时间为 2～3min，压力不降且不渗不漏。

8.3.2 水泵、水箱、热交换器等辅助设备安装的质量检验与评定应按本标准第 4.4 节和第 13.6 节的相关规定执行。

一 般 项 目

8.3.3 散热器组对应平直紧密，组对后的平直度应符合表 8.3.3 规定。

表 8.3.3 组对后的散热器平直度允许偏差

项次	散热器类型	片 数	允许偏差（mm）	
			合格	*优良*
1	长 翼 型	2～4	4	*3*
		5～7	6	*5*
2	铸铁片式 钢制片式	3～15	4	*3*
		16～25	6	*5*

检查数量：抽查 5%，但不少于 10 组。

检验方法：拉线和尺量。

8.3.4 组对散热器的垫片应符合下列规定：

1 组对散热器垫片应使用成品，组对后垫片外露不应大于 1mm。

2 散热器垫片材质当设计无要求时，应采用耐热橡胶。

检查数量：抽查 5%，但不少于 10 组。

检验方法：观察和尺量检查。

8.3.5 散热器支架、托架安装，位置应准确，埋设牢固。散热器支架、托架数量，应符合设计或产品说明书要求。如设计未注明时，则应符合表 8.3.5 的规定。

优良：在合格的基础上，形式合理，与散热器接触紧密。

检查数量：抽查 5%，但不少于 5 组。

检验方法：现场清点检查。

表 8.3.5 散热器支架、托架数量

项次	散热器型式	安装方式	每片组数	上部托钩或卡架数	下部托钩或卡架数	合计
1	长翼型	挂 墙	2～4	1	2	3
			5	2	2	4
			6	2	3	5
			7	2	4	6
2	柱型 柱翼型	挂 墙	3～8	1	2	3
			9～12	1	3	4
			13～16	2	4	6
			17～20	2	5	7
			21～25	2	6	8
3	柱型 柱翼型	带足落地	3～8	1	—	1
			8～12	1	—	1
			13～16	2	—	2
			17～20	2	—	2
			21～25	2	—	2

8.3.6 散热器背面与装饰后的墙内表面安装距离，应符合设计或产品说明书要求。如设计未注明，应为30mm。

检查数量：抽查5%，但不少于10组。

检验方法：尺量检查。

8.3.7 散热器安装允许偏差应符合表8.3.7的规定。

表8.3.7 散热器安装允许偏差和检验方法

项次	项 目	允许偏差（mm）		检验方法
		合格	*优良*	
1	散热器背面与墙内表面距离	3	***2***	尺量
2	与窗中心线或设计定位尺寸	20	***15***	
3	散热器垂直度	3	***2***	吊线和尺量

检查数量：各项均抽查5%，但不少于10组。

8.3.8 铸铁或钢制散热器表面的防腐及面漆应附着良好，色泽均匀，无脱落、起泡、流淌和漏涂缺陷。

优良：在合格的基础上，漆膜厚度均匀，色泽一致，无污染现象。

检查数量：各项均抽查5%，但不少于10组。

检验方法：现场观察。

8.4 金属辐射板安装

主 控 项 目

8.4.1 辐射板在安装前应作水压试验，如设计无要求时试验压力应为工作压力的1.5倍，但不得小于0.6MPa。

检查数量：全数检查。

检验方法：试验压力下2~3min压力不降且不渗不漏。

8.4.2 水平安装的辐射板应有不小于5‰的坡度坡向回水管。

检查数量：按不同型号抽查50%，但不少于5组。

检验方法：水平尺、拉线和尺量检查。

8.4.3 辐射板管道及带状辐射板之间的连接，应使用法兰连接。

检查数量：各抽查5%，但不少于10处。

检验方法：观察检查。

8.5 低温热水地板辐射采暖系统安装

主 控 项 目

8.5.1 地面下敷设的盘管埋地部分不应有接头。

检查数量：全数检查。

检验方法：隐蔽前现场查看。

8.5.2 盘管隐蔽前必须进行水压试验，试验压力为工作压力的1.5倍，但不小于0.6MPa。

检查数量：全数检查。

检验方法：稳压1h内压力降不大于0.05MPa且不渗不漏。

8.5.3 加热盘管弯曲部分不得出现硬折弯现象，曲率半径应符合下列规定：

1 塑料管：不应小于管道外径的8倍。

2 复合管：不应小于管道外径的5倍。

检查数量：抽查10%，但不少于10处。

检验方法：尺量检查。

一 般 项 目

8.5.4 分、集水器型号、规格、公称压力及安装位置、高度等应符合设计要求。

检查数量：全数检查。

检验方法：对照图纸及产品说明书，尺量检查。

8.5.5 加热盘管管径、间距和长度应符合设计要求。间距偏差不大于±10mm。

优良：在合格的基础上，间距偏差不大于±8mm。

检查数量：抽查5%，但不少于10处。

检验方法：拉线和尺量检查。

8.5.6 防潮层、防水层、隔热层及伸缩缝应符合设计要求。

检查数量：抽查5%，但不少于5处。

检验方法：填充层浇灌前观察检查。

8.5.7 填充层强度标号应符合设计要求。

检查数量：抽查5%，但不少于5组。

检验方法：做试块抗压试验。

8.6 系统水压试验及调试

主 控 项 目

8.6.1 采暖系统安装完毕，管道保温之前应进行水压试验。试验压力应符合设计要求。当设计未注明时，应符合下列规定：

1 蒸汽、热水采暖系统，应以系统顶点工作压力加0.1MPa作水压试验，同时在系统顶点的试验压力不小于0.3MPa。

2 高温热水采暖系统，试验压力应为系统顶点工作压力加0.4MPa。

3 使用塑料管及复合管的热水采暖系统，应以系统顶点工作压力加0.2MPa作水压试验，同时在系统顶点的试验压力不小于0.4MPa。

检查数量：全数检查。

检验方法：使用钢管及复合管的采暖系统应在试验压力下 10min 内压力降不大于 0.02MPa。降至工作压力后检查，不渗不漏；

使用塑料管的采暖系统应在试验压力下 1h 内压力降不大于 0.05MPa，然后降压至工作压力的 1.15 倍，稳压 2h，压力降不大于 0.03MPa，同时各连接处不渗不漏。

8.6.2 系统试压合格后，应对系统进行冲洗并清扫过滤器及除污器。

检查数量：全数检查。

检验方法：现场观察，直至排出水不含泥沙、铁屑等杂质，且水色不浑浊为合格。

8.6.3 系统冲洗完毕应充水、加热，进行试运行和调试。

检查数量：全数检查。

检验方法：观察、测量室温应满足设计要求。

9　室外给水管网安装

9.1　一　般　规　定

9.1.1　本章适用于民用建筑群（住宅小区）及厂区的室外给水管网安装工程的质量检验与评定。

9.1.2　输送生活给水的管道应采用塑料管、复合管、镀锌钢管或给水铸铁管。塑料管、复合管或给水铸铁管的管材、配件，应是同一厂家的配套产品。

9.1.3　架空或在地沟内敷设的室外给水管道其安装要求按室内给水管道的安装要求执行。塑料管道不得露天架空铺设，必须露天架空铺设时应有保温和防晒等措施。

9.1.4　消防水泵接合器及室外消火栓的安装位置、形式必须符合设计要求。

9.2　给　水　管　道　安　装

主　控　项　目

9.2.1　给水管道在埋地敷设时，应在当地的冰冻线以下，如必须在冰冻线以上铺设时，应做可靠的保温防潮措施。在无冰冻地区，埋地敷设时，管顶的覆土埋深不得小于500mm，穿越道路部位的埋深不得小于700mm。

检查数量：全数检查。

检验方法：现场观察检查。

9.2.2　给水管道不得直接穿越污水井、化粪池、公共厕所等污染源。

检查数量：全数检查。

检验方法：观察检查。

9.2.3　管道接口法兰、卡扣、卡箍等应安装在检查井或地沟内，不应埋在土壤中。

检查数量：抽查10%，但不少于10处。

检验方法：观察检查。

9.2.4　给水系统各种井室内的管道安装，如设计无要求，井壁距法兰或承口的距离：管径小于或等于450mm时，不得小于250mm；管径大于450mm时，不得小于350mm。

检查数量：抽查10%，但不少于5处。

检验方法：尺量检查。

9.2.5　管网必须进行水压试验，试验压力为工作压力的1.5倍，但不得小于0.6MPa。

检查数量：系统全数检查。

检验方法：管材为钢管、铸铁管时，试验压力下10min内压力降不应大于0.05MPa，然后降至工作压力进行检查，压力应保持不变，不渗不漏；管材为塑料管时，试验压力下，稳压1h压力降不大于0.05MPa，然后降至工作压力进行检查，压力应保持不变，不渗不漏。

9.2.6 镀锌钢管、钢管的埋地防腐必须符合设计要求，如设计无规定时，可按表9.2.6的规定执行。卷材与管材间应粘贴牢固，无空鼓、滑移、接口不严等。

检查数量：每50m抽查1处，但不少于10处。

检验方法：观察和切开防腐层检查。

表9.2.6 管道防腐层种类

防腐层层次	正常防腐层	加强防腐层	特加强防腐层
（从金属表面起） 1	冷底子油	冷底子油	冷底子油
2	沥青涂层	沥青涂层	沥青涂层
3	外包保护层	加强包扎层 （封闭层）	加强保护层 （封闭层）
4		沥青涂层	沥青涂层
5		外保护层	加强包扎层
6			（封闭层） 沥青涂层
7			外包保护层
防腐层厚度不小于（mm）	3	6	9

9.2.7 给水管道在竣工后，必须对管道进行冲洗，饮用水管道还要在冲洗后进行消毒，满足饮用水卫生要求。

检查数量：系统全数检查。

检验方法：观察冲洗水的浊度，查看有关部门提供的检验报告。

一 般 项 目

9.2.8 管道的坐标、标高、坡度应符合设计要求，管道安装的允许偏差应符合表9.2.8的规定。

表9.2.8 室外给水管道的允许偏差和检验方法

项次	项　目			允许偏差（mm）		检验方法
				合格	***优良***	
1	坐　标	铸铁管	埋　地	100	***80***	拉线和尺量检查
			敷设在沟槽内	50	***40***	
		钢管、塑料管、复合管	埋　地	100	***80***	
			敷设在沟槽内	40	***30***	
2	标　高	铸铁管	埋　地	±50	***+40***	拉线和尺量检查
			敷设在沟槽内	±30	***+20***	
		钢管、塑料管、复合管	埋　地	±50	***+40***	
			敷设在沟槽内	±30	***+20***	

续表 9.2.8

项次	项目			允许偏差（mm）		检验方法
				合格	***优良***	
3	水平管纵横向弯曲	铸铁管	直段（25m 以上）起点～终点	40	***30***	拉线和尺量检查
		钢管、塑料管、复合管	直段（25m 以上）起点～终点	30	***20***	

检查数量：**1**　坐标、标高各抽查 10%，但不少于 5 段。

2　水平管纵横向弯曲按系统内直线管段长度每 30m 抽查 2 段，不足 30m 的不少于 1 段；有分隔墙建筑，以隔墙为分段数，抽查 5%，但不少于 5 段。

9.2.9　管道和金属支架的涂漆应附着良好，无脱皮、起泡、流淌和漏涂等缺陷。

优良：在合格的基础上，漆膜厚度均匀，色泽一致，无污染现象。

检查数量：抽查 5%，但不少于 10 处（件）。

检验方法：现场观察检查。

9.2.10　管道的连接应符合工艺要求，阀门、水表等安装位置应正确。塑料给水管道上的水表、阀门等设施其重量或启闭装置扭矩不得作用于管道上，当管径≥50mm 时必须设独立的支承装置。

优良：阀门、水表等安装平正，支架连接牢固、紧密。

检查数量：按不同型号抽查 10%，但不少于 10 处。

检验方法：现场观察检查。

9.2.11　给水管道与污水管道在不同标高平行敷设，其垂直间距在 500mm 以内时，给水管管径小于或等于 200mm 的，管壁水平间距不得小于 1.5m；管径大于 200mm 的，不得小于 3m。

检查数量：全数检查。

检验方法：现场观察和尺量检查。

9.2.12　铸铁管承插捻口连接的对口间隙应不小于 3mm，最大间隙不得大于表 9.2.12 的规定。

表 9.2.12　铸铁管承插捻口的对口最大间隙

管径（mm）	沿直线敷设（mm）	沿曲线敷设（mm）
75	4	5
100～250	5	7～13
300～500	6	14～12

检查数量：不少于 10 个接口。

检验方法：尺量检查。

9.2.13　铸铁管沿直线敷设，承插捻口连接的环型间隙应符合表 9.2.13 的规定；沿曲线敷设，每个接口允许有 2°转角。

表 9.2.13　铸铁管承插捻口的环型间隙

管径（mm）	标准环型间隙（mm）	允许偏差（mm）
75～200	10	+3　－2
250～450	11	+4　－2
500	12	+4　－2

检查数量：不少于 10 个接口。

检验方法：尺量检查。

9.2.14　捻口用的油麻填料必须清洁，填塞后应捻实，其深度应占整个环型间隙深度的 1/3。

检查数量：不少于 10 个接口。

检验方法：观察和尺量检查。

9.2.15　捻口用水泥强度应不低于 32.5MPa，接口水泥应密实饱满，其接口水泥面凹入承口边缘的深度不得大于 2mm。

优良：按 3.3.15 条执行。

检查数量：不少于 10 个接口。

检验方法：观察和尺量检验。

9.2.16　采用水泥捻口的给水铸铁管，在安装地点有侵蚀性的地下水时，应在接口处涂抹沥清防腐层。

检查数量：不少于 10 个接口。

检验方法：观察检查。

9.2.17　采用橡胶圈接口的埋地给水管道，在土壤或地下水对橡胶圈有腐蚀的地段，在回填土前应用沥青胶泥、沥青麻丝或沥青锯末等材料封闭橡胶圈接口。橡胶圈接口的管道，每个接口的最大偏转角不得超过表 9.2.17 的规定。

表 9.2.17　橡胶圈接口最大允许偏转角

公称直径（mm）	100	125	150	200	250	300	350	400
允许偏转角度	5°	5°	5°	5°	4°	4°	4°	3°

优良：按 3.3.15 条执行。

检查数量：不少于 10 个接口。

检验方法：观察和尺量检查。

9.3　消防水泵接合器及室外消火栓安装

主　控　项　目

9.3.1　系统必须进行水压试验，试验压力为工作压力的 1.5 倍，但不得小于 0.6MPa。

检查数量：全数检查。

检验方法：试验压力下，10min 内压力降不大于 0.05MPa，然后降至工作压力进行检查，压力保持不变，不渗不漏。

9.3.2 消防管道在竣工前，必须对管道进行冲洗。

检查数量：全数检查。

检验方法：观察冲洗出水的浊度。

9.3.3 消防水泵接合器和消火栓的位置标志应明显，栓口的位置应方便操作。消防水泵接合器和室外消火栓当采用墙壁式时，如设计未要求，进、出水栓口的中心安装高度距地面为 1.10m，其上方应设有防坠落物打击的措施。

检查数量：全数检查。

检验方法：观察和尺量检查。

一 般 项 目

9.3.4 室外消火栓和消防水泵接合器的各项安装尺寸应符合设计要求，栓口安装设计允许偏差为 ± 20mm。

优良：在合格的基础上，栓口安装设计允许偏差为 ± 15mm。

检查数量：均抽查 10%，但不少于 5 处。

检验方法：尺量检查。

9.3.5 地下式消防水泵接合器顶部进水口或地下式消火栓顶部出水口与消防井盖底面的距离不得大于 400mm，井内应有足够的操作空间，并设爬梯。寒冷地区井内应做防冻保护。

检查数量：均抽查 10%，但不少于 5 处。

检验方法：观察和尺量检查。

9.3.6 消防水泵接合器的安全阀及止回阀安装位置和方向应正确，阀门启闭应灵活。

检查数量：均抽查 10%，但不少于 5 处。

检验方法：现场观察和手扳检查。

9.4 管 沟 及 井 室

主 控 项 目

9.4.1 管沟的基层处理和井室的地基必须符合设计要求。

检查数量：按系统内直线管段长度每 30m 抽查 2 段，不足 30m 的不少于 1 段；井室抽查 5%，但不少于 5 处。

检验方法：现场观察检查。

9.4.2 各类井室的井盖应符合设计要求，应有明显文字标识，各种井盖不得混用。

检查数量：抽查 10%，但不少于 5 处。

检验方法：现场观察检查。

9.4.3 设在通车路面下或小区道路下的各种井室，必须使用重型井圈和井盖，井盖上表面应与路面相平，允许偏差为 ± 5mm。绿化带上和不通车的地方可采用轻型井圈和井盖，井盖的上表面应高出地坪 50mm，并在井口周围以 2% 的坡度向外做水泥砂浆护坡。

检查数量：抽查 10%，但不少于 5 处。

检验方法：观察和尺量检查。

9.4.4 重型铸铁或混凝土井圈，不得直接放在井室的砖墙上，砖墙上应做不小于 80mm 厚的细石混凝土垫层。

检查数量：抽查 10%，但不少于 5 处。

检验方法：观察和尺量检查。

一 般 项 目

9.4.5 管沟的坐标、位置、沟底标高应符合设计要求。

检查数量：按系统内直线管段长度每 50m 抽查 2 段，不足 50m 的不少于 1 段。

检验方法：观察、尺量检查。

9.4.6 管沟的沟底层应是原土层，或是夯实的回填土，沟底应平整，坡度应顺畅，不得有尖硬的物体、块石等。

检查数量：按系统内直线管段长度每 50m 抽查 2 段，不足 50m 的不少于 1 段。

检验方法：观察检查。

9.4.7 如沟基为岩石、不易清除的块石或为砾石时，沟底应下挖 100～200mm，填铺细砂或粒径不大于 5mm 的细土，夯实到沟底标高后，方可进行管道敷设。

检查数量：按系统内直线管段长度每 50m 抽查 2 段，不足 50m 的不少于 1 段。

检验方法：观察和尺量检查。

9.4.8 管沟回填土，管顶上部 200mm 以内应用砂子或无块石及冻土块的土，并不得用机械回填；管顶上部 500mm 以内不得回填直径大于 100mm 的块石和冻土块；500mm 以上部分回填土中的块石或冻土块不得集中。上部用机械回填时，机械不得在管沟上行走。

检查数量：按系统内直线管段长度每 50m 抽查 2 段，不足 50m 的不少于 1 段。

检验方法：观察和尺量检查。

9.4.9 井室的砌筑应按设计或给定的标准图施工。井室的底标高在地下水位以上时，基层应为素土夯实；在地下水位以下时，基层应打 100mm 厚的混凝土底板。砌筑应采用水泥砂浆，内表面抹灰后应严密不透水。

检查数量：抽查 5%，但不少于 5 处。

检验方法：观察和尺量检查。

9.4.10 管道穿过井壁处，应用水泥砂浆分二次填塞严密、抹平，不得渗漏。

检查数量：抽查 5%，但不少于 5 处。

检验方法：观察检查。

10 室外排水管网安装

10.1 一 般 规 定

10.1.1 本章适用于民用建筑群(住宅小区)及厂区的室外排水管网安装质量检验与评定。

10.1.2 室外排水管道应采用混凝土管、钢筋混凝土管、排水铸铁管或塑料管，其规格及质量必须符合现行国家标准及设计要求。

10.1.3 排水管沟及井池的土方工程、沟底的处理；管道穿井壁处的处理、管沟及井池周围的回填要求等，均参照给水管沟及井室的规定执行。

10.1.4 各种排水井、池应按设计给定的标准图施工，各种排水井和化粪池均应用混凝土做底板（雨水井除外)，厚度不小于100mm。

10.2 排 水 管 道 安 装

主 控 项 目

10.2.1 排水管道的坡度必须符合设计要求，严禁无坡或倒坡。

优良：在合格的基础上，坡度均匀、一致。

检查数量：按系统内直线管段长度每30m抽查2段，不足30m的不少于1段。

检验方法：用水准仪、拉线和尺量检查。

10.2.2 管道埋设前必须做灌水试验和通水试验，排水应畅通，无堵塞，管接口无渗漏。

检查数量：全数检查。

检验方法：按排水检查井分段试验，试验水头应以试验段上游管顶加1m，时间不小于30min，逐段观察。

一 般 项 目

10.2.3 管道的坐标和标高应符合设计要求，安装的允许偏差应符合表10.2.3的规定。

表10.2.3 室外排水管道安装的允许偏差和检验方法

项次	项目		允许偏差（mm）		检验方法
			合格	***优良***	
1	坐 标	埋 地	100	***80***	拉线尺量
		敷设在沟槽内	50	***40***	
2	标 高	埋 地	±20	***±15***	用水平仪、拉线和尺量
		敷设在沟槽内	±20	***±15***	
3	水平管道纵横向弯曲	每5m长	10	***8***	拉线尺量
		全长（两井间）	30	***25***	

检查数量：1　坐标、标高各抽查 10%，但不少于 5 段。

2　水平管道纵横向弯曲按系统内直线管段长度每 30m 抽查 2 段，不足 30m 的不少于 1 段；有分隔墙建筑，以隔墙为分段数，抽查 5%，但不少于 5 段。

10.2.4　排水铸铁管采用水泥捻口时，油麻填塞应密实，接口水泥应密实饱满，其接口面凹入承口边缘且深度不得大于 2mm。

优良：按 3.3.15 条执行。

检查数量：不少于 10 个接口。

检验方法：观察和尺量检查。

10.2.5　排水铸铁管外壁在安装前应除锈，涂二遍石油沥青漆。

优良：在合格的基础上，漆膜厚度均匀一致。

检查数量：不少于 5 个处。

检验方法：观察检查。

10.2.6　承插接口的排水管道安装时，管道和管件的承口应与水流方向相反。

检查数量：不少于 10 个接口。

检验方法：观察检查。

10.2.7　混凝土管或钢筋混凝土管采用抹带接口时，应符合下列规定：

1　抹带前应将管口的外壁凿毛、扫净，当管径小于或等于 500mm 时，抹带可一次完成；当管径大于 500mm 时，应分二次抹成，抹带不得有裂纹。

2　钢丝网应在管道就位前放入下方，抹压砂浆时应将钢丝网抹压牢固，钢丝不得外露。

3　抹带厚度不得小于管壁的厚度，宽度宜为 80 ~ 100mm。

检查数量：不少于 10 个接口。

检验方法：观察和尺量检查。

10.3　排水管沟及井池

主控项目

10.3.1　沟基的处理和井池的底板强度必须符合设计要求。

检查数量：按系统内直线管段长度每 30m 抽查 2 段，不足 30m 的不少于 1 段；井池抽查 5%，但不少于 5 处。

检验方法：现场观察和尺量检查，检查混凝土强度报告。

10.3.2　排水检查井、化粪池的底板及进、出水管的标高，必须符合设计要求，其允许偏差为 ± 15mm。

检查数量：抽查 10%，但不少于 5 处。

检验方法：用水准仪及尺量检查。

一般项目

10.3.3　井、池的规格、尺寸和位置应正确，砌筑和抹灰符合要求。

检查数量：抽查5%，但不少于5处。

检验方法：观察及尺量检查。

10.3.4 井盖选用应正确，标志应明显，标高应符合设计要求。

检查数量：抽查5%，但不少于5处。

检验方法：观察、尺量检查。

11 室外供热管网安装

11.1 一 般 规 定

11.1.1 本章适用于厂区及民用建筑群（住宅小区）的饱和蒸汽压力不大于0.7MPa、热水温度不超过130℃的室外供热管网安装工程的质量检验与评定。

11.1.2 供热管网的管材应按设计要求。当设计未注明时，应符合下列规定：

1 管径小于或等于40mm时，应使用焊接钢管。

2 管径为50～200mm时，应使用焊接钢管或无缝钢管。

3 管径大于200mm时，应使用螺旋焊接钢管。

11.1.3 室外供热管道连接均应采用焊接连接。

11.2 管 道 及 配 件 安 装

主 控 项 目

11.2.1 平衡阀及调节阀型号、规格及公称压力应符合设计要求。安装后应根据系统要求进行调试，并做出标志。

检查数量：全数检查。

检验方法：对照设计图纸及产品合格证，并现场观察调试结果。

11.2.2 直埋无补偿供热管道预热伸长及三通加固应符合设计要求。回填前应注意检查预制保温层外壳及接口的完好性。回填应按设计要求进行。

检查数量：抽查5%，但不少于5处。

检验方法：回填前现场验核和观察。

11.2.3 补偿器的位置必须符合设计要求，并应按设计要求或产品说明书进行预拉伸。管道固定支架的位置和构造必须符合设计要求。

检查数量：全数检查。

检验方法：对照图纸，并查验预拉伸记录。

11.2.4 检查井室、用户入口处管道布置应便于操作及维修，支、吊、托架稳固，并满足设计要求。

检查数量：全数检查。

检验方法：对照图纸，观察检查。

11.2.5 直埋管道的保温应符合设计要求，接口在现场发泡时，接头处厚度应与管道保温厚度一致，接头处保护层必须与管道保护层成一体，符合防潮防水要求。

检查数量：按系统内直线管段长度每50m抽查2段，不足50m的不少于1段；接头处抽查 5%，但不少于 5 处。

检验方法：对照图纸，观察检查。

一 般 项 目

11.2.6 管道水平敷设其坡度应符合设计要求。

优良：在合格的基础上，坡度均匀、一致。

检查数量：按系统内直线管段长度每 100m 抽查 3 段，不足 100m 的不少于 2 段；有分隔墙建筑，以隔墙为分段数，抽查 5%，但不少于 5 段。

检验方法：对照图纸，用水准仪（水平尺）、拉线和尺量检查。

11.2.7 除污器构造应符合设计要求，安装位置和方向应正确。管网冲洗后应清除内部污物。

检查数量：全数检查。

检验方法：打开清扫口检查。

11.2.8 室外供热管道安装的允许偏差应符合表 11.2.8 的规定。

表 11.2.8 室外供热管道安装的允许偏差和检验方法

<table>
<tr><th rowspan="2">项次</th><th rowspan="2" colspan="3">项 目</th><th colspan="2">允许偏差</th><th rowspan="2">检验方法</th></tr>
<tr><th>合格</th><th>优良</th></tr>
<tr><td rowspan="2">1</td><td rowspan="2">坐标（mm）</td><td colspan="2">敷设在沟槽内及架空</td><td>20</td><td>15</td><td rowspan="2">用水准仪（水平尺）、直尺、拉线</td></tr>
<tr><td colspan="2">埋 地</td><td>50</td><td>40</td></tr>
<tr><td rowspan="2">2</td><td rowspan="2">标高（mm）</td><td colspan="2">敷设在沟槽内及架空</td><td>± 10</td><td>± 8</td><td rowspan="2">尺量检查</td></tr>
<tr><td colspan="2">埋 地</td><td>± 15</td><td>± 12</td></tr>
<tr><td rowspan="4">3</td><td rowspan="4">水平管道纵、横方向弯曲（mm）</td><td rowspan="2">每 1m</td><td>管径≤100mm</td><td colspan="2">1</td><td rowspan="4">用水准仪（水平尺）、直尺、拉线</td></tr>
<tr><td>管径 > 100mm</td><td>1.5</td><td>1</td></tr>
<tr><td rowspan="2">全长(25m 以上)</td><td>管径≤100mm</td><td>≯13</td><td>≯10</td></tr>
<tr><td>管径 > 100mm</td><td>≯25</td><td>≯20</td></tr>
<tr><td rowspan="5">4</td><td rowspan="5">弯管</td><td rowspan="2">椭圆率 $(D_{max}-D_{min})/D_{max}$</td><td>管径≤100mm</td><td colspan="2">8%</td><td rowspan="5">用外卡钳和尺量检查</td></tr>
<tr><td>管径 > 100mm</td><td colspan="2">5%</td></tr>
<tr><td rowspan="3">折皱不平度(mm)</td><td>管径≤100mm</td><td colspan="2">4</td></tr>
<tr><td>管径 125 ~ 200mm</td><td colspan="2">5</td></tr>
<tr><td>管径 250 ~ 400mm</td><td>7</td><td>5</td></tr>
</table>

检查数量：**1** 坐标、标高各抽查 10%，但不少于 5 段。

2 水平管道纵横方向弯曲按系统内直线管段长度每 30m 抽查 2 段，不足 30m 的不少于 1 段；有分隔墙建筑，以隔墙为分段数，抽查 5%，但不少于 5 段。

3 弯管的椭圆率、折皱不平度按干管上的弯管抽查 10%，但不少于 5 个；立、支管上的弯管抽查 5%，但不少于 10 个。

11.2.9 管道焊口的允许偏差应符合本标准 5.3.8 条的规定。

11.2.10 管道及管件焊接的焊缝表面质量应符合下列规定：

1 焊缝外形尺寸应符合图纸和工艺文件的规定，焊缝高度不得低于母材表面，焊缝与母材应圆滑过渡；

2 焊缝及热影响区表面应无裂纹、未熔合、未焊透、夹渣、弧坑和气孔等缺陷。

优良：按3.3.15条执行。

检查数量：不少于10个接口。

检验方法：观察检查。

11.2.11 供热管道的供水管或蒸汽管，如设计无规定时，应敷设在载热介质前进方向的右侧或上方。

检查数量：抽查5%，但不少于5处。

检验方法：对照图纸，观察检查。

11.2.12 地沟内的管道安装位置，其净距（保温层外表面）应符合下列规定：

与沟壁	100～150mm
与沟底	100～200mm
与沟顶（不通行地沟）	50～100mm
（半通行和通行地沟）	200～300mm

检查数量：抽查5%，但不少于10处。

检验方法：尺量检查。

11.2.13 架空敷设的供热管道安装高度，如设计无规定时，应符合下列规定（以保温层外表计算）：

1 人行地区，不小于2.5m。

2 通行车辆地区，不小于4.5m。

3 跨越铁路，距轨顶不小于6m。

检查数量：不少于10处。

检验方法：尺量检查。

11.2.14 防锈漆的厚度应均匀，不得有脱皮、起泡、流淌和漏涂等缺陷。

优良：在合格的基础上，漆膜厚度均匀，色泽一致，无污染现象。

检查数量：不少于10处。

检验方法：保温前观察检查。

11.2.15 管道保温层的厚度和平整度的允许偏差应符合本标准表4.4.8的规定。

11.3 系统水压试验及调试

主 控 项 目

11.3.1 供热管道的水压试验压力应为工作压力的1.5倍，但不得小于0.6MPa。

检查数量：全数检查。

检验方法：在试验压力下10min内压力降不大于0.05MPa，然后降至工作压力下检查，不渗不漏。

11.3.2 管道试压合格后，应进行冲洗。

检查数量：全数检查。

检验方法：现场观察，以水色不浑浊为合格。

11.3.3 管道冲洗完毕应通水、加热，进行试运行和调试。当不具备加热条件时，应延期进行。

检查数量：全数检查。

检验方法：测量各建筑物热力入口处供回水温度及压力。

11.3.4 供热管道作水压试验时，试验管道上的阀门应开启，试验管道与非试验管道应隔断。

检查数量：全数检查。

检验方法：开启和关闭阀门检查。

12 建筑中水系统及游泳池水系统安装

12.1 一 般 规 定

12.1.1 中水系统中的原水管道管材及配件要求按本标准第5章执行。

12.1.2 中水系统给水管道及排水管道检验标准按本标准第4、5两章规定执行。

12.1.3 游泳池排水系统安装、检验标准等按本标准第5章相关规定执行。

12.1.4 游泳池水加热系统安装、检验标准等均按本标准第6章相关规定执行。

12.2 建筑中水系统管道及辅助设备安装

主 控 项 目

12.2.1 中水高位水箱应与生活高位水箱分设在不同的房间内，如条件不允许只能设在同一房间时，与生活高位水箱的净距离应大于2m。

检查数量：全数检查。

检验方法：观察和尺量检查。

12.2.2 中水给水管道不得装设取水水嘴。便器冲洗宜采用密闭型设备和器具。绿化、浇洒、汽车冲洗宜采用壁式或地下式的给水栓。

检查数量：抽查10%，但不少丁10处。

检验方法：观察检查。

12.2.3 中水供水管道严禁与生活饮用水给水管道连接，并应采取下列措施：

1 中水管道外壁应涂浅绿色标志；

2 中水池（箱）、阀门、水表及给水栓均应有“中水”标志。

检查数量：抽查10%，但不少于10处。

检验方法：观察检查。

12.2.4 中水管道不宜暗装于墙体和楼板内。如必须暗装于墙槽内时，必须在管道上有明显且不会脱落的标志。

检查数量：抽查10%，但不少于10处。

检验方法：观察检查。

一 般 规 定

12.2.5 中水给水管道管材及配件应采用耐腐蚀的给水管管材及附件。

检查数量：材料进场时，抽查20%。

检验方法：观察检查。

12.2.6 中水管道与生活饮用水管道、排水管道平行埋设时，其水平净距离不得小于0.5m；交叉埋设时，中水管道应位于生活饮用水管道下面，排水管道的上面，其净距离不应小于0.15m。

检查数量：抽查5%，但不少于10处。

检验方法：观察和尺量检查。

12.3 游泳池水系统安装

主 控 项 目

12.3.1 游泳池的给水口、回水口、泄水口应采用耐腐蚀的铜、不锈钢、塑料等材料制造。溢流槽、格栅应为耐腐蚀材料制造，并为组装型。安装时其外表面应与池壁或池底面相平。

检查数量：全数检查。

检验方法：观察检查。

12.3.2 游泳池的毛发聚集器应采用铜或不锈钢等耐腐蚀材料制造，过滤筒（网）的孔径应不大于3mm，其面积应为连接管截面积的1.5～2倍。

检查数量：抽查10%，但不少于10处。

检验方法：观察和尺量计算方法。

12.3.3 游泳池地面，应采取有效措施防止冲洗排水流入池内。

检查数量：全数检查。

检验方法：观察检查。

一 般 规 定

12.3.4 游泳池循环水系统加药（混凝剂）的药品溶解池、溶液池及定量投加设备应采用耐腐蚀材料制作。输送溶液的管道应采用塑料管、胶管或铜管。

检查数量：抽查10%，但不少于10处。

检验方法：观察检查。

12.3.5 游泳池的浸脚、浸腰消毒池的给水管、投药管、溢流管、循环管和泄空管应采用耐腐蚀材料制成。

检查数量：抽查10%，但不少于10处。

检验方法：观察检查。

13 供热锅炉及辅助设备安装

13.1 一 般 规 定

13.1.1 本章适用于建筑供热和生活热水供应的额定工作压力不大于 1.25MPa、热水温度不超过 130℃的整装蒸汽和热水锅炉及辅助设备安装工程的质量检验与评定。

13.1.2 适用于本章的整装锅炉及辅助设备安装工程的质量检验与评定，除应按本标准规定执行外，尚应符合现行国家有关规范、规程和标准的规定。

13.1.3 管道、设备和容器的保温，应在防腐和水压试验合格后进行。

13.1.4 保温的设备和容器，应采用粘接保温钉固定保温层，其间距一般为 200mm。当需采用焊接勾钉固定保温层时，其间距一般为 250mm。

13.1.5 除应执行本标准外，还应符合《蒸汽锅炉安装监察规程》及《热水锅炉安装监察规程》的相关规定。

13.2 锅 炉 安 装

主 控 项 目

13.2.1 锅炉设备基础的混凝土强度必须达到设计要求，基础的坐标、标高、几何尺寸和螺栓孔位置应符合表 13.2.1 的规定。

表 13.2.1 锅炉及辅助设备基础的允许偏差和检验方法

<table>
<tr><th>项次</th><th colspan="2">项 目</th><th>允许偏差（mm）</th><th>检 验 方 法</th></tr>
<tr><td>1</td><td colspan="2">基础坐标位置</td><td>20</td><td>经纬仪、拉线和尺量</td></tr>
<tr><td>2</td><td colspan="2">基础各不同平面的标高</td><td>0，-20</td><td>水准仪、拉线尺量</td></tr>
<tr><td>3</td><td colspan="2">基础平面外形尺寸</td><td>20</td><td rowspan="3">尺量检查</td></tr>
<tr><td>4</td><td colspan="2">凸台上平面尺寸</td><td>0，-20</td></tr>
<tr><td>5</td><td colspan="2">凹穴尺寸</td><td>+20，0</td></tr>
<tr><td rowspan="2">6</td><td rowspan="2">基础上平面水平度</td><td>每 米</td><td>5</td><td rowspan="2">水准仪（水平尺）和楔形塞尺检查</td></tr>
<tr><td>全 长</td><td>10</td></tr>
<tr><td rowspan="2">7</td><td rowspan="2">竖向偏差</td><td>每 米</td><td>5</td><td rowspan="2">经纬仪或吊线和尺量</td></tr>
<tr><td>全 高</td><td>10</td></tr>
<tr><td rowspan="2">8</td><td rowspan="2">预埋地脚螺栓</td><td>标高（顶端）</td><td>+20，0</td><td rowspan="2">水准仪、拉线和尺量</td></tr>
<tr><td>中心距（根部）</td><td>2</td></tr>
</table>

续表 13.2.1

<table>
<tr><th>项次</th><th colspan="2">项　　目</th><th>允许偏差（mm）</th><th>检 验 方 法</th></tr>
<tr><td rowspan="3">9</td><td rowspan="3">预埋地脚螺栓孔</td><td>中心位置</td><td>10</td><td rowspan="2">尺量</td></tr>
<tr><td>深度</td><td>－20，0</td></tr>
<tr><td>孔壁垂直度</td><td>10</td><td>吊线和尺量</td></tr>
<tr><td rowspan="4">10</td><td rowspan="4">预埋地脚螺栓锚板</td><td>中心位置</td><td>5</td><td rowspan="2">拉线和尺量</td></tr>
<tr><td>标高</td><td>＋20，0</td></tr>
<tr><td>水平度（带槽锚板）</td><td>5</td><td rowspan="2">水平尺和楔形塞尺检查</td></tr>
<tr><td>水平度（带螺纹孔锚板）</td><td>2</td></tr>
</table>

检查数量：全数检查。

13.2.2　非承压锅炉，应严格按设计或产品说明书的要求施工。锅筒顶部必须敞口或装设大气连通管，连通管上不得安装阀门。

检查数量：全数检查。

检验方法：对照设计图纸或产品说明书检查。

13.2.3　以天然气为燃料的锅炉的天然气释放管或大气排放管不得直接通向大气，应通向贮存或处理装置。

检查数量：全数检查。

检验方法：对照设计图纸检查。

13.2.4　两台或两台以上燃油锅炉共用一个烟囱时，每一台锅炉的烟道上均应配备风阀或挡板装置，并应具有操作调节和闭锁功能。

检查数量：全数检查。

检验方法：观察和手扳检查。

13.2.5　锅炉的锅筒和水冷壁的下集箱及后棚管的后集箱的最低处排污阀及排污道不得采用螺纹连接。

检查数量：全数检查。

检验方法：观察检查。

13.2.6　锅炉的汽、水系统安装完毕后，必须进行水压试验。水压试验的压力应符合表 13.2.6 的规定。

表 13.2.6　水压试验压力规定

<table>
<tr><th>项　次</th><th>设备名称</th><th>工作压力 P（MPa）</th><th>试验压力（MPa）</th></tr>
<tr><td rowspan="3">1</td><td rowspan="3">锅炉本体</td><td>$P<0.59$</td><td>1.5P 但不小于 0.2</td></tr>
<tr><td>$0.59\leqslant P\leqslant1.18$</td><td>$P+0.3$</td></tr>
<tr><td>$P>1.18$</td><td>$1.25P$</td></tr>
<tr><td>2</td><td>可分式省煤器</td><td>P</td><td>$1.25P+0.5$</td></tr>
<tr><td>3</td><td>非承压锅炉</td><td>大气压力</td><td>0.2</td></tr>
</table>

注：1　工作压力 P 对蒸汽锅炉指锅筒工作压力，对热水锅炉指铺炉额定出水压力；

2　铸铁锅炉水压试验同热水锅炉；

3　非承压锅炉水压试验压力为 0.2MPa，试验期间压力应保持不变。

注释：应参照《蒸汽锅炉安装监察规程》及《热水锅炉安装监察规程》的相关规定执行。

检查数量：全数检查。

检验方法：

1　在试验压力下 10min 内压力降不超过 0.02MPa；然后降至工作压力进行检查，压力不降，不渗不漏；

2　观察检查，不得有残余变形，受压元件金属壁和焊缝上不得有水珠和水雾。

13.2.7　机械炉排安装完毕后应做冷态运转试验，连续运转时间不应少于 8h。

检查数量：全数检查。

检验方法：观察运转试验全过程。

13.2.8　锅炉本体管道及管件焊接的焊缝质量应符合下列规定：

1　焊缝表面质量应符合本标准第 11.2.10 条的规定。

2　管道焊口尺寸的允许偏差应符合本标准表 5.3.8 的规定。

3　无损探伤的检测结果应符合锅炉本体设计的相关要求。

检查数量：不少于 10 个接口。

检验方法：观察和检验无损探伤检测报告。

一　般　项　目

13.2.9　锅炉安装的坐标、标高、中心线和垂直度的允许偏差应符合表 13.2.9 的规定。

表 13.2.9　锅炉安装的允许偏差和检验方法

项次	项　目		允许偏差（mm）		检验方法
			合格	*优良*	
1	坐　标		10	***8***	经纬仪、拉线和尺量
2	标　高		±5	***±4***	水准仪、拉线和尺量
3	中心线垂直度	卧式锅炉炉体全高	3	***2***	吊线和尺量
		立式锅炉炉体全高	4	***3***	吊线和尺量

检查数量：全数检查，每台不少于 5 个点。

13.2.10　组装链条炉排安装允许偏差应符合表 13.2.10 的规定。

表 13.2.10　组装链条炉排安装允许偏差和检验方法

项次	项　目	允许偏差（mm）		检 验 方 法
		合格	*优良*	
1	炉排中心位置	2	***1.5***	经纬仪、拉线和尺量
2	墙板的标高	±5	***±4***	水准仪、拉线和尺量
3	墙板的垂直度，全高	3	***2***	吊线和尺量
4	墙板间两对角线的长度之差	5	***4***	钢丝和尺量

续表 13.2.10

项次	项目		允许偏差（mm）		检验方法
			合格	***优良***	
5	墙板框的纵向位置		5	***4***	经纬仪、拉线和尺量
6	墙板顶面的纵向水平度		长度 1/1000 且≯5	***长度 1/1000 且≯4***	拉线、水平尺和尺量
7	墙板间的距离	跨距≤2m	+3 0	***+2 0***	钢丝线和尺量
		跨距>2m	+5 0	***+4 0***	
8	两墙板的顶面在同一水平面上相对高差		5	***4***	水准仪、吊线和尺量
9	前轴、后轴的水平度		长度 1/1000		拉线、水平尺和尺量
10	前轴和后轴与轴心线相对标高差		5	***4***	水准仪、吊线和尺量
11	各轨道在同一水平面上的相对高差		5	***4***	水准仪、吊线和尺量
12	相邻两轨道间的距离		±2	***±1.5***	钢丝线和尺量

检查数量：全数检查，每台不少于5个点。

13.2.11 往复炉排安装的允许偏差应符合表 13.2.11 的规定。

表 13.2.11 往复炉排安装的允许偏差和检验方法

项次	项目		允许偏差（mm）		检验方法
			合格	***优良***	
1	两侧板的相对标高		3	***2***	水准仪、吊线和尺量
2	两侧板间距离	跨距≤2m	+3 0	***+2 0***	钢丝线和尺量
		跨距>2m	+4 0	***+3*** 0	
3	两侧板的垂直度，全高		3	***2***	吊线和尺量
4	两侧板间对角线的长度之差		5	***4***	钢丝线和尺量
5	炉排片的纵向间隙		1		钢板尺量
6	炉排片两侧的间隙		2	***1.5***	

检查数量：全数检查，每台不少于5个点。

13.2.12 铸铁省煤器破损肋片数不应大于总肋片数的5%，有破损肋片的根数不应大于总根数的10%。

优良：破损肋片数不应大于总肋片数的4%，有破损肋片的根数不应大于总根数的8%。

铸铁省煤器支承架安装的允许偏差应符合表 13.2.12 的规定。

表 13.2.12 铸铁省煤器支承架安装允许偏差和检验方法

项次	项　目	允许偏差（mm）		检验方法
		合格	*优良*	
1	支承架的位置	3	***2***	经纬仪、拉线和尺量
2	支承架的标高	0 −5	***0*** ***−4***	水准仪、吊线和尺量
3	支承架的纵、横向水平度（每米）	1		水平尺和塞尺检查

检查数量：全数检查，每台不少于 5 个点。

13.2.13 锅炉本体安装应按设计或产品说明书要求布置坡度并坡向排污阀。

检查数量：全数检查。

检验方法：用水平尺或水准仪检查。

13.2.14 锅炉由炉底送风的风室及锅炉底座与基础之间必须封、堵严密。

检查数量：分段检查，不少于 2 处。

检验方法：观察检查。

13.2.15 省煤器的出口处（或入口处）应按设计或锅炉图纸要求安装阀门和管道。

检查数量：全数检查。

检验方法：对照设计图纸检查。

13.2.16 电动调节阀门的调节机构与电动执行机构的转臂应在同一平面内动作，传动部分应灵活、无空行程及卡阻现象，其行程及伺服时间应满足使用要求。

检查数量：全数检查。

检验方法：操作时观察检查。

13.3 辅助设备及管道安装

主 控 项 目

13.3.1 辅助设备基础的混凝土强度必须达到设计要求，基础的坐标、标高、几何尺寸和螺栓孔位置必须符合标准表 13.2.1 的规定。

检查数量：全数检查。

检验方法：对照图纸用仪器和尺量检查。

13.3.2 风机试运转，轴承温升应符合下列规定：

1 滑动轴承温度最高不得超过 60℃。

2 滚动轴承温度最高不得超过 80℃。

检查数量：全数检查。

检验方法：用温度计检查。

轴承径向单振幅应符合下列规定：

1 风机转速小于 1000r/min 时，不应超过 0.1mm。

2　风机转速为1000～1450r/min时，不应超过0.08mm。

检查数量：全数检查。

检验方法：用测振仪表检查。

13.3.3　分汽缸（分水器、集水器）安装前应进行水压试验，试验压力为工作压力的1.5倍，但不得小于0.6MPa。

检查数量：全数检查。

检验方法：试验压力下10min内无压降、无渗漏。

13.3.4　敞口箱、罐安装前应做满水试验；密闭箱、罐应以工作压力的1.5倍作水压试验，但不得小于0.4MPa。

检查数量：全数检查。

检验方法：满水试验满水后静置24h不渗不漏；水压试验在试验压力下10min内无压降，不渗不漏。

13.3.5　地下直埋油罐在埋地前应做气密性试验，试验压力降不应大于0.03MPa。

检查数量：全数检查。

检验方法：试验压力下观察30min不渗、不漏，无压降。

13.3.6　连接锅炉及辅助设备的工艺管道安装完毕后，必须进行系统水压试验，试验压力为系统中最大工作压力的1.5倍。

检查数量：全数检查。

检验方法：在试验压力10min内压力降不超过0.05MPa，然后降至工作压力进行检查，不渗不漏。

13.3.7　各种设备主要操作通道的净距如设计不明确时不应小于1.5m，辅助的操作通道净距不应小于0.8m。

检查数量：全数检查。

检验方法：尺量检查。

13.3.8　管道连接的法兰、焊缝和连接管件以及管道上的仪表、阀门的安装位置应便于检修，并不得紧贴墙壁、楼板或管架。

检查数量：分种类抽查10%，但不小于10处。

检验方法：观察检查。

13.3.9　管道焊接质量应符合本标准第11.2.10条要求和表5.3.8的规定。

一　般　项　目

13.3.10　锅炉辅助设备安装的允许偏差应符合表13.3.10的规定。

表13.3.10　锅炉辅助设备安装的允许偏差和检验方法

项次	项目		允许偏差（mm）		检验方法
			合格	***优良***	
1	送、引风机	坐　标	10	***8***	经纬仪、拉线和尺量
		标　高	±5	***±4***	水准仪、拉线和尺量

续表 13.3.10

项次	项　目			允许偏差（mm）		检验方法
				合格	*优良*	
2	各种静置设备（各种容器、箱、罐等）	坐　标		15	***12***	经纬仪、拉线和尺量
		标　高		± 5	***±4***	水准仪、拉线和尺量
		垂直度（1m）		2	***1.5***	吊线和尺量
3	离心式水泵	泵体水平度（1m）		0.1		水平尺和塞尺检查
		联轴器同心度	轴向倾斜（1m）	0.8	***0.5***	水准仪、百分表（测微螺钉）和塞尺检查
			径向位移	0.1		

检查数量：全数检查，每台不少于 5 个点。

13.3.11　连接锅炉及辅助设备的工艺管道安装的允许偏差应符合表 13.3.11 的规定。

表 13.3.11　工艺管道安装的允许偏差和检验方法

项次	项　目		允许偏差（mm）		检验方法
			合格	*优良*	
1	坐　标	架空	15	***12***	水准仪、拉线和尺量
		地沟	10	***8***	
2	标　高	架空	± 15	***±12***	水准仪、拉线和尺量
		地沟	± 10	***±8***	
3	水平管道纵、横方向弯曲	*DN*≤100mm	2‰，最大 50	***2‰，最大 40***	直尺和拉线检查
		DN＞100mm	3‰，最大 70	***3‰，最大 50***	
4	立管垂直		2‰，最大 15	***2‰，最大 12***	吊线尺量
5	成排管道间距		3	***2***	直尺尺量
6	交叉管的外壁或绝热层间距		10	***8***	

检查数量：全数检查，每台不少于 5 个点。

13.3.12　单斗式提升机安装应符合下列规定：

1　导轨的间距偏差不大于 2mm。

2　垂直式导轨的垂直度偏差不大于 1‰；倾斜式导轨的倾斜度偏差不大于 2‰。

3　料斗的吊点与料斗垂心在同一垂线上，重合度偏差不大于 10mm。

4　行程开关位置应准确，料斗运行平稳，翻转灵活。

优良：在合格的基础上，导轨的间距偏差不大于 1.5mm。料斗的吊点与料斗垂心重合度偏差不大于 8mm。

检查数量：全数检查。

检验方法：吊线坠、拉线及尺量检查。

13.3.13　安装锅炉送、引风机，转动应灵活无卡碰等现象；送、引风机的传动部位，应设置安全防护装置。

检查数量：全数检查。

检验方法：观察和启动检查。

13.3.14 水泵安装的外观质量检查：泵壳不应有裂纹、砂眼及凹凸不平等缺陷；多级泵的平衡管路应无损伤或折皱现象；蒸汽往复泵的主要部件、活塞及活动轴必须灵活。

优良：泵体清洁，漆面完好，无污染。地脚螺栓应加平光垫、弹簧垫，并进行防腐处理。减振器布置合理，无污染。

检查数量：全数检查。

检验方法：观察和启动检查。

13.3.15 手摇泵应垂直安装，安装高度如设计无要求时，泵中心距地面为800mm。

优良：泵体清洁，漆面完好，无污染。地脚螺栓应加平光垫、弹簧垫，并进行防腐处理。减振器布置合理，无污染。

检查数量：全数检查。

检验方法：吊线和尺量检查。

13.3.16 水泵试运转，叶轮与泵壳不应相碰，进、出口部位的阀门应灵活。轴承温升应符合产品说明书的要求。

检查数量：全数检查。

检验方法：通电、操作和测温检查。

13.3.17 注水器安装高度，如设计无要求时，中心距地面为1.0~1.2m。

检查数量：全数检查。

检验方法：尺量检查。

13.3.18 除尘器安装应平衡牢固，位置和进、出口方向应正确。烟管与引风机连接时应采用软接头，不得将烟管重量压在风机上。

优良：软接头平正，无扭曲、变形。

检查数量：全数检查。

检验方法：观察检查。

13.3.19 热力除氧器和真空除氧器的排汽管通向室外，直接排入大气。

检查数量：全数检查。

检验方法：观察检查。

13.3.20 软化设备罐体的视镜应布置在便于观察的方向。树脂装填的高度应按设备说明书要求进行。

检查数量：全数检查。

检验方法：对照说明书，观察检查。

13.3.21 管道及设备保温层的厚度和平整度的允许偏差应符合本标准表4.4.8的规定。

13.3.22 在涂刷油漆前，必须清除管道及设备表面的灰尘、污垢、锈斑、焊渣等物。涂漆的厚度应均匀，不得有脱皮、起泡、流淌和漏涂等缺陷。

优良：在合格的基础上，涂漆应附着良好，漆膜厚度均匀，色泽一致，无污染现象。

检查数量：各不少于10处。

检验方法：现场观察检查。

13.4 安 全 附 件 安 装

主 控 项 目

13.4.1 锅炉和省煤器安全阀的定压和调整应符合表 13.4.1 的规定。锅炉上装有两个安全阀时，其中一个按表中较高值定压，另一个按较低值定压。装有一个安全阀时，应按较低值定压。

表 13.4.1 安全阀定压规定

项次	工作设备	安全阀开启压力（MPa）
1	蒸汽锅炉	工作压力 + 0.02MPa
		工作压力 + 0.04MPa
2	热水锅炉	1.12 倍工作压力，但不少于工作压力 + 0.07MPa
		1.14 倍工作压力，但不少于工作压力 + 0.10MPa
3	省煤器	1.1 倍工作压力

注释：应参照《蒸汽锅炉安装监察规程》及《热水锅炉安装监察规程》的相关规定执行。

检查数量：全数检查。

检验方法：检查定压合格证书。

13.4.2 压力表的刻度极限值，应大于或等于工作压力的 1.5 倍，表盘直径不得小于 100mm。

检查数量：全数检查。

检验方法：现场观察和尺量检查。

13.4.3 安装水位表应符合下列规定：

1 水位表应有指示最高、最低安全水位的明显标志，玻璃板（管）的最低可见边缘应比最低安全水位低 25mm；最高可见边缘应比最高安全水位高 25mm。

2 玻璃管式水位表应有防护装置。

3 电接点式水位表的零点应与锅筒正常水位重合。

4 采用双色水位表时，每台锅炉只能装设一个，另一个装设普通水位表。

5 水位表应有放水旋塞（或阀门）和接到安全地点的放水管。

检查数量：全数检查。

检验方法：现场观察和尺量检查。

13.4.4 锅炉的高、低水位报警器和超温、超压报警器及联锁保护装置必须按设计要求安装齐全和有效。

检查数量：全数检查。

检验方法：启动、联动试验并做好试验记录。

13.4.5 蒸汽锅炉安全阀应安装通向室外的排汽管。热水锅炉安全阀泄水管应接到安全地点。在排汽管和泄水管上不得装设阀门。

检查数量：全数检查。

检验方法：观察检查。

一 般 项 目

13.4.6 安装压力表必须符合下列规定：

1 压力表必须安装在便于观察和吹洗的位置，并防止受高温、冰冻和振动的影响，同时要有足够的照明。

2 压力表必须设有存水弯管。存水弯管采用钢管煨制时，内径不应小于 10mm；采用铜管煨制时，内径不应小于 6mm。

3 压力表与存水弯管之间应安装三通旋塞。

优良：在合格的基础上，无污染，朝向统一，工作压力的标识明确。

检查数量：不少于 5 处。

检验方法：观察和尺量检查。

13.4.7 测压仪表取源部件在水平工艺管道上安装时，取压口的方位应符合下列规定：

1 测量液体压力的，在工艺管道的下半部与管道的水平中心线成 0°～45°夹角范围内。

2 测量蒸汽压力的，在工艺管道的上半部或下半部与管道水平中心线成 0°～45°夹角范围内。

3 测量气体压力的，在工艺管道的上半部。

检查数量：不少于 5 处。

检验方法：观察和尺量检查。

13.4.8 安装温度计应符合下列规定：

1 安装在管道和设备上的套管温度计，底部应插入流动介质内，不得装在引出的管段上或死角处。

2 压力式温度计的毛细管应固定好并有保护措施，其转弯处的弯曲半径不应小于 50mm，温包必须全部浸入介质内；

3 热电偶温度计的保护套管应保证规定的插入深度。

优良：在合格的基础上，无污染，朝向统一，便于观察。

检查数量：不少于 5 处。

检验方法：观察和尺量检查。

13.4.9 温度计与压力表在同一管道上安装时，按介质流动方向应在压力表下游处安装，如温度计需在压力表的上游安装时，其间距不应小于 300mm。

检查数量：不少于 5 处。

检验方法：观察和尺量检查。

13.5 烘炉、煮炉和试运行

主 控 项 目

13.5.1 锅炉火焰烘炉应符合下列规定：

1　火焰应在炉膛中央燃烧，不应直接烧烤炉墙及炉拱。

2　烘炉时间一般不少于4d，升温应缓慢，后期烟温不应高于160℃，且持续时间不应少于24h。

3　链条炉排在烘炉过程中应定期转动。

4　烘炉的中、后期应根据锅炉水水质情况除污。

检查数量：全数检查。

检验方法：计时测温、操作观察检查。

13.5.2　烘炉结束后应符合下列规定：

1　炉墙经烘烤后没有变形、裂纹及塌落现象。

2　炉墙砌筑砂浆含水率达到7%以下。

检查数量：全数检查。

检验方法：测试及观察检查。

13.5.3　锅炉在烘炉、煮炉合格后，应进行48h的带负荷连续试运行，同时应进行安全阀的热状态定压检验和调整。

检查数量：全数检查。

检验方法：检查烘炉、煮炉及试运行全过程。

一　般　项　目

13.5.4　煮炉时间一般应为2~3d，如蒸汽压力较低，可适当延长煮炉时间。非砌筑或浇注保温材料保温的锅炉，安装后可直接进行煮炉。煮炉结束后，锅筒和集箱内壁应无油垢，擦去附着物后金属表面应无锈斑。

检查数量：全数检查。

检验方法：打开锅筒和集箱检查孔检查。

13.6　换热站安装

主　控　项　目

13.6.1　热交换器应以最大工作压力的1.5倍作水压试验，蒸汽部分应不低于蒸汽供汽压力加0.3MPa；热水部分应不低于0.4MPa。

检查数量：全数检查。

检验方法：在试验压力下，保持10min压力不降。

13.6.2　高温水系统中，循环水泵和换热器的相对安装位置应按设计文件施工。

检查数量：全数检查。

检验方法：对照设计图纸检查。

13.6.3　壳管式热交换器的安装，如设计无要求时，其封头与墙壁或屋顶的距离不得小于换热管的长度。

检查数量：全数检查。

检验方法：观察和尺量检查。

一 般 项 目

13.6.4 换热站内设备安装的允许偏差应符合本标准表 13.3.10 的规定。

13.6.5 换热站内的循环泵、减压器、疏压器、除污器、流量计等安装应符合本标准的相关规定。

13.6.6 换热站内管道的安装允许偏差应符合本标准 13.3.11 的规定。

13.6.7 管道及设备保温层的厚度和平整度的允许偏差应符合本标准表 4.4.8 的规定。

14 自动喷水灭火系统安装

14.1 一 般 规 定

14.1.1 本章适用于建筑物、构筑物设置的自动喷水灭火系统的施工质量检验与评定。

14.1.2 自动喷水灭火系统的施工、检验及维护管理，除应执行本标准的规定外，尚应符合《自动喷水灭火系统施工及验收规范》GB 50261 等国家和地方现行的有关标准、规范的规定。

14.1.3 供水设施、管网及其组件安装，应清除其内部污垢和杂物。安装中断时，其敞口处应封闭。

14.1.4 系统管道及设备安装的检验标准按本标准第 4 章相应规定执行。本章为自动喷水灭火系统的特殊的一些要求与规定。

14.2 供水设施安装

主 控 项 目

14.2.1 消防水箱的容积、安装位置应符合设计要求。水箱给水进水口应高于水箱溢水口。设计无要求时，消防水箱间的主要通道宽度不应小于 1.0m；钢板消防水箱四周应设检修通道，其宽度不小于 0.7m；消防水箱顶部至楼板或梁底的距离不得小于 0.6m。

检查数量：全数检查。

检验方法：对照图纸现场观察，尺量检查。

14.2.2 消防给水气压罐安装位置、进水管及出水管方向应符合设计要求。安装时，四周应设检修通道，设计无要求时，其宽度不小于 0.7m；顶部至楼板或梁底的距离不得小于 1.0m。

检查数量：全数检查。

检验方法：现场观察，尺量检查。

一 般 项 目

14.2.3 当设计无要求时，消防水泵的出水管上应安装止回阀和压力表，并应安装检查和试水用的放水阀门；消防水泵泵组的总出水管上还应该安装压力表和自动泄压装置；安装压力表时应加设缓冲装置。压力表和缓冲装置之间应安装旋塞；压力表量程应为工作压力的 2.0～2.5 倍。

优良：在合格的基础上，管道平直，支架美观合理，软接头无变形，压力表表面朝向一致、高度统一，无污染。

检查数量：全数检查。

检验方法：现场观察检查。

14.2.4 吸水管及其附件的安装应符合下列要求：

1 吸水管上的控制阀应在消防水泵固定于基础上之后再进行安装，其直径不应小于消防水泵吸水口直径，且不应采用没有可靠锁定装置的蝶阀。当水池水位低于水泵吸水口时，可不加设阀门。

2 当消防水泵和消防水池位于独立的两个基础上且为刚性连接时，吸水管上应加设柔性连接管。

3 吸水管水平管段上不应有气囊和漏气现象。变径时应用偏心异径管件，连接时应保持其管顶平直。

优良：在合格的基础上，管道平直，支架美观合理，软接头无变形、无污染。

检查数量：全数检查。

检验方法：现场观察检查、尺量。

14.2.5 消防气压给水设备上的安全阀、压力表、泄水管、水位指示器等的安装，如设计无要求，应符合产品使用说明书的要求。

优良：在合格的基础上，连接管道平直，支架美观合理，附件无污染。

检查数量：全数检查。

检验方法：现场观察检查。

14.2.6 消防水泵接合器安装的检验标准按本标准第9章相关内容执行。

14.3 管网系统安装

主 控 项 目

14.3.1 自动喷水灭火系统选用钢管时，其材质应符合现行国家标准《结构用无缝钢管》GB/T 8162、《低压流体输送用镀锌钢管》GB/T 3091的要求。可采用螺纹、法兰或沟槽式管接头连接；连接后均不得减小过水横断面面积。

检查数量：全数检查。

检验方法：现场观察检查。

一 般 项 目

14.3.2 管道的安装位置应符合设计要求。当设计无要求时，管道的中心线与梁、柱、楼板等的最小距离应符合表14.3.2的规定。

表14.3.2 管道的中心线与梁、柱、楼板等的最小距离

公称直径（mm）	25	32	40	50	70	80	100	125	150	200
距离（mm）	40	40	50	60	70	80	100	125	150	200

检查数量：抽查5%，但均不小于5件（个）。

检验方法：观察和尺量检查。

14.3.3 管道支、吊架、防晃支架的安装还应符合下列要求：

1 管道支、吊架、防晃支架的安装位置不应妨碍喷头的喷水效果；管道支架、吊架与喷头之间的距离不宜小于300mm；与末端喷头之间的距离不宜大于750mm。

2 配水支管上每一直管段、相邻两喷头之间的管段设置的吊架不应少于一个；当喷头之间距离小于1.8m时，可隔段设置吊架，但吊架的间距不宜大于3.6m。

3 当管子的公称直径等于或大于50mm时，每段配水干管或配水管设置的防晃支架不应少于1个；当管道改变方向时，应增设防晃支架。

4 竖直安装的配水干管应在其始端设防晃支架或采用管卡固定，其安装位置距地面或楼面的距离宜为1.5~1.8m。

5 大于100mm的水平干管不应全部采用胀吊。

优良：在合格的基础上，管架排列整齐。螺母在同侧，拧紧后，螺杆突出螺母的长度一致。型钢支架朝向一致。

检查数量：抽查5%，但均不小于5件（个）。

检验方法：观察、尺量及手扳检查。

14.3.4 配水干管、配水管应做红色或红色环圈标志。

优良：在合格的基础上，漆膜均匀，色泽一致，环圈宽度一致，间距合理。

检查数量：各不少于10处。

检查方法：观察检查。

14.4 管网系统组件安装

主 控 项 目

14.4.1 闭式喷头应进行密封性能试验，以无渗漏、无损伤为合格。

检查数量：每批抽查1%，但不得少于5只。

检查方法：试验压力为3.0MPa。在试验压力下，保压时间不得少于3min。当2只及2只以上不合格时，不得使用该批喷头。当仅有1只不合格时，应再抽查2%，但不得少于10只；重新进行密封性能试验，当仍有不合格时，亦不得使用该批喷头。

14.4.2 报警阀应逐个进行渗漏试验。

检查数量：全数检查。

检查方法：试验压力为额定工作压力的2倍，保压时间不得少于5min。阀瓣处应无渗漏。

一 般 项 目

14.4.3 喷头安装时，溅水盘与吊顶、门、窗、洞口或墙面的距离应符合设计要求。当喷头溅水盘高于附近梁底或高于宽度小于1.2m的通风管道腹面时，喷头溅水盘高于梁底、通风管道腹面的最大垂直距离应符合表14.4.3.1的规定。

表 14.4.3.1　喷头溅水盘高于梁底、通风管道腹面的最大垂直距离

喷头与梁、通风管道的水平距离（mm）	喷头溅水盘高于梁底、通风管道腹面的最大垂直距离（mm）
300 ~ 600	25
600 ~ 750	75
750 ~ 900	75
900 ~ 1050	100
1050 ~ 1200	150
1200 ~ 1350	180
1350 ~ 1500	230
1500 ~ 1680	280
1680 ~ 1830	360

当通风管道宽度大于 1.2m 时，喷头应安装在其腹面以下。与灯具之间的距离不应小于 300mm。

当喷头安装在不到顶的隔断附近时，喷头与隔断的水平距离和最小垂直距离应符合表 14.4.3.2 的规定。

表 14.4.3.2　喷头与隔断的水平距离和最小垂直距离

水平距离（mm）	150	225	300	375	450	600	150	＞900
最小垂直距离（mm）	75	100	150	200	236	313	336	450

检查数量：按不同规格、型号抽查 10%，但均不少于 10 处。

检验方法：观察及尺量检查。

14.4.4　喷头安装还应符合下列要求：

1　喷头安装应在系统试压、冲洗合格后进行。

2　安装时宜采用专用的弯头、三通。当喷头的公称直径小于 10mm 时，应在配水干管或配水管上安装过滤器。

3　不得对喷头进行拆装、改动，并严禁给喷头附加任何装饰性涂层。

4　喷头安装应使用专用扳手，严禁利用喷头的框架施拧；喷头的框架、溅水盘产生变形或释放元件损伤时，应采用规格、型号相同的喷头更换。

5　安装在易受机械性损伤处的喷头，应加设喷头防护罩。

优良：在合格的基础上，成排安装的应在一条直线上，间距均匀一致；有吊顶的应配合装饰做到协调、美观，装饰盘平正、清洁，与饰面接触紧密。

检查数量：按不同规格、型号抽查 10%，但均不少于 10 处。

检验方法：观察及尺量检查。

14.4.5　报警阀组的安装应先安装水源控制阀、报警阀，然后再进行报警阀辅助管道的连接。水源控制阀、报警阀与配水干管的连接，应使水流方向一致。报警阀组安装的位置应符合设计要求；当设计无要求时，报警阀组应安装在便于操作的明显位置，距室内地面高度宜为 1.2m；两侧与墙的距离不应小于 0.5m；正面与墙的距离不应小于 1.2m。安装报警阀的室内地面应有排水设施。

优良：在合格的基础上，无污染，连接管道平直，支架美观合理。

检查数量：全数检查。

检验方法：观察及尺量检查。

14.4.6 报警阀组附件的安装应符合下列要求：

1 压力表应安装在报警阀上便于观测的位置。

2 排水管和试验阀应安装在便于操作的位置。

3 水源控制阀安装应便于操作，且应有明显开启标志和可靠的锁定设施。

4 报警阀安装，应在报警阀组系统一侧，安装系统调试、供水压力和供水流量检测用的仪表、管道及控制阀，管道过水能力应与系统过水能力一致；当供水压力和供水流量检测装置安装在水泵房时，干式报警阀组、雨淋报警阀组应在报警阀组系统一侧安装控制阀门。

优良：在合格的基础上，连接管道平直，支架美观合理，同类组件、仪表位置及朝向协调美观，无污染。

检查数量：全数检查。

检验方法：观察检查。

14.4.7 干式报警阀组的安装应符合下列要求：

1 应安装在不发生冰冻的场所。安装完成后，应向报警阀气室注入高度为 50～100mm 的清水。

2 充气连接管接口应在报警阀气室充注水位以上部位，且充气连接管的直径不应小于 15mm；止回阀、截止阀应安装在充气连接管上。

3 气源设备的安装应符合设计要求和国家现行有关规定。

4 安全排气阀应安装在气源与报警阀之间，且应靠近报警阀。

5 加速排气装置应安装在靠近报警阀的位置，且应有防止水进入加速排气装置的措施。

6 低气压预报警装置应安装在配水干管一侧。

7 在下列部位应安装压力表：报警阀充水一侧和充气一侧；空气压缩机的气泵和储气罐上；加速排气装置上。

检查数量：全数检查。

检验方法：观察及尺量检查。

14.4.8 湿式报警阀组的安装应符合下列要求：

1 应使报警阀前后的管道中能顺利充满水；压力波动时，水力警铃不应发生误报警。

2 报警阀水流通路上的过滤器应安装在延时器前，而且是便于排渣操作的位置。

检查数量：全数检查。

检验方法：观察检查。

14.4.9 雨淋阀组的安装应符合下列要求：

1 电动开启、传导管开启或手动开启的雨淋阀组，其传导管的安装应按湿式系统的要求进行；开启控制装置的安装应安全可靠。预作用系统雨淋阀组后的管道若需充气，其安装应按干式报警阀组有关要求进行。

2　雨淋阀组的观测仪表和操作阀门的安装位置应符合设计要求，并应便于观测和操作。

3　雨淋阀组手动开启装置的安装位置应符合设计要求，且发生火灾时应能安全开启和便于操作。

4　压力表应安装在雨淋阀组的水源一侧。

优良：在合格的基础上，连接管道平直，支架美观合理，同类附件、仪表位置及朝向协调美观，无污染。

检查数量：全数检查。

检验方法：观察及尺量检查。

14.4.10　水力警铃应安装在公共通道或值班室附近的外墙上，且应安装检修、测试用的阀门。水力警铃和报警阀的连接应采用镀锌钢管，当镀锌钢管的公称直径为15mm时，其长度不应大于6m；当镀锌钢管的公称直径为20mm时，其长度不应大于20m；安装后的水力警铃启动压力不应小于0.05MPa。

优良：在合格的基础上，连接管道平直，支架美观合理，同类附件、仪表位置及朝向协调美观，无污染。

检查数量：全数检查。

检验方法：观察及尺量检查。

14.4.11　水流指示器的安装应符合下列要求：

1　水流指示器的安装应在管道试压和冲洗合格后进行，水流指示器的规格、型号应符合设计要求。

2　水流指示器应竖直安装在水平管道的上侧，其动作方向应和水流方向一致；安装后的水流指示器浆片、膜片应动作灵活，不应与管壁发生碰擦。

3　信号阀应安装在水流指示器前的管道上，与水流指示器间的距离不宜小于300mm。

优良：在合格的基础上，便于检修，无污染，连接管道平直，支架美观合理。

检查数量：全数检查。

检验方法：观察及尺量检查

14.4.12　排气阀的安装应在系统管网试压和冲洗合格后进行；排气阀应安装在配水干管顶部、配水管的末端，且应确保无渗漏。

检查数量：全数检查。

检验方法：观察检查。

14.4.13　控制阀的规格、型号和安装位置均应符合设计要求；安装方向应正确，控制阀内应清洁、无堵塞、无渗漏；主要控制阀应加设启闭标志；隐蔽处的控制阀应在明显处设有指示其位置的标志。

检查数量：同型号的不应少于5个。

检验方法：观察检查。

14.4.14　节流装置应安装在公称直径不小于50mm的水平管段上；减压孔板应安装在管道内水流转弯处下游一侧的直管上，且与转弯处的距离不应小于管子公称直径的2倍。

优良：在合格的基础上，连接管道平直，无污染。

检查数量：全数检查。

检验方法：观察及尺量检查。

14.4.15 压力开关应竖直安装在通往水力警铃的管道上，且不应在安装中拆装改动。

优良：在合格的基础上，连接管道平直，无污染。

检查数量：全数检查。

检验方法：观察检查。

14.4.16 末端试水装置宜安装在系统管网末端或分区管网末端。

优良：在合格的基础上，连接管道平直，压力表安装便于观察，无污染。

检查数量：全数检查。

检验方法：观察检查。

14.4.17 减压阀的安装应符合下列要求：

1 减压阀安装应在供水管网试压、冲洗合格后进行。

2 减压阀安装前应检查其规格、型号是否与设计相符，阀外控制管路及导向阀各连接件是否有松动，外观是否有机械损伤，并应清除阀内异物。

3 减压阀安装时，减压阀水流方向应与供水管网水流方向一致。

4 减压阀安装应在其进水侧安装过滤器，并宜在其前后安装控制阀，以便于维修和更换。

5 可调式减压阀宜水平安装，阀盖应向上；比例式减压阀宜垂直安装，当水平安装时，单呼吸孔减压阀其孔口应向下，双呼吸孔减压阀其孔口应呈水平位置。

6 安装自身不带压力表的减压阀时，应在其前后相邻部位安装压力表。

优良：在合格的基础上，连接管道平直，压力表安装便于观察，无污染。

检查数量：全数检查。

检验方法：观察及尺量检查。

14.5 系统试验及调试

主 控 项 目

14.5.1 自动喷水灭火系统管网安装完毕后，应对其进行水压强度试验。当系统设计工作压力等于或小于1.0MPa时，水压强度试验压力应为设计工作压力的1.5倍，并不应低于1.4MPa；当系统设计工作压力大于1.0MPa时，水压强度试验压力应为工作压力加0.4MPa。

检查数量：全数检查。

检验方法：水压强度试验的测试点应设在系统管网的最低点。在试验压力下稳压30min，目测管网无渗漏、无变形，且压力降不应大于0.05MPa。

14.5.2 水压严密性试验应在水压强度试验和管网冲洗合格后进行。试验压力应为设计工作压力。

检查数量：全数检查。

检验方法：在试验压力下稳压24h，无渗漏。

14.5.3 干式自动喷水灭火系统、预作用自动喷水灭火系统还应做气压严密性试验，试验压力应为0.28MPa。气压试验的介质宜采用空气或氮气。

检查数量：全数检查。

检验方法：在试验压力下，稳压24h，压力降不应大于0.01MPa。

14.5.4 管道试压合格后，应进行冲洗。

检查数量：全数检查。

检验方法：现场观察，出水口与入水口水的颜色、透明度基本一致时为合格。

14.5.5 在系统施工完成后应进行系统调试。包括：水源测试、消防水泵调试、稳压泵调试、报警阀调试、排水装置调试、联动调试。

检查数量：全数检查。

检验方法：观察、旁站、查阅调试记录。

14.6 系统验收与维护

主控项目

14.6.1 系统竣工后，应进行工程竣工验收，验收不合格不得投入使用。验收工作可参照《自动喷水灭火系统施工及验收规范》GB 50261执行。验收合格后，不得随意切断控制电源，要保持长期自动运行状态。

检查数量：全数检查。

检验方法：观察检查，查阅相关记录。

14.6.2 自动喷水灭火系统应具有管理、检测、维护规程，并保证系统处于准工作状态。维护管理工作可参照《自动喷水灭火系统施工及验收规范》GB 50261附录E进行。

检查数量：全数检查。

检验方法：观察检查，查阅相关管理制度、记录。

15　分部（子分部）工程质量评定

15.0.1　检验批、分项工程、分部（或子分部）工程质量的评定，均应在施工单位自检合格的基础上进行。并应按检验批、分项、分部（或子分部）、单位（或子单位）工程的程序进行评定，同时做好记录。

1　检验批质量评定应符合下列规定：

合格：1）检验批所含各项质量经抽样检验全部合格；

2）具有完整的施工操作依据和质量验收记录。

优良：在合格基础上，检验批所包含的各个指定项目均达到优良。其中指定项目优良是指：指定项目质量经抽样检验，符合本标准相应优良标准的符合率应达到80%及以上。

2　分项质量评定应符合下列规定：

合格：1）分项工程所含的检验批均应符合本标准合格标准的规定。

2）分项工程所含的检验批的质量评定及验收记录应完整。

优良：在合格基础上，其中60%及以上检验批为优良。

3　分部（子分部）质量评定应符合下列规定：

合格：1）分部（子分部）工程中各分项工程的质量均应评定及验收合格；

2）具有完整的质量控制资料；

3）有关安全和功能检测项目全部合格；

4）观感质量评定合格。

子分部优良：

1）在合格基础上，子分部工程所含的各个分项工程中，60%及以上分项为优良。

2）观感质量符合本标准相关条款中优良标准的符合率应达到80%及以上。

分部优良：

1）在合格基础上，分部工程所含的各个子分部工程中，60%及以上子分部为优良；其中供热锅炉及辅助设备安装主要子分部必须优良。

2）观感质量符合本标准相关条款中优良标准的符合率应达到80%及以上。

15.0.2　建筑给水、排水及采暖工程的检验和检测应包括下列主要内容：

1　承压管道系统和设备及阀门水压试验。

2　排水管道灌水、通球及通水试验。

3　雨水管道灌水及通水试验。

4　给水管道通水试验及冲洗、消毒检测。

5　卫生器具通水试验，具有溢流功能的器具满水试验。

6　地漏及地面清扫口排水试验。

7　消火栓系统测试。

8　采暖系统冲洗及测试。

9 安全阀及报警联动系统动作测试。

10 锅炉 48h 负荷试运行。

15.0.3 工程质量验收文件和记录中应包括下列主要内容：

1 开工报告。

2 图纸会审记录、设计变更及洽商记录。

3 施工组织设计或施工方案。

4 主要材料、成品、半成品、配件、器具和设备出厂合格证及进场验收单。

5 隐蔽工程验收及中间试验记录。

6 设备试运转记录。

7 安全、卫生和使用功能检验和检测记录。

8 检验批、分项、子分部、分部工程质量评定（验收）记录。

9 竣工图。

附录A 建筑给水、排水及采暖工程分部、分项工程的划分

表A

分部工程	序号	子分部工程	分 项 工 程
建筑给水、排水及采暖工程	1	室内给水系统	给水管道及配件安装、室内消火栓系统安装、给水设备安装、管道防腐、绝热
	2	室内排水系统	排水管道及配件安装、雨水管道及配件安装
	3	室内热水供应系统	管道及配件安装、辅助设备安装、防腐、绝热
	4	卫生器具安装	卫生器具安装、卫生器具给水配件安装、卫生器具排水管道安装
	5	室内采暖系统	管道及配件安装、辅助设备及散热器安装、金属辐射板安装、低温热水地板辐射采暖系统安装、系统水压试验及调试、防腐、绝热
	6	室外给水管网	给水管道安装、消防水泵接合器及室外消火栓安装、管沟及井室
	7	室外排水管网	排水管道安装、排水管沟及井池
	8	室外供热管网	管道及配件安装、系统水压试验及调试、防腐、绝热
	9	建筑中水系统及游泳池水系统	建筑中水系统管道及辅助设备安装、游泳池水系统安装
	10	供热锅炉及辅助设备安装	锅炉安装、辅助设备及管道安装、安全附件安装、烘炉、煮炉和试运行、换热站安装、防腐、绝热
	11	自动喷水灭火系统	供水设施安装、管网系统安装、管网系统组件安装、系统试验及调试、系统验收与维护、管道防腐、绝热

北京建工集团企业标准

Q/BCEG 310 — 2004

通风与空调工程施工质量评定标准

2004年11月24日发布　　　　2005年01月01日实施

北京建工集团有限责任公司

北京建工集团企业标准

QZ/BCEG 310 — 2004

通风与空调工程施工质量评定标准

2004年11月24日发布　　2005年01月01日实施

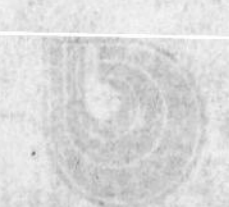

北京建工集团有限责任公司

目　次

1 总　　则

1.0.1　为了加强建筑工程质量管理，统一本集团通风与空调工程施工质量评定，保证工程质量，制定本标准。

1.0.2　本标准是在国家标准《通风与空调工程施工质量验收规范》GB 50243—2002 基础上制定的质量评定标准，适用于本集团建筑工程通风与空调工程施工质量的评定。

1.0.3　本标准应与北京建工集团《建筑工程施工质量评定统一标准》配套使用。

1.0.4　通风与空调工程施工中采用的工程技术文件、承包合同文件对施工质量的要求不得低于国家标准《通风与空调工程施工质量验收规范》GB 50243—2002 的规定。

1.0.5　通风与空调工程施工质量的验收除应执行本标准的规定外，尚应符合北京建工集团《通风与空调工程施工技术规程》和国家、地方现行有关标准规范的规定。

2 术 语

2.0.1 风管 air duct

采用金属、非金属薄板或其他材料制作而成，用于空气流通的管道。

2.0.2 风道 air channel

采用混凝土、砖等建筑材料砌筑而成，用于空气流通的通道。

2.0.3 通风工程 ventilation works

送风、排风、除尘、气力输送以及防、排烟系统工程的统称。

2.0.4 空调工程 air conditioning works

空气调节、空气净化与洁净室空调系统的总称。

2.0.5 风管配件 duct fittings

风管系统中的弯管、三通、四通、各类变径及异形管、导流叶片和法兰等。

2.0.6 风管部件 duct accessory

通风、空调风管系统中的各类风口、阀门、排气罩、风帽、检查门和测定孔等。

2.0.7 咬口 seam

金属薄板边缘弯曲成一定形状，用于相互固定连接的构造。

2.0.8 漏风量 air leakage rate

风管系统中，在某一静压下通过风管本体结构及其接口，单位时间内泄出或渗入的空气体积量。

2.0.9 系统风管允许漏风量 air system permissible leakage rate

按风管系统类别所规定平均单位面积、单位时间内的最大允许漏风量。

2.0.10 漏风率 air system leakage ratio

空调设备、除尘器等，在工作压力下空气渗入或泄漏量与其额定风量的比值。

2.0.11 净化空调系统 air cleaning system

用于洁净空间的空气调节、空气净化系统。

2.0.12 漏光检测 air leak check with lighting

用强光源对风管的咬口、接缝、法兰及其他连接处进行透光检查，确定孔洞、缝隙等渗漏部位及数量的方法。

2.0.13 整体式制冷设备 packaged refrigerating unit

制冷机、冷凝器、蒸发器及系统辅助部件组装在同一机座上，而构成整体形式的制冷设备。

2.0.14 组装式制冷设备 assembling refrigerating unit

制冷机、冷凝器、蒸发器及辅助设备采用部分集中、部分分开安装形式的制冷设备。

2.0.15 风管系统的工作压力 design working pressure

指系统风管总风管处设计的最大的工作压力。

2.0.16 空气洁净度等级 air cleanliness class

洁净空间单位体积空气中，以大于或等于被考虑粒径的粒子最大浓度限值进行划分的等级标准。

2.0.17 角件 corner pieces

用于金属薄钢板法兰风管四角连接的直角形专用构件。

2.0.18 风机过滤器单元（FFU、FMU）fan filter（module）unit

由风机箱和高效过滤器等组成的用于洁净空间的单元式送风机组。

2.0.19 空态 as-built

洁净室的设施已经建成，所有动力接通并运行，但无生产设备、材料及人员在场。

2.0.20 静态 at-rest

洁净室的设施已经建成，生产设备已经安装，并按业主及供应商同意的方式运行，但无生产人员。

2.0.21 动态 operational

洁净室的设施以规定的方式运行及规定的人员数量在场，生产设备按业主及供应商双方商定的状态下进行工作。

2.0.22 非金属材料风管 nonmetallic duct

采用硬聚氯乙烯、有机玻璃钢、无机玻璃钢等非金属无机材料制成的风管。

2.0.23 复合材料风管 foil - insulant composite duct

采用不燃材料面层复合绝热材料板制成的风管。

2.0.24 防火风管 refractory duct

采用不燃、耐火材料制成，能满足一定耐火极限的风管。

3 基 本 规 定

3.0.1 通风与空调工程施工质量的评定，除应符合本标准的规定外，还应按照被批准的设计图纸、合同约定的内容和相关技术标准的规定进行。施工图纸修改必须有设计单位的设计变更通知书或技术核定签证。

3.0.2 承担通风与空调工程项目的施工企业，应具有相应工程施工承包的资质等级及相应质量管理体系。

3.0.3 施工企业承担通风与空调工程施工图纸深化设计及施工时，还必须具有相应的设计资质及其质量管理体系，并应取得原设计单位的书面同意或签字认可。

3.0.4 通风与空调工程施工现场的质量管理应符合《建筑工程施工质量验收统一标准》GB 50300—2001 第 3.0.1 条的规定。

3.0.5 通风与空调工程所使用的主要原材料、成品、半成品和设备的进场，必须对其进行验收。验收应经监理工程师认可，并应形成相应的质量记录。

3.0.6 通风与空调工程的施工，应把每一个分项施工工序作为工序交接检验点，并形成相应的质量记录。

3.0.7 通风与空调工程施工过程中发现设计文件有差错的，应及时提出修改意见或更正建议，并形成书面文件及归档。

3.0.8 当通风与空调工程作为建筑工程的分部工程施工时，其子分部与分项工程的划分应按表 3.0.8 的规定执行。当通风与空调工程作为单位工程独立评定时，子分部上升为分部，分项工程的划分同上。

表 3.0.8 通风与空调分部工程的子分部划分

<table>
<tr><th>子分部工程</th><th colspan="2">分 项 工 程</th></tr>
<tr><td>送、排风系统</td><td rowspan="5">风管与配件制作；
部件制作；
风管系统安装；
风管与设备防腐；
风机安装；
系统调试</td><td>通风设备安装，消声设备制作与安装</td></tr>
<tr><td>防、排烟系统</td><td>排烟风口、常闭正压风口与设备安装</td></tr>
<tr><td>除尘系统</td><td>除尘器与排污设备安装</td></tr>
<tr><td>空调系统</td><td>空调设备安装，消声设备制作与安装，风管与设备绝热</td></tr>
<tr><td>净化空调系统</td><td>空调设备安装，消声设备制作与安装，风管与设备绝热，高效过滤器安装，净化设备安装</td></tr>
<tr><td>制冷系统</td><td colspan="2">制冷机组安装，制冷剂管道及配件安装，制冷附属设备安装，管道及设备的防腐与绝热，系统调试</td></tr>
<tr><td>空调水系统</td><td colspan="2">冷热水管道系统安装，冷却水管道系统安装，冷凝水管道系统安装，阀门及部件安装，冷却塔安装，水泵及附属设备安装，管道与设备的防腐与绝热，系统调试</td></tr>
</table>

3.0.9 通风与空调工程的施工应按规定的程序进行，并与土建及其他专业工种互相配合；与通风与空调系统有关的土建工程施工完毕后，应由建设或总承包、监理、设计及施工单位共同会检。会检的组织宜由建设、监理或总承包单位负责。

3.0.10 通风与空调工程分项工程施工质量的评定，应按本标准对应分项的具体条文规定执行。子分部中的各个分项，可根据施工工程的实际情况一次验收或数次验收。

3.0.11 通风与空调工程中的隐蔽工程，在隐蔽前必须经监理人员验收及认可签证。

3.0.12 通风与空调工程中从事管道焊接施工的焊工，必须具备操作资格证书和相应类别管道焊接的考核合格证书。

3.0.13 通风与空调工程竣工的系统调试，应在建设和监理单位的共同参与下进行，施工企业应具有专业检测人员和符合有关标准规定的测试仪器。

3.0.14 通风与空调工程施工质量的保修期限，自竣工验收合格日起计算为二个采暖期、供冷期。在保修期内发生施工质量问题的，施工企业应履行保修职责，责任方承担相应的经济责任。

3.0.15 净化空调系统洁净室（区域）的洁净度等级应符合设计的要求。洁净度等级的检测应按本标准附录 B 第 B.4 条的规定，洁净度等级与空气中悬浮粒子的最大浓度限值（Cn）的规定，见本标准附录 B 表 B.4.6-1。

3.0.16 检验批质量评定应符合下列规定：

合格：

1 主控项目的质量抽样检验应全数合格；

2 一般项目的质量抽样检验，除有特殊要求外，计数合格率不应小于 80%，且不得有严重缺陷；

3 具有完整的施工操作依据和质量验收记录。

优良：

在合格的基础上，检验批所包含的各个指定项目均达到优良。其中指定项目优良是指：指定项目质量经抽样检验，符合本标准相应优良标准的符合率达到 80%及以上。

3.0.17 分项工程质量评定应符合下列规定：

合格：

1 分项工程所含的检验批均应符合本标准合格标准的规定。

2 分项工程所含的检验批的质量评定及验收记录应完整。

优良：在合格基础上，其中 60%及以上检验批为优良。

3.0.18 分部（子分部）质量评定应符合下列规定：

合格：

1 分部（子分部）工程中各分项工程的质量均应评定及验收合格；

2 具有完整的质量控制资料；

3 有关安全和功能检测项目全部合格；

4 观感质量评定合格。

子分部优良：

1 在合格基础上，子分部工程所含的各个分项工程中，60%及以上分项为优良。

2 观感质量符合本标准相关条款中优良标准的符合率应达到 80%及以上。

分部优良：

1　在合格基础上，分部工程所含的各个子分部工程中，60%及以上子分部为优良；其中净化空调系统子分部必须优良。

2　观感质量符合本标准相关条款中优良标准的符合率应达到80%及以上。

4 风 管 制 作

4.1 一 般 规 定

4.1.1 本章适用于建筑工程通风与空调工程中，使用的金属、非金属风管与复合材料风管或风道的加工、制作质量的检验与评定。

4.1.2 对风管制作质量的评定，应按其材料、系统类别和使用场所的不同分别进行，主要包括风管的材质、规格、强度、严密性与成品外观质量等项内容。

4.1.3 风管制作质量的评定，按设计图纸与本标准的规定执行。工程中所选用的外购风管，还必须提供相应的产品合格证明文件或进行强度和严密性的验证，符合要求的方可使用。

4.1.4 通风管道规格的验收，风管以外径或外边长为准，风道以内径或内边长为准。通风管道的规格宜按照表 4.1.4-1、表 4.1.4-2 的规定。圆形风管应优先采用基本系列。非规则椭圆形风管参照矩形风管，并以长径平面边长及短径尺寸为准。

表 4.1.4-1 圆形风管规格（mm）

风管直径 D			
基本系列	辅助系列	基本系列	辅助系列
100	80	500	480
	90	560	530
120	110	630	600
140	130	700	670
160	150	800	750
180	170	900	850
200	190	1000	950
220	210	1120	1060
250	240	1250	1180
280	260	1400	1320
320	300	1600	1500
360	340	1800	1700
400	380	2000	1900
450	420		

表 4.1.4-2 矩形风管规格（mm）

风管边长				
120	320	800	2000	4000
160	400	1000	2500	----------
200	500	1250	3000	----------
250	630	1600	3500	----------

4.1.5 风管系统按其系统的工作压力划分为三个类别，其类别划分应符合表 4.1.5 的规定。

表 4.1.5 风管系统类别划分

系统类别	系统工作压力 P（Pa）	密 封 要 求
低压系统	$P\leqslant 500$	接缝和接管连接处严密
中压系统	$500<P\leqslant 1500$	接缝和接管连接处增加密封措施
高压系统	$P>1500$	所有的拼接缝和接管连接处，均应采取密封措施

4.1.6 镀锌钢板及各类含有复合保护层的钢板，应采用咬口连接或铆接，不得采用影响其保护层防腐性能的焊接连接方法。

4.1.7 风管的密封，应以板材连接的密封为主，可采用密封胶嵌缝和其他方法密封。密封胶性能应符合使用环境的要求，密封面宜设在风管的正压侧。

4.2 主 控 项 目

4.2.1 金属风管的材料品种、规格、性能与厚度等应符合设计和现行国家产品标准的规定。当设计无规定时，应按本标准执行。钢板或镀锌钢板的厚度不得小于表 4.2.1-1 的规定；不锈钢板的厚度不得小于表 4.2.1-2 的规定；铝板的厚度不得小于表 4.2.1-3 的规定。

表 4.2.1-1 钢板风管板材厚度（mm）

类别 风管直径 D 或长边尺寸 b	圆形风管	矩形风管		除尘系统风管
		中、低压系统	高压系统	
$D(b)\leqslant 320$	0.5	0.5	0.75	1.5
$320<D(b)\leqslant 450$	0.6	0.6	0.75	1.5
$450<D(b)\leqslant 630$	0.75	0.6	0.75	2.0
$630<D(b)\leqslant 1000$	0.75	0.75	1.0	2.0
$1000<D(b)\leqslant 1250$	1.0	1.0	1.0	2.0

续表 4.2.1-1

类别 风管直径 D 或长边尺寸 b	圆形风管	矩形风管		除尘系统风管
		中、低压系统	高压系统	
1250 < D（b）≤2000	1.2	1.0	1.2	按设计
2000 < D（b）≤4000	按设计	1.2	按设计	

注：1. 螺旋风管的钢板厚度可适当减小 10%～15%。

2. 排烟系统风管钢板厚度可按高压系统。

3. 特殊除尘系统风管钢板厚度应符合设计要求。

4. 不适用于地下人防与防火隔墙的预埋管。

表 4.2.1-2　高、中、低压系统不锈钢板风管板材厚度（mm）

风管直径或长边尺寸 b	不锈钢板厚度
b≤500	0.5
500 < b≤1120	0.75
1120 < b≤2000	1.0
2000 < b≤4000	1.2

表 4.2.1-3　中、低压系统铝板风管板材厚度（mm）

风管直径或长边尺寸 b	铝板厚度
b≤320	1.0
320 < b≤630	1.5
630 < b≤2000	2.0
2000 < b≤4000	按设计

检查数量：按材料与风管加工批数量抽查 10%，不得少于 5 件。

检查方法：查验材料质量合格证明文件、性能检测报告，尺量、观察检查。

4.2.2　非金属风管的材料品种、规格、性能与厚度等应符合设计和现行国家产品标准的规定。当设计无规定时，应按本标准执行。硬聚氯乙烯风管板材的厚度，不得小于表 4.2.2-1 或表 4.2.2-2 的规定；有机玻璃钢风管板材的厚度，不得小于表 4.2.2-3 的规定；无机玻璃钢风管板材的厚度应符合表 4.2.2-4 的规定，相应的玻璃布层数不应少于表 4.2.2-5 的规定，其表面不得出现返卤或严重泛霜。

用于高压风管系统的非金属风管厚度应按设计规定。

表 4.2.2-1　中、低压系统硬聚氯乙烯圆形风管板材厚度（mm）

风管直径 D	板材厚度
D≤320	3.0
320 < D≤630	4.0

续表 4.2.2-1

风管直径 D	板 材 厚 度
$630 < D \leqslant 1000$	5.0
$1000 < D \leqslant 2000$	6.0

表 4.2.2-2 中、低压系统硬聚氯乙烯矩形风管板材厚度（mm）

风管长边尺寸 b	板 材 厚 度
$b \leqslant 320$	3.0
$320 < b \leqslant 500$	4.0
$500 < b \leqslant 800$	5.0
$800 < b \leqslant 1250$	6.0
$1250 < b \leqslant 2000$	8.0

表 4.2.2-3 中、低压系统有机玻璃钢风管板材厚度（mm）

圆形风管直径 D 或矩形风管长边尺寸 b	壁 厚
D（b）$\leqslant 200$	2.5
$200 < D$（b）$\leqslant 400$	3.2
$400 < D$（b）$\leqslant 630$	4.0
$630 < D$（b）$\leqslant 1000$	4.8
$1000 < D$（b）$\leqslant 2000$	6.2

表 4.2.2-4 中、低压系统无机玻璃钢风管板材厚度（mm）

圆形风管直径 D 或矩形风管长边尺寸 b	壁 厚
D（b）$\leqslant 300$	2.5～3.5
$300 < D$（b）$\leqslant 500$	3.5～4.5
$500 < D$（b）$\leqslant 1000$	4.5～5.5
$1000 < D$（b）$\leqslant 1500$	5.5～6.5
$1500 < D$（b）$\leqslant 2000$	6.5～7.5
D（b）> 2000	7.5～8.5

表 4.2.2-5 中、低压系统无机玻璃钢风管玻璃纤维布厚度与层数（mm）

圆形风管直径 D 或矩形风管长边 b	风管管体玻璃纤维布厚度		风管法兰玻璃纤维布厚度	
	0.3	0.4	0.3	0.4
	玻璃布层数			
D（b）$\leqslant 300$	5	4	8	7
$300 < D$（b）$\leqslant 500$	7	5	10	8

续表 4.2.2-5

圆形风管直径 D 或矩形风管长边 b	风管管体玻璃纤维布厚度		风管法兰玻璃纤维布厚度	
	0.3	0.4	0.3	0.4
	玻璃布层数			
$500 < D\ (b) \leqslant 1000$	8	6	13	9
$1000 < D\ (b) \leqslant 1500$	9	7	14	10
$1500 < D\ (b) \leqslant 2000$	12	8	16	14
$D\ (b) > 2000$	14	9	20	16

检查数量：按材料与风管加工批数量抽查 10%，不得少于 5 件。

检查方法：查验材料质量合格证明文件、性能检测报告，尺量、观察检查。

4.2.3　防火风管的本体、框架与固定材料、密封垫料必须为不燃材料，其耐火等级应符合设计的规定。

检查数量：按材料与风管加工批数量抽查 10%，不应少于 5 件。

检查方法：查验材料质量合格证明文件、性能检测报告，观察检查与点燃试验。

4.2.4　复合材料风管的覆面材料必须为不燃材料，内部的绝热材料应为不燃或难燃 B_1 级，且对人体无害的材料。

检查数量：按材料与风管加工批数量抽查 10%，不应少于 5 件。

检查方法：查验材料质量合格证明文件、性能检测报告，观察检查与点燃试验。

4.2.5　风管必须通过工艺性的检测或验证，其强度和严密性要求应符合设计或下列规定：

1　风管的强度应能满足在 1.5 倍工作压力下接缝处无开裂；

2　矩形风管的允许漏风量应符合以下规定：

低压系统风管　　$Q_L \leqslant 0.1056\ P^{0.65}$

中压系统风管　　$Q_M \leqslant 0.0352\ P^{0.65}$

高压系统风管　　$Q_H \leqslant 0.0117\ P^{0.65}$

式中　Q_L，Q_M，Q_H——系统风管在相应工作压力下，单位面积风管单位时间内的允许漏风量［m^3/（$h \cdot m^2$）］；

P——指风管系统的工作压力（Pa）。

3　低压、中压圆形金属风管、复合材料风管以及采用非法兰形式的非金属风管的允许漏风量，应为矩形风管规定值的 50%；

4　砖、混凝土风道的允许漏风量不应大于矩形低压系统风管规定值的 1.5 倍；

5　排烟、除尘、低温送风系统按中压系统风管的规定，1～5 级净化空调系统按高压系统风管的规定。

检查数量：按风管系统的类别和材质分别抽查，不得少于 3 件及 $15m^2$。

检查方法：检查产品合格证明文件和测试报告，或进行风管强度和漏风量测试（见附录 A）。

4.2.6 金属风管的连接应符合下列规定：

1 风管板材拼接的咬口缝应错开，不得有十字型拼接缝；

2 金属风管法兰材料规格不应小于表 4.2.6-1 或表 4.2.6-2 的规定。中、低压系统风管法兰的螺栓及铆钉孔的孔距不得大于 150mm；高压系统风管不得大于 100mm。矩形风管法兰的四角部位应设有螺孔；

当采用加固方法提高了风管法兰部位的强度时，其法兰材料规格相应的使用条件可适当放宽；

无法兰连接风管的薄钢板法兰高度应参照金属法兰风管的规定执行。

表 4.2.6-1 金属圆形风管法兰及螺栓规格（mm）

风管直径（D）	法兰材料规格		螺栓规格
	扁钢	角钢	
$D \leqslant 140$	20×4	—	M6
$140 < D \leqslant 280$	25×4	—	
$280 < D \leqslant 630$	—	25×3	
$630 < D \leqslant 1250$	—	30×4	M8
$1250 < D \leqslant 2000$	—	40×4	

表 4.2.6-2 金属矩形风管法兰及螺栓规格（mm）

风管长边尺寸 b	法兰材料规格（角钢）	螺栓规格
$b \leqslant 630$	25×3	M6
$630 < b \leqslant 1500$	30×3	M8
$1500 < b \leqslant 2500$	40×4	
$2500 < b \leqslant 4000$	50×5	M10

检查数量：按加工批数量抽查 5%，不得少于 5 件。

检查方法：尺量、观察检查。

4.2.7 非金属（硬聚氯乙烯、有机、无机玻璃钢）风管的连接还应符合下列规定：

1 法兰的规格应分别符合表 4.2.7-1、4.2.7-2、4.2.7-3 的规定，其螺栓孔的间距不得大于 120mm；矩形风管法兰的四角处，应设有螺孔；

表 4.2.7-1 硬聚氯乙烯圆形风管法兰规格（mm）

风管直径 D	材料规格（宽×厚）	连接螺栓	风管直径 D	材料规格（宽×厚）	连接螺栓
$D \leqslant 180$	35×6	M6	$800 < D \leqslant 1400$	45×12	M10
$180 < D \leqslant 400$	35×8	M8	$1400 < D \leqslant 1600$	50×15	
$400 < D \leqslant 500$	35×10		$1600 < D \leqslant 2000$	60×15	
$500 < D \leqslant 800$	40×10		$D > 2000$	按设计	

表 4.2.7-2　硬聚氯乙烯矩形风管法兰规格（mm）

风管边长 b	材料规格（宽×厚）	连接螺栓	风管直径 b	材料规格（宽×厚）	连接螺栓
$b \leqslant 160$	35×6	M6	$800 < b \leqslant 1250$	45×12	M10
$160 < b \leqslant 400$	35×8	M8	$1250 < b \leqslant 1600$	50×15	
$400 < b \leqslant 500$	35×10		$1600 < b \leqslant 2000$	60×18	
$500 < b \leqslant 800$	40×10	M10	$b > 2000$	按设计	

表 4.2.7-3　有机、无机玻璃钢风管法兰规格（mm）

风管直径 D 或风管边长 b	材料规格（宽×厚）	连接螺栓
D（b）$\leqslant 400$	30×4	M8
$400 < D$（b）$\leqslant 1000$	40×6	
$1000 < D$（b）$\leqslant 2000$	50×8	M10

2　采用套管连接时，套管厚度不得小于风管板材厚度。

检查数量：按加工批数量抽查 5%，不得少于 5 件。

检查方法：尺量、观察检查。

4.2.8　复合材料风管采用法兰连接时，法兰与风管板材的连接应可靠，其绝热层不得外露，不得采用降低板材强度和绝热性能的连接方法。

检查数量：按加工批数量抽查 5%，不得少于 5 件。

检查方法：尺量、观察检查。

4.2.9　砖、混凝土风道的变形缝，应符合设计要求，不应渗水和漏风。

检查数量：全数检查。

检查方法：观察检查。

4.2.10　金属风管的加固应符合下列规定：

1　圆形风管（不包括螺旋风管）直径大于等于 800mm，且其管段长度大于 1250mm 或总表面积大于 $4m^2$ 均应采取加固措施；

2　矩形风管边长大于 630mm、保温风管边长大于 800mm，管段长度大于 1250mm 或低压风管单边平面积大于 $1.2m^2$、中、高压风管大于 $1.0m^2$，均应采取加固措施；

3　非规则椭圆风管加固参照矩形风管执行。

检查数量：按加工批抽查 5%，不得少于 5 件。

检查方法：尺量、观察检查。

4.2.11　非金属风管的加固，除应符合本标准第 4.2.10 条的规定外还应符合下列规定：

1　硬聚氯乙烯风管的直径或边长大于 500mm 时，其风管与法兰的连接处应设加强板，且间距不得大于 450mm；

2　有机及无机玻璃钢风管的加固，应为本体材料或防腐性能相同的材料，并与风管成一整体。

检查数量：按加工批抽查 5%，不得少于 5 件。

检查方法：尺量、观察检查。

4.2.12 矩形风管弯管的制作，一般应采用曲率半径为一个平面边长的内外同心弧形弯管。当采用其他形式的弯管，平面边长大于500mm时，必须设置弯管导流片。

检查数量：其他形式的弯管抽查20%，不得少于2件。

检查方法：观察检查。

4.2.13 净化空调系统风管还应符合下列规定：

1 矩形风管边长小于或等于900mm时，底面板不应有拼接缝；大于900mm时，不应有横向拼接缝；

2 风管所用的螺栓、螺母、垫圈和铆钉均应采用与管材性能相匹配、不会产生电化学腐蚀的材料，或采取镀锌或其他防腐措施，并不得采用抽芯铆钉；

3 不应在风管内设加固框及加固筋，风管无法兰连接不得使用S形插条、直角形插条及立联合角形插条等形式；

4 空气洁净度等级为1~5级的净化空调系统风管不得采用按扣式咬口；

5 风管的清洗不得用对人体和材质有危害的清洁剂；

6 镀锌钢板风管不得有镀锌层严重损坏的现象，如表层大面积白花、锌层粉化等。

检查数量：按风管数抽查20%，每个系统不得少于5个。

检查方法：查阅材料质量合格证明文件和观察检查，白绸布擦拭。

4.3 一 般 项 目

4.3.1 金属风管的制作应符合下列规定：

1 圆形弯管的曲率半径（以中心线计）和最少分节数量应符合表4.3.1的规定。圆形弯管的弯曲角度及圆形三通、四通支管与总管夹角的制作偏差不应大于3°；

优良：在合格的基础上，咬口缝紧密，高度一致；圆弧均匀，表面平整美观。

表4.3.1 圆形弯管曲率半径和最少节数

弯管直径 D（mm）	曲率半径 R	弯管角度和最少节数							
		90°		60°		45°		30°	
		中节	端节	中节	端节	中节	端节	中节	端节
80~220	≥1.5D	2	2	1	2	1	2	—	2
220~450	D~1.5D	3	2	2	2	1	2	—	2
450~800	D~1.5D	4	2	2	2	1	2	1	2
800~1400	D	5	2	3	2	2	2	1	2
1400~2000	D	8	2	5	2	3	2	2	2

2 风管与配件的咬口缝应紧密，宽度应一致；折角应平直，圆弧应均匀；两端面平行。风管无明显扭曲与翘角；表面应平整，凹凸不大于10mm；

优良：在合格基础上表面应平整，凹凸不大于8mm。

3 风管外径或外边长的允许偏差：当小于或等于 300mm 时，为 2mm；当大于 300mm 时，为 3mm。管口平面度的允许偏差为 2mm，矩形风管两条对角线长度之差不应大于 3mm；圆形法兰任意正交两直径之差不应大于 2mm；

优良：在合格的基础上，管口平面度的允许偏差不大于 1.5mm，圆形法兰任意正交两直径之差小于 2mm。

4 焊接风管的焊缝应平整，不应有裂缝、凸瘤、穿透的夹渣、气孔及其他缺陷等，焊接后板材的变形应矫正，并将焊渣及飞溅物清除干净。

优良：在合格的基础上，焊缝均匀、饱满、平直，风管表面平整，不扭曲。

检查数量：通风与空调工程按制作数量 10% 抽查，不少于 5 件；净化空调工程按制作数量抽查 20%，不得少于 5 件。

检查方法：查验测试记录，进行装配试验，尺量、观察检查。

4.3.2 金属法兰连接风管的制作还应符合下列规定：

1 风管法兰的焊缝应熔合良好、饱满，无假焊和孔洞；法兰平面度的允许偏差为 2mm，同一批量加工的相同规格法兰的螺孔排列应一致，并具有互换性。

优良：法兰平面度的允许偏差不大于 1mm。

2 风管与法兰采用铆接连接时，铆接应牢固、不应有脱铆和漏铆现象；翻边应平整、紧贴法兰，其宽度应一致，且不应小于 6mm；咬缝与四角处不应有开裂与孔洞。

优良：在合格的基础上，咬口缝不应有多层重叠现象，翻边宽度应控制在 6mm 到 7mm 以内。

3 风管与法兰采用焊接连接时，风管端面不得高于法兰接口平面。除尘系统的风管，宜采用内侧满焊、外侧间断焊形式，风管端面距法兰接口平面不应小于 5mm。

当风管与法兰采用点焊固定连接时，焊点应融合良好，间距不应大于 100mm；法兰与风管应紧贴，不应有穿透的缝隙或孔洞。

优良：在合格的基础上，风管插入量及焊点间距应基本一致。

4 当不锈钢板或铝板风管的法兰采用碳素钢时，其规格应符合本标准表 4.2.6-1、4.2.6-2 的规定，并应根据设计要求作防腐处理；铆钉应采用与风管材质相同或不产生电化学腐蚀的材料。

检查数量：通风与空调工程按制作数量抽查 10%，不得少于 5 件；净化空调工程按制作数量抽查 20%，不得少于 5 件。

检查方法：查验测试记录，进行装配试验，尺量、观察检查。

4.3.3 无法兰连接风管的制作还应符合下列规定：

1 无法兰连接风管的接口及连接件，应符合表 4.3.3-1、4.3.3-2 的要求。圆形风管的芯管连接应符合表 4.3.3-3 的要求；

2 薄钢板法兰矩形风管的接口及附件，其尺寸应准确，形状应规则，接口处应严密；

薄钢板法兰的折边（或法兰条）应平直，弯曲度不应大于 5/1000；弹性插条或弹簧夹应与薄钢板法兰相匹配；角件与风管薄钢板法兰四角接口的固定应稳固、紧贴，端面应平整、相连处不应有缝隙大于 2mm 的连续穿透缝；

优良：在合格的基础上，相连接处不应有缝隙大于 1mm 的连续穿透缝。

3 采用C、S形插条连接的矩形风管，其边长不应大于630mm；插条与风管加工插口的宽度应匹配一致，其允许偏差为2mm；连接应平整、严密，插条两端压倒长度不应小于20mm；

优良：在合格的基础上，插条两端压倒长度不小于22mm，且均匀一致。

4 采用立咬口、包边立咬口连接的矩形风管，其立筋的高度应大于或等于同规格风管的角钢法兰宽度。同一规格风管的立咬口、包边立咬口的高度应一致，折角应倾角、直线度允许偏差为5/1000；咬口连接铆钉的间距不应大于150mm，间隔应均匀；立咬口四角连接处的铆固应紧密、无孔洞。

表 4.3.3-1 圆形风管无法兰连接形式

无法兰连接形式		附件板厚（mm）	接口要求	使用范围
承插连接		—	插入深度≥30mm，有密封要求	低压风管 直径<700mm
带加强筋承插		—	插入深度≥20mm，有密封要求	中、低压风管
角钢加固承插		—	插入深度≥20mm，有密封要求	中、低压风管
芯管连接		≥管板厚	插入深度≥20mm，有密封要求	中、低压风管
立筋抱箍连接		≥管板厚	翻边与楞筋匹配一致，紧固严密	中、低压风管
抱箍连接		≥管板厚	对口尽量靠近不重叠，抱箍应居中	中、低压风管 宽度≥100mm

表 4.3.3-2 矩形风管无法兰连接形式

无法兰连接形式		附件板厚（mm）	使用范围
S形插条		≥0.7	低压风管单独使用连接处必须有固定措施
C形插条		≥0.7	中、低压风管
立插条		≥0.7	中、低压风管

续表 4.3.3-2

无法兰连接形式		附件板厚（mm）	使用范围
立咬口		≥0.7	中、低压风管
包边立咬口		≥0.7	中、低压风管
薄钢板法兰插条		≥1.0	中、低压风管
薄钢板法兰弹簧夹		≥1.0	中、低压风管
直角形平插条		≥0.7	低压风管
立联合角形插条		≥0.8	低压风管

注：薄钢板法兰风管也可采用铆接法兰条连接的方法。

表 4.3.3-3　圆形风管的芯管连接

风管直径 D（mm）	芯管长度 l（mm）	自攻螺钉或抽芯铆钉数量（个）	外径允许偏差（mm）	
			圆管	芯管
120	120	3×2	-1~0	-3~-4
300	160	4×2		
400	200	4×2	-2~0	-4~-5
700	200	6×2		
900	200	8×2		
1000	200	8×2		

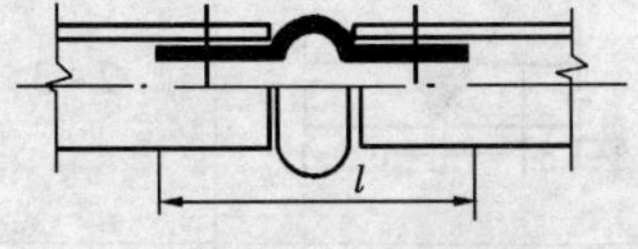

检查数量：按制作数量抽查 10%，不得少于 5 件；净化空调工程抽查 20%，均不得少于 5 件。

检查方法：查验测试记录，进行装配试验，尺量、观察检查。

4.3.4 风管的加固应符合下列规定：

1 风管的加固可采用楞筋、立筋、角钢（内、外加固）、扁钢、加固筋和管内支撑等形式，如图 4.3.4；

2 楞筋或楞线的加固，排列应规则，间隔应均匀，板面不应有明显的变形；

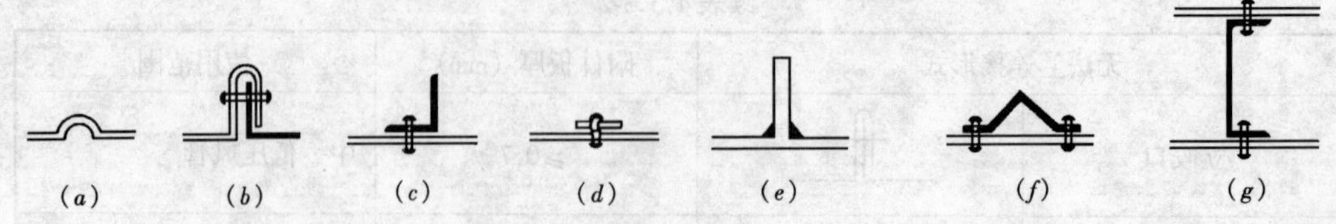

图 4.3.4　风管的加固形式

(a) 楞筋；(b) 立筋；(c) 角钢加固；(d) 扁钢平加固；(e) 扁钢立加固；(f) 加固筋；(g) 管内支撑

3 角钢、加固筋的加固，应排列整齐、均匀对称，其高度应小于或等于风管的法兰宽度。角钢、加固筋与风管的铆接应牢固、间隔应均匀，不应大于 220mm；两相交处应连接成一体；

4 管内支撑与风管的固定应牢固，各支撑点之间或与风管的边沿或法兰的间距应均匀，不应大于 950mm；

5 中压和高压系统风管的管段，其长度大于 1250mm 时，还应有加固框补强。高压系统金属风管的单咬口缝，还应有防止咬口缝胀裂的加固或补强措施。

优良：在合格基础上，加固牢固可靠、整齐、间距适宜、均匀对称。同批次或同形式的加固方式应基本一致。

检查数量：按制作数量抽查 10%，净化空调系统抽查 20%，均不得少于 5 件。

检查方法：查验测试记录，进行装配试验，观察和尺量检查。

4.3.5 硬聚氯乙烯风管除应执行本标准第 4.3.1 条第 1、3 款、第 4.3.2 条第 1 款外，还应符合下列规定：

1 风管的两端面平行，无明显扭曲，外径或外边长的允许偏差为 2mm；表面平整、圆弧均匀，凹凸不大于 5mm；

2 焊缝的坡口形式和角度应符合表 4.3.5 的规定；

表 4.3.5　焊缝形式及坡口

焊缝形式	焊缝名称	图　形	焊缝高度 (mm)	板材厚度 (mm)	焊缝坡口张角 α (°)
对接焊缝	V 形单面焊	α；1~1.5；0.5~1	2 ~ 3	3 ~ 5	70 ~ 90
	V 形双面焊	α；1~1.5；0.5~1	2 ~ 3	5 ~ 8	70 ~ 90
	X 形双面焊	α；1~1.5；0.5~1	2 ~ 3	≥8	70 ~ 90

续表 4.3.5

焊缝形式	焊缝名称	图　形	焊缝高度（mm）	板材厚度（mm）	焊缝坡口张角 α（°）
搭接焊缝	搭接焊	a；≥3a	≥最小板厚	3～10	—
填角焊缝	填角焊无坡角		≥最小板厚	6～18	—
			≥最小板厚	≥3	—
对角焊缝	V形对角焊	1～1.5；α	≥最小板厚	3～5	70～90
	V形对角焊	1～1.5；α	≥最小板厚	5～8	70～90
	V形对角焊	3～5；α	≥最小板厚	6～15	70～90

3　焊缝应饱满，焊条排列应整齐，无焦黄、断裂现象；

4　用于洁净室时，还应按本标准第 4.3.11 条的有关规定执行。

优良：在合格的基础上，焊缝无堆积，风管的外径或外边长的允许偏差为 1mm，表面平整、圆弧均匀，凸凹不大于 3mm。

检查数量：按风管总数抽查 10%，法兰数抽查 5%，不得少于 5 件。

检查方法：尺量、观察检查。

4.3.6　有机玻璃钢风管除应执行本标准第 4.3.1 条第 1、2、3 款和第 4.3.2 条第 1 款外，还应符合下列规定：

1　风管不应有明显扭曲，内表面应平整光滑，外表面应整齐美观，厚度应均匀，且边缘无毛刺，并无气泡及分层现象；

2　风管的外径或外边长尺寸的允许偏差为 3mm，圆形风管的任意正交两直径之差不应大于 5mm；矩形风管的两对角线之差不应大于 5mm；

3 法兰应与风管成一整体，并应有过渡圆弧，并与风管轴线成直角，管口平面度的允许偏差为 3mm；螺孔的排列应均匀，至管壁的距离应一致，允许偏差为 2mm；

4 矩形风管的边长大于 900mm，且管段长度大于 1250mm 时，应加固。加固筋的分布应均匀、整齐。

检查数量：按风管总数抽查 10%，法兰数抽查 5%，不得少于 5 件。

检查方法：尺量、观察检查。

4.3.7 无机玻璃钢风管除应执行本标准第 4.3.1 条第 1、2、3 款和第 4.3.2 条第 1 款外，还应符合下列规定：

1 风管的表面应光洁、无裂纹、无明显泛霜和分层现象；

2 风管的外形尺寸的允许偏差应符合表 4.3.7 的规定；

3 风管法兰的规定与有机玻璃钢法兰相同。

表 4.3.7 无机玻璃钢风管外形尺寸和允许偏差（mm）

直径或大边长	矩形风管外表平面度	矩形风管管口对角线之差	法兰平面度	圆形风管两直径之差
≤300	≤3	≤3	≤2	≤3
301~500	≤3	≤4	≤2	≤3
501~1000	≤4	≤5	≤2	≤4
1001~1500	≤4	≤6	≤3	≤5
1501~2000	≤5	≤7	≤3	≤5
>2000	≤6	≤8	≤3	≤5

检查数量：按风管总数抽查 10%，法兰数抽查 5%，不少得于 5 件。

检查方法：尺量、观察检查。

4.3.8 砖、混凝土风道内表面水泥砂浆应抹平整、无裂缝、不渗水。

优良：在合格基础上，内表面光滑，顺畅，严密。

检查数量：按风道总数抽查 10%，不得少于一段。

检查方法：观察检查。

4.3.9 双面铝箔绝热板风管除应执行本标准第 4.3.1 条第 2、3 款和第 4.3.2 条第 2 款外，还应符合下列规定：

1 板材拼接宜采用专用的连接构件，连接后板面平面度的允许偏差为 5mm；

优良：在合格基础上，连接构件的间距均匀、合理，允许偏差 4mm。

2 风管的折角应平直，拼缝粘接应牢固、平整，风管的粘结材料宜为难燃材料；

3 风管采用法兰连接时，其连接应牢固，法兰平面度的允许偏差为 2mm；

4 风管的加固，应根据系统工作压力及产品技术标准的规定执行。

优良：在合格基础上，加固方式一致，本体材料无外露。

检查数量：按风管总数抽查 10%，法兰数抽查 5%，不得少于 5 件。

检查方法：尺量、观察检查。

4.3.10 铝箔玻璃纤维板风管除应执行本标准第 4.3.1 条第 2、3 款和第 4.3.2 条第 2 款外，还应符合下列规定：

1 风管的离心玻璃纤维板材应干燥、平整；板外表面的铝箔隔气保护层应与内芯玻璃纤维材料粘合牢固；内表面应有防纤维脱落的保护层，并应对人体无危害；

2 当风管连接采用插入接口形式时，接缝处的粘接应严密、牢固，外表面铝箔胶带密封的每一边粘贴宽度不应小于 25mm，并应有辅助的连接固定措施。

当风管的连接采用法兰形式时，法兰与风管的连接应牢固，并应能防止板材纤维逸出和冷桥；

3 风管表面应平整、两端面平行，无明显凹穴、变形、起泡，铝箔无破损等；

4 风管的加固，应根据系统工作压力及产品技术标准的规定执行。

优良：外表面平整，铝箔胶带宽度一致，粘贴牢固美观。

检查数量：按风管总数抽查 10%，不得少于 5 件。

检查方法：尺量、观察检查。

4.3.11 净化空调系统风管还应符合以下规定：

1 现场应保持清洁，存放时应避免积尘和受潮。风管的咬口缝、折边和铆接等处有损坏时，应做防腐处理；

2 风管法兰的铆钉孔的间距，当系统洁净度的等级 1～5 级时，不应大于 65mm；为 6～9 级时，不应大于 100mm；

3 静压箱本体、箱内固定高效过滤器的框架及固定件应作镀锌、镀镍等防腐处理；

4 制作完成的风管，应进行第二次清洗，经检查达到清洁要求后应及时封口。

优良：在合格基础上，铆接平整、可靠，铆钉间距均匀一致。

检查数量：按风管总数抽查 20%，法兰数抽查 10%，不得少于 5 件。

检查方法：观察检查，查阅风管清洗记录，用白绸布擦拭。

5 风管部件与消声器制作

5.1 一 般 规 定

5.1.1 本章适用于通风与空调工程中风口、风阀、排风罩等其他部件及消声器的加工制作或产成品质量的评定。

5.1.2 一般风量调节阀按设计文件和风阀制作的要求进行评定与验收，其他风阀按外购产品质量进行评定与验收。

5.2 主 控 项 目

5.2.1 手动单叶片或多叶片调节风阀的手轮或扳手，应以顺时针方向转动为关闭，其调节范围及开启角度指示应与叶片开启角度相一致。

用于除尘系统间歇工作点的风阀，关闭时应能密封。

检查数量：按批抽查10%，不得少于1个。

检查方法：手动操作、观察检查。

5.2.2 电动、气动调节风阀的驱动装置，动作应可靠，在最大工作压力下工作正常。

检查数量：按批抽查10%，不得少于1个。

检查方法：核对产品的合格证明文件、性能检测报告、观察或测试。

5.2.3 防火阀和排烟阀（排烟口）必须符合有关消防产品标准的规定，并具有相应的产品合格证明文件。

检查数量：按种类、批抽查10%，不得少于2个。

检查方法：核对产品的合格证明文件、性能检测报告。

5.2.4 防爆风阀的制作材料必须符合设计规定，不得自行替换。

检查数量：全数检查。

检查方法：核对材料品种、规格，观察检查。

5.2.5 净化空调系统的风阀，其活动件、固定件以及紧固件均应采取镀锌或作其他防腐处理（如喷塑或烤漆）；阀体与外界相通的缝隙处，应有可靠的密封措施。

检查数量：按批抽查10%，不得少于1个。

检查方法：核对产品的材料，手动操作、观察。

5.2.6 工作压力大于1000Pa的调节风阀，生产厂应提供（在1.5倍工作压力下能自由开关）强度测试合格的证书（或试验报告）。

检查数量：按批抽查10%，不得少于1个。

检查方法：核对产品的合格证明文件、性能检测报告。

5.2.7 防排烟系统柔性短管的制作材料必须为不燃材料。

检查数量：全数检查。

检查方法：核对材料品种的合格证明文件。

5.2.8 消声弯管的平面边长大于800mm时，应加设吸声导流片；消声器内直接迎风面的布质覆面层应有保护措施；净化空调系统消声器内的覆面应为不易产尘的材料。

检查数量：全数检查。

检查方法：观察检查、核对产品的合格证明文件。

5.3 一 般 项 目

5.3.1 手动单叶片或多叶片调节风阀应符合下列规定：

1 结构应牢固，启闭应灵活，法兰应与相应材质风管的相一致；

2 叶片的搭接应贴合一致，与阀体缝隙小于2mm；

3 截面积大于1.2m^2的风阀应实施分组调节。

优良：在合格的基础上，叶片的搭接应贴合一致，与阀体缝隙小于1mm。

检查数量：按类别、批抽查10%，不得少于1个。

检查方法：手动操作，尺量、观察检查。

5.3.2 止回风阀应符合下列规定：

1 启闭灵活，关闭时应严密；

2 阀叶的转轴、铰链应采用不易锈蚀的材料制作，保证转动灵活、耐用；

3 阀片的强度应保证在最大负荷压力下不弯曲变形；

4 水平安装的止回风阀应有可靠的平衡调节机构。

检查数量：按类别、批抽查10%，不得少于1个。

检查方法：观察、尺量，手动操作试验与核对产品的合格证明文件。

5.3.3 插板风阀应符合下列规定：

1 壳体应严密，内壁应作防腐处理；

2 插板应平整，启闭灵活，并有可靠的定位固定装置；

3 斜插板风阀的上下接管应成一直线。

检查数量：按类别、批抽查10%，不得少于1个。

检查方法：手动操作，尺量、观察检查。

5.3.4 三通调节风阀应符合下列规定：

1 拉杆或手柄的转轴与风管的结合处应严密；

2 拉杆可在任意位置上固定，手柄开关应标明调节的角度；

3 阀板调节方便，并不与风管相碰擦。

检查数量：按类别、批分别抽查10%，不得少于1个。

检查方法：观察、尺量，手动操作试验。

5.3.5 风量平衡阀应符合产品技术文件的规定。

检查数量：按类别、批分别抽查10%，不得少于1个。

检查方法：观察、尺量，核对产品的合格证明文件。

5.3.6 风罩的制作应符合下列规定：

1 尺寸正确、连接牢固，形状规则、表面平整光滑，其外壳不应有尖锐边角；

2 槽边侧吸罩、条缝抽风罩尺寸应正确，转角处弧度均匀、形状规则，吸入口平整，罩口加强板分隔间距应一致；

3 厨房锅灶排烟罩应采用不易锈蚀材料制作，其下部集水槽应严密不漏水，并坡向排放口，罩内油烟过滤器应便于拆卸和清洗。

检查数量：每批抽查10%，不得少于1个。

检查方法：尺量、观察检查。

5.3.7 风帽的制作应符合下列规定：

1 尺寸应正确，结构牢靠，风帽接管尺寸的允许偏差同风管的规定一致；

2 伞形风帽伞盖的边缘应有加固措施，支撑高度尺寸应一致；

3 锥形风帽内外锥体的中心应同心，锥体组合的连接缝应顺水，下部排水应畅通；

4 筒形风帽的形状应规则，外筒体的上下沿口应加固，其不圆度不应大于直径的2%。伞盖边缘与外筒体的距离应一致，挡风圈的位置应正确；

5 三叉形风帽三个支管的夹角应一致，与主管的连接应严密。主管与支管的锥度应为3°~4°。

检查数量：按批抽查10%，不得少于1个。

检查方法：尺量、观察检查。

5.3.8 矩形弯管导流叶片的迎风侧边缘应圆滑，固定应牢固。导流片的弧度应与弯管的角度相一致。导流片的分布应符合设计规定。当导流叶片的长度超过1250mm时，应有加强措施。

检查数量：按批抽查10%，不得少于1个。

检查方法：核对材料，尺量、观察检查。

5.3.9 柔性短管应符合下列规定：

1 应选用防腐、防潮、不透气、不易霉变的柔性材料。用于空调系统的应采取防止结露的措施；用于净化空调系统的还应是内壁光滑、不易产生尘埃的材料；

2 柔性短管的长度，一般宜为150~300mm，其连接处应严密、牢固可靠；

3 柔性短管不宜作为找正、找平的异径连接管；

4 设于结构变形缝的柔性短管，其长度宜为变形缝的宽度加100mm及以上。

优良：在合格的基础上，连接严密，平整，不扭曲。

检查数量：按数量抽查10%，不得少于1个。

检查方法：尺量、观察检查。

5.3.10 消声器的制作应符合下列规定：

1 所选用的材料，应符合设计的规定，如防火、防腐、防潮和卫生性能等要求；

2 外壳应牢固、严密，其漏风量应符合本标准4.2.5条的规定；

3 充填的消声材料，应按规定的密度均匀铺设，并应有防止下沉的措施。消声材料的覆面层不得破损，搭接应顺气流，且应拉紧，界面无毛边；

4 隔板与壁板结合处应紧贴、严密；穿孔板应平整、无毛刺，其孔径和穿孔率应符合设计要求。

优良：内外表面无水锈、起鼓、明显划痕；覆面牢固；迎风面应顺气流。

检查数量：按批抽查10%，不得少于1个。

检查方法：尺量、观察检查，核对材料合格的证明文件。

5.3.11 检查门应平整、启闭灵活、关闭严密，其与风管或空气处理室的连接处应采取密封措施，无明显渗漏。

净化空调系统风管检查门的密封垫料，宜采用成型密封胶带或软橡胶条制作。

检查数量：按数量抽查20%，不得少于1个。

检查方法：观察检查。

5.3.12 风口的验收，规格以颈部外径与外边长为准，其尺寸的允许偏差值应符合表5.3.12的规定。风口的外表装饰面应平整，叶片或扩散环的分布应匀称，颜色应一致，无明显的划伤和压痕；调节装置转动应灵活、可靠，定位后应无明显自由松动。

表5.3.12 风口尺寸允许偏差（mm）

圆形风口			
直径	≤250	>250	
允许偏差	0～－2	0～－3	
矩形风口			
边长	<300	300～800	>800
允许偏差	0～－1	0～－2	0～－3
对角线长度	<300	300～500	>500
对角线长度之差	≤1	≤2	≤3

检查数量：按类别、批分别抽查5%，不得少于1个。

检查方法：尺量、观察检查，核对材料合格的证明文件与手动操作检查。

6 风管系统安装

6.1 一 般 规 定

6.1.1 本章适用于通风与空调工程金属和非金属风管系统安装质量的检验与评定。

6.1.2 风管系统安装后,必须进行严密性检验,合格后方能交付下道工序。风管系统严密性检验以主、干管为主。在加工工艺得到保证的前提下,低压风管系统可采用漏光法检测。

6.1.3 风管系统吊、支架采用膨胀螺栓等胀锚方法固定时，必须符合其相应技术文件的规定。

6.2 主 控 项 目

6.2.1 在风管穿过需要封闭的防火、防爆的墙体或楼板时，应设预埋管或防护套管，其钢板厚度不应小于1.6mm。风管与防护套管之间，应用不燃且对人体无危害的柔性材料封堵。

检查数量：按数量抽查20%，不少于1个系统。

检查方法：尺量、观察检查。

6.2.2 **风管安装必须符合下列规定：**

1 风管内严禁其他管线穿越；

2 输送含有易燃、易爆气体或安装在易燃、易爆环境的风管系统应有良好的接地，通过生活区或其他辅助生产房间时必须严密，并不得设置接口；

3 室外立管的拉索严禁拉在避雷针或避雷网上。

检查数量：按数量抽查20%，不得少于1个系统。

检查方法：手扳，尺量、观察检查。

6.2.3 输送空气温度高于80℃的风管，应按设计规定采取防护措施。

检查数量：按数量抽查20%，不得少于1个系统。

检查方法：观察检查。

6.2.4 风管部件安装必须符合下列规定：

1 各类风管部件及操作机构的安装，应能保证其正常的使用功能，并便于操作；

2 斜插板风阀的安装，阀板必须为向上拉启；水平安装时，阀板还应为顺气流方向插入；

3 止回风阀、自动排气活门的安装方向应正确。

检查数量：按数量抽查20%，不得少于5件。

检查方法：尺量、观察检查，动作试验。

6.2.5 防火阀、排烟阀（口）的安装方向、位置应正确。防火分区隔墙两侧的防火阀距墙表面不应大于200mm。

检查数量：按数量抽查20%，不得少于5件。

检查方法：尺量、观察检查，动作试验。

6.2.6 净化空调系统风管的安装还应符合下列规定：

1 风管、静压箱及其他部件，必须擦拭干净，做到无油污和浮尘，当施工停顿或完毕时，端口应封好；

2 法兰垫料应为不产尘、不易老化和具有一定强度和弹性的材料，厚度为5~8mm，不得采用乳胶海绵。法兰垫片应尽量减少拼接，并不允许直缝对接连接，严禁在垫料表面涂涂料；

3 风管与洁净室吊顶、隔墙等围护结构的接缝处应严密。

检查数量：按数量抽查20%，不得少于1个系统。

检查方法：观察、用白绸布擦拭。

6.2.7 集中式真空吸尘系统的安装应符合下列规定：

1 真空吸尘系统弯管的曲率半径不应小于4倍管径，弯管的内壁面应光滑，不得采用折皱弯管；

2 真空吸尘系统三通的夹角不得大于45°；四通制作应采用两个斜三通的做法。

检查数量：按数量抽查20%，不得少于2件。

检查方法：尺量、观察检查。

6.2.8 风管系统安装完毕后，应按系统类别进行严密性检验，漏风量应符合设计与本标准第4.2.5条的规定。风管系统的严密性检验，应符合下列规定：

1 低压系统风管的严密性检验应采用抽检，抽检率为5%，且不得少于1个系统。在加工工艺得到保证的前提下，采用漏光法检测。检测不合格时，应按规定的抽检率做漏风量测试。

中压系统风管的严密性检验，应在漏光法检测合格后，对系统漏风量测试进行抽检，抽检率为20%，且不得少于1个系统。

高压系统风管的严密性检验，为全数进行漏风量测试。

系统风管严密性检验的被抽检系统，应全数合格，则视为通过；如有不合格时，则应再加倍抽检，直至全数合格；

2 净化空调系统风管的严密性检验，1~5级的系统按高压系统风管的规定执行；6~9级的系统按本标准第4.2.5条的规定执行。

检查数量：按条文中的规定。

检查方法：按本标准附录A的规定进行严密性测试。

6.2.9 手动密闭阀安装，阀门上标志的箭头方向必须与受冲击波方向一致。

检查数量：全数检查。

检查方法：观察、核对检查。

6.3 一 般 项 目

6.3.1 风管的安装应符合下列规定：

1 风管安装前，应清除内、外杂物，并做好清洁和保护工作；

2 风管安装的位置、标高、走向，应符合设计要求。现场风管接口的配置，不得缩小其有效截面；

3 连接法兰的螺栓应均匀拧紧，其螺母宜在同一侧；

优良：在合格的基础上，螺栓材质应与风管材质相适宜，螺栓顺风向穿，拧紧后，螺栓露出长度一致，且不超过螺栓直径的1/2。

4 风管接口的连接应严密、牢固。风管法兰的垫片材质应符合系统功能的要求，厚度不小于3mm。垫片不允许凸入管内，亦不宜突出法兰外；

优良：法兰紧固后连接处均匀一致。

5 柔性短管的安装，应松紧适度，无明显扭曲；

优良：在合格的基础上，安装平正，不扭曲。

6 可伸缩性金属或非金属软风管的长度不宜超过2m，并不应有死弯或塌凹；

7 风管与砖、混凝土风道的连接接口，应顺着气流方向插入，并应采取密封措施。风管穿出屋面处应设有防雨装置；

8 不锈钢板、铝板风管与碳素钢支架的接触处，应有隔绝或防腐绝缘措施。

优良：绝缘垫宽度、长度一致，固定可靠。

检查数量：按数量抽查10%，不得少于1个系统。

检查方法：尺量、观察检查。

6.3.2 无法兰连接风管的安装还应符合下列规定：

1 风管的连接处，应完整无缺损，表面应平整，无明显扭曲；

2 承插式风管的四周缝隙应一致，无明显的弯曲或褶皱；内涂的密封胶应完整，外粘的密封胶带，应粘贴牢固、完整无缺损；

3 薄钢板法兰形式风管的连接，弹性插条、弹簧夹或紧固螺栓的间隔不应大于150mm，且分布均匀，无松动现象；

4 插条连接的矩形风管，连接后的板面应平整、无明显弯曲。

优良：在合格的基础上，法兰卡间距一致，风管连接处不扭曲。

检查数量：按数量抽查10%，不得少于1个系统。

检查方法：尺量、观察检查。

6.3.3 风管的连接应平直、不扭曲。明装风管水平安装，水平度的允许偏差为3/1000，总偏差不应大于20mm。明装风管垂直安装，垂直度的允许偏差为2/1000，总偏差不应大于20mm。暗装风管的位置，应正确、无明显偏差。

优良：在合格的基础上明装风管水平安装，水平度的允许偏差为3/1000，总偏差不应大于15mm。明装风管垂直安装，垂直度的允许偏差为2/1000，总偏差不应大于15mm。

除尘系统的风管，宜垂直或倾斜敷设，与水平夹角宜大于或等于45°，小坡度和水平管应尽量短。

对含有凝结水或其他液体的风管，坡度应符合设计要求，并在最低处设排液装置。

检查数量：按数量抽查10%，但不得少于1个系统。

检查方法：尺量、观察检查。

6.3.4 风管支、吊架的安装应符合下列规定：

1 风管水平安装，直径或长边尺寸小于等于400mm，间距不应大于4m；大于400mm，不应大于3m。螺旋风管的支、吊架间距可分别为5m和3.75m；对于薄钢板法兰的风管，其支、吊架间距不应大于3m；

2 风管垂直安装，间距不应大于4m，单根直管至少应有2个固定点；

3 风管支、吊架宜按国标图集与规范选用强度和刚度相适应的形式和规格。对于直径或边长大于2500mm的超宽、超重等特殊风管的支、吊架应按设计规定；

4 支、吊架不宜设置在风口、阀门、检查门及自控机构处，离风口或插接管的距离不宜小于200mm；

5 当水平悬吊的主、干风管长度超过20m时，应设置防止摆动的固定点，每个系统不应少于1个；

6 吊架的螺孔应采用机械加工。吊杆应平直，螺纹完整、光洁。安装后各副支、吊架的受力应均匀，无明显变形；

风管或空调设备使用的可调隔振支、吊架的拉伸或压缩量应按设计的要求进行调整；

7 抱箍支架，折角应平直，抱箍应紧贴并箍紧风管。安装在支架上的圆形风管应设托座和抱箍，其圆弧应均匀，且与风管外径相一致。

优良：在合格基础上，吊架吊耳及型钢托盘朝向一致，吊杆垂直，长度一致并不长出托盘外，水平安装时，均匀一致。当直径或大边长大于1000mm时需加背母。凡有木托的项目，木托应顺直，且与托盘一致接触紧密。

检查数量：按数量抽查10%，不得少于1个系统。

检查方法：尺量、观察检查。

6.3.5 非金属风管的安装还应符合下列的规定：

1 风管连接两法兰端面应平行、严密；法兰螺栓两侧应加镀锌垫圈；

2 应适当增加支、吊架与水平风管的接触面积；

3 硬聚氯乙烯风管的直段连续长度大于20m，应按设计要求设置伸缩节；支管的重量不得由干管来承受，必须自行设置支、吊架；

4 风管垂直安装，支架间距不应大于3m。

优良：在合格的基础上，连接后法兰间隙一致，不扭曲。

检查数量：按数量抽查10%，不得少于1个系统。

检查方法：尺量、观察检查。

6.3.6 复合材料风管的安装还应符合下列规定：

1 复合材料风管的连接处，接缝应牢固，无孔洞和开裂。当采用插接连接时，接口应匹配、无松动，端口缝隙不大于5mm；

2 采用法兰连接时，应有防冷桥的措施；

3 支、吊架的安装宜按产品标准的规定执行。

优良：在合格的基础上，端口缝隙不大于4mm。

检查数量：按数量抽查10%，但不得少于1个系统。

检查方法：尺量、观察检查。

6.3.7 集中式真空吸尘系统的安装应符合下列规定：

1 吸尘管道的坡度宜为5/1000，并坡向立管或吸尘点；

2 吸尘嘴与管道连接应牢固、严密。

检查数量：按数量抽查20%，不少于5件。

检查方法：尺量、观察检查。

6.3.8 各类风阀应安装在便于操作及检修的部位，安装后的手动或电动操作装置应灵活、可靠，阀板关闭应保持严密。

防火阀直径或长边尺寸大于等于630mm时，宜设独立支、吊架。

排烟阀（排烟口）及手控装置（包括预埋套管）的位置应符合设计要求。预埋套管不得有死弯及瘪陷。

除尘系统吸入管段的调节阀，宜安装在垂直管段上。

优良：在合格基础上，外表整洁美观，无污染。

检查数量：按数量抽查10%，不少于5件。

检查方法：尺量、观察检查。

6.3.9 风帽安装必须牢固，连接风管与屋面或墙面的交接处不应渗水。

检查数量：按数量抽查10%，不得少于5件。

检查方法：尺量、观察检查。

6.3.10 排、吸风罩的安装位置应正确，排列整齐，牢固可靠。

检查数量：按数量抽查10%，不得少于5件。

检查方法：尺量、观察检查。

6.3.11 风口与风管的连接应严密、牢固，与装饰面相紧贴；表面平整、不变形，调节灵活、可靠。条形风口的安装，接缝处应衔接自然，无明显缝隙。同一厅室、房间内的相同风口的安装高度应一致，排列应整齐。

明装无吊顶的风口，安装位置和标高偏差不应大于10mm。

风口水平安装，水平度的偏差不大于3/1000。

风口垂直安装，垂直度的偏差不大于2/1000。

优良：在合格的基础上明装无吊顶的风口，安装位置和标高偏差不大于8mm。风口水平安装，水平度的偏差不大于2/1000。风口垂直安装，垂直度的偏差不大于1.5/1000。风口与风管的连接形式合理。

检查数量：按数量抽查10%，不得少于1个系统或不少于5件和两个房间的风口。

检查方法：尺量、观察检查。

6.3.12 净化空调系统风口安装还应符合下列规定：

1 风口安装前应清扫干净，其边框与建筑顶棚或墙面间的接缝处应加密封垫料或密封胶，不应漏风；

2 带高效过滤器的送风口，应采用可分别调节高度的吊杆。

检查数量：按数量抽查20%，不得少于1个系统或不少于5件和两个房间的风口。

检查方法：尺量、观察检查。

7 通风与空调设备安装

7.1 一 般 规 定

7.1.1 本章适用于工作压力不大于 5kPa 的通风机与空调设备安装质量的检验与评定。

7.1.2 通风与空调设备应有装箱清单、设备说明书、产品质量合格证书和产品性能检测报告等随机文件，进口设备还应具有商检合格的证明文件。

7.1.3 设备安装前，应进行开箱检查，并形成验收文字记录。参加人员为建设、监理、施工和厂商等方单位的代表。

7.1.4 设备就位前应对其基础进行验收，合格后方能安装。

7.1.5 设备的搬运和吊装必须符合产品说明书的有关规定，并应做好设备的保护工作，防止因搬运或吊装而造成设备损伤。

7.2 主 控 项 目

7.2.1 通风机的安装应符合下列规定：

1 型号、规格应符合设计规定，其出口方向应正确；

2 叶轮旋转应平稳，停转后每次不应停留在同一位置上；

3 固定通风机的地脚螺栓应拧紧，并有防松动措施。

检查数量：全数检查。

检查方法：依据设计图核对、观察检查。

7.2.2 通风机传动装置的外露部位以及直通大气的进、出口，必须装设防护罩（网）或采取其他安全设施。

检查数量：全数检查。

检查方法：依据设计图核对、观察检查。

7.2.3 空调机组的安装应符合下列规定：

1 型号、规格、方向和技术参数应符合设计要求；

2 现场组装的组合式空气调节机组应做漏风量的检测，其漏风量必须符合现行国家标准《组合式空调机组》GB/T 14294 的规定。

检查数量：按总数抽检 20%，不得少于 1 台。净化空调系统的机组，1～5 级全数检查，6～9 级抽查 50%。

检查方法：依据设计图核对，检查测试记录。

7.2.4 除尘器的安装应符合下列规定：

1 型号、规格、进出口方向必须符合设计要求；

2 现场组装的除尘器壳体应做漏风量检测，在设计工作压力下允许漏风率为5%，其中离心式除尘器为3%；

3 布袋除尘器、电除尘器的壳体及辅助设备接地应可靠。

检查数量：按总数抽查20%，不得少于1台；接地全数检查。

检查方法：按图核对、检查测试记录和观察检查。

7.2.5 高效过滤器应在洁净室及净化空调系统进行全面清扫和系统连续试车12h以上后，在现场拆开包装并进行安装。

安装前需进行外观检查和仪器检漏。目测不得有变形、脱落、断裂等破损现象；仪器抽检检漏应符合产品质量文件的规定。

合格后立即安装，其方向必须正确，安装后的高效过滤器四周及接口，应严密不漏；在调试前应进行扫描检漏。

检查数量：高效过滤器的仪器抽检检漏按批抽5%，不得少于1台。

检查方法：观察检查、按附录B规定扫描检测或查看检测记录。

7.2.6 净化空调设备的安装还应符合下列规定：

1 净化空调设备与洁净室围护结构相连的接缝必须密封；

2 风机过滤器单元（FFU与FMU空气净化装置）应在清洁的现场进行外观检查，目测不得有变形、锈蚀、漆膜脱落、拼接板破损等现象；在系统试运转时，必须在进风口处加装临时中效过滤器作为保护。

检查数量：全数检查。

检查方法：按设计图核对、观察检查。

7.2.7 静电空气过滤器金属外壳接地必须良好。

检查数量：按总数抽查20%，不得少于1台。

检查方法：核对材料、观察检查或电阻测定。

7.2.8 电加热器的安装必须符合下列规定：

1 电加热器与钢构架间的绝热层必须为不燃材料；接线柱外露的应加设安全防护罩；

2 电加热器的金属外壳接地必须良好；

3 连接电加热器的风管的法兰垫片，应采用耐热不燃材料。

检查数量：按总数抽查20%，不得少于1台。

检查方法：核对材料、观察检查或电阻测定。

7.2.9 干蒸汽加湿器的安装，蒸汽喷管不应朝下。

检查数量：全数检查。

检查方法：观察检查。

7.2.10 过滤吸收器的安装方向必须正确,并应设独立支架,与室外的连接管段不得泄漏。

检查数量：全数检查。

检查方法：观察或检测。

7.3 一 般 项 目

7.3.1 通风机的安装应符合下列规定：

1 通风机的安装，应符合表 7.3.1 的规定，叶轮转子与机壳的组装位置应正确；叶轮进风口插入风机机壳进风口或密封圈的深度，应符合设备技术文件的规定或为叶轮外径值的 1/100；

表 7.3.1 通风机安装的允许偏差

<table>
<tr><th rowspan="2">项次</th><th rowspan="2" colspan="2">项　目</th><th colspan="2">允 许 偏 差</th><th rowspan="2">检 验 方 法</th></tr>
<tr><th>合　格</th><th>优　良</th></tr>
<tr><td>1</td><td colspan="2">中心线的平面位移</td><td>10mm</td><td>8mm</td><td>经纬仪或拉线和尺量检查</td></tr>
<tr><td>2</td><td colspan="2">标　　高</td><td>± 10mm</td><td>± 8mm</td><td>水准仪或水平仪、直尺、拉线和尺量检查</td></tr>
<tr><td>3</td><td colspan="2">皮带轮轮宽中心平面偏移</td><td colspan="2">1mm</td><td>在主、从动皮带轮端面拉线和尺量检查</td></tr>
<tr><td>4</td><td colspan="2">传动轴水平度</td><td colspan="2">纵向 0.2/1000
横向 0.3/1000</td><td>在轴或皮带轮 0°和 180°的两个位置上，用水平仪检查</td></tr>
<tr><td rowspan="2">5</td><td rowspan="2">联轴器</td><td>两轴芯径向位移</td><td colspan="2">0.05mm</td><td rowspan="2">在联轴器互相垂直的四个位置上，用百分表检查</td></tr>
<tr><td>两轴线倾斜</td><td colspan="2">0.2/1000</td></tr>
</table>

2 现场组装的轴流风机叶片安装角度应一致，达到在同一平面内运转，叶轮与筒体之间的间隙应均匀，水平度允许偏差为 1/1000；

3 安装隔振器的地面应平整，各组隔振器承受荷载的压缩量应均匀，高度误差应小于 2mm；

4 安装风机的隔振钢支、吊架，其结构形式和外形尺寸应符合设计或设备技术文件的规定；焊接应牢固，焊缝应饱满、均匀。

优良：在合格的基础上排列整齐。螺母在同侧，拧紧后，螺杆突出螺母长度一致，且为螺杆直径的 1/2。型钢支架朝向一致。

检查数量：按总数抽查 20%，不得少于 1 台。

检查方法：尺量、观察或检查施工记录。

7.3.2 组合式空调机组及柜式空调机组的安装应符合下列规定：

1 组合式空调机组各功能段的组装，应符合设计规定的顺序和要求；各功能段之间的连接应严密，整体应平直；

2 机组与供回水管的连接应正确，应确保空气与水流的逆流换热效应，机组下部冷凝水排放管的水封高度应符合设计要求；

3 机组应清扫干净，箱体内应无杂物、垃圾和积尘；

4 机组内空气过滤器（网）和空气热交换器翅片应清洁、完好。

优良：安装平正，外观整洁，无污染。垂直度允许偏差 2/1000，水平度允许偏差 2/1000，最大不大于 5mm。冷凝水排放管坡度均匀，面漆均匀，色泽一致。

检查数量：按总数抽查 20%，不得少于 1 台。

检查方法：观察检查。

7.3.3 空气处理室的安装应符合下列规定：

1 金属空气处理室壁板及各段的组装位置应正确，表面平整，连接严密、牢固；

2 喷水段的本体及其检查门不得漏水，喷水管和喷嘴的排列、规格应符合设计的规定；

3 表面式换热器的散热面应保持清洁、完好。当用于冷却空气时，在下部应设有排水装置，冷凝水的引流管或槽应畅通，冷凝水不外溢；

4 表面式换热器与围护结构间的缝隙，以及表面式热交换器之间的缝隙，应封堵严密；

5 换热器与系统供回水管的连接应正确，且严密不漏。

优良：在合格基础上，缝隙封严，换热器翅片整齐、无倒伏。

检查数量：按总数抽查20%，不得少于1台。

检查方法：观察检查。

7.3.4 单元式空调机组的安装应符合下列规定：

1 分体式空调机组的室外机和风冷整体式空调机组的安装，固定应牢固、可靠；除应满足冷却风循环空间的要求外，还应符合环境卫生保护有关法规的规定；

2 分体式空调机组的室内机的位置应正确、并保持水平，冷凝水排放应畅通。管道穿墙处必须密封，不得有雨水渗入；

3 整体式空调机组管道的连接应严密、无渗漏，四周应留有相应的维修空间。

优良：在合格基础上，安装平正，与室内协调美观。成排机组安装时，协调美观。

检查数量：按总数抽查20%，不得少于1台。

检查方法：观察检查。

7.3.5 除尘设备的安装应符合下列规定：

1 除尘器的安装位置应正确、牢固平稳，允许误差应符合表7.3.5的规定；

表7.3.5 除尘器安装允许偏差和检验方法

项次	项目		允许偏差（mm）		检验方法
			合格	***优良***	
1	平面位移		≤10	***≤8***	用经纬仪或拉线、尺量检查
2	标高		±10	***±8***	用水准仪、直尺、拉线和尺量检查
3	垂直度	每米	≤2		吊线和尺量检查
		总偏差	≤10	***≤8***	

2 除尘器的活动或转动部件的动作应灵活、可靠，并应符合设计要求；

3 除尘器的排灰阀、卸料阀、排泥阀的安装应严密，并便于操作与维护修理。

检查数量：按总数抽查20%，不得少于1台。

检查方法：尺量、观察检查及检查施工记录。

7.3.6 现场组装的静电除尘器的安装，还应符合设备技术文件及下列规定：

1 阳极板组合后的阳极排平面度允许偏差为5mm，其对角线允许偏差为10mm；

2 阴极小框架组合后主平面的平面度允许偏差为5mm，其对角线允许偏差为10mm；

3 阴极大框架的整体平面度允许偏差为 15mm，整体对角线允许偏差为 10mm；

4 阳极板高度小于或等于 7m 的电除尘器，阴、阳极间距允许偏差为 5mm。阳极板高度大于 7m 的电除尘器，阴、阳极间距允许偏差为 10mm；

5 振打锤装置的固定应可靠；振打锤的转动应灵活。锤头方向应正确；振打锤头与振打砧之间应保持良好的线接触状态，接触长度应大于锤头厚度的 0.7 倍。

优良：在合格的基础上，

1 阳极板组合后的阳极排平面度允许偏差为 4mm，其对角线允许偏差为 8mm；

2 阴极小框架组合后主平面的平面度允许偏差为 4mm，其对角线允许偏差为 8mm；

3 阴极大框架的整体平面度允许偏差为 12mm，整体对角线允许偏差为 8mm；

4 阳极板高度小于或等于 7m 的电除尘器，阴、阳极间距允许偏差为 4mm。阳极板高度大于 7m 的电除尘器，阴、阳极间距允许偏差为 8mm。

检查数量：按总数抽查 20%，不得少于 1 组。

检查方法：尺量、观察检查及检查施工记录。

7.3.7 现场组装布袋除尘器的安装，还应符合下列规定：

1 外壳应严密、不漏，布袋接口应牢固；

2 分室反吹袋式除尘器的滤袋安装，必须平直。每条滤袋的拉紧力应保持在 25～35N/m；与滤袋连接接触的短管和袋帽，应无毛刺；

3 机械回转扁袋袋式除尘器的旋臂，转动应灵活可靠，净气室上部的顶盖，应密封不漏气，旋转应灵活，无卡阻现象；

4 脉冲袋式除尘器的喷吹孔，应对准文氏管的中心，同心度允许偏差为 2mm。

优良：在合格的基础上，同心度允许偏差为 1mm。

检查数量：按总数抽查 20%，不得少于 1 台。

检查方法：尺量、观察检查及检查施工记录。

7.3.8 洁净室空气净化设备的安装，应符合下列规定：

1 带有通风机的气闸室、吹淋室与地面间应有隔振垫；

2 机械式余压阀的安装，阀体、阀板的转轴均应水平，允许偏差为 2/1000。余压阀的安装位置应在室内气流的下风侧，并不应在工作面高度范围内；

3 传递窗的安装，应牢固、垂直，与墙体的连接处应密封。

优良：在合格的基础上，机械式余压阀的安装，阀体、阀板的转轴均应水平，允许偏差为 1/1000。

检查数量：按总数抽查 20%，不得少于 1 件。

检查方法：尺量、观察检查。

7.3.9 装配式洁净室的安装应符合下列规定：

1 洁净室的顶板和壁板（包括夹芯材料）应为不燃材料；

2 洁净室的地面应干燥、平整，平整度允许偏差为 1/1000；

3 壁板的构配件和辅助材料的开箱，应在清洁的室内进行，安装前应严格检查其规格和质量。壁板应垂直安装，底部宜采用圆弧或钝角交接；安装后的壁板之间、壁板与顶板间的拼缝，应平整严密，墙板的垂直允许偏差为 2/1000，顶板水平度的允许偏差与每个单间的几何尺寸的允许偏差均为 2/1000；

4 洁净室吊顶在受荷载后应保持平直，压条全部紧贴。洁净室壁板若为上、下槽形板时，其接头应平整、严密；组装完毕的洁净室所有拼接缝，包括与建筑的接缝，均应采取密封措施，做到不脱落，密封良好。

检查数量：按总数抽查20%，不得少于5处。

检查方法：尺量、观察检查及检查施工记录。

7.3.10 洁净层流罩的安装应符合下列规定：

1 应设独立的吊杆，并有防晃动的固定措施；

2 层流罩安装的水平度允许偏差为1/1000，高度的允许偏差为±1mm；

3 层流罩安装在吊顶上，其四周与顶板之间应设有密封及隔振措施。

检查数量：按总数抽查20%，不得少于5件。

检查方法：尺量、观察检查及检查施工记录。

7.3.11 风机过滤器单元（FFU、FMU）的安装应符合下列规定：

1 风机过滤器单元的高效过滤器安装前应按本标准第7.2.5条的规定检漏，合格后进行安装，方向必须正确；安装后的FFU或FMU机组应便于检修；

2 安装后的FFU风机过滤器单元，应保持整体平整，与吊顶衔接良好。风机箱与过滤器之间的连接，过滤器单元与吊顶框架间应有可靠的密封措施。

检查数量：按总数抽查20%，不得少于2个。

检查方法：尺量、观察检查及检查施工记录。

7.3.12 高效过滤器的安装应符合下列规定：

1 高效过滤器采用机械密封时，须采用密封垫料，其厚度为6~8mm，并定位贴在过滤器边框上，安装后垫料的压缩应均匀，压缩率为25%~50%；

2 采用液槽密封时，槽架安装应水平，不得有渗漏现象，槽内无污物和水分，槽内密封液高度宜为2/3槽深。密封液的熔点宜高于50℃。

检查数量：按总数抽查20%，不得少于5个。

检查方法：尺量、观察检查。

7.3.13 消声器的安装应符合下列规定：

1 消声器安装前应保持干净，做到无油污和浮尘；

2 消声器安装的位置、方向应正确，与风管的连接应严密，不得有损坏与受潮。两组同类型消声器不宜直接串联；

3 现场安装的组合式消声器，消声组件的排列、方向和位置应符合设计要求。单个消声器组件的固定应牢固；

4 消声器、消声弯管均应设独立支、吊架。

优良：在合格的基础上，串联的消声器间直管段长度大于500mm，布置美观，外观整洁，无污染，支吊架形式合理。

检查数量：整体安装的消声器，按总数抽查10%，且不得少于5台。现场组装的消声器全数检查。

检查方法：手扳和观察检查、核对安装记录。

7.3.14 空气过滤器的安装应符合下列规定：

1 安装平整、牢固，方向正确。过滤器与框架、框架与围护结构之间应严密无穿透缝；

2 框架式或粗效、中效袋式空气过滤器的安装，过滤器四周与框架应均匀压紧，无可见缝隙，并应便于拆卸和更换滤料；

3 卷绕式过滤器的安装，框架应平整，展开的滤料应松紧适度，上下筒体应平行。

优良：在合格基础上，滤料安装牢固，卷绕式过滤器转动灵活，不得有破损。

检查数量：按总数抽查10%，且不得少于1台。

检查方法：观察检查。

7.3.15 风机盘管机组的安装应符合下列规定：

1 机组安装前宜进行单机三速试运转及水压检漏试验。试验压力为系统工作压力的1.5倍，试验观察时间为2min，不渗漏为合格；

2 机组应设独立支、吊架，安装的位置、高度及坡度应正确、固定牢固；

3 机组与风管、回风箱或风口的连接，应严密、可靠。

优良：在合格基础上，安装平正，外观整洁。

检查数量：按总数抽查10%，且不得少于1台。

检查方法：观察检查、查阅检查试验记录。

7.3.16 转轮式换热器安装的位置、转轮旋转方向及接管应正确，运转应平稳。

优良：在合格基础上，安装牢固，外观整洁。

检查数量：按总数抽查20%，且不得少于1台。

检查方法：观察检查。

7.3.17 转轮去湿机安装应牢固，转轮及传动部件应灵活、可靠，方向正确；处理空气与再生空气接管应正确；排风水平管须保持一定的坡度，坡向排出方向。

检查数量：按总数抽查20%，且不得少于1台。

检查方法：观察检查。

7.3.18 蒸汽加湿器的安装应设置独立支架，并固定牢固；接管尺寸正确、无泄漏。

优良：在合格基础上，安装平正，密封严密。

检查数量：全数检查。

检查方法：观察检查。

7.3.19 空气风幕机的安装，位置方向应正确、牢固可靠，纵向垂直度与横向水平度的偏差均不应大于2/1000。

优良：在合格基础上，安装平正，外观整洁。

检查数量：按总数10%的比例抽查，且不得少于1台。

检查方法：观察检查。

7.3.20 变风量末端装置的安装，应设单独支、吊架，与风管连接前宜做动作试验。

优良：吊杆垂直，长度一致，安装平正。

检查数量：按总数抽查10%，且不得少于1台。

检查方法：观察检查、查阅检查试验记录。

8 空调制冷系统安装

8.1 一 般 规 定

8.1.1 本章适用于空调工程中工作压力不高于2.5MPa、工作温度在－20～150℃的整体式、组装式及单元式制冷设备（包括热泵）、制冷附属设备、其他配套设备和管路系统安装工程施工质量的检验与评定。

8.1.2 制冷设备、制冷附属设备、管道、管件及阀门的型号、规格、性能及技术参数等必须符合设计要求。设备机组的外表应无损伤、密封应良好，随机文件和配件应齐全。

8.1.3 与制冷机组配套的蒸汽、燃油、燃气供应系统和蓄冷系统的安装，还应符合设计文件、有关消防规范与产品技术文件的规定。

8.1.4 空调用制冷设备的搬运和吊装，应符合产品技术文件和本标准第7.1.5条的规定。

8.1.5 制冷机组本体的安装、试验、试运转及验收还应符合现行国家标准《制冷设备、空气分离设备安装工程施工及验收规范》GB 50274有关条文的规定。

8.2 主 控 项 目

8.2.1 制冷设备与制冷附属设备的安装应符合下列规定：

1 制冷设备、制冷附属设备的型号、规格和技术参数必须符合设计要求，并具有产品合格证书、产品性能检验报告；

2 设备的混凝土基础应进行质量交接验收，合格后方可安装；

3 设备安装的位置、标高和管口方向必须符合设计要求。用地脚螺栓固定的制冷设备或制冷附属设备，其垫铁的放置位置应正确、接触紧密；螺栓必须拧紧，并有防松动措施。

检查数量：全数检查。

检查方法：查阅图纸核对设备型号、规格；产品质量合格证书和性能检验报告。

8.2.2 直接膨胀表面式冷却器的外表应保持清洁、完整，空气与制冷剂应呈逆向流动；表面式冷却器与外壳四周的缝隙应堵严，冷凝水排放应畅通。

检查数量：全数检查。

检查方法：观察检查。

8.2.3 燃油系统的设备与管道，以及储油罐及日用油箱的安装，位置和连接方法应符合设计与消防要求。

燃气系统设备的安装应符合设计和消防要求。调压装置、过滤器的安装和调节应符合设备技术文件的规定，且应可靠接地。

检查数量：全数检查。

检查方法：按图纸核对、观察、查阅接地测试记录。

8.2.4 制冷设备的各项严密性试验和试运行的技术数据，均应符合设备技术文件的规定。对组装式的制冷机组和现场充注制冷剂的机组，必须进行吹污、气密性试验、真空试验和充注制冷剂检漏试验，其相应的技术数据必须符合产品技术文件和有关现行国家标准、规范的规定。

检查数量：全数检查。

检查方法：旁站观察、检查和查阅试运行记录。

8.2.5 制冷系统管道、管件和阀门的安装应符合下列规定：

1 制冷系统的管道、管件和阀门的型号、材质及工作压力等必须符合设计要求，并应具有出厂合格证、质量证明书；

2 法兰、螺纹等处的密封材料应与管内的介质性能相适应；

3 制冷剂液体管不得向上装成“Ω”形。气体管道不得向下装成“℧”形（特殊回油管除外）；液体支管引出时，必须从干管底部或侧面接出；气体支管引出时，必须从干管顶部或侧面接出；有两根以上的支管从干管引出时，连接部位应错开，间距不应小于2倍支管直径，且不小于200mm；

4 制冷机与附属设备之间制冷剂管道的连接，其坡度与坡向应符合设计及设备技术文件要求。当设计无规定时，应符合表8.2.5的规定；

表8.2.5 制冷剂管道坡度、坡向

管道名称	坡向	坡度
压缩机吸气水平管（氟）	压缩机	≥10/1000
压缩机吸气水平管（氨）	蒸发器	≥3/1000
压缩机排气水平管	油分离器	≥10/1000
冷凝器水平供液管	贮液器	（1~3）/1000
油分离器至冷凝器水平管	油分离器	（3~5）/1000

5 制冷系统投入运行前，应对安全阀进行调试校核，其开启和回座压力应符合设备技术文件的要求。

检查数量：按总数抽检20%，且不得少于5件。第5款全数检查。

检查方法：核查合格证明文件、观察、水平仪测量、查阅调校记录。

8.2.6 燃油管道系统必须设置可靠的防静电接地装置，其管道法兰应采用镀锌螺栓连接或在法兰处用铜导线进行跨接，且接合良好。

检查数量：系统全数检查。

检查方法：观察检查、查阅试验记录。

8.2.7 燃气系统管道与机组的连接不得使用非金属软管。燃气管道的吹扫和压力试验应为压缩空气或氮气，严禁用水。当燃气供气管道压力大于0.005MPa时，焊缝的无损检测的执行标准应按设计规定。当设计无规定，且采用超声波探伤时，应全数检测，以质量不低于Ⅱ级为合格。

检查数量：系统全数检查。

检查方法：观察检查、查阅探伤报告和试验记录。

8.2.8 氨制冷剂系统管道、附件、阀门及填料不得采用铜或铜合金材料（磷青铜除外），管内不得镀锌。氨系统的管道焊缝应进行射线照相检验，抽检率为10%，以质量不低于Ⅲ级为合格。在不易进行射线照相检验操作的场合，可用超声波检验代替，以不低于Ⅱ级为合格。

检查数量：系统全数检查。

检查方法：观察检查、查阅探伤报告和试验记录。

8.2.9 输送乙二醇溶液的管道系统，不得使用内镀锌管道及配件。

检查数量：按系统的管段抽查20%，且不得少于5件。

检查方法：观察检查、查阅安装记录。

8.2.10 制冷管道系统应进行强度、气密性试验及真空试验，且必须合格。

检查数量：系统全数检查。

检查方法：旁站、观察检查和查阅试验记录。

8.3 一 般 项 目

8.3.1 制冷机组与制冷附属设备的安装应符合下列规定：

1 制冷设备及制冷附属设备安装位置、标高的允许偏差，应符合表8.3.1的规定；

表8.3.1 制冷设备与制冷附属设备安装允许偏差和检验方法

项次	项目	允许偏差（mm）		检验方法
		合格	*优良*	
1	平面位移	10	***8***	经纬仪或拉线和尺量检查
2	标　　高	±10	***±8***	水准仪或经纬仪、拉线和尺量检查

2 整体安装的制冷机组，其机身纵、横向水平度的允许偏差为1/1000，并应符合设备技术文件的规定；

3 制冷附属设备安装的水平度或垂直度允许偏差为1/1000，并应符合设备技术文件的规定；

优良：在合格的基础上，机身在一个水平面内保持一致，设备表面无明显划痕及损伤。

4 采用隔振措施的制冷设备或制冷附属设备，其隔振器安装位置应正确；各个隔振器的压缩量，应均匀一致，偏差不应大于2mm；

优良：在合格的基础上，减振器位置布置合理，减振效果可靠。

5 设置弹簧隔振的制冷机组，应设有防止机组运行时水平位移的定位装置。

检查数量：全数检查。

检查方法：在机座或指定的基准面上用水平仪、水准仪等检测，尺量与观察检查。

8.3.2 模块式冷水机组单元多台并联组合时，接口应牢固，且严密不漏。连接后机组的外表应平整、完好，无明显的扭曲。

优良：在合格的基础上，设备应在同一水平面内，平正，无污染。

检查数量：全数检查。

检查方法：尺量、观察检查。

8.3.3 燃油系统油泵和蓄冷系统载冷剂泵的安装，纵、横向水平度允许偏差为 1/1000，联轴器两轴芯轴向倾斜允许偏差为 0.2/1000，径向位移为 0.05mm。

优良：在合格的基础上，泵体清洁，漆面完好，无污染。地脚螺栓应加平光垫、弹簧垫，并进行防腐处理。减振器布置合理，无明显变形，无污染。

检查数量：全数检查。

检查方法：在机座或指定的基准面上，用水平仪、水准仪等检测，尺量、观察检查。

8.3.4 制冷系统管道、管件的安装应符合下列规定：

1 管道、管件的内外壁应清洁、干燥；铜管管道支吊架的型式、位置、间距及管道安装标高应符合设计要求，连接制冷机的吸、排气管道应设单独支架；管径小于等于 20mm 的铜管道，在阀门处应设置支架；管道上下平行敷设时，吸气管应在下方；

2 制冷剂管道弯管的弯曲半径不应小于 3.5*D*（管道直径），其最大外径与最小外径之差不应大于 0.08*D*，且不应使用焊接弯管及皱褶弯管；

3 制冷剂管道分支管应按介质流向弯成 90°弧度与主管连接，不宜使用弯曲半径小于 1.5*D* 的压制弯管；

4 铜管切口应平整，不得有毛刺、凹凸等缺陷，切口允许倾斜偏差为管径的 1%，管口翻边后应保持同心，不得有开裂及皱褶，并应有良好的密封面；

5 采用承插钎焊焊接连接的铜管，其插接深度应符合表 8.3.4 的规定，承插的扩口方向应迎介质流向。当采用套接钎焊焊接连接时，其插接深度应不小于承插连接的规定。

采用对接焊缝组对管道的内壁应齐平，错边量不大于 0.1 倍壁厚，且不大于 1mm。

表 8.3.4 承插式焊接的铜管承口的扩口深度表（mm）

铜管规格	≤*DN*15	*DN*20	*DN*25	*DN*32	*DN*40	*DN*50	*DN*65
承插口的扩口深度	9～12	12～15	15～18	17～20	21～24	24～26	26～30

优良：在合格的基础上，承插管接触良好，管道焊接严密，焊口美观。

6 管道穿越墙体或楼板时，管道的支吊架和钢管的焊接应按本标准第 9 章的有关规定执行。

优良：在合格的基础上，空间位置合理美观。几组并列安装的配管，其弯曲半径应相同，间距、坡向、倾斜度应一致。

检查数量：按系统抽查 20%，且不得少于 5 件。

检查方法：尺量、观察检查。

8.3.5 制冷系统阀门的安装应符合下列规定：

1 制冷剂阀门安装前应进行强度和严密性试验。强度试验压力为阀门公称压力的 1.5 倍，时间不得少于 5min；严密性试验压力为阀门公称压力的 1.1 倍，持续时间 30s 不漏为合格。合格后应保持阀体内干燥。如阀门进、出口封闭破损或阀体锈蚀的还应进行解体清洗；

2 位置、方向和高度应符合设计要求；

3 水平管道上的阀门的手柄不应朝下；垂直管道上的阀门手柄应朝向便于操作的地方；

4 自控阀门安装的位置应符合设计要求。电磁阀、调节阀、热力膨胀阀、升降式止回阀等的阀头均应向上；热力膨胀阀的安装位置应高于感温包，感温包应装在蒸发器末端的回气管上，与管道接触良好，绑扎紧密；

5 安全阀应垂直安装在便于检修的位置，排气管的出口应朝向安全地带，排液管应装在泄水管上。

检查数量：按系统抽查 20%，且不得少于 5 件。

检查方法：尺量、观察检查、旁站或查阅试验记录。

优良：在合格的基础上，阀门安装高度应一致，启闭灵活，操作方便，并用绝热材料密封包扎，其厚度与管道绝热层相同。

8.3.6 制冷系统的吹扫排污应采用压力为 0.6MPa 的干燥压缩空气或氮气，以浅色布检查 5min，无污物为合格。系统吹扫干净后，应将系统中阀门的阀芯拆下清洗干净。

检查数量：全数检查。

检查方法：观察、旁站或查阅试验记录。

9 空调水系统管道与设备安装

9.1 一 般 规 定

9.1.1 本章适用于空调工程水系统安装子分部工程，包括冷（热）水、冷却水、凝结水系统的设备（不包括末端设备）、管道及附件施工质量的检验与评定。

9.1.2 镀锌钢管应采用螺纹连接。当管径大于 *DN*100 时，可采用卡箍式、法兰或焊接连接，但应对焊缝及热影响区的表面进行防腐处理。

9.1.3 从事金属管道焊接的企业，应具有相应项目的焊接工艺评定，焊工应持有相应类别焊接的焊工合格证书。

9.1.4 空调用蒸汽管道的安装，应按本企业标准《建筑给水、排水及采暖工程施工质量评定标准》的规定执行。

9.2 主 控 项 目

9.2.1 空调工程水系统的设备与附属设备、管道、管配件及阀门的型号、规格、材质及连接形式应符合设计规定。

检查数量：按总数抽查 10%，不少于 5 件。

检查方法：观察检查外观质量并检查产品质量证明文件、材料进场验收记录。

9.2.2 管道安装应符合下列规定：

1 隐蔽管道必须按本标准第3.0.11的规定执行；

2 焊接钢管、镀锌钢管不得采用热煨弯；

3 管道与设备的连接，应在设备安装完毕后进行。水泵、制冷机组的接管必须为柔性接口。柔性短管不得强行对口连接，与其连接的管道应设置独立支架；

4 冷热水及冷却水系统应在系统冲洗、排污合格（目测：以排出口的水色和透明度与入水口对比相近，无可见杂物），再循环试运行 2h 以上，且水质正常后才能与制冷机组、空调设备相贯通；

5 固定在建筑结构上的管道支、吊架，不得影响结构的安全。管道穿越墙体或楼板处应设钢制套管，管道接口不得置于套管内，钢制套管应与墙体饰面或楼板底部平齐，上部应高出楼层地面 20～50mm，并不得将套管作为管道支撑。

保温管道与套管四周间隙应使用不燃绝热材料填塞紧密。

检查数量：系统全数检查。每个系统管道、部件数量抽查 10%，且不得少于 5 件。

检查方法：尺量、观察检查，旁站或查阅试验记录、隐蔽工程记录。

9.2.3 管道系统安装完毕，外观检查合格后，应按设计要求进行水压试验。当设计无规定时，应符合下列规定：

1 冷热水、冷却水系统的试验压力，当工作压力小于等于1.0MPa时，为1.5倍工作压力，但最低不小于0.6MPa；当工作压力大于1.0MPa时，为工作压力加0.5MPa；

2 对于大型或高层建筑垂直位差较大的冷（热）媒水、冷却水管道系统宜采用分区、分层试压和系统试压相结合的方法。一般建筑可采用系统试压方法。

分区、分层试压：对相对独立的局部区域的管道进行试压。在试验压力下，稳压10min，压力不得下降，再将系统压力降至工作压力，在60min内压力不得下降、外观检查无渗漏为合格。

系统试压：在各分区管道与系统主、干管全部连通后，对整个系统的管道进行系统的试压。试验压力以最低点的压力为准，但最低点的压力不得超过管道与组成件的承受压力。压力试验升至试验压力后，稳压10min，压力下降不得大于0.02MPa，再将系统压力降至工作压力，外观检查无渗漏为合格；

3 各类耐压塑料管的强度试验压力为1.5倍工作压力，严密性试验压力为1.15倍的工作压力；

4 凝结水系统采用充水试验，应以不渗漏为合格。

检查数量：系统全数检查。

检查方法：旁站观察或查阅试验记录。

9.2.4 阀门的安装应符合下列规定：

1 阀门的安装位置、高度、进出口方向必须符合设计要求，连接应牢固紧密；

2 安装在保温管道上的各类手动阀门，手柄均不得向下；

3 阀门安装前必须进行外观检查，阀门的铭牌应符合《通用阀门标志》GB 12220的规定。对于工作压力大于1.0MPa及在主干管上起到切断作用的阀门，应进行强度和严密性试验，合格后方准使用。其他阀门可不单独进行试验，待在系统试压中检验。

强度试验时，试验压力为公称压力的1.5倍，持续时间不少于5min，阀门的壳体、填料应无渗漏。

严密性试验时，试验压力为公称压力的1.1倍；试验压力在试验持续的时间内应保持不变，时间应符合表9.2.4的规定，以阀瓣密封面无渗漏为合格。

检查数量：1、2款抽查5%，且不得少于1个。水压试验以每批（同牌号、同规格、同型号）数量中抽查20%，且不得少于1个。对于安装在主干管上起切断作用的闭路阀门，全数检查。

检查方法：按设计图核对、观察检查；旁站或查阅试验记录。

表9.2.4 阀门压力持续时间

公称直径 *DN*（mm）	最短试验持续时间（s）严密性试验	
	金属密封	非金属密封
≤50	15	15
65~200	30	15
250~450	60	30
≥500	120	60

9.2.5 补偿器的补偿量和安装位置必须符合设计及产品技术文件的要求，并应根据设计计算的补偿量进行预拉伸或预压缩。

设有补偿器（膨胀节）的管道应设置固定支架，其结构形式和固定位置应符合设计要求，并应在补偿器的预拉伸（或预压缩）前固定；导向支架的设置应符合所安装产品技术文件的要求。

检查数量：抽查20%，且不得少于1个。

检查方法：观察检查，旁站或查阅补偿器的预拉伸或预压缩记录。

9.2.6 冷却塔的型号、规格、技术参数必须符合设计要求。对含有易燃材料冷却塔的安装，必须严格执行施工防火安全的规定。

检查数量：全数检查。

检查方法：按图纸核对，监督执行防火规定。

9.2.7 水泵的规格、型号、技术参数应符合设计要求和产品性能指标。水泵正常连续试运行的时间，不应少于2小时。

检查数量：全数检查。

检查方法：按图纸核对，实测或查阅水泵试运行记录。

9.2.8 水箱、集水缸、分水缸、储冷罐的满水试验或水压试验必须符合设计要求。储冷罐内壁防腐涂层的材质、涂抹质量、厚度必须符合设计或产品技术文件要求，储冷罐与底座必须进行绝热处理。

检查数量：全数检查。

检查方法：尺量、观察检查，查阅试验记录。

9.3 一 般 项 目

9.3.1 当空调水系统的管道，采用建筑用硬聚氯乙烯（PVC-U）、聚丙烯（PP-R）、聚丁烯（PB）与交联聚乙烯（PEX）等有机材料管道时，其连接方法应符合设计和产品技术要求的规定。

优良：在合格的基础上，管道外观光滑，无明显划痕；粘接接口处洁净，无多余粘接剂；熔接圈应光滑，周边洁净。

检查数量：按总数抽查20%，且不得少于2处。

检查方法：尺量、观察检查，验证产品合格证书和试验记录。

9.3.2 金属管道的焊接应符合下列规定：

1 管道焊接材料的品种、规格、性能应符合设计要求。管道对接焊口的组对和坡口形式等应符合表9.3.2的规定；对口的平直度为1/100，全长不大于10mm。管道的固定焊口应远离设备，且不宜与设备接口中心线相重合。管道对接焊缝与支、吊架的距离应大于50mm；

表 9.3.2 管道焊接坡口形式和尺寸

项次	厚度 T（mm）	坡口名称	坡口形式	坡口尺寸			备注
				间隙 C（mm）	钝边 P（mm）	坡口角度 α（°）	
1	1~3	I型坡口		0~1.5			内壁错边量≤0.1T，且≤2mm；外壁≤3mm
	3~6			1~2.5			
2	6~9	V型坡口		0~2.0	0~2	65~75	
	9~26			0~3.0	0~3	55~65	

续表 9.3.2

项次	厚度 T（mm）	坡口名称	坡口形式	坡口尺寸			备注
				间隙 C（mm）	钝边 P（mm）	坡口角度 α（°）	
3	2~20	T型坡口	T_1 C T_2	0~2.0			

2 管道焊缝表面应清理干净，并进行外观质量的检查。焊缝外观质量不得低于现行国家标准《现场设备、工业管道焊接工程施工及验收规范》GB 50236 中第 **11.3.3** 条的Ⅳ级规定（氨管为Ⅲ级）。

优良：在合格的基础上，外形美观，焊波均匀一致，焊缝表面无结瘤、夹渣和气孔。

检查数量：按总数抽查 20%，且不得少于 1 处。

检查方法：尺量、观察检查。

9.3.3 螺纹连接的管道，螺纹应清洁、规整，断丝或缺丝不大于螺纹全扣数的 10%；连接牢固；接口处根部外露螺纹为 2~3 扣，无外露填料；镀锌管道的镀锌层应注意保护，对局部的破损处，应做防腐处理。

优良：在合格基础上，螺纹清洁、规整无断丝；镀锌碳素钢管和管件的镀锌层无破损，螺纹露出部分防腐蚀良好；接口处无外露油麻等缺陷。

检查数量：按总数抽查 5%，且不得少于 5 处。

检查方法：尺量、观察检查。

9.3.4 法兰连接的管道，法兰面应与管道中心线垂直，并同心。法兰对接应平行，其偏差不应大于其外径的 1.5/1000，且不得大于 2mm；连接螺栓长度应一致，螺母在同侧，均匀拧紧。螺栓紧固后不应低于螺母平面。法兰的衬垫规格、品种与厚度应符合设计的要求。

优良：在合格基础上，螺杆露出螺母长度一致，且不大于螺杆直径 1/2。

检查数量：按总数抽查 5%，且不得少于 5 处。

检查方法：尺量、观察检查。

9.3.5 钢制管道的安装应符合下列规定：

1 管道和管件在安装前，应将其内、外壁的污物和锈蚀清除干净。当管道安装间断时，应及时封闭敞开的管口；

2 管道弯制弯管的弯曲半径，热弯不应小于管道外径的 3.5 倍、冷弯不应小于 4 倍；焊接弯管不应小于 1.5 倍；冲压弯管不应小于 1 倍。弯管的最大外径与最小外径的差不应大于管道外径的 8/100，管壁减薄率不应大于 15%；

3 冷凝水排水管坡度，应符合设计文件的规定。当设计无规定时，其坡度宜大于或等于 8‰；软管连接的长度，不宜大于 150mm；

4 冷热水管道与支、吊架之间，应有绝热衬垫（承压强度能满足管道重量的不燃、难燃硬质绝热材料或经防腐处理的木衬垫），其厚度不应小于绝热层厚度，宽度应大于支、吊架支承面的宽度。衬垫的表面应平整，衬垫接合面的空隙应填实；

5 管道安装的坐标、标高和纵、横向的弯曲度应符合表 9.3.5 的规定。在吊顶内等暗装管道的位置应正确，无明显偏差。

表 9.3.5　管道安装的允许偏差和检验方法

项目			允许偏差（mm）		检查方法
			合格	优良	
坐标	架空及地沟	室外	25	***20***	按系统检查管道的起点、终点、分支点和变向点及各点之间的直管用经纬仪、水准仪、液体连通器、水平仪、拉线和尺量检查
		室内	15	***12***	
	埋地		60	***55***	
标高	架空及地沟	室外	±20	***±15***	
		室内	±15	***±12***	
	埋地		±25	***±20***	
水平管道平直度	$DN \leqslant 100$mm		2L‰，最大 40	***2L‰，最大 35***	用直尺、拉线和尺量检查
	$DN > 100$mm		3L‰，最大 60	***2L‰，最大 55***	
立管垂直度			5L‰，最大 25	***4L‰，最大 20***	用直尺、线锤、拉线和尺量检查
成排管段间距			15	***12***	用直尺尺量检查
成排管段或成排阀门在同一平面上			3	***2***	用直尺、拉线和尺量检查

注：L——管道的有效长度（mm）。

检查数量：按总数抽查 10%，且不得少于 5 处。

检查方法：尺量、观察检查。

9.3.6　钢塑复合管道的安装，当系统工作压力不大于 1.0MPa 时，可采用涂（衬）塑焊接钢管螺纹连接，与管道配件的连接深度和扭矩应符合表 9.3.6-1 的规定；当系统工作压力为 1.0～2.5MPa 时，可采用涂（衬）塑无缝钢管法兰连接或沟槽式连接，管道配件均为无缝钢管涂（衬）塑管件。

沟槽式连接的管道，其沟槽与橡胶密封圈和卡箍套必须为配套合格产品；支、吊架的间距应符合表 9.3.6-2 的规定。

表 9.3.6-1　钢塑复合管螺纹连接深度及紧固扭矩

公称直径（mm）		15	20	25	32	40	50	65	80	100
螺纹连接	深度(mm)	11	13	15	17	18	20	23	27	33
	牙数	6.0	6.5	7.0	7.5	8.0	9.0	10.0	11.5	13.5
扭矩（N·m）		40	60	100	120	150	200	250	300	400

表 9.3.6-2　沟槽式连接管道的沟槽及支、吊架的间距

公称直径（mm）	沟槽深度（mm）	允许偏差（mm）	支、吊架的间距（m）	端面垂直度允许偏差（mm）
65～100	2.20	0～+0.3	3.5	1.0
125～150	2.20	0～+0.3	4.2	1.5
200	2.50	0～+0.3	4.2	
225～250	2.50	0～+0.3	5.0	
300	3.0	0～+0.5	5.0	

注：1. 连接管端面应平整光滑、无毛刺；沟槽过深，应作为废品不得使用；
　　2. 支、吊架不得支承在连接头上，水平管的任两个连接头之间必须有支、吊架。

检查数量：按总数抽查10%，且不得少于5处。

检查方法：尺量、观察检查、查阅产品合格证明文件。

9.3.7 风机盘管机组及其他空调设备与管道的连接，宜采用弹性接管或软接管（金属或非金属软管），其耐压值应大于等于1.5倍的工作压力。软管的连接应牢固，不应有强扭和瘪管。

优良：在合格的基础上，软连接顺直，不扭曲。

检查数量：按总数抽查10%，且不得少于5处。

检查方法：观察、查阅产品合格证明文件。

9.3.8 金属管道的支、吊架的形式、位置、间距、标高应符合设计或有关技术标准的要求。设计无规定时，应符合下列规定：

1 支、吊架的安装应平整牢固，与管道接触紧密。管道与设备连接处，应设独立支、吊架；

2 冷（热）媒水、冷却水系统管道机房内总、干管的支、吊架，应采用承重防晃管架；与设备连接的管道管架宜有减振措施。当水平支管的管架采用单杆吊架时，应在管道起始点、阀门、三通、弯头及长度每隔15m设置承重防晃支、吊架；

3 无热位移的管道吊架，其吊杆应垂直安装；有热位移的，其吊杆应向热膨胀（或冷收缩）的反方向偏移安装，偏移量按计算确定；

4 滑动支架的滑动面应清洁、平整，其安装位置应从支承面中心向位移反方向偏移1/2位移值或符合设计文件规定；

5 竖井内的立管，每隔2~3层应设导向支架。在建筑结构负重允许的情况下，水平安装管道支、吊架的间距应符合表9.3.8的规定；

表9.3.8 钢管道支、吊架的最大间距

公称直径（mm）		15	20	25	32	40	50	70	80	100	125	150	200	250	300
支架的最大间距（m）	L_1	1.5	2.0	2.5	2.5	3.0	3.5	4.0	5.0	5.0	5.5	6.5	7.5	8.5	9.5
	L_2	2.5	3	3.5	4	4.5	5.0	6.0	6.5	6.5	7.5	7.5	9.0	9.5	10.5
	对大于300mm的管道可参考300mm管道														

注：1. 适用于工作压力不大于2.0MPa，不保温或保温材料密度不大于200kg/m³的管道系统。

2. L_1用于保温管道，L_2用于不保温管道。

6 管道支、吊架的焊接应由合格持证焊工施焊，并不得有漏焊、欠焊或焊接裂纹等缺陷。支架与管道焊接时，管道侧的咬边量，应小于0.1管壁厚。

优良：在合格的基础上，吊架吊耳及型钢支架朝向一致，吊架上螺孔与吊架边缘的距离一致，吊杆长度一致，且支吊架的设置合理、美观，大于100mm的管道不应采用胀吊。

检查数量：按系统支架数量抽查5%，且不得少于5个。

检查方法：尺量、观察检查。

9.3.9 采用建筑用硬聚氯乙烯（PVC-U）、聚丙烯（PP-R）与交联聚乙烯（PEX）等管道时，管道与金属支、吊架之间应有隔绝措施，不可直接接触。当为热水管道时，还应加宽其接触的面积。支、吊架的间距应符合设计和产品技术要求的规定。

优良：在合格基础上，隔热垫外露长度一致，连接紧密。吊架吊耳及型钢支架朝向一致，吊架上螺孔与吊架边缘的距离一致，吊杆长度一致，且支吊架的设置合理、美观。

检查数量：按系统支架数量抽查5%，且不得少于5个。

检查方法：观察检查。

9.3.10 阀门、集气罐、自动排气装置、除污器（水过滤器）等管道部件的安装应符合设计要求，并应符合下列规定：

1 阀门安装的位置、进出口方向应正确，并便于操作；连接应牢固紧密，启闭灵活；成排阀门的排列应整齐美观，在同一平面上的允许偏差为3mm；

2 电动、气动等自控阀门在安装前应进行单体的调试，包括开启、关闭等动作试验；

3 冷冻水和冷却水的除污器（水过滤器）应安装在进机组前的管道上，方向正确且便于清污；与管道连接牢固、严密，其安装位置应便于滤网的拆装和清洗。过滤器滤网的材质、规格和包扎方法应符合设计要求；

4 闭式系统管路应在系统最高处及所有可能积聚空气的高点设置排气阀，在管路最低点应设置排水管及排水阀。

优良：在合格的基础上，启闭灵活，朝向合理，表面洁净，排列整齐美观。

检查数量：按规格、型号抽查10%，且不得少于2个。

检查方法：对照设计文件尺量、观察和操作检查。

9.3.11 冷却塔安装应符合下列规定：

1 基础标高应符合设计的规定，允许误差为±20mm。冷却塔地脚螺栓与预埋件的连接或固定应牢固，各连接部件应采用热镀锌或不锈钢螺栓，其紧固力应一致、均匀；

2 冷却塔安装应水平，单台冷却塔安装水平度和垂直度允许偏差均为2/1000。同一冷却水系统的多台冷却塔安装时，各台冷却塔的水面高度应一致，高差不大于30mm；

3 冷却塔的出水口及喷嘴的方向和位置应正确，积水盘应严密无渗漏；分水器布水均匀。带转动布水器的冷却塔，其转动部分应灵活，喷水出口按设计或产品要求，方向应一致；

4 冷却塔风机叶片端部与塔体四周的径向间隙应均匀。对于可调整角度的叶片，角度应一致。

优良：在合格的基础上，滤层填料填塞均匀，成排安装时，高度一致，高差不大于20mm，排列整齐，翅片无倒伏。

检查数量：全数检查。

检查方法：尺量、观察检查，积水盘做充水试验或查阅试验记录。

9.3.12 水泵及附属设备的安装应符合下列规定：

1 水泵的平面位置和标高允许偏差为±10mm，安装的地脚螺栓应垂直、拧紧，且与设备底座接触紧密；

2 垫铁组放置位置正确、平稳，接触紧密，每组不超过3块；

3 整体安装的泵，纵向水平偏差不应大于0.1/1000，横向水平偏差不应大于0.20/1000；解体安装的泵纵、横向安装水平偏差均不应大于0.05/1000；

水泵与电机采用联轴器连接时，联轴器两轴芯的允许偏差，轴向倾斜不大于0.2/1000，径向位移不大于0.05mm；

小型整体安装的管道水泵不应有明显偏斜；

4 减振器与水泵及水泵基础连接牢固、平稳、接触紧密。

优良：在合格的基础上，泵体清洁，漆面完好，无污染。地脚螺栓应加平光垫、弹簧垫，并进行防腐处理。减振器布置合理，无明显变形，无污染。

检查数量：全数检查。

检查方法：扳手试拧、观察检查，用水平仪和塞尺测量或查阅设备安装记录。

9.3.13 水箱、集水器、分水器、储冷罐等设备的安装，支架或底座的尺寸、位置符合设计要求。设备与支架或底座接触紧密，安装平正、牢固。平面位置允许偏差为15mm，标高允许偏差为±5mm，垂直度允许偏差为1/1000。

膨胀水箱安装的位置及接管的连接，应符合设计文件的要求。

优良：在合格的基础上，设备清洁，漆面完好，无污染。

检查数量：全数检查。

检查方法：尺量、观察检查，旁站或查阅试验记录。

10 防腐与绝热

10.1 一般规定

10.1.1 风管与部件及空调设备绝热工程施工应在风管系统严密性检验合格后进行。

10.1.2 空调工程的制冷系统管道，包括制冷剂和空调水系统绝热工程的施工，应在管路系统强度与严密性检验合格和防腐处理结束后进行。

10.1.3 普通薄钢板在制作风管前，宜预涂防锈漆一遍。

10.1.4 支、吊架的防腐处理应与风管或管道相一致，其明装部分必须涂面漆。

10.1.5 油漆施工时，应采取防火、防冻、防雨等措施，并不应在低温或潮湿环境下作业。明装部分的最后一遍色漆，宜在安装完毕后进行。

10.1.6 空调风管安装与支、吊架间应采取防冷桥的措施。

10.2 主控项目

10.2.1 风管和管道的绝热，应采用不燃或难燃材料，其材质、密度、规格与厚度应符合设计要求。如采用难燃材料时，应对其难燃性进行检查，合格后方可使用。

检查数量：按批随机抽查1件。

检查方法：观察检查、检查材料合格证，并做点燃试验。

10.2.2 防腐涂料和油漆，必须是在有效保质期限内的合格产品。

检查数量：按批检查。

检查方法：观察、检查材料合格证。

10.2.3 在下列场合必须使用不燃绝热材料：

1 电加热器前后800mm的风管和绝热层；

2 穿越防火隔墙两侧2m范围内风管、管道和绝热层。

检查数量：全数检查。

检查方法：观察、检查材料合格证与做点燃试验。

10.2.4 输送介质温度低于周围空气露点温度的管道，当采用非闭孔性绝热材料时，隔汽层（防潮层）必须完整，且封闭良好。

检查数量：按数量抽查10%，且不得少于5段。

检查方法：观察检查。

10.2.5 位于洁净室内的风管及管道的绝热，不应采用易产尘的材料（如玻璃纤维、短纤维矿棉等）。

检查数量：全数检查。

检查方法：观察检查。

10.3 一 般 项 目

10.3.1 喷、涂油漆的漆膜，应均匀、无堆积、皱纹、气泡、掺杂、混色与漏涂等缺陷。

优良：漆膜附着牢固、光滑均匀、色泽一致。

检查数量：按面积抽查10%。

检查方法：观察检查。

10.3.2 各类空调设备、部件的油漆喷、涂，不得遮盖铭牌标志和影响部件的功能使用。

检查数量：按数量抽查10%，且不得少于2个。

检查方法：观察检查。

10.3.3 风管系统部件的绝热，不得影响其操作功能。

检查数量：按数量抽查10%，且不得少于2个。

检查方法：观察检查。

10.3.4 绝热材料层应密实，无裂缝、空隙等缺陷。表面应平整，当采用卷材或板材时，允许偏差为5mm；采用涂抹或其他方式时，允许偏差为10mm。防潮层（包括绝热层的端部）应完整，且封闭良好；其搭接缝应顺水。

优良：在合格的基础上，表面平整，当采用卷材或板材时，允许偏差为4mm；采用涂抹或其他方式时，允许偏差为8mm。防潮层（包括绝热层的端部）搭接均匀，无污染。

检查数量：管道按轴线长度抽查10%；部件、阀门抽查10%，且不得少于2个。

检查方法：观察检查、用钢针刺入保温层、尺量。

10.3.5 风管绝热层采用粘结方法固定时，施工应符合下列规定：

1 粘结剂的性能应符合使用温度和环境卫生的要求，并与绝热材料相匹配；

2 粘结材料宜均匀地涂在风管、部件或设备的外表面上，绝热材料与风管、部件及设备表面应紧密贴合、无空隙；

3 绝热层纵、横向的接缝，应错开；

4 绝热层粘贴后，如进行包扎或捆扎，包扎的搭接处应均匀、贴紧；捆扎的应松紧适度，不得损坏绝热层。

优良：在合格的基础上，拼缝均匀整齐平整一致，表面平顺一致，无污染。

检查数量：按数量抽查10%。

检查方法：观察检查和检查材料合格证。

10.3.6 风管绝热层采用保温钉连接固定时，应符合下列规定：

1 保温钉与风管、部件及设备表面的连接，可采用粘接或焊接，结合应牢固，不得脱落；焊接后应保持风管的平整，并不应影响镀锌钢板的防腐性能；

2 矩形风管或设备保温钉的分布应均匀，其数量底面每平方米不应少于16个，侧面不应少于10个，顶面不应少于8个。首行保温钉至风管或保温材料边沿的距离应小于120mm；

3 风管法兰部位的绝热层的厚度，不应低于风管绝热层的0.8倍；

4 带有防潮隔汽层绝热材料的拼缝处，应用粘胶带封严。粘胶带的宽度不应小于

50mm。粘胶带应牢固地粘贴在防潮面层上，不得有胀裂和脱落。

优良：在合格的基础上，拼缝均匀整齐平整一致，纵向缝错开。粘胶带包扎牢固，松紧适度，表面平顺一致。

检查数量：按数量抽查10%，且不得少于5处。

检查方法：观察检查。

10.3.7 绝热涂料作绝热层时，应分层涂抹，厚度均匀，不得有气泡和漏涂等缺陷，表面固化层应光滑，牢固无缝隙。

优良：在合格的基础上，表面光滑平顺，无裂纹，无污染。

检查数量：按数量抽查10%。

检查方法：观察检查。

10.3.8 当采用玻璃纤维布作绝热保护层时，搭接的宽度应均匀，宜为30~50mm，且松紧适度。

优良：在合格的基础上，松紧适度、搭接宽度均匀、平整美观，无污染。

检查数量：按数量抽查10%，且不得少于$10m^2$。

检查方法：尺量、观察检查。

10.3.9 管道阀门、过滤器及法兰部位的绝热结构应能单独拆卸。

检查数量：按数量抽查10%，且不得少于5个。

检查方法：观察检查。

10.3.10 管道绝热层的施工，应符合下列规定：

1 绝热产品的材质和规格，应符合设计要求，管壳的粘贴应牢固、铺设应平整；绑扎应紧密，无滑动、松弛与断裂现象；

2 硬质或半硬质绝热管壳的拼接缝隙，保温时不应大于5mm、保冷时不应大于2mm，并用粘结材料勾缝填满；纵缝应错开，外层的水平接缝应设在侧下方。当绝热层的厚度大于100mm时，应分层铺设，层间应压缝；

3 硬质或半硬质绝热管壳应用金属丝或难腐织带捆扎，其间距为300~350mm，且每节至少捆扎2道；

4 松散或软质绝热材料应按规定的密度压缩其体积，疏密应均匀。毡类材料在管道上包扎时，搭接处不应有空隙。

优良：在合格的基础上，拼缝均匀整齐，敷设均匀，包扎牢固、平整。松紧适度，表面平顺一致，搭线宽度适宜，外形整齐美观。

检查数量：按数量抽查10%，且不得少于10段。

检查方法：尺量、观察检查及查阅施工记录。

10.3.11 管道防潮层的施工应符合下列规定：

1 防潮层应紧密粘贴在绝热层上，封闭良好，不得有虚粘、气泡、褶皱、裂缝等缺陷；

2 立管的防潮层，应由管道的低端向高端敷设，环向搭接的缝口应朝向低端；纵向的搭接缝应位于管道的侧面，并顺水；

3 卷材防潮层采用螺旋形缠绕的方式施工时，卷材的搭接宽度宜为30~50mm。

优良：在合格的基础上，搭接宽度适宜，外形整齐美观。松紧适度，表面平顺一致。

检查数量：按数量抽查 10%，且不得少于 10m。

检查方法：尺量、观察检查。

10.3.12 金属保护壳的施工，应符合下列规定：

1 应紧贴绝热层，不得有脱壳、褶皱、强行接口等现象。接口的搭接应顺水，并有凸筋加强，搭接尺寸为 20~25mm。采用自攻螺钉固定时，螺钉间距应匀称，并不得刺破防潮层。

2 户外金属保护壳的纵、横向接缝，应顺水；其纵向接缝应位于管道的侧面。金属保护壳与外墙面或屋顶的交接处应加设泛水。

优良：在合格的基础上，搭接宽度均匀、平整，外形美观。

检查数量：按数量抽查 10%。

检查方法：观察检查。

10.3.13 冷热源机房内制冷系统管道的外表面，应做色标。

优良：在合格的基础上，色标均匀、美观，标示清晰，标识明确、统一。

检查数量：按数量抽查 10%。

检查方法：观察检查。

11 系 统 调 试

11.1 一 般 规 定

11.1.1 系统调试所使用的测试仪器和仪表，性能应稳定可靠，其精度等级及最小分度值应能满足测定的要求，并应符合国家有关计量法规及检定规程的规定。

11.1.2 通风与空调工程的系统调试，应由施工单位负责、监理单位监督，设计单位与建设单位参与和配合。系统调试的实施可以是施工企业本身或委托给具有调试能力的其他单位。

11.1.3 系统调试前，承包单位应编制调试方案，报送专业监理工程师审核批准；调试结束后，必须提供完整的调试资料和报告。

11.1.4 通风与空调工程系统无生产负荷的联合试运转及调试，应在制冷设备和通风与空调设备单机试运转合格后进行。空调系统带冷（热）源的正常联合试运转不应少于 8h，当竣工季节与设计条件相差较大时，仅做不带冷（热）源试运转。通风、除尘系统的连续试运转不应少于 2h。

11.1.5 净化空调系统运行前应在回风、新风的吸入口处和粗、中效过滤器前设置临时用过滤器（如无纺布等），实行对系统的保护。净化空调系统的检测和调整，应在系统进行全面清扫，且已运行 24h 及以上达到稳定后进行。

洁净室洁净度的检测，应在空态或静态下进行或按合约规定。室内洁净度检测时，人员不宜多于 3 人，均必须穿与洁净室洁净度等级相适应的洁净工作服。

11.2 主 控 项 目

11.2.1 通风与空调工程安装完毕，必须进行系统的测定和调整（简称调试）。系统调试应包括下列项目：

1 设备单机试运转及调试；

2 系统无生产负荷下的联合试运转及调试。

检查数量：全数。

检查方法：观察、旁站、查阅调试记录。

11.2.2 设备单机试运转及调试应符合下列规定：

1 通风机、空调机组中的风机，叶轮旋转方向正确、运转平稳、无异常振动与声响，其电机运行功率应符合设备技术文件的规定。在额定转速成下连续运转 2h 后，滑动轴承外壳最高温度不得超过 70℃；滚动轴承不得超过 80℃；

2 水泵叶轮旋转方向正确，无异常振动和声响，紧固连接部位无松动，其电机运行功率值符合设备技术文件的规定。水泵连续运转 2h 后，滑动轴承外壳最高温度不得超过

70℃，滚动轴承不得超过 75℃；

3 冷却塔本体应稳固、无异常振动，其噪声应符合设备技术文件的规定。风机试运转按本条第 1 款的规定；

冷却塔风机与冷却水系统循环试运行不少于 2h，运行应无异常情况；

4 制冷机组、单元式空调机组的试运转，应符合设备技术文件和现行国家标准《制冷设备、空气分离设备安装工程施工及验收规范》GB 50274 的有关规定，正常运转不应少于 8h；

5 电控防火、防排烟风阀（口）的手动、电动操作应灵活、可靠，信号输出正确。

检查数量：第 1 款按风机数量抽查 10%，且不得少于 1 台；第 2、3、4 款全数检查；第 5 款按系统中风阀的数量抽查 20%，且不得少于 5 件。

检查方法：观察、旁站、用声级计测定、查阅试运转记录及有关文件。

11.2.3 系统无生产负荷的联合试运转及调试应符合下列规定：

1 系统总风量调试结果与设计风量的偏差不应大于 10%；

2 空调冷热水、冷却水总流量测试结果与设计流量的偏差不应大于 10%；

3 舒适空调的温度、相对湿度应符合设计的要求。恒温、恒湿房间室内空气温度、相对湿度及波动范围应符合设计规定。

检查数量：按风管系统数量抽查 10%，且不得少于 1 个系统。

检查方法：观察、旁站、查阅调试记录。

11.2.4 防排烟系统联合试运行与调试的结果（风量及正压），必须符合设计与消防的规定。

检查数量：按总数抽查 10%，且不得少于 2 个楼层。

检查方法：观察、旁站、查阅调试记录。

11.2.5 净化空调系统还应符合下列规定：

1 单向流洁净室系统的系统总风量调试结果与设计风量的允许偏差为 0～20%，室内各风口风量与设计风量的允许偏差为 15%。

新风量与设计新风量的允许偏差为 10%。

2 单向流洁净室系统的室内截面平均风速的允许偏差为 0～20%，且截面风速不均匀度不应大于 0.25。

新风量和设计新风量的允许偏差为 10%。

3 相邻不同级别洁净室之间和洁净室与非洁净室之间的静压不应小于 5Pa，洁净室与室外的静压差不应小于 10Pa；

4 室内空气洁净度等级必须符合设计规定的等级或在商定验收状态下的等级要求。

高于等于 5 级的单向流洁净室，在门开启的状态下，测定距离门 0.6m 室内侧工作高度处空气的含尘浓度，亦不应超过室内洁净度等级上限的规定。

检查数量：调试记录全数检查，测点抽查 5%，且不得少于 1 点。

检查方法：检查、验证调试记录，按本标准附录 B 进行测试校核。

11.3 一 般 项 目

11.3.1 设备单机试运转及调试应符合下列规定：

1 水泵运行时不应有异常振动和声响、壳体密封处不得渗漏、紧固连接部位不应松动、轴封的温升应正常；在无特殊要求的情况下，普通填料泄漏量不应大于60mL/h，机械密封的不应大于5mL/h；

2 风机、空调机组、风冷热泵等设备运行时，产生的噪声不宜超过产品性能说明书的规定值；

3 风机盘管机组的三速、温控开关的动作应正确，并与机组运行状态一一对应。

检查数量：第1、2款抽查20%，且不得少于1台；第3款抽查10%，且不得少于5台。

检查方法：观察、旁站、查阅试运转记录。

11.3.2 通风工程系统无生产负荷联动试运转及调试应符合下列规定：

1 系统联动试运转中，设备及主要部件的联动必须符合设计要求，动作协调、正确，无异常现象；

2 系统经过平衡调整，各风口或吸风罩的风量与设计风量的允许偏差不应大于15%；

3 湿式除尘器的供水与排水系统运行应正常。

11.3.3 空调工程系统无生产负荷联动试运转及调试还应符合下列规定：

1 空调工程水系统应冲洗干净、不含杂物，并排除管道系统中的空气；系统连续运行应达到正常、平稳；水泵的压力和水泵电机的电流不应出现大幅波动；系统平衡调整后，各空调机组的水流量应符合设计要求，允许偏差为20%；

2 各种自动计量检测元件和执行机构的工作应正常，满足建筑设备自动化（BA、FA等）系统对被测定参数进行检测和控制的要求；

3 多台冷却塔并联运行时，各冷却塔的进、出水量应达到均衡一致；

4 空调室内噪声应符合设计规定要求；

5 有压差要求的房间、厅堂与其他相邻房间之间的压差，舒适性空调正压为0~25Pa;工艺性的空调应符合设计的规定；

6 有环境噪声要求的场所，制冷、空调机组应按现行国家标准《采暖通风与空气调节设备噪声声功率级的测定——工程法》GB 9068的规定进行测定。洁净室内的噪声应符合设计的规定。

检查数量：按系统数量抽查10%，且不得少于1个系统或1间。

检查方法：观察、用仪表测量检查及查阅调试记录。

11.3.4 通风与空调工程的控制和监测设备，应能与系统的检测元件和执行机构正常沟通，系统的状态参数应能正确显示，设备联锁、自动调节、自动保护应能正确动作。

检查数量：按系统或监测系统总数抽查30%，且不得少于1个系统。

检查方法：旁站观察，查阅调试记录。

12　通风与空调分部工程质量评定

12.0.1　通风与空调工程的质量评定，是在工程施工质量得到有效监控的前提下，施工单位通过整个分部工程的无生产负荷系统联合试运转与调试和观感质量的检查，按本标准要求，对分部工程进行评定的过程。在评定合格的基础上，由施工单位报送监理及建设单位进行验收。

12.0.2　通风与空调工程的竣工验收，应由建设单位负责，组织施工、设计监理等单位共同进行，合格后即应办理竣工验收手续。

12.0.3　通风与空调工程质量评定及验收时，应检查竣工验收的资料，一般包括下列文件及记录：

1　图纸会审记录、设计变更通知书和竣工图；

2　主要材料、设备、成品、半成品和仪表的出厂合格证明及进场检（试）验报告；

3　隐蔽工程检查验收记录；

4　工程设备、风管系统、管道系统安装及检验记录；

5　管道试验记录；

6　设备单机试运转记录；

7　系统无生产负荷联合试运转与调试记录；

8　分部（子分部）工程质量验收记录；

9　观感质量综合检查记录；

10　安全和功能检验资料的核查记录。

12.0.4　观感质量检查应包括以下项目：

1　风管表面应平整、无损坏；接管合理，风管的连接以及风管与设备或调节装置的连接，无明显缺陷；

2　风口表面应平整，颜色一致，安装位置正确，风口可调节部件应能正常动作；

3　各类调节装置的制作和安装应正确牢固，调节灵活，操作方便。防火及排烟阀等关闭严密，动作可靠；

4　制冷及水管系统的管道、阀门及仪表安装位置正确，系统无渗漏；

5　风管、部件及管道的支、吊架型式、位置及间距应符合本标准要求；

6　风管、管道的软性接管位置应符合设计要求，接管正确、牢固，自然无强扭；

7　通风机、制冷机、水泵、风机盘管机组的安装应正确牢固；

8　组合式空气调节机组外表平整光滑、接缝严密、组装顺序正确，喷水室外表面无渗漏；

9　除尘器、积尘室安装应牢固、接口严密；

10　消声器安装方向正确，外表面应平整无损坏；

11　风管、部件、管道及支架的油漆应附着牢固，漆膜厚度均匀，油漆颜色与标志符合设计要求；

12 绝热层的材质、厚度应符合设计要求；表面平整、无断裂和脱落；室外防潮层或保护壳应顺水搭接、无渗漏。

检查数量：风管、管道按系统抽查10%，且不得少于1个系统。各类部件、阀门及仪表抽检5%，且不得少于10件。

检查方法：尺量、观察检查。

12.0.5 净化空调系统的观感质量检查还应包括下列项目：

1 空调机组、风机、净化空调机组、风机过滤器单元和空气吹淋室等的安装位置应正确、固定牢固、连接严密，其偏差应符合本标准有关条文的规定；

2 高效过滤器与风管、风管与设备的连接处应有可靠密封；

3 净化空调机组、静压箱、风管及送回风口清洁无积尘；

4 装配式洁净室的内墙面、吊顶和地面应光滑、平整、色泽均匀、不起灰尘，地板静电值应低于设计规定；

5 送回风口、各类末端装置以及各类管道等与洁净室内表面的连接处密封处理应可靠、严密。

检查数量：按数量抽查20%，且不得少于1个。

检查方法：尺量、观察检查。

13 综合效能的测定与调整

13.0.1 通风与空调工程交工前，应进行系统生产负荷的综合效能试验的测定与调整。

13.0.2 通风与空调工程带生产负荷的综合效能试验与调整，应在已具备生产试运行的条件下进行，由建设单位负责，设计、施工单位配合。

13.0.3 通风、空调系统带生产负荷的综合效能试验测定与调整的项目，应由建设单位根据工程性质、工艺和设计的要求进行确定。

13.0.4 通风、除尘系统综合效能试验可包括下列项目：

1 室内空气中含尘浓度或有害气体浓度与排放浓度的测定；

2 吸气罩罩口气流特性的测定；

3 除尘器阻力和除尘效率的测定；

4 空气油烟、酸雾过滤装置净化效率的测定。

13.0.5 空调系统综合效能试验可包括下列项目：

1 送回风口空气状态参数的测定与调整；

2 空气调节机组性能参数的测定与调整；

3 室内噪声的测定；

4 室内空气温度和相对湿度的测定与调整；

5 对气流有特殊要求的空调区域做气流速度的测定。

13.0.6 恒温恒湿空调系统除应包括空调系统综合效能试验项目外，尚可增加下列项目：

1 室内静压的测定和调整；

2 空调机组各功能段性能的测定和调整；

3 室内温度、相对湿度场的测定和调整；

4 室内气流组织的测定。

13.0.7 净化空调系统除应包括恒温恒湿空调系统综合效能试验项目外,尚可增加下列项目：

1 生产负荷状态下室内空气洁净度等级的测定；

2 室内浮游菌和沉降菌的测定；

3 室内自净时间的测定；

4 空气洁净度高于5级的洁净室，除应进行净化空调系统综合效能试验项目外，尚应增加设备泄漏、防止污染扩散等特定项目的测定；

5 洁净度等级高于等于5级的洁净室，可进行单向气流流线平行度的检测，在工作区内气流流向偏离规定方向的角度不大于15°。

13.0.8 防排烟系统综合效能试验的测定项目，为模拟状态下安全区正压变化测定及烟雾扩散试验等。

13.0.9 净化空调系统的综合效能检测单位和检测状态，宜由建设、设计和施工单位三方协商确定。

附录A　漏光法检测与漏风量测试

A.1　漏 光 法 检 测

A.1.1　漏光法检测是利用光线对小孔的强穿透力，对系统风管严密程度进行检测的方法。

A.1.2　检测应采用具有一定强度的安全光源。手持移动光源可采用不低于100W带保护罩的低压照明灯，或其他低压光源。

A.1.3　系统风管漏光检测时，光源可置于风管内侧或外侧，但其相对侧应为暗黑环境。检测光源应沿着被检测接口部位与接缝作缓慢移动，在另一侧进行观察，当发现有光线射出，则说明查到明显漏风处，并应做好记录。

A.1.4　对系统风管的检测，宜采用分段检测、汇总分析的方法。在严格安装质量管理的基础上，系统风管的检测以总管和干管为主。当采用漏光法检测系统的严密性时，低压系统风管以每10m接缝，漏光点不大于2处，且100m接缝平均不大于16处为合格；中压系统风管每10m接缝，漏光点不大于1处，且100m接缝平均不大于8处为合格。

A.1.5　漏光检测中对发现的条缝形漏光，应作密封处理。

A.2　测　试　装　置

A.2.1　漏风量测试应采用经检验合格的专用测量仪器，或采用符合现行国家标准《流量测量节流装置》规定的计量元件搭设的测量装置。

A.2.2　漏风量测试装置可采用风管式或风室式。风管式测试装置采用孔板做计量元件；风室式测试装置采用喷嘴做计量元件。

A.2.3　漏风量测试装置的风机，其风压和风量应选择分别大于被测定系统或设备的规定试验压力及最大允许漏风量的1.2倍。

A.2.4　漏风量测试装置试验压力的调节，可采用调整风机转速的方法，也可采用控制节流装置开度的方法。漏风量值必须在系统经调整后，保持稳压的条件下测得。

A.2.5　漏风量测试装置的压差测定应采用微压计，其最小读数分格不应大于2.0Pa。

A.2.6　风管式漏风量测试装置：

1　风管式漏风量测试装置由风机、连接风管、测压仪器、整流栅、节流器和标准孔板等组成（图A.2.6-1）。

2　本装置采用角接取压的标准孔板。孔板 β 值范围为0.22~0.7（$\beta=d/D$）；孔板至前、后整流栅及整流栅外直管段距离，应分别符合大于10倍和5倍圆管直径 D 的规定。

3　本装置的连接风管均为光滑圆管。孔板至上游 $2D$ 范围内其圆度允许偏差为

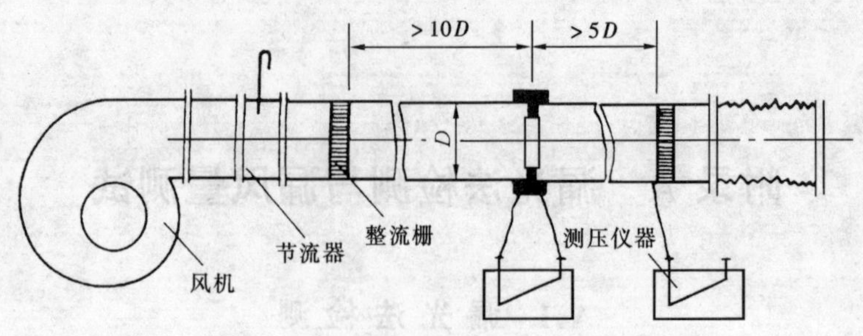

图 A.2.6-1　正压风管式漏风量测试装置

0.3%；下游为 2%。

4　孔板与风管连接，其前端与管道轴线垂直度允许偏差为 1°；孔板与风管同心度允许偏差为 0.015D。

5　在第一整流栅后，所有连接部分应该严密不漏。

6　用下列公式计算漏风量：

$$Q = 3600\varepsilon \cdot \alpha \cdot A_n\sqrt{\frac{2}{\rho}\Delta P} \quad (A.2.6)$$

式中　Q——漏风量（m^3/h）；

ε——空气流束膨胀系数；

α——孔板的流量系数；

A_n——孔板开口面积（m^2）；

ρ——空气密度（kg/m^3）；

ΔP——孔板差压（Pa）。

7　孔板的流量系数与 β 值的关系根据图 A.2.6-2 确定，其适用范围应满足下列条件，在此范围内，不计管道粗糙度对流量系数的影响。

$10^5 < Re < 2.0 \times 10^6$

$0.05 < \beta^2 \leqslant 0.49$

$50mm < D \leqslant 1000mm$

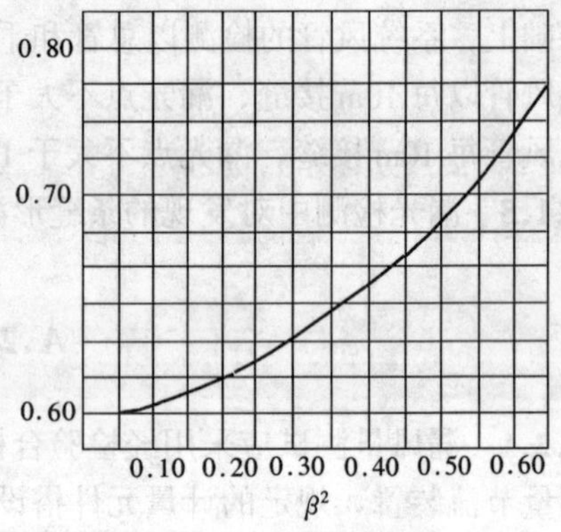

图 A.2.6-2　孔板流量系数图

雷诺数小于 10^5 时，则应按现行国家标准《流量测量节流装置》求得流量系数 α。

8　孔板的空气流束膨胀系数 ε 值可根据表 A.2.6 查得。

表 A.2.6　采用角接取压标准孔板流束膨胀系数 ε 值（$k=1.4$）

β^4 \ P_2/P_1	1.0	0.98	0.96	0.94	0.92	0.90	0.85	0.80	0.75
0.08	1.0000	0.9930	0.9866	0.9803	0.9742	0.9681	0.9531	0.9381	0.9232
0.1	1.0000	0.9924	0.9854	0.9787	0.9720	0.9654	0.9491	0.9328	0.9166
0.2	1.0000	0.9918	0.9843	0.9770	0.9698	0.9627	0.9450	0.9275	0.9100
0.3	1.0000	0.9912	0.9831	0.9753	0.9676	0.9599	0.9410	0.9222	0.9034

注：1. 本表允许内插，不允许外延。

2. P_2/P_1 为孔板后与孔板前的全压值之比。

9 当测试系统或设备负压条件下的漏风量时，装置连接应符合图 A.2.6-3 的规定。

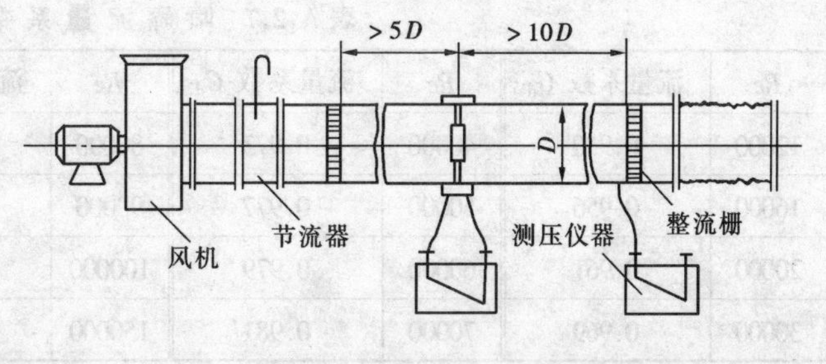

图 A.2.6-3 负压风管式漏风量测试装置

A.2.7 风室式漏风量测试装置：

1 风室式漏风量测试装置由风机、连接风管、测压仪器、均流板、节流器、风室、隔板和喷嘴等组成，如图 A.2.7-1 所示。

2 测试装置采用标准长颈喷嘴（图 A.2.7-2）。喷嘴必须按图 A.2.7-1 的要求安装在隔板上，数量可为单个或多个。两个喷嘴之间的中心距离不得小于较大喷嘴喉部直径的 3 倍；任一喷嘴中心到风室最近侧壁的距离不得小于其喷嘴喉部直径的 1.5 倍。

3 风室的断面面积不应小于被测定风量按断面平均速度小于 0.75m/s 时的断面积。风室内均流板（多孔板）安装位置应符合图 A.2.7-1 的规定。

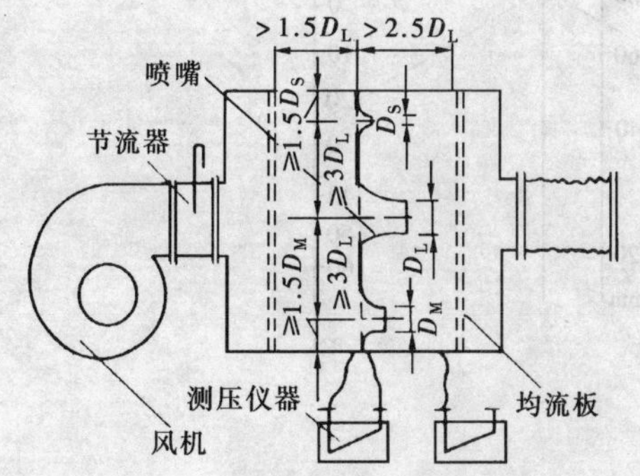

图 A.2.7-1 正压风室式漏风量测试装置

D_S—小号喷嘴直径；D_M—中号喷嘴直径；D_L—大号喷嘴直径

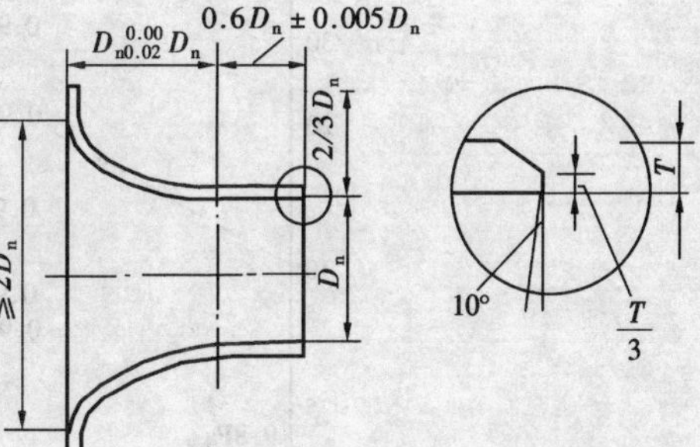

图 A.2.7-2 标准长颈喷嘴

4 风室中喷嘴两端的静压取压接口，应为多个且均布于四壁。静压取压接口至喷嘴隔板的距离不得大于最小喷嘴喉部直径的 1.5 倍。然后，并联成静压环，再与测压仪器相接。

5 采用本装置测定漏风量时，通过喷嘴喉部的流速应控制在 15～35m/s 范围内。

6 本装置要求风室中喷嘴隔板后的所有连接部分应严密不漏。

7 用下列公式计算单个喷嘴风量：

$$Q_n = 3600 C_d \cdot A_d \sqrt{\frac{2}{\rho}} \Delta P \quad (A.2.7-1)$$

多个喷嘴风量：

$$Q = \sum Q_n \quad (A.2.7-2)$$

式中 Q_n——单个喷嘴漏风量（m^3/h）；

C_d——喷嘴的流量系数（直径 127mm 以上取 0.99，小于 127mm 可按表 A.2.7 或图 A.2.7-3 查取）；

A_d——喷嘴的喉部面积（m^2）；

ΔP——喷嘴前后的静电压（Pa）。

表 A.2.7　喷 嘴 流 量 系 数 表

Re	流量系数 C_d	Re	流量系数 C_d	Re	流量系数 C_d	Re	流量系数 C_d
12000	0.950	40000	0.973	80000	0.983	200000	0.991
16000	0.956	50000	0.977	90000	0.984	250000	0.993
20000	0.961	60000	0.979	100000	0.985	300000	0.994
30000	0.969	70000	0.981	150000	0.989	350000	0.994

注：不计温度系数。

8　当测试系统或设备负压条件下的漏风量时，装置连接应符合图 A.2.7-4 的规定。

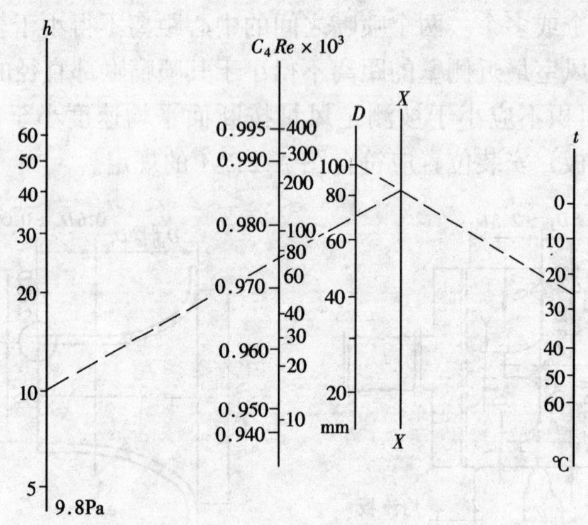

图 A.2.7-3　喷嘴流量系数推算图

注：先用直径与温度标尺在指数标尺（X）上求点，再将指数与压力标尺点相连，可求取流量系数值。

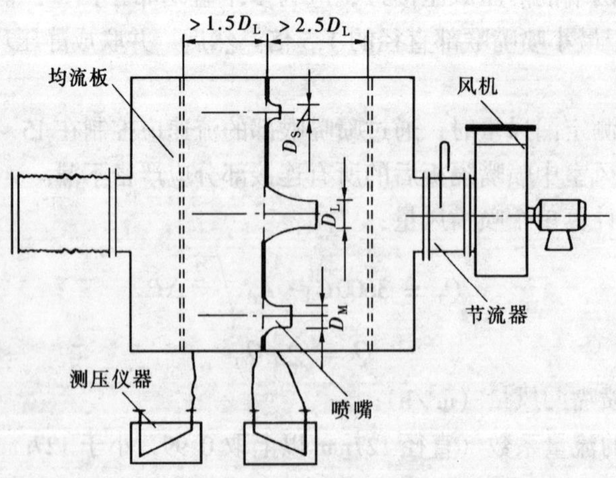

图 A.2.7-4　负压风室式漏风量测试装置

A.3 漏风量的测试

A.3.1 正压或负压系统风管与设备的漏风量测试，分正压试验和负压试验两类。一般可采用正压条件下的测试来检验。

A.3.2 系统漏风量测试可以整体或分段进行。测试时，被测系统的所有开口均应封闭，不应漏风。

A.3.3 被测系统的漏风量超过设计和本标准的规定时，应查出漏风部位（可用听、摸、观察、水或烟检漏），做好标记；修补完工后，重新测试，直至合格。

A.3.4 漏风量测定值一般应为规定测试压力下的实测数值。特殊条件下，也可用相近或大于规定压力下的测试代替，其漏风量可按下式换算：

$$Q_0 = Q(P_0/P)^{0.65} \tag{A.3.4}$$

式中 P_0——规定试验压力，500Pa；

Q_0——规定试验压力下的漏风量［$m^3/(h \cdot m^2)$］；

P——风管工作压力（Pa）；

Q——工作压力下的漏风量［$m^3/(h \cdot m^2)$］。

附录B 洁净室测试方法

B.1 风量或风速的检测

B.1.1 对于单向流洁净室，采用室截面平均风速和截面积乘积的方法确定送风量。离高效过滤器0.3m，垂直于气流的截面作为采样测试截面，截面上测点间距不宜大于0.6m，测点数不应少于5个，以所有测点风速读数的算术平均值作为平均风速。

B.1.2 对于非单向流洁净室，采用风口法或风管法确定送风量，做法如下：

1 风口法是在安装有高效过滤器的风口处，根据风口形状连接辅助风管进行测量。即用镀锌钢板或其他不产尘材料做成与风口形状及内截面相同，长度等于2倍风口长边长的直管段，连接于风口外部。在辅助风管出口平面上，按最少测点数不少于6点均匀布置，使用热球式风速仪测定各测点之风速。然后，以求取的风口截面平均风速乘以风口净截面积求取测定风量。

2 对于风口上风侧有较长的支管段，且已经或可以钻孔时，可以用风管法确定风量。测量断面应位于大于或等于局部阻力部件前3倍管径或长边长，局部阻力部件后5倍管径或长边长的部位。

对于矩形风管，是将测定截面分割成若干个相等的小截面。每个小截面尽可能接近正方形，边长不应大于200mm，测点应位于小截面中心，但整个截面上的测点数不宜少于3个。

对于圆形风管，应根据管径大小，将截面划分成若干个面积相同的同心圆环，每个圆环测4点。根据管径确定圆环数量，不宜少于3个。

B.2 静压差的检测

B.2.1 静压差的测定应在所有的门关闭的条件下，由高压向低压，由平面布置上与外界最远的里间房间开始，依次向外测定。

B.2.2 采用的微差压力计，其灵敏度不应低于2.0Pa。

B.2.3 有孔洞相通的不同等级相邻的洁净室，其洞口处应有合理的气流流向。洞口的平均风速大于等于0.2m/s时，可用热球风速仪检测。

B.3 空气过滤器泄漏测试

B.3.1 高效过滤器的检漏，应使用采样速率大于1L/min的光学粒子计数器。D类高效过滤器宜使用激光粒子计数器或凝结核计数器。

B.3.2 采用粒子计数器检漏高效过滤器。

其上风侧应引入均匀浓度的大气尘或含其他气溶胶尘的空气。对大于等于 0.5μm 尘粒，浓度应大于或等于 $3.5\times10^5 pc/m^3$；或对大于或等于 0.1μm 尘粒，浓度应大于或等于 $3.5\times10^7 pc/m^3$；若检测 D 类高效过滤器，对大于或等于 0.1μm 尘粒，浓度应大于或等于 $3.5\times10^9 pc/m^3$。

B.3.3 高效过滤器的检测采用扫描法，即在过滤器下风侧用粒子计数器的等动力采样头，放在距离被检部位表面 20~30mm 处，以 5~20mm/s 的速度，对过滤器的表面、边框和封头胶处进行移动扫描检查。

B.3.4 泄漏率的检测应在接近设计风速的条件下进行。将受检测的高效过滤器下风侧测得的泄漏浓度换算成透过率，高效过滤器不得大于出厂合格透过率的 2 倍；D 类高效过滤器不得大于出厂合格透过率的 3 倍。

B.3.5 在移动扫描检测工程中，应对计数突然递增的部位进行定点检验。

B.4 室内空气洁净度等级的检测

B.4.1 空气洁净度等级的检测应在设计指定的占用状态（空态、静态、动态）下进行。

B.4.2 检测仪器的选用：应使用采样速率大于 1L/min 的光学粒子计数器，在仪器选用时应考虑粒径鉴别能力、粒子浓度适用范围和计数效率。仪表应有有效的标定合格证书。

B.4.3 采样点的规定：

1 最低限度的采样点数 N_L，见表 B.4.3；

表 B.4.3 最低限度的采样点数 N_L 表

测点数 N_L	2	3	4	5	6	7	8	9	10
洁净区面积 $A(m^2)$	2.1~6.0	6.1~12.0	12.1~20.0	20.1~30.0	30.1~42.0	42.1~56.0	56.1~72.0	72.1~90.0	90.1~110.0

注：1. 在水平单向流时，面积 A 为与气流方向呈垂直的流动空气截面的面积。

2. 最低限度的采样点数 N_L 按公式 $N_L = A^{0.5}$ 计算（四舍五入取整数）。

2 采样点应均匀分布于整个面积内，并位于工作区的高度（距地坪 0.8m 的水平面），或设计单位、业主特指的位置。

B.4.4 采样量的确定：

1 每次采样的最少采样量见表 B.4.4；

表 B.4.4 每次采样的最少采样量 V_s（L）表

洁净度等级	粒径（μm）					
	0.1	0.2	0.3	0.5	1.0	5.0
1	2000	8400	—	—	—	—
2	200	840	1960	5680	—	—
3	20	84	196	568	2400	—
4	2	8	20	57	240	—
5	2	2	2	6	24	680
6	2	2	2	2	2	68
7	—	—	—	2	2	7
8	—	—	—	2	2	2
9	—	—	—	2	2	2

2 每个采样点的最少采样时间为 1min，采样量至少为 2L；

3 每个洁净室（区）最少采样次数为 3 次。当洁净区仅有一个采样点时，则在该点至少采样 3 次；

4 对预期空气洁净度等级达到 4 级或更洁净的环境，采样量很大，可采用 ISO 14644-1附录 F 规定的顺序采样法。

B.4.5 检测采样的规定：

1 采样时采样口处的气流速度，应尽可能接近室内的设计气流速度；

2 对单向流洁净室，其粒子计数器的采样管口应迎着气流方向；对于非单向流洁净室，采样管口宜向上；

3 采样管必须干净，连接处不得有渗漏。采样管的长度应根据允许长度确定，如果无规定时，不宜大于 1.5m；

4 室内的测定人员必须穿洁净工作服，且不宜超过 3 名，并应远离或位于采样点的下风侧静止不动或微动。

B.4.6 记录数据评价。空气洁净度测试中，当全室（区）测点为 2~9 点时，必须计算每个采样点的平均粒子浓度 C_i 值、全部采样点的平均粒子浓度 N 及其标准差，导出 95%置信上限值；采样点超过 9 点时，可采用算术平均值 N 作为置信上限值。

1 每个采样点的平均粒子浓度 C_i 应小于或等于洁净度等级规定的限值，见表 B.4.6-1。

表 B.4.6-1 洁净度等级及悬浮粒子浓度限值

洁净度等级	大于或等于表中粒径 D 的最大浓度 C_n（pc/m³）					
	0.1μm	0.2μm	0.3μm	0.5μm	1.0μm	5.0μm
1	10	2	—	—	—	—
2	100	24	10	4	—	—
3	1000	237	102	35	8	—
4	10000	2370	1020	352	83	—
5	100000	23700	10200	3520	832	29
6	1000000	237000	102000	35200	8320	293
7	—	—	—	352000	83200	2930
8	—	—	—	3520000	832000	29300
9	—	—	—	35200000	8320000	293000

注：1. 本表仅表示了整数值的洁净度等级（N）悬浮粒子最大浓度的限值。

2. 对于非整数洁净度等级，其对应于粒子粒径 D（μm）的最大浓度限值（C_n），应按下列公式计算求取：

$$C_n = 10^N \times \left(\frac{0.1}{D}\right)^{2.08}$$

3. 洁净度等级定级的粒径范围为 0.1~5.0μm，用于定级的粒径数不应大于 3 个，且其粒径的顺序级不应小于 1.5 倍。

2 全部采样点的平均粒子浓度 N 的 95%置信上限值，应小于或等于洁净度等级规定的限值。即：

$$(N + t \times s/\sqrt{n}) \leqslant \text{级别规定的限值}$$

式中 N——室内各测点平均含尘浓度，$N = \sum C_i / n$；

n——测点数；

s——室内各测点平均含尘浓度 N 的标准差：$s=\sqrt{\frac{(C_i-N)^2}{n-1}}$；

t——置信度上限位 95%时，单侧 t 分布的系数，见表 B.4.6-2。

表 B.4.6-2　t 系数

点　数	2	3	4	5	6	7~9
t	6.3	2.9	2.4	2.1	2.0	1.9

B.4.7　每次测试应做记录，并提交性能合格或不合格的测试报告。测试报告应包括以下内容：

1　测试机构的名称、地址；

2　测试日期的测试者签名；

3　执行标准的编号及标准实施日期；

4　被测试的洁净室或洁净区的地址、采样点的特定编号及坐标图；

5　被测洁净室或洁净区的空气洁净度等级、被测粒径（或沉降菌、浮游菌）、被测洁净室所处的状态、气流流型和静压差；

6　测量用的仪器的编号和标定证书；测试方法细则及测试中的特殊情况；

7　测试结果包括在全部采样点坐标图上注明所测的粒子浓度（或沉降菌、浮游菌的的菌落数）；

8　对异常测试值进行说明及数据处理。

B.5　室内浮游菌和沉降菌的检测

B.5.1　微生物检测方法有空气悬浮微生物法和沉降微生物法两种，采样后的基片（或平皿）经过恒温箱内 37℃、48h 的培养生成菌落后进行计数。使用的采样器皿和培养液必须进行消毒灭菌处理。采样点可均匀布置或取代表性地域布置。

B.5.2　悬浮微生物法应采用离心式、狭逢式和针孔式等碰击式采样器，采样时间应根据空气中微生物浓度来决定，采样点数可与测定空气洁净度测点数相同。各种采样器应按仪器说明书规定的方法使用。

沉降微生物法，应采用直径 90mm 培养皿，在采样点上沉降 30min 后进行采样，培养皿最少采样数应符合表 B.5.2 的规定。

表 B.5.2　最 少 培 养 皿 数

空气洁净度级别	培养皿数	空气洁净度级别	培养皿数
<5	44	6	5
5	14	≥7	2

B.5.3　制药厂洁净室（包括生物洁净室）室内浮游菌和沉降菌测试，也可采用按协议确定的采样方案。

B.5.4　用培养皿测定沉降菌，用碰撞式采样器或过滤采样器测定游浮菌，还应遵守以下规定：

1　采样装置采样前的准备及采样后的处理，均应在设有高效空气过滤器排风的负压实验室进行操作，该实验室的温度应为 22±2℃；相对湿度为 50%±10%；

2 采样仪器应消毒灭菌；

3 采样器选择应审核其精度和效率，并有合格证书；

4 采样装置的排气不应污染洁净室；

5 沉降皿个数及采样点、培养基及培养温度、培养时间应按有关规范的规定执行；

6 浮游菌采样器的采样率宜大于 100L/min；

7 碰撞培养基的空气速度应小于 20m/s。

B.6 室内空气温度和相对湿度的检测

B.6.1 根据温度和相对湿度波动范围，应选择相应的具有足够精度的仪表进行测定。每次测定时间间隔不应大于 30min。

B.6.2 室内测定布置：

1 送回风口处；

2 恒温工作区具有代表性的地点（如沿着工艺设备周围布置或等距离布置）；

3 没有恒温要求的洁净室中心；

4 测点一般应布置在距外墙表面大于 0.5m，离地面 0.8m 的同一高度上；也可以根据恒温区的大小，分别布置在离地不同高度的几个平面上。

B.6.3 测点数应符合表 B.6.1 的规定。

表 B.6.1 温、湿度测点数

<table>
<tr><th>波动范围</th><th>室面积≤50m²</th><th>每增加 20~50m²</th></tr>
<tr><td>$\Delta t=\pm0.5\sim\pm2$℃</td><td rowspan="2">5 个</td><td rowspan="2">增加 3~5 个</td></tr>
<tr><td>$\Delta RH=\pm5\%\sim\pm10\%$</td></tr>
<tr><td>$\Delta t\leqslant\pm0.5$℃</td><td colspan="2" rowspan="2">点间距不应大于 2m，点数不应少于 5 个</td></tr>
<tr><td>$\Delta RH\leqslant\pm5\%$</td></tr>
</table>

B.6.4 有恒温恒湿要求的洁净室。室温波动范围按各测点的各次温度中偏差控制点温度的最大值，占测点总数的百分比整理成累计统计曲线。如 90%以上测点偏差值在室温波动范围内，为符合设计要求。反之，为不合格。

区域温度以各测点中最低的一次测试温度为基准，各测点平均温度与超偏差值的点数，占测点总数的百分比整理成累计统计曲线，90%以上测点所达到的偏差值为区域温差，应符合设计要求。相对温度波动范围可按室温波动范围的规定执行。

B.7 单向流洁净室截面平均速度，速度不均匀度的检测

B.7.1 洁净室垂直单向流和非单向流应选择距墙或围护结构内表面大于 0.5m，离地面高度 0.5~1.5m 作为工作区。水平单向流以距送风墙或围护结构内表面 0.5m 处的纵断面为第一工作面。

B.7.2 测定截面的测点数和测定仪器应符合本标准第 B.6.3 条的规定。

B.7.3 测定风速应用测定架固定风速仪，以避免人体干扰。不得不用手持风速仪测定时，

手臂应伸至最长位置，尽量使人体远离测头。

B.7.4 室内气流流形的测定，宜采用发烟或悬挂丝线的方法，进行观察测量与记录。然后，标在记录的送风平面的气流流形图上。一般每台过滤器至少对应1个观察点。

风速的不均匀度 β_0 按下列公式计算，一般 β_0 值不应大于0.25。

$$\beta_0 = \frac{s}{\nu}$$

式中 ν——各测点风速的平均值；

s——标准差。

B.8 室内噪声的检测

B.8.1 测噪声仪器应采用带倍频程分析的声级计。

B.8.2 测点布置应按洁净室面积均分，每 $50m^2$ 设一点。测点位于其中心，距地面1.1~1.5m高度处或按工艺要求设定。

北京建工集团企业标准

Q/ BCEG 311 — 2004

建筑电气工程施工质量评定标准

2004年11月24日发布　　2005年01月01日实施

北京建工集团有限责任公司

目　次

1 总　　则

1.0.1 为了加强建筑工程质量管理，统一本集团建筑电气工程施工质量评定，保证工程质量，制定本标准。

1.0.2 本标准是在国家标准《建筑电气工程施工质量验收规范》GB50303—2002 的基础上制定的质量评定标准，适用于本集团满足建筑物预期使用功能要求的电气安装工程施工质量评定。适用电压等级为 10kV 及以下。

1.0.3 本标准应与北京建工集团《建筑工程施工质量评定统一标准》和相应的设计规范配套使用。

1.0.4 建筑电气工程施工中采用的工程技术文件、承包合同文件对施工质量验收的要求不得低于《建筑电气工程施工质量验收规范》GB50303—2002 的规定。

1.0.5 建筑电气工程施工质量评定除应执行本标准外，尚应符合北京建工集团企标《建筑电气工程施工技术规程》和国家、地方现行有关标准、规范的规定。

2 术　　语

2.0.1 布线系统 wiring system

一根电缆（电线）、多根电缆（电线）或母线以及固定它们的部件的组合。如果需要，布线系统还包括封装电缆（电线）或母线的部件。

2.0.2 电气设备 electrical equipment

发电、变电、输电、配电或用电的任何物件，诸如电机、变压器、电器、测量仪表、保护装置、布线系统的设备、电气用具。

2.0.3 用电设备 current-using equipment

将电能转换成其他形式能量（例如光能、热能、机械能）的设备。

2.0.4 电气装置 electrical installation

为实现一个或几个具体目的且特性相配合的电气设备的组合。

2.0.5 建筑电气工程（装置）electrical installation in building

为实现一个或几个具体目的且特性相配合的，由电气装置、布线系统和用电设备电气部分的组合。这种组合能满足建筑物预期的使用功能和安全要求，也能满足使用建筑物的人的安全需要。

2.0.6 导管 conduit

在电气安装中用来保护电线或电缆的圆形或非圆形的布线系统的一部分，导管有足够的密封性，使电线电缆只能从纵向引入，而不能从横向引入。

2.0.7 金属导管 metal conduit

由金属材料制成的导管。

2.0.8 绝缘导管 insulating conduit

没有任何导电部分（不管是内部金属衬套或是外部金属网、金属涂层等均不存在），由绝缘材料制成的导管。

2.0.9 保护导体（PE）protective conductor（PE）

为防止发生电击危险而与下列部件进行电气连接的一种导体：

——裸露导电部件；

——外部导电部件；

——主接地端子；

——接地电极（接地装置）；

——电源的接地点或人为的中性接点。

2.0.10 中性保护导体（PEN）PEN conductor

一种同时具有中性导体和保护导体功能的接地导体。

2.0.11 可接近的 accessible

（用于配线方式）在不损坏建筑物结构或装修的情况下就能移出或暴露的，或者不是永久性地封装在建筑物的结构或装修中的。

（用于设备）因为没有锁住的门、抬高或其他有效方法用来防护，而许可十分靠近者。

2.0.12 景观照明 landscape lighting

为表现建筑物造型特色、艺术特点、功能特征和周围环境布置的照明工程，这种工程通常在夜间使用。

3 基 本 规 定

3.1 一 般 规 定

3.1.1 建筑电气工程施工现场的质量管理，除应符合现行国家标准《建筑工程施工质量验收统一标准》GB50300—2001 的 3.0.1 规定外，尚应符合下列规定：

1 安装电工、焊工、起重吊装工和电气调试人员等，按有关要求持证上岗；

2 安装和调试用各类计量器具，应检定合格，使用时在有效期内。

3.1.2 除设计要求外，承力建筑钢结构构件上，不得采用熔焊连接固定电气线路、设备和器具的支架、螺栓等部件；且严禁热加工开孔。

3.1.3 额定电压交流 1kV 及以下、直流 1.5kV 及以下的应为低压电器设备、器具和材料；额定电压大于交流 1kV、直流 1.5kV 的应为高压电器设备、器具和材料。

3.1.4 电气设备上计量仪表和与电气保护有关的仪表应检定合格，当投入试运行时，应在有效期内。

3.1.5 建筑电气动力工程的空载试运行和建筑电气照明工程的负荷试运行，应按国家标准和本标准规定执行；建筑电气动力工程的负荷试运行，依据电气设备及相关设备的种类、特性，编制试运行方案或作业指导书，并应经施工单位审查批准，监理单位确认后执行。

3.1.6 动力和照明工程的漏电保护装置应做模拟动作试验。

3.1.7 接地（PE）或接零（PEN）支线必须单独与接地（PE）或接零（PEN）干线相连接，不得串联连接。

3.1.8 高压的电气设备和布线系统及继电保护系统的交接试验，必须符合现行国家标准《电气装置安装工程电气设备交接试验标准》GB50150 的规定。

3.1.9 低压的电气设备和布线系统的交接试验，应符合国家标准和本标准的规定。

3.1.10 送至建筑智能化工程变送器的电量信号精度等级应符合设计要求，状态信号应正确；接收建筑智能化工程的指令应使建筑电气工程的自动开关动作符合指令要求，且手动、自动切换功能正常。

3.2 主要设备、材料、成品和半成品进场验收

3.2.1 主要设备、材料、成品和半成品进场验收结论应有记录，确认符合本标准规定，才能在施工中应用。

3.2.2 因有异议送有资质试验室进行抽样检测，试验室应出具检测报告，确认符合本标准和相关技术标准规定，才能在施工中应用。

3.2.3 依法定程序批准进入市场的新电气设备、器具和材料进场验收，除符合国家标准和本标准规定外，尚应提供安装、使用、维修和试验要求等技术文件。

3.2.4 进口电气设备、器具和材料进场验收，除符合本标准规定外，尚应提供商检证明和中文的质量合格证明文件、规格、型号、性能检测报告以及中文的安装、使用、维修和试验要求等技术文件。

3.2.5 经批准的免检产品或认定的名牌产品，当进场验收时，宜不做抽样检测。

3.2.6 变压器、箱式变电所、高压电器及电瓷制品应符合下列规定：

1 查验合格证和随带技术文件，变压器有出厂试验记录；

2 外观检查：有铭牌，附件齐全，绝缘件无缺损、裂纹，充油部分不渗漏，充气高压设备气压指示正常，涂层完整。

3.2.7 高低压成套配电柜、蓄电池柜、不间断电源柜、控制柜（屏、台）及动力、照明配电箱（盘）应符合下列规定：

1 查验合格证和随带技术文件，实行生产许可证和安全认证制度的产品，有许可证编号和安全认证标志；不间断电源柜有出厂试验记录；

2 外观检查：有铭牌，柜内元器件无损坏丢失、接线无脱落脱焊，蓄电池柜内电池壳体无碎裂、漏液，充油、充气设备无泄漏，涂层完整，无明显碰撞凹陷。

3.2.8 柴油发电机组应符合下列规定：

1 依据装箱单，核对主机、附件、专用工具、备品备件和随带技术文件，查验合格证和出厂试运行记录，发电机及其控制柜有出厂试验记录；

2 外观检查：有铭牌，机身无缺件，涂层完整。

3.2.9 电动机、电加热器、电动执行机构和低压开关设备等应符合下列规定：

1 查验合格证和随带技术文件，实行生产许可证和安全认证制度的产品，有许可证编号和安全认证标志；

2 外观检查：有铭牌，附件齐全；电气接线端子完好，设备元器件无缺损，涂层完整。

3.2.10 照明灯具及附件应符合下列规定：

1 查验合格证，新型气体放电灯具有随带技术文件；

2 外观检查：灯具涂层完整，无损伤，附件齐全；防爆灯具铭牌上有防爆标志和防爆合格证号，普通灯具有安全认证标志；

3 对成套灯具的绝缘电阻、内部接线等性能进行现场抽样检测。灯具的绝缘电阻值不小于2MΩ，内部接线为铜芯绝缘电线，芯线截面积不小于0.5mm²，橡胶或聚氯乙烯（PVC）绝缘电线的绝缘层厚度不小于0.6mm。对游泳池和类似场所灯具（水下灯及防水灯具）的密闭和绝缘性能有异议时，按批抽样送有资质的试验室检测。

3.2.11 开关、插座、接线盒和风扇及其附件应符合下列规定：

1 查验合格证，防爆产品有防爆标志和防爆合格证号，实行安全认证制度的产品有安全认证标志；

2 外观检查：开关、插座的面板及接线盒盒体完整、无碎裂、零件齐全，风扇无损坏，涂层完整，调速器等附件适配；

3 对开关、插座的电气和机械性能进行现场抽样检测。检测规定如下：

1）不同极性带电部件间的电气间隙和爬电距离不小于3mm；

2）绝缘电阻值不小于5MΩ；

3）用自攻锁紧螺钉或自切螺钉安装的，螺钉与软塑固定件旋合长度不小于8mm，软塑固定件在经受10次拧紧退出试验后，无松动或掉渣，螺钉及螺纹无损坏现象；

4）金属间旋合的螺钉螺母，拧紧后完全退出，反复5次仍能正常使用。

4 对开关、插座、接线盒及其面板等塑料绝缘材料阻燃性能有异议时，按批抽样送有资质的试验室检测。

3.2.12 电线、电缆应符合下列规定：

1 按批查验合格证，合格证有生产许可证编号，按《额定电压450/750V及以下聚氯乙烯绝缘电缆》GB5023.1～5023.7标准生产的产品有安全认证标志；

2 外观检查：包装完好，抽检的电线绝缘层完整无损，厚度均匀；电缆无压扁、扭曲，铠装不松卷；耐热、阻燃的电线、电缆外护层有明显标识和制造厂标；

3 按制造标准，现场抽样检测绝缘层厚度和圆形线芯的直径；线芯直径误差不大于标称直径的1%；常用的BV型绝缘电线的绝缘层厚度不小于表3.2.12的规定；

表3.2.12 BV型绝缘电线的绝缘层厚度

序号	1	2	3	4	5	6	7	8	9	10	11	12	13	14	15	16	17
电线芯线标称截面积（mm^2）	1.5	2.5	4	6	10	16	25	35	50	70	95	120	150	185	240	300	400
绝缘层厚度规定值（mm）	0.7	0.8	0.8	0.8	1.0	1.0	1.2	1.2	1.4	1.4	1.6	1.6	1.8	2.0	2.2	2.4	2.6

4 对电线、电缆绝缘性能、导电性能和阻燃性能有异议时，按批抽样送有资质的试验室检测。

3.2.13 导管应符合下列规定：

1 按批查验合格证；

2 外观检查：钢导管无压扁、内壁光滑；非镀锌钢导管无严重锈蚀，按制造标准油漆出厂的油漆完整；镀锌钢导管镀层覆盖完整、表面无锈斑；绝缘导管及配件不碎裂、表面有阻燃标记和制造厂标；

3 按制造标准现场抽样检测导管的管径、壁厚及均匀度。对绝缘导管及配件的阻燃性能有异议时，按批抽样送有资质的试验室检测。

3.2.14 型钢和电焊条应符合下列规定：

1 按批查验合格证和材质证明书；有异议时，按批抽样送有资质的试验室检测；

2 外观检查：型钢表面无严重锈蚀，无过度扭曲、弯折变形；电焊条包装完整，拆包抽检，焊条尾部无锈斑。

3.2.15 镀锌制品（支架、横担、接地极、避雷用型钢等）和外线金具应符合下列规定：

1 按批查验合格证或镀锌厂出具的镀锌质量证明书；

2 外观检查：镀锌层覆盖完整、表面无锈斑，金具配件齐全，无砂眼；

3 对镀锌质量有异议时，按批抽样送有资质的试验室检测。

3.2.16 电缆桥架、线槽应符合下列规定：

1 查验合格证；

2 外观检查：部件齐全，表面光滑、不变形；钢制桥架涂层完整，无锈蚀；玻璃钢制桥架色泽均匀,无破损碎裂;铝合金桥架涂层完整,无扭曲变形,不压扁,表面不划伤。

3.2.17 封闭母线、插接母线应符合下列规定:

1 查验合格证和随带安装技术文件;

2 外观检查:防潮密封良好,各段编号标志清晰,附件齐全,外壳不变形,母线螺栓搭接面平整、镀层覆盖完整、无起皮和麻面;插接母线上的静触头无缺损、表面光滑、镀层完整。

3.2.18 裸母线、裸导线应符合下列规定:

1 查验合格证;

2 外观检查:包装完好,裸母线平直,表面无明显划痕,测量厚度和宽度符合制造标准;裸导线表面无明显损伤,不松股、扭折和断股(线),测量线径符合制造标准。

3.2.19 电缆头部件及接线端子应符合下列规定:

1 查验合格证;

2 外观检查:部件齐全,表面无裂纹和气孔,随带的袋装涂料或填料不泄漏。

3.2.20 钢制灯柱应符合下列规定:

1 按批查验合格证;

2 外观检查:涂层完整,根部接线盒盒盖紧固件和内置熔断器、开关等器件齐全,盒盖密封垫片完整。钢柱内设有专用接地螺栓,地脚螺孔位置按提供的附图尺寸,允许偏差为±2mm。

3.2.21 钢筋混凝土电杆和其他混凝土制品应符合下列规定:

1 按批查验合格证;

2 外观检查:表面平整,无缺角露筋,每个制品表面有合格印记;钢筋混凝土电杆表面光滑,无纵向、横向裂纹,杆身平直,弯曲不大于杆长的1/1000。

3.3 工序交接确认

3.3.1 架空线路及杆上电气设备安装应按以下程序进行:

1 线路方向和杆位及拉线坑位测量埋桩后,经检查确认,才能挖掘杆坑和拉线坑;

2 杆坑、拉线坑的深度和坑型,经检查确认,才能立杆和埋设拉线盘;

3 杆上高压电气设备交接试验合格,才能通电;

4 架空线路做绝缘检查,且经单相冲击试验合格,才能通电;

5 架空线路的相位经检查确认,才能与接户线连接。

3.3.2 变压器、箱式变电所安装应按以下程序进行:

1 变压器、箱式变电所的基础验收合格,且对埋入基础的电线导管、电缆导管和变压器进、出线预留孔及相关预埋件进行检查,才能安装变压器、箱式变电所;

2 杆上变压器的支架紧固检查后,才能吊装变压器且就位固定;

3 变压器及接地装置交接试验合格,才能通电。

3.3.3 成套配电柜、控制柜(屏、台)和动力、照明配电箱(盘)安装应按以下程序进行:

1 埋设的基础型钢和柜、屏、台下的电缆沟等相关建筑物检查合格,才能安装柜、屏、台;

2　室内外落地动力配电箱的基础验收合格，且对埋入基础的电线导管、电缆导管进行检查，才能安装箱体；

3　墙上明装的动力、照明配电箱（盘）的预埋件（金属埋件、螺栓），在抹灰前预留和预埋；暗装的动力、照明配电箱的预留孔和动力、照明配线的线盒及电线导管等，经检查确认到位，才能安装配电箱（盘）；

4　接地（PE）或接零（PEN）连接完成后，核对柜、屏、台、箱、盘内的元件规格、型号，且交接试验合格，才能投入试运行。

3.3.4　低压电动机、电加热器及电动执行机构应与机械设备完成连接，绝缘电阻测试合格，经手动操作符合工艺要求，才能接线。

3.3.5　柴油发电机组安装应按以下程序进行：

1　基础验收合格，才能安装机组；

2　地脚螺栓固定的机组经初平、螺栓孔灌浆、精平、紧固地脚螺栓、二次灌浆等机械安装程序；安放式的机组将底部垫平、垫实；

3　油、气、水冷、风冷、烟气排放等系统和隔振防噪设施安装完成；按设计要求配置的消防器材齐全到位；发电机静态试验、随机配电盘控制柜接线检查合格，才能空载试运行；

4　发电机空载试运行和试验调整合格，才能负荷试运行；

5　在规定时间内，连续无故障负荷试运行合格，才能投入备用状态。

3.3.6　不间断电源按产品技术要求试验调整，应检查确认，才能接至馈电网路。

3.3.7　低压电气动力设备试验和试运行应按以下程序进行：

1　设备的可接近裸露导体接地（PE）或接零（PEN）连接完成，经检查合格，才能进行试验；

2　动力成套配电（控制）柜、屏、台、箱、盘的交流工频耐压试验、保护装置的动作试验合格，才能通电；

3　控制回路模拟动作试验合格，盘车或手动操作，电气部分与机械部分的转动或动作协调一致，经检查确认，才能空载试运行。

3.3.8　裸母线、封闭母线、插接式母线安装应按以下程序进行：

1　变压器、高低压成套配电柜、穿墙套管及绝缘子等安装就位，经检查合格，才能安装变压器和高低压成套配电柜的母线；

2　封闭、插接式母线安装，在结构封顶、室内底层地面施工完成或已确定地面标高、场地清理、层间距离复核后，才能确定支架设置位置；

3　与封闭、插接式母线安装位置有关的管道、空调及建筑装修工程施工基本结束，确认扫尾施工不会影响已安装的母线，才能安装母线；

4　封闭、插接式母线每段母线组对接续前，绝缘电阻测试合格，绝缘电阻值大于20MΩ，才能安装组对；

5　母线支架和封闭、插接式母线的外壳接地（PE）或接零（PEN）连接完成，母线绝缘电阻测试和交流工频耐压试验合格，才能通电。

3.3.9　电缆桥架安装和桥架内电缆敷设安装应按以下程序进行：

1　测量定位，安装桥架的支架，经检查确认，才能安装桥架；

2　桥架安装检查合格，才能敷设电缆；

3　电缆敷设前绝缘测试合格，才能敷设；

4　电缆电气交接试验合格，且对接线去向、相位和防火隔堵措施等检查确认，才能通电。

3.3.10　电缆在沟内、竖井内支架上敷设应按以下程序进行：

1　电缆沟、电缆竖井内的施工临时设施、模板及建筑废料等清除，测量定位后，才能安装支架；

2　电缆沟、电缆竖井内支架安装及电缆导管敷设结束，接地（PE）或接零（PEN）连接完成，经检查确认，才能敷设电缆；

3　电缆敷设前绝缘测试合格，才能敷设；

4　电缆交接试验合格，且对接线去向、相位和防火隔堵措施等检查确认，才能通电。

3.3.11　电线导管、电缆导管和线槽敷设应按以下程序进行：

1　除埋入混凝土中的非镀锌钢导管外壁不做防腐处理外，其他场所的非镀锌钢导管内外壁均做防腐处理，经检查确认，才能配管；

2　室外直埋导管的路径、沟槽深度、宽度及垫层处理经检查确认，才能埋设导管；

3　现浇混凝土板内配管在底层钢筋绑扎完成，上层钢筋未绑扎前敷设，且检查确认，才能绑扎上层钢筋和浇捣混凝土；

4　现浇混凝土墙体内的钢筋网片绑扎完成，门、窗等位置已放线，经检查确认，才能在墙体内配管；

5　被隐蔽的接线盒和导管在隐蔽前检查合格，才能隐蔽；

6　在梁、板、柱等部位明配管的导管套管、埋件、支架等检查合格，才能配管；

7　吊顶上的灯位及电气器具位置先放样，且与土建及各专业施工单位商定，才能在吊顶内配管；

8　顶棚和墙面的喷漆、油漆或壁纸等基本完成，才能敷设线槽、槽板。

3.3.12　电线、电缆穿管及线槽敷线应按以下程序进行：

1　接地（PE）或接零（PEN）及其他焊接施工完成，经检查确认，才能穿入电线或电缆以及线槽内敷线；

2　与导管连接的柜、屏、台、箱、盘安装完成，管内积水及杂物清理干净，经检查确认，才能穿入电线、电缆；

3　电缆穿管前绝缘测试合格，才能穿入导管；

4　电线、电缆交接试验合格，且对接线去向和相位等检查确认，才能通电。

3.3.13　钢索配管的预埋件及预留孔，应预埋、预留完成；装修工程除地面外基本结束，才能吊装钢索及敷设线路。

3.3.14　电缆头制作和接线应按以下程序进行：

1　电缆连接位置、连接长度和绝缘测试合格经检查确认，才能制作电缆头；

2　控制电缆绝缘电阻测试和校线合格，才能接线；

3　电线、电缆交接试验和相位核对合格，才能接线。

3.3.15　照明灯具安装应按以下程序进行：

1　安装灯具的预埋螺栓、吊杆和吊顶上嵌入式灯具安装专用骨架等完成，按设计要求做承载试验合格，才能安装灯具；

2 影响灯具安装的模板、脚手架拆除；顶棚和墙面喷漆、油漆或壁纸等及地面清理工作基本完成后，才能安装灯具；

3 导线绝缘测试合格，才能灯具接线；

4 高空安装的灯具，地面通断电试验合格，才能安装。

3.3.16 照明开关、插座、风扇安装：吊扇的吊沟预埋完成；电线绝缘测试应合格，顶棚和墙面的喷浆、油漆或壁纸等应基本完成，才能安装开关、插座和风扇。

3.3.17 照明系统的测试和通电试运行应按以下程序进行：

1 电线绝缘电阻测试前电线的接续完成；

2 照明箱（盘）、灯具、开关、插座的绝缘电阻测试在就位前或接线前完成；

3 备用电源或事故照明电源作空载自动投切试验前拆除负荷，空载自动投切试验合格，才能做有载自动投切试验；

4 电气器具及线路绝缘电阻测试合格，才能通电试验；

5 照明全负荷试验必须在本条的1、2、4完成后进行。

3.3.18 接地装置安装应按以下程序进行：

1 建筑物基础接地体：底板钢筋敷设完成，按设计要求做接地施工，经检查确认，才能支模或浇捣混凝土；

2 人工接地体：按设计要求位置开挖沟槽，经检查确认，才能打入接地极和敷设地下接地干线；

3 接地模块：按设计位置开挖模块坑，并将地下接地干线引到模块上，经检查确认，才能相互焊接；

4 装置隐蔽：检查验收合格，才能覆土回填。

3.3.19 引下线安装应按以下程序进行：

1 利用建筑物柱内主筋作引下线，在柱内主筋绑扎后，按设计要求施工，经检查确认，才能支模；

2 直接从基础接地体或人工接地体暗敷埋入粉刷层内的引下线，经检查确认不外露，才能贴面砖或刷涂料等；

3 直接从基础接地体或人工接地体引出明敷的引下线，先埋设或安装支架，经检查确认，才能敷设引下线。

3.3.20 等电位联结应按以下程序进行：

1 总等电位联结：对可作导电接地体的金属管道入户处和供总等电位联结的接地干线的位置检查确认，才能安装焊接总等电位联结端子板，按设计要求做总等电位联结；

2 辅助等电位联结：对供辅助等电位联结的接地母线位置检查确认，才能安装焊接辅助等电位联结端子板，按设计要求做辅助等电位联结；

3 对特殊要求的建筑金属屏蔽网箱，网箱施工完成，经检查确认，才能与接地线连接。

3.3.21 接闪器安装：接地装置和引下线应施工完成，才能安装接闪器，且与引下线连接。

3.3.22 防雷接地系统测试：接地装置施工完成测试应合格；避雷接闪器安装完成，整个防雷接地系统连成回路，才能系统测试。

4 架空线路及杆上电气设备安装

4.1 主 控 项 目

4.1.1 电杆坑、拉线坑的深度允许偏差，应不深于设计坑深100mm、不浅于设计坑深50mm。

4.1.2 架空导线的弧垂值，允许偏差为设计弧垂值的±5%，水平排列的同档导线间弧垂值偏差为±50mm。

4.1.3 变压器中性点应与接地装置引出干线直接连接，接地装置的接地电阻值必须符合设计要求。

4.1.4 杆上变压器和高压绝缘子、高压隔离开关、跌落式熔断器、避雷器等必须按本标准第3.1.8条的规定交接试验合格。

4.1.5 杆上低压配电箱的电气装置和馈电线路交接试验应符合下列规定：

1 每路配电开关及保护装置的规格、型号，应符合设计要求；

2 相间和相对地间的绝缘电阻值应大于0.5MΩ;

3 电气装置的交流工频耐压试验电压为1kV，当绝缘电阻值大于10MΩ时，可采用2500V兆欧表摇测替代，试验持续时间1min，无击穿闪络现象。

4.2 一 般 项 目

4.2.1 拉线的绝缘子及金具应齐全，位置正确，承力拉线应与线路中心线方向一致，转角拉线应与线路分角线方向一致。拉线应收紧，收紧程度与杆上导线数量规格及弧垂值相适配。

4.2.2 电杆组立应正直，直线杆横向位移不应大于50mm，杆梢偏移不应大于梢径的1/2，转角杆紧线后不向内角倾斜，向外角倾斜不应大于1个梢径。

4.2.3 直线杆单横担应装于受电侧，终端杆、转角杆的单横担应装于拉线侧。横担的上下歪斜和左右扭斜，从横担端部测量不应大于20mm。横担等镀锌制品应热浸镀锌。

优良：在合格的基础上，横担与电杆接触紧密，连接螺栓、螺丝露出螺母2~3扣。

4.2.4 导线无断股、扭绞和死弯，与绝缘子固定可靠，金具规格应与导线规格适配。

优良：在合格的基础上，导线没有因施工不当造成加固或修复。

4.2.5 线路的跳线、过引线、接户线的线间和线对地间的安全距离，电压等级为6kV~10kV的，应大于300mm；电压等级为1kV及以下的，应大于150mm。用绝缘导线架设的线路，绝缘破口处应修补完整。

优良：在合格的基础上，导线布置合理整齐，线间连接的走向清楚，辨认方便。

4.2.6 杆上电气设备安装应符合下列规定：

1　固定电气设备的支架、紧固件为热浸镀锌制品，紧固件及防松零件齐全；

2　变压器油位正常、附件齐全、无渗油现象、外壳涂层完整；

3　跌落式熔断器安装的相间距离不小于500mm；熔管试操动能自然打开旋下；

4　杆上隔离开关分、合操动灵活，操动机构机械锁定可靠，分合时三相同期性好，分闸后，刀片与静触头间空气间隙距离不小于200mm；地面操作杆的接地（PE）可靠，且有标识；

优良：在合格的基础上，安装平整，成排的排列整齐，间距均匀，高度一致。

5　杆上避雷器排列整齐，相间距离不小于350mm，电源侧引线铜线截面积不小于16mm²、铝线截面积不小于25mm²，接地侧引线铜线截面积不小于25mm²，铝线截面积不小于35mm²。与接地装置引出线连接可靠。

检查数量：全数检查

检查方法：1　观察 尺量检查。

2　执行本标准第3.1.8条的规定。

5 变压器、箱式变电所安装

5.1 主 控 项 目

5.1.1 变压器安装应位置正确，附件齐全，油浸变压器油位正常，无渗油现象。

5.1.2 接地装置引出的接地干线与变压器的低压侧中性点直接连接；接地干线与箱式变电所的N母线和PE母线直接连接；变压器箱体、干式变压器的支架或外壳应接地（PE）。所有连接应可靠，紧固件及防松零件齐全。

5.1.3 变压器必须按本标准第3.1.8条的规定交接试验合格。

5.1.4 箱式变电所及落地式配电箱的基础应高于室外地坪，周围排水通畅。用地脚螺栓固定的螺帽齐全，拧紧牢固；自由安放的应垫平放正。金属箱式变电所及落地式配电箱，箱体应接地（PE）或接零（PEN）可靠，且有标识。

5.1.5 箱式变电所的交接试验，必须符合下列规定：

1 由高压成套开关柜、低压成套开关柜和变压器三个独立单元合成的箱式变电所高压电气设备部分，按本标准第3.1.8条的规定交接试验合格。

2 高压开关、熔断器等与变压器组合在同一个密闭油箱内的箱式变电所，交接试验按产品提供的技术文件要求执行。

3 低压成套配电柜交接试验符合本标准第4.1.5条的规定。

5.2 一 般 项 目

5.2.1 有载调压开关的传动部分润滑应良好，动作灵活，点动给定位置与开关实际位置一致，自动调节符合产品的技术文件要求。

5.2.2 绝缘件应无裂纹、缺损和瓷件瓷釉损坏等缺陷，外表清洁，测温仪表指示准确。

5.2.3 装有滚轮的变压器就位后，应将滚轮用能拆卸的制动部件固定。

5.2.4 变压器应按产品技术文件要求进行检查器身，当满足下列条件之一时，可不检查器身：

1 制造厂规定不检查器身者；

2 就地生产仅做短途运输的变压器，且在运输过程中有效监督，无紧急制动、剧烈振动、冲撞或严重颠簸等异常情况者。

优良：在合格的基础上，器身各附件间连接的导线有保护管，保护管接线盒固定牢靠。

5.2.5 箱式变电所内外涂层完整、无损伤，有通风口的风口防护网完好。

5.2.6 箱式变电所的高低压柜内部接线完整，低压每个输出回路标记清晰，回路名称准确。

优良：在合格的基础上，柜内走线平整顺直，绑扎成束，每个柜体、基础槽钢均要独立接地，接地端子处平垫、弹垫齐全。

5.2.7 装有气体继电器的变压器顶盖，沿气体继电器的气流方向有 1.0%～1.5%的升高坡度。

优良：在合格的基础上，器身表面干净整洁，油漆完整。

检查数量：全数检查

检查方法：**1** 观察检查。

2 执行本标准第 3.1.8 条的规定。

6 成套配电柜、控制柜（屏、台）和动力、照明配电箱（盘）安装

6.1 主 控 项 目

6.1.1 柜、屏、台、箱、盘的金属框架及基础型钢必须接地（PE）或接零（PEN）可靠；装有电器的可开启门，门和框架的接地端子间应用裸编织铜线连接，且有标识。

6.1.2 低压成套配电柜、控制柜（屏、台）和动力、照明配电箱（盘）应有可靠的电击保护，柜（屏、台、箱、盘）内保护导体应有裸露的连接外部保护导体的端子，当设计无要求时，柜（屏、台、箱、盘）内保护导体最小截面积 S_p 不应小于表 6.1.2 的规定。

表 6.1.2 保护导体的截面积

相线的截面积 S（mm^2）	相应保护导体的最小截面积 S_p（mm^2）
$S \leqslant 16$	S
$16 < S \leqslant 35$	16
$35 < S \leqslant 400$	$S/2$
$400 < S \leqslant 800$	200
$S > 800$	$S/4$

注：S 指柜（屏、台、箱、盘）电源进线相线截面积，且两者（S、S_p）材质相同。

6.1.3 手车、抽出式成套配电柜推拉应灵活，无卡阻碰撞现象。动触头与静触头的中心线应一致，且触头接触紧密，投入时，接地触头先于主触头接触；退出时，接地触头后于主触头脱开。

6.1.4 高压成套配电柜必须按本标准第 3.1.8 条的规定交接试验合格，且应符合下列规定：

1 继电保护元器件、逻辑元件、变送器和控制用计算机等单体校验合格，整组试验动作正确，整定参数符合设计要求；

2 凡经法定程序批准，进入市场投入使用的新高压电气设备和继电保护装置，按产品技术文件要求交接试验。

6.1.5 低压成套配电柜交接试验，必须符合本标准第 4.1.5 条的规定。

6.1.6 柜、屏、台、箱、盘间线路的线间和线对地间绝缘电阻值，馈电线路必须大于 0.5MΩ；二次回路必须大于 1MΩ。

6.1.7 柜、屏、台、箱、盘间二次回路交流工频耐压试验，当绝缘电阻值大于 10MΩ，用 2500V 兆欧表摇测 1min，应无闪络击穿现象；当绝缘电阻值在 1～10MΩ 时，做 1000V 交流工频耐压试验，时间 1min，应无闪络击穿现象。

6.1.8 直流屏试验，应将屏内电子器件从线路上退出，检测主回路线间和线对地间绝缘电阻值应大于0.5MΩ，直流屏所附蓄电池组的充、放电应符合产品技术文件要求；整流器的控制调整和输出特性试验应符合产品技术文件要求。

6.1.9 照明配电箱（盘）安装应符合下列规定：

1 箱（盘）内配线整齐，无绞接现象。导线连接紧密，不伤芯线，不断股。垫圈下螺丝两侧压的导线截面积相同，同一端子上导线连接不多于2根，防松垫圈等零件齐全。

2 箱（盘）内开关动作灵活可靠，带有漏电保护的回路，漏电保护装置动作电流不大于30mA，动作时间不大于0.1s。

3 照明箱（盘）内，分别设置零线（N）和保护地线（PE）汇流排，零线和保护地线经汇流排配出。

优良：在合格的基础上，导线绑扎顺直，导线颜色选用严格，端子排孔径与导线截面积匹配，系统图齐全完整、器具标识清楚，字体与柜箱大小匹配。

6.2 一 般 项 目

6.2.1 基础型钢安装应符合表6.2.1的规定。

表6.2.1 基础型钢安装允许偏差

项 目	允许偏差（mm/m）	允许偏差（mm/全长）
不直度	1	5
水平度	1	5
不平行度	—	5

优良：在合格的基础上，允许偏差的合格点率分别在90%以上。

6.2.2 柜、屏、台、箱、盘相互间或与基础型钢应用镀锌螺栓连接，且防松零件齐全。

优良：在合格的基础上，螺栓出螺母长度一致。

6.2.3 柜、屏、台、箱、盘安装垂直度允许偏差为1.5‰，相互间接缝不应大于2mm，成列盘面偏差不应大于5mm。

6.2.4 柜、屏、台、箱、盘内检查试验应符合下列规定：

1 控制开关及保护装置的规格、型号符合设计要求；

2 闭锁装置动作准确、可靠；

3 主开关的辅助开关切换动作与主开关动作一致；

4 柜、屏、台、箱、盘上的标识器件标明被控设备编号及名称，或操作位置，接线端子有编号，且清晰、工整、不易脱色；

5 回路中的电子元件不应参加交流工频耐压试验；48V及以下回路可不做交流工频耐压试验。

6.2.5 低压电器组合应符合下列规定：

1 发热元件安装在散热良好的位置；

2 熔断器的熔体规格、自动开关的整定值符合设计要求；

3 切换压板接触良好，相邻压板间有安全距离，切换时，不触及相邻的压板；

4 信号回路的信号灯、按钮、光字牌、电铃、电笛、事故电钟等动作和信号显示准确；

5 外壳需接地（PE）或接零（PEN）的，连接可靠；

6 端子排安装牢固，端子有序号，强电、弱电端子隔离布置，端子规格与芯线截面积大小适配。

6.2.6 柜、屏、台、箱、盘间配线：电流回路应采用额定电压不低于750V、芯线截面积不小于$2.5mm^2$的铜芯绝缘电线或电缆；除电子元件回路或类似回路外，其他回路的电线应采用额定电压不低于750V、芯线截面积不小于$1.5mm^2$的铜芯绝缘电线或电缆。

二次回路连线应成束绑扎，不同电压等级、交流、直流线路及计算机控制线路应分别绑扎，且有标识；固定后不应妨碍手车开关或抽出式部件的拉出或推入。

6.2.7 连接柜、屏、台、箱、盘面板上的电器及控制台、板等可动部位的电线应符合下列规定：

1 采用多股铜芯软电线，敷设长度留有适当余量；

2 线束有外套塑料管等加强绝缘保护层；

3 与电器连接时，端部绞紧，且有不开口的终端端子或搪锡，不松散、断股；

4 可转动部位的两端用卡子固定。

优良：在合格的基础上，多股铜芯软电线涮锡饱满，过箱门线要加阻燃软管保护。

6.2.8 照明配电箱（盘）安装应符合下列规定：

1 位置正确，部件齐全，箱体开孔与导管管径适配，暗装配电箱箱盖紧贴墙面，箱（盘）涂层完整；

2 箱（盘）内接线整齐，回路编号齐全，标识正确；

3 箱（盘）不采用可燃材料制作；

4 箱（盘）安装牢固，垂直度允许偏差为1.5‰；底边距地面为1.5m，照明配电板底边距地面不小于1.8m。

优良：在合格的基础上，相邻箱（盘）标高一致，箱（盘）面平整，干净整洁，箱四周灰浆饱满。

检查数量：全数检查

检查方法：**1** 观察检查。

2 执行本标准第3.1.8条的规定。

7 低压电动机、电加热器及电动执行机构检查接线

7.1 主 控 项 目

7.1.1 电动机、电加热器及电动执行机构的可接近裸露导体必须接地（PE）或接零（PEN）。

7.1.2 电动机、电加热器及电动执行机构绝缘电阻值应大于 0.5MΩ。

7.1.3 100kW 以上的电动机，应测量各相电阻值，相互差不应大于最小值的 2%；无中性点引出的电动机，测量线间直流电阻值，相互差不应大于最小值的 1%。

7.2 一 般 项 目

7.2.1 电气设备安装应牢固，螺栓及防松零件齐全、不松动。防水防潮电气设备的接线入口及接线盒盖等应做密封处理。

优良：在合格的基础上，设备信号线采用软管保护过渡的，软管必须满足防潮防液，管接头要连接牢固，管路固定支架与管径匹配，管长度不宜超过 0.8m。

7.2.2 除电动机随带技术文件说明不允许在施工现场抽芯检查外，有下列情况之一的电动机，应抽芯检查：

1 出厂时间已超过制造厂保证期限，无保证期限的已超过出厂时间一年以上；

2 外观检查、电气试验、手动盘转和试运转，有异常情况。

7.2.3 电动机抽芯检查应符合下列规定：

1 线圈绝缘层完好、无伤痕，端部绑线不松动，槽楔固定、无断裂，引线焊接饱满，内部清洁，通风孔道无堵塞；

2 轴承无锈斑，注油（脂）的型号、规格和数量正确，转子平衡块紧固，平衡螺丝锁紧，风扇叶片无裂纹；

3 连接用紧固件的防松零件齐全完整；

4 其他指标符合产品技术文件的特有要求。

优良：在合格的基础上，电机表面完好无损，抽芯检查记录齐全。

7.2.4 在设备接线盒内裸露的不同相导线间和导线对地间最小距离应大于 8mm，否则应采取绝缘防护措施。

优良：在合格的基础上，盒子导线长度适中，盒口距墙的深度应不大于 2cm，导线颜色选用正确。

检查数量：全数检查。

检查方法：观察、尺量检查。

8 柴油发电机组安装

8.1 主 控 项 目

8.1.1 发电机的试验必须符合本标准附录 A 的规定。

8.1.2 发电机组至低压配电柜馈电线路的相间、相对地间的绝缘电阻值应大于 0.5MΩ；塑料绝缘电缆馈电线路直流耐压试验为 2.4kV，时间 15min，泄漏电流稳定，无击穿现象。

8.1.3 柴油发电机馈电线路连接后，两端的相序必须与原供电系统的相序一致。

8.1.4 发电机中性线（工作零线）应与接地干线直接连接，螺栓防松零件齐全，且有标识。

8.2 一 般 项 目

8.2.1 发电机组随带的控制柜接线应正确，紧固件紧固状态良好，无遗漏脱落。开关、保护装置的型号、规格正确，验证出厂试验的锁定标记应无位移，有位移应重新按制造厂要求试验标定。

优良：在合格的基础上，控制柜体不能有磕碰变形，油漆脱落现象。

8.2.2 发电机本体和机械部分的可接近裸露导体应接地（PE）或接零（PEN）可靠，且有标识。

优良：在合格的基础上，导线敷设平整顺直，固定牢靠，导线颜色选用正确，标识清楚不脱色。

8.2.3 受电侧低压配电柜的开关设备、自动或手动切换装置和保护装置等试验合格，应按设计的自备电源使用分配预案进行负荷试验，机组连续运行 12h 无故障。

优良：在合格的基础上，记录详细的试验记录。

检查数量：全数检查。

检查方法：观察检查和测试记录检查。

9 不间断电源安装

9.1 主 控 项 目

9.1.1 不间断电源的整流装置、逆变装置和静态开关装置的规格、型号必须符合设计要求。内部接线连接正确，紧固件齐全，可靠不松动，焊接连接无脱落现象。

优良：在合格的基础上，设备干净整洁无污染，不能有扭曲变形。

9.1.2 不间断电源的输入、输出各级保护系统和输出的电压稳定性、波形畸变系数、频率、相位、静态开关的动作等各项技术性能指标试验调整必须符合产品技术文件要求，且符合设计文件要求。

优良：在合格的基础上，系统图提供清楚完整。

9.1.3 不间断电源装置间连线的线间、线对地间绝缘电阻值应大于0.5MΩ。

9.1.4 不间断电源输出端的中性线（N极），必须与由接地装置直接引来的接地干线相连接，做重复接地。

9.2 一 般 项 目

9.2.1 安放不间断电源的机架组装应横平竖直，水平度、垂直度允许偏差不应大于1.5‰，紧固件齐全。

优良：在合格的基础上，设备金属壳体及固定设备的金属支架必须设置明显的专用接地端子，等电位联结观感质量好。

9.2.2 引入或引出不间断电源装置的主回路电线、电缆和控制电线、电缆应分别穿保护管敷设，在电缆支架上平行敷设应保持150mm的距离；电线、电缆的屏蔽护套接地连接可靠，与接地干线就近连接，紧固件齐全。

优良：在合格的基础上，多路电线电缆引入或引出时，分回路绑扎牢固且标识清楚，缆线之间的间距、支架固定方向及长短均一致。

9.2.3 不间断电源装置的可接近裸露导体应接地（PE）或接零（PEN）可靠，且有标识。

9.2.4 不间断电源正常运行时产生的A声级噪声，不应大于45dB；输出额定电流为5A及以下的小型不间断电源噪声，不应大于30dB。

检查数量：全数检查。

检查方法：观察检查　测试记录检查。

10 低压电气动力设备试验和试运行

10.1 主 控 项 目

10.1.1 试运行前，相关电气设备和线路应按本标准第 3.1.8 条的规定试验合格。

10.1.2 现场单独安装的低压电器交接试验项目应按本标准附录 B 的规定。

10.2 一 般 项 目

10.2.1 成套配电（控制）柜、台、箱、盘的运行电压、电流应正常，各种仪表指示正常。

优良：在合格的基础上，记载准确的数据，填写详细的运行记录。

10.2.2 电动机应试通电，检查转向和机械转动有无异常情况；可空载试运行的电动机，时间一般为 2h，记录空载电流，且检查机身和轴承的温升。

10.2.3 交流电动机在空载状态下（不投料）可启动次数及间隔时间应符合产品技术条件的要求；无要求时，连续启动 2 次的时间间隔不应小于 5min，再次启动应在电动机冷却至常温下。空载状态（不投料）运行，应记录电流、电压、温度、运行时间等有关数据，且应符合建筑设备或工艺装置的空载状态运行（不投料）要求。

10.2.4 大容量（630A 及以上）导线或母线连接处，在设计计算负荷运行情况下应做温度抽测记录，温升值稳定且不大于设计值。

优良：在合格的基础上，导线与母线连接牢固且接触面受力均匀，观感质量好。

10.2.5 电动执行机构的动作方向及指示，应与工艺装置的设计要求保持一致。

检查数量：全数检查。

检查方法：观察检查 运行记录检查。

11　裸母线、封闭母线、插接式母线安装

11.1　主　控　项　目

11.1.1　绝缘子的底座、套管的法兰、保护网（罩）及母线支架等可接近裸露导体应接地（PE）或接零（PEN）可靠。不应作为接地（PE）或接零（PEN）的接续导体。

11.1.2　母线与母线或母线与电器接线端子，当采用螺栓搭接连接时，应符合下列规定：

1　母线的各类搭接连接的钻孔直径和搭接长度符合本标准附录 C 的规定，用力矩扳手拧紧钢制连接螺栓的力矩值符合本标准附录 D 的规定；

2　母线接触面保持清洁，涂电力复合脂，螺栓孔周边无毛刺；

3　连接螺栓两侧有平垫圈，相邻垫圈间有大于 3mm 的间隙，螺母侧装有弹簧垫圈或锁紧螺母；

4　螺栓受力均匀，不使电器的接线端子受额外应力。

11.1.3　封闭、插接式母线安装应符合下列规定：

1　母线与外壳同心，允许偏差为 ±5mm；

2　当段与段连接时，两相邻段母线及外壳对准，连接后不使母线及外壳受额外应力；

3　母线的连接方法符合产品技术文件要求。

11.1.4　室内裸母线的最小安全净距符合本标准附录 E 的规定。

11.1.5　高压母线交流工频耐压试验必须按本标准第 3.1.8 条的规定交接试验合格。

11.1.6　低压母线交接试验应符合本标准第 4.1.5 条的规定。

11.2　一　般　项　目

11.2.1　母线的支架与预埋铁件采用焊接固定时，焊缝应饱满；采用膨胀螺栓固定时，选用的螺栓应相适配，连接应牢固。

优良：在合格的基础上，焊接不能夹渣咬肉，固定支架的螺栓与支架大小适配，螺栓或螺丝出螺母长度一致，观感好。

11.2.2　母线与母线、母线与电器接线端子搭接，搭接面的处理应符合下列规定：

1　铜与铜：室外、高温且潮湿的室内，搭接面搪锡；干燥的室内，不搪锡；

2　铝与铝：搭接面不做涂层处理；

3　钢与钢：搭接面搪锡或镀锌；

4　铜与铝：在干燥的室内，铜导体搭接面搪锡；在潮湿场所铜导体搭接面搪锡，且采用铜铝过渡板与铝导体连接；

5　钢与铜或铝：钢搭接面搪锡。

优良：在合格的基础上，母排搭接使用的螺丝无锈蚀，紧固后螺丝出螺母长度一致。

11.2.3 母线的相序排列及涂色，当设计无要求时应符合下列规定：

1 上、下布置的交流母线，由上而下排列为A、B、C相；直流母线正极在上，负极在下；

2 水平布置的交流母线，由盘后向盘前排列为A、B、C相；直流母线正极在后，负极在前；

3 面对引下线的交流母线，由左至右排列为A、B、C相；直流母线正极在左，负极在右；

4 母线的涂色：交流，A相为黄色、B相为绿色、C相为红色；直流，正极为赭色、负极为蓝色；在连接处或支持件边缘两侧10mm以内不涂色。

优良：在合格的基础上，排列横平竖直、合理美观，每相之间的安装间距一致。

11.2.4 母线在绝缘端子上安装应符合下列规定：

1 金具与绝缘子间的固定平整牢固，不使母线受额外应力；

2 交流母线的固定金具或其他支持金具不形成闭合铁磁回路；

3 除固定点外，当母线平置时，母线支持夹板的上部压板与母线间有1~1.5mm的间隙；当母线立置时，上部压板与母线间有1.5~2mm的间隙。

优良：在合格的基础上，母线平置或立置时上部压板与母线间的间隙一致。

4 母线的固定点，每段设置1个，设置于全长或两母线伸缩节的中点；

5 母线采用螺栓搭接时，连接处距绝缘子的支持夹板边缘不小于50mm。

11.2.5 封闭、插接式母线组装和固定位置正确，外壳与底座间、外壳各连接部位和母线的连接螺栓应按产品技术文件要求选择正确，连接紧固。

优良：在合格的基础上，母线安装横平竖直，固定母线的支架无锈蚀，垂直安装母线距安装墙壁间距一致，水平安装确保吊杆垂直受力，设备上下两侧均带螺母紧固且平垫弹垫齐全，外露螺扣长短一致，干净整洁无污染。

检查数量：全数检查。

检查方法：观察检查　尺量检查。

12 电缆桥架安装和桥架内电缆敷设

12.1 主 控 项 目

12.1.1 金属电缆桥架及其支架和引入或引出的金属电缆导管必须接地（PE）或接零（PEN）可靠，且必须符合下列规定：

1 金属电缆桥架及其支架全长应不少于2处与接地（PE）或接零（PEN）干线相连接；

2 非镀锌电缆桥架间连接板的两端跨接铜芯接地线，接地线最小允许截面积不小于 $4mm^2$；

3 镀锌电缆桥架间连接板的两端不跨接接地线，但连接板两端不少于2个有防松螺帽或防松垫圈的连接固定螺栓。

12.1.2 电缆敷设严禁有绞拧、铠装压扁、护层断裂和表面严重划伤等缺陷。

12.2 一 般 项 目

12.2.1 电缆桥架安装应符合下列规定：

1 直线段钢制电缆桥架长度超过30m、铝合金或玻璃钢制电缆桥架长度超过15m设有伸缩节；电缆桥架跨越建筑物变形缝处设置补偿装置；

优良：在合格的基础上，补偿装置安装合理美观，活动自如且方便维修。

2 电缆桥架转弯处的弯曲半径，不小于桥架内电缆最小允许弯曲半径，电缆最小允许弯 曲半径见表12.2.1-1；

表12.2.1-1 电缆最小允许弯曲半径

序 号	电 缆 种 类	最小允许弯曲半径
1	无铅包钢铠护套的橡皮绝缘电力电缆	$10D$
2	有钢铠护套的橡皮绝缘电力电缆	$20D$
3	聚氯乙烯绝缘电力电缆	$10D$
4	交联聚氯乙烯绝缘电力电缆	$15D$
5	多芯控制电缆	$10D$

注：D 为电缆外径。

优良：在合格的基础上，电缆桥架安装平正，多根电缆敷设弯曲处基本半径一致，拐弯处无明显高低起伏，保证电缆平滑均匀过渡。

3 当设计无要求时，电缆桥架水平安装的支架间距为1.5～3m；垂直安装的支架间距不大于 2m；

优良：在合格的基础上，安装件间距一致，油漆防腐完好。

4 桥架与支架间螺栓、桥架连接板螺栓固定紧固无遗漏，螺母位于桥架外侧；当铝合金桥架与钢支架固定时，有相互间绝缘的防电化腐蚀措施；

优良：在合格的基础上，连接使用的固定件与桥架的孔径适配，平垫弹垫齐全。

5 电缆桥架敷设在易燃易爆气体管道和热力管道的下方，当设计无要求时，与管道的最小净距，符合表 12.2.1-2 的规定；

表 12.2.1-2 与管道的最小净距（m）

管道类别		平行净距	交叉净距
一般工艺管道		0.4	0.3
易燃易爆气体管道		0.5	0.5
热力管道	有保温层	0.5	0.3
	无保温层	1.0	0.5

优良：在合格的基础上，观感良好（距管道的间距一致）。

6 敷设在竖井内和穿越不同防火区的桥架，按设计要求位置，有防火隔堵措施；

优良：在合格的基础上，防火措施精细，观感美观。

7 支架与预埋件焊接固定时，焊缝饱满；膨胀螺栓固定时，选用螺栓相适配，连接紧固，防松零件齐全。

优良：在合格的基础上，焊接平整，防腐良好。

12.2.2 桥架内电缆敷设应符合下列规定：

1 大于 45°倾斜敷设的电缆每隔 2m 处设固定点；

2 电缆出入电缆沟、竖井、建筑物、柜（盘）、台处以及管子管口处等做密封处理；

优良：在合格的基础上，电缆转弯和分支处不紊乱，走向整齐清楚。

3 电缆敷设排列整齐，水平敷设的电缆，首尾两端、转弯两侧及每隔 5～10m 处设固定点；敷设于垂直桥架内的电缆固定点间距，不大于表 12.2.2 的规定。

表 12.2.2 电缆固定点的间距（mm）

电缆种类		固定点的间距
电力电缆	全塑型	1000
	除全塑型外的电缆	1500
控制电缆		1000

优良：在合格的基础上，电缆敷设合理，固定点间距一致。

12.2.3 电缆的首端、末端和分支处应设标志牌。

优良：在合格的基础上，标志牌齐全，字迹清晰牢固。

检查数量：全数检查。

检查方法：观察 尺量检查。

13 电缆沟内和电缆竖井内电缆敷设

13.1 主 控 项 目

13.1.1 金属电缆支架、电缆导管必须接地（PE）或接零（PEN）可靠。

13.1.2 电缆敷设严禁有绞拧、铠装压扁、护层断裂和表面严重划伤等缺陷。

13.2 一 般 项 目

13.2.1 电缆支架安装应符合下列规定：

1 当设计无要求时，电缆支架最上层至竖井顶部或楼板的距离不小于150～200mm；电缆支架最下层至沟底或地面的距离不小于50～100mm；

优良：在合格的基础上，支架安装位置合理，间距均匀一致。

2 当设计无要求时，电缆支架层间最小允许距离符合表13.2.1的规定；

表13.2.1 电缆支架层间最小允许距离（mm）

电缆种类	支架层间最小距离	电缆种类	支架层间最小距离
控制电缆	120	10kV及以下电力电缆	150～200

3 支架与预埋件焊接固定时，焊缝饱满；用膨胀螺栓固定时，选用螺栓适配，连接紧固，防松零件齐全。

优良：在合格的基础上，焊缝平整，防腐良好。

13.2.2 电缆在支架上敷设，转弯处的最小允许弯曲半径应符合本标准表12.2.1-1的规定。

优良：在合格的基础上，电缆在支架上绑扎固定牢固，间距均匀，转弯处排列整齐，不能出现明显的高低起伏现象。

13.2.3 电缆敷设固定应符合下列规定：

1 垂直敷设或大于45°倾斜敷设的电缆在每个支架上固定；

2 交流单芯电缆或分相后的每相电缆固定用的夹具和支架，不形成闭合铁磁回路；

3 电缆排列整齐，少交叉；当设计无要求时，电缆支持点间距，不大于表13.2.3的规定。

表13.2.3 电缆支持点间距（mm）

电缆种类		敷设方式	
		水平	垂直
电力电缆	全塑型	400	1000
	除全塑型外的电缆	800	1500
控制电缆		800	1000

优良：在合格的基础上，电缆支持点间距均匀一致。

4 当设计无要求时，电缆与管道的最小净距，符合本标准表12.2.1-2的规定，且敷设在易燃易爆气体管道和热力管道的下方；

优良：在合格的基础上，电缆与管道的间距一致。

5 敷设电缆的电缆沟和竖井，按设计要求位置，有防火隔堵措施。

优良：在合格的基础上，防火封堵措施精细，观感良好。

13.2.4 电缆首端、末端和分支处应设标志牌。

优良：在合格的基础上，标志牌制作精细，字迹清晰牢固。

检查数量：优良工程全数检查。

检查方法：观察检查 尺量检查。

14 电线导管、电缆导管和线槽敷设

14.1 主 控 项 目

14.1.1 金属的导管和线槽必须接地（PE）或接零（PEN）可靠，并符合下列规定：

1 镀锌的钢导管、可挠性导管和金属线槽不得熔焊跨接接地线，以专用接地卡跨接的两卡间连线为铜芯软导线，截面积不小于 $4mm^2$；

2 当非镀锌钢导管采用螺纹连接时，连接处的两端焊跨接接地线；当镀锌钢导管采用螺纹连接时，连接处的两端用专用接地卡固定跨接接地线；

3 金属线槽不作设备的接地导体，当设计无要求时，金属线槽全长不少于 2 处与接地（PE）或接零（PEN）干线连接；

4 非镀锌金属线槽间连接板的两端跨接铜芯接地线，镀锌线槽间连接板的两端不跨接接地线，但连接板两端不少于 2 个有防松螺帽或防松垫圈的连接固定螺栓。

14.1.2 金属导管严禁对口熔焊连接；镀锌和壁厚小于等于 2mm 的钢导管不得套管熔焊连接。

14.1.3 防爆导管不应采用倒扣连接；当连接有困难时，应采用防爆活接头，其接合面应严密。

14.1.4 当绝缘导管在砌体上剔槽埋设时，应采用强度等级不小于 M10 的水泥砂浆抹面保护，保护层厚度大于 15mm。

14.2 一 般 项 目

14.2.1 室外埋地敷设的电缆导管，埋深不应小于 0.7m。壁厚小于等于 2mm 的钢电线导管不应埋设于室外土壤内。

优良：在合格的基础上，导管埋设深度一致，钢管内外防腐均匀。

14.2.2 室外导管的管口应设置在盒、箱内。在落地式配电箱内的管口，箱底无封板的，管口应高出基础面 50～80mm。所有管口在穿入电线、电缆后应做密封处理。由箱式变电所或落地式配电箱引向建筑物的导管，建筑物一侧的导管管口应设在建筑物内。

优良：在合格的基础上，管口出基础面高度一致，管口密封美观精细。

14.2.3 电缆导管的弯曲半径不应小于电缆最小允许弯曲半径，电缆最小允许弯曲半径应符合本标准表 12.2.1－1 的规定。

14.2.4 金属导管内外壁应防腐处理；埋设于混凝土内的导管内壁应防腐处理，外壁可不防腐处理。

14.2.5 室内进入落地式柜、台、箱、盘内的导管管口，应高出柜、台、箱、盘的基础面 50～80mm。

优良：在合格的基础上，管入柜（箱）护口完好无损，多根管入箱（柜）管高出基础面一致。

14.2.6 暗配的导管，埋设深度与建筑物、构筑物表面的距离不应小于15mm；明配的导管应排列整齐，固定点间距均匀，安装牢固；在终端、弯头中点或柜、台、箱、盘等边缘的距离150～500mm范围内设有管卡，中间直线段管卡间的最大距离应符合表14.2.6的规定。

表14.2.6 管卡间最大距离

敷设方式	导管种类	导管直径（mm）				
		15～20	25～32	32～40	50～65	65以上
		管卡间最大距离（m）				
支架或沿墙明敷	壁厚＞2mm刚性钢导管	1.5	2.0	2.5	2.5	3.5
	壁厚≤2mm刚性钢导管	1.0	1.5	2.0	—	—
	刚性绝缘导管	1.0	1.5	1.5	2.0	2.0

优良：在合格的基础上，明管敷设横平竖直，固定点间距均匀，管路连接、拐弯处增设固定支点，管无凹瘪变形。

14.2.7 线槽应安装牢固，无扭曲变形，紧固件的螺母应在线槽外侧。

优良：在合格的基础上，线槽安装横平竖直，紧固件与线槽孔径适配，穿越不同防火分区线槽内外作好防火封堵，干净整洁无污染。

14.2.8 防爆导管敷设应符合下列规定：

1 导管间及与灯具、开关、线盒等的螺纹连接处紧密牢固，除设计有特殊要求外，连接处不跨接接地线，在螺纹上涂以电力复合酯或导电性防锈酯；

2 安装牢固顺直，镀锌层锈蚀或剥落处做防腐处理。

14.2.9 绝缘导管敷设应符合下列规定：

1 管口平整光滑；管与管、管与盒（箱）等器件采用插入法连接时，连接处结合面涂专用胶合剂，接口牢固密封；

2 直埋于地下或楼板内的刚性绝缘导管，在穿出地面或楼板易受机械损伤的一段，采取保护措施；

3 当设计无要求时，埋设在墙内或混凝土内的绝缘导管，采用中型以上的导管；

4 沿建筑物、构筑物表面和在支架上敷设的刚性绝缘导管，按设计要求装设温度补偿装置。

优良：在合格的基础上，导管敷设横平竖直，固定点间距符合规范的明管要求，补偿装置美观且方便维修。

14.2.10 金属、非金属柔性导管敷设应符合下列规定：

1 刚性导管经柔性导管与电气设备、器具连接，柔性导管的长度在动力工程中不大于0.8m，在照明工程中不大于1.2m；

优良：在合格的基础上，使用在照明工程中的柔性导管长度不超过1m，管接头无脱落，管路固定牢靠。

2　可挠金属导管或其他柔性导管与刚性导管或电气设备、器具间的连接采用专用接头；复合型可挠金属导管或其他柔性导管的连接处密封良好，防液覆盖层完整无损；

3　可挠金属导管和金属导管不能做接地（PE）或接零（PEN）的接续导体。

14.2.11　导管和线槽，在建筑物变形缝处，应设补偿装置。

优良：在合格的基础上，补偿装置活动自如合理美观，穿过建筑物和设备基础处加套保护管，保护管管口光滑，护口齐全。

检查数量：优良工程全数检查。

检查方法：观察　尺量检查。

15 电线、电缆穿管和线槽敷线

15.1 主 控 项 目

15.1.1 **三相或单相的交流单芯电缆，不得单独穿于钢导管内。**

15.1.2 不同回路、不同电压等级和交流与直流的电线，不应穿于同一导管内；同一交流回路的电线应穿于同一金属导管内，且管内电线不得有接头。

15.1.3 爆炸危险环境照明线路的电线和电缆额定电压不得低于750V，且电线必须穿于钢导管内。

15.2 一 般 项 目

15.2.1 电线、电缆穿管前，应清除管内杂物和积水。管口应有保护措施，不进入接线盒（箱）的垂直管口穿入电线、电缆后，管口应密封。

优良：在合格的基础上，导线在导管中顺畅不能扭曲死弯，管口光滑，护口齐全无损。

15.2.2 当采用多相供电时，同一建筑物、构筑物的电线绝缘层颜色选择应一致，即保护地线（PE线）应是黄绿相间色，零线用淡蓝色；相线用：A相——黄色、B相——绿色、C相——红色。

优良：在合格的基础上，导线颜色选用严格，每个回路选用的导线颜色贯穿始终，开关付线用白色线。

15.2.3 线槽敷线应符合下列规定：

1 电线在线槽内有一定余量，不得有接头。电线按回路编号分段绑扎，绑扎点间距不应大于2m；

2 同一回路的相线和零线，敷设于同一金属线槽内；

3 同一电源的不同回路无抗干扰要求的路线可敷设于同一线槽内；敷设于同一线槽内有抗干扰要求的线路用隔板隔离，或采用屏蔽电线且屏蔽护套一端接地。

优良：在合格的基础上，线槽内电线电缆绑扎成束，层次清楚，固定点间距一致，标识字迹清楚牢固。

检查数量：优良工程全数检查。

检查方法：观察检查。

16 槽 板 配 线

16.1 主 控 项 目

16.1.1 槽板内电线无接头，电线连接设在器具处；槽板与各种器具连接时，电线应留有余量，器具底座应压住槽板端部。

16.1.2 槽板敷设应紧贴建筑物表面，且横平竖直、固定可靠，严禁用木楔固定；木槽板应经阻燃处理，塑料槽板表面应有阻燃标识。

16.2 一 般 项 目

16.2.1 木槽板无劈裂，塑料槽板无扭曲变形。槽板底板固定点间距应小于500mm；槽板盖板固定点间距应小于300mm；底板距终端50mm和盖板距终端30mm处应固定。

优良：在合格的基础上，槽内导线绑扎成束，无扭曲死弯。

16.2.2 槽板的底板接口与盖板接口应错开20mm，盖板在直线段和90°转角处应成45°斜口对接，T形分支处应成三角叉接，盖板应无翘角，接口应严密整齐。

16.2.3 槽板穿过梁、墙和楼板处应有保护套管，跨越建筑物变形缝处槽板应设补偿装置，且与槽板结合严密。

优良：在合格的基础上，补偿装置活动自如，施工质量精细，方便维修，线槽敷设穿越不同防火分区的进行内外封堵。

检查数量：优良工程全数检查。

检查方法：观察　尺量检查。

17 钢 索 配 线

17.1 主 控 项 目

17.1.1 应采用镀锌钢索，不应采用含油芯的钢索。钢索的钢丝直径应小于 0.5mm，钢索不应有扭曲和断股等缺陷。

17.1.2 钢索的终端拉环埋件应牢固可靠，钢索与终端拉环套接处应采用心形环，固定钢索的线卡不应少于 2 个，钢索端头应用镀锌铁线绑扎紧密，且应接地（PE）或接零（PEN）可靠。

17.1.3 当钢索长度在 50m 及以下时，应在钢索一端装设花篮螺栓紧固；当钢索长度大于 50m 时，应在钢索两端装设花篮螺栓紧固。

17.2 一 般 项 目

17.2.1 钢索中间吊架间距不应大于 12m，吊架与钢索连接处的吊钩深度不应小于 20mm，并应有防止钢索跳出的锁定零件。

优良：在合格的基础上，钢索表面整洁，镀锌钢索无锈蚀，钢索的弛度一致。

17.2.2 电线和灯具在钢索上安装后，钢索应承受全部负载，且钢索表面应整洁、无锈蚀。

优良：在合格的基础上，钢索应作所承受灯具重量总和的荷载试验。

17.2.3 钢索配线的零件间和线间距离应符合表 17.2.3 的规定。

表 17.2.3 钢索配线的零件间和线间距离（mm）

配线类别	支持件之间最大距离	支持件与灯头盒之间最大距离	配线类别	支持件之间最大距离	支持件与灯头盒之间最大距离
钢　管	1500	200	塑料护套线	200	100
刚性绝缘导管	1000	150			

优良：在合格的基础上，钢索配线的零件间和线间距离均匀一致。

检查数量：优良工程全数检查。

检查方法：观察、尺量检查。

检查试验记录。

18　电缆头制作、接线和线路绝缘测试

18.1　主 控 项 目

18.1.1　高压电力电缆直流耐压试验必须按本标准第3.1.8条的规定交接试验合格。

18.1.2　低压电线和电缆，线间和线对地间的绝缘电阻值必须大于0.5MΩ。

18.1.3　铠装电力电缆头的接地线应采用铜绞线或镀锡铜编织线，截面积不应小于表18.1.3的规定。

表18.1.3　电缆芯线和接地线截面积（mm^2）

电缆芯线截面积	接地线截面积	电缆芯线截面积	接地线截面积
120及以下	16	150及以上	25

注：电缆芯线截面积在16mm^2及以下，接地线截面积与电缆芯线截面积相等。

18.1.4　电线、电缆接线必须准确，并联运行电线或电缆的型号、规格、长度、相位应一致。

18.2　一 般 项 目

18.2.1　芯线与电气设备的连接应符合下列规定：

1　截面积在10mm^2及以下的单股铜芯线和单股铝芯线直接与设备、器具的端子连接；

优良：在合格的基础上，导线与器具连接后导线的裸芯长度不能超过1mm。

2　截面积在2.5mm^2及以下的多股铜芯线拧紧搪锡或接续端子后与设备、器具的端子连接；

优良：在合格的基础上，独股导线应打回头压接。

3　截面积大于2.5mm^2的多股铜芯线，除设备自带插接式端子外，接续端子后与设备或器具的端子连接；多股铜芯线与插接式端子连接前，端部拧紧搪锡；

4　多股铝芯线接续端子后与设备、器具的端子连接；

5　每个设备和器具的端子接线不多于2根电线。

优良：在合格的基础上，端子孔径与压接导线截面相吻合。

18.2.2　电线、电缆的芯线连接金具（连接管和端子），规格应与芯线的规格适配，且不得采用开口端子。

优良：在合格的基础上，采用顶丝固定的多股导线，导线入端子处端子孔径与导线直径相匹配，2.5mm^2以下导线入端子要打回头，采用螺丝固定的，导线盘圈到位平垫、

弹垫齐全，2根线在一个端子上压接的中间应加平垫处理，缆线标识统一清楚。

18.2.3 电线、电缆的回路标记应清晰，编号准确。

检查数量：优良工程全数检查。

检查方法：观察检查。

19 普通灯具安装

19.1 主 控 项 目

19.1.1 灯具的固定应符合下列规定：

1 灯具的重量大于 3kg 时，固定在螺栓或预埋吊钩上；

2 软线吊灯，灯具重量在 0.5kg 及以下时，采用软电线自身吊装；大于 0.5kg 的灯具采用吊链，且软电线编叉在吊链内，使电线不受力；

3 灯具固定牢固可靠，不使用木楔。每个灯具固定用螺钉或螺栓不少于 2 个；当绝缘台直径在 75mm 及以下时，采用 1 个螺钉或螺栓固定。

19.1.2 花灯吊钩圆钢直径不应小于灯具挂销直径，且不应小于 6mm。大型花灯的固定及悬吊装置，应按灯具重量的 2 倍做过载试验。

19.1.3 当钢管作灯具的吊杆时，钢管内径不应小于 10mm，钢管厚度不应小于 1.5mm。

19.1.4 固定灯具带电部件的绝缘材料以及提供防触电保护的绝缘材料，应耐燃烧和防明火。

19.1.5 当设计无要求时，灯具的安装高度和使用电压等级应符合下列规定：

1 一般敞开式灯具，灯头对地面距离不小于下列数值（采用安全电压时除外）：

1）室外：2.5m（室外墙上安装）；

2）厂房：2.5m；

3）室内：2m；

4）软吊线带升降器的灯具在吊线展开后：0.8m。

2 危险性较大及特殊危险场所，当灯具距地面高度小于 2.4m 时，使用额定电压为 36V 及以下的照明灯具，或有专用保护措施。

19.1.6 当灯具距地面高度小于 2.4m 时，灯具的可接近裸露导体必须接地（PE）或接零（PEN）可靠，并应有专用接地螺栓，且有标识。

19.2 一 般 项 目

19.2.1 引向每个灯具的导线线芯最小截面积应符合表 19.2.1 的规定。

19.2.2 灯具的外形、灯头及其接线应符合下列规定：

1 灯具及其配件齐全，无机械损伤、变形、涂层剥落和灯罩破裂等缺陷；

2 软线吊灯的软线两端做保护扣，两端芯线搪锡；当装升降器时，套塑料软管，采用安全灯头；

优良：在合格的基础上，灯芯线盘圈到位，涮锡饱满。

3 除敞开式灯具外，其他各类灯具灯泡容量在 100W 及以上者采用瓷质灯头；

4 连接灯具的软线盘扣、搪锡压线，当采用螺口灯头时，相线接于螺口灯头中间的端子上；

5 灯头的绝缘外壳不破损和漏电；带有开关的灯头，开关手柄无裸露的金属部分。

表 19.2.1 导线线芯最小截面积（mm^2）

灯具安装的场所及用途		线芯最小截面积		
		铜芯软线	铜线	铝线
灯头线	民用建筑室内	0.5	0.5	2.5
	工业建筑室内	0.5	1.0	2.5
	室外	1.0	1.0	2.5

19.2.3 变电所内，高压、低压配电设备及裸母线的正上方，不应安装灯具。

优良：除上述部位，电梯设备垂直顶部不应安装灯具。

19.2.4 装有白炽灯泡的吸顶灯具，灯泡不应紧贴灯罩；当灯泡与绝缘台之间的距离小于5mm时，灯泡与绝缘台之间应采取隔热措施。

优良：在合格的基础上，吸顶灯安装平正，缝隙一致，无严重漏光，方形灯无翘角变形。

19.2.5 安装在重要场所的大型灯具的玻璃罩，应按设计要求采取防止玻璃罩破裂后向下溅落的措施。

19.2.6 投光灯的底座及支架应固定牢固，枢轴应沿需要的光轴方向拧紧固定。

优良：在合格的基础上，安装位置合理，灯具金属壳体及金属支架设专用接地螺丝。

19.2.7 安装在室外的壁灯应有泄水孔，绝缘台与墙面之间应有防水措施。

优良：在合格的基础上，绝缘台材质耐老化，绝缘台安装与灯具底座平齐。

19.2.8 ***优良：安装在有分格吊顶上的灯具，灯具安装要在方格中；方格接缝或方格的十字交叉线中，吸顶灯具与顶板之间四周缝隙一致，嵌入灯安装开孔方正、灯罩与吊顶平齐，吊链（吊杆）灯安装垂直牢固，无内外八字现象。灯具干净无污染。***

检查数量：优良工程全数检查。

检查方法：观察检查。

20 专用灯具安装

20.1 主控项目

20.1.1 36V及以下行灯变压器和行灯安装必须符合下列规定：

1 行灯电压不大于36V，在特殊潮湿场所或导电良好的地面上以及工作地点狭窄、行动不便的场所行灯电压不大于12V；

2 变压器外壳、铁芯和低压侧的任意一端或中性点，接地（PE）或接零（PEN）可靠；

3 行灯变压器为双圈变压器，其电源侧和负荷侧有熔断器保护，熔丝额定电流分别不应大于变压器一次、二次的额定电流；

4 行灯灯体及手柄绝缘良好，坚固耐热耐潮湿；灯头与灯体结合紧固，灯头无开关，灯泡外部有金属保护网、反光罩及悬吊挂钩，挂钩固定在灯具的绝缘手柄上。

20.1.2 游泳池和类似场所灯具（水下灯及防水灯具）的等电位联接应可靠，且有明显标识，其电源的专用漏电保护装置应全部检测合格。自电源引入灯具的导管，必须采用绝缘导管严禁采用金属或有金属护层的导管。

20.1.3 手术台无影灯安装应符合下列规定：

1 固定灯座的螺栓数量不少于灯具法兰底座上的固定孔数，且螺栓直径与底座孔径相适配；螺栓采用双螺母锁固；

2 在混凝土结构上螺栓与主筋相焊接或将螺栓末端弯曲与主筋绑扎锚固；

3 配电箱内装有专用的总开关及分路开关，电源分别接在两条专用回路上，开关至灯具的电线应采用额定电压不低于750V的铜芯多股绝缘电线。

20.1.4 应急照明灯具安装应符合下列规定：

1 应急照明灯的电源除正常电源外，另有一路电源供电；或者是独立于正常电源的柴油发电机组供电；或由蓄电池柜供电或选用自带电源型应急灯具；

2 应急照明在正常电源断电后，电源转换时间为：疏散照明≤15s；备用照明≤15s（金融商店交易所≤1.5s）；安全照明≤0.5s；

3 疏散照明由安全出口标志灯和疏散标志灯组成；安全出口标志灯距地高度不应低于2m，且安装在疏散出口和楼梯口里侧上方；

4 疏散标志灯安装在安全出口的顶部，楼梯间、疏散走道及其转角处应安装在1m以下的墙面上；不易安装的部位可安装在上部；疏散通道上的标志灯间距不大于20m（人防工程不大于10m）；

5 疏散标志灯的设置，不影响正常通行，且不在其周围设置容易混同疏散标志灯的其他标志牌等；

6 应急照明灯具、运行中温度大于60℃的灯具，当靠近可燃物时，采取隔热、散热等防火措施；当采用白炽灯、卤钨灯等光源时，不直接安装在可燃装修材料或可燃物上；

7 应急照明线路在每个防火分区有独立的应急照明回路，穿越不同的防火分区的线路有防火隔堵措施；

8 疏散照明线路采用耐火电线、电缆，穿管明敷或在非燃烧体内穿刚性导管暗敷，暗敷保护层厚度不小于30mm。电线采用额定电压不低于750V的铜芯绝缘电线。

20.1.5 防爆灯具安装应符合下列规定：

1 灯具的防爆标志、外壳防护等级和温度组别与爆炸危险环境相适配；当设计无要求时，灯具种类和防爆结构的选型应符合表20.1.5的规定；

表20.1.5 灯具种类和防爆结构的选型

爆炸危险区域防爆结构 / 照明设备种类	Ⅰ区		Ⅱ区	
	隔爆型d	增安型e	隔爆型d	增安型e
固定式灯	○	×	○	○
移动式灯	△	—	○	—
携带式电池灯	○	—	○	—
镇流器	○	△	○	○

注：○为适用；△为慎用；×为不适用。

2 灯具配套齐全，不用非防爆零件替代灯具配件（金属护网、灯罩、接线盒等）；

3 灯具的安装位置离开释放源，且不在各种管道的泄压口及排放口上下方安装灯具；

4 灯具及开关安装牢固可靠，灯具吊管及接线盒螺纹啮合扣数不少于5扣，螺纹加工光滑、完整、无锈蚀，并在螺纹上涂电力复合酯或导电性防锈酯；

5 开关安装位置便于操作，安装高度为距地1.3m。

20.2 一 般 项 目

20.2.1 36V及以下行灯变压器和行灯安装应符合下列规定：

1 行灯变压器的固定支架牢固，油漆完整；

2 携带式局部照明灯电线采用橡套软线。

优良：在合格的基础上，支架制作精细，安装位置合理，橡套软线必须阻燃。

20.2.2 手术台无影灯安装应符合下列规定：

1 底座应紧贴顶板，四周无缝隙；

2 表面保持整洁、无污染，灯具镀、涂层完整无划伤。

20.2.3 应急照明灯具安装应符合下列规定：

1 疏散照明采用荧光灯或白炽灯；安全照明采用卤钨灯，或采用瞬间可靠点燃的荧光灯；

2 安全出口标志灯和疏散标志灯装有玻璃或非燃材料的保护罩，面板亮度均匀度为1:10（最低:最高），保护罩应完整、无裂纹。

优良：在合格的基础上，应急照明的导线符合防火要求。安全出口和疏散出口指示标志宜设在靠近其出口一侧的门上方或门洞两侧的墙面上，标志的下边缘距门口的上边缘不宜大于30cm。在远离安全出口的地方，应将“安全出口”和“疏散通道方向”标志联合设置。箭头必须指向最近的安全出口。

20.2.4 防爆灯具安装应符合下列规定：

1 灯具及开关的外壳完整、无损伤、无凹陷或沟槽，灯罩无裂纹，金属防护网无扭曲变形，防爆标志清晰；

优良：在合格的基础上，安装位置合理，远离气体泄放口。

2 灯具与开关的紧固螺栓无松动、锈蚀，密封垫圈完好。

检查数量：优良工程全数检查。

检查方法：观察检查　尺量检查。

21 建筑物景观照明、航空障碍标志灯和庭院灯安装

21.1 主 控 项 目

21.1.1 建筑物彩灯安装应符合下列规定：

1 建筑物顶部彩灯采用有防雨性能的专用灯具，将灯罩拧紧；

2 彩灯配线管路按明配管敷设，且应有防雨功能；管路间、管路与灯头盒间螺纹连接，金属导管及彩灯的构架、钢索等可接近裸露导体接地（PE）或接零（PEN）可靠；

3 垂直彩灯悬挂挑臂采用不小于10＃的槽钢；端部吊挂钢索的吊钩螺栓直径不小于10mm，螺栓在槽钢上固定，两侧有螺帽，且加平垫圈及弹簧垫圈紧固；

4 悬挂钢丝绳直径不小于4.5mm，底把圆钢直径不小于16mm，地锚采用架空外线用拉线盘，埋设深度大于1.5m；

5 垂直彩灯采用防水吊线灯头，下端灯头距地面高于3m。

21.1.2 霓虹灯安装应符合下列规定：

1 霓虹灯管完好，无破裂；

2 灯管应采用专用绝缘支架固定，且牢固可靠；灯管固定后，与建筑物、构筑物表面的距离不小于20mm；

3 霓虹灯专用变压器采用双圈式，所供灯管长度不大于允许负载长度，露天安装的有防雨措施；

4 霓虹灯专用变压器的二次电线和灯管间的连接线采用额定电压大于15kV的高压绝缘电线。二次电线与建筑物、构筑物表面的距离不小于20mm。

21.1.3 建筑物景观照明灯具安装应符合下列规定：

1 每套灯具的导电部分对地绝缘电阻值大于2MΩ；

2 在人行道等人员来往密集场所安装的落地式灯具，无围栏防护，安装高度距地面应2.5m以上；

3 金属构架和灯具的可接近裸露导体及金属软管的接地（PE）或接零（PEN）可靠，且有标识。

21.1.4 航空障碍标志灯安装应符合下列规定：

1 灯具装设在建筑物或构筑物的最高部位；当最高部位平面面积较大或为建筑群时，除在最高端装设外，还在其外侧转角的顶端分别装设灯具；

2 当灯具在烟囱顶上装设时，安装在低于烟囱口1.5～3m的部位且呈正三角形水平排列；

3 灯具的选型根据安装高度决定；低光强的（距地面60m以下装设时采用）为红色光，其有效光强大于1600cd；高光强的（距地面150m以上装设时采用）为白色光，有效光强随背景亮度而定；

4　灯具的电源按主体建筑中最高负荷等级要求供电；

5　灯具安装牢固可靠，且设置维修和更换光源的措施。

21.1.5　庭院灯安装应符合下列规定：

1　每套灯具的导电部分对地绝缘电阻值大于2MΩ；

2　立柱式路灯、落地式路灯、特种园艺灯等灯具与基础固定可靠；地脚螺栓备帽齐全；灯具的接线盒或熔断器盒，盒盖的防水密封垫完整；

3　金属立柱及灯具可接近裸露导体接地（PE）或接零（PEN）可靠；接地线单设干线，干线沿庭院灯布置位置形成环网状，且不少于2处与接地装置引出线连接；由干线引出支线与金属灯柱及灯具的接地端子连接，且有标识。

21.2　一　般　项　目

21.2.1　建筑物彩灯安装应符合下列规定：

1　建筑物顶部彩灯灯罩完整，无碎裂；

2　彩灯电线导管防腐完好，敷设平整、顺直。

优良：在合格的基础上，管路敷设平正顺直，支架固定牢固一致，管路弯曲无凹瘪变形，管卡件材质厚度不小于1.2mm。

21.2.2　霓虹灯安装应符合下列规定：

1　当霓虹灯变压器明装时，高度不小于3m；低于3m采取防护措施；

2　霓虹灯变压器的安装位置方便检修，且隐蔽在不易被非检修人员触及的场所，不装在吊平顶内；

3　当橱窗内有霓虹灯时，橱窗门与霓虹灯变压器一次侧开关有联锁装置，确保开门不接通霓虹灯变压器的电源；

4　霓虹灯变压器二次侧的电线采用玻璃制品绝缘支持物固定，支持点间距离不大于下列数值：

水平线段：0.5m；

垂直线段：0.75m。

优良：在合格的基础上，明管敷设横平竖直，固定支架牢固可靠，间距一致，防腐完整。

21.2.3　建筑物景观照明灯具构架应固定可靠，地脚螺栓拧紧，备帽齐全；灯具的螺栓紧固、无遗漏。灯具外露的电线或电缆应有柔性金属导管保护。

优良：在合格的基础上，柔性导管与设备或明管连接无脱落，固定牢固，潮湿场所有防潮措施，管路敷设长度不大于0.8m，观感好。

21.2.4　航空障碍标志灯安装应符合下列规定：

1　同一建筑物或建筑群灯具间的水平、垂直距离不大于45m；

2　灯具的自动通、断电源控制装置动作准确。

优良：在合格的基础上，安装位置合理，施工精细美观，保证使用功能。

21.2.5　庭院灯安装应符合下列规定：

1　灯具的自动通、断电源控制装置动作准确，每套灯具熔断器盒内熔丝齐全，规格与灯具适配；

2 架空线路电杆上的路灯，固定可靠，紧固件齐全、拧紧，灯位正确；每套灯具配有熔断器保护。

检查数量：优良工程全数检查。

检查方法：观察检查　尺量检查。

22 开关、插座、风扇安装

22.1 主 控 项 目

22.1.1 当交流、直流或不同电压等级的插座安装在同一场所时，应有明显的区别，且必须选择不同结构、不同规格和不能互换的插座；配套的插头应按交流、直流或不同电压等级区别使用。

22.1.2 插座接线应符合下列规定：

1 单相两孔插座，面对插座的右孔或上孔与相线连接，左孔或下孔与零线连接；单相三孔插座，面对插座的右孔与相线连接，左孔与零线连接；

2 单相三孔、三相四孔及三相五孔插座的接地（PE）或接零（PEN）线接在上孔；插座的接地端子不与零线端子连接；同一场所的三相插座，接线的相序一致；

3 接地（PE）或接零（PEN）在插座间不串接连接。

22.1.3 特殊情况下插座安装应符合下列规定：

1 当接插有触电危险家用电器的电源时，采用能断开电源的带开关插座，开关断开相线；

2 潮湿场所采用密封型并带保护地线触头的保护型插座，安装高度不低于1.5m。

22.1.4 照明开关安装应符合下列规定：

1 同一建筑物、构筑物的开关采用同一系列的产品，开关的通断位置一致，操作灵活、接触可靠；

2 相线经开关控制；民用住宅无软线引至床边的床头开关。

22.1.5 吊扇安装应符合下列规定：

1 吊扇挂钩安装牢固，吊扇挂钩的直径不小于吊扇挂销直径，且不小于8mm；有防振橡胶垫；挂销的防松零件齐全、可靠；

2 吊扇扇叶距地高度不小于2.5m；

3 吊扇组装不改变扇叶角度，扇叶固定螺栓防松零件齐全；

4 吊杆间、吊杆与电机间螺纹连接，啮合长度不小于20mm，且防松零件齐全紧固；

5 吊扇接线正确，当运转时扇叶无明显颤动和异常声响。

22.1.6 壁扇安装应符合下列规定：

1 壁扇底座采用尼龙塞或膨胀螺栓固定；尼龙塞或膨胀螺栓的数量不少于2个，且直径不小于8mm。固定牢固可靠。

2 壁扇防护罩扣紧，固定可靠，当运转时扇叶和防护罩无明显颤动和异常声响。

22.2 一 般 项 目

22.2.1 插座安装应符合下列规定：

1 当不采用安全型插座时，托儿所、幼儿园及小学等儿童活动场所安装高度不低于1.8m；

2 暗装的插座面板紧贴墙面，四周无缝隙，安装牢固，表面光滑整洁、无碎裂、划伤，装饰帽齐全；

3 车间及试（实）验室的插座安装高度距离地面不小于0.3m；特殊场所暗装的插座不小于0.15m；同一室内插座安装高度一致；

4 地插座面板与地面齐平或紧贴地面，盖板固定牢固，密封良好。

优良：在合格的基础上，盒深超过2cm加盒套处理，2cm以内使用高强度等级水泥砂浆收口且方正，盒内导线预留长度为盒子周长的1/2，无扭曲折弯，盒内外干净整洁，防腐良好无污染。

22.2.2 照明开关安装应符合下列规定：

1 开关安装位置便于操作，开关边缘距门框边缘的距离0.15~0.2m，开关距地面高度1.3m；拉线开关距地面高度2~3m，层高小于3m时，拉线开关距顶板不小于100mm，拉线出口垂直向下；

2 相同型号并列安装及同一室内开关安装高度一致，且控制有序不错位；并列安装的拉线开关的相邻间距不小于20mm；

3 暗装的开关面板应紧贴墙面，四周无缝隙，安装牢固，表面光滑整洁，无碎裂、划伤，装饰帽齐全。

优良：在合格的基础上，相邻开关、相邻插座的标高应一致，且间距控制在10mm，盒子内导线长度适中，导线接头牢固，盒内整洁防腐良好，盒子深度在2cm以上要加套盒，导线颜色选用严格，开关付线的导线颜色应严格区分于其他相色，且整个工程要一致，安装在室外或潮湿场所的应有防潮措施。

22.2.3 吊扇安装应符合下列规定：

1 涂层完整，表面无划痕、无污染，吊杆上下扣碗安装牢固到位；

2 同一室内并列安装的吊扇开关高度一致，且控制有序不错位。

优良：在合格的基础上，无磕碰变形，减振功能良好，干净整洁无污染。

22.2.4 壁扇安装应符合下列规定：

1 壁扇下侧边缘距地面高度不小于1.8m；

2 涂层完整，表面无划痕、无污染，防护罩无变形。

优良：在合格的基础上，无磕碰变形，无油漆脱落，安装平正牢固，底座紧贴墙面，四周缝隙一致，安装高度低于2.4m时，非带电金属壳体应设专用接地螺丝。

检查数量：优良工程全数检查。

检查方法：观察检查 尺量检查。

23 建筑物照明通电试运行

23.1 主 控 项 目

23.1.1 照明系统通电，灯具回路控制应与照明配电箱及回路的标识一致；开关与灯具控制顺序相对应，风扇的转向及调速开关应正常。

23.1.2 公用建筑照明系统通电连续试运行时间应为24h，民用住宅照明系统通电连续试运行时间应为8h。所有照明灯具均应开启，且每2h记录运行状态1次，连续试运行时间内无故障。

优良：在合格的基础上，试运行电压、电流稳定，运行过程中未出现任何问题，一次送电成功。

检查数量：优良工程全数检查。

检查方法：执行本标准第28.0.10条。

运行记录检查。

24 接地装置安装

24.1 主 控 项 目

24.1.1 人工接地装置或利用建筑物基础钢筋的接地装置必须在地面以上按设计要求位置设测试点。

24.1.2 测试接地装置的接地电阻值必须符合设计要求。

24.1.3 防雷接地的人工接地装置的接地干线埋设，经人行通道处埋地深度不应小于1m，且应采取均压措施或在其上方铺设卵石或沥青地面。

24.1.4 接地模块顶面埋设深度不应小于0.6m，接地模块间距不应小于模块长度的3～5倍。接地模块埋设基坑，一般为模块外形尺寸的1.2～1.4倍，且在开挖深度内详细记录地层情况。

24.1.5 接地模块应垂直或水平就位，不应倾斜设置，保持与原土层接触良好。

24.2 一 般 项 目

24.2.1 当设计无要求时，接地装置顶面埋设深度不应小于0.6m。圆钢及钢管接地极应垂直埋入地下，间距不应小于5m。接地装置的焊接应采用搭接焊，搭接长度应符合下列规定：

1 扁钢与扁钢搭接为扁钢宽度的2倍，不少于三面施焊；

2 圆钢与圆钢搭接为圆钢直径的6倍，双面施焊；

3 圆钢与扁钢搭接为圆钢直径的6倍，双面施焊；

4 扁钢与钢管，扁钢与角钢焊接，紧贴角钢外侧两面，或紧贴3/4钢管表面，上下两侧施焊；

5 除埋设在混凝土中的焊接接头外，有防腐措施。

优良：在合格的基础上，焊接不能夹渣咬肉，接地体敷设平正顺直，镀锌完整，防腐无遗漏，观感良好。

24.2.2 当设计无要求时，接地装置的材料采用钢材，热浸镀锌处理，最小允许规格、尺寸应符合表24.2.2的规定：

表24.2.2 最小允许规格、尺寸

种类、规格及单位	敷设位置及使用类别			
	地上		地下	
	室内	室外	交流电流回路	直流电流回路
圆钢直径（mm）	6	8	10	12

续表 24.2.2

种类、规格及单位		敷设位置及使用类别			
		地　上		地　下	
		室　内	室　外	交流电流回路	直流电流回路
扁　钢	截面（mm^2）	60	100	100	100
	厚度（mm）	3	4	4	6
角钢厚度（mm）		2	2.5	4	6
钢管管壁厚度（mm）		2.5	2.5	3.5	4.5

24.2.3 接地模块应集中引线，用干线把接地模块并联焊接成一个环路，干线的材质与接地模块焊接点的材质应相同，钢制的采用热浸镀锌扁钢，引出线不少于2处。

检查数量：优良工程全数检查。

检查方法：观察检查　尺量检查。

25 避雷引下线和变配电室接地干线敷设

25.1 主 控 项 目

25.1.1 暗敷在建筑物抹灰层内的引下线应有卡钉分段固定；明敷的引下线应平直、无急弯，与支架焊接处，油漆防腐，且无遗漏。

25.1.2 变压器室、高低压开关室内的接地干线应有不少于2处与接地装置引出干线连接。

25.1.3 当利用金属构件、金属管道做接地线时，应在构件或管道与接地干线间焊接金属跨接线。

25.2 一 般 项 目

25.2.1 钢制接地线的焊接连接应符合本标准第24.2.1条的规定，材料采用及最小允许规格、尺寸应符合本标准第24.2.2条的规定。

25.2.2 明敷接地引下线及室内接地干线的支持件间距应均匀，水平直线部分0.5～1.5m；垂直直线部分1.5～3m，弯曲部分0.3～0.5m。

优良：在合格的基础上，引下线距墙间距一致，支架敷设美观牢固，紧固件安装螺丝出螺母长度一致。

25.2.3 接地线在穿越墙壁、楼板和地坪处应加套钢管或其他坚固的保护套管，钢套管应与接地线做电气连通。

优良：在合格的基础上，管内空隙防火封堵严密。地线焊接无夹渣咬肉，作好防腐，地线卡接卡件厚度不小于1.2mm，固定件适配（螺丝、平垫、弹垫），螺丝出螺母长度一致。

25.2.4 变配电室内明敷接地干线安装应符合下列规定：

1 便于检查，敷设位置不妨碍设备的拆卸与检修；

2 当沿建筑物墙壁水平敷设时，距地面高度250～300mm；与建筑物墙壁间的间隙10～15mm；

3 当接地线跨越建筑物变形缝时，设补偿装置；

4 接地线表面沿长度方向，每段为15～100mm，分别涂以黄色和绿色相间的条纹；

5 变压器室、高压配电室的接地干线上应设置不少于2个供临时接地用的接线柱或接地螺栓。

优良：在合格的基础上，补偿装置活动自如，方便维护检修。变电室引入、引出干线与接地干线相连接时，三面施焊无夹渣咬肉，丝接采用双螺丝。螺丝不小于M10，螺丝出螺母2～3扣。

25.2.5 当电缆穿过零序电流互感器时，电缆头的接地线应通过零序电流互感器后接地；由电缆头至穿过零序电流互感器的一段电缆金属护层和接地线应对地绝缘。

25.2.6 配电间隔和静止补偿装置的栅栏门及变配电室金属门铰链处的接地连接，应采用编织铜线。变配电室的避雷器应用最短的接地线与接地干线连接。

优良：在合格的基础上，施工质量精细，平垫弹垫齐全。

25.2.7 设计要求接地的幕墙金属框架和建筑物的金属门窗，应就近与接地干线连接可靠，连接处不同金属间应有防电化腐蚀措施。

优良：在合格的基础上，连接点不少于2处，作好工序交接检查记录。

检查数量：优良工程全数检查。

检查方法：观察检查　尺量检查。

检查记录。

26 接 闪 器 安 装

26.1 主 控 项 目

26.1.1 建筑物顶部的避雷针、避雷带等必须与顶部外露的其他金属物体连成一个整体的电气通路，且与避雷引下线连接可靠。

优良：在合格的基础上，非带电金属导体的防雷接地不能串接，不能借用安装螺丝。

26.2 一 般 项 目

26.2.1 避雷针、避雷带应位置正确，焊接固定的焊缝饱满无遗漏，螺栓固定的应备帽等防松零件齐全，焊接部分补刷的防腐油漆完整。

优良：在合格的基础上，支架材质厚度不小于3mm，螺丝螺母无锈蚀，平垫弹垫齐全，螺丝出螺母长度一致。

26.2.2 避雷带应平正顺直，固定点支持件间距均匀、固定可靠，每个支持件应能承受大于49N（5kg）的垂直拉力。当设计无要求时，支持件间距符合本标准第25.2.2条的规定。

优良：在合格的基础上，固定件与接闪器吻合，安装螺丝出螺母长度一致（不少于2~3扣）。

检查数量：优良工程全数检查。

检查方法：观察检查　尺量检查。

27 建筑物等电位联结

27.1 主 控 项 目

27.1.1 建筑物等电位联结干线应从与接地装置有不少于2处直接连接的接地干线或总等电位箱引出，等电位联结干线或局部等电位箱间的连接线形成环形网路，环形网路应就近与等电位联结干线或局部等电位箱连接。支线间不应串联连接。

27.1.2 等电位联结的线路最小允许截面积应符合表27.1.2的规定：

表 27.1.2 线路最小截面（mm^2）

材 料	截 面		材 料	截 面	
	干 线	支 线		干 线	支 线
铜	16	6	钢	50	16

27.2 一 般 项 目

27.2.1 等电位联结的可接近裸露导体或其他金属部件、构件与支线连接应可靠，熔焊、钎焊或机械紧固应导通正常。

优良：在合格的基础上，施工精细，导线连接横平竖直，固定牢靠，卡件与导线截面积吻合，平垫弹垫齐全，螺丝出螺母长度一致。

27.2.2 需等电位联结的高级装修金属部件或零件，应有专用接线螺栓与等电位联结支线连接，且有标识；连接处螺帽紧固、防松零件齐全。

优良：在合格的基础上，设置专业等电位箱，非带电裸露导体的等电位线连接均要从端子排引出，标识清楚牢固。

检查数量：优良工程全数检查。

检查方法：观察检查 尺量检查。

28 分部（子分部）工程质量评定

28.0.1 当建筑电气分部工程施工质量检验时，检验批的划分应符合下列规定：

1 室外电气安装工程中分项工程的检验批，依据庭院大小、投运时间先后、功能区块不同划分；

2 变配电室安装工程中分项工程的检验批，主配电室为1个检验批；有数个分变配电室，且不属于子单位工程的子分部工程，各为1个检验批，其验收记录汇入所有变配电室有关分项工程的验收记录中；如各分变配电室属于各子单位工程的子分部工程，所属分项工程各为1个检验批，其验收记录应为一个分项工程验收记录，经子分部工程验收记录汇入分部工程验收记录中；

3 供电干线安装工程分项工程的检验批，依据供电区段和电气线缆竖井的编号划分；

4 电气动力和电气照明安装中分项工程及建筑物等电位联结分项工程的检验批，其划分的界区，应与建筑土建工程一致；

5 备用和不间断电源安装工程中分项工程各自成为1个检验批；

6 防雷及接地装置安装工程中分项工程检验批，人工接地装置和利用建筑物基础钢筋的接地体各为1个检验批，大型基础可按区块划分成几个检验批；避雷引下线安装6层以下的建筑为1个检验批，高层建筑依均压环设置间隔的层数为1个检验批；接闪器安装同一屋面为1个检验批。

28.0.2 检验批质量评定应符合下列规定：

合格：

1）检验批所含各项质量经抽样检验全部合格；

2）具有完整的施工操作依据和质量验收记录。

优良：在合格基础上，检验批所包含的各个指定项目均达到优良。其中指定项目优良是指：指定项目质量经抽样检验，符合本标准相应优良标准的符合率应达到80％及以上。

28.0.3 分项质量评定应符合下列规定：

合格：

1）分项工程所含的检验批均应符合本标准合格标准的规定。

2）分项工程所含的检验批的质量评定及验收记录应完整。

优良：在合格基础上，其中60％及以上检验批为优良。

28.0.4 分部（子分部）质量评定应符合下列规定：

合格：

1）分部（子分部）工程中各分项工程的质量均应评定及验收合格；

2）具有完整的质量控制资料；

3）有关安全和功能检测项目全部合格；

4）观感质量评定合格。

子分部优良：

1）在合格基础上，子分部工程所含的各个分项工程中，60 %及以上分项为优良。

2）观感质量符合本标准相关条款中优良标准的符合率应达到80 %及以上。

分部优良：

1）在合格基础上，分部工程所含的各个子分部工程中，60 %及以上子分部为优良。其中变配电室子分部必须优良。

2）观感质量符合本标准相关条款中优良标准的符合率应达到80 %及以上。

28.0.5 建筑电气工程施工质量评定时，应核查下列各项质量控制资料，且检查分项工程质量评定及验收记录和分部（子分部）质量评定及验收记录应正确，责任单位和责任人的签章齐全。

1 建筑电气工程施工图设计和图纸会审记录及洽商记录；

2 主要设备、器具、材料的合格证和进场验收记录；

3 隐蔽工程记录；

4 电气设备交接试验记录；

5 接地电阻、绝缘电阻测试记录；

6 空载试运行和负荷试运行记录；

7 建筑照明通电试运行记录；

8 工序交接合格等施工安装记录。

28.0.6 根据单位工程实际情况，检查建筑电气分部（子分部）工程所含分项工程的质量评定及验收记录应无遗漏缺项。

28.0.7 当单位工程质量评定时，建筑电气分部（子分部）工程实物质量的抽检部位如下，且抽检结果应符合本标准规定。

1 大型公用建筑的变配电室，技术层的动力工程，供电干线的竖井，建筑顶部的防雷工程，重要的或大面积活动场所的照明工程，以及5%自然间的建筑电气动力、照明工程；

2 一般民用建筑的配电室和5%自然间的建筑电气照明工程，以及建筑顶部的防雷工程；

3 室外电气工程以变配电室为主，且抽检各类灯具的5%。

28.0.8 核查各类技术资料应齐全，且符合工序要求，有可追溯性；各责任人均应签章确认。

28.0.9 为方便检测验收，高低压配电装置的调整试验应提前通知监理和有关监督部门，实行旁站确认。变配电室通电后可抽检的项目主要是：各类电源自动切换或通断装置、馈电线路的绝缘电阻、接地（PE）或接零（PEN）的导通状态、开关插座的接线正确性、漏电保护装置的动作电流和时间、接地装置的接地电阻和由照明设计确定的照度等。抽测的结果应符合本标准规定和设计要求。

28.0.10 检验方法应符合下列规定：

1 电气设备、电缆和继电保护系统的调整试验结果，查阅试验记录或试验时旁站；

2 空载试运行和负荷试运行结果，查阅试运行记录或试运行时旁站；

3 绝缘电阻、接地电阻和接地（PE）或接零（PEN）的导通状态及插座接线正确性的测试结果，查阅测试记录或测试时旁站或用适配仪表进行抽测；

4 漏电保护装置动作数据值，查阅测试记录或用适配仪表进行抽测；

5 负荷试运行时大电流节点温升测量用红外线遥测温度仪抽测或查阅负荷试运行记录；

6 螺栓紧固程度用适配工具做拧动试验；有最终拧紧力矩要求的螺栓用扭力扳手抽测；

7 需吊芯、抽芯检查的变压器和大型电动机，吊芯、抽芯时旁站或查阅吊芯、抽芯记录；

8 需做动作试验的电气装置，高压部分不应带电试验，低压部分无负荷试验；

9 水平度用铁水平尺测量，垂直度用线锤吊线尺量，盘面平整度拉线尺量，各种距离的尺寸用塞尺、游标卡尺、钢尺、塔尺或采用其他仪器仪表等测量；

10 外观质量情况目测检查；

11 设备规格型号、标志及接线，对照工程设计图纸及其变更文件检查。

附录A 发电机交接试验

表A 发电机交接试验

序号	部位		试验内容	试验结果
1	静态试验	定子电路	测量定子绕组的绝缘电阻和吸收比	绝缘电阻值大于0.5MΩ 沥青浸胶及烘卷云母绝缘吸收比大于1.3 环氧粉云母绝缘吸收比大于1.6
2			在常温下，绕组表面温度与空气温度差在±3℃范围内测量绕组直流电阻	各项直流电阻值相互间差值不大于最小值2%，与出厂值在同温度下比差值不大于2%
3			交流工频耐压试验1min	试验电压为$1.5U_n+750$V，无闪络击穿现象，U_n为发电机额定电压
4		转子电路	用1000V兆欧表测量转子绝缘电阻	绝缘电阻值大于0.5MΩ
5			在常温下，绕组表面温度与空气温度差在±3℃范围内测量各项直流电阻	数值与出厂值在同温度下比差值不大于2%
6			交流工频耐压试验1min	用2500V摇表测量绝缘电阻替代
7		励磁电路	退出励磁电路电子器件后，测量励磁电路的线路设备的绝缘电阻	绝缘电阻值大于0.5MΩ
8			退出励磁电路电子器件后，进行交流工频耐压试验1min	试验电压1000V，无击穿闪络现象
9		其他	有绝缘轴承的用1000V兆欧表测量轴承绝缘电阻	绝缘电阻值大于0.5MΩ
10			测量检温计（埋入式）绝缘电阻，校验检温计精度	用250V兆欧表检测不短路，精度符合出厂规定
11			测量灭磁电阻，自同步电阻器的直流电阻	与铭牌相比较，其差值为±10%
12	运转试验		发电机空载特性试验	按设备说明书比对，符合要求
13			测量相序	相序与出线标识相符
14			测量空载和负荷后轴电压	按设备说明书比对，符合要求

附录B 低压电器交接试验

表B 低压电器交接试验

序号	试验内容	试验标准或条件
1	绝缘电阻	用500V兆欧表摇测，绝缘电阻值大于等于1MΩ；潮湿场所，绝缘电阻值大于等于0.5MΩ
2	低压电器动作情况	除产品另有规定外，电压、液压或气压在额定值的85%～110%范围内能可靠动作
3	脱扣器的额定值	额定值误差不得超过产品技术条件的规定
4	电阻器和变阻器的直流电阻差值	符合产品技术条件规定

附录 C　母线螺栓搭接尺寸

表 C　母线螺栓搭接尺寸

搭接形式	类别	序号	连接尺寸（mm）			钻孔要求		螺栓规格
			b_1	b_2	a	ϕ（mm）	个数	
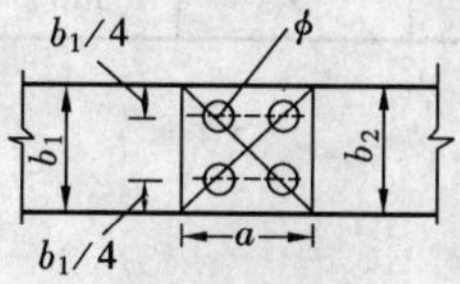	直线连接	1	125	125	b_1 或 b_2	21	4	M20
		2	100	100	b_1 或 b_2	17	4	M16
		3	80	80	b_1 或 b_2	13	4	M12
		4	63	63	b_1 或 b_2	11	4	M10
		5	50	50	b_1 或 b_2	9	4	M8
		6	45	45	b_1 或 b_2	9	4	M8
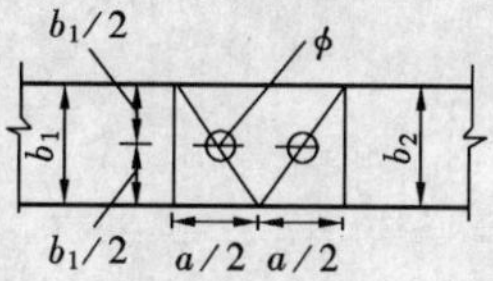	直线连接	7	40	40	80	13	2	M12
		8	31.5	31.5	63	11	2	M10
		9	25	25	50	9	2	M8
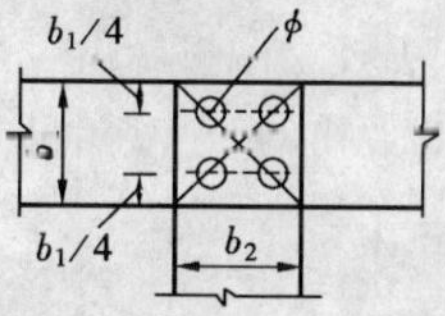	垂直连接	10	125	125	—	21	4	M20
		11	125	100～80	—	17	4	M16
		12	125	63	—	13	4	M12
		13	100	100～80	—	17	4	M16
		14	80	80～63	—	13	4	M12
		15	63	63～50	—	11	4	M10
		16	50	50	—	9	4	M8
		17	45	45	—	9	4	M8
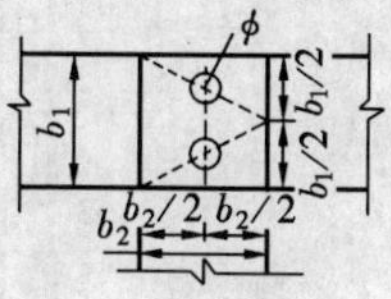	垂直连接	18	125	50～40	—	17	2	M16
		19	100	63～40	—	17	2	M16
		20	80	63～40	—	15	2	M14
		21	63	50～40	—	13	2	M12
		22	50	45～40	—	11	2	M10
		23	63	31.5～25	—	11	2	M10
		24	50	31.5～25	—	9	2	M8

续表 C

搭接形式	类别	序号	连接尺寸（mm）			钻孔要求		螺栓规格
			b_1	b_2	a	ϕ（mm）	个数	
	垂直连接	25	125	31.5～25	60	11	2	M10
		26	100	31.5～25	50	9	2	M8
		27	80	31.5～25	50	9	2	M8
	垂直连接	28	40	40～31.5	—	13	1	M12
		29	40	25	—	11	1	M10
		30	31.5	31.5～25	—	11	1	M10
		31	25	22	—	9	1	M8

附录 D　母线搭接螺栓的拧紧力矩

表 D　母线搭接螺栓的拧紧力矩

序　　号	螺栓规格	力矩值（N·m）	序　　号	螺栓规格	力矩值（N·m）
1	M8	8.8～10.8	5	M16	78.5～98.1
2	M10	17.7～22.6	6	M18	98.0～127.4
3	M12	31.4～39.2	7	M20	156.9～196.2
4	M14	51.0～60.8	8	M24	274.6～343.2

附录 E　室内裸母线最小安全净距

表 E　室内裸母线最小安全净距（mm）

符　号	适　用　范　围	图号	额定电压（kV）			
			0.4	1～3	6	10
A_1	1. 带电部分至接地部分之间 2. 网状和板状遮拦向上延伸线距地 2.3m 处与遮拦上方带电部分之间	图 E.1	20	75	100	125
A_2	1. 不同相的带电部分之间 2. 断路器和隔离开关的断口两侧带电部分之间	图 E.1	20	75	100	125
B_1	1. 栅状遮拦至带电部分之间 2. 交叉的不同时停电检修的无遮拦带电部分之间	图 E.1 图 E.2	800	825	850	875
B_2	网状遮拦至带电部分之间	图 E.1	100	175	200	225
C	无遮拦裸导体至地（楼）面之间	图 E.1	2300	2375	2400	2425
D	平行的不同时停电检修的无遮拦裸导体之间	图 E.1	1875	1875	1900	1925
E	通向室外的出线套管至室外通道的路面	图 E.2	3650	4000	4000	4000

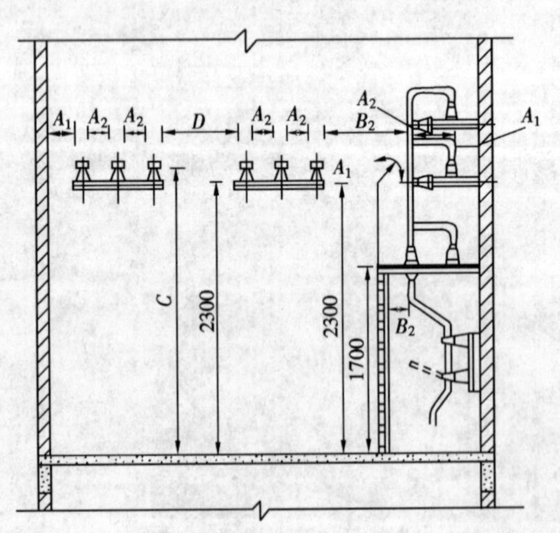

图 E.1　室内 A_1、A_2、B_1、B_2、C、D 值校验

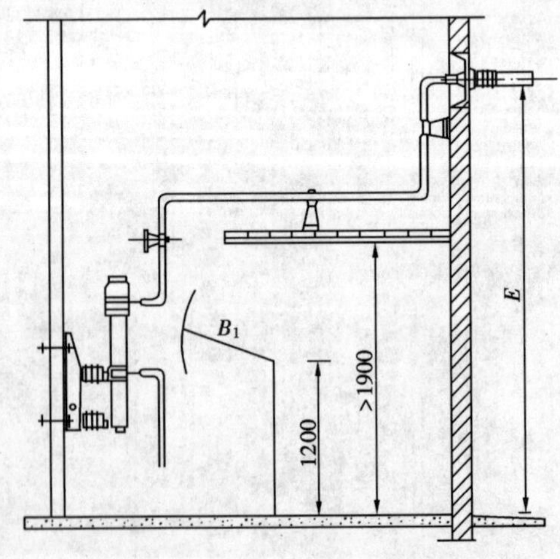

图 E.2　室内 B_1、E 值校验

北京建工集团企业标准

Q/BCEG 312 — 2004

电梯工程施工质量评定标准

2004年11月24日发布　　　　2005年01月01日实施

北京建工集团有限责任公司

北京建工集团企业标准

Q/BCEG 312—2004

电梯工程施工质量评定标准

2004年11月24日发布　　2005年01月01日实施

北京建工集团有限责任公司

目　次

1 总　　则

1.0.1 为了加强建筑工程质量管理，统一本集团电梯安装工程施工质量的评定，保证工程质量，制订本标准。

1.0.2 本标准是在国家标准《电梯工程施工质量验收规范》GB 50310—2002 基础上制定的质量评定标准，适用于本集团电力驱动的曳引式或强制式电梯、液压电梯、自动扶梯和自动人行道安装工程施工质量的评定；不适用于杂物电梯安装工程质量的评定。

1.0.3 电梯安装工程的承包合同和工程技术文件对施工质量验收的要求不得低于《电梯工程施工质量验收规范》GB 50310—2002 的规定。

1.0.4 本标准应与北京建工集团《建筑工程施工质量评定统一标准》配套使用。

1.0.5 电梯安装工程质量评定除应执行本标准外，尚应符合北京建工集团《电梯工程施工技术规程》和国家、地方现行有关标准的规定。

2 术 语

2.0.1 电梯安装工程 installation of lifts, escalators and passenger conveyors

电梯生产单位出厂后的产品，在施工现场装配成整机至交付使用的过程。

注：本标准中的“电梯”是指电力驱动的曳引式或强制式电梯、液压电梯、自动扶梯和自动人行道。

2.0.2 电梯安装工程质量验收 acceptance of installation quality of lifts, escalators and passenger conveyors

电梯安装的各项工程在履行质量检验的基础上，由监理单位（或建设单位）、土建施工单位、安装单位等几方共同对安装工程的质量控制资料、隐蔽工程和施工检查记录等档案材料进行审查，对安装工程进行普查和整机运行考核，并对主控项目全验和一般项目抽验，根据本标准以书面形式对电梯安装工程质量的检验结果作出确认。

2.0.3 土建交接检验 handing over inspection of machine rooms and wells

电梯安装前，应由监理单位（或建设单位）、土建施工单位、安装单位共同对电梯井道和机房（如果有）按本标准的要求进行检查，对电梯安装条件作出确认。

3 基 本 规 定

3.0.1 安装单位施工现场的质量管理应符合下列规定：

1 具有完善的验收标准、安装工艺及施工操作规程。

2 具有健全的安装过程控制制度。

3.0.2 电梯安装工程施工质量控制应符合下列规定：

1 电梯安装前应按本标准进行土建交接检验，并记录。

2 电梯安装前应按本标准进行电梯设备进场验收，并记录。

3 电梯安装的各分项工程应按企业标准进行质量控制，每个分项工程应有自检记录。

3.0.3 电梯安装工程质量评定应符合下列规定：

1 参加安装工程施工和质量评定人员应具备相应的资格。

2 承担有关安全性能检测的单位，必须具有相应资质。仪器设备应满足精度要求，并应在检定有效期内。

3 分项工程质量评定均应在电梯安装单位自检合格的基础上进行。

4 分项工程质量应分别按主控项目和一般项目检查评定。

5 隐蔽工程应在电梯安装单位检查合格后，于隐蔽前通知有关单位检查验收，并形成验收文件。

4 电力驱动的曳引式或强制式电梯安装工程质量评定

4.1 设备进场验收

主控项目

4.1.1 随机文件必须包括下列资料：

1 土建布置图；

2 产品出厂合格证；

3 门锁装置、限速器、安全钳及缓冲器的型式试验证书复印件。

一般项目

4.1.2 随机文件还应包括下列资料：

1 装箱单；

2 安装、使用维护说明书；

3 动力电路和安全电路的电气原理图。

4.1.3 设备零部件应与装箱单内容相符。

4.1.4 设备外观不应存在明显的损坏。

4.2 土建交接检验

主控项目

4.2.1 机房（如果有）内部、井道土建（钢架）结构及布置必须符合电梯土建布置图的要求。

4.2.2 主电源开关必须符合下列规定：

1 主电源开关应能够切断电梯正常使用情况下最大电流；

2 对有机房电梯该开关应能从机房入口处方便地接近；

3 对无机房电梯该开关应设置在井道外工作人员方便接近的地方，且应具有必要的安全防护。

4.2.3 井道必须符合下列规定：

1 当底坑底面下有人员能到达的空间存在，且对重（或平衡重）上未设有安全钳装置时，对重缓冲器必须能安装在（或平衡重运行区域的下边必须）一直延伸到坚固地面上的实心桩墩上；

2 电梯安装之前，所有层门预留孔必须设有高度不小于1.2m的安全保护围封，并应保证有足够的强度；

3　当相邻两层门地坎间的距离大于11m时，其间必须设置井道安全门，井道安全门严禁向井道内开启，且必须装有安全门处于关闭时电梯才能运行的电气安全装置。当相邻轿厢间有相互救援用轿厢安全门时，可不执行本款。

一　般　项　目

4.2.4　机房（如果有）还应符合下列规定：

1　机房内应设有固定的电气照明，地板表面上的照度不应小于200lx。机房内应设置一个或多个电源插座。在机房内靠近入口的适当高度处应设有一个开关或类似装置控制机房照明电源。

2　机房内应通风，从建筑物其他部分抽出的陈腐空气，不得排入机房内。

3　应根据产品供应商的要求，提供设备进场所需要的通道和搬运空间。

4　电梯工作人员应能方便地进入机房或滑轮间，而不需要临时借助于其他辅助设施。

5　机房应采用经久耐用且不易产生灰尘的材料建造，机房内的地板应采用防滑材料。

注：此项可在电梯安装后验收。

6　在一个机房内，当有两个以上不同平面的工作平台，且相邻平台高度差大于0.5m时，应设置楼梯或台阶，并应设置高度不小于0.9m的安全防护栏杆。当机房地面有深度大于0.5m的凹坑或槽坑时，均应盖住。供人员活动空间和工作台面以上的净高度不应小于1.8m。

7　供人员进出的检修活板门应有不小于0.8m×0.8m的净通道，开门到位后应能自行保持在开启位置。检修活板门关闭后应能支撑两个人的重量（每个人按在门的任意0.2m×0.2m面积上作用1000N的力计算），不得有永久性变形。

8　门或检修活板门应装有带钥匙的锁，它应从机房内不用钥匙打开。只供运送器材的活板门，可只在机房内部锁住。

9　电源零线和接地线应分开。机房内接地装置的接地电阻值不应大于4Ω。

10　机房应有良好的防渗、防漏水保护。

4.2.5　井道还应符合下列规定：

1　井道尺寸是指垂直于电梯设计运行方向的井道截面沿电梯设计运行方向投影所测定的井道最小净空尺寸，该尺寸应和土建布置图所要求的一致，允许偏差应符合下列规定：

1）当电梯行程高度小于等于30m时为0～+25mm；

2）当电梯行程高度大于30m且小于等于60m时为0～+35mm；

3）当电梯行程高度大于60m且小于等于90m时为0～+50mm；

4）当电梯行程高度大于90m时，允许偏差应符合土建布置图要求。

2　全封闭或部分封闭的井道，井道的隔离保护、井道壁、底坑底面和顶板应具有安装电梯部件所需要的足够强度，应采用非燃烧材料建造，且应不易产生灰尘。

3　当底坑深度大于2.5m且建筑物布置允许时，应设置一个符合安全门要求的底坑进口；当没有进入底坑的其他通道时，应设置一个从层门进入底坑的永久性装置，且此装置不得凸入电梯运行空间。

4　井道应为电梯专用，井道内不得装设与电梯无关的设备、电缆等。井道可装设采暖设备，但不得采用蒸汽和水作为热源，且采暖设备的控制与调节装置应装在井道外面。

5 井道内应设置永久性电气照明，井道内照度应不得小于 50lx，井道最高点和最低点 0.5m 以内应各装一盏灯，再设中间灯，并分别在机房和底坑设置一控制开关。

6 装有多台电梯的井道内各电梯的底坑之间应设置最低点离底坑地面不大于 0.3m，且至少延伸到最低层站楼面以上 2.5m 高度的隔障，在隔障宽度方向上隔障与井道壁之间的间隙不应大于 150mm。

当轿顶边缘和相邻电梯运动部件（轿厢、对重或平衡重）之间的水平距离小于 0.5m 时，隔障应延长贯穿整个井道的高度。隔障的宽度不得小于被保护的运动部件（或其部分）的宽度每边再各加 0.1m。

7 底坑内应有良好的防渗、防漏水保护，底坑内不得有积水。

8 每层楼面应有水平面基准标识。

4.3 驱 动 主 机

主 控 项 目

4.3.1 紧急操作装置动作必须正常。可拆卸的装置必须置于驱动主机附近易接近处，紧急救援操作说明必须贴于紧急操作时易见处。

一 般 项 目

4.3.2 当驱动主机承重梁需埋入承重墙时，埋入端长度应超过墙厚中心至少 20mm，且支承长度不应小于 75 mm。

优良：在合格的基础上承重梁防腐良好，刷漆均匀、美观。

检验方法：观察。

4.3.3 制动器动作应灵活，制动间隙调整应符合产品设计要求。

优良：在合格的基础上，四边间隙应均匀。

检验方法：塞尺检查。

4.3.4 驱动主机、驱动主机底座与承重梁的安装应符合产品设计要求。

4.3.5 驱动主机减速箱（如果有）内油量应在油标所限定的范围内。

4.3.6 机房内钢丝绳与楼板孔洞边间隙应为 20～40mm，通向井道的孔洞四周应设置高度不小于 50mm 的台缘。

优良：在合格的基础上，孔洞内表面与楼板垂直、平整，台阶高度一致。

检验方法：观察。

4.4 导 轨

主 控 项 目

4.4.1 导轨安装位置必须符合土建布置图要求。

一 般 项 目

4.4.2 两列导轨顶面间的距离偏差应为：轿厢导轨 0～+2mm；对重导轨 0～+3mm。

优良：轿厢导轨 0～+1mm；对重导轨 0～+2mm。

检验方法：尺量检查。

4.4.3 导轨支架在井道壁上的安装应固定可靠。预埋件应符合土建布置图要求。锚栓（如膨胀螺栓等）固定应在井道壁的混凝土构件上使用，其连接强度与承受振动的能力应满足电梯产品设计要求，混凝土构件的压缩强度应符合土建布置图要求。

优良：在合格的基础上横平竖直，焊缝均匀，刷漆无遗漏。

检验方法：观察。

4.4.4 每列导轨工作面（包括侧面与顶面）与安装基准线每 5m 的偏差均不应大于下列数值：

轿厢导轨和设有安全钳的对重（平衡重）导轨为 0.6mm；不设安全钳的对重（平衡重）导轨为 1.0mm。

优良：轿厢导轨和设有安全钳的对重（平衡重）导轨为 0.4mm；不设安全钳的对重（平衡重）导轨为 0.8mm。

检验方法：塞尺检查。

4.4.5 轿厢导轨和设有安全钳的对重（平衡重）导轨工作面接头处不应有连续缝隙，导轨接头处台阶不应大于 0.05mm。如超过应修平，修平长度应大于 150mm。

优良：导轨接头处台阶不应大于 0.03mm；修光长度应大于 200mm。

检验方法：尺量、塞尺检查。

4.4.6 不设安全钳的对重（平衡重）导轨接头处缝隙不应大于 1.0mm，导轨工作面接头处台阶不应大于 0.15mm。

4.5 门 系 统

主 控 项 目

4.5.1 层门地坎至轿厢地坎之间的水平距离偏差为 0～+3mm，且最大距离严禁超过 35mm。

4.5.2 层门强迫关门装置必须动作正常。

4.5.3 动力操纵的水平滑动门在关门开始的 1/3 行程之后，阻止关门的力严禁超过 150N。

4.5.4 层门锁钩必须动作灵活，在证实锁紧的电气安全装置动作之前，锁紧元件的最小啮合长度为 7mm。

一 般 项 目

4.5.5 门刀与层门地坎、门锁滚轮与轿厢地坎间隙不应小于 5mm。

4.5.6 层门地坎水平度不得大于 2/1000，地坎应高出装修地面 2～5mm。

优良：层门地坎水平度不得大于 1/1000。

检验方法：水平仪检查。

4.5.7 层门指示灯盒、召唤盒和消防开关盒应安装正确，其面板与墙面贴实，横竖端正。

4.5.8 门扇与门扇、门扇与门套、门扇与门楣、门扇与门口处轿壁、门扇下端与地坎的间隙，乘客电梯不应大于6mm，载货电梯不应大于8mm。

优良：乘客电梯不应大于4mm；载货电梯不应大于6mm。

检验方法：尺量检查。

4.6 轿 厢

主 控 项 目

4.6.1 当距轿底面在1.1m以下使用玻璃轿壁时，必须在距轿底面0.9～1.1m的高度安装扶手，且扶手必须独立地固定，不得与玻璃有关。

一 般 项 目

4.6.2 当桥厢有反绳轮时，反绳轮应设置防护装置和挡绳装置。

优良：在合格的基础上防护及挡绳装置应牢固与绳间距一致。

检验方法：观察、尺量检查。

4.6.3 当轿顶外侧边缘至井道壁水平方向的自由距离大于0.3m时，轿顶应装设防护栏及警示性标识。

4.7 对重（平衡重）

一 般 项 目

4.7.1 当对重（平衡重）架有反绳轮，反绳轮应设置防护装置和挡绳装置。

优良：在合格的基础上防护及挡绳装置应牢固与绳间距一致。

检验方法：观察、尺量检查。

4.7.2 对重（平衡重）块应可靠固定。

优良：在合格的基础上码放整齐，且无锈蚀现象。

检验方法：观察。

4.8 安 全 部 件

主 控 项 目

4.8.1 限速器动作速度整定封记必须完好，且无拆动痕迹。

4.8.2 当安全钳可调节时，整定封记应完好，且无拆动痕迹。

一 般 项 目

4.8.3 限速器张紧装置与其限位开关相对位置安装应正确。

4.8.4 安全钳与导轨的间隙应符合产品设计要求。

优良：在合格的基础上两侧间隙均匀一致。

检验方法：塞尺检查。

4.8.5 轿厢在两端站平层位置时，轿厢、对重的缓冲器撞板与缓冲器顶面间的距离应符合土建布置图要求。轿厢、对重的缓冲器撞板中心与缓冲器中心的偏差不应大于20mm。

优良：轿厢、对重的缓冲器撞板中心与缓冲器中心的偏差不应大于10mm。

检验方法：线坠、尺量检查。

4.8.6 液压缓冲器柱塞铅垂度不应大于0.5%，充液量应正确。

优良：液压缓冲器柱塞铅垂度不应大于0.3%。

检验方法：线坠、尺量检查。

4.9 悬挂装置、随行电缆、补偿装置

主 控 项 目

4.9.1 绳头组合必须安全可靠，且每个绳头组合必须安装防螺母松动和脱落的装置。

4.9.2 钢丝绳严禁有死弯。

4.9.3 当轿厢悬挂在两根钢丝绳或链条上，且其中一根钢丝绳或链条发生异常相对伸长时，为此装设的电气安全开关应动作可靠。

4.9.4 随行电缆严禁有打结和波浪扭曲现象。

一 般 项 目

4.9.5 每根钢丝绳张力与平均值偏差不应大于5%。

4.9.6 随行电缆的安装应符合下列规定：

1 随行电缆端部应固定可靠。

优良：在合格的基础上电缆绑扎整齐美观。

检验方法：观察。

2 随行电缆在运行中应避免与井道内其他部件干涉。当轿厢完全压在缓冲器上时，随行电缆不得与底坑地面接触。

4.9.7 补偿绳、链、缆等补偿装置的端部应固定可靠。

优良：在合格的基础上应整齐美观。

检验方法：观察。

4.9.8 对补偿绳的张紧轮，验证补偿绳张紧的电气安全开关应动作可靠。张紧轮应安装防护装置。

4.10 电　气　装　置

主　控　项　目

4.10.1　电气设备接地必须符合下列规定：

1　所有电气设备及导管、线槽的外露可导电部分均必须可靠接地（PE）；

2　接地支线应分别直接接至接地干线接线柱上，不得互相连接后再接地。

4.10.2　导体之间和导体对地之间的绝缘电阻必须大于1000Ω/V，且其值不得小于：

1　动力电路和电气安全装置电路：0.5MΩ；

2　其他电路（控制、照明、信号等）：0.25 MΩ。

一　般　项　目

4.10.3　主电源开关不应切断下列供电电路：

1　轿厢照明和通风；

2　机房和滑轮间照明；

3　机房、轿顶和底坑的电源插座；

4　井道照明；

5　报警装置。

4.10.4　机房和井道内应按产品要求配线。软线和无护套电缆应在导管、线槽或能确保起到等效防护作用的装置中使用。护套电缆和橡套软电缆可明敷于井道或机房内使用，但不得明敷于地面。

4.10.5　导管、线槽的敷设应整齐牢固。线槽内导线总面积不应大于线槽净面积60%；导管内导线总面积不应大于导管内净面积40%；软管固定间距不应大丁1m，端头固定间距不应大于0.1m。

优良：在合格的基础上导管、线槽的敷设横平竖直，接头牢固、走向合理、美观。

检验方法：观察。

4.10.6　接地支线应采用黄绿相间的绝缘导线。

4.10.7　控制柜（屏）的安装位置应符合电梯土建布置图中的要求。

优良：在合格的基础上，柜（屏）横平竖直、美观。

检验方法：观察。

4.11 整机安装质量评定

主　控　项　目

4.11.1　安全保护质量评定必须符合下列规定：

1　必须检查以下安全装置或功能：

1）断相、错相保护装置或功能

当控制柜三相电源中任何一相断开或任何二相错接时，断相、错相保护装置或功能应使电梯不发生危险故障。

注：当错相不影响电梯正常运行时可没有错相保护装置或功能。

2）短路、过载保护装置

动力电路、控制电路、安全电路必须有与负载匹配的短路保护装置；动力电路必须有过载保护装置。

3）限速器

限速器上的轿厢（对重、平衡重）下行标志必须与轿厢（对重、平衡重）的实际下行方向相符。限速器铭牌上的额定速度、动作速度必须与被检电梯相符。

4）安全钳

安全钳必须与其型式试验证书相符。

5）缓冲器

缓冲器必须与其型式试验证书相符。

6）门锁装置

门锁装置必须与其型式试验证书相符。

7）上、下极限开关

上、下极限开关必须是安全触点，在端站位置进行动作试验时必须动作正常。在轿厢或对重（如果有）接触缓冲器之前必须动作，且缓冲器完全压缩时，保持动作状态。

8）轿顶、机房（如果有）、滑轮间（如果有）、底坑停止装置

位于轿顶、机房（如果有）、滑轮间（如果有）、底坑的停止装置的动作必须正常。

2 下列安全开关，必须动作可靠：

1）限速器绳张紧开关；

2）液压缓冲器复位开关；

3）有补偿张紧轮时，补偿绳张紧开关；

4）当额定速度大于3.5m/s时，补偿绳轮防跳开关；

5）轿厢安全窗（如果有）开关；

6）安全门、底坑门、检修活板门（如果有）的开关；

7）对可拆卸式紧急操作装置所需要的安全开关；

8）悬挂钢丝绳（链条）为两根时，防松动安全开关。

4.11.2 限速器安全钳联动试验必须符合下列规定：

1 限速器与安全钳电气开关在联动试验中必须动作可靠，且应使驱动主机立即制动；

2 对瞬时式安全钳，轿厢应载有均匀分布的额定载重量；对渐进式安全钳，轿厢应载有均匀分布的125%额定载重量。当短接限速器及安全钳电气开关，轿厢以检修速度下行，人为使限速器机械动作时，安全钳应可靠动作，轿厢必须可靠制动，且轿底倾斜度不应大于5%。

4.11.3 层门与轿门的试验必须符合下列规定：

1 每层层门必须能够用三角钥匙正常开启；

2 当一个层门或轿门（在多扇门中任何一扇门）非正常打开时，电梯严禁启动或继续运行。

4.11.4 曳引式电梯的曳引能力试验必须符合下列规定：

1 轿厢在行程上部范围空载上行及行程下部范围载有125%额定载重量下行，分别停层3次以上，轿厢必须可靠地制停（空载上行工况应平层）。轿厢载有125%额定载重量以正常运行速度下行时，切断电动机与制动器供电，电梯必须可靠制动；

2 当对重完全压在缓冲器上，且驱动主机按轿厢上行方向连续运转时，空载轿厢严禁向上提升。

一 般 项 目

4.11.5 曳引式电梯的平衡系数应为0.4~0.5。

4.11.6 电梯安装后应进行运行试验；轿厢分别在空载、额定载荷工况下，按产品设计规定的每小时启动次数和负载持续率各运行1000次（每天不少于8h），电梯应运行平稳、制动可靠、连续运行无故障。

4.11.7 噪声检验应符合下列规定：

1 机房噪声：对额定速度小于等于4m/s的电梯，不应大于80dB（A）；

优良：不应大于75 dB。

对额定速度大于4m/s的电梯，不应大于85dB（A）。

优良：不应大于80 dB。

2 乘客电梯和病床电梯运行中轿内噪声：对额定速度小于等于4m/s的电梯，不应大于55dB（A）；

优良：不应大于50 dB。

对额定速度大于4m/s的电梯，不应大于60dB（A）。

优良：不应大于55 dB。

3 乘客电梯和病床电梯的开关门过程噪声不应大于65dB（A）。

优良：不应大于60 dB。

检验方法：噪声仪测量。

4.11.8 平层准确度检验应符合下列规定：

1 额定速度小于等于0.63m/s的交流双速电梯，应在±15mm的范围内；

优良：应在±10mm。

2 额定速度大于0.63m/s且小于等于1.0m/s的交流双速电梯，应在±30mm的范围内；

优良：应在±20mm。

3 其他调速方式的电梯，应在±15mm的范围内。

优良：应在±10mm。

检验方法：尺量检查。

4.11.9 运行速度检验应符合下列规定：

当电源为额定频率和额定电压、轿厢载有50%额定载荷时，向下运行至行程中段（除去加速加减速段）时的速度，不应大于额定速度的105%，且不应小于额定速度的92%。

4.11.10 观感检查应符合下列规定：

1 轿门带动层门开、关运行，门扇与门扇、门扇与门套、门扇与门楣、门扇与门口处轿壁、门扇下端与地坎应无刮碰现象；

优良：在合格的基础上开关门运行平稳。

检验方法：观察。

2 门扇与门扇、门扇与门套、门扇与门楣、门扇与门口处轿壁、门扇下端与地坎之间各自的间隙在整个长度上应基本一致；

3 对机房（如果有）、导轨支架、底坑、轿顶、轿内、轿门、层门及门地坎等部位应进行清理。

优良：在合格的基础上干净整洁，防腐均匀，无油渍。

检验方法：观察。

5　液压电梯安装工程质量评定

5.1　设备进场验收

主　控　项　目

5.1.1　随机文件必须包括下列资料：

1　土建布置图；

2　产品出厂合格证；

3　门锁装置、限速器（如果有）、安全钳（如果有）及缓冲器（如果有）的型式试验合格证书复印件。

一　般　项　目

5.1.2　随机文件还应包括下列资料：

1　装箱单；

2　安装、使用维护说明书；

3　动力电路和安全电路的电气原理图；

4　液压系统原理图。

5.1.3　设备零部件应与装箱单内容相符。

5.1.4　设备外观不应存在明显的损坏。

5.2　土建交接检验

5.2.1　土建交接检验应符合本标准第4.2节的规定。

5.3　液　压　系　统

主　控　项　目

5.3.1　液压泵站及液压顶升机构的安装必须按土建布置图进行。顶升机构必须安装牢固，缸体垂直度严禁大于0.4‰。

一　般　项　目

5.3.2　液压管路应可靠连接，且无渗漏现象。

优良：在合格的基础上管路走向合理，固定牢固。

检验方法：观察。

5.3.3 液压泵站油位显示应清晰、准确。

5.3.4 显示系统工作压力的压力表应清晰、准确。

5.4 导　　轨

5.4.1 导轨安装应符合本标准第 4.4 节的规定。

5.5 门　系　统

5.5.1 门系统安装应符合本标准第 4.5 节的规定。

5.6 轿　　厢

5.6.1 轿厢安装应符合本标准第 4.6 节的规定。

5.7 平　衡　重

5.7.1 如果有平衡重，应符合本标准第 4.7 节的规定。

5.8 安　全　部　件

5.8.1 如果有限速器、安全钳或缓冲器，应符合本标准第 4.8 节的有关规定。

5.9 悬挂装置、随行电缆

主　控　项　目

5.9.1 如果有绳头组合，必须符合本标准第 4.9.1 条的规定。

5.9.2 如果有钢丝绳，严禁有死弯。

5.9.3 当轿厢悬挂在两根钢丝绳或链条上，其中一根钢丝绳或链条发生异常相对伸长时，为此装设的电气安全开关必须动作可靠。对具有两个或多个液压顶升机构的液压电梯，每一组悬挂钢丝绳均应符合上述要求。

5.9.4 随行电缆严禁有打结和波浪扭曲现象。

一　般　项　目

5.9.5 如果有钢丝绳或链条，每根张力与平均值偏差不应大于 5%。

5.9.6 随行电缆的安装还应符合下列规定：

1 随行电缆端部应固定可靠。

优良：在合格的基础上电缆绑扎整齐美观。

检验方法：观察。

2 随行电缆在运行中应避免与井道内其他部件干涉。当轿厢完全压在缓冲器上时，随行电缆不得与底坑地面接触。

5.10 电 气 装 置

5.10.1 电气装置安装应符合本标准第4.10节的规定。

5.11 整机安装质量评定

主 控 项 目

5.11.1 液压电梯安全保护质量评定必须符合下列规定：

1 必须检查以下安全装置或功能：

1）断相、错相保护装置或功能

当控制柜三相电源中任何一相断开或任何二相错接时，断相、错相保护装置或功能应使电梯不发生危险故障。

注：当错相不影响电梯正常运行时可没有错相保护装置或功能。

2）短路、过载保护装置

动力电路、控制电路、安全电路必须有与负载匹配的短路保护装置；动力电路必须有过载保护装置。

3）防止轿厢坠落、超速下降的装置

液压电梯必须装有防止轿厢坠落、超速下降的装置，且各装置必须与其型式试验证书相符。

4）门锁装置

门锁装置必须与其型式试验证书相符。

5）上极限开关

上极限开关必须是安全触点，在端站位置进行动作试验时必须动作正常。它必须在柱塞接触到其缓冲制停装置之前动作，且柱塞处于缓冲制停区时保持动作状态。

6）机房、滑轮间（如果有）、轿顶、底坑停止装置

位于轿顶、机房、滑轮间（如果有）、底坑的停止装置的动作必须正常。

7）液压油温升保护装置

当液压油达到产品设计温度时，温升保护装置必须动作，使液压电梯停止运行。

8）移动轿厢的装置

在停电或电气系统发生故障时，移动轿厢的装置必须能移动轿厢上行或下行，且下行时还必须装设防止顶升机构与轿厢运动相脱离的装置。

2 下列安全开关，必须动作可靠：

1）限速器（如果有）张紧开关；

2）液压缓冲器（如果有）复位开关；

3）轿厢安全窗（如果有）开关；

4）安全门、底坑门、检修活板门（如果有）的开关；

5）悬挂钢丝绳（链条）为两根时，防松动安全开关。

5.11.2 限速器（安全绳）安全钳联动试验必须符合下列规定：

1 限速器（安全绳）与安全钳电气开关在联动试验中必须动作可靠，且应使电梯停止运行。

2 联动试验时轿厢载荷及速度应符合下列规定：

1）当液压电梯额定载重量与轿厢最大有效面积符合表 5.11.2 的规定时，轿厢应载有均匀分布的额定载重量；当液压电梯额定载重量小于表 5.11.2 规定的轿厢最大有效面积对应的额定载重量时，轿厢应载有均匀分布的 125% 的液压电梯额定载重量，但该载荷不应超过表 5.11.2 规定的轿厢最大有效面积对应的额定载重量；

2）对瞬时式安全钳，轿厢应以额定速度下行；对渐进式安全钳，轿厢应以检修速度下行。

3 当装有限速器安全钳时，使下行阀保持开启状态（直到钢丝绳松弛为止）的同时，人为使限速器机械动作，安全钳应可靠动作，轿厢必须可靠制动，且轿底倾斜度不应大于5%。

4 当装有安全绳安全钳时，使下行阀保持开启状态（直到钢丝绳松弛为止）的同时，人为使安全绳机械动作，安全钳应可靠动作，轿厢必须可靠制动，且轿底倾斜度不应大于 5%。

表 5.11.2 额定载重量与轿厢最大有效面积之间关系

额定载重量（kg）	轿厢最大有效面积（m^2）	额定载重量（kg）	轿厢最大有效面积（m^2）	额定载重量（kg）	轿厢最大有效面积（m^2）	额定载重量（kg）	轿厢最大有效面积（m^2）
100[1]	0.37	525	1.45	900	2.20	1275	2.95
180[2]	0.85	600	1.60	975	2.35	1350	3.10
225	0.70	630	1.66	1000	2.40	1425	3.25
300	0.90	675	1.75	1050	2.50	1500	3.40
375	1.10	750	1.90	1125	2.65	1600	3.56
400	1.17	800	2.00	1200	2.80	2000	4.20
450	1.30	825	2.05	1250	2.90	2500[3]	5.00

注：1. 一人电梯的最小值；

2. 二人电梯的最小值；

3. 额定载重量超过 2500kg 时，每增加 100kg 面积增加 0.16m^2，对中间的载重量其面积由线性插入法确定。

5.11.3 层门与轿门的试验符合下列规定：

层门与轿门的试验必须符合本标准第 4.11.3 条的规定。

5.11.4 超载试验必须符合下列规定：

当轿厢载有120%额定载荷时液压电梯严禁启动。

一 般 项 目

5.11.5 液压电梯安装后应进行运行试验；轿厢在额定载重量工况下，按产品设计规定的每小时启动次数运行1000次（每天不少于8h），液压电梯应平稳、制动可靠、连续运行无故障。

5.11.6 噪声检验应符合下列规定：

1 液压电梯的机房噪声不应大于85dB（A）；

优良：不应大于80dB。

2 乘客液压电梯和病床液压电梯运行中轿内噪声不应大于55dB（A）；

优良：不应大于50dB。

3 乘客液压电梯和病床液压电梯的开关门过程噪声不应大于65dB（A）。

优良：不应大于60dB。

检验方法：噪声仪测量。

5.11.7 平层准确度检验应符合下列规定：

液压电梯平层准确度应在±15mm范围内。

优良：平层准确度应在±10mm。

检验方法：尺量检查。

5.11.8 运行速度检验应符合下列规定：

空载轿厢上行速度与上行额定速度的差值不应大于上行额定速度的8%；载有额定载重量的轿厢下行速度与下行额定速度的差值不应大于下行额定速度的8%。

5.11.9 额定载重量沉降量试验应符合下列规定：

载有额定载重量的轿厢停靠在最高层站时，停梯10min，沉降量不应大于10mm，但因油温变化而引起的油体积缩小所造成的沉降不包括在10mm内。

5.11.10 液压泵站溢流阀压力检查应符合下列规定：

液压泵站上的溢流阀应设定在系统压力为满载压力的140%～170%时动作。

5.11.11 超压静载试验应符合下列规定：

将截止阀关闭，在轿内施加200%的额定载荷，持续5min后，液压系统应完好无损。

5.11.12 观感检查应符合本标准第4.11.10条的规定。

优良：在合格的基础上开关门运行平稳，电梯设备部件干净整洁，防腐均匀，无油渍。

检验方法：观察。

6 自动扶梯、自动人行道安装工程质量评定

6.1 设备进场验收

主 控 项 目

6.1.1 必须提供以下资料：

1 技术资料

1）梯级或踏板的型式试验报告复印件，或胶带的断裂强度证明文件复印件；

2）对公共交通型自动扶梯、自动人行道应有扶手带的断裂强度证书复印件。

2 随机文件

1）土建布置图；

2）产品出厂合格证。

一 般 项 目

6.1.2 随机文件还应提供以下资料：

1 装箱单；

2 安装、使用维护说明书；

3 动力电路和安全电路的电气原理图。

6.1.3 设备零部件应与装箱单内容相符。

6.1.4 设备外观不应存在明显的损坏。

6.2 土建交接检验

主 控 项 目

6.2.1 自动扶梯的梯级或自动人行道的踏板或胶带上空，垂直净高度严禁小于2.3m。

6.2.2 在安装之前，井道周围必须设有保证安全的栏杆或屏障，其高度严禁小于1.2m。

一 般 项 目

6.2.3 土建工程应按照土建布置图进行施工，且其主要尺寸允许误差应为：
提升高度 -15～+15mm；跨度 0～+15mm。

6.2.4 根据产品供应商的要求应提供设备进场所需的通道和搬运空间。

6.2.5 在安装之前，土建施工单位应提供明显的水平基准线标识。

6.2.6 电源零线和接地线应始终分开。接地装置的接地电阻值不应大于4Ω。

6.3 整机安装质量评定

主 控 项 目

6.3.1 在下列情况下，自动扶梯、自动人行道必须自动停止运行，且第4款至第11款情况下的开关断开的动作必须通过安全触点或安全电路来完成。

1 无控制电压；

2 电路接地的故障；

3 过载；

4 控制装置在超速和运行方向非操纵逆转下动作；

5 附加制动器（如果有）动作；

6 直接驱动梯级、踏板或胶带的部件（如链条或齿条）断裂或过分伸长；

7 驱动装置与转向装置之间的距离（无意性）缩短；

8 梯级、踏板或胶带进入梳齿板处有异物夹住，且产生损坏梯级、踏板或胶带支撑结构；

9 无中间出口的连续安装的多台自动扶梯、自动人行道中的一台停止运行；

10 扶手带入口保护装置动作；

11 梯级或踏板下陷。

6.3.2 应测量不同回路导线对地的绝缘电阻。测量时，电子元件应断开。导体之间和导体对地之间的绝缘电阻应大于1000Ω/V，且其值必须大于：

1 动力电路和电气安全装置电路0.5MΩ；

2 其他电路（控制、照明、信号等）0.25MΩ。

6.3.3 电气设备接地必须符合本标准第4.10.1条的规定。

一 般 项 目

6.3.4 整机安装检查应符合下列规定：

1 梯级、踏板、胶带的楞齿及梳齿板应完整、光滑；

2 在自动扶梯、自动人行道入口处应设置使用须知的标牌；

3 内盖板、外盖板、围裙板、扶手支架、扶手导轨、护壁板接缝应平整。接缝处的凸台不应大于0.5mm；

优良：接缝处的凸台不应大于0.3mm。

检验方法：钢尺、塞尺检查。

4 梳齿板梳齿与踏板面齿槽的啮合深度不应小于6mm；

5 梳齿板梳齿与踏板面齿槽的间隙不应小于4mm；

6 围裙板与梯级、踏板或胶带任何一侧的水平间隙不应大于4mm，两边的间隙之和不应大于7mm。当自动人行道的围裙板设置在踏板或胶带之上时，踏板表面与围裙板下端之间的垂直间隙不应大于4mm。当踏板或胶带有横向摆动时，踏板或胶带的侧边与围裙板垂直投影之间不得产生间隙；

优良：量变差值不大于1mm。

检验方法：塞尺检查。

7 梯级间或踏板间的间隙在工作区段内的任何位置，从踏面测得的两个相邻梯级或两个相邻踏板之间的间隙不应大于6mm；

优良：不应大于5mm。

在自动人行道过渡曲线区段，踏板的前缘和相邻踏板的后缘啮合，其间隙不应大于8mm；

优良：不应大于6mm。

检验方法：尺量检查。

8 护壁板之间的空隙不应大于4mm。

6.3.5 性能试验应符合下列规定：

1 在额定频率和额定电压下，梯级、踏板或胶带沿运行方向空载时的速度与额定速度之间的允许偏差为±5%；

优良：允许偏差为±3%。

检验方法：转速表测量。

2 扶手带的运行速度相对梯级、踏板或胶带的速度允许偏差为0～+2%。

优良：允许偏差为0～+1%。

检验方法：转速表测量。

6.3.6 自动扶梯、自动人行道制动试验应符合下列规定：

1 自动扶梯、自动人行道应进行空载制动试验，制停距离应符合表6.3.6-1的规定。

表6.3.6-1 制 停 距 离

额定速度（m/s）	制停距离范围（m）	
	自动扶梯	自动人行道
0.5	0.20～1.00	0.20～1.00
0.65	0.30～1.30	0.30～1.30
0.75	0.35～1.50	0.35～1.50
0.90		0.40～1.70

注：若速度在上述数值之间，制停距离用插入法计算。制停距离应从电气制动装置动作开始测量。

2 自动扶梯应进行载有制动载荷的制停距离试验（除非制停距离可以通过其他方法检验），制动载荷应符合表6.3.6-2规定，制停距离应符合表6.3.6-1的规定；对自动人行道，制造商应提供按载有表6.3.6-2规定的制动载荷计算的制停距离，且制停距离应符合表6.3.6-1的规定。

表6.3.6-2 制 动 载 荷

梯级、踏板或胶带的名义宽度（m）	自动扶梯每个梯级上的载荷（kg）	自动人行道每0.4m长度上的载荷（kg）
$z \leqslant 0.6$	60	50
$0.6 < z \leqslant 0.8$	90	75
$0.8 < z \leqslant 1.1$	120	100

注：1. 自动扶梯受载的梯级数量由提升高度除以最大可见梯级踢板高度求得，在试验时允许将总制动载荷分布在所求得的2/3的梯级上；

2. 当自动人行道倾斜角度不大于6°，踏板或胶带的名义宽度大于1.1m时，宽度每增加0.3m，制动载荷应在每0.4m长度上增加25kg；

3. 当自动人行道在长度范围内有多个不同倾斜角度（高度不同）时，制动载荷应仅考虑到那些能组合成最不利载荷的水平区段和倾斜区段。

6.3.7 电气装置还应符合下列规定：

1 主电源开关不应切断电源插座、检修和维护所必需的照明电源；

2 配线应符合本标准第 4.10.4、4.10.5、4.10.6 条的规定。

6.3.8 观感检查应符合下列规定：

1 上行和下行自动扶梯、自动人行道，梯级、踏板或胶带与围裙板之间应无刮碰现象（梯级、踏板或胶带上的导向部分与围裙板接触除外），扶手带外表面应无刮痕；

优良：在合格的基础上运行平稳，运行无明显台阶及噪声。

检验方法：观察。

2 对梯级（踏板或胶带）、梳齿板、扶手带、护壁板、围裙板、内外盖板、前沿板及活动盖板等部位的外表面应进行清理。

优良：在合格的基础上设备及部件干净整洁。

检验方法：观察。

7 分部（子分部）工程质量评定

7.0.1 分项工程质量评定应符合下列规定：

合格：

1 各分项工程中的主控项目应进行全验，一般项目应进行抽验，且均应符合合格质量规定。可按附录 A 记录。

2 应具有完整的施工操作依据、质量检查记录。

优良：

在合格的基础上，分项所包含的各个指定项目均达到优良，其中指定项目优良是指：指定项目质量经抽样检验，符合本标准相应优良标准的符合率应达到 80%及以上。

7.0.2 分部（子分部）工程质量评定应符合下列规定：

合格：

1 子分部工程所含分项工程的质量均应验收合格且验收记录应完整。子分部可按附录 B 记录。

2 分部工程所含子分部工程的质量均应验收合格。分部工程质量验收可按附录 C 记录。

3 质量控制资料应完整。

4 观感质量应符合本标准要求。

优良：

1. 分部（子分部）工程所含分项工程在合格基础上，其中 60%及以上分项为优良。指定分项必须优良，必须为优良的分项为：

电力驱动的曳引式或强制式电梯：安全装置、电器装置、整机安装验收；

液压电梯：液压系统、安全装置、电器装置、整机安装验收；

自动扶梯、自动人行道：整机安装验收。

2. 观感质量符合本标准相关条款中优良标准的符合率应达到 80%及以上。

7.0.3 当电梯安装工程质量不合格时，应按下列规定处理：

1 经返工重做、调整或更换部件的分项工程，应重新评定；

2 通过以上措施仍不能达到本标准要求的电梯安装工程，不得评定合格。

附录A 分项工程质量评定及验收记录

分项工程质量评定及验收记录由施工项目专业质量检查员填写，监理工程师（建设单位项目专业技术负责人）组织项目专业质量检查员等进行验收。

表A 分项工程质量评定及验收记录

<table>
<tr><td colspan="3">单位（子单位）工程名称</td><td colspan="5"></td></tr>
<tr><td colspan="3">分部（子分部）工程名称</td><td colspan="3"></td><td>验收部位</td><td></td></tr>
<tr><td colspan="3">施工单位</td><td colspan="3"></td><td>项目经理</td><td></td></tr>
<tr><td colspan="3">安装单位</td><td colspan="3"></td><td>项目负责人</td><td></td></tr>
<tr><td colspan="4">施工执行标准名称及编号</td><td colspan="4"></td></tr>
<tr><td colspan="5">施工质量验收规范及企业标准的规定</td><td colspan="2">安装单位检查评定记录</td><td rowspan="2">监理（建设）单位验收记录</td></tr>
<tr><td colspan="3">检查项目</td><td>合格</td><td>优良</td><td>抽查评定记录</td><td>指定项目优良率</td></tr>
<tr><td rowspan="5">主控项目</td><td>1</td><td></td><td></td><td></td><td></td><td></td><td></td></tr>
<tr><td>2</td><td></td><td></td><td></td><td></td><td></td><td></td></tr>
<tr><td>3</td><td></td><td></td><td></td><td></td><td></td><td></td></tr>
<tr><td>4</td><td></td><td></td><td></td><td></td><td></td><td></td></tr>
<tr><td>5</td><td></td><td></td><td></td><td></td><td></td><td></td></tr>
<tr><td rowspan="8">一般项目</td><td>1</td><td></td><td></td><td></td><td></td><td></td><td></td></tr>
<tr><td>2</td><td></td><td></td><td></td><td></td><td></td><td></td></tr>
<tr><td>3</td><td></td><td></td><td></td><td></td><td></td><td></td></tr>
<tr><td>4</td><td>★</td><td></td><td></td><td></td><td></td><td></td></tr>
<tr><td>5</td><td>★</td><td></td><td></td><td></td><td></td><td></td></tr>
<tr><td>6</td><td></td><td></td><td></td><td></td><td></td><td></td></tr>
<tr><td>7</td><td>★</td><td></td><td></td><td></td><td></td><td></td></tr>
<tr><td>8</td><td></td><td></td><td></td><td></td><td></td><td></td></tr>
<tr><td colspan="3" rowspan="2">安装单位检查评定结果</td><td>企业评定等级</td><td>专业工长（施工员）</td><td></td><td>施工班组长</td><td></td></tr>
<tr><td colspan="5">项目专业质量检查员：　　　　年　月　日</td></tr>
<tr><td colspan="3">监理（建设）单位验收结论</td><td colspan="5">专业监理工程师：
（建设单位项目专业技术负责人）　　　　年　月　日</td></tr>
</table>

注：带“★”的项目为指定项目。

附录 B　子分部工程质量评定及验收记录

子分部工程质量应由项目专业技术负责人组织进行评定。由监理工程师（建设单位项目专业技术负责人）组织项目专业技术负责人等进行验收。

表 B　子分部工程质量评定及验收记录

单位（子单位）工程名称					
分部工程名称					
安装地点					
产品合同号/安装合同号		电梯类型		电梯梯号	
安装单位				项目技术负责人	
序　号	电梯分项名称		施工单位检查评定	监理（建设）单位验收结论	
子分部工程评定结果	分项工程数　　项，其中优良数　　项；优良率为　　%。			企业评定等级	
检查结论	项目专业技术负责人： 年　　月　　日		验收结论	监理工程师： （建设单位项目专业技术负责人） 年　　月　　日	

附录C　分部工程质量评定及验收记录

分部工程质量应由项目负责人组织进行评定。由总监理工程师（建设单位项目专业技术负责人）组织项目经理进行验收。

表C　分部工程质量评定及验收记录

<table>
<tr><td colspan="2">工程名称</td><td colspan="2"></td><td>电梯类型</td><td></td><td>电梯部数</td><td></td></tr>
<tr><td colspan="2">安装单位</td><td colspan="2"></td><td>技术部门负责人</td><td></td><td>质量部门负责人</td><td></td></tr>
<tr><td colspan="3">子分部工程名称</td><td>电梯分项数</td><td>优良率%</td><td colspan="2">施工单位检查评定</td><td>验收意见</td></tr>
<tr><td rowspan="12">1</td><td>合同号</td><td>梯号</td><td></td><td></td><td colspan="2"></td><td rowspan="12"></td></tr>
<tr><td></td><td></td><td></td><td></td><td colspan="2"></td></tr>
<tr><td></td><td></td><td></td><td></td><td colspan="2"></td></tr>
<tr><td></td><td></td><td></td><td></td><td colspan="2"></td></tr>
<tr><td></td><td></td><td></td><td></td><td colspan="2"></td></tr>
<tr><td></td><td></td><td></td><td></td><td colspan="2"></td></tr>
<tr><td></td><td></td><td></td><td></td><td colspan="2"></td></tr>
<tr><td></td><td></td><td></td><td></td><td colspan="2"></td></tr>
<tr><td></td><td></td><td></td><td></td><td colspan="2"></td></tr>
<tr><td></td><td></td><td></td><td></td><td colspan="2"></td></tr>
<tr><td></td><td></td><td></td><td></td><td colspan="2"></td></tr>
<tr><td></td><td></td><td></td><td></td><td colspan="2"></td></tr>
<tr><td>2</td><td colspan="2">质量控制资料</td><td colspan="4"></td><td></td></tr>
<tr><td>3</td><td colspan="2">安全和功能检验（检测）报告</td><td colspan="4"></td><td></td></tr>
<tr><td>4</td><td colspan="2">观感质量报告</td><td colspan="4"></td><td></td></tr>
<tr><td colspan="2">分部工程评定结果</td><td colspan="3">子分部工程数　　项，其中优良数　　项；　优良率为　　%。</td><td colspan="2">企业评定等级</td><td></td></tr>
<tr><td rowspan="2">验收结论</td><td colspan="2">安装单位</td><td colspan="5">项目经理
年　月　日</td></tr>
<tr><td colspan="2">监理（建设）单位</td><td colspan="5">总监理工程师
（建设单位项目专业负责人）　年　月　日</td></tr>
</table>

本系列标准用词说明

1 为便于在执行本标准条文时区别对待，对要求严格程度不同的用词说明如下：

1）表示很严格，非这样做不可的用词：

正面词采用“必须”；反面词采用“严禁”；

2）表示严格，在正常情况下均应这样做的用词：

正面词采用“应”；反面词采用“不应”或“不得”；

3）表示允许稍有选择，在条件许可时首先应这样做的用词：

正面词采用“宜”；反面词采用“不宜”；

表示有选择，在一定条件下可以这样做的用词采用“可”。

2 本标准中指明应按其他有关标准、规范执行时，写法为“应符合……的要求或规定”或“应按……执行”。